U0230318

卢嘉锡　总主编

中国科学技术史

桥　梁　卷

唐寰澄　著

科学出版社
2000

内 容 简 介

本书系统论述了中国古代桥梁技术产生和发展的历史，充分体现了中国古代人民的智慧和创造力。全书有分有合，首先概述桥梁史，然后对梁桥、栈阁、拱桥、索桥、浮桥等进行分门别类的论述，最后集中讲桥梁艺术。作者潜心研究桥梁数十年，进行了大量实地考察和拍摄。此书是迄今为止我国古代桥梁史资料及图片资料最丰富、考证最详细的一部书，具有较高的学术价值。适于科技史工作者、工程技术人员、大专院校师生及其他对桥梁史有兴趣的读者阅读。

图书在版编目（CIP）数据

中国科学技术史：桥梁卷/卢嘉锡总主编；唐寰澄著.-北京：科学出版社，2000. 1

ISBN 7-03-007854-3

Ⅰ. 中… Ⅱ. ①卢… ②唐… Ⅲ. ①自然科学史-中国②桥梁工程-技术史-中国 Ⅳ. N092

中国版本图书馆 CIP 数据核字（1999）第 38842 号

科 学 出 版 社 出版
北京东黄城根北街 16 号
邮政编码：100717
http://www.sciencep.com

北京厚诚则铭印刷科技有限公司印刷

新华书店北京发行所发行　各地新华书店经售

*

2000 年 1 月第　一　版　　开本：787×1092　1/16
2025 年 4 月第三次印刷　　印张：48 1/4　插页：2
字数：1 140 000

定价：280. 00 元

《中国科学技术史》的组织机构和人员

总　　序

中国有悠久的历史和灿烂的文化，是世界文明不可或缺的组成部分，为世界文明做出了重要的贡献，这已是世所公认的事实。

科学技术是人类文明的重要组成部分，是支撑文明大厦的主要基干，是推动文明发展的重要动力，古今中外莫不如此。如果说中国古代文明是一棵根深叶茂的参天大树，中国古代的科学技术便是缀满枝头的奇花异果，为中国古代文明增添斑斓的色彩和浓郁的芳香，又为世界科学技术园地增添了盎然生机。这是自上世纪末、本世纪初以来，中外许多学者用现代科学方法进行认真的研究之后，为我们描绘的一幅真切可信的景象。

中国古代科学技术蕴藏在汗牛充栋的典籍之中，凝聚于物化了的、丰富多姿的文物之中，融化在至今仍具有生命力的诸多科学技术活动之中，需要下一番发掘、整理、研究的功夫，才能揭示它的博大精深的真实面貌。为此，中国学者已经发表了数百种专著和万篇以上的论文，从不同学科领域和审视角度，对中国科学技术史作了大量的、精到的阐述。国外学者亦有佳作问世，其中英国李约瑟(J. Needham)博士穷毕生精力编著的《中国科学技术史》(拟出 7 卷 34 册)，日本薮内清教授主编的一套中国科学技术史著作，均为宏篇巨著。关于中国科学技术史的研究，已是硕果累累，成为世界瞩目的研究领域。

中国科学技术史的研究，包涵一系列层面：科学技术的辉煌成就及其弱点；科学家、发明家的聪明才智、优秀品德及其局限性；科学技术的内部结构与体系特征；科学思想、科学方法以及科学技术政策、教育与管理的优劣成败；中外科学技术的接触、交流与融合；中外科学技术的比较；科学技术发生、发展的历史过程；科学技术与社会政治、经济、思想、文化之间的有机联系和相互作用；科学技术发展的规律性以及经验与教训，等等。总之，要回答下列一些问题：中国古代有过什么样的科学技术？其价值、作用与影响如何？又走过怎样的发展道路？在世界科学技术史中占有怎样的地位？为什么会这样，以及给我们什么样的启示？还要论述中国科学技术的来龙去脉，前因后果，展示一幅真实可靠、有血有肉、发人深思的历史画卷。

据我所知，编著一部系统、完整的中国科学技术史的大型著作，从本世纪 50 年代开始，就是中国科学技术史工作者的愿望与努力目标，但由于各种原因，未能如愿，以致在这一方面显然落后于国外同行。不过，中国学者对祖国科学技术史的研究不仅具有极大的热情与兴趣，而且是作为一项事业与无可推卸的社会责任，代代相承地进行着不懈的工作。他们从业余到专业，从少数人发展到数百人，从分散研究到有组织的活动，从个别学科到科学技术的各领域，逐次发展，日臻成熟，在资料积累、研究准备、人才培养和队伍建设等方面，奠定了深厚而又广大的基础。

本世纪 80 年代末，中国科学院自然科学史研究所审时度势，正式提出了由中国学者编著中国科学技术史》的宏大计划，随即得到众多中国著名科学家的热情支持和大力推动，得到中国科学院领导的高度重视。经过充分的论证和筹划，1991 年这项计划被正式列为中国科学院八五”计划的重点课题，遂使中国学者的宿愿变为现实，指日可待。作为一名科技工作者，我对此感到由衷的高兴，并能为此尽绵薄之力，感到十分荣幸。

《中国科学技术史》计分30卷，每卷60至100万字不等，包括以下三类：

通史类(5卷)：

《通史卷》、《科学思想史卷》、《中外科学技术交流史卷》、《人物卷》、《科学技术教育、机构与管理卷》。

分科专史类(19卷)：

《数学卷》、《物理学卷》、《化学卷》、《天文学卷》、《地学卷》、《生物学卷》、《农学卷》、《医学卷》、《水利卷》、《机械卷》、《建筑卷》、《桥梁技术卷》、《矿冶卷》、《纺织卷》、《陶瓷卷》、《造纸与印刷卷》、《交通卷》、《军事科学技术卷》、《计量科学卷》。

工具书类(6卷)：

《科学技术史词典卷》、《科学技术史典籍概要卷》(一)、(二)、《科学技术史图录卷》、《科学技术年表卷》、《科学技术史论著索引卷》。

这是一项全面系统的、结构合理的重大学术工程。各卷分可独立成书，合可成为一个有机的整体。其中有综合概括的整体论述，有分门别类的纵深描写，有可供检索的基本素材，经纬交错，斐然成章。这是一项基础性的文化建设工程，可以弥补中国文化史研究的不足，具有重要的现实意义。

诚如李约瑟博士在1988年所说："关于中国和中国文化在古代和中世纪科学、技术和医学史上的作用，在过去30年间，经历过一场名副其实的新知识和新理解的爆炸"(中译本李约瑟《中国科学技术史》作者序)，而1988年至今的情形更是如此。在20世纪行将结束的时候，对所有这些知识和理解作一次新的归纳、总结与提高，理应是中国科学技术史工作者义不容辞的责任。应该说，我们在启动这项重大学术工程时，是处在很高的起点上，这既是十分有利的基础条件，同时也自然面对更高的社会期望，所以这是一项充满了机遇与挑战的工作。这是中国科学界的一大盛事，有著名科学家组成的顾问团为之出谋献策，有中国科学院自然科学史研究所和全国相关单位的专家通力合作，共襄盛举，同构华章，当不会辜负社会的期望。

中国古代科学技术是祖先留给我们的一份丰厚的科学遗产，它已经表明中国人在研究自然并用于造福人类方面，很早而且在相当长的时间内就已雄居于世界先进民族之林，这当然是值得我们自豪的巨大源泉，而近三百年来，中国科学技术落后于世界科学技术发展的潮流，这也是不可否认的事实，自然是值得我们深省的重大问题。理性地认识这部兴盛与衰落、成功与失败、精华与糟粕共存的中国科学技术发展史，引以为鉴，温故知新，既不陶醉于古代的辉煌，又不沉沦于近代的落伍，克服民族沙文主义和虚无主义，清醒地、满怀热情地弘扬我国优秀的科学技术传统，自觉地和主动地缩短同国际先进科学技术的差距，攀登世界科学技术的高峰，这些就是我们从中国科学技术史全面深入的回顾与反思中引出的正确结论。

许多人曾经预言说，即将来临的21世纪是太平洋的世纪。中国是太平洋区域的一个国家，为迎接未来世纪的挑战，中国人应该也有能力再创辉煌，包括在科学技术领域做出更大的贡献。我们真诚地希望这一预言成真，并为此贡献我们的力量。圆满地完成这部《中国科学技术史》的编著任务，正是我们为之尽心尽力的具体工作。

卢嘉锡

1996年10月20日

前　言

自古以来，中国史书卷帙浩繁，有代代相传不断补充记录的优良传统，但从来没有正式的科技历史记录。

自已故英国李约瑟博士于60年代开始，出版《中国科学技术史》之后，引起了中国科学和史学界的重视。李博士列桥梁为第十册《土木及水利工程学》的一章。

台湾于1979年开始编写《中国科学技艺史》丛书，共计26册（类），1981年出《铁路史》，1982年出《公路史》，桥梁亦不设专史。

1978～1984年，在中国科学院主持下，由茅以升先生主编，成《中国古桥技术史》，是为中国第一部以史为名的桥梁著作。

1991年中国科学院自然科学史所开始组织编写30卷本《中国科学技术史》，约聘作者编写本卷。

在此之前，国内外并非没有有关中国古桥的著作。相反，在诸“类书”的“考工典”及地方志中，已有所汇集。近代如梁思成、王璧文、单士元、罗英、茅以升、陈从周等诸先生均有专著。作者幸蒙教诲，得附骥末。现诸先生大都已作古人，或入耄耋之年。今编委会委我以此任，何敢辞焉，只能勉为其难。

虽然有很多的著作在先，但是以“史”衡之，尚各有瑕玼。或专论一桥一事，或偏重桥梁技术，或历史考证过略，或图版照片不丰。深知欲完成这一著作，必须补课，非破万卷书、行万里路不可。这就需要时间和费用。奈何两者都不丰有。长安居不易，蜀道行路难，耕夫鸡豚之求，何殊天壤。

万卷典籍之中，说桥梁者无几，犹如沙里淘金，土中觅宝。科举早已废除了，我却皓首穷经、埋头在经史子集之内。现在行路、交通比司马迁、徐霞客时方便得多，但费用日高，且古桥大都只存在于穷乡僻壤、或山区深远的地方，非专车加步行不能企及。只能每年抽出方便和季节合适的时候，借助于地方朋友的帮助，天南地北、崎岖奔驰，亲自摄录。积累有年，总算还有所得。

好在近年，新发掘出土的桥梁文物；新出版的古籍画册；以及新编写的全国各省地方志和交通史书，都是前辈诸先生所未睹。以诗补史，以画补史，甚至以地下古代建筑补桥史，深感大有可为，规定的篇幅尚不足以容纳全部内容。

最后精简，得八章，折合字数约60万，图版照片约900多幅。其间艰辛自不必言，书成而年已古稀。

当1957年方过而立之年，文物出版社初印拙作《中国古代桥梁》薄书时，尝觉古桥已备于我。继而1986年再版扩充，已感惴惴不安。此书完成，深知学问无底、功力不深。中国古桥之多，挂一漏万。而在地下，据记载还埋藏有多座名桥。历史文献、诗、文、画、册，汗牛充栋，所见仅其一角，所以必有阙漏。好在后继必能得人、尚祈能不断补充扩新，以求更加完备。

本书断代于1900年。之后的桥梁，亦将随岁月的流逝，成为历史，因此续作无穷，有待于后世。

每事的成功，实赖众人的力量。本卷写作，除了《中国古桥技术史》诸位作者所曾花的功夫外，还得到大批朋友的帮助。

中国古建筑专家、数度合作者好友罗哲文先生及茅以升先生的长年合作者许宏儒老先生为本卷的顾问。

香港保华刘高原、黄景灏及何永康先生，陶履德先生，香港路政署青马等大桥工程处长好友刘正光先生，昔上海交大同学台湾贾骏祥先生，日本朋友铃木重雄、武野优、泰井俊介、成濑隆世诸先生，予以大力协作。

文物界如：国家文物局张柏副局长；陕西省文物局张廷皓副局长；汉中博物馆郭荣章名誉馆长、冯岁平馆长；广东省博物馆麦英豪名誉馆长；上海市博物馆汪庆正副馆长；武汉市博物馆杨忠平工程师以及图书馆诸同志。永济县文物局长樊旺林及博物馆李茂林顾问。咸阳文管会曹发展、邓露等支持和提供资料。

城建、交通各部门对本书帮助亦不小。

如绵阳市建委郭明伟副主任、重庆建筑设计院杨斌建筑师协力陪同调查阴平、金牛栈道。浙江绍兴市交通局罗关洲，陪同调查绍兴、新昌、嵊县诸桥。浙江泰顺交通局叶法葆老局长及交通厅李新慧工程师陪同考察泰顺山区诸古木桥。四川省交通厅吕隆光工程师陪同观察成都诸桥。甘肃交通厅陈琦主任安排调查甘肃桥梁。上海青浦交通管理所谢天祥所长协助考察苏南石桥等。这些都是较长时间和较长距离的跋涉。

交通部蔡维之院长、湖南省交通厅林祥威；浙江省交通厅黄湘柱；贵州省交通厅夏润泉；云南省交通厅浦光宗；桂林市周绍文诸老先生等指拨尤多。

河南省交通厅张圣城副厅长，彭经耕工程师；四川省交通厅臧棣华总工，王立宪工程师；贵州省交通厅潘成杰总工；浙江天台夏祖照；甘肃伊国清；云南黄恒蛟，宁夏鲁人勇；青海欧华国；湖北郑凤荣；辽宁常淑艳；福建高其启；陕西王开；河北张镜青等工程技术人员和史志工作者，都给予了帮助。

北京工业大学高征铨；湖南大学程翔云；西安公路交通大学刘健新和丕壮；同济大学杨士金等诸教授。以及江苏省设计院舍弟滇璋建筑师、荣浩柏建筑师。地方人士山西太原民盟陈静之；福建泉州摄影家吴其萃；四川江油文化局肖定沛；四川酉阳吴胜延；四川剑阁政协揭纪林等诸位，或赠资料、或寄照片、或指明疑问、或同作调查，其功均不可没。

北京交通出版社吴德心主编及华艺出版社均允许采用其《中国石桥》和《中国古桥》图册中的部分照片。

最后，又由中国科学院自然科学史研究所陈晖先生核对本书引用部分资料，凡此种种，均涉知识产权或烦重劳动。故于此一并致谢。

谨序。

唐寰澄

1995 年 10 月 1 日

目　　录

第一章 概 论①

桥梁是一种既普遍而又特殊的建筑物。普通，因为它是过河跨谷所必需，而河流峡谷则遍布大地，随处可遇；特殊，因为它是空中的道路，结构复杂，施工困难。随着各种不同的地区自然和社会发展条件，创造出各种规模和类型的桥梁。

桥梁建筑依赖于社会的生产力和科学技术水平，并服从于政治、经济、军事等的需要。不同时代，有不同的客观条件，不同的技术和能力，于是便有不同的进程和效果。

桥梁规模有小有大，有简单有复杂。进行桥梁建设需要一定的人才和物力，组织方式和管理水平。吸取失败和成功的经验，手口相传、形诸文字，代有增益。相对庞大规模的桥梁建筑，能显示出一个时期的社会发展和人民的聪明才智、组织能力，建设决心和克服困难的勇气。

一个国家诸多民族的文化，表现出民族的风格。在桥梁建筑方面，中华各民族的桥梁艺术便和世界上其他民族不同。以中国的哲理，指导中国的艺术，建造出中国式的桥梁。

中国古代桥梁，于相当长的历史时期里，自成系统，处在世界桥梁历史的先列，是有其渊源和根据的。

第一节 古桥渊源

人类生活离不开水。

人用水以作饮食，洗涤，以种五谷，以养六畜，一日不能无之。所以不论穴居巢处，仍需聚于水侧，先是傍泉靠河，后或凿井开渠。然而水有利亦有不利。

《中兴永安桥记》:“水行乎地中，大为江河淮济，小为溪涧井泉。汲而取之，引而导之，可以充灌溉、具食饮，资涤濯、备塗泽。然可用而不可犯。使犯之而不溺，履之而不陷（冰），去其害而就其利者，盖有道焉。于水之直流而远者，作舟航以行之。横流而近者，造桥梁以通之。”

苏轼《何公桥铭》称:“天壤之际，水居其多，人之往来，如鹈在河。顺水而行，云驶鸟疾，维水之利，千里咫尺。乱流而涉，过膝则止，维水之害，咫尺千里。”②

自然界便已有天生的石梁石拱，溪涧落石、横流睡木，悬谷藤萝。这些不假人力的天然桥梁，可以使原始人类，扩大活动范围，不至于相隔绝而不通。

当我们的祖先，由原始游牧而进入定点聚居，随着生活，生产资料的日臻繁盛，逐渐完整地创建了宅室坛台、城廓道路，车舆舟楫。早期的建筑群，便成为部落聚居经营

---

① 部分采用茅以升先生《中国古桥技术史》概论原句，以志深念。

② 《古今图书集成·考工典》卷三十二桥梁部，48页。

的场所。桥梁也初具规模，并且日益为生活中不可缺少的重要建筑。

考古家们在杭州湾以南的宁绍平原，河姆渡[①]发现六至七千年前新石器时代遗址，已有带榫卯的木梁柱建筑构件。并发掘出若干小件饰物，如木鞘骨匕。其鞘厚薄均匀，上下平直，弧度一致。外壁两头缠有多道藤篾类圈箍，足证当时已具备了对竹、木、藤、骨等加工的手段和工艺，建造房屋桥梁等建筑。

1954年，在陕西西安半坡村发现了新石器时代的氏族聚落，位于浐河东岸台地上。已发现密集的圆形住房四五十座及若干长方形房屋，每间面积一般为16至20平方米，最大的约百余平方米。木柱、土壁、木椽、草顶。在部落周围，挖有深、宽各约5至6米的大围沟。这条沟当年可能有水，估计是为了防御封豕长蛇和异族侵略的设施。其出入之际，势必有桥，也可能是可撤式的活动木桥。时约在公元前4000年左右。人们已进入横流而近者"造"桥梁以通之的地步。

史前和之后的原始桥梁，由于材料和工艺等种种原因，不可能在风雨侵蚀，洪波荡突、战争纷争的漫长岁月中保存下来。因此，或从遗迹的发掘，或从史籍的记载，或从石刻壁画，或从歌咏诗文中窥见一二。古代的桥梁，总是十分简单的。

《易》说:"利涉大川"可见大川无桥，只能卜吉祥的日子，想法渡过。《诗经》里有对过河的各种描述。从褰裳涉水，到游泳过河，浅则抛石作堤，深则架梁跨水。有一定的条件和地位，可以"造舟为梁"。对于更阔大的江河，只能望之"喟然而叹"，或梦想"一苇可航"。

王昌龄《灞桥赋》句:"圣人以美利利天下，作舟。禹乃开凿，百川纡余，舟不可以无水，水不可以通舆。遂各丽于所得，非其安而不居。横浮梁于极浦，会有迹于通墟。"[②] 可见顺河而行可以用舟，横河而渡亦能用舟。较早的古代桥梁，大概不是木梁柱桥，便是浮桥。也只有少数河流的少数地方有桥。技术和财力尚不足以使桥梁遍地开花。

当人力尚不足以克服渡河的困难的时候，以丰富的想象力，驱使飞、潜的动物，帮助架桥。

天上飞的是喜鹊、或称乌鹊、灵鹊。

《白帖》记:"乌鹊填河成桥而度织女。"天上银河，在人间把它看作一条河流，又称银汉。河一侧有织女星，另一侧为牵牛星，两相配偶，男耕女织，十足是人间社会的基层移向天庭。隔河无桥，只有七夕之夜，人间喜鹊飞上搭桥以度织女。所谓"金风玉露一相逢，便胜却人间无数。"乌鹊实不能造桥，后世却可以乌鹊名桥。宋之问、沈佺期诗中都咏到乌鹊桥。

水中潜的是鼋鼍。

鼋似鳖而鼍似鳄。鼍皮可以蒙鼓，鼋血可以染帛。更可以命之"架桥"。这样的事例竟然很多。首先是大禹。《拾遗记》:"舜命禹疏川奠岳，济巨海，鼋鼍以为桥梁。"其次是周穆王姬满。《竹书纪年》记他伐楚:"大起九师，东至于九江，驾鼋鼍以为梁。"《集仙录》又说他往西至今新疆看西王母"鼋鼍为梁以济弱水。"第三个是槖离国太子东

① 河姆渡发现原始社会重要遗址，文物，1976年8月。

② 《图书集成·考工典》卷三十二桥梁部。

明。他父亲怕他夺位，撵他走。《论衡》称："东明走，南至掩滤水，以弓击水，鱼鳖浮为桥。"第四个是高丽扶余王子朱蒙，《隋书·高丽传》载："朱蒙……东南走遇一大水，深不可越……于是鱼鳖积而成桥，朱蒙遂度。"《高僧传》里亦有类似记载。真所谓是"乞灵于水府，假道于介族。"说来若有其事，其实只是幻想。柳涣《赵州桥铭》称："驾海维河，浮鼋役鹊。"[①] 杜甫诗："鼋鼍窟石势，参差乌鹊桥"，[②] 出典在此。至于《竹书纪年》记周穆王事的合理解释见浮桥一章。

不役灵物，便请"神仙"架桥。

最著名的是附会于秦始皇驱石竖柱的故事。《述异记》记他东游至海，观日出"神人驱石，去不速，神人鞭之皆流血。今石桥其色犹赤。"[③]《山东通志》也说："始皇造桥观日，海神为之驱石竖柱。"神竟有名，或说为"忖留"。

有名罗公远者，说其能掷杖成桥。道士叶法善能驾虹为桥，作唐玄宗上月宫的道路。

这些都是不经但有趣的传说。张嘉贞称之为"徒闻于耳，不覩于目"[③]而诗人造句，往往浪漫主义和现实主义相结合。如唐张说和唐玄宗石桥四言诗道："玉梁架回，碧沼涵空（实石拱桥），鞭石海上（虚），锁锻河中（实、蒲津铁索浮桥），横汉飞鹊（虚），规天拖虹（实、指此石拱）。仙圣来往（虚），风云路通（实）。"[④] 张衡《思元赋》句："伏灵龟以负砥，亘螭龙之飞梁"[⑤] 也只是形象化地形容一座石墩石梁或石拱桥。

至于用神话、灵物作为桥梁的装饰以行压胜之法，弥补人力的不足，则又当别论。

第二节　桥与自然

中国古代桥梁，除了简支木梁，木浮桥之外，发展出很多类型，桥梁结构和自然环境有密切的联系。

中国地域广阔，南北东西，气温冷暖不同，地形高低悬殊。北方高亢冬寒，南方卑低炎湿。古人从国内地形的角度来认识，以为天倾西北，地陷东南。实因西部有崇山峻岭，去天盈尺；东南却沃野千里，湖泽晶莹，水网密布。

李太白形容西南的高山是："上有六龙回日之高标，下有冲波逆折之回川。黄鹤之飞尚不可得，猨猱欲度愁攀援。"欧阳詹生长在福建，所见西南"迷高峡深，九州之险。阴豁穷谷，万刃直下，犇崖峭壁，千里无土（都是石头）。"

至于中原，燕冀之间，《赵州志》说："皇岗沙流，坟衍膏沃，龙平马鞍（山名），崎岖郁盘，长川千里，胜气苍然。"[⑥] 骏马秋风，一股豪爽之气。至于北方的河道，天寒水涸，冬日冰封。可是春夏潦水，又可以怀山襄陵。张彧说赵州"汶川伊何，诸川互凑，秋霖夏潦，奔突延袤。"[⑥]黄河这样的河道，又有特别的地方。因为河套南北曲折，

① 《隆庆赵州志》卷二，第9页。
② 《古今图书集成·考工典》卷三十三桥梁部。
③ 见隆庆《赵州志》。
④ 《古今图书集成·考工典》卷三十三桥梁部。
⑤ 《古今图书集成·考工典》卷三十三桥梁部。
⑥ 隆庆《赵州志》。

反而有时上游因在南而冰解，下游在北，依旧冰封，水流不畅，积凌千里。张说记蒲津黄河:“每冬冰未合，春沍初解，流澌峥嵘，塞川而下。如础如臼，如堆如阜，或拕或棍，或磨或坍。”气势之盛，使桥工束手无策。

即使南方的山区河流，无冰封之患，可是季节性河道，正如宋·杨亿形容豫章郡河流:“山源陡涨，水波四起，出长风、架巨浪。乱石盘磕以相击，大木轩昂而杂下。所值者立为齏粉，所赴者荡为藩篱。两崖之间，不辨牛马，一邑之人，尽化鱼鳖。”洪水来时，夹带漂流物，足使所建的桥梁（木桥），“飘荡无遗余”。

因为河道不利于常年行舟，所以陆上交通以车马为主。

东南地区又不相同。

王十朋《会稽风俗赋》称:“其为山也，峻而不险，巨而不顽，盘行静穆，起伏幽闲。其为川也，流非奔泻，聚沙盘涡，千村有楫，百里无波。缥渺郁仓，潆洄绰约，妃耦停句，映带错落。顾盼则别有烟霞，寻丈则自成丘壑。绝天梯石栈之劳，多稳舵安舟之乐。”《越绝书》说其地之人“水行而山处，以船为车，以楫为马。”

冲积平原，遍布水网，却是千里尽土，百里无山。朱长文《吴郡图经续记》记:“观于城中，众流贯州，吐吸震泽（太湖）。小派别浜，旁夹路衢，盖不如此，无以泄潦安居民也。故虽有泽国，而城中无垫溺荡析之患。”① 于是“郛郭填溢，楼阁相望。飞杠如虹，栉比棋布。”然而这些地方，潮流涨退，一样流急。软土地质，承载力低；桥下过船，净空要求高，又引起和山区不同的困难。

由于气候、地形、地质、河道流况、交通条件各不相同，就产生了利用不同材料建筑的不同类型的桥梁。中国古桥用材，无非藤、竹、木、石，其中犹以木石为主。材料都取之自然。

古来用木，取豫章、楩楠、桫椤、石盐、松、柏、榆、杉之属。几乎都是优良的品种。“大木轮囷”采用径尺的木材是很普遍的。因为还有众多宫室民居都用木，森林不断地开采和遭破坏，好木料供应越来越困难，到后期，大致只有松、柏、杉等较普遍的材木。

一切材料，即使是优良的材质都会破败。昔称石沏（风化）、土（版筑、土砖）圮、木朽、绳绝、船危。一方面尽量设法改进木桥结构，以期永久。相比之下，还是石料坚固，于是结构用石，采用各种砌石的方法，包括石拱。历史上很多桥梁，或是木石兼用，如石柱或石墩木梁。或先木后石，如变木栈为石栈，改木梁为石梁。一条河上，先用木船摆渡，再造木桥或舟桥，最后一劳永逸改为石梁。

有一篇很有趣的判定用木还是用石的《造桥判》起因是:“河阳欲造石梁，以费广，请造舟计。风乌海燕，亦用謍巨万，州使相争不定。”孙崇古对曰:“河阳地即帝畿，境惟天邑，石季伦之别业（石崇），吹楼云断；潘河阳（潘岳）之古县，春树花开。波石沿洄，杳昆仑之水，半马阗咽，俟鼋鼍之构。虹梁鹊柱，既暂劳而永逸，风乌海燕，但有损而无成。爰叩两端，且多职竞。将申一部，希效管窥。宜兴鞭石之功，无取接舟之议”② 他主张采用石桥，文中所引用好多便是前述的神话、传说典故。

① 《吴郡图经续记》卷中。

② 《古今图书集成·考工典》卷三十三桥梁部，47页。

唐代苏州，白居易称为“红栏三百九十桥”实际是指红漆栏干的木桥。后来都逐步改为石桥。宋代浙闽很多河道都是浮桥，后来可改者都改为石桥。而广东潮州广济桥，仍因中部河道太深而留一段浮桥，成为石梁墩桥与浮桥相结合的桥梁。元《文类》记元大都（今北京）:“都城初建，庶事草创，其内外桥梁皆架木为之而覆以土，凡一百五十六。至大德间（1297～1307），年深木朽（不过二十年左右），有司以为言，改修用石……。”

即使石桥也会步入消亡。没有一个建筑物可以永垂不朽，除非是吐故纳新，不断地修缮保养。也只有那些有划时代意义的桥梁，受到历代官方和人民的重视，有组织地加以维护，才能够达到。

人类应用自然界的材料，顺从，组合自然界的客观条件和规律，建设各种类型的桥梁，为交通服务。桥还逃不脱宇宙消长的道和理。

古代桥梁建设的发展过程，相对近代来说是缓慢的。可是这要以历史观点看问题。中国古代桥梁为什么有如此辉煌的成就，和社会的发展规律有关。

第三节　桥与社会

桥梁是公共建筑，是在人类群居生活后出现的。交通的需要，要有专人负责“徐道”“成梁”。即铺设保养道路，架设桥梁，以便行旅，免涉水。

古代社会对交通的要求首先是狩猎。进入商品交易时代，相互贸迁，以通有无，这就是经济要求。成立国家，集中表现为满足政治要求。社会动荡纷争，产生了军事需要。

更简单一些的区分是和平时期的建设和战争时期的建设。

一　和平时期

《孟子》注:“先王（泛指远古的帝王）之治，非独其大纲大法，无有偏而不举之处，则虽一道经之微，一津河之小，民所经行之处，亦必委曲而为之处置焉，惟恐其行步之龃龉，足胫之皲瘃也。圣人仁民之政，无往而不存。”

和平时期道路和桥梁的建设是上至中央，下至地方应负的责任。其利不仅是便民，并且是至治的必要条件。在通讯工具和交通系统还不具备多样化的古代，政令、巡视、上计、货殖等都靠道路驿传以通消息和有无。虽然道和桥的发展并不完全同步一致，可能有了路而暂时在某些地方缺桥，以渡代替。这种现象直到今天还存在。可是总的方向，还是提高建桥能力，发展桥梁新的结构和技术，增大跨越，以使道路畅通无阻。

道路桥梁的修建和发展，古代便分为三级。全国重要的道桥，由中央负责。一般道桥属地方负责。民间小路道桥，则由乡里自理。但道桥的保养和维护，一直是地方官的责任。中央负责视察，以此定守土者的政绩。

《国语》记:“周定王（前606～前586）使单襄公聘于宋，遂假道于陈以聘于楚。火朝觌矣，道茀（长草）不可行也。侯不在疆（封地官不在本土），司空不视涂（管道桥者不加巡视），泽不陂（不作堤防），川不梁（不修桥梁）。”说明其国不治。

《孟子·离娄下》载:“子产听郑国之政，以其乘舆济人于溱、洧。惠而不知为政（是为老百姓做些实惠的事，但这叫不懂政治）。岁十一月徒杠成，十二月舆梁成，民未病涉也。君子平其政，行辟人也。焉得人人而济之。”宥于古代技术条件、洪水时期桥梁站不住，那末枯水时期可以搭架走人的“徒杠”或行车马的“舆梁”。用车子载人淌水过河，能起到多大的作用？所以单襄公亦说:“夫辰角（星名）见而雨毕（雨季过去），天根（星名）见而水涸。故先王之教曰，雨毕而除道，水涸而成梁。故夏令（夏禹是管工程的官，周时因袭，便称夏令）曰:‘九月除道，十月成梁’。”

三代相传，到春秋战国，一直把道桥工程作为政治的一部分。秦、云萝竹简《为吏之道》列桥梁为其职责之一。

汉代薛宣，其子薛惠为彭城令。《汉书》记:“宣至其县，桥梁邮亭（驿亭）不修，宣心知惠不能。”注曰:“盖道路桥梁，虽于政治无大系（没有太大而明显的关系，然不能称无关）然王道至大而极备，一有所阙，虽若无甚害者，然而一人不遂其欲，一事不当其理，一物不得其济，亦足为大投之累，全体之亏也。故大人为政，虽受一命，居一邑，亦无不尽其心焉哉。”

《老子》说:“天下大事必作于细。”大事是小事的积累。政治便是集为民服务的小事而成。涂不治，川不梁，便可见其国不振，以小见大。当政者需使政治没有漏失，历代相传，成为中国政治中的优良传统之一。

宋·陈尧佐《涌碧桥记》称:“(左）传曰，凡启塞从时。说者曰、门户道桥谓之启，城廓墙堑谓之塞，皆从坏时治之，斯不曰政之先民之急乎？昔子产听郑国之政……。”

《泉州府志》记明代五马桥:“桥据溪上游受溪涧诸水之委注。一遇雨潦，则猛湍冲决击啮，故恒善坏。其路自南而北，折而东行，道迂焉。邑侯后林叶公，顾而叹曰，善坏弗安，行迂弗便，弗安弗便，其曷善政?”①

清·康熙帝数下江南，驻跸苏州。彭定求记苏州横塘普济桥破旧，地方官因怕受桥梁不治之责，予以“撤故谋新”。②《清实录·世宗录卷》于雍正十一年（1733）上谕，谈到京师至江南数千里，“近闻官吏怠忽，日渐疲驰。低洼之地，每多积水，桥梁亦渐塌陷，车难行走……大吏不稽查训诫之故也……倘有不遵……从重治罪。”本来应该主动积极地“启塞从时”，蜕化为促而后动，或在影响其本身前程时做一些表面文章。这已是政治下降的一种不良现象。

循吏守土，桥梁崇饰；俗吏敛财，桥梁破败。古今一辙。

有时职责不清，亦会引起纠纷。历来京师桥梁由中枢、京兆尹直接掌握。唐时长安霖雨，城中桥坏，上面把责任推给长安和万年县令，县令不服，称:“各有司存，不伏科罪。”有识朝臣亦代为之申辩。其申辩之辞自成一篇丽文。赵和的《对》策说:“中京帝宅，上洛星桥，宫城俯临、九重密迩，康庄或断，一切停留。架海鼋鼍，谁看往昔；填河乌鹊，不见新营。冠盖相喧，遏红尘而不度；车徒竞拥，驻白日以移阴（长时塞车）。修构既在科须，差遣诚归正典；事合属于‘将作’，不可责以亲人。诉者有词，请停推劾。”都城重要的工程，自然需要中央拨帑，简员督办。如修中渭桥“京兆尹紫绶而董

① 《泉州府志》卷十。

② 引《吴县志》卷二十五。

之，邑吏墨绶以临之。”有时较重要的桥梁另简高官、专行措置。

重要的桥梁，九重亲自干与。如秦昭襄王的河桥；唐玄宗的蒲津铁锁浮桥；宋太祖的批示洛阳天津桥；宋仁宗的褒誉泉州万安桥；清圣祖的亲题泸定桥。桥梁通天，然后由有司安排进行。历代官制中，古时有冬官、司空、管理百工。《史记·五帝本纪》记：“舜于是以垂为共工”马融注：“为司空，共理百工之事。”又“垂主工师，百工致功。”汉、唐以来，管理水利及水工建筑的或称都水长、都水使者，都水监、司津监等，总管职部，其具体工作有“将作监”职掌土木工匠。

不论怎样分工，总的政策从三代时便已确立。孔·孟师事三代，明确了道桥建设是政治的一项任务。所以中国古代桥梁的成就，儒家思想是重要的因素。

福建泉州洛阳桥是当年一个宏伟的工程。泉州石桥或在长度，或在难度，超过洛阳桥的不少。桥梁落成时的主持者蔡襄（后谥忠惠）不过参加了工程的约1/3时间，泉州人却归功于他，于桥头建祠纪念。《蔡忠惠祠纪》盛称他在朝刚正、分辨善恶、贤不肖，有儒家的正气，“凌节冰雪、抗志云霄……及知泉州，仁声惠政，更仆未易数，乃今以万安桥特闻。……闽士大夫、氓庶思慕不衰。于焉寄渺思于清涟，溯琦品于珉碣……。”历史上名儒名臣，与名桥共垂不朽者尚有如秦·李冰的成都七桥；晋·杜预的河阳浮桥；唐·李昭德的尖墩柱石桥；宋·陈希亮的贯木拱桥；宋·唐仲友的潮汐浮桥；明·邹应龙的顺济石桥。很多杰出的建桥技术思想，却是儒者的创见。

桥梁除了官办之外或为地方民办。

民间建桥，有几种方式。或官方助资，地方集资，委地方士绅督办；或纯由地方集资兴建；或由宗教徒，特别是佛教徒募资建造；或为个人独资创建。中国古桥之多，偏及穷乡僻野，恐怕与这一种灵活地鼓励全民造桥的方式有关。民间造桥，地方官予以旌扬。

官方助资，主要是地方官倡捐，地方集资建桥的数量甚多。有名的如江苏苏州宝带桥，唐刺史王仲舒“鬻所束宝带”作倡导。宋·惠州东新桥，苏东坡正贬官于此，亦曾捐金助费。桥成后作诗有句：“……使君领我言，妙割无牛鸡（即从政为民惠，不分大小）。不云二子劳（不说他们自己的功劳），叹我捐腰犀（即用王仲舒捐犀带的故事）。”至于捐俸助资更为常见。

举以董其事者，往往都是地方士绅。如元泰定间（1324～1328）修江苏吴江垂虹石拱的“义士姚行满”；明万历大地震后修复福建泉州洛阳桥“谢事在家”的李呈春；清代修复江西南石桥的谢甘棠等。利用地方士绅，一取其富有资财，二取其热心公益，三取其有组织能力，能任大工役。更重要的是懂得政治之道，有“勇于仁”的儒家思想。

有些大道桥梁，地方官失职不修，或乡间道桥，地方官不一定能够想到，但百姓日需，便自己集资建造，只需禀呈请准，地方官百事不管，完全民办。或由士绅，或由普通老百姓中急公好义者，或由僧徒，化缘募集，聚砂成塔，集腋成裘，取得成功。

中国老百姓受孔孟之道的教育和薰陶长达2000多年，成为礼义之邦。礼失而求诸野，农工百艺，贩夫走卒，老少妇孺，都懂得造桥是便民的好事。

在中国有势力的宗教为道和佛。道教的影响不及佛教。历史上张陵创五斗米道，其子张鲁、汉末在汉中曾为驿栈出过一些力外，很少看到有道教徒募劝造桥的记载。

佛教传入中国后，逐渐改变了在天竺时“着衣持钵，入城乞食”然后“洗足敷座”

坐而谈佛的纯粹修行的办法。《大智度论》说:“比丘（僧人）上自如来乞法以练神；下就俗人乞食以资身。”把佛徒们在世的生存完全假托在众人身上。禅门注意到此，在化缘之外，自行生产劳动和为老百姓做好事。

佛教的宗旨是见空出世。但是不论小乘大乘，都需要行善戒恶，随喜功德。因为“众生”的知识文化，觉悟程度不同，诱导的方式亦不一。小乘佛教造作三世，六道轮回的理论，使人相信行善得报，不见于今世则见于来世，给人以若有而无，宁信其有，不计其无的精神寄托和希望。大乘虽亦说空，不过禅宗《坛经》教人“于相而离相、于念而不念、念念不住”就是说承认有客观的事物（相），有种种思想（念），但是不要执着，便可得清净世界。既知为空，但不持空，不空不有，入“不二法门。”人生在世“但行直心”。所谓直心者是正直之心，赤子之心和慈悲之心，以超度世人。假如不是这样，一切皆空，万念俱灰，佛教本身又要它做什么？直心行善，非为图报，不求来世，而是以入世的方式出世。

佛教要求敬佛、供僧、造寺庙宝塔，是为延续宗教的措施，可是俗说“救人一命，胜造七级浮屠”又说“行三百善，如造浮图”还是注重于实际的善行。所以修桥铺路，阴功积德。

在中国桥梁历史中，自五代以后，与僧人有关的桥梁为数甚多。如宋代河北正定高僧怀丙，既修整赵州桥，又设法起出山西永济黄河蒲津浮桥落水的铁牛。福建泉州僧人祖派，始议募建最长的石梁墩桥安平桥。僧道询一人在泉州造长大石桥六七座，前后以建桥为务者五十余年。僧江常、智资募建福建晋江大道桥；僧文会建泉州石笋桥；僧仁惠、守徽、惠胜、惠魁都曾建石桥。清浙江僧人妙真修临海下津浮桥。明代西藏密宗喇嘛唐东杰布，除了率徒化缘之外，创设藏戏，以演出聚资，在西藏地区，修建了58座铁锁桥和60余座木桥。所修桥梁远到不丹。

一个老百姓也会出于善心，发奋独力修桥，以愚公移山的精神，数十年如一日，或子孙相继，终于成桥。如元代山东堂邑人刘斌，为修复西安灞陵桥，辞家结庐灞岸。因为他一身兼能匠人（石工），梓人（木工），冶人（锻冶），斲轮（做车轮圆木作），“以素艺供其所费”。其精神终于感动了地方官吏和士绅、甚至蒙元世祖的召见。最后造成了15孔石拱桥。明万历间贵州人葛镜，独资建福泉一石桥，三建不成，最后发誓“吾当罄家荡产，以成此桥，如再坠败，将以身殉之。”三孔石拱成，名曰葛镜。同里吴家桥是清代嘉庆间吴东阳所建，夫死妻继，所以桥又名继善。四川灌县何先德修竹索桥，亦是夫死妻继，故当年亦名夫妻桥。

清代浙江新昌玉成桥，由马正炫父子两代建成。清浙江泰顺回龙桥，始建于道光28年（1846）完成于光绪二年（1876）前后28年，由陶化龙、子玉林、孙鹤年、死生相继建桥未成，最后由孙鸿年率曾孙麒、家树建成，前后历四世，其志不衰，实在是感动人。这类事迹，岂可不名垂青史！

全国如此可歌可泣的建桥的故事，见之于记载和传说的还不少。因为其感动人，所以有时就神而化之矣。

二　战争时期

人类历史上，战争与和平在不断地交错进行，循环不绝。中华各民族之间，在历史上亦有分裂和统一的局面，有几次大的分裂和几次大的统一。

和平时期要求建设，战争时期，似乎都在破坏，对桥梁起消极的作用，事实并不完全如此。战争对桥梁建设亦有积极的一面，这一立论，似乎荒谬，但是事实确是如此。

从战争的过程看其和桥梁的关系。战争可分为三个时期，即战争的酝酿、进行和完成。往往一场战争，起因甚多，积蓄已久，事先画算，要做很长时期的准备工作。

当国家分裂的时候，就酝酿着兼并和统一，于是注意通往目的地的道路和桥梁的建设。

《越绝书》越绝计倪内经第五："昔者越王勾践，既得返国，阴欲图吴，乃召计倪而问焉……恐津梁之不通，劳军纡我粮道"时在公元前四世纪春秋末期。越只能修缮架通境内的桥梁，敌境的道桥如何处理？

战国时秦图灭蜀，秦惠王处心积虑。秦栈道自雍通到汉中，王与蜀王相会于汉中边境。《蜀论》称："秦惠王欲伐蜀而不知道，作五石牛，以金置尾下，言能屎金。蜀王负力，令五丁引之，成道。秦使张仪、司马错寻路灭蜀。"这是利用蜀王贪得，假敌国自己的力量，去修缮扩建栈道，却从此进兵。这是兵家的诡道。

战争进行之中，攻守双方，或修或断桥梁。

汉王刘邦，初入汉中，烧绝栈道，示不东返，是代敌人断桥的迷惑之计。事后又明修栈道，暗度陈仓，用声东击西，出其不意，攻其无备的兵法，都是以断、建桥梁作为手段。

三国时战争频繁，桥梁破坏和建设相替进行。《三国志·张飞传》："曹公入荆州，先主奔江南，使飞将二十骑拒后，飞据水断桥。"这便是有名的湖北当阳长板坡之战。

《三国志·吴主传》记吴、魏之争："权征合肥……为魏将张辽所袭"《江表传》曰："权乘骏马上津桥，桥南已见撤，丈余无板。谷利在马后，使权持鞍缓控，利于后著鞭以助马势，遂得超度。"孙权得马跃断桥而逸。

诸葛亮相蜀，有北定中原之志，所以《华阳国志》称："诸葛亮所至，治官府次舍，桥梁道路，藩篱障塞，皆应绳墨"又"武候相蜀，在大剑山凿石架空为三十里阁道。"

汉中褒斜道上，赵子龙退军，烧绝赤崖以北栈道。钟会进军，又派兵修栈。《三国志·钟会传》："司马文王欲大举图蜀，以会为镇西将军，统十万余众，分从斜谷骆谷入。先命牙门将许仪在前理道，会在后行而桥穿，马足陷，于是斩仪。"许仪乃曹操爱将许褚之子，军法不贷。栈阁一章便是一部战争架撤桥梁的历史。

《隋书·炀帝纪》记大业五年（609），军至甘肃兰州以西，黄河支流浩亹河上："梁浩亹，御马度而桥坏，斩朝散大夫黄亘及督役者九人"《隋书》又记其辽东之战役："工部尚书宇文恺造辽水桥不成（丈量不准，短了一截）未得济。右屯卫大将军麦铁杖战死"[①] 后由何稠再造，二日而成。虽不处罚宇文，可见行军修桥是十分认真，非同儿戏

① 唐·魏征，撰《隋书》卷四，中华书局，1923年。

之事。

战争中架桥，要取快速轻便的方法，就地取材。砍树、抛石、卸门、拆屋、甚至手中的武器金枪、战车的车轮，都可以临时用以架桥。浮桥是战时最容易搭架又为大江小河随处适宜的桥式。

浮桥一章也是一部战争史。浮桥也许是和平时期所创建的“造舟为梁”，可是在战争时期得到大量使用和发展。攻方拘集民船，栰筏以造桥；守方则先期藏匿或烧毁民船，坚壁清野，以避免敌方资用。于是攻方便自携“过索”“浮囊”“浑脱”等渡河搭桥的工具，搭架浮桥。穷极之下，利用天气，还可造草冰浮桥。于是黄河之宽，亦能陆地行军。

战争之中应用浮桥可谓灵活之极。

行军之时，夹河为营，搭架浮桥。与敌挑战，背水而阵，亦有自架浮桥而渡河。甚至为敌造桥，诱敌深入，择有利的地形以取得胜利。如《宋史·刘锜传》金:“兀术围顺昌，锜遣耿训以书约战。兀术怒。训曰，太尉非但请与太子战，且谓太子必不敢济河，愿献浮桥五所，济而大战……迟明，锜果为五浮桥于颖河上。”这是一个非常奇特与大胆的战略。

和平时期建设的重要桥梁，不论梁、拱、索、浮，因为建设不易，不予破坏。如唐玄宗于安禄山之乱时出长安便门，过咸阳西渭桥而西，杨国忠欲焚桥，李隆基命高力士止之以度百姓。有些重要或不易破坏的桥梁，如石桥、大浮桥，桥头便设关隘防守，于是桥头往往形成较大的战役，产生了一整套攻、守桥梁的办法，也一定程度上改变了构造的方式。在以下诸章中都有鲜明的实例。

一座重要桥梁，和平时期，行人憧憧往来，车马奕奕腾轩。一到战争时候，师旅阗阗，旌旗肃肃，刀光剑影，血肉横飞，成为战场。各个朝代著名的有关桥梁如：

武王与纣有钜桥之战；周穆王九师东征，于九江造浮桥；春秋吴越之争，战于界桥；战国晋师伐楚，会于汉水浮桥；刘邦入秦，屯于灞桥附近；东汉吴汉与公孙述大战于长江荆门虎牙浮桥；三国曹操、袁绍官渡之战；东晋侯景攻金陵朱雀桥；唐郭子仪与史思明洛邑河阳浮桥的争夺；唐与吐蕃攻守黄河乌兰桥；北宋与金有澶渊之役；南宋岳飞部将杨再兴大战兀术于小商桥；明代戚继光和倭寇战于泉州洛阳桥；清兵入关，杨州十日，血染二十四桥；近代史中，北伐军战于汀泗桥；红军长征强攻泸定桥；抗日烽火起于卢沟桥。桥梁蒙受或大或小的灾难，也是历史事实的见证。

战争之后，这些有历史意义的桥梁，予以修复保存。虽然年代久远，又难免归于尘土。不过，经过一次战争，初期虽是萧条、待经济复兴，政治安定，桥梁建设反而增加，桥梁技术亦有所提高。所以，战争虽是一个破坏因素，的确也有促进桥梁发展的因素。这些因素表现为：

(1) 大量的破坏引起大量的建设，造就了大量的桥梁建设人才。

(2) 过去桥梁建设中暴露出来的布局、结构和材料方面的缺点，于重建中可以克服改进。

(3) 在战争中创造出来的新的、快速的适应方法，在和平时期亦可加以应用。

(4) 增强了桥梁的防御功能。

(5) 在战争中，以勇猛果断的方式，跨过了和平时期不敢想象跨越的天堑之处。便增加了桥梁的跨越能力。

以上诸点，在近代第一、二次世界大战前后情况的对照中也都得到证明。

当然，人类所希望的是一个永久和平的世界。和平时期桥梁和一切建设事业，其发展都要比战争时期快。不过，基于社会的种种因素，是不是能够永远避免战争仍然是一个问题。在和平时期，局部战争不断，和平中酝育着战争，统一中出现了分裂。用和平或战争方式去解决争端，还不容易牢牢掌握。

第四节 桥梁发展

中国桥梁的发展，基于自然和社会条件的组合。山川地理，在人类出现后的发展史上，虽然也有沧海桑田的某些变化，但基本上没有太大的变动。人类社会，都经历过不同的生产力的发展阶段。联系到桥梁，通过各个历史阶段的积累，最后形成了相当完整的中国古桥系列。

中国桥梁发展大致可分五个时期，即：周秦时期，两汉时期，隋唐时期，两宋时期，元明清时期。

远在周秦以前的桥梁，已难考据，只凭推测假说，故不独立节目。

一 周秦时期

周为殷商封国。周革殷命，分封诸侯，是为西周、春秋时代。东周尾大不掉，列国称王，战争不已，是为战国时代。秦得自周封，数世坐大，据八百里秦川。最后嬴政统一中国，称始皇帝，传二世而绝。

周秦时期，中国已由原始公社、奴隶社会，进入至公私田制的土地制度，促进了农业生产。又取山泽林薮之利，手工业和商业也相当地活跃起来，对道路交通，需求日益增长。列国纷争，各发展境内和与邻国之间的工农商与交通。但强弱悬殊，昏明不一。春秋五霸，战国七雄，历史记载以政治斗争和军事纠纷为主。既有交通，必有桥梁，那个时候，天下河川，渡多梁少，不过通都大邑和重要的通道上还是有些著名的桥梁，详见梁桥一章。

齐、鲁大邦，却未见有十分著名的桥，名桥仍集中在中原秦、晋。特别是秦，吸纳六国英才，重农而兴修水利，重商而贸迁天下，重武而统一中国。桥梁的建设都与此有关。

首先是水利工程受惠的地方建桥。

秦惠王既并巴蜀，后李冰为蜀守。李冰在成都灌县大兴水利，创设都江堰，调节岷江之水为内外二江。于是成都平原成膏腴之地，胜若江南，河道纵横。李冰在渠上多建桥梁，其最著者是成都七桥，上应北斗七星。

《华阳国志·蜀志》云："长老传言，李冰造七桥，上应七星。"其桥的名称是"西南两江有七桥：直西门郫江上曰冲里桥；西南石牛门曰市桥……城南曰江桥；南渡流（江）曰万里桥；西上曰夷里桥，上曰笮桥；桥从冲里桥西出北折曰长升桥；郫江上西有永平桥。"既称七桥，桥名却有八数。《水经注》引用略同，只冲里作冲治，永平桥作升仙桥其数亦八。

《一统志》引李膺《益州记》云:“一长星桥今名万里，二员星桥今名安乐，三玑星桥今名建昌，四夷星桥今名笮桥，五尾星桥今名禅尼，六冲星桥今名永平，七曲星桥今名升仙。”桥名多不同，以夷星桥与笮桥为一桥。

近人任乃强教授（已故）分析认为:“李膺从桓温伐蜀，留蜀中颇久，盖与常璩为同时人，而所记李冰七桥与常氏异者，常氏记故老传说，李膺记当时星讳家言，《郦注》折衷二家为文。《初学记》则恪遵常志。”他认为常璩所记夷里桥和笮桥是二桥，不是一桥是正确的。其所绘李冰七桥的桥名和位置如图1-1。七桥之外亦将笮桥画上，笮桥在七星桥之外。

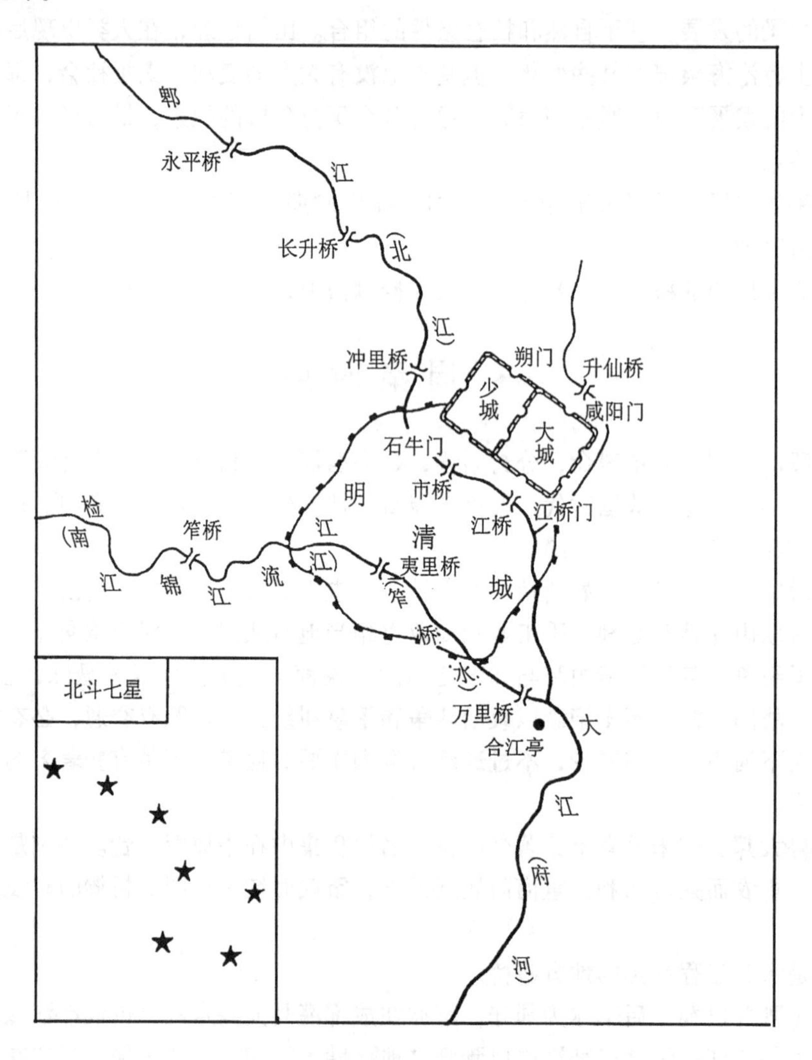

图1-1　秦李冰成都七桥图

《寰宇记》云:“笮桥去州西四里，一名夷里桥，又名笮桥，以竹索为之①”。任则

① 《太平寰宇记》卷七十二。

说:“今按李冰七桥皆木制之板桥，可行车马。唯此附廓七桥外，乃仍旧为竹索桥。夷里桥决非竹索为之。李冰于成都通临邛道上，各渡口皆作笮桥。明著（款为刊）《常志》记其出少城赴临邛之第一（桥为）笮桥，正跨检江……。”竹索的笮桥，公元前三世纪已有记载。笮桥是不能通车马的软桥。任乃强的分析是可取的。

战国时还有其他水利工程，如《史记·滑稽列传》记:“魏文侯时（前445～前396）西门豹为邺令，发民凿十二渠，引水灌民田。到汉时，长吏以为十二渠桥绝驰道，相比近。渠水且至，欲合三渠为一桥。邺民人父老不肯听长吏，以为西门君所为也，贤君法式不可更也，长吏听置之。”则西门豹一次造渠道上十二桥。

秦时郑国为秦兴水利，为郑国渠，渠上必有很多桥梁。

秦时为贸迁与兼并造有很多的特殊类型的桥——栈道。

战国时蒙古族崛起，渐与中原各民族有所冲突。于是各国各自在边境筑城。秦始皇统一中国，令扶苏督蒙恬整理长城，联成一气。明代大为延筑修缮，是世界著名的万里长城。其实与长城同时，甚至比长城更早的伟大工程是千里栈道。栈道修筑是万山丛中，循涧沿溪，缘山傍谷，万木相联，形成可以行走车马的道路。栈道是特种的道路，也是特殊的桥梁。在世界上亦是中国所独有，足与长城并列为雄。

秦先都于雍，在今陕西宝鸡附近。为了秦蜀两地的交通，在秦惠王以前（前316年以前）已修筑有多条栈道。秦惠王时，用计假蜀国自己的力量，又扩大了四川境内的金牛道。秦蜀间栈道，由于秦都东迁而向东部发展。《史记·范雎、蔡泽列传》记蔡泽说范雎称:“今君相秦……栈道千里，通于蜀汉”栈道千里，仅为约而言之。栈阁一章所记栈道总数恐亦超过万里。只是栈道不能像长城一样联成一气。栈道是木结构，目前绝大多数木栈早已损毁，只留下石壁上联绵不断的“石穴”。

根据石穴布局和古人留下的栈道图卷，在四川广元以西，恢复了一段栈道，其意义不下于复原八达岭，蓟县的一段长城。山川之雄，栈道之险，身至其地，令人激荡胸怀。栈道与长城一启一闭，是中国桥梁史上一大骄傲。

在栈道的基础上发展了宫室之间，及宛囿离宫别馆之间，短长距离，专供皇帝及扈从使用的复道。即高架的，上下都可通行，且盖有廊屋的陆上长桥。后世美丽的廊、亭、阁桥梁亦始于秦。

周秦时代又是浮桥的创始和发展时期。当殷商时候、周文王在公元前1127年左右，在渭水下游造浮桥以迎娶有莘氏之女。可见浮桥的创始还要早些。公元前965年，周穆王伐楚在九江造浑脱军用浮桥。公元前541年秦公子鍼，在黄河夏阳津造浮桥，这不过是临时性的，而公元前257年，秦昭襄王造正式的蒲津浮桥。于是中国最阔大的河道——长江、黄河上都有了桥梁。

秦始皇是一个有魄力的统治者，他统一了中国，造成了规模宏大的咸阳渭水桥，长400～500米，共68跨。桥为石柱或木柱木梁，宽约13至15米。桥头水中还置石刻半身水神雕像。秦始皇统一中国后一年（前220），从咸阳出发，修治通天下各地的驰道。为了交通“车同轨”，路放宽。东南至于海，西、北至于边，规模宏大。也能想见其桥梁之盛。只可惜没有详细的桥梁记载。

战国时铁质生产工具的出现，使开采和雕琢工料的能力更强，所以石柱、石梁，已用于桥梁。

可以这样说，这一时期，梁、索、浮三种桥型已经具备，虽然形式还比较简单，构造还没有达到尽善尽美的地步。

二　两汉时期

汉朝立国初期便和栈桥的建设有缘，汉高祖自汉王从汉中回兵，志乘有记，曾令樊哙修道。造成了后世以其姓命名的樊河铁锁桥，若事属实，则西汉之初便开创了第一项以新材料造桥的记录。且命萧何留守汉中，通巴蜀、萧何修缮金牛道以运巴蜀的师和粮。栈道为汉开国立下功劳。

刘邦统一中国，立国之始，马不均驷（拉车子的四匹马不是一样颜色），宫室不修。萧何治宫室，备极壮丽，还受到刘邦表面上的责斥。那时是战争之后的恢复时期。文、景之治国力日强。传到武帝，雄才大略，拓土开疆。两汉时期修建了不少桥梁。

长安渭水上的木梁柱桥，原只秦代留下的一座，西汉景帝五年（前158）在东面下游加建了一座。武帝建安三年（前138）在西边上游又加建了一座。使京城渭水上有了三座桥梁。这样的木梁木柱式桥，在山东、河南、四川、内蒙的汉代墓葬画像砖，画像石，壁画中都刻有同类主题。或则是上述各地都有类似的桥梁。或则因墓主人多半是在朝为官，归葬为荣，于是在墓中摹刻京师的渭桥。汉时宫门都有阙。因此，汉桥两头有阙。木桥或为平桥，两端带坡，或为骆驰虹桥，即桥面弯曲如虹的木梁柱桥。这是汉桥的特色。

1986年咸阳附近发掘出的沙河桥木柱桩，桩顶焦枯，是火烧后残迹，测定年代在西汉初期，甚可怀疑是项羽所焚，是中国较古桥梁的遗迹。

汉武帝好大喜功，令唐蒙人南中（云南）“凿石开阁”通僰道；令司马相如通西南夷，开零关道；令张汤之子开褒斜水道以通糟，不成，却使褒斜栈道成为康壮之道，绾毂不绝。

汉、赵充国“治湟陿以西道桥七十所，令可至鲜水，从枕席上过师。”

世界各国都有人在探讨拱桥的起源。需要予以区别的是拱结构形式认识起源和圬工拱桥的应用。拱桥结构的起源可以有多种假说、拱何时在实际中应用，则应有实物或历史的根据。中国的圬工拱，起自西汉。

地面上已经没有早期圬工拱桥的痕迹，即使或有，因为石料无法确定其加工建筑的年代，若无文字刻记，虽有亦将失之交臂。可是中国地下埋葬着各个时期的墓葬。在可以判断年代的墓葬中最早的砖拱年代是西汉中期。汉武帝元鼎元年（前121）至元封元年（前110）间的汉墓画像石裸拱拱桥，也许可能是泗水上一座石拱桥的形象。至于历史记载中东汉末邺城（今安阳东北）和满城的“石窦桥。”以及《水经注》中“下圆以通水”汉阳嘉四年（135）所建洛阳建春门石桥是较早的石拱桥记录。

汉代承藉了战国空心砖墓拱发展为圆拱，中国的拱桥还是从圆弧拱（不是半圆拱）开始的。这一考证和推论，详见圬工拱桥一章，这也是汉代桥梁事业的特色。

自新莽重通子午道后，东汉期间，屡修栈阁，留下了珍贵的栈道石刻。东汉末与三国期间，战争使栈道在短时期里经历了不少沧桑兴废。诸葛亮辅刘邦后裔刘禅，效法乃祖，从汉中出兵中原，不成。蜀汉之亡竟亦和栈道联系在一起。

三 晋、隋、唐时期

晋结束了三国鼎立的局面。晋武帝司马炎也是一位杰出的人物。然而西晋统一不过50年，永嘉之乱，接着晋室东迁，偏安东南一隅与北方，成16国此起彼伏的形势将100年。

当西晋盛时和东晋相对稳定的阶段，还是有些桥梁建设的。

晋武帝都洛阳，洛阳便有几座名桥。《晋书·武帝纪》载："泰始十年（274）九月，立河桥于富平津。十一月，立城东七里涧石桥。"前一座是有名的杜预（字元凯）建富平津黄河浮桥。当年大概上游诸桥早废，富平津桥成了黄河上唯一的一座浮桥。桥成，司马炎亲临行礼，君臣之间还有一段互颂的对白。第二座桥，即《水经注》误以为太康三年（282）的旅人桥。旅人桥也不是石拱桥的最早记录。这二座桥，虽然都早已没有了，但后世记浮桥落成，往往引杜元凯事为喻。

西晋永嘉之乱，鲜卑族一支，自今东北西迁至今甘肃。吐谷浑（人名）造黄河上游的河厉，即木伸臂梁桥。从简支木梁到木伸臂梁，桥跨一跃而增长近四倍之多，使深山峡谷，造桥不用树柱，是木桥的一大进步。

东晋时，北方16国前后纷争，于是浮桥的建设较多。如东晋穆帝永和六年（350），苻坚造洛阳盟津浮桥，"即济，焚其桥。"后赵石虎，在建武二年（336）想在安阳南黄河灵昌津抛石造桥，不成，等。

东晋偏安江南近百年。成帝咸康二年（336），在丹阳（今南京）建朱雀大桁（浮桥）。晋《起居注》称："都水使者王逊立之。谢安于桥上起重楼，楼上置两铜雀"故名朱（红漆）雀（铜雀）桁（通航）。秦淮河并不宽广，三国时曾造木桥而东晋却造浮桥，即使重楼飞雀，仍含有临时性的含义在内。之后到南北朝时，南朝六朝在秦淮河上的"二十四渡，皆浮航往来。"一座固定式的木桥都不造，还不是为了兵来便于撤桥。

在浙江绍兴，东晋时建有一些石桥，如王熙之题扇的题扇桥，光相寺前的光相桥等。现存都是石拱桥。当年是否便是如此，暂无法证明。不过有100年较太平的日子，又处于偏安的腹地，石拱桥的建设是完全可能的。

隋祚虽短，前后仅30年。文帝稳健，第二代炀帝却也好大喜功。加上其宠臣宇文恺、何稠都是建筑能手。所以在长安造霸陵桥。大业元年（605）造洛阳天津桥，开创用"铁锁维舟"的铁链浮桥。炀帝东征朝鲜，西讨西羌，随路造桥。后期政治荒废，因未在位时曾封于广陵（今扬州），故对扬州特别留恋，通运河，经汴泗下扬州。扬州在隋时便以二十四桥著名。二十四桥一说是二十四座桥梁。另一说是月夜炀帝与后妃游赏于桥上，共二十四人，故名二十四桥。以前者的说法为是。

隋代留下最著名的是建于隋文帝开皇四年（584）的河南临颍小商桥。为单孔敞肩圆弧石拱桥。而始建于隋开皇十五年（595）完成于炀帝大业二年（606）的河北赵州安济桥，是一座更大的单孔敞肩圆弧石拱桥。其桥跨桥式，称雄世界达1200余年之久。自西汉末出现石拱桥到赵州桥建成约700年，石拱桥达到了登峰造极的地步，在隋一代是个飞跃。在圬工拱桥一章的考证中可见，这一技术的成熟亦是积渐而成，碰巧正好到隋代瓜熟蒂落。技术和政治是两回事。政治经济形势可以为技术发展创造有利的（当然也有不利的）条件，却不能代替技术的创造和成就。造桥的毕竟是安济桥大匠李春，而不是炀帝杨广。

唐祚甚长，共传290年之久。其中贞观之治，开元之治和天宝初期，允称大唐盛世。唐代在民族和睦的日子里，丝绸之路通畅无阻，协和万邦。当民族间的关系紧张的时候，战乱不休，唐和吐蕃（藏族），与胡人安禄山，以及后来内部黄巢之乱几次战争，元气大伤。可是治长乱短，唐朝在桥梁建设方面亦多建树。

《唐六典》《日知录》记唐时桥梁："凡天下造舟之梁四，河则蒲津、太阳、河阳，雒则孝义。石柱之梁四，雒则天津、永济、中桥、灞则霸桥。木柱之梁三，皆渭水：便桥，中渭桥、东渭桥。巨梁十有一，皆国工修之，此举京师之要冲也。其余，所管州县，随时营葺。其大津无梁，皆给船人（设渡）量其大小难易，以定差事。"所谓"国工修之"即由国家拨款督造的国家级桥梁。唐·李吉甫撰《元和郡县志》便记很多地方上的桥。

"造舟之梁四"中的蒲津浮桥在今山西永济和陕西朝邑之间，秦时已有此桥，一直维持到隋末。唐李渊起兵太原，便与隋将争此桥。桥遭到破坏。唐高祖得手后即予以修复。唐太宗李世民过此桥，甚为得意地赋诗歌颂。唐玄宗李隆基对蒲津浮桥作出了更大的贡献。于开元十二年（724），改竹索浮桥为铁锁浮桥。虽是步天津桥的后尘，但踵事增华，用铸造精良的铁牛、铁人、铁山、铁柱以维铁链。"开元文物"，"锻锁河中"。宋真宗还专程瞻仰。直到最近，遗物发掘出世。

太阳浮桥在今河南三门峡市。贞观十一年（637），唐太宗遣邱行恭所造。河阳浮桥在洛阳，始自西晋杜预，继造于北魏董爵。唐高祖武德三年（620）因战争桥断，后续。洛阳的浮桥，不提隋天津和永济桥，因为都已由浮桥改为石柱木梁桥。可见造桥技术已有了进步。然而洛阳的孝义桥估计是在洛水较深广之处，所以仍造浮桥。黄河上还有非国家级的今甘肃兰州广武梁。

"石柱之梁四"，洛阳城中有三座。灞水上一座，然而历史记载和实物发掘，唐时灞水上有南北两座桥梁。北桥是秦汉遗物，自经唐代改修。南桥为灞陵桥。石柱之梁指的是灞陵桥。

"木柱之梁三，皆渭桥。"唐代对长安的三渭桥都经过整理重建。1989年出土的东渭桥遗址，规模宏大，碑刻精良。唐时西渭桥称咸阳桥，又称平桥。是丝绸之路东到长安的最后一站。唐初和吐蕃的盟、战都曾和此桥有关。而两次东来祸乱，即玄宗时安禄山、德宗时李怀光之反，从东渭桥入长安，两帝从西渭桥逃往四川和汉中。

十一名桥之外，栈阁在古代不归作桥梁，故未列入。栈阁既是路又是桥。唐代对栈阁交通亦十分重视。自关中到汉中，四道俱通。用得最多的却是形势最险的骆谷道。栈道名声，在唐时大著，王维、元稹、李白、杜甫等著名大诗人都有歌咏，亦替栈道的规模、构造、情境留下了生动的记载。传世的唐人绘《明皇幸蜀图》（台北故宫博物院）上还画有蜀道金牛的一段，是迄今发现最早的栈阁形象的写照。

《唐六典》的记载遗漏了唐代的石拱桥和索桥。也许这些都不是国家拨款的地方桥梁。现存唐代建筑完整的桥梁及唐桥遗迹都不多，然而于唐代历史、文学艺术作品之中传神地留下很多桥梁的描述。有关的重要诗、文、画将散见于各章。

《图书见闻志》记："金桥图者，唐明皇封泰山回，车驾次上党（山西长治）……及车驾过金桥，御路萦转。上见数十里间，旗纛鲜华，羽卫齐肃，遂召吴道子、韦无忝、陈闳、令同制金桥图。御容及帝所乘照夜白，陈闳主之，桥梁、山水、半舆、人物、草木、鸷鸟、器仗、帷幕，吴道子主之；狗、马、驴、骡、牛、羊、橐驼、猴、兔、猪、䝚之属，韦无忝主之。图成，时谓三绝焉。”长幅之上竟容纳得下如许之多。可惜此画不传，临文怅怅。金桥究竟是什么样的桥式呢？

唐·潘炎《金桥赋》称："金桥在上党南二里，常有童谣云，圣人执节渡金桥。（早在唐玄宗之前）景龙3年（唐中宗年号，公元709年），帝经此桥之京师，赋曰：'沔彼流水兮清且涟漪。度木为梁兮，斯焉在斯。成金桥之巨丽，得铁锁之宏观。……丹蒦蜿蜒，倚晴空之螮蝀，瑰材栉比，超渡海之鼋鼍。人且告符，功惟用壮，非填鹊之可比，法牵牛而为状。鹤鸣幽谷，雁履晴川。异东明击水而投步，匪秦帝驱山而着鞭……。'"①赋用了不少桥梁的熟典，看起来是一座木梁柱桥，又像是一座铁锁浮桥，让人捉摸不定。

《图书见闻志》又记：保寿寺本高力士宅。天宝九载（750）舍为寺。文宗朝（827～840）有河阳从事李涿者，性好奇古，与寺僧善。尝与之同观寺库中旧物。忽于破瓮内得物如被幅裂污，坌触而尘起。涿徐视之，乃画也。因以州县图三，及绢30匹换之。令家人装治，幅长丈余（约3米多）。因持访于常侍柳公权，乃知为张萱所绘石桥图，明皇赐力士，因留寺中也。这又是一座扑朔迷离的石桥，不知桥在何处，是拱是梁？

自从汉代有了石拱桥之后，往往文字中不称梁而只称石桥者，指的是石拱桥。所幸唐代传下，现仍保留完好的国宝名画，现尚有数轴。画不以桥名，却留有唐代石拱的形象。

《唐书·李昭德传》中记武则天时洛阳中桥，是由他改为"累石代柱，锐其前"的尖柱或墩桥。李昭德又修"华壮"的长安定鼎、上东诸门。

史记唐宗室的画家李昭道（小李将军）所绘《洛阳楼图》，图现存台北故宫博物院，画的便是洛阳大夏门，画下方有五孔尖墩实腹厚墩石拱桥。到底此桥便是李昭德所建的中桥还是另外一座长夏门桥，尚难判断。不过，尖墩破水，是唐代创始是较为明确的了。

李昭道还有两幅传世名画《曲江图》和《湖亭游骑图》现亦存于台北。前者绘长安曲江池馆，后者似绘江都隋离宫。一北一南。图中主题之一亦各有一座三孔薄墩薄拱驼峰式石拱桥。可见今日江南所习见的玲珑联拱，在唐已经入画。亦足证唐、元和十一至十五年（816～820）王仲舒在苏州捐带所建的宝带桥，虽屡经破坏和修缮，是唐朝原样，并且根据清代碑记"属元和者十三"。桥多达53孔。

唐代石拱已变出多种轴线形式。

现藏北京故宫博物院的唐·杨昇《雪山朝霁图》画的是一座弯板三折边拱。浙江天台山国清寺藏，唐时日本僧人最澄至国清寺《朝圣图》（最澄回国后创日本天台宗）其寺门口是一座椭圆形拱。不远的六朝·梁·张僧繇绘《雪山红树图》（现藏台北故宫博物院）画中亦有一座三孔椭圆形石拱桥。证之今日，在浙江都有实物。

隋、唐墓葬已有攒尖拱顶方形（直边或曲边）墓室，以西安唐·永泰公主墓和广东

① 《古今图书集成·考工典》卷三十三桥梁部。

韶关唐贤相张九龄墓为最精致。于是，后世有尖或蛋圆形拱。唐代于石拱桥的贡献不为小矣。

隋、唐之际，西南地区索桥不衰，或为藤、竹缆索，或为铁锁。其较著者是隋、唐时云南丽江和维西间的“铁桥”至今地仍以桥名。唐时藏族有娑夷水藤桥，漾濞水铁锁桥。贞观十五年（641）文成公主入藏，携有百工，造布达拉宫金桥（铁索桥）。龙朔元年（661）有四川窦圌山铁索桥。唐·李吉甫《元和郡县志》盛记西南笮桥，而独孤及有有名的《笮桥赞》。

煌煌大唐，果不会偏治而无为。

四 两宋时期

宋收拾了南北朝的分裂，一统中原。只是很多少数民族地区，处于自治状态，不相统属。北宋166年，南宋155年，共有300多年的统治。桥梁建设继承前代，进入全面开展和大规模进行的时期，并且也有所创新。

宋都汴京（今开封），以洛阳为西京，汴梁为东京，政治中心东移。此时长安饱经历朝刀兵战火之苦，残破不堪。洛阳亦已不成完整的格局。秦、汉、唐得意的一些京畿长安的桥，虽尚有存在，已多不十分重要。关中到汉中的栈阁，有维修的记录，无开创的意图。

宋代的木石梁桥有其自己的特点。有些已消失的古桥可以从古画中窥见一班。宋代吴江垂虹桥是木桥。北宋王希孟所绘《千里江山图》（现藏北京故宫博物院）所绘中部有亭的长桥，经考证，与文字对照，似即是这座桥。直是“千步修梁”，覆压在太湖的“万顷玻璨”之上。“倒影青奁”，成“风雨三江合，梯航百粤趋，封田连沮洳，鲛室乱鱼凫。”宋时吴人引以为荣。范成大官蜀，叹蜀桥不如垂虹。

北宋时徽宗朝、画院张择端绘，汴京清明池《龙舟竞渡图》上一座骆驰虹木梁柱桥，桥不算长，造型直追汉、唐。

宋代木工技术已十分成熟、大胆、雄伟、飞檐远出、斗拱粗壮。木梁长桥已多造桥屋。在浙江、福建较多。秦汉复道，已入寻常百姓使用的道桥上。

宋将东晋起自山区的木伸臂梁——河历，由单跨变为多跨，由单伸臂变为双伸臂。从记录上看，有根据的闽浙主要宋代木伸臂梁有12座，其中年代较早的是宋、乾道初（约1165）的福建建瓯平政桥。这不一定是最早的一座，从此木伸臂梁由山区走向平原。增长了长桥的桥跨。

宋时福建建造了很多石梁石墩桥。

北宋庆元四年（1198），漳州一年内造桥35座。《泉州府志》载宋桥有110座之多，起自宋太祖建隆（960～963），迄于宋理宗宝祐（1253～1258），其中大部分建于公元11，12世纪。[①]

最著名的是皇祐五年（1054）至嘉祐四年（1059）的福建泉州万安桥；最长的是绍

① 清·黄任、郭赓武纂，怀荫布等修《泉州通志》，民国十六年（1927）补刻本，泉州志编委会，1984年影印。

兴八年（1138）至绍兴二十一年（1151）所建长达五里的泉州安平桥。石工最巨大的是石梁重达200吨，计有45根之多的漳州虎渡桥。因为是石桥，至今都还存在，并加以复原保护。只可惜虎渡桥破坏严重，不在其例。福建石梁墩桥构造简单，是以“万指琢山”，“精卫填海”的浩大工程，大部分跨过较浅的河道入海口，沙层深厚之处。或用抛石，或用睡木扩大基础的方法建成。并且开创了“种蛎于础以为固”的以海生介类胶结基石的方法，为桥梁史上新奇的一页。

宋代石拱桥已很普及。长大的石拱联拱桥有宋、政和四年（1114）宋升命董士㮨所作洛阳洛水天津桥。及金、宋对峙时，金、明昌三年（即南宋绍熙三年，1192年）所建北京卢沟桥，铁石并用，坚实无比，至今八百年而不坏。敞肩圆弧拱桥方面，则有金·大定五年至明昌二年；即南宋·乾道元年至乾祐二十二年（1165～1191）建成的山西晋城景德桥等。

宋时第一次出现了新颖的木拱桥，学术上权名之曰贯木拱。贯木拱首见于北宋画家张择端的《清明上河图》所绘宋代汴京虹桥。贯插众木成拱而无柱，可一跨过河，避免船撞。在世界桥梁史上唯中国有之。野史记载这种桥的发明创始自宋、明道二年（1032）夏竦守青州（今山东益都）时“牢城废（残疾人）卒”所创。《宋史》明记为宋、皇祐元年（1049）陈希亮在宿州（今安徽宿县）所创。本书作者在写作时曾至两处寻根，都无记载和实物，且连汴桥亦早无痕迹。初以野史所述为主，后细读正史，对青州之说，在时间上也产生疑窦，乃以正史为准。南宋建都临安，经济建设偏于东南，贯木拱的技术便南传、改进、建在今闽浙山区。

经从全国各地现存木拱桥结构一一加以分析，乃见木拱的演进过程和完整的变化系统，并且和中国石拱桥的演进有横向联系，极饶趣味，事详竹木拱桥一章。

宋代在西南继续应用索桥，其著者为始建于北宋淳化元年（990）的四川灌县都江堰评事桥，是一座多孔连续并列竹索桥，是世界上第一座这样的桥梁。

浮桥建设宋时也许比哪一朝都多。宋开国之初，北宋开宝七年（974）以樊若水的长江上安徽当涂采石浮桥进兵，消灭了南唐后主。统一是以浮桥为手段开始的。

北宋期间，黄河上先后造过保德浮桥（咸平五年，1002年）；安乡和永宁关浮桥（熙宁六年，1073年）；滑州浮桥（元丰四年，1081年）；大伾山浮桥（政和五年，1115年）等新的浮桥。浮桥本身也有所创造，如滑州浮桥用脚船逐节升降路面成通航浮桥。广东惠州东新桥以‘机牙伸缩’和浙江临海中津浮桥，采用柱、筏、楗构成活动升降的引道的潮汐浮桥。

全国城镇桥梁，在南北宋时多数先造浮桥，后改石桥。其中尤著者为广东潮州广济桥，由浮桥逐步自岸至河中改建为石桥。最后还是留下中间深水槽一段不易解决，成为一座别致的石桥和浮桥相结合的桥梁。

宋元之争，元世祖于南宋咸淳十年（1274）自青山矶架浮桥下鄂州（今武昌）；德祐元年（1275）元军又自湖口架浮桥下九江。然后挥兵东下，破池州宋贾似道横江战舰。遂下江南，亡南宋，覆国亦自浮桥。这和汉兴于栈亦亡于栈相似。桥梁无知，兴亡在人，手段人人会用，事在凑巧而已。

五 元、明、清时代

元灭金、宋，以蒙古族入主中原，崇武贬文，但统一了全国各民族地区。东征不就，建国近九十年。明归汉族，传世277年。清由满族入关统治，传国266年。这三朝时期，鼎革相沿。明、清两代，有若干朝确也武功文治，盛极一时。清初顺治、康熙，以征讨为主，乾、嘉之治，太平了120多年。

在元朝半个多世纪里，中国古代桥梁的构造类型，基本上已经齐备，当然还有所改进。造桥的能力渐强。大部分木桥都用石桥代替，如前述元、大都的城市桥梁。南方名桥中，宋建的吴江垂虹木桥，于元、泰定二年（1325）姚行满以63孔石拱桥代替之。

明代继隋之安济，唐之永通，又于明·万历十年（1582）在河北邯郸永年县仿建了一座安济桥式的敞肩圆弧拱。虽桥跨略小，但构造精良可相伯仲。

明、清两代长大石拱桥已是不足为奇、举不胜举、蔚为奇观。

明代亦曾兴建全国性的大工程。今天所见东起山海关，西到嘉裕关的长城，都经明代修缮，砌以砖石。同时亦大修栈阁，明·洪武二十五年（1392）“因故址增修为栈阁2275间，统名曰连云栈。”这是在维修旧栈之外所增设。明时千里栈道复又兴盛到清代汉中栈道还有九万余间，所以明清画家以栈道为题材者甚多。

明、清时代因火药已大量应用，炸山筑路已较方便，所以后期多改栈道为碥路。

闽、浙山区，无巴山蜀水之险，不用栈阁，但南宋传下的贯木拱桥，于此特盛，实物都在，有些贯木拱桥竟能保存三四百年。

湘、桂山间，特多风雨花桥，在结构上为木伸臂梁，又自成一区地方、民族风格。

云、贵、川的索桥遍布。明代所传景东桥已不存在，现存最古的铁链桥是明、成化中（1465～1487）僧了然所建的云南保山霁虹桥。明末清初，朱家民，李芳先所建铁链从狮口中出的贵州安顺永宁的盘江铁锁桥、奇特、坚劲，惜早已遭到破坏而不存。清·康熙四十年（1701）修建于今四川泸定的泸定桥，得因红军曾于此血战而今作为重点文物维护一新。

直到50年代，还能在四川见到不少竹索悬索桥，包括有名的都江堰多孔索桥。

铁链桥到清末发展为加工、安装更为简单方便的铁眼杆桥。

宋元之际，战争时应用浮桥。明开国之初，徐达引兵过蒲津，去兰州，在金城关造浮桥以攻河西走廊。到清时，整个黄河上各个风云一时的众多浮桥，只剩下金城关一座，于是额为“天下第一桥”。清·咸丰二年（1852）洪秀全太平军攻武昌，在长江上搭架过三座浮桥。后一路下江，夹江为营，浮桥相渡，直趋金陵。全国各省县镇地方，未造永久性桥梁，用浮桥以渡者不在少数。在50年代，仍能见到清代留下的几经修缮的浮桥。

秦、汉皇家，晋、唐私家园林，到今天一座也看不到。今日所见都是明、清的园林。中国园林，取景于自然，取意于玄、禅、乐山乐水，因此桥梁众多，并且各种类型的桥梁都有、还加以集中，改观，具有园林的特色。康熙、乾隆几代经营的圆明园，盛时有各类桥百余座。江南私家园林，或以石胜，或以水胜，或以花木胜，其桥梁亦往往各有特色。

传到清代，鼎盛时期，全国桥梁数逾百万。

中国的桥梁引起了外国来华的官吏、传教士、商人和旅游者们的注意，逐渐在国外有所报道。最早的当数元代自意大利来华的马可波罗了。

中国的桥梁到了清末产生了转折。首先是国力渐弱，建设不多。再者由于国外科学技术的发展，日新月异，进步极快，新材料、新技术引起了桥梁的变革。中国则闭关自守，固步自封。列强以炮舰政策，叩开了中国的大门。自此国内亦开始建设近代的公路和铁路。

早期公路，尽量利用原有驿道和其桥梁，特别是石拱桥，因为其潜力较大，发挥了积极的作用。早期铁路亦多造石拱。愈到近期，交通运输要求越高、荷载越重，只能采用近代的技术修建近代的桥梁。于是中国古桥遭到厄运。大概除了山区近代道路未发达的地方还存在不少有价值的古桥外，通都大邑，除极个别作为历史文物予以保护外，眼看一座座地在不维修保养的情况下，陆续拆毁。

在一段时期里，盲目地厚今薄古，极左思潮，瞧不起自己的历史和成就，对古建文物破坏损失极大。谁都承认，历史是进步的，近代桥梁技术胜于古代。但历史是延续的，今天的成就是基于过去的积累。中国的古桥，除了历史价值需要择优予以保护之外，还有不少内容可以发掘，推陈出新推动今后的发展。

中国古桥的价值，应作为中华各民族，同时也是全人类的文化遗产，予以重视、保存和流传下去。

第五节 桥梁文化

史学家论我国古代艺术，认为“汉族传统的文化是史官文化”。史官文化的特性，一般地说，就是幻想性少，写实性多；浮华性少，朴厚性多；纤巧性少，宏伟性多；静止性少，浮动性多。自东汉建安以后开始发生变革，即由原来寓巧于拙，寓美于朴的作风，演变为拙朴渐消，巧美渐增的作用。其间佛法东渐，又产生了中国式佛理的禅宗，建筑方面，特别是其装饰性的附属部分，在一定程度上受到宗教色调的影响。隋、唐时期中外文化交流甚盛，艺术风格又注入了新的因素。桥梁是架空建筑，除了它所特有的实用功能，和由于实用功能而确定了的基本型式外，它不能不受到周围大量建筑群的感染和影响，而表现为某种程度的共性和协调；在另一方面，桥梁又常是置身于山川潆洄的林泉胜地，天然风景又要求它以特有的姿态，为幽或壮美的环境增添风彩。桥梁本身就是实用和艺术的结合，脱离不了朴拙—繁华的循环发展规律。

桥梁形式，无论中外，大致相同。为什么会自然而然地形成中国古代桥梁所特有的风格呢？根据文献记载和实物形象，表现为：一是中国匠师们世代相传，和每一代杰出匠师个人所有的，共同和特殊的桥梁构造风格；二是其柱、阙、门、楼、亭、榭、台、阁等附属建筑，有浓厚独特的民族和地方色彩；三是彩绘和木石雕刻艺术，作为桥梁的装饰，其题材内容，色彩布局，造型组合和雕琢手法，又有鲜明的传统爱好。

中国匠师们作风谨严、献身敬业。《水经注》称:“魏太和中，皇都迁洛阳，经构宫极，修理街渠，务穷隐。发石视之，曾无毁坏。又石工细密，非今知所拟，亦奇为精至也。”①又“建春门石桥不高大，治石工密。旧桥首夹建两石柱，螭矩趺勒甚佳。乘舆南幸，以其制作华妙，致之平城东侧西阙，北对射堂。绿水平潭，碧林侧浦，可游憩矣。”赵州桥的“磨砻致密，千百象一”“雕琢龙兽之状”“迂可怪也”“又足畏乎”。龙脑桥的桥小象巨、气象非凡。至于杰阁崇楼，长廊联厦，在处能见，不但使桥梁而且使市镇平添胜景。

凡桥有名，于是在桥名也下大功夫，或以形名、或以地名、或以人名、或以事名。至于通济、利涉、万安、永宁，以颂桥德，以祝世寿的桥名更是普遍。桥上桥屋，自有楹联。自宋起石拱有对联石后、桥联又成一门学问。记事、点景、写情、寓意、随桥而异。

汉赋歌桥，建安诗人写桥入诗。隋唐及以后的诗人墨客，写诗作画。产生了不少清丽动人的诗句，情景交融的描绘，增添了人们对桥梁爱好的情感。千百年来诗、画、铭、赞、颂、记、数量之多，几是一个难于统计的巨大数字。它们不只是一般抒情之作，其中也包含着无比丰富的桥史资料，和桥梁在功用、艺术上的各种描述与评价。形成独特的桥梁文化。除与桥史有关、详引于下外，其余自有爱好者收集成帙、举凡故事、传说、战争、神话，亦蔚为大观、可喜可读。

非心坚不转，万古作津梁。

这是一篇动人的中国桥梁建设和艺术的创业史。

---

①《水经注·济水》。

第二章 梁　桥

第一节 概　说

一 梁的起始

桥梁是渡河或跨越其他沟谷障碍的建筑，在原始社会早就存在。最早出现的人工建筑可能是踏步桥，然后是梁、桥、梁桥、桥梁。

（一）文字考证

中国的象形文字是根据万物的形象，概括创造出来的。由简单化的摹绘写形，演进为抽象的笔划符号，辨物正名，每个字都有一定的意义。

甲骨文中有▽△或▽字是指抛石水中，踏步成桥，后来称之为矼。

1. 矼

《广韵》、《集韵》、《韵会》注“矼”为:“古双切，音江，聚石为步渡水也，通作杠。”那就是今天所谓的汀（或作碇、矴）步（或作埠)，俗称石踏步，跳墩子。既然上无木梁，理不得通杠。杠是后来的字。

矼，严格地说也不能称桥，然而是梁或桥的起步（图2-1，2，3)。

图2-1　杭州西湖跳墩子

矼，先或堆乱石于河中，形状不齐，石块齿齿，随河底深浅而曲折。再则整齐地排砌甚至嵌块石于天然的岩石底，或人造的石滩、石堰之上。堰以蓄水，堰顶泄洪，石齿便成为过河堰口上的矴步。在山间浅水河道，一年四季中，除大雨和洪水外，矴步可畅行无阻。

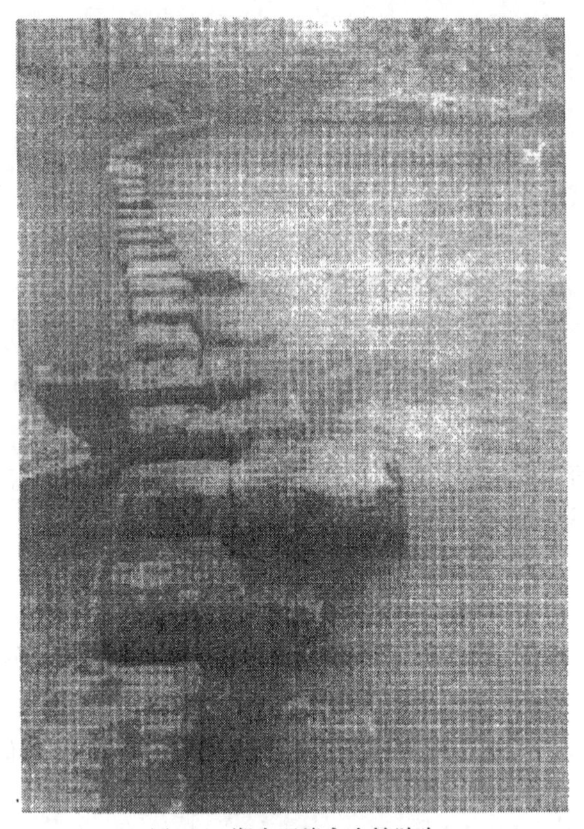

图 2-2　湖南双峰永丰镇踏步

图 2-3　广西桂林矴步

全国山区，矴步随处可见。数量与规模首推浙江泰顺。迄1987年末，全县有矴步245条，短的10多齿，长的200余齿。

泰顺仕水矴步俗称仕阳矴步在仕阳镇溪东村（图2-4，5）。矴步共223齿，全长133米。石齿长1.78米，厚0.24米，露出滩面部分高0.7米。齿距0.6米。每齿由高低两级组成。高级长1米，采用班白色花岗石。低级长0.78米，全部为青石砌成。低级抵住高级，一如桥墩的扶壁石撑以抵御漂流物撞击损害。矴步形如一字，齿形平整，可以3人并进，来往之间，足以互让。是泰顺最长最好的矴步。

图2-4　浙江泰顺仕水矴碑（一）

桥头有乾隆六十年（1795）碑记。志称:“据传，原矴步在现矴步下游300米，弯形，共三百六十齿，毁于洪水。”清·嘉庆二十五年（1820）由巧匠汤正现主砌。现经修整，1989年列为省级重点保护文物。

2. 榷、彴

《广志》记:“独木之桥曰榷、亦曰彴。”又记:“彴，横木渡水也。”《广雅》约:“独梁也”。即今山间溪涧之上横搁独木为桥，如云南佤族的独木桥（图2-6）。独木不加工而为桥，行走殊为不便。贵州黔东南苗族侗族自治州，上郎德镇有独木桥，将独木一边削平，两端各嵌一小圆木，使桥既便于行走，又使搁置平稳，不会转动，独木小桥，亦有文章（图2-7）。

3. 杠、徛

杠和徛亦有解释为独木桥者。

《尔雅·释宫》:“石杠谓之徛”。《说文》释“徛”称“举胫有渡也”。段氏注为:“聚石水中以为步渡彴也。”又“石杠者谓两头聚石，以木横架之，可行，非石桥也。”

这里，杠已和矼有区别。“聚石”水中则同，矼不搁木，杠则搁木成彴，木石结合，故称石杠。杠和徛可以是独木桥，但不只是单孔，也含多孔，故需“水中”聚石。可以

图 2-5　浙江泰顺仕水矴埠（二）

图 2-6　云南佤族独木桥

图 2-7　贵州上郎德苗族独木桥

是单孔搁木，“两头”聚石，但不严格限于“独”木，也包括只能单向走行的双木为桥。甘肃天水双木桥（图 2-8）木上密铺小横木，布土，中间辅以一个堆石墩，这便是杠或徛。

图 2-8　甘肃天水双木桥

《孟子·离娄下》记:“十一月徒杠成，十二月舆梁成，民未病涉也”杠就是指仅足行人。四川芦山河上，当年底水落时，以杩槎（三角木架）立水中，下用竹笼编围，内聚卵石，上搁一至双木。杩槎中一柱伸高，上缚扶手木栏一根。结构简单，取材容易，经济安全（图 2-9），此即“徒杠”。

中国营造学社曾转录鲍希曼《中国风景》中所摄当年四川雅安雅江桥，以大竹笼聚石作桥墩，并搁多根梁木，上密铺小横木，布土、加板（图 2-10）。可以并行来往。《礼·王制》注:“独木者曰杠，骈木者桥”，已是一座桥了。

4. 梁、桥

梁和桥是异名同义的两个单词。汉、许慎《说文解字》释梁“梁、水桥也。从木、

图 2-9　四川芦山“徒杠”

图 2-10　四川雅安雅江桥

水、刃声。”段注为:“梁之字，用木跨水，则今之桥也”而“桥”则是:“桥，水梁也。从木，乔声，高而曲也。桥之为言趫也（善缘木走），矫然也。”

梁、桥都从木，原意都是木梁桥。可是梁字早而桥字晚。梁古文作㴀，即水上立柱（或墩）而架木。桥字从木从乔，乔在从声之外，形象上还像一座上建桥亭，下通船只的驼峰式木梁桥（图 2-11）。所以不解释其象形为拱桥的原因是桥字出现于春秋时代。近年实物如 1976 年湖北江陵出土、秦·安陆令吏喜（前 217）的墓[①]中，其手中握有竹简，书《为吏之道》。文有："除害兴利，兹（慈）爱万姓。……千（阡）佰（陌）津桥，囷屋蘠（墙）垣，……"等地方官应做的事。那时尚没有拱桥。只有"高而曲"的多孔木骆驰虹梁桥。即"大而为陂陀者曰桥"。

图 2-11　梁、桥

在中国文字的假借、通用上、梁和桥还有不同的含义。

梁或作桥梁，或作隄梁，或作鱼梁。

《尔雅》："隄，谓之梁。"即横衡阻水的隄（堤）也称梁，这和今称山梁或鼻梁的涵义相同。这已不属于桥梁的范围之内。

《礼·王制》："鱼梁，水堰也。堰水为关空，承之以笱（鱼网，或竹制鱼篓）以捕鱼。梁之曲者曰罶。"

周代《诗经》中不见桥字，独有梁。梁字共见 12 次，分别在九篇诗中。除了《大明》"亲迎于渭，造舟为梁"是浮桥外，其他多半是鱼梁。如《诗·谷风·小弁》有："毋逝我梁、毋发我笱。"《诗·敝笱》作："敝笱在梁，其鱼魴鳏。"鱼梁虽是堰，还有架空的部分以放笱，合乎近代意义的桥梁。只是在古代记载中单独地提到"梁"时，需循上下文区别其是何种结构。

秦以前，称梁或桥多半是梁桥。西汉以后，桥梁结构形式增多，桥梁是各种桥式的总称，梁桥不过是桥梁的一种。

至于梁和桥常假借于其他事物，如容器提手称提梁，井上桔槔称井桥等都已超出了桥梁的范畴。

5. 圯

《广韵》："圯，土桥名，在泗州。"颜注："圯，音颐、楚人以桥为圯。"《史记·留侯世家》："良尝间从容步游下邳圯上，有一老父衣褐，至良所，直坠其履圯下……"。今楚地桥亦不名圯。

（二）早期桥梁

秦汉以前历史上的桥梁，只有记载，没有踪迹可寻，不过多半是梁桥，有名的如：

1. 淇梁

《诗·卫风·有狐》咏："有狐绥绥，在彼淇梁。"绥绥是慢行的意思。淇水发源于今辉县太行山下，流到淇县入黄河。商朝首都朝歌在淇水之南。

2. 钜桥

《史记·殷本纪》记帝纣："厚赋税以实鹿台之钱而盈钜桥之粟。"《史记·周本纪》："武王既革殷，受天明命之后……命南宫括散鹿台之财，发钜桥之粟，以振贫弱萌隶。"东汉许慎注巨桥乃"钜鹿水之大桥也"。《水经注·漳水》称："衡漳又北迳巨桥邸阁西，旧有大梁横水，故有巨桥之称。昔武王伐纣，发巨桥之粟以赈殷之饥民。"既称"梁"又称"桥"，可见可能是一座"高而曲"的多孔骆驰虹木梁柱桥。

---

① 云梦秦简释文，文物，1976 年，第 6 期。

武王伐纣在公元前 1122 年，桥当早于此时。

3. 雀梁

周穆王治国、东西巡游。《穆天子传》记："壬寅（前 979）天子东至于雀梁。"地在今济水黄雀沟。

4. 桐门桥

《水经注·洧水》："洧水屈而南流，水上有梁，谓之桐门桥，借桐邱以取称。……《春秋左传》庄公二十八年（前 716），楚伐郑，郑人将奔桐邱，即此城也。"郦道元将桥和城与春秋史事相联系。桥或始建于春秋。

5. 溠梁

《水经注·溠水》记："溠水又东南，迳隋县故城西。《春秋》鲁庄公四年（前 690）楚武王伐隋，令尹斗祁，莫敖、屈重，除道、梁溠。"这就很明确，是在这一年于溠水上架梁。

6. 洧梁

《春秋左传》襄公五年（前 596）"晋伐郑、济于阴坂，次于阴口而还。"《水经注·洧水》记："洧水又东迳阴坂北（在今新郑），水有梁焉。俗谓是济为参辰口。"

7. 湨梁

《尔雅·释地》记："梁莫大于湨梁"（在今河南省济源县湨水上。《春秋》鲁襄公十六年（前 557）："会于湨梁"。《尔雅》注："湨水名梁堤也……然则以土石为堤，障施水者名梁，虽所在皆有，而无大于湨水之旁者。"这么说，湨梁是堤梁，不是桥梁。

清·乾隆《济源县志》称："我济古传湨梁，其故址堙废莫考"到底是隄是桥亦一样没有实据。

8. 虒祁宫汾梁

《水经注·汾水》："汾水西迳虒祁宫北，横水有故梁。截汾水中，凡有三十柱，柱径五尺（约 1.5 米），裁与水平，盖晋平公（前 557～前 532）之故梁也。"按《春秋》鲁昭公八年（晋平公二十四年，公元前 534 年）："晋侯作虒祁之宫。"也许作宫时同时建造了这座木梁柱大桥。

9. 吕梁

《阙子》称："宋景公（前 516～前 476 年）使弓人为弓，九年乃成。公曰，何其迟也。对曰，臣不复见君矣，臣之精尽于弓矣。献弓而归，三日而死。景公登虎圈之台，援弓东面而射之。矢踰于西山，集于彭城之东。余势逸劲，犹饮羽于石梁。"《水经注·泗水》便记："泗水有石梁焉，曰吕梁也。昔宋景公以弓工之弓，弯弧东射，矢集彭城之东，饮羽于石梁，即斯梁也。"强弩之末，想必箭嵌于石缝之中。地点在今除州附近。孔丘曾过此看桥。

《列子·黄帝》"孔子观吕梁。"

10. 临顿桥

《吴地记》记江苏苏州临顿桥云："吴王征夷（约前 480），尝顿慰宴军士，因此置桥。"①

---

① 南宋·范成大撰，《吴郡志》卷十七引。

11. 并州汾桥

《史记·刺客列传》记晋人豫让，为智伯报仇，欲刺赵襄子（前475～前425）："顷之，襄子当出，豫让伏于所当过之桥下，襄子之桥，马惊。"正义曰："汾桥，在并州（山西太原）晋阳县东十里。"此处称桥，当是梁桥。

《元和郡县志》："汾桥架汾水，在县东一里，即豫让欲刺赵襄子，伏于桥下，襄子解衣之处。长75步（约135米），广六丈四尺（约19.2米）。[①] 看来是一座规模较阔大的木桥。

12. 蓝桥

陕西蓝田县有当年著名的蓝桥。《贾志》说，蓝桥在"县东南五十里蓝峪水上。"《史记·苏秦传》："尾生与女子期于梁下，女子不来，水至不去，抱柱而死。"这是苏秦以尾生的守信来游说燕王。能让人抱柱而死的桥，宜是木梁柱桥。

13. 槜李国界桥

春秋吴越相争，槜李是必争之处。《春秋》鲁昭公三十二年（前510）："越师阵于槜李。"今浙江嘉兴洪合乡，又称国界河乡、河上有"国界桥"为三孔石梁石柱桥（图2-12）。没有一座春秋时的桥梁能保存到今天，即使它是石桥。桥上刻"国界桥"三字楷书，便可证明桥为后人所建。但亦被列为嘉兴市级文物保护单位。

14. 秦梁

战国时秦国在关中起家，由公而王，而后统一中国称帝。其历代都注重建设，讲究富国强兵之术，很多有名的工程建设，如陕西郑国渠、广西灵渠、四川都江堰等。渠上有桥。李冰所造成都七星桥已见前述。

秦始皇喜兴大工役，因此经与不经，传记其在各地建有秦梁。

《水经注·荷水》："荷水又东，迳秦梁。夹岸积石一里，高二丈，言秦始皇东巡所造，因此名焉。或云，秦始皇东巡，弗行旧道。过此水，率百官以下，人投一石投之，俄而梁成。"即有此事，也是一座隄梁。事亦见《述征记》。

秦始皇二十六年（前221）秦统一中国。二十七年，从咸阳出发，修治通天下各郡的驰道，这其间想必修了不少桥梁。二十八年，东巡至山东，竟然立意要跨渤海造桥。

《三齐略记》说："始皇于海中作石桥，海神为之竖柱。始皇求为相见。神曰，我形丑，莫图我形，当与帝相见。乃入海四十里，见海神。左右莫动手，工人潜以脚画其状。神怒曰，帝负约，速去。始皇转马还。前脚犹立，后脚随崩，仅得登岸。画者溺死于海。众山之后皆倾注，今犹岌岌东趣，疑即是也。"[②]《山东通志》所记略同，不过说明是："始皇造桥观日，海神为之驱石竖柱。"《元和郡县志》记秦始皇驱石竖柱的地点在今山东省牟平县东北。"[③] 文登县本汉牟平县也……海在县南六十里。县东一百八十里，三面俱至于海。县东北海中有秦始皇石桥。今海中时有坚石，似柱之状。"状若桥柱的地方还有河北昌黎的碣石山，现在已离海有一段距离。《地理志》记碣石山："今枕海有石如甬道数十里。当山顶有大石如柱形，往往而见，立于巨海之中。潮水大至则隐。及

---

① 《元和郡县志》卷十三。

② 明·陶宗仪辑，陶颖重校，《说郛》匀六十一，清顺治三年（1646）宛委山堂刊本。

③ 唐·李吉甫撰，《元和郡县志》卷十一，312页，中华书局，1983年。

图2-12　春秋吴越“国界桥”

潮波退，不动不没，不知深浅，世名之天桥柱也。状若人造，要亦非人力所就。”[①] 可见海中像桥墩柱一样的石柱，在海边尚不止一二处（图2-13）。

秦始皇东巡会稽。宋·《澉水志》载：“秦王石柱在秦驻山背。旧传沿海有三十六沙岸、九涂、十八滩，至黄磐山上岸，去绍兴三十六里。风清月白，叫卖声相闻。始皇欲造桥渡海。后海变浩荡，沙岸仅有其一。黄磐山貌在海中，桥柱犹存。”

万历《萧山县志》记：“连山在县西二十里……旧经秦始皇欲置石桥，渡浙江（钱塘江），今石柱数十列于江际。”

也许有这样一种可能性，即由于海中山石排比如桥柱，地方民间便以神话附会于秦始皇。

也还有另外一种可能，即秦始皇在统一6国的基础上，以为无事不谐，无功不就，过高地估计自己的力量，想在海中造桥的思想和行动是可能存在的。然而按照当年的技术条件，超越了客观的可能性，注定要失败，于是用欺骗性的神话来掩盖自己的失误。

① 宋·罗叔韶修，常棠纂，《澉水志》志上，宋绍定三年（1230）修，清道光十九年（1839）刻本，中华书局。

图 2-13 传说中秦始皇驱石竖柱处

神仙之事，岂能可信。庚肩吾《石桥》诗道："秦王金作柱，汉帝玉为栏。仙人飞易往，道士出归难。"李商隐诗："石桥东望海连天，徐福空来不得仙。"

海上石桥当年是造不成的，不过秦在西安、咸阳确曾造成几座伟大的桥梁。

二 梁的发展

石梁桥以材料分为木、石。以结构分为简支，为伸臂，有柱有墩。然其形式，变化万千。

第二节 木梁桥

梁、桥从木，桥梁较早用树木作为原始的建桥材料。前述春秋、战国时期的钜桥、滏梁、汾梁、蓝桥等似都是木梁柱桥。70 年代后，全国陆续出土过一些桥梁遗址，如山东临淄齐城壕上，有石台木梁桥的遗址。湖北江陵出土纪南城遗址，其南垣水门，发现古河道中有成排木柱。木柱下面有木板基础，经同位素碳 14 测定为春秋末期（前 480±75）木梁柱桥。陕西咸阳出土西汉两座木梁柱桥的木柱。浙江绍兴出土晋代木桥木椿。江苏扬州亦出土唐代城壕木桥椿柱等。虽然都残缺不齐。但有些桥梁，仍能通过史志、实物、砖石画像雕刻等一系列资料，予以考证。秦汉以还的木梁桥能比较详细地予以描述。秦、汉、唐、宋确有过不少有名的木梁桥。

一　木梁柱桥

（一）渭水三桥

春秋时，秦国兴起于渭水上游，自雍（陕西宝鸡），迁栎阳（在咸阳东）。到秦孝公用商鞅变法的时候，定都咸阳。《史记·秦本纪》："孝公十二年（前350）作为咸阳。"秦时咸阳，渭水穿城而过，河上有桥。汉代长安，因秦宫室经项羽焚毁，移都渭水之南。隋扩建大兴城，又移于汉长安的东南。唐代因之，并不断扩充，规模宏大（图2-14）。

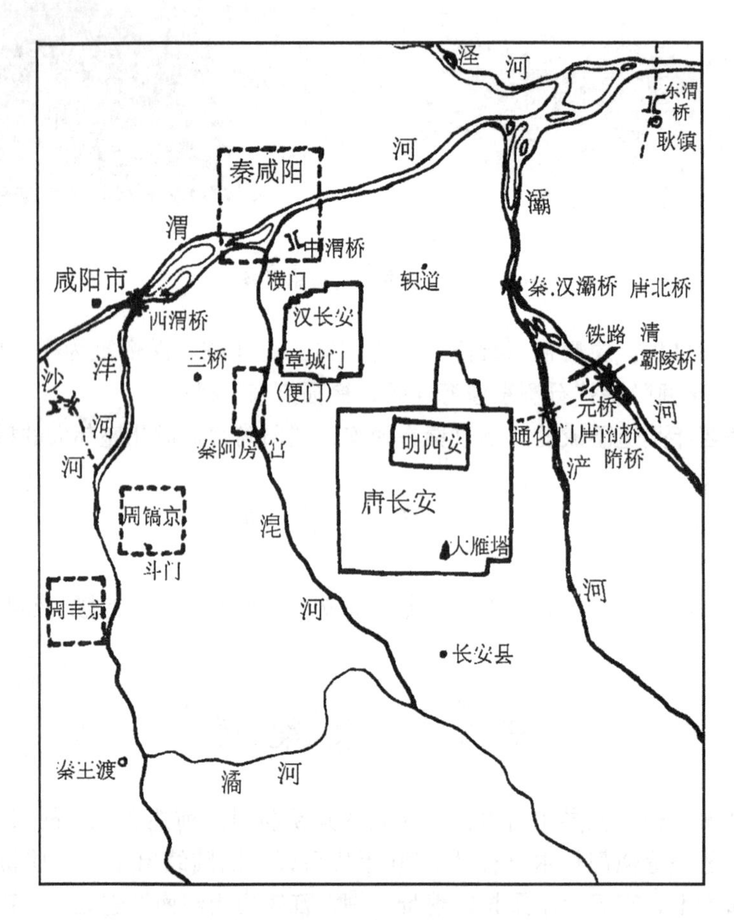

图2-14　秦、汉、唐都城及桥梁位置图

汉时在渭水上又建了东西两座桥梁、咸阳渭桥在其中，故后称中渭桥。唐时虽经改建，仍三桥并存。《唐六典》卷七，水部郎中："（天下）木柱之梁三，皆渭水。便门桥、中渭桥、东桥。"这是指当年规模最大的木梁，在长安附近，还有好几座有名的木桥。

关于三座渭桥的记载，较早的典籍，如《史记》、《汉书》、《三辅决录》、《三辅黄图》、《三辅旧事》、《水经注》、《括地志》、《元和郡县志》、《初学记》等。后又有《长安志》、《雍录》、《关中胜迹图》等不少著作，不同版本。但即使是唐人记载秦、汉桥梁，也还有不实和抵牾之处，记录不尽相同，现按诸家之说，予以叙论。

1. 中渭桥

《图书集成·职方典·西安府》记："中渭桥，在府城西北二十五里。本名横桥，又名三桥。秦始皇作离宫于渭南北，渭水贯注，以象天汉、横桥南度，以法牵牛。广六丈，南北二百八十步，七百五十柱、二百二十二梁。"这是清代彙述，有些提法，极不妥当。

唐·徐坚《初学记》载："初、秦都渭北，渭南作长乐宫，桥通二宫间。表河以为秦东门，表汧以为秦西门，二门相去八百里。渭水贯都以象天河，横桥南渡，以象牵牛。汉都渭南，开北阙以临渭，渭北则陵庙所在。"①

《隋书·经籍志》载有《三辅黄图》一卷，不著撰人名氏。清·毕沅校本记："秦造横桥，汉承秦制，广六丈。三百八十步。置都水令以掌之，号为石柱桥。"同书，清·孙星衍校本载："咸阳古城，自秦孝公至始皇帝胡亥并都此城。始皇帝兼天下，都咸阳，因北陵营殿，端门四达，以则紫宫，象帝居。渭水贯都，以象天汉，横桥南渡，以法牵牛。桥广六尺，南北三百八十步，六十八间，七百五十柱，百二十二梁。桥之南北有堤，激立石柱。柱南京兆主之，柱北冯翊主之。有令丞各领徒一千人。桥之北首垒石水中。"

清·张澍辑复古书，汉·韦彪著《三辅旧事》（或称"故事"）引唐·虞世南《北堂书钞》为："桥广六丈，南北二百八十步，六十八间，八百五十柱，二百一十梁。桥之南（北）有隄，激立石柱。"及引唐·萧德言《括地志》为："秦于渭南有舆宫，渭北有咸阳宫。秦昭王欲通二宫之间，造横桥长三百八十步。桥北垒石水中，旧有忖留神像。此神曾与鲁班语，班令其出。忖留曰：'我貌丑，卿善图物容'。班于是拱手与语，曰：'出头见我。忖留乃出首。班以脚画地。忖留觉之便没水。故置其像于水上，唯有腰以上。魏太祖马见而惊，命移下之。"

诸家所引，在北魏·郦道元《水经注·渭水》中都有，为："水上有梁，谓之渭桥，秦制也，亦曰便门桥。秦始皇作离宫于渭水南北，以象天宫。故《三辅黄图》曰：'渭水贯都，以象天汉……'、旧有忖留神像……故置其像于水，惟背以上立水上。后董卓入关，遂焚此桥。魏武更修之。桥广三丈六尺。忖留之像，曹公乘马见之，惊。又命下之。"

综合诸家异同：

（1）造桥年代。有统称秦造，不书何年，则最早可推至孝公十二年（前350)。《括地志》称"秦昭王"（前306～前251)，大部分都认为是秦始皇时所建，（前246～前215)，其统一中国时为二十年（前221)。建造年代差别135年。因无有力佐证，难以臆断，存之质疑。

（2）桥名。《初学记》和孙星衍校本《黄图》称："横桥南渡"可以理解为"造"桥，亦可理解为桥名横桥。"秦造横桥"（毕沅校本）或"造横桥"（张澍本）已只能理解为横桥为桥名。于是图书集成便直称本名横桥。

横桥之名，不始自秦而起于汉。

---

① 《初学记》卷六渭水。

《西安府志》引《括地志》云:"中渭桥本名横桥，架渭水上，桥对横门，故名。"[1]《三辅黄图》亦记:"长安城（指汉长安）北出西头第一门曰横门。"《汉书·西域传》注:"孟康曰：'横音光'"。《汉书》记:"'虒上小女陈持弓走光门'。即此门也。门外有桥曰横桥。"横门外十分热闹，是长安九市之一。"夹横门大道，市楼皆重屋。"既然门是汉长安的城门、横桥应是汉代名称、后世因之。唐·杜甫诗:"青丝络头为君老，何由却出横门道。"[2] 仍在用汉代名称。

《水经注》称:"谓之渭桥，秦制也",[3] 不称名横桥是正确的。

景、武两帝始作东西渭桥，于是汉横桥又称中渭桥。史家作记，不审时辨名。往往又会引起误会。如《汉书·张释之传》称:"上（武帝之祖文帝）行出中渭桥，有一人从桥下走出，乘舆马鹜……"。似乎西渭桥建成前三四十年前横桥已称中渭桥。这"中"的含义从哪里来?

宋·程大昌《雍录》解释:"此桥旧止单名渭桥。《水经注》叙渭水上有梁，谓之渭桥者是也。后世加中以冠桥上者为长安之西别有便门桥，万年县之东更有东渭桥，不得不以中别也。然汉张释之传曰文帝出中渭桥，则似武帝之前已尝冠中名于此桥矣，而不然也。张晏曰，渭桥中路，其说是也。"张晏之说是汉书注中之一。索隐认为注得不对，程大昌则认为解释得通。

《图书集成》称："又名三桥"实在没有根据。

(3) 桥梁规模。桥的宽度，所有记载称 6 丈[4]，独孙星衍校本记为 6 尺，显然有误。秦制每尺合今 0.23 米，6 丈桥面宽约 13.8 米。《三辅黄图》记中、西渭桥通城门大道可供 12 辆半并行，桥宽正适当。

所有的记载称 68 间。是一座规模很大的 68 孔，西桥台，67 排中柱的长桥。

桥长或称 280 步，或称 380 步。秦制 6 尺为步，10 尺为丈。于是桥长合 386.4 或 524.4 米。以 68 孔除之，分别得跨长为 5.68 和 7.71 米。根据下述沙河木桥二号桥每排木柱距 8.4 米。524.4 米的桥长是正确的。

中渭桥是木梁桥，简支木梁可以做到 8 米左右的桥跨，然而不论是"百二十二梁"或"二百十梁""二百二十二梁"都是错误的。"以 68 孔除之，每孔为 1.79、3.08 和 3.26 梁。如此宽长的多孔桥梁、梁数当以千计。即使董单焚桥，曹操修复，桥宽改为 3 丈6 尺（约 8.28 米）200 多根梁也是不可能够的。

《通鉴·汉纪十四》武帝征和三年（前 90)，汉武为戾太子冤:"族灭江家，焚苏文于横桥上"可见桥上或曾铺木板、布灰土、再铺石板路如后之灞桥。从桥上放火，桥不会灾。必得桥下纵火，便不可保。

中渭桥柱大部分记为 750 柱，独《北堂书钞》作 850 柱。拟暂取 750 柱为准。

唐代中渭桥是木梁木柱桥，已有实物发掘可证明，然而秦、汉渭桥是石柱还是木柱有不同看法。因对"激立石柱"和"号为石柱桥"的理解并不相同。

---

① 清·舒其绅修，严长明纂，《西安府志》卷十，清乾隆四十四年（1779）刻本。

② 杜甫，高郡护骢马行，全唐诗卷二百十六，2255 页，中华书局，1960 年。

③ 《水经注》，卷十九，渭水。

④ 1 丈=10 尺=3.3m。

主石柱说者认为“桥之南北有隄，激立石柱“系指排砌石柱于岸边以作桥台。且往往向河道中推进一些距离以束水。《汉书》中有“为石堤，激使东注”的记载。桥台既为石柱，桥柱亦当用石，所以“号为石柱桥”。750柱的分配，每墩10柱、两侧堤柱各40，分配甚为合适。其桥式正如后世的灞桥。

主木柱者认为隄可为石，桥柱仍为木，汉、唐均用木柱，已为出土实物所证明。且《水经注》渭水:“又东南合一水，经两石人北。秦始皇造桥，铁镦重不胜，故刻石作力士孟贲等像以祭之，镦乃可移动也。”镦，音堆，又称千斤桩，是打桩的夯锤。故桥为木桩柱。所以称石柱桥者，是“桥北垒石水中，旧有忖留神像”指的是靠近桥侧独立的石雕像柱。

虽然，《三辅黄图》和《三辅旧事》所记和《水经注》不同:“渭桥，秦始皇造，跨渭水为桥，重不能胜，乃刻石作力士孟贲等像祭之乃可动，今石人在。”仅称桥重，未记有镦。或指的便是石柱。

两说并存，以待日后开挖得秦渭桥遗址以求证。

秦渭桥后来的兴废为：明、顾祖禹《读史方舆纪要》记中渭桥，在汉“始元初（公元前86年），大雨，渭桥绝。”① 《通鑑》记:“晋·永和十二年（356），发三辅民治渭桥。”《元和郡县志》:“刘裕入关已毁之，后魏重造。贞观十年（636）移于今所。”②

唐·乔潭《中渭桥记》记当时的盛况为:“自鸟鼠穴者（渭水出陇西首阳县鸟鼠同穴山），兹水广矣。依凤凰城者，兹桥壮矣。水朝巨海而不竭，桥通大路而居要，不然岂自秦至唐六千甲子而独存也（应为857年）。稽厥弘道，率兹帝圻。候天根之见（《国语》：‘天根见而水涸……水涸而成梁’），当农务之隙。司金司木，鸠而积也。水工木工，速而至也。挥刃落雪，荷锸成云。京兆尹紫绶而董之，邑吏墨绶以临之。远迩子来，结构勿亟。无小无大，咸称天休。经之营之，不愆于素。丹柱插于坎窞，朱栏赩而电炫。乃虹引成势，犹雀填就功。连横门，抵禁苑。南驰终岭商洛，北走滇池鄜畤。济济有众，憧憧往来。车马载驰而不危，水潦起涨而转固。人思启者，吾其能济。赩赩赫赫，轰轰阗阗。且周穆之驾鼋鼍，振千祀也。东明之聚鱼鳖，称一时也。孰若我由也而必达，凭之而必安。若以匹敌，夫何远矣。潭遂因行迈，觏兹崇饰，将刊石以表迹，敢搦札以记事。赤奋岁（约贞观二十年，丙午，公元646年），流火之月（农历7月）也。”

《读史方舆纪要》记唐:“元和十一年（816）渭水溢，毁中桥。”《高陵县志》称:“中渭桥柱，今水落犹见一二。”

中渭桥唐时在太极宫之西，太仓之北。经近年考古，发现今西安北郊六村堡、相家巷北一公里，田地里有木椿和大石块。因渭水北移。三渭中，中、东渭桥都已湮没于今渭河岸上。

2. 东渭桥

汉·唐之际，都城在渭水之南，陵寝居渭水之北。《史记·孝景本纪》记:“景帝五年（前152）三月，作阳陵渭桥。”索隐曰:“渭桥在长安东北，通高陵。除了近走高陵，远

① 《读史方舆纪要》，卷五十三，2326页，中华书局，1955年。

② 唐·李林甫撰《元和郡县志》卷一，14页，中华书局，1983年第1版。

去蒲津过黄河，经晋入燕。或出潼关入洛阳。是长安以东重要道路上的重要桥梁。

《雍录·卷六》称桥："在万年县北五十里，灞水合渭之地。"①《高陵县志》记："在县南十五里，渭水上。"

桥下水道、昔通漕运。汉、唐时江南漕船由淮泗经汴河，溯黄河而上，入渭水运至长安。部分储存于东渭桥头的东渭仓。《通鉴》唐·德宗建中四年（783）朱泚之乱，"刘德信入援，以东渭桥有积粟，进屯此桥。"兴元元年（784）"韩滉运米百艘饷李晟，进至东渭桥。"沈亚之《东渭桥给纳使新厅记》称："渭水东赴河，输流逶迤于帝垣之后。倚垣而跨为梁者三，名分中、东、西。东渭津傍控甸邑诸陵道。"

汉、唐东渭桥是木梁柱桥。《初学记》："汉造西渭桥、东渭桥，以木为柱。"汉桥桥址，已湮废无迹。

一九六七年高陵县耿镇在白家嘴西南约300米处，发掘出唐·开元九年（721），富平县尉河南达奚珣《东渭桥记》（图2-15），刻于六角形石柱，下部已磨损脱字。根据文理，碑文下每列下缺二字。署名下则缺三字。文曰："书曰，导渭自鸟鼠同穴，其来尚矣。发源之际，流经岐雍之间，包荒澧滈之类，益用深广。东流暵带，然则莫可得而济矣。夫通变者圣人之务也。可利涉之时义大矣哉。开元中，京尹孟公，以清风亮节，故事可以成梁。上闻于天，帝用嘉止。明制既下，指期有日。揔统群务，纠聚工徒。详力役，经远迹，度高卑。前规率由，具物动若雷霆。瑰材所聚，隐若山岳。曾未踰月，其功乃就砌石。抗星柱，延虹梁。矗如长云，横界极浦。迹是人作，奂乎无以加也……"。具名的最后一列是"富平尉河南达奚珣。"诸空白的字，均为作者臆填并断句如文。

陕西省文物管理委员会和高陵县于1978，1980对桥址进行调查。1981年进行钻探发掘。得知桥北距今渭河南岸2.5公里，距高陵县城11公里。桥长约400米。南北走向。南岸有残留石料铺砌的引道约160米，宽约12米。

桥址南端，有青石桥墩二个。四楞形或圆形松木桩90多个。四楞形桩边宽17.2或21厘米，长89厘米。圆形木桩长度不等。

青石条长短宽厚不一。最长者1.6米，宽1米，厚0.2～0.4米。小者宽0.55～0.94米，厚0.24～0.4米。长度较短。石条上凿有锭形和曲尺形沟槽，用以灌铁汁相联。另有卵石如拳，亦用铁汁铸在一起，用以固定立于细砂中的松木排桩。青石条用以砌墩。桥墩迎水面有分水尖。

东渭桥本身为木柱，发掘出木柱共十四排，因残朽较甚，每排宽度不尽相同，自9.5至10.6米。木柱底部亦用大块青石和卵石围砌。石板之间联以铁栓、石板与卵石缝隙中灌以铁汁。护柱石块周围打有小木桩。每四根木柱为一排架、柱顶架横梁。梁柱之间亦以铁栓板联结。出土时尚遗留有锈蚀铁栓板。木柱排架上架短木，再置长梁。梁上铺板。

这座唐·开元九年（721）十一月落成的东渭桥，唐代曾多次修理。唐人小说《刘无双传》记建中（780～783）朝臣刘震之女无双，许王仙客为妻。四年（783）朱泚反、

① 《雍录》卷六。

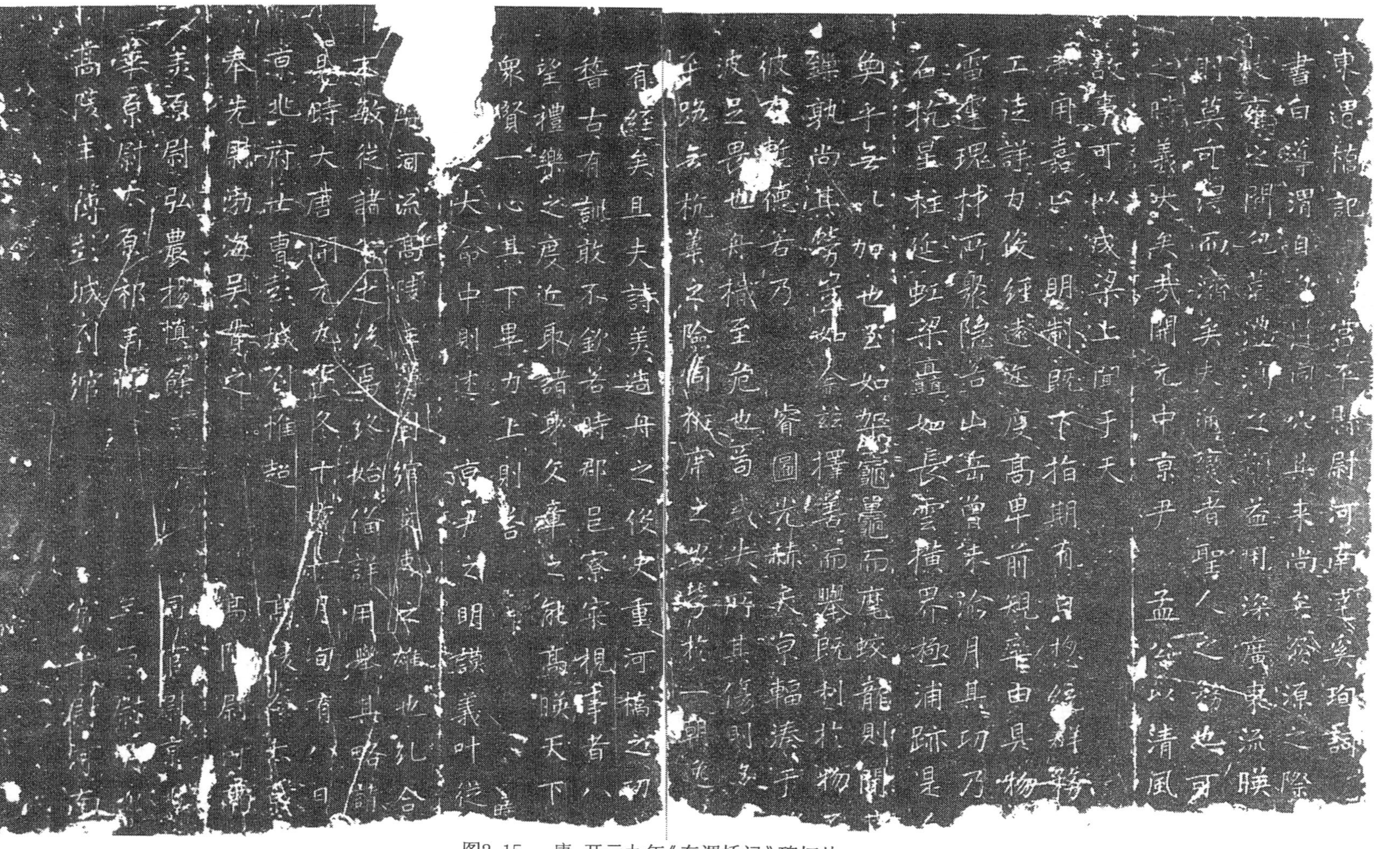

图2-15　唐·开元九年《东渭桥记》碑拓片

刘震降。无双入掖庭。配园陵洒扫。仙客正以富平县尹知长乐驿。时“正修东渭桥”，仙客“假作理桥官”待车过得窥见无双。故事十分哀艳。

《旧唐书·崔元略传》曾记其二次为京兆尹。宪宗元和十三年（818）和穆宗长庆四年（824），其间：“为桥道，便造东渭桥。”这是因为《旧唐书·五行志》记元和八年“渭水暴涨，三渭桥皆毁，南北绝济达月久。”估计当年曾暂以舟渡或浮桥过河。5年之后，崔元略“便造（再造）东渭桥。”也许那时水激洲移，所以再造后石墩和木排架柱在一桥中混用。1981年挖掘所得已经是达奚珣当年的构造和崔元略修建的组合了。

唐·文宗开成五年（840）日本僧人圆仁，与其弟子惟正、惟晓、役夫丁雄万一行4人，随弟18次遣唐使藤原常嗣入唐。其所书《入唐求法巡礼行记》记其于5年冬，由东渭桥入长安。“高陵县渭水阔一里许，桥阔亦尔。镇临渭水，在北岸上。”

据称原来的渭河北岸有一森林地带、直到明·嘉靖年间存在。《高陵县续志》说：“然自乾嘉而后，河日北徙。沿岸田庐塌陷不少。咸同数十年间，北岸田入河者无虑数十百亩，近犹漱荡不已。”自明·嘉靖至清·光绪300多年里，渭河河道北移2500米。于是，桥埋滩岸而镇临渭水，在南岸上了。

3. 西渭桥

《史记·武帝本纪》：“建元三年（前138）初作便门桥。”这就是西渭桥。服虔注：“在长安西北茂陵，东去长安二十里。”颜师古注：“便门，长安城北面西头门，即平门也。”《三辅黄图》毕沅校本则称：“长安城南出第三门曰西安门，北对未央宫，一曰便门，即平门也。”《三辅旧事》则记为：“章门（西出南头亦一门）亦曰光华门，又曰便门。”《三辅决录》曰：“长安城西门曰便门，桥北与门对，因号便门桥。”城门的位置已各说不同。取汉·赵岐《三辅决录》的说法，即西边南头的章城门，亦曰便门。《元和郡县志》，《太平寰宇记》，《关中胜迹图》、《雍录》等所取都同。

《水经注·渭水》：“又东与丰水会于短阴山内。水会无他高山异峦，所有惟原阜石激而已。水上旧有便门桥，与便门直对。武帝建元三年造。张昌曰，桥在长安西北，茂陵东。如淳曰，去长安四十里。”

《元和郡县志》和《长安志》称“短阴山又名短阴原，在（原咸阳）县西南二十里，两寺渡南五里。”因为没有山峦，所以称原、然而土质坚硬，并有台地以激水，故曰石激。所以《史记·匈奴列传》便记汉细柳仑，细柳营都在便桥西端，渭河北岸，地近石激。

便门桥亦不仅是去茂陵方便，实亦西走诸雍，由诸栈道入梁、益。远去陇右，进河西走廊。所以西北有军事，桥亦是兵争之地。

《资治通鉴·唐纪七》记武德末年（626）唐太宗初即位：“突厥颉利可汗进至渭水便桥之北，……（太宗）与颉利隔水而语，责以负约。突厥大惊，皆下马罗拜。与颉利盟于便桥之上。突厥引兵退。”辽代陈及之有《便桥会盟图》现藏北京故宫博物院。

唐·天宝十五年（756）安史之乱，玄宗奔蜀。杨国忠于过后纵火焚桥。李隆基称：“庶士各避贼求生，奈何绝其路？”遂令高力士扑灭之。

唐时咸阳称渭城，桥名咸阳。王维诗：“渭城朝雨浥轻尘……”。杜甫诗：“尘埃不见咸阳桥。”

宋·宋敏求《长安志·咸阳》记这座西渭桥“唐末废”然而有浮桥。“渭河浮桥在汉渭城县南北两城间，架渭水上，即汉之便桥也。”后又修桥。“皇朝（宋）乾德四年（966）重修。后为暴水所坏。淳化三年（992）徙置孙家滩。至道二年（996）复修于此。”

明·洪武四年（1371）咸阳城迁至今咸阳市内，已无桥，只称“咸阳古渡”。清·光绪三十四年（1905）五月，十三世达赖喇嘛晋京，曾在其地架便桥。

丰河故道虽有变迁，渭河此段似无太大变化。现丰河自西北，流至现咸阳市西南10里的钓台乡、马家寨西一里处，即当地人称为文王嘴的西侧入渭。文王嘴为高约5米的台地，距西汉长安城西侧33里（与称40里者近合）。西北距茂陵22里。

咸阳市博物馆孙德润等言，当地老人梁明杰曾于1978年大旱时，文王嘴附近渭河河床内曾露出松木桩两根，出水面一尺多，绳曳拔之不动。有人潜入水中，又发现六根东西排列的木桩，粗约4尺（约1.33米）。顶端两侧为斜面，呈八字形。前此于1949年亦曾发现过。分析此乃西渭桥的遗迹，一如汾水“晋平公之故梁”。

这三座阔大宏伟的长桥，出之于秦皇、汉武之手，虽然遗迹都初露圭角，未加深掘，难知全貌。现都已回填。其下一定还有不少碑记，或记事变，或记桥梁，有待他年作全面的考古发掘。

（二）汉壁画及画像砖石桥

秦、汉木梁柱桥，具体地如渭水三桥是何形象，可以在壁画及画像砖石浮雕中窥见一二。

1. 内蒙古和林格尔东汉墓壁画[①]

1971年秋，在内蒙古和林格尔县新店子乡，发现东汉墓葬。墓中室到后室甬道券门顶上彩绘有桥。画上注明是“渭水桥”。经考证，墓葬年代在东汉冲帝永憙元年（145）至献帝建安五年（200）之间。墓主由繁阳迁长安令。图上正中车骑车前写有“长安令”三字。图上书有“七女为父报仇”，但不知其出处。

墓主生前，东、中、西三渭桥都存在，墓主由繁阳迁长安令，东入长安，则宜于走东渭桥。桥虽画得十分简陋，仅六间，其两侧两间为折坡。桥下每排正是四柱。柱上有两跳斗拱承托木梁，上架桥板，设栏楯（图2-16）。

不可能在墓中将数10孔长桥全数画出，只是像征性地表示数孔。每排柱数却和东渭桥发掘所得相同。因此，唐代的东渭桥是汉代东渭桥的因袭。

秦渭桥每排至少十柱、汉中渭桥即横桥，“汉承秦制”则也宜约十柱。《三辅黄图》说中、西渭桥都可供12辆车并行。独有东渭桥的规模比两桥狭小。正反相证，壁画所绘是东渭桥。

桥柱头上有斗拱，后世如山西太原晋祠鱼沼飞梁有类似做法（详后）。柱上梁侧，画作近似三角形图案的饰带不知是表示桥梁的某种结构构造？还是仅起装饰作用？将于下节阐明。

2. 四川成都东汉画像砖

四川省博物馆藏若干种东汉桥梁画像砖，其画面形像基本类同，但精粗不一。最比

---

① 《文物》，1974年，第1期。

图 2-16　内蒙古和林格尔东汉墓壁画（摹本）

较精致的一组是 1953 年，在成都青杠坡东汉墓中发掘所得，其中之一上浮刻画木桥（图 2-17）。画面中作双马驾车，及扈从骑驰过桥。桥仅画一端，循折坡而上。长桥在右方画外，反而使人有不尽的感觉。桥柱每排亦四数，柱顶有横梁无挑斗。跨间梁木之上是横桥面板，板端也有三角楔形图案，与和林格尔东汉壁画渭桥不谋而合！作者过去曾理解为“桥面木料每隔一块作成楔形，可能是用以增加桥面的弹性。”现在认为这一理解并不合于桥梁结构。应该是密排的横桥面板端部所钉上的通长防雨和装饰板，板上所刻的图案。

图 2-17　四川成都青杠坡东汉墓画像砖拓片

山西太原晋祠是唐叔虞之祠。环祠古木数本，皆千年物。北魏郦道元已记有："水侧有凉堂，结飞梁于水上，左右杂树交荫，希见曦景。"现存的"鱼沼飞梁"据考证虽认为是宋代建筑，也可能是更早的遗制。其梁柱细节如图2-18。石柱、柱顶有普柏枋相交，并置大木"斗"。斗上施十字拱相交以承梁。梁上密铺横向桥面板。板头钉通长的"博风"即饰带板。板上刻S形花纹。桥面板上布灰土，上铺方砖桥面，外端伸出盖住博风，上设栏杆。

图2-18　木梁石柱桥梁柱端细节
（山西太原晋祠鱼沼飞梁）

看起来汉代木梁柱桥就已有如此做法。

青杠坡和其他四川东汉墓画像砖此种桥式，不大会是四川的桥而是汉都城的渭桥。

3．山东画像石桥

东汉时期，一时在墓室壁、门楣、刻作画像石桥，几成贵官墓的风气。出土所见甚多。

图2-19为山东睢宁九女墩东汉墓室，后室门楣石刻梁桥。桥两端折坡，河中仅有一柱。

更著名的山东嘉祥武氏祠，是汉顺帝、桓帝时，任城名族武氏家族墓的石亨堂。其

图 2-19　山东睢宁九女墩汉墓后室门楣石刻梁桥

中郡从事武梁的亨堂（祠）建于恒帝永嘉元年（151）。执金吾武荣祠，建于桓帝永康元年（167）。武梁祠的石刻梁桥如图 2-20。仅有折坡梁柱而无柱。下面的桥柱是被画面所挤去了。

图 2-20　山东嘉祥武氏祠石刻梁桥

山东沂南东汉画像石（图 2-21）画有四孔带折坡的梁桥。桥共有三排柱、柱上有斗。

所有这些画像桥上或画战争，或画出行场面，桥下或是捕鱼或水战场面，紧张热烈，形象生动。秦梁汉柱，可见一般。所有梁桥都是平桥加折坡。然而汉代亦有骆驰虹式木桥，见本章图 2-43 及圬工拱桥一章。

（三）西汉咸阳沙河古桥

距咸阳市九公里，在干枯的沙河河道之下可能为古渭河的河床沙层内，1986年元旦，由取砂发现有古木桥遗址。1988年，又在其东约300米发现有第二座木桥。经过发掘，前一座有16排112根木桩，直径多数为40厘米，现露出160厘米，每排木桩平均7根，排与排间距3～6米。在桥南端最外一排桩的内外，共发现700×110×7厘米的铸铁板6块，约各重3吨。因暴露于空气中后，木桩干裂，故采用塑料袋包裹（图2-22)。在诸桩之中，有一根桩头有加工痕迹(图2-23)似搁梁及接筍之处。柱头有焦痕。

后一座桥共发掘出41根木桩，直径自30～40厘米，共分五排，平均每排8根，排间距约840厘米。掘出木桩200厘米。

这两座古桥遗址都没有继续往下挖掘，不了解其下的构造。除了第二座桥发现有一根长9.54米的方形木纵梁外，都无梁及桥面。桥侧砂土中尚有少量汉瓦。

第一座桥的木料作碳十四同位素测定，可断定是西汉时期的大型古桥。

由于桩在昔时似已经过扰动，排列和垂度都不整齐。难以作完整的复原构想。不过，这是一座木柱排架的木梁柱桥是很明确的。

对这两座古木桥，陕西省曾组织专家予以论证，因渭水文王嘴处河底有木桥桩存在，极大可能是西渭桥。且这两座桥方向并不对汉便门，所以不大会是西渭桥。秦辟渭南为上林宛，汉武帝扩展范围。上林宛中，离宫别馆、桥道骊层。

《汉书》载:“武帝建元三年（138)，开上林宛。东南至蓝田、宜春、鼎湖、御宿、昆吾，傍南山。而西至长杨、五柞。北绕黄山，历渭水而东。周袤三百里，离宫七十所，皆容千乘万骑。”《汉宫殿疏》则云“方三百四十里”。疏列诸观名称著者有“昆明观”、“平乐观”……等，而其中有“便门观”会不会就在便门桥的附近？在上林宛中特又指出西郊宛。“汉西郊有苑囿林麓薮泽连互，缭以周垣四百余里。”

所以西汉沙河古桥，终使不是便门桥、亦即是汉宛中，离宫别馆之间，可以通过“千乘万骑”的二座大型桥梁。

桥遗迹今已回填保护。

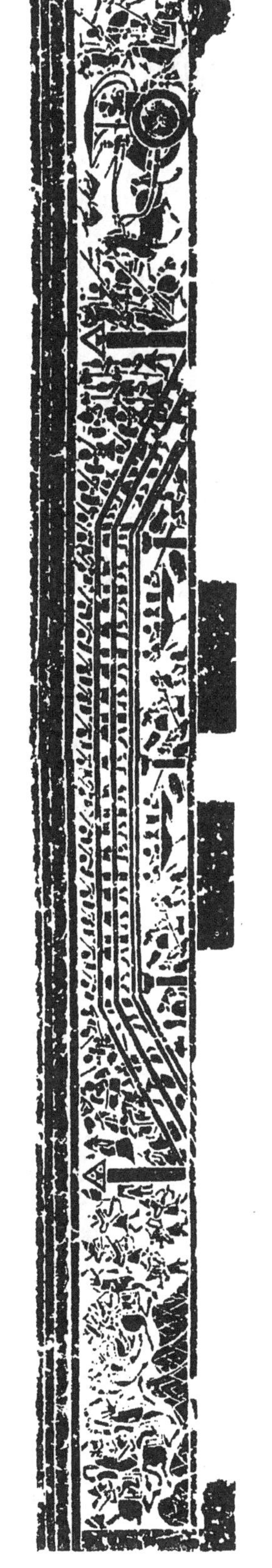

图2-21　山东沂南东汉画像石刻梁桥

图 2-22　陕西咸阳沙河古桥遗迹

图 2-23　沙河西汉古桥柱头

（四）灞、浐、沣桥

渭水由西流向西安之北，过西安折向北。自东及西，
有支流灞、浐、滈、沣四水汇入而以灞、浐、沣为主，河上都有古桥。

三水俱出南山。灞、浐皆出兰田谷，北至灞陵，相合入渭。而丰水出鄠南山丰谷，由马防邨至咸阳入渭。

长安城夹于滈、浐之间。

灞水上多桥，故而桥址不止一处，桥型不止一式，然其变迁未经详叙，易于混淆。但后世所见，主要是木梁石轴柱桥。且与肇自西安西南的普济桥，及浐、沣两桥，成为关中地区一个特殊系统的桥式。

1. 灞桥

《水经注·灞水》：

> 霸者水上地名也，古曰滋水矣。秦穆公（前659～前621）霸世，更名滋水为灞水，以显霸功。水出蓝田县南蓝田谷。……灞水又北历蓝田川，迳蓝田县北。……灞水又左合浐水，历白鹿原东，即灞川之西，故芷阳矣。……秦谓之灞上，汉文帝葬其上，谓之灞陵。……在长安东南三十里（乃汉长安）。……灞水又北，长水注之。……灞水又北，会两川。……又北，故渠右出焉。……灞水又北，迳王莽九庙南。……灞水又北，迳轵道，在长安县东十三里……自东都门过于枳道。……水上有桥，谓之灞桥。地皇三年（22），灞桥水灾，自东起。卒数千以水汎沃救不灭。晨熿夕尽。王莽恶之，下书曰：‘甲子火桥，乙未，立春之日也。予以神明圣祖黄虞遗统，受命。至于地皇四年为十五年，正以三年终冬，绝灭霸驳之桥，欲以兴成新室，统一长存之道，其名灞桥为长存桥。灞水又北……，东迳灞城北……又东迳新丰县，右会故渠。……灞水又北迳虎圈东……灞水又北，入于渭水。

《唐六典》指出："天下石柱之梁四，洛三灞一。洛则天津、永济、中桥。灞则灞桥也。木柱之梁三，三谓桥也。"若和《水经注》联系起来，不分时间先后，可能认为，秦穆公时造石柱木梁的灞桥。这就不一定正确。

秦穆公改水名为灞水，水上极可能有桥。不是木梁桥，便是浮桥，尚找不到历史记载的根据，石柱桥是后来的事。

至少西汉时便有正式的木梁桥、故王莽时灾。《汉书·王莽传》记："地皇三年二月，灞桥灾，数千人以水沃救，不灭。……从东方西行，至甲午夕，桥尽火灭。大司空行视考问。或曰，寒民舍居桥下，疑以火自燎为此灾也。"桥尽则无桥，必得王莽重建新桥，以石易木，始"其更名灞馆为长存馆，灞桥为长存桥。"

《初学记》称："汉作灞桥，以石为梁"宜指长存桥。王莽败后其名回改。《关中八景史话》称其在今西安东郊毛西乡马渡王村附近。

轵道是道路名称，亦是地名。《长安志》："轵道在通化门（隋·唐长安城东头最北门）北十六里。汉·元年（前206），秦王子婴素东白马降沛公处。"[①] 那是刘邦军于灞

① 宋·宋敢求纂，清·毕沅校，《长安志》卷十一，民国二十年（1931），长安县志局铅印本。

上，过灞桥，与自咸阳来的子婴会于轵道受降。终汉之世便只是王莽改建的灞桥。

隋得天下，原居汉长安、后建新城。

《长安志》宫室四，唐上。"京城，即隋文帝开皇二年（582）自故都徙其地，在汉故城之东南，属杜县周之京兆郡万年县界。东临灞浐，西枕龙首原。命左仆射高颎总领其事。太子左庶子宇文恺创制规模。将作大匠刘龙、工部尚书钜鹿郡公贺楼子幹，大府少卿尚龙义并充使营造。"又"万年……隋开皇三年，迁都，改万年为大兴。……灞桥镇在县东二十里。……灞桥、隋开皇三年造。（唐）唐隆二年（710）仍旧所为南北两桥。"

隋时新都，离汉灞桥远，于是在其南、隋大兴县之东 20 里造新灞桥。时隔 127 年，唐玄宗登基前二年，在汉和隋两灞桥的原来地方，重修或造南北两座灞桥，南桥又称灞陵桥。《古今图书集成·职方典·西安府》称："汉灞桥在故（汉）长安城东二十里灞店。南北两桥，以通新丰道，（指汉和下句唐桥共两桥）。西京送行者多至此折柳赠别（取江淹《别赋》句）亦曰消魂桥。唐·灞陵桥在京兆通化门东二十五里，隋、开皇三年造。……"。

《郡国志》称："灞陵在通化门东二十里。"《太平寰宇记》作"三十里"。《水经注》灞陵在汉"长安东南三十里"。

《唐六典》是唐·开元时张九龄所撰，此时南北两桥刚修起，而只称"灞（桥之）一"是"石柱之梁"，则灞陵桥不在其列，岂其是木梁柱桥？

自汉迄唐以还，对杨柳怀有极大的感情和兴趣。宫城隄岸种柳，汉时便有，隋因姓杨，有所偏爱，唐受其果转而更盛。唐·白居易《隋隄柳》诗道："大业年中炀天子，种柳成行夹流水。西自黄河东至淮，绿荫一千三百里。大业末年春暮月，柳色如烟絮如雪。"

长安的柳有：灞柳、青门柳、章台柳、隋宫柳、细柳营柳、御沟柳、华清宫门柳。以灞柳为最。灞桥折柳是长安一绝。

《雍录》称："唐人语曰：'诗思在灞柳风雪中'。[①]盖出都而野（到郊外），此其始也。"

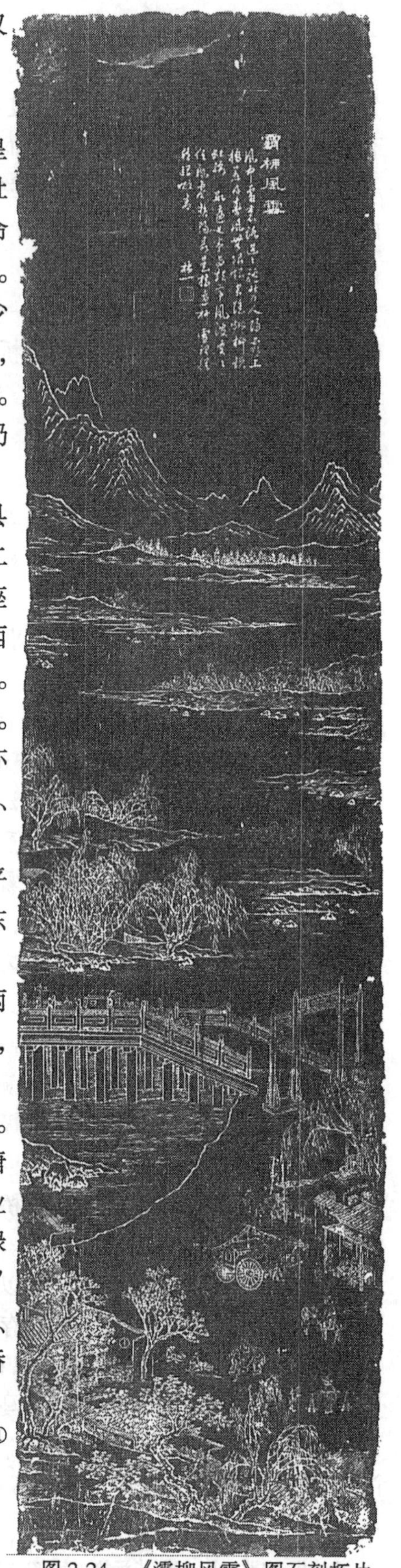

图 2-24　《灞柳风雪》图石刻拓片

① 《雍录》卷七。

西安碑林，有取唐人诗意作《灞柳风雪》图石刻。林一题诗为："风中雪里路迢迢，驴背人经灞上桥，惹得春风无限恨，半隄烟柳锁虹腰。

数遍长亭与短亭，风波处处任飘零，热肠最是桥边柳，雪里犹然放眼青。"（图2-24）

图上所绘亦应是唐代的"石柱之梁"桥。

唐末，宋·元以来，几经战火。北桥早毁。北宋柳永《少年游》词："参差烟树灞陵桥，风物尽前朝，衰杨古柳，几经攀折，憔悴楚宫腰。"也许南桥仍在，或竟只是冬季临时搭架的便桥。

元·骆天骧约成于大德四年（1300）的《类编长安志》卷七，记灞桥，引《方舆记》叙其沿革略同。汉、隋、唐后："唐、宋迄今，有司课民材木，为舆梁以济。十月桥成，三月拆毁。至我大元、（山东）堂邑刘斌，修为石桥。初，霸水适秋夏之交，霖潦涨溢，波涛汹涌，舟楫不能通，漂没行人不可殚记，常病涉客。中统癸亥（元代年号，即南宋景定四年，公元1263年），会斌旅秦还至霸上。值秋雨泛涨，同行之车九三。涨息，斌车前导，仅达岸。次渡者人畜几溺，斩靷获免。其殿者随流漂没，不知所在。斌遂誓修石梁。归询亲辞妻，家事悉委其弟曰：'若桥不成，永不东归。'元·至元三年（南宋咸淳二年，1266年），结庐霸岸。先架木梁以济不通。斌能于匠石、工梓、锻冶、斲轮，靡有不解。以素艺供其所费。至落成，凡一十五虹，长八十余步（步六尺共约170米），阔二十四尺（约7.7米）。中分三轨，旁翼两栏。华表柱标于东西，忖留神镇于南北。海兽盘踞于砌石，狻猊蹲伏于阑杆。鲸头喷浪，鳌背吞云。筑堤五里，栽柳万株。游人肩摩毂击，为长安之壮观。名达宸聪，亲承顾问。宠锡尤渥，敕建丰碑。安西王锡以白金四笏以劳之，可谓功不徒施矣。

斌为人清癯多力，知略巧思，人不能出其右。多艺能，自营石梁，日夜不息。手足胼胝，心剿形瘵。虽祁寒暑雨而不辍其工，遇患难龃龉而不忘其志。前后历三十寒暑，乡关隔二千余里，不为妻孥挂怀。持空拳，孜孜勉勉，以成旷古所无之功。受知于九重，垂名于千载，可谓有志之君子矣。"

刘斌建桥得助甚多，最有力的支持者是陕西行省讲议兼安西王府咨议，李庭。

李庭《创建灞石桥记》记造桥的过程比较详细。一开始"（斌）既而还家告其父母亲旧，皆悦而从之。曰：此奇事，当勉力，各出囊货为赆。斌与誓曰：桥不成不归矣。于是束装戒行，前抵相卫。市锤錾七百余事，辇运而西，结庐霸上。教人以轮为业，歛所得充募工之值。分采华原五攒之石，伐南山之木以为地钉（打木桩）其操执斤凿，张口待哺者恒二三百辈，米盐柴茹，所费不赀。"于是感动了官府士绅，以至元世祖忽必烈，捐金助役。"戊寅岁（元·至元十五年，南宋祥兴元年，1278年）冬，工始毕。其长六百尺（约198米），广二十四尺。两堤隆峙，下为洞门十五以泄水怒。制以铁键，垩以白灰，其趾山固，其面砥平。磨硥之密，甃垒之工，修栏华柱，望之峭然……自经始至于落成，历一十五年。用石五千余载，铁银锭九千，计铁四千秤，地钉木二万条，前后总糜楮币八千五百缗、舆轮之值，尚不与焉。……前志虽尝有石桥，规制狭小（桥狭，跨小）屡经变故，湮没无迹，有司课民岁架木梁以渡，迨春冰泮而已复败矣……今也，非常奇特之功，乃成于一梓匠之手，可叹也已！"

李庭曾为之两作劝募的《京兆府灞河桥创建石桥疏》虽文采并非十分典丽，然而情挚十分真诚。亦有警句如“且见义不为则无勇，勿替前言；盖作善得专者常多，竚观后效。”“共推拯溺之心，永绝凭河之患。渡群蚁而甲科，尚验阴德之报不诬；活千人者子孙必封，昔贤之言尤信”“如蒙金诺，请署玉衔。”劝人为善，不能不以佛教的因果报应来感动人。

这座十五孔饰有石雕的石拱桥近人谁也没有见过，直待1994年取砂出土。

《读史方舆纪要》:“灞桥，在府东二十五里（那是指灞陵桥）旧跨灞水上。王莽地皇三年，灞桥木灾（那是汉霸桥）更名长存桥。隋时更造（又是灞陵桥）以石（无据）。唐人以饯别者都于此，因名销魂桥。桥凡十五虹，长八十余步，元季修筑（易误会为隋始建、元重修）。明·成化六年（1470），布政使余子俊增修。今灞水迁徙，桥在平陆矣。”[①] 渭水迁徙，在清·乾嘉年间（1736～1820），是不是灞水迁徙亦在此时，桥不但在平陆，且河床淤高，深埋不见，连顾祖禹也没有见过。他的所记，混南北两桥为一谈。难怪后人据之写史就更弄不清楚了。

1994年4月，在现在使用的清桥改建的灞桥（灞陵桥）的西边，旧灞水河床中取砂，清理出四墩三孔。拱券已断坍（图2-25）墩分水尖上石刻赫然犹在。只因限于“经费”，搁置未动，潦水又淹，非水涸不得一见。将来再作开挖，则不但可窥全貌，且忖留、海兽、狻猊、鲸头、丰碑等均可呈世，都是很有价值的历史文物艺术品。

图2-25　元·灞陵桥遗迹

清·康熙四年（1665），梁化凤在西安西南40里建设了木梁石轴柱的普济桥，至道光初有160余年仍坚实不坏。于是陕西巡抚杨名飏决定参照此桥式样和技术以重建霸、浐二桥。

普济桥是西安第一座石轴柱木梁桥，其近况不明。

道光十三年（1833），灞桥成，有《灞桥图说》详记其事。继续修建浐桥。

《灞桥图说》记:“桥长一百三十四丈（约430米）横开六十七龙门，直竖四百零八柱，分六柱为一门（桥台亦然）。每门底顺安石碾盘六具，深密钉桩。上累辘轴石四层。平砌石梁，横加托木。叠架木梁各一层，横铺木枋一层，边加栏上枋各二层。平筑灰土，上铺压檐石一层。垒砌栏杆各二层。量宽二丈八尺（约9米）。凑高一丈六尺（约5.1米）。两岸作灰土堤。”其构造见图2-26，27，28。

1932年测量陇海铁路西段时，曾对灞桥作详细勘测，得桥长354米，桥孔共六十

---

① 《读史方舆纪要》卷五十三。

七，桥跨不等，约 6 米左右。桥宽约 7 米。

图 2-26　清·灞陵桥

石轴柱桥的关键在石轴柱和基础。基础用木桩。《灞桥图说》称："用粗直柏木，色白而绵，冬取者为佳。削去枝节，乘湿带皮用之，则不燥裂。心红而起层者为刺柏，不用。"每根石柱下有直径 15～22 厘米柏木桩十三根，排列如图 2-29。先打中心桩定位。然后套上"插梅花桩式"板。打桩用"硪铁"。先用"引桩"钻孔再打入。打桩毕，取去

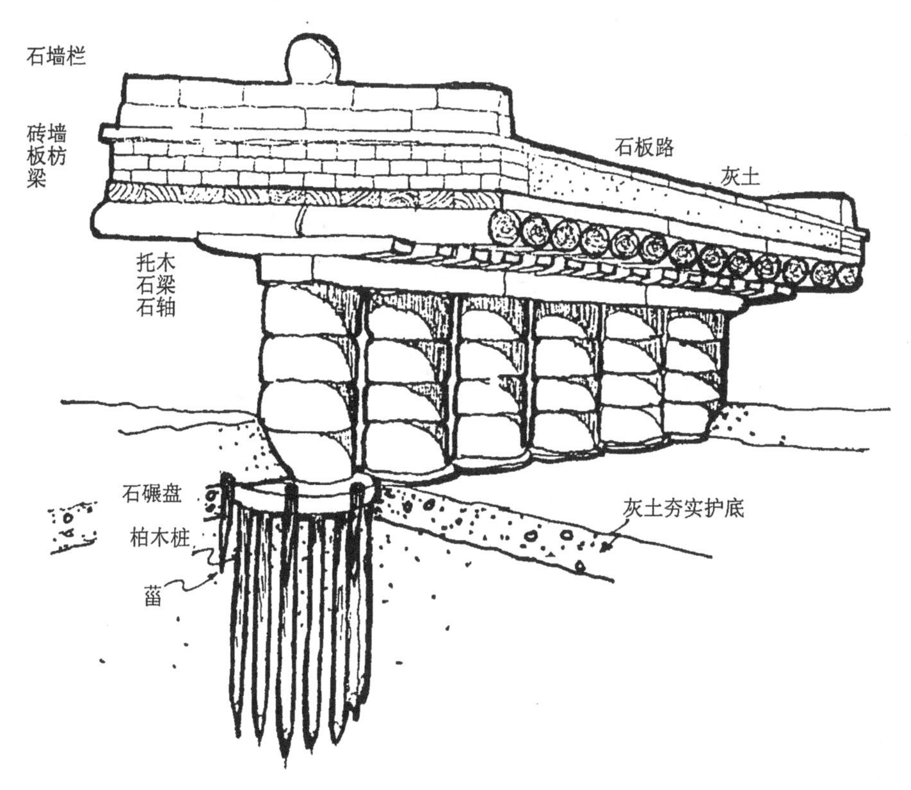

图 2-27　清·灞陵桥构造图

导桩板，锯平桩头，放置"石碾盘"。盘上有二孔，使一根迎水处桩与中心桩头穿过石碾盘。这二根桩在锯平时预留高度。其他桩头如与石碾盘底不够密实则垫以铁片。高出穿透的两桩可以防止石柱走动和承担水平力。

石碾盘上置第一层石轴。两石之间，先用糯米汁，牛血，拌石灰锤融。每盘约用石灰 50 斤。中心孔桩顶比碾盘略低，填入胶灰，压入"盘心铁柱"。在盘和轴石接触面上，满涂胶灰，套上石轴。第一层石轴下面平，中间留有卯眼，正好对准套上盘心铁

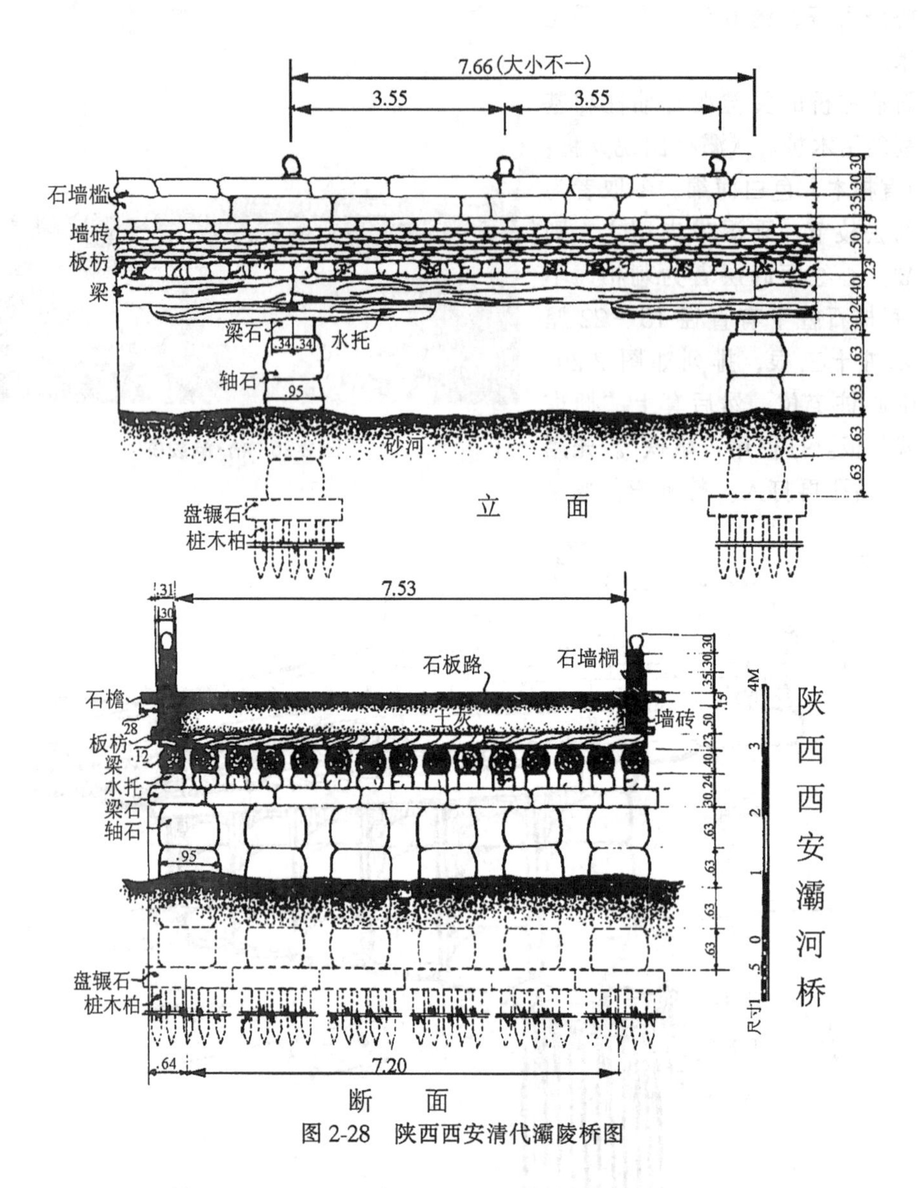

图 2-28　陕西西安清代灞陵桥图

柱。以上二、三层都是阳卯在下，阴卯在上，两层间填胶灰和嵌入“轴心铁柱”。最上第四层石轴上面光平，以放横向石梁。上置托梁，梁木，筑土石桥面。

每一石柱碾盘四周各有八根短桩称为“萏”。在石碾盘间，以及在石盘上下游各四米宽的河床内，还用“夯”筑有厚约一米的石灰三和土护底海墁。

如此考虑周到的石轴柱，《陕西灞浐二桥志》称:“石盘作底，石轴作柱，水不搏激而沙不停留。”

然而明、清以还，上游林木破坏愈盛，灞水水势愈猛，夹泥沙愈多。元·灞桥已遭淤没，清·灞桥亦淤得只露出最上一层石轴、桥近扑水。1957 年拟重建灞桥，开挖部分石轴柱，所见如图 2-30。因桩木未朽，石墩牢固，河床三和土海漫没有损坏，因此，只在原石轴柱上，接高扁形圆头长墩身，上搁钢筋混凝土梁。设栏杆，作汽 13 级公路桥，桥宽 10 米，7 米为车道，二侧各 1.5 米人行道。从经济的角度看，未可厚非，然

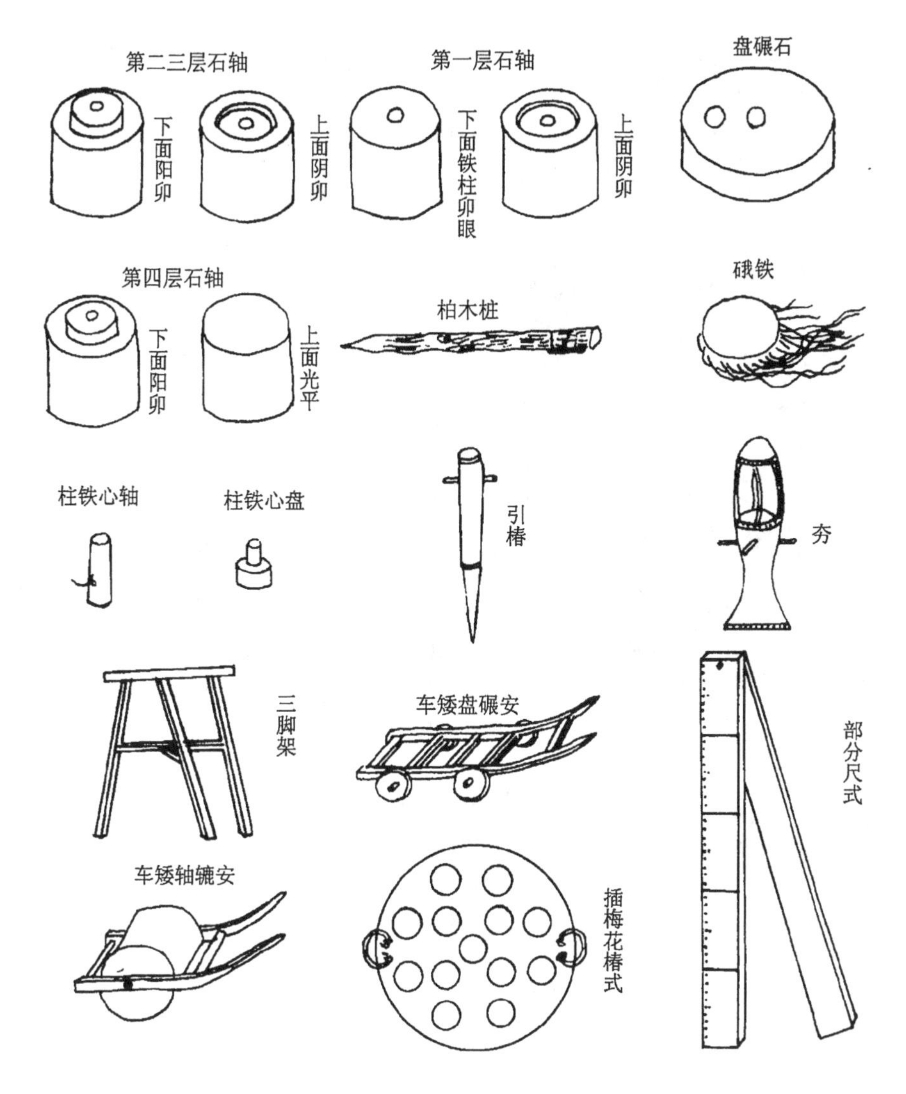

图 2-29　清代灞陵桥石轴柱及施工工具图

而从文物的角度，未免大煞风景。作为近代桥梁，桥跨太小。作为古代桥梁则影踪全无，被压得抬不起头来。好在石轴柱仍在桥下，后世有心有力，可从新发掘改建，尽量维持原桥的风貌，是所祈愿。

2．浐桥

浐水有桥应与隋·灞桥（唐·灞陵桥）同时。因出东门，先过浐水再过灞水。

《雍录》记通化门："唐都城外廓东面三门，最北者为通化门……门东七里有长乐坡，下临浐水。本名浐阪。隋文帝恶其名音与反同，故改阪为坡。自其北可望长乐宫，故名长乐坡也。"下长乐坡，过浐桥。再东行 10 里，过灞陵桥。

古浐桥的历史沿革，读灞桥便可见其一般。清代道光十三年修复灞桥后即修浐桥。其形式和构造都和灞桥相似，只是规模较小（图 2-31，32，33）。桥长 42 丈（约 135 米），共 20 孔。桥高 1 丈 5 尺（约 4.8 米），宽 2 丈 3 尺（约 7.4 米）。石轴柱并列 5 根，每柱共三石轴，下有石碾盘、木桩，做法和灞桥完全相同。

图 2-30　清代灞陵桥石轴柱

图 2-31　清代浐桥石轴柱

图 2-32 在迎水石轴柱石梁之下有石刻龙头幸存。想必当年灞、浐两桥都有这样的装饰。两桥桥两端桥头都有牌楼。

浐水淤高较灞水为浅，开挖后石轴柱情况见图 2-31。1957 年加高后如图 2-34 半新半旧，略胜于灞桥，然而还不能称为理想的方案。

图 2-32 陕西西安浐桥

图 2-33 原浐桥全貌（木牌楼原为三门，时剩中门）

图 2-34 改建后浐桥

图 2-35 陕西西安沣桥全貌

3. 沣桥

沣河在长安之西。志称在长安西南三里，跨沣水有沣桥，故又称三里桥。现址为长安县灵沼乡管道村旁半公里处，俗名梁家桥。始建年代不详，因其地为汉长安去咸阳西渭桥必经的路上，汉时宜早有木桥。志称建于明，永乐十二年（1414），想系重建。明·弘治五年（1492）重修，建木桥，高1丈5尺，宽约2丈余。清代重建为石轴柱桥。计27孔（图2-35，36，37）。每排6根石轴柱，柱四层。石柱顺流向靠拢并列，以铁条箍靠，借以增加稳定和抗水流冲击。木梁并列8根，在柱顶有横木二，托木八，上铺木板，填灰土，铺桥面。桥两端有牌楼。五十年代曾多次保养维修，情况良好。日久政弛，桥下历年大量采砂，河床逐年下切，桥墩

图2-36　沣桥石轴柱

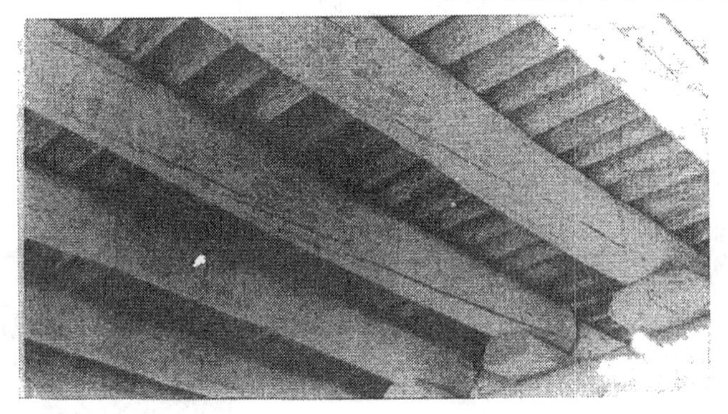

图2-37　沣桥桥底面

图2-38　沣河梁家桥残石

图 2-39　沣河梁家桥残墩

桩基裸露（图 2-39）。1986 年洪水，桥坍毁。石轴残石，聚堆岸边（图 2-38）现在桥址附近另建新桥。惜未能将原石利用，并在保持原式的基础上予以改建。这样，一座沣河石轴柱桥便从此消声匿迹了。

（五）宋画古木梁桥

秦汉古桥，见之石刻。晋、唐古画，存世不多，已能从之发现一些桥梁。北宋传下的画还甚多，因为作风写实，界画盛行，名家辈出，画中桥梁细节都交代清楚。

1. 北宋李嵩《水殿纳凉图》

李嵩的生卒年月不详，所绘《水殿纳凉图》中有一座高耸的三孔木（或石）柱木梁桥。

桥中孔平坡，边孔折坡。中间桥柱和西侧桥台各并列五柱。柱顶联以横梁，上并列搁多根纵向梁木，上密铺横向桥面板，板端钉博风，刻条饰。桥上有屋，屋柱齐栏杆顶处以斜撑撑于柱顶横梁外端。

桥台柱后似为砌砖作墙，背后填灰土铺桥面。台外侧有带角柱的片石砌挡墙驳岸，下部外侧护以“菑”（短木椿）。驳岸顶平铺石板作平台。这是一座典型的秦、汉以来木梁柱桥，较之汉画像石细节交代得更为清楚。桥屋华丽，亦可想象出秦汉阁道桥屋的构造（图 2-40）。

图 2-40　北宋·李嵩《水殿纳凉图》

2. 北宋·张择端《清明上河图》

北宋画家张择端，绘有传世著名的《清明上河图》。图中桥梁，以虹桥为最著。其人事迹，图画情况、虹桥构造，详竹木拱桥一章。

画中汴京（今河南开封）上善门外，濠上还有一座宽敞的木平桥（图 2-41，42）。

桥宽约 8～10 米，桥面上铺有石板或其他材料（如砖，或石灰三和土等）。桥共五孔，边孔约 2 米，中孔跨径约 8 米。共六排桥柱，每排桥柱 8 至 10 根。每排桥柱顶部有横梁联结外，柱中横有一根穿插的横枋。最靠边的两端两排靠近驳岸，作为桥台。每三排木柱的最外一根木柱间，纵向有二根较细的横木联系。看了除了加强结构以外，还有防止船只进入和停靠于狭窄的边孔的作用。也许还能免除因船上用火而引起火灾。

边孔密而中孔宽，使中孔可通航，且自边孔梁顶，施设挑出的托木。主梁搁于托木，以减少实际的梁跨。上善门桥，已经从等跨进一步发展到不等跨桥梁。

在东京汴河上还有几座平桥。

《图书集成·职方典》："天汉桥在府治东南一里许，唐名州桥，宋改为天汉桥，今废。"宋·王安石诗："州桥蹋月想山椒，回首哀湍未觉遥。今夜重闻旧呜咽，却看山月话州桥。"便指此桥。《东京梦华录》记汴河上诸桥自相国寺桥后："次曰州桥，正名天汉桥，正对大内御街。其桥与相国寺桥皆低平不通舟船，唯西河平船可过。其柱皆青石为之，石梁石笋楯栏。近桥两岸皆石壁，雕镌海马水兽飞云之状。桥下密排石柱，盖车驾

图 2-41　北宋·张择端《清明上河图》上善门桥

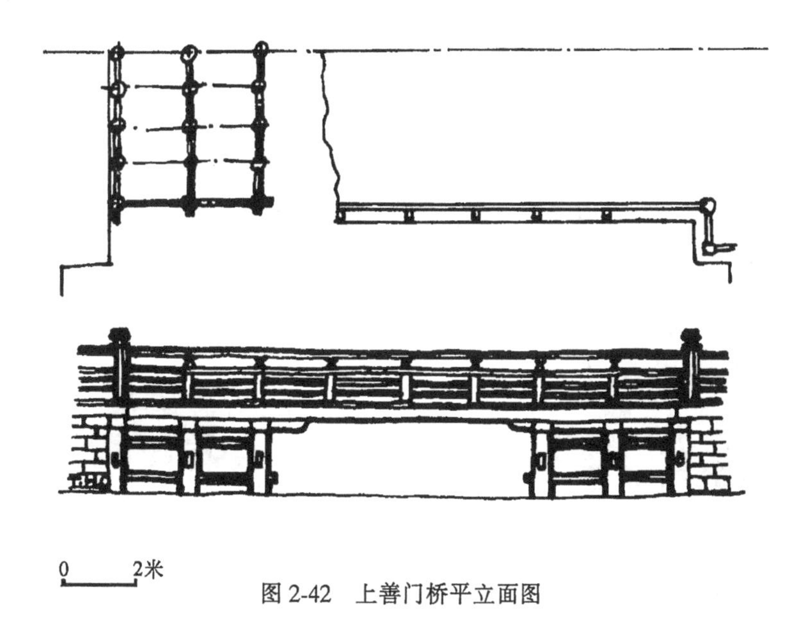

图 2-42　上善门桥平立面图

御路也。州桥之北岸，御路东西，两阙楼观对耸。……”① 故上善门桥也可能是石柱。

3. 北宋·张择端《龙舟竞渡图》

南阳汉画像石刻上有五孔骆驰虹式梁柱桥。其梁外侧，为连续义形花纹饰板，其柱

① 《东京梦华录注》：卷之一河道。

头则画有斗拱或托木（图 2-43），可见汉时已并存有两端带折坡的平桥，和竖曲线坡度的骆驰虹桥。

图 2-43　南阳汉画像石骆驰虹桥

《龙舟竞渡图》亦有称《金明池夺标图》未署姓名和图名，历来认为是张择端所作。宋·韩琦《从驾过金明池诗》称："帐殿深沉压水开，几时宸辇一游来，春留苑树阴成幄，

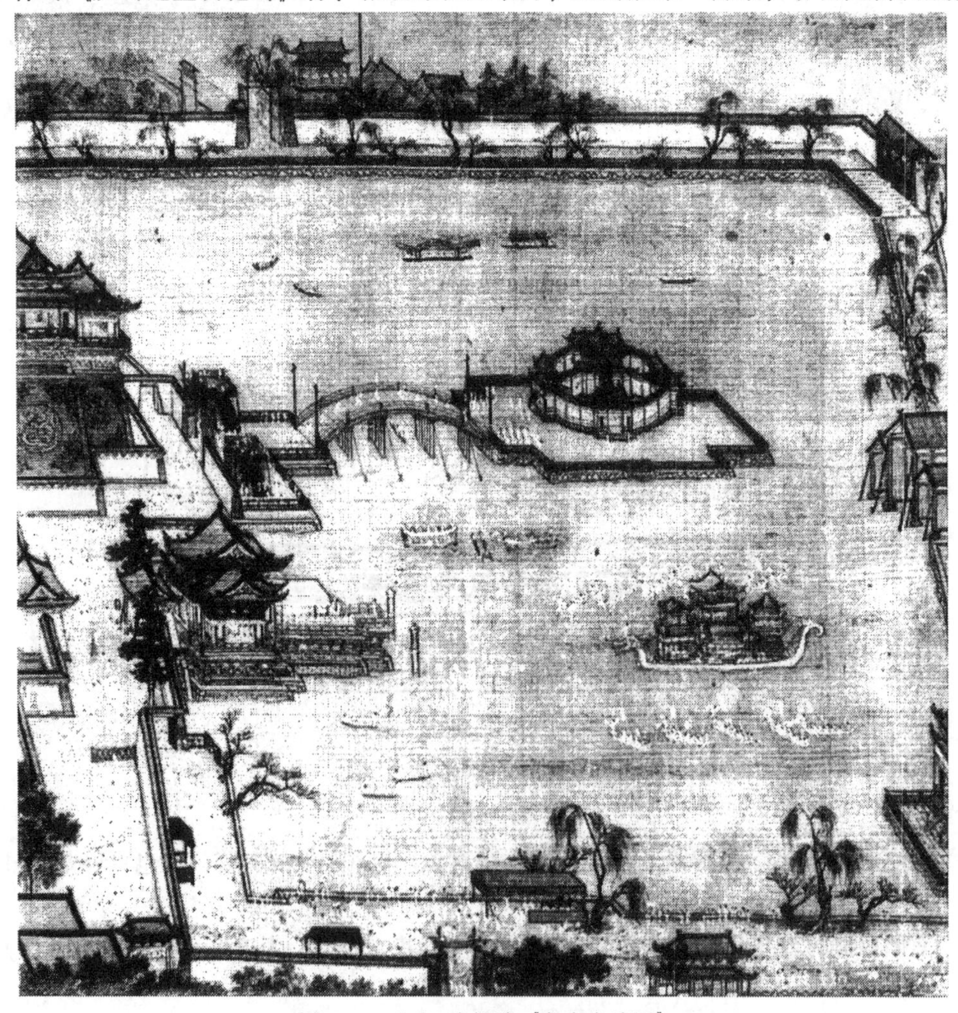

图 2-44　北宋·张择端《龙舟竞渡图》

雨涨池波色染苔。室外长桥横蝃蝀，城边真境斗蓬莱，罢朝侍宴临雕槛，共看龙艘夺锦回。”可见图名之由来。

《东京梦华录》记汴京金明池：“池在顺天门街北，周围约九里三十步（约4560米）……又西去数百步，乃仙桥。南北数百步。桥面三虹，朱漆栏楯，下排雁柱，中央隆起，谓之骆驼虹，若飞虹之状。桥尽处，五殿在池中心，四岸石甃向背。……桥之南立棂星门，门里对立采楼。……门相对南街有砖石甃砌高台，上有楼观广百丈许，曰宝津楼。前至池门阔百余丈，下瞰仙桥水殿。车驾临幸，观骑射百戏于此。”这是一组楼、门、桥、台、殿组成的建筑群。金明池是北宋“习水教”的处所。一如汉之昆明池。在金明池里，用大小飞船演习水战。宝津楼用以“观骑射”，检阅“内府金枪、宝装弓剑、龙凤绣旗、红缨锦辔。万骑争驰，铎声振地。”

然则这一座骆驼虹木桥名为“仙桥”，图中所绘和文中所述相同，只是“三虹”不合。三虹可理解为并列三座同样的木桥，或接连三座起伏的骆驼虹桥。未知是孟元老误记，或张择端简画所致（图2-44）。暂存厥疑。

桥在池中，水不湍急。然而木桥每排桥柱端，都系拉（或撑）在池中短橛柱上，是不是为了避免“飞船”撞柱的防撞措施？

4. 北宋·王希孟《千里江山图》

北京故宫博物院藏北宋·王希孟《千里江山图》气势磅礴。中绘有桥梁计有四孔石笼墩木梁桥、三孔木梁柱亭桥，山涧水磨，以及一座大小40余孔的木梁柱长桥。桥中部扩大成十字形，上建中间为双层的十字亭。亭在桥面以下，又有一层，可供游憩。

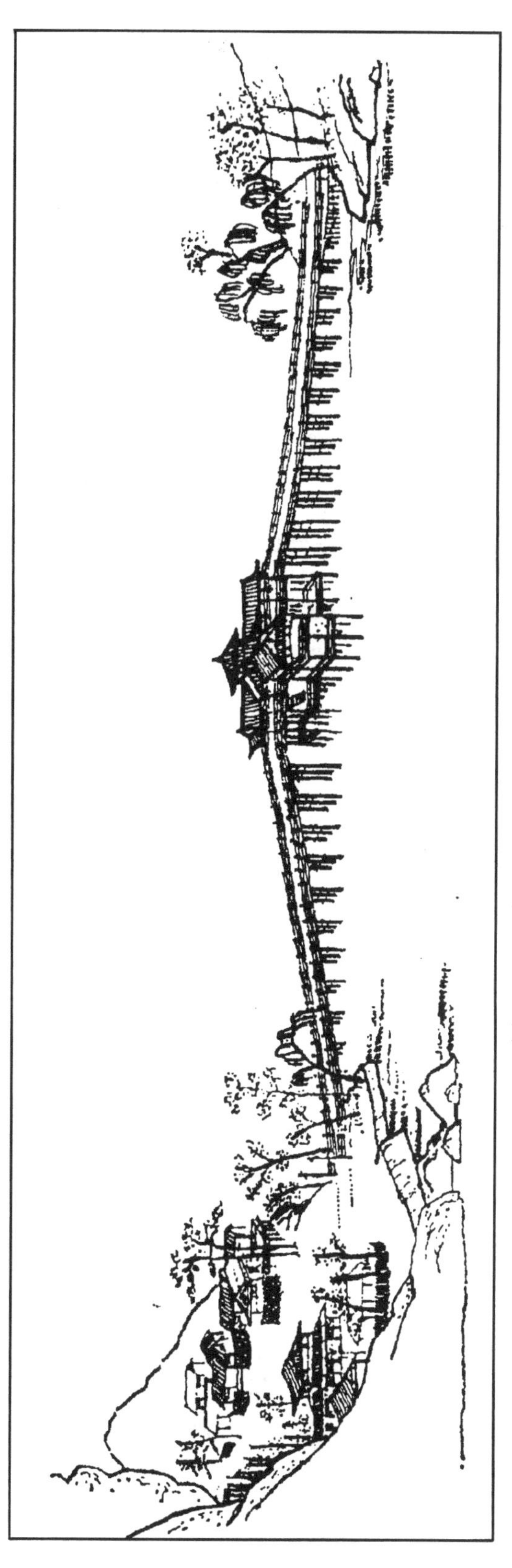

图2-45 北宋·王希孟《千里江山图》木长桥(摹放)

王希孟，吴人，他所画的“千里江山”是南方山水桥梁的景色。图中长桥或竟是北宋时吴江利涉桥（后称垂虹桥）的写照。吴江垂虹桥考证见圬工拱桥一章。

北宋庆历八年（1048）初建利涉桥。“东西千余尺，市木万计。不两月，工忽大就。即桥之心，侈而广之、构宇其上，登以四望，万景在目，曰垂虹。”桥心如何“侈广”，图中可见端倪。当然，不排除画家亦有“心源”加入了自己的创造在内(图 2-45,46)。

图 2-46　北宋·王希孟《千里江山图》(局部)

5. 明·唐寅山水画木桥等

唐、宋形成风气，后代的中国山水画家，未有不画桥梁。往往因袭写意者多，创作发挥居少，实在亦是木梁桥变不出太多花样。然而聊聊数笔，亦足传神，为山水画中不能缺少的景物。

《两宋名画册》中，朱□所绘《雪溪行旅图》有双牛曳车，下峻坂木桥，形象活泼。

明·仇英《桃源仙境图》一座两孔木板桥中间桥柱用石笼相护，现实中山涧木桥是

图 2-47　明·唐寅《湖山一览图》(局部)

有这样的做法。

清·华垒《白云松舍图》四孔木梁柱桥桥柱作“丹”字形。

《中国古代书画精品》中明·唐寅《湖山一览图》有一座双孔木梁柱桥（图2-47）。及其《女儿山图》中一座多孔折坡木梁柱桥都是多柱木排架(图2-48),一如短的利涉桥。

图2-48　明·唐寅《女儿山图》野桥

《女儿山图》题诗云:“女儿山头春雪消，路旁仙杏发柔条，心期此日同游赏，载酒携琴过野桥。”山水之间，这一座野桥，增加了清静幽闲的趣味。

6. 域外所见

中国古代的木梁柱桥，原不可胜记。近已不可多得。中国的造桥技术，曾随日本遣唐使和中日佛教信徒，传往东瀛。日本江户时代隅田川桥，京都岚山渡月桥都是仿唐、宋的多跨木梁木柱桥。东京皇宫御沟上仍有一座木梁石轴柱桥。后两座桥梁，本书作者曾亲临目睹，为之感慨神往。

(六) 江南楠木梁石柱桥

上海青浦地处江南，昔称唐行镇，明置县治。其所属金泽、练塘等镇、庙桥众多，其中有两座难得保存至今的楠木梁桥。

1. 金泽迎祥桥

桥在金泽镇南市稍。昔有万寿庵、庵侧有桥，建于元、至元间（1335～1340），明·天顺间重建。清·乾隆卅三年（1768）重修。桥共五孔，计 4.3 + 5.0 + 6.35 + 5.0 + 4.35 米，全长 34.25 米，宽 2.14 米，高 6.07 米。桥每墩为并列三石板柱，柱顶横搁长石梁。主梁为五根径 25～30 厘米楠木梁。其外梁外侧，全长竖贴水磨方砖博风以防雨。梁上密铺横枋板，用糯米汁石灰三和土胶甃侧砌青砖作桥面。构造防水严密，木历久不朽。

宋·杨亿称南津桥“用楩楠之木”。现楠木古桥极为少见。经 1994 年实地观察，乾隆迄今二百二十六年，楠木色泽尚新，香味犹浓，实是桢楠。惜桥柱加宽不当，文物降级，似可更张，恢复原貌使文物可升级保护（图 2-49，50）。

图 2-49　上海青浦迎祥桥

2. 练塘余庆桥

桥在青浦练塘四农村。地昔有明因、崇福等寺，桥始建年代不详，计三跨 4.8 + 7.0 + 4.35 米。全长 15.95 米，宽 2.6 米，高 5.8 米。中墩为双石柱。主梁边孔为五根，中孔为九根径 25～28 厘米楠木梁，其他构造和迎祥桥同（图 2-51，52）。

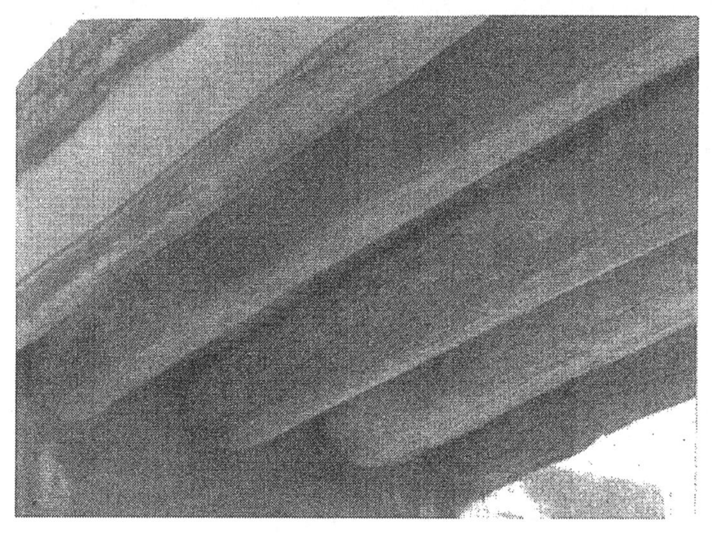

图 2-50　迎祥桥细节（上　砖桥面，下　楠木梁）

（七）简便木梁柱桥

采用石柱的梁桥，是比较正规和永久性的。古代军用和冬建夏拆的临时性木桥，亦需要一套搭架技术。

《通鉴·后晋纪六》齐王开运三年（946）："磁州刺史兼北面转运使李彀说杜威及李守贞曰：'今大军去恒州咫尺，烟火相望，若多以三股木置水中，积薪布土其上，桥可立成。'"三股木者，用木三条，交股缚之，其下撑开三足。大概如四川芦山的徒杠，而更为密集多铺短木梁（薪）上面用土垫平，便可通行。

《通鉴》宋宁宗嘉定八年（1215）："蒙古主驻军鱼儿泺，遣伞格巴图帅万骑，自西夏趋京兆，以攻金潼关不能下。自留山小路趋汝州。遇山涧，辄以铁枪相锁，连接为桥以渡，遂赴汴京。"如何相锁，不得而知。铁枪木杆，或如上法架三股木—杩槎式桥，或排架式木梁柱桥。

民间临时性或半永久性木桥都不宽，只求相对可以行人，于是每支点不过双柱，或

图 2-51　上海青浦练塘余庆桥

图 2-52　余庆桥木梁石柱

垂直插入土石。但大多数不约而同地将柱分别向上下游倾斜成八字，以增加桥柱横向稳定及抵御水流及漂流物的冲击。这类“板凳”形的桥柱，极为单薄，却相当坚实。

双柱与横梁榫卯相接，形成一个框架结构，可以承担一部分角点弯矩。

桥面梁简支，用数木骈列，拼组成“跳板”型木梁，搁在“板凳”型桥柱的横梁上，正好夹在凸出于横梁顶面以上的斜柱榫之间。横梁较狭，上搁左右两孔梁头，支承面积太小，不小心梁有滑脱跌落河中的可能。于是有几种处理的方法。

图2-53是浙江温州红桥。桥只两孔，中部有一八字撑柱。左右桥板在柱顶搭接而过。这一做法，多孔桥亦有采用，法虽简单，惜路面起伏不平。图2-54是江西莲花木梁柱桥，采用并立双排木柱，分别搁梁，甚为稳妥，但不够经济。图2-55为浙江新昌查林桥，共十四孔。桥面梁在全长内端部全部顶紧、直至岸上。桥梁纵向不能移动，全桥十分紧凑。但若桥柱稍被撞歪，便有落梁的可能。

图2-53　浙江温州红桥

图2-54　江西莲花木梁柱桥

前述渭、灞诸木梁桥，在木或石柱上先加托木，梁便搁在托木之上，有较长的支承，也可改善梁的受力情况。图2-56贵州苗岭山区上郎德木桥便采用同一方法。桥共双梁，每梁端在柱顶都有两根托木。但因圆木加工过少、接合不固，已有滑走错位现象。桥柱之间有斜撑，使更为稳固。图2-57为浙江云和洞宫山区木桥。桥柱除上顶横梁之外，柱中再加横梁联结一如利涉桥。柱顶横梁的交点下，穿柱加纵向托木。托木两

图 2-55　浙江新昌查林桥

端，搁横木，与柱端横梁成三。于是桥面梁木就有三个很充裕的端支点。桥的结构，已似于下节所述纵横交叠的木伸臂梁桥。

河上木桥，水涨淹桥柱，甚至全桥。木轻而浮，往往随流而去。因此，柱脚必需嵌固深埋于土石。东渭桥的砌石，灌铁汁，“抗星柱”就是做法的一种。否则夏水涨前先

图 2-56　贵州苗岭山区上郎德木桥

图 2-57　浙江云和山间木桥

行拆桥。江浙山区木桥，用细铁链把每一木桥构造单元联结起来，链端盘绑于桥边岸上大树或桩木之上。水淹桥浮，被冲起串联地挂靠浮于岸边水上，不致流失，不需搬拆，甚是可取。

二 木梁墩桥

木梁桥垒石为墩似乎并不与石柱发生必然的联系。即是说，此不过是二种不同的桥梁下部结构形式，在不同场合、条件下的实践应用。然而历史记载分明有由柱向墩发展的说法。

(一) 唐·洛阳洛水诸桥

石墩的早期记载是洛阳的中桥和天津桥。桥是木梁还是石梁，存诸质疑。

天津桥是历史上一座名桥。唐代东都洛阳，洛水自西向东，穿城而过。一似秦代渭水之穿咸阳，宋代汴水之穿汴京。城里洛水之上曾先后造过五座桥梁（图 2-58)。

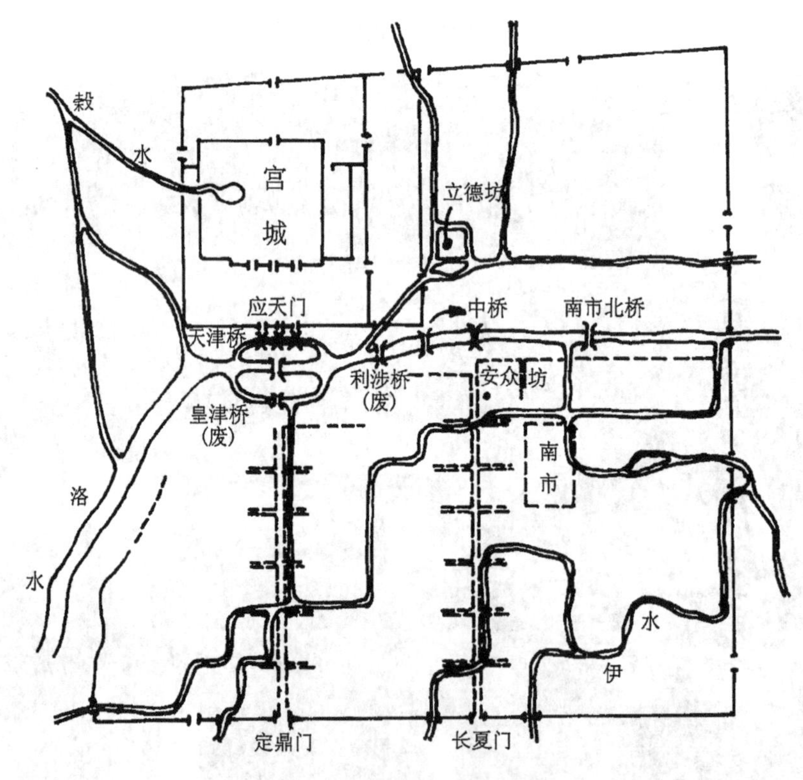

图 2-58 唐·洛阳洛水诸桥

《元和郡县志》记:“天津桥在县北四里，隋·炀帝大业元年（605）初造此桥，以架洛水。用大缆维舟，皆以铁锁钩连之。……然洛水溢，浮桥辄坏。贞观十四年（640）更令石工累方石为脚。《尔雅》：‘斗牛之间，为天汉之津故取名焉’”。[①] 可知天津桥在

① 《元和郡县志》卷五。

隋为浮桥。《唐六典》:“天下石柱之梁四,洛则天津、永济、中桥。”人唐改为木(或石)梁石柱桥。不称墩而称柱,“累方石为脚”可能是用数根多层方石垒砌的石柱(方形石轴柱),或介于柱礅之间的砌石结构。

《唐会要》载:“先天二年(713)八月敕天津桥除命妇以外,余车不得令过。……开元二十年(732)四月二十一日,改造天津桥,毁皇津桥,合为一桥。……”① “显庆五年(660)五月一日,修洛水月堰。旧都城洛水,天津之东有中桥及利涉桥以通行李。”

《元和郡县志》卷五称:“中桥,咸享三年(672)造,累石为脚,如天津桥之制。”中桥也是一座木(或石)梁石柱墩桥。②

《唐书·李昭德传》:“武后营神都,昭德规创文昌台及定鼎、上东诸门,标置华壮。洛有二桥,司农卿韦机,徙其一直长夏门,民利之。其一桥废(利涉桥),省巨万计。然洛水岁淙啮之,缮者告劳。昭德始累石代柱,锐其前,厮杀暴涛,水不能怒,自是无恙。”《唐会要》所记略同,时为上元二年(675)。并称:“初韦机桥毕,上大悦(高宗),令于中桥南刻一方石,刻其年辰简速之迹。”③

试分析诸记载(图2-59)石柱之桥如图2-59-1。贞观年间“累方石为脚”开元间称之为石柱桥,则桥式如图2-59-2或图2-59-3,以图2-59-2为可能。上元年间“累石代柱,锐其前”则或当如图2-59-4。《桃江县地名录》记湖南桃江牛剑桥,为唐宪宗元和十年(815)所建,如图2-59-5,三层单条石砌桥墩“锐其前”,尖石上面有短圆石柱以与上层上联结定位。未知是否即亦李昭德所创的桥墩形式。

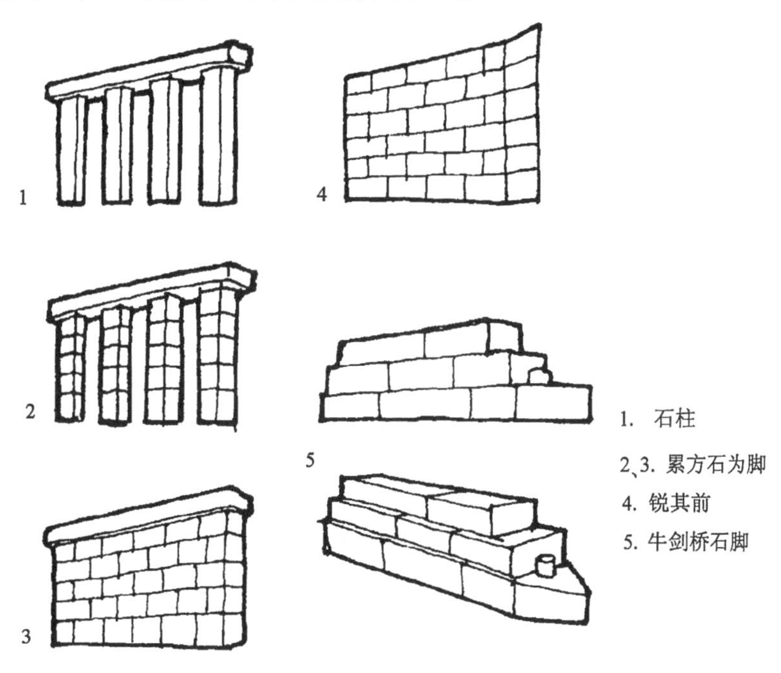

图2-59 石柱、墩

① 《唐会要》卷八十六。
② 《元和郡县志》卷五。
③ 《唐会要》卷八十六。

圬工拱桥一章中，可见唐、李昭道所绘大夏门五孔尖厚墩的石拱桥。李昭德中桥也许是“始”用尖薄墩于梁桥而已。

67 年后《唐会要》记:“天宝元年（742）2 月，广东都天津桥，中桥石脚两眼（加宽桥孔，改砌石脚）以便水势。”① 天宝三年，东京商人李秀升造南市北桥，历时 5 年，至八宝八年（748）完成，是一座南北 200 步（唐制约 300 米）的“石桥”，估计是多孔石拱桥。

200 余年后，《宋会要》记:“宋太祖建隆二年（961）4 月，西京留守向拱言，重修天津桥成，甃石为脚，高数丈，锐其前以疏水势，石缝以铁鼓络之，其制甚固，降诏褒美”显然是厚尖墩梁桥。宋政和四年（1114）天津桥改为石拱桥。民初只剩下一孔残拱。

《宋会要》记:“政和四年 8 月 10 日，京西路计度都转运使宋昇奏：‘河南府天津桥依仿赵州石桥修砌，令勒都壕寨官董士輗彩画到天津桥，作三等样制修砌图本一册进呈，诏以第二桥样修建。”② 看来不是赵州桥式的敞肩圆弧拱，而是多孔实腹半圆拱桥。

1937 年，洛水建新桥，名曰林森桥，即在旧桥边上。商震《创建天津桥新亭记》称:“出洛阳城（已非旧城）而南为洛水，有断桥，其孔一，隋之天津桥也（误，应为宋)。累石为址，历千余年（误，政和四年至 1937 年为 823 年），河水冲啮，隳其两端而中孔不坏（误，此非中孔，当为十数孔石拱的边孔），屹然有灵光（鲁国宫殿）之遗焉。民国二十六年（1937）建桥于洛水之上……古天津桥址在其侧，不数武。……葺旧址建亭，复为之阁道，属之林森桥。于是洛人士女与四方来游者，徘徊瞻眺，穆然想见汉唐之遗烈。”现林森桥亦已毁，已于 1977 年重建新桥。

（二）西藏拉萨琉璃桥

琉璃桥，或称瑜顶桥。藏语音译写作“瑜顶桑巴”，“宇妥桑巴”或“玉夺桑巴”。意即绿色松耳石桥。桑巴即桥（或写作三巴）。

桥位于西藏拉萨药王山和希达拉山之间的古通道上，在大昭寺和布达拉宫之间。

《西藏图考》记:“拉萨希达拉山，华言普陀宗乘也。普陀有三：一在天竺（印度）南海中，一在浙江近海（宁波），一在西藏。连矗二峰，高百余丈。其一达赖居之，其一为高行喇嘛静修之所……其喇嘛所居一峰，即招拉笔洞（或称药王山）。山巅建寺形如磨盘。下瞰藏江，有琉璃桥。”③

《和宁西藏府注》有:“机楮涌智慧之泉”。注:“机楮河发北山下，自东北迳布达拉前，上建琉璃桥。”一说此河为卧马河或巴尔库河。④

《西藏记》:“玉夺三巴桥，在拉萨之西一里许，系绿琉璃瓦所盖、云建自唐时。汉人称为琉璃桥。由此西行里许，即布达拉。”⑤ 建桥年代，传说自文成公主入藏之后。因为桥梁结构和其上桥屋建筑，和大昭寺同一类型。大昭寺建于唐，贞观十九年

① 《唐会要》卷八十六。

② 《宋会要·辑稿》卷五千四百二十。

③ 清·顾复初署检黄沛翘辑，《西藏图考》卷三，第 17 页，黄沛翘手辑本。

④ 清·黄沛翘辑，《西藏图考》卷八，第 12 页。

⑤ 《西藏记》上卷，王云五主编，《丛书集成初编》，商务印书馆，1936 年初版。

(645)，桥或系同时建筑。

琉璃桥长约 30 米，宽约 5 米。五孔厚条石墩木梁桥。孔净跨 3.0 米，高 3.5 米。墩间密排木梁，梁上铺石板桥面。与墩同厚，上建墙设桥屋，开洞窗。墙与窗上联楣梁，设斗拱，上为歇山式顶。顶铺绿色琉璃瓦。瓦下椽口有上塑藏文的琉璃莲瓣溜口和 ਟ 形图案瓦当。屋脊正中有莲花座琉璃宝顶（图 2-60，61，62)。

图 2-60　西藏拉萨琉璃桥

图 2-61　琉璃桥宝顶

图 2-62　琉璃桥洞窗

琉璃桥因吐蕃王朝的盛衰而有兴废。明·永乐弘治间曾经大修。清代亦有修缮。昔日琉璃桥因在驿道之上，得有题咏，有诗意译如："瑜顶河梁上，行人过万千，乡曲知音者，难觅似金钱"，不知为何人所作。今桥已不复作通途了。

(三) 浙江鄞县百梁桥等

百梁桥在浙江鄞县西南，宁峰乡百梁村，一名水溪江桥（图 2-63，64）。

图 2-63　浙江鄞县百梁桥

图 2-64　百梁桥桥廊内部

《鄞县志》载："宋·元丰元年（1078）建，绍兴十五年（1145）重建。长二十八丈，阔二丈四尺，为屋于其上，计二十二楹。七洞，每洞十四梁，中间十六梁（合百梁）。……明·隆庆五年（1571）重建，万历二年（1574）完工。"清代又数度重修。现桥实量得全长 69.4 米，宽 6.2 米，共七孔，净跨在 8.2 至 9.0 米之间。每跨因大梁已不易得，改用 18～20 根，已超过百梁之数，桥屋仍为 22 间。石砌砖墩、下丰上杀。

各地昔年曾有较多的木梁石墩桥，如福建永春，据《永春县志》载，自宋·建炎文年（1127）至景炎三年（1278）150年间，永春便有此类桥梁30余座，今仅存建于宋·绍兴十五年（1145）的福建永春通仙桥。

桥全长85米，宽5米，共5孔，孔架22根径30～40厘米，长18米杉木大梁，梁上铺板设栏。明·弘治十三年（1500）加廊屋。桥墩为两端带分水类石墩。桥最后一次修葺在1963年，换木梁、桥板，增设雨篷，焕然一新。

所见木梁石墩桥如云南富民永定桥（图2-65），云南丽水廊桥（图2-66），北京颐和园知春桥（图2-67）等。

图2-65　云南富民永定桥

图2-66　云南丽水木梁石墩廊桥

图 2-67　北京颐和园知春桥

第三节　石 梁 桥

很多古桥称梁桥，难以区分为木为石，或则经历过木和石梁，如西安灞桥等。石梁较木梁强而耐久，但重不易举，因此桥跨一般只 3～4 米，不超过 10 米，最长者约 20 米。需要更大的桥跨时得造石拱。

民间尚有很多石板和石梁桥。板和梁的区别，一般认为梁宽大于梁高的一定倍数（2 或 3 倍）者为板，否则为梁。也有以梁的厚度绝对值来区分，厚度在 25 厘米以上者为梁，薄于此数者为板。石桥宽度，一般自 80 厘米至 2 米，以 1 米左右为普遍。且往往没有栏杆。村前宅后、搁石而过，或涓涓小溪，置石为梁，这些古朴的桥梁，亦有移植在中国园林之中，如图 2-68 的上海青浦曲水园石梁，及图 2-69 的台湾林家花园石梁。

单孔石梁桥两岸桥台做法和木梁桥基本相同，或为垒砌石桥台，或为并列石柱或石板，上联石横梁以搁石梁，柱、板背后砌石填土。图 2-70 为江苏苏州甪直古镇一步两桥单孔石梁便是两种类型。

现存南方诸石梁桥，于桥面石梁端，石横梁的顶面，都有曾搁过托木的槽孔，这点和木梁桥不同。托木全长如石梁，每根石桥面梁下两根木梁。如图 2-71 上海松江望仙桥。桥始建于宋，净跨约 10 米。石梁微拱，造型甚佳。石桥梁下又搁托木梁不仅单孔如此，多孔亦然，其原因有多种说法。

《苏州府志》记苏州崇真宫桥（即广福寺桥），桥跨约 4 米，宽 3 米。宫建于宋、政和四年（1117）。桥重建于明·嘉靖乙丑（1565），清·嘉庆二十四年（1819）重修。董其事者王兆辰《重修崇真宫桥记》称："桥之新成也，为闰四月十四日。观者肩摩踵接。日停午，余方坐山门内，忽闻声如雷震，急趋视，则桥面石骈然断。其西偏之一石阑仆，

图 2-68　上海青浦曲水园石梁

图 2-69　台湾林家花园石梁

图 2-70　江苏苏州甪直一步两桥

图 2-71　上海松江望仙桥

阑柱独移置两旁，立如植。人无伤者，路人皆啧啧称异。惊方定，工人相与语曰：‘乡者有髯道人，面垢而颀长，青布敝袍，徘徊桥上。已而凭西边石阑，从众中语曰，石性烈，不加托木且断。闻者咸怪之。有顷，径面南走。桥上人蜂拥尾道人去，以故石断时阒无一人’。爰亟命工购石补其阙。桥面条石凡上，咸加托木焉。”① 然则托木可以防止石梁脆断，下坠伤人伤船。第二或可能是石梁沉重，在纵移就位时，以木梁作支承，便于架桥，石梁就位，木梁也不拆除。三是撑住两岸桥台。然而时至今日，托木无存，石梁仍在。可见用托木以安装石梁是其主要功能。

多孔石梁有柱有墩。特别是福建一省的石梁墩桥成为区域性有特色的结构系统。

一 石梁柱桥

秦始皇驱石竖柱，汉王莽易石长存。秦、汉及以前的石梁柱桥，已看不到了，所见最早始建于唐，最多是明、清桥梁。

石梁柱桥往往是木梁柱桥的构造，仅用石代木。

（一）浙江绍兴石梁柱桥

浙江绍兴有大小石梁桥 300 余座，其中不少是石梁柱桥。如建于乾隆年间的荷湖大桥，位于斗门荷湖，计 14 孔石梁，四孔为实体石墩，七孔为石排柱（图 2-72）。石柱双排，排三根。双排石柱一如图 2-54 的江西莲花双排木梁柱桥。现双排石柱中部已灌注有钢筋混凝土保护梁、以防船撞。

图 2-72 浙江绍兴石梁柱桥

（二）湖南、安徽石梁石板凳桥

双石柱石梁桥如湖南岳阳张家英村，是明代张姓一族聚居的村镇，集中有很多明代

① 载于清·曹允源，李根源等纂，《吴县志》卷二十五，苏州文新公司，民国二十二年（1934）影印本。

民居，其村中由平江通岳阳的古道上很多石梁柱桥，其中一段见图 2-73。

图 2-73　湖南岳阳张家英村石桥

《安徽通志》记宿松桥："大桥在宿松县西南一里，跨县西河……旧制木桥，山洪冲坏。明·万历中，建石梁石柱。乾隆间重修。"（图 2-74）。这二座双柱石板凳式桥，柱与横梁亦为榫卯结合、石梁搁于双榫头之间，竟和木梁柱桥（图 2-55 等）构造完全一样。

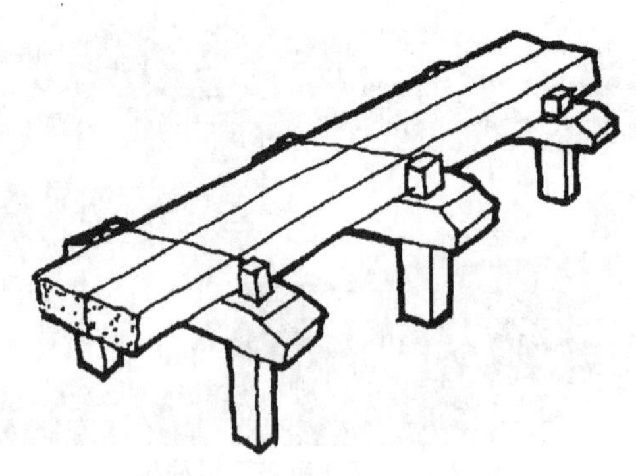

图 2-74　安徽宿松保光桥

（三）安徽、河北石梁石轴柱桥

西安灞、浐、沣几座木梁石轴柱桥之外，安徽、河北等地有石梁石轴柱桥。

安徽定县刘会桥（图 2-75）始建年代不详。桥共五孔，边孔净跨各 1 米，中间三孔净跨2米。桥孔较小，石轴柱较为瘦小。

图2-75　安徽定远刘会桥

河北蠡县渡津等石轴柱桥（图2-76，77）或7孔，或11孔。桥跨都不超过2米，用石板为梁。石轴亦细小。因此，这三座桥的石轴以不同方式，横向采用多层的联系。

图2-76　河北蠡县渡津桥

石轴柱桥为数不多。

（四）江南石梁石板柱桥

南方木或石梁柱桥以并列石板为柱，介于柱、墩之间。

上海青浦，章练塘顺德桥（图2-78）建于元至正三年（1343），三孔，全长16.4米，宽2.3米，高4.1米。梁板为花岗石，桥柱原亦全部是花岗石，因有撞损，清康熙、乾隆时两度重建，故现已为青石和花岗石相间混用。

桥中孔大而边孔小，石梁随跨大小有厚薄，但边梁则高度一致，外形统一，以承托石栏杆。主梁采用双梁，中间搁横向薄石板桥面，（图2-79，2，3）这是江南石梁桥习用的经济方法。石桥面梁下施工时有托木。

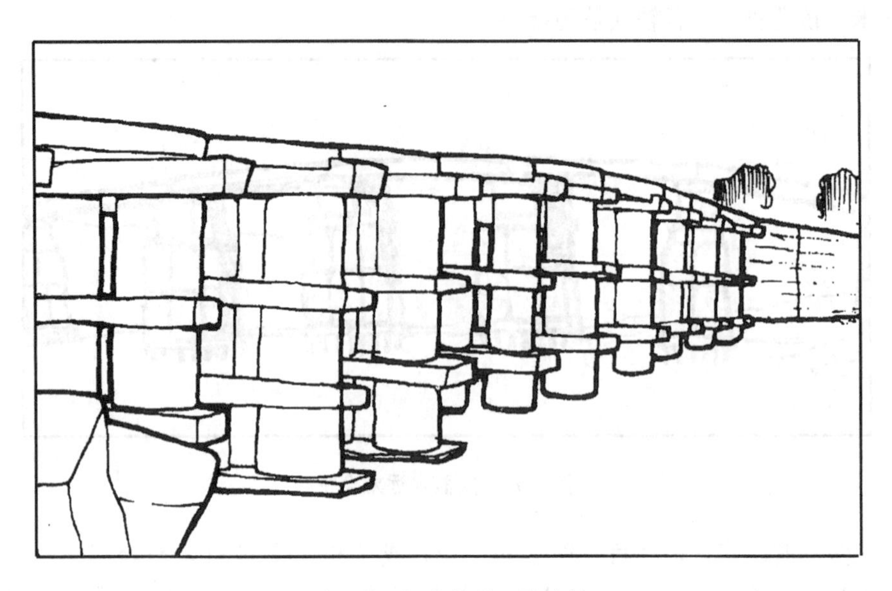

图 2-77　河北蠡县石轴柱桥

图 2-78　上海青浦练塘顺德桥

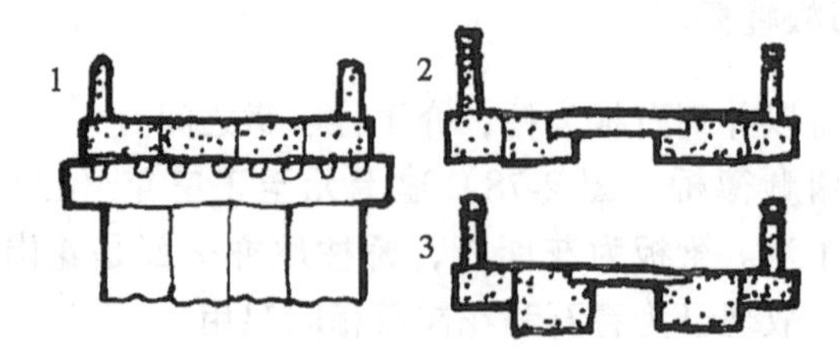

图 2-79　石梁桥断面

石梁石板柱桥在江南特多，典型的三孔桥除顺德桥外，如江苏苏州山塘，放生河口的引善桥（图 2-80），其柱顶石横梁上托木槽见图 2-79$_1$。

图 2-80 江苏苏州引善桥

五孔桥如浙江吴兴将军坝桥（图 2-81）。

图 2-81 浙江吴兴将军坝桥

九孔的有浙江德清阜安桥，又称德清长桥全长 85 米，中孔跨径 7.6 米，其他孔为 6～7 米，桥宽 6 米，共主梁四根，梁间嵌铺横石板。梁底离水面 8.3 米，除去上下水平梁，板高 5.5 米。

二　石梁墩桥

各省都有石梁石墩桥梁。跨有大小，墩有厚薄。至少有两条石条宽度，多层横放垒砌的称石墩。石墩厚实，较耐水冲和船撞。

（一）江浙石梁墩桥

浙江绍兴松陵（一作林）卄眼桥，始建年代不详。共20孔，其中3孔为高桥，中跨5米，高5米。墩顶横石突出墩端，作莲座形。栏杆亦为整石梁，直接搁于横梁伸壁端上的短石座之上。其他诸孔是低平石梁墩桥（图2-82）。

图2-82　浙江绍兴松林卄眼桥

绍兴泾口石梁墩桥亦三孔，石墩较厚，且带分水尖（图2-83）。

图2-83　浙江绍兴泾口石梁墩桥

江苏无锡惠山蠡园三孔石梁墩桥，梁侧满刻缠枝花纹图案（图 2-84）。

图 2-84 江苏无锡蠡园石桥

（二）西藏拉萨石梁墩桥

远至西藏，拉萨罗布林卡寺有方池，池中有台，建亭，通往池亭有三孔石梁墩桥（图 2-85）。

图 2-85 西藏拉萨罗布林卡石桥

（三）北京颐和园知鱼桥

石梁墩桥亦有建多孔长桥。北京颐和园内七孔石梁桥取庄子于濠上石梁观鱼，与惠子辩知鱼之乐的问题，取名“知鱼桥”（图 2-86，87）。

图 2-86　北京颐和园知鱼桥（一）

图 2-87　北京颐和园知鱼桥（二）

（四）福建莆田木兰陂坝石桥（附浙江绍兴三江闸桥）

福建莆田市南陂头村木兰山下，有宋治平元年（1064）建设的水利工程，木兰陂坝闸。墩顶有石梁，梁侧墩边有石槽，可放闸板以阻水（图2-88）。

图2-88　福建莆田木兰陂坝闸桥

类似于木兰陂坝石桥有浙江绍兴三江闸桥。桥横跨钱清江，在钱塘、钱清、曹娥三江汇合之处。桥全长108米，宽9.16米。尖端石墩，墩基筑于石层，墩石与基岩隙处灌注生铁。梭形墩最深5.14米，浅者3.4米。墩顶铺石梁。

桥虽始建于唐·太和七年（833），现存部分是明·嘉靖十六年（1537）重建之作，且已部分改为近代桥梁，不如木兰陂闸桥那样完整了。

（五）浙江绍兴纤道桥

江南最长的石梁墩桥乃浙江绍兴沿河的纤道桥。虽然其功能仅为纤夫引船的走道，但构造和一般石梁墩桥无异，长者可达一二公里。现因功能渐废，保养疏失，仅存凡江贯虹桥；钱清附近纤道；绍兴北大滩纤道和绍兴阮社太平桥纤道桥等数处残迹。

阮社附近纤道桥始建于唐·宪宗时（806～820），会稽观察史孟简主持修建。位于西兴运河南侧。俗称百孔官塘。岂因桥如长链，所以亦名“铁链桥”。清·同治，光绪间重修。1983年绍兴文管会整治一修，作为重点文物保护。

这段纤道桥在太平桥和板桥（都跨运河）之间，全长 879.4 米，共 281 孔之多（图 2-89）。共分二段，一段长 502 米，低孔 149 孔；另一段长 377.4 米，低孔 112 孔。每孔跨自 2.36～2.75 米，并列三根长 3.37～3.51 米，宽 0.49～0.52 米石梁，桥宽约 1.5 米。梁底离水约 1 米。乾砌石墩厚约 0.8～1.0 米。尚有几孔高墩石梁，墩高 3 米，净跨亦 3 米左右，以通纤道两侧的船只。

图 2-89　浙江绍兴纤道桥

光绪九年（1883）八月《纤道桥碑记》:“自太平桥至板桥止，所有塘路以及玉、宝带桥计二百八十一洞。乡绅章文镇、章彩彰重修，匠人毛文珍，周大宝修。”纤道长桥，随水蜿蜒如龙，亦是中国桥梁的一个奇迹。

（六）福建诸石梁墩桥

石梁石墩桥极盛于有宋一代，多见于福建一省，特别是泉州一府，是有其历史原因。

我国古代对外交通有水陆两路。陆路即西北的丝绸之路。水路则经青州、扬州、泉州、广州等地和东、南两洋，并远与西洋进行贸易。泉州在唐代已是重要的港口。北宋哲宗元祐二年（1087）在泉州设“福建市舶司”。《宋史·食货志》称:“东南之利，舶商居其一。”《宋会要·辑稿》说:“市舶之利最厚，若措置合宜，所得动以百万计。”

南宋定都临安，泉州较广州为近，更依靠泉州。宋末元初《伊本·巴图塔游记》说:“泉州称为世界唯一之最大港亦无不可。”当时“大船百艘，小船无数。”来往外国人“数以万计”。有阿拉伯、印度、波斯、叙利亚、意大利、摩洛哥等30余国商民。元·吴澄《送姜曼卿赴泉州路录事序》载:“番货运物，异宝珍玩之渊薮，殊方别域；富商巨贾之所窟宅，号天下最。”

泉州自南朝起亦是佛教传入地之一。《高僧传》记，印度僧人枸那罗陀，便曾经泉州外航。《诸番志·天竺国》记：宋“雍熙间（984～987）有僧罗护哪航海而至，自言天竺国人。番商及胡僧竞持金缯珍宝以施。僧一不有买隙地，建佛刹于泉之城南“佛教在泉州甚为昌盛。况且造塔修桥，“广种福田”，“随喜功德”，是大乘佛教济世的宏愿。福建诸桥佛教徒于中起很大的作用。

《读史方舆纪要》称福建:“郡境之桥，以十百丈计者不可胜纪。”① 北宋·庆元四年(1198）一次在漳州就造石桥35座。《泉州府志》所记桥梁极多。笼统称宋修，宋建及具体标明宋代建桥年号的就有110座，起自宋·太祖建隆年间（960～962)，到宋·理宗宝祐年间（1253～1258)，大部分桥梁集中建造于11，12世纪。宋·绍兴（1131～1162）三十年间，修建的石梁墩桥，载明桥长者共计11座，总长5147丈（约16 470米)，平均每年修桥约550米。其中僧人修建的约4500丈（约14 400米)。主持其事的僧人有：义波、宗善、守徽、智资、祖派、文会、仁惠、惠华、道询等数十人。仅僧道询一人，在泉州一地共造桥七座，计为：清风、登沄、獭窟屿、弥寿、青龙、风屿盘光及通郭桥。如纪录可靠，则自宋·开禧年间（1205～1207）到元·大德十年(1306)道询连续造桥近百年之久。若通郭桥的记录为后人附会,则道询造桥的历史也有50年左右。

福建诸石梁墩桥之较著者如表2-1。

表2-1　福建较著名石梁墩桥表

地名	桥名	桥　址	修建年代	桥长	桥宽	孔数	石　梁	桥墩	建桥者
泉州	大桥 小桥	晋江三十二都 三十一都	宋·太平兴国 976～983			4 2			
泉州	安平桥 (五里桥)	安海港	宋·绍兴八年 至二十二年 1038～1152	八百十一丈 实长2100米	一丈六尺 5米	362 实有331	每孔4～7根 长8～11米 宽0.5～0.8米 厚0.34～0.78米	长方， 一端尖 一端方， 两端尖	祖派黄护 赵令衿
泉州	洛阳桥 (万安桥)	晋江、惠安二县交界洛阳江口	宋·皇祐五年 至嘉祐四年 1053～1059	三百六十丈 实长834米	一丈五尺 4.5米	47	每孔7根 长11.8米 宽0.5～0.6米 厚0.5米	双尖	王实、卢锡、许忠、僧义波、忠善等，蔡襄总成

① 《读史方舆纪要》卷九十八。

续表 2-1

地名	桥名	桥　址	修建年代	桥长	桥宽	孔数	石　梁	桥墩	建桥者
福清	龙江桥	海口乡	宋·政和三年 1113	一百八十余丈 476 米	三十尺 现约 5 米	42	每孔 5 根	双尖	林迁兴、僧妙党
连江	江南桥	岱江入海口	宋·政和四年 1114	五十丈六尺 160 米		16			
连江	通济桥	跨鳌江	宋·政和四年 1114	五十六丈 180 米		16			
泉州	玉澜桥	南门外二十三都现石狮乡	宋·绍兴年间 1132～1162	一千余丈		现仅存 5 孔	每孔 4 根 长 3～4 米 宽 0.4～0.5 米	双尖	僧仁惠
泉州	石笱桥（通济桥）	泉州临漳门外	宋·绍兴二十年 1150	七十丈五尺 210 米	一丈七尺	16	长 14.5 米 宽 1 米	双尖	僧文会
泉州	东洋桥（东桥）		宋·绍兴二十年 1151	四百三十二丈 1300 米		242			
泉州	苏埭桥		宋·绍兴二十四年 1154	二千三百余丈（疑为尺或连路长）		163			僧守徽
泉州	海岸长桥	玉澜渡至龟湖	宋·乾道间 1165～1173			770 余			陈亢、林君彰、僧智镜
泉州	陈坑桥	府东南七十里	宋·淳熙初 1174	甃路八千余丈		140			
泉州	顺济桥（新桥）		宋·嘉定四年 1211	一百五十余丈 450 米	一丈四尺	31			邹应龙
漳州	虎渡桥	跨柳营江	宋·嘉熙元年 1237	二百余丈 336 米	一丈八尺 5.6 米	19	最大石梁重 200t 长 23.7 米 宽 1.7 米，高 1.9 米	尖墩	李韶
泉州	凤屿盘光桥	原三十八都乌屿	宋·宝祐间 1253～1258	四百余丈 约 700 米	一丈六尺 4.8 米	160			僧道询

续表 2-1

地名	桥名	桥 址	修建年代	桥长	桥宽	孔数	石 梁	桥墩	建桥者
福州	石寿桥	南门外	元·大德七年 1303	二百六十余丈 800米	一丈五尺 4.5米	46	每孔两根梁，长9～10米，宽1米，高1.2米上搁石板	单尖	头佗王法助
莆田	熙宁桥	莆田黄石桥兜跨栏溪	元·元统二年 1334	七十五丈 225	一丈九尺 5.8米	15		双尖	僧越浦
泉州	下辇桥	原三十五都	元·至治元年			620			僧法助

1. 泉州晋江大、小桥

现存泉州最古的宋代石梁墩桥是晋江大桥和小桥（图2-90，91）。《泉州府志》记晋江县："小桥，在三十一都；大桥，在三十二都。以上两桥俱宋·太平兴国（976～983）间建。"① 石桥的桥墩都是近于正方的石条，一层横，一层纵垒砌而成，上搁石梁和粗凿石栏。福建的石梁墩桥，基本上都是这样的构造。泉州民居，亦用石条砌墙。石条是当地习惯使用的建筑材料。

2. 安平桥（五里桥）

安海桥位于泉州晋江县安海镇，跨安海湾到南安县水头镇。桥长五里，故俗称五里桥。前后建造了15年之久，是中国古桥中最长的石梁墩桥。

《清源旧志》记："安平桥……界晋江南安溪，相望六七里，往来以舟渡。绍兴八年（1138），僧祖派始筑石桥……越十四载未竟。二十一年（1151），太守赵公令衿卒成之。其长一千三百四步，广三步有奇，疏为水道三百六十有二。"赵令衿《石井镇安平桥记》称："自绍兴之辛未（十一年）十一月，越明年壬申（十二年，1152年）十一月而毕，榜曰安平桥。其长八百十有一丈，其广一丈有六尺，疏为水道者三百六十有二。以栏楯为周防，绳直砥平，左右若一。阢然玉路，嶇然金隄。雄丽坚密，工侔鬼神。"赵令衿《咏安平桥》诗中有句为："玉帛千丈天投虹，直栏横槛翔虚空。"

《安海志》所记略同，只另记有："僧祖派始筑石桥，里人黄护与僧智资各施万缗为之倡。派与护亡（故），越十四载未竟。绍兴二十一年，郡守赵公令衿卒成之。"祖派黄护为此桥鞠躬尽瘁，只功亏一篑，得赵令玉成。工程艰巨，事亦可歌。

由于地理变迁，安海湾已渐淤积，实量桥现存长2070米，桥墩331座。桥面宽3～3.8米，每孔铺石条四至七条，长8～11米，宽0.5～0.8米，厚0.34～0.78米。桥墩形式不一，有长方墩，一端尖一端方墩及两端尖墩不一。桥上还有一座六角五层砖木结构宋塔和五座桥亭，历代碑记13座，亭前两侧有石刻武士像，手抚长剑。至50年代桥残破不堪（图2-92，93）。

1963年郭沫若至此有诗："五里桥成陆上桥，郑藩旧邸迹全消。英雄气魄垂千古，劳动精神漾九霄。不信君谟真梦醋（洛阳桥故事），爱看明俨偶题糕。复台诗意谁能识，

① 清·黄行，郭赓武纂，怀荫布修，《泉州府志》卷十，民国十六年（1927）补刻本，泉州志编委会，1984年影印。

图 2-90　福建泉州小桥

图 2-91　福建泉州大桥

图 2-92 福建泉州安平桥（修复前）

图 2-93 福建泉州安平桥桥面（修复前）

开劈荆榛第一条。”

自1961年确定为国家重点文物保护单位后，于“文化大革命”后90年代初，始得修复一新，并按原记“以栏楯为周防”如图2-94。

图2-94　修复后的安平桥

这一座曾被誉为“天下长桥无此长”的古石桥，只是空前，断难绝后，将屹立在安海湾口，作永久的历史见证。

3．万安桥（洛阳桥）

洛阳桥又名万安桥，位于泉州惠安、晋江二县交界处，跨洛阳江。

洛阳之名有二说。《泉州府志》引《广舆》篇云:“唐·宣宗（李忱）微行，见山川之胜，叹曰：‘大似吾家洛阳’故名洛阳。”[①] 事不见正史。

唐初，泉晋江人欧阳詹曾有《洛阳亭留别诗》则其名应早于李忱。

《读史方舆纪要》称:“洛，沈括曰：‘义同落’[②]。《九域志》作落洋”洛阳江乃落洋江之讹，近人[③] 都主后说为是。

惠安东北诸水，汇为洛阳江东入于海。

宋·方勺《泊宅篇》说:“泉州万安渡水阔五里，上流接大溪，外即海也。每风潮交

① 清·黄行，郭赓武纂，怀荫布修，《泉州府志》卷八，民国十六年（1927）补刻本，泉州志编委会，1984年影印。

② 《读史方舆纪要》卷九十九。

③ 《洛阳万安桥志》刘浩然。

作，数日不可渡。……蔡襄守泉州，因故基修石桥。两涯依山，中托巨石（中间有小岛，桥分为二）。桥岸造屋数百楹，为民居，以其僦直入公帑，三岁度一僧掌桥事。春夏大潮，水及栏际（造时已较低矮）往来者不绝，如行水上。十八年，桥乃成。即多取蛎房，散置石基，益胶固焉。元丰初（1078）王祖道知州，奏立法，辄取蛎房者徒二年。”①

《名胜志》记：“（万安桥）旧名万安渡。宋·庆历元年（1041）郡人李宠始甃石作浮桥。”②《洎宅篇》所指“十八年”即自此始。李宠所建是在江中建一石洲，以作双孔（或多孔）的浮桥，一如后乾道七年（1171）曾江在广东潮州作康济桥一般，事见浮桥一章。

浮桥非久安之计，约10年后，王实始修石桥。落成后，时郡守蔡襄为之记，曰：“泉州万安渡石桥，始造于皇祐五年（1054）四月庚寅，以嘉祐四年（1059）十二月辛未讫工。累址于渊，酾水为四十七道，梁空以行。其长二千六百尺（实测834米），广丈有五尺（约4.7米）。翼以扶栏如其长数而两之，靡钱一千四百万，求诸施者。渡实支海，去舟而徒，易危为安，民莫不利。职其事者，卢锡、王实、许忠、浮图义波、宗善等十有五人。既成，太守莆阳蔡襄为之合乐燕饮而落之。明年秋，蒙召还京，道由是出。因记所作，勒于岸左。”

碑以文章、书法、镌刻“三绝”重于世。但亦有人搜剔文字，如《扪虱新话》认为“既言长二千六百尺，又翼以扶栏，又言‘如其数而两之’此六字为赘。”其实这样写法全属必要，因为还有单面栏杆的石桥。

后人盛说蔡状元修洛阳桥而蔡文略不居功，更称盛德。然而蔡襄之于洛阳桥，未预虑始，正遇乐成。刘浩然据《皇宋实录》：“桥造于皇佑五年（1053）时忠惠公方以起居舍人知制诰，是年，权礼部贡举。……越岁为至和元年，以龙图阁直学士知开封府。……二年，得知泉州之命。……三年（即嘉祐元年，1055）二月初七始赴泉州任。……是年闰三月诏移福州，六月离泉，八月初赴福州任。……嘉祐三年戊戌（1058）二度知泉，七月一日赴任。嘉祐五年庚子秋，奉召还京。”则蔡襄于桥开工后三年始至泉，任职四月离泉，再隔三年又知泉，十八个月后桥成，“合乐宴饮而落（成）之。”又九个月调离，始作记勒石。据说在后期工程中，中间深水诸墩的建成，蔡襄出了大力的。

洛阳桥工程艰巨，于是附会有建桥缘起和建设中的神话。《广舆记》记洛阳桥：“先是海渡，岁溺死者无筭。襄欲垒石为梁，虑潮漫不可以人力胜。乃遗檄海神，遣一吏往（传称夏得海）。吏酣饮睡于海涯，半日，潮落而醒，则文书已易封矣。归呈，襄启之，惟一醋字。襄悟曰，神令我廿一日酉时兴工乎？至期，潮果退舍，凡八日夕而工成，费金钱一千四百万。”《闽书》和《明史·列卿传》将此事归之于修洛阳桥的给事中知泉州蔡锡。

明·晋江王慎中《泉州府修万安桥记》说：“……自皇祐以来五百余年间，东西行者，履砥视矢，凌风波于趾踵之下。……桥之钜，与万安埒与亚之者，在泉州所，以三四

① 《洎宅编》卷2，第11页，中华书局，1983年。

② 见清·黄行，郭赓武等纂修，《泉州府志》卷十，第8页，民国十六年（1927）补刻本，泉州志编委会，1984年影印。

数。民皆由焉而不言，而独好言万安，其言往往多异。以谓撰时揆曰，画基所向，锲址所立，皆预檄江水之神而得其吉告。至于凿石伐木，激浪以涨舟，悬机以弦绎，每有危险，神则来相。址石所垒，蛎辄封之，而公自为记，无是也。岂其驾长江之洪流，凭虚以构实，其役有足骇人者。昧者惊焉，而言之异。亦以贤者之所为，兴事起利，人乐其成而赖其功，故托于神而美之耶？今其言虽不为缙绅所道，然贤士大夫之至泉者，莫不临江顾望，慨然思当时之风烈而壮其所为，亦以其人之故也。”因蔡襄气节文章，均属当时模楷，所以虽“不居”功，功亦“是以不去”。

考证文字和实地情况，洛阳桥以江心小屿为依托，在两侧乘潮抛石作基础。潮落在石上砌横直石条的石墩。以船装石梁，乘潮浮运，即所谓“激浪以涨舟”。至梁位，用土吊机吊梁安装，便是“悬机以弦绎”。考之《集韵》:“织具谓之机杼，机以转轴，杼以持纬。”《释名》:“悬下圹曰绎。绎，将也，徐徐将下之也。”《礼·檀弓》室祝丰碑注：“丰碑斲大木为之，形如石碑，槨前后四角树之，穿中与间为鹿卢，下棺以绎绕。”可见中国很早已用小吊机了。

明·姜志礼《重修万安桥记》记明·万历地震后修复时:“大石梁折，载石补之，舟至泊于桥……乘潮长而上。……悬罗拿石，一绳千钧……。”亦仍然是传统的做法。

洛阳桥石基用蛎房来胶固，不是神助的“蛎辄封之”而是人为的。《名胜志》说“桥下种蛎固其基。”[①]《本草衍义》云:“牡蛎附石而生，磈垒相连如房，故曰蛎房，一名蠔山。”《闽部疏》:“蛎房虽介属，附石乃生，得潮而活。凡滨海无石，山溪无潮处皆不生。余过莆迎仙寨桥，时潮方落，儿童群下，皆就石间剔取肉去，壳连石不动。或留之，仍能生。其生半与石俱，情在有无之间，殆非蛤蚌比也。”[②] 牡蛎有这些特点，正好用之以胶结抛石的石基和乾砌条石的墩身。蔡襄时洛阳桥成，就有人提出了这一方法。明·王慎中记:“盖蛎附址石，则涂泥聚而石得相胶蟠以固。故忠惠公于桥之南北，表石为台，以识其界。禁敢取蛎界内者。岁久禁弛，则界内有窃者，而附址之蛎亦且为窃者所剥”因此，宋·元丰元年（1078）王祖道有“辄取蛎房者徒二年”之禁。

洛阳桥成，在桥中屿造中亭。亭后石上，题万安桥三字。《闽中金石录》按《书史会要》称:“刘泽，闽人，善大字。尝书‘万安桥’三字在海石上，径三尺许，有隼尾存筋之法。时蔡襄造桥，不自书、泽书之。”（图 2-95）字镌石，得以留到今天。

神宗朝时（1068～1077）运使王子京过此，绘洛阳江万安桥图进呈。这是最早的一张青春时代的写照，惜现在是看不到了。1995 年前未动工全力复原时所能见到的，是衰老残疾补缀之躯和缺乏文物保护常识的采蛎群女（图 2-96）。

洛阳桥自宋以后，历经修缮。桥受损的原因，自然的破坏力量是风、水、地震和年久石料风化折断，墩基沉陷等。人为的破坏力量如采蛎、船舶维系和冲撞、偷窃石料，战争断桥等。明·蔡献臣称:“石之长者易以折、近人者易以偷，卧砂者易以沉。故石桥之费，惟石最巨。”明·顾珀记顺济桥:“泉之界可千里，络络于于、日下蚁舟楫木桴所辏，日夜撞击。……维桥之东、海船所凑，无地系缆，桩于桥梁之下（打楔木在石墩缝

① 见清·黄行，郭赓武等纂修，《泉州府志》卷十，第 9 页，民国十六年（1927）补刻本，泉州志编委会，1984 年影印。

② 明·陶宗仪辑，陶珽重校，《说郛续》卷二十四，清宛委山堂刊本，清·顺治三年（1646）。

图 2-95　北宋·刘泽题《万安桥》

图 2-96　今日万安桥和采蛎女

中以系船），风执船力，时与石斗，桩去而石砉然离矣。”清·李庆霖《重修万安桥碑记》亦有：“舟人只常依之以系缆，于是桥上下不尽完固，而有倾圮之虞。”加上取蛎之禁不能严格执行，既玩且忽，桥墩石块缺少胶固、易于松动。一遇风浪，桥梁易坏。

《名胜志》记:“南宋绍兴八年戊午（1138），飓风大作，海浪击桥，万安桥遂坏。”

洛阳桥初建成时，桥面扑水，已嫌太低。之后风浪损桥。明·宣德初（1426 左右），蔡锡知泉。《明史·蔡锡本传》记:“锡、鄞人，中永乐癸酉乡试，授兵部给事中，升泉州太守。时洛阳桥圮，有石刻云“石头若开，蔡公再来（或作‘石头颓，蔡再来’）”其下便记得“醋”字的神话。《晋江县志》分析:“恐是宣德初，蔡锡重正其基。至宣德六年，冯桢命李俊育增高。”

李俊育于明·宣德三至六年（1428～1431）奉命增高洛阳桥。李俊育《增修洛阳万安桥碑:“……洎宋·蔡公襄磊石为桥，以便行者。然遇秋既，潮起水涌，桥落石没，而渡者罔克济。”太守冯桢，劝说士绅李俊育捐资鸠工:“星霜三越而厥桥聿成。高增其旧，丽几半寻，横空卧流，水波莫侵。”半寻近 4 尺（约 1.2 米）。

明·嘉靖后期，倭寇陷莆掠京，建破永宁崇武。兵宪万民英改筑万安筑中亭为新城。与桥北洛阳镇的“澥甸金城”桥南泉州城合称三城。明·庄一俊《洛桥新城记》称明·嘉靖三十九年（1560）所建:“新城者，我明兵宪育我万公为行营时所筑也，人谓之防倭第一城。……先是，洛桥未城，此地为中亭。倭寇欲犯泉州，辄经此地抵东门城下……。育吾公视师中亭曰：‘是汤池金城也，欲遏城冲桥保喉咽，无如城此’”。……不旬日，城成。城南门曰万全，以通晋江，城北门曰万胜，以通惠安。”明·康朗《万安桥记》记:“嘉靖之末，倭寇煽患，设守者城其桥之中亭，寇由是不敢越桥而西以犯郡畿，环桥居民数百家，亦得依堡而脱于锋刃之惨。”崇祯戊寅（十一年，1638 年）城上建阁名镜虹，说明此关“计垛口仅四十七，而巨石崇墉，隐若天堑。”虽中岛有城，然遇战争，如明防倭，郑成功抗清，国民党抗日，仍都断桥。

图 2-97 据称[①]为清初吴初著《吴将军图说》中一幅版画，所绘康熙十七年总兵吴英与郑成功部将刘国轩之战。武骑相逐，士兵纵火。画上方洛阳桥断两孔。可能是最早的一张桥图了。洛阳桥经明代万历地震，修复后在桥“增两翼镇风塔各一。”此图有城无塔，岂是绘嘉靖·万历之间抗倭之举？存之质疑。

洛阳桥最大一次破坏是明·万历三十五年泉州大地震兼海啸，估计当在八级以上。北桥破坏严重，南桥较次。为纪念修复北桥的惠安令宁维新（字复所）所立《洛阳筑桥生词碑记》记:“万历丁未，飓飚霆作，海啸山立，兹桥上下，基拔楯亥，栏折板伏。惠之分，溃圮殆尽。”具体修北桥的是“谢事家居”的士绅李呈春。明·李光缙《万安桥记》引他的话说:“顾北桥之难过于桥南，费亦再倍。南不过一二桥梁折，扶栏颓耳，可一葺而补也。桥北之坏甚！水道更移，曩昔深坎，今为平沙。水盛则四溢横流，穿溪荡浦。风涛复噬之，渊趾剥落，梁塌低于南四尺，潮涨辄没，人不能行，殆未易治也。”地震时在丁未三月，动工修复在明年戊申三月。《生词碑记》记:“珉采于坞（采石），趾累于渊（砌墩）易厥折者（换断梁）新厥迭者。危虹断石，雁齿竣梁，犁然聿新。凡镇风塔二，坊表一，桥楯十有一道，桥梭二十有二道，扶栏八百余尺。砻密宏敞，以较端明之勋有过无不及焉。”

修桥的方法，不用“折楯”之法（不详）而采用“定嵌金木柱策……设架横空，上通人行，下受工作。伺潮退，从海底累石结址。攲者正之，缺者补之，以达于梁而桥道

① 李约瑟，中国科学技术史。

图 2-97 《吴将军图说》中洛阳桥图

平矣。”“从海底结址二十三，葺旧三十五”即计增加了 10 个桥墩。桥北因地震下沉了 4 尺，自然也增高至潮水以上。

自万历那次重大的整修之后，清代又经十次维修。无重大变化。洛阳镇吴其萃提供，其父吴彰敬于民初所摄洛阳桥全貌（图 2-98）基本上是明代的状况。

民国廿一年（1932）十九路军军长蔡廷锴改造洛阳桥。《蔡廷锴重修洛阳桥记》称：“……自公路开辟，汽车行驶桥上，石梁不堪辗压，遂渐欹裂。……以原桥不任汽车之驰突，因改为钢筋混凝土建筑。而桥之北段较低，秋潮高涨时，恒淹没一二尺，不便于行。于是保存原石梁不动，将旧墩增高三尺，广视旧倍之……”。

在经济困难的情况下，这便是后来称之为“古为今用”。然而开了福建和全国各地区建设部门任意改造老桥的一种破坏文物的风气。一发竟不可收拾。即使这样“改造”的老桥，维修乏力，破坏严重，且仍不可能满足近代交通的需要，最后还得造新桥。于是新旧两失，当初未可称为得计。

“改造”以后及与未复原前的洛阳桥见图 2-99，100，101。

南北桥桥墩万历间加高仍截然分明，1932 年的加高方法与旧桥完全不能协调。全桥在某些地段，以填石土堤代替了若干孔认为不能利用的桥墩，于是支离破碎，风貌全无。

1994 年中央决定复原洛阳桥。复原后洛阳桥见图 2-102。桥早已列为国家级重点保护文物。

4. 福清龙江桥

福建石梁墩桥中保持原状较好者为福清龙江桥，现为福建省重点文物保护单位（图 2-103）。

泉州萬安渡石橋始造於皇祐五年四月庚寅以嘉祐四年十二月辛未訖功累趾於淵釃水為四十七道梁空以行其長三千六百尺廣丈有五尺翼以扶欄如其長之數而兩之靡金錢一千四百萬求諸施者渡實支海去舟而徒易危而安民莫不利職其事盧錫王寔許忠浮圖義波宗善等十有五人既成太守莆陽蔡襄為之合樂宴飲而落之明年秋蒙召還京道由是出因紀所作勒於岸左

图 2-98　古万安桥全貌（30 年代摄）

图 2-99　洛阳桥南桥墩

《福清县志》记："龙江桥在万艮里。江阔五里，深五、六丈。始，太平寺僧宋恩垒石为台。宋·政和三年（1113）癸巳，林迁兴，僧妙觉募缘成之。空其下为四十二间，

图 2-100　洛阳桥北桥墩

图 2-101　未复原前洛阳桥（一）

图2-102　复原后洛阳桥

图2-103　福建福清龙江桥

广三十尺。翼以扶栏，长一百八十余丈。势甚雄伟，费五百万缗，名曰螺江。绍兴庚辰改名龙江。万历三十三年重修。清·顺治十二年邑侯朱廷瑞重修。”

5. 泉州石笱桥

《泉州府志》记:“泉，水国也，夹以两江。笱江绾西北水入海，有石笱、顺济两桥；洛阳江绾东北水入海，有万安、乌屿二桥，皆鞭石潜犀，力相伯仲。”

石笱桥在泉州临漳门外。又名通济桥。明·朱鉴记石笱桥的经历是:“通济桥者，泉郡晋江之名桥也。宋·皇祐元年（1049），太守陆广守是郡，始造舟为梁于石笋之江，民得履坦，因名浮桥。嘉祐间（1056～1063）守卢革及僧本观重修。又于两岸作亭以翼卫之，名曰济民。至元·元丰元年（1078）转运判官谢重规再修断舟，以继梁道，改名通济。南宋·绍兴三十年（1160）僧文会作石桥一十六间，长七十五丈五尺，广一丈七尺。翼以扶栏，镇以浮屠，如桥之长两夹之。越乾道五年（1169），始克落成。”这一座桥前后修了近 10 年。“至庆元年间（1195～1200），有僧了性者复修三小石桥。于是桥之北相贯联络以达于临漳之门。”

可惜这座桥已完全改成近代桥梁、片石不存（图 2-104）。

图 2-104　福建泉州石笥新桥

宋·王十朋曾目睹此桥，作诗并记：“清源郡城之西有渡名笥溪，与江会，险而深，涉者病之。初，浮木为梁（木筏浮桥），屡修屡坏，议更以石。费重而后艰。……经始于绍兴庚辰（三十年），讫工于乾道己丑（五年）……明年春三月辛酉，迓客出郊，过而观之，因记以诗：“刺桐为城石为笥，万壑西来流不尽，黄龙窟石占江头，呼吸风涛势湍紧。怒潮拍岸鸣霹雳，滔潦滔天没畦畛。行人欲渡无翼飞，鱼腹蛟涎吁可悯。二三大士为时出，自睹狂澜心不忍，小试闲居济川手，远水孤舟寇忠愍。亦有山僧愿力深，解使邦人指仓囷（指善化缘，用三国吴·鲁肃指囷赠周瑜事）。五丁挽石投浩渺，万指硺山登峋嶙。辛勤填海效精卫，突兀横空飞海蜃。趾牢千尺鲛人室，护以两旁狮子楯。南通百粤北三吴，担负舆肩走骒牝。论功不减商舟楫，遗利宜书汉平准。莫将风月比扬州，二十四桥真蠢蠢。……传闻江欲飞栋初，议论纷纷互矛盾。世无刚者桥岂成，名与万安同不泯。”

“五丁投石”“精卫填海”石笥桥可能也是抛石基础。

6. 泉州顺济桥等

福建的石梁墩桥，记不胜记。即泉州一地的石梁墩桥，亦难以尽得。除了重点文物保护单位以外，不作文物保护者已是败落迨尽，只剩下片鳞只爪。假如地处偏僻，还得保存一些零碎的原样。若在通道之上，难免又被叠床架屋，改为公路桥。

图 2-105　福建泉州玉澜桥

图 2-106　福建泉州顺济桥

从《读史方舆纪要》、《闽书》、《泉州府志》等书中记载，除安平、洛阳、石笱桥之外，泉州还有：

玉澜桥，在今晋江县上浦到塘头之间。宋绍兴间（1131～1162）僧仁惠所修，原长一千余丈。今仅存清·宣统庚戌（二年，1910）重修换过梁的五孔石桥，净跨各约 4 米（图 2-105）。

顺济桥，在石笱桥下游，跨笱江。因近顺济宫，故名。又以晚于石笱，亦称新桥。南宋嘉定四年（1211）郡守邹应龙建。现已改为公路桥（图 2-106）。

海岸长桥比安平桥更长。《蔡清记》“故老相传，桥成于宋·乾道间（1165～1173），主其事者陈君亢。”“出泉城南里许，折行东，行二十里曰陈江。由陈江复东，历玉澜渡至于龟湖，盖又十五六里，此海滨地也。咸流浸润，不可田。昔人因筑大堤以止其流，而内蓄涧水以溉田，殆千余顷。傍堤之边，驾石以便行者，计七百七十余间，通名海岸长桥。中有亭有庵，以为憩息祈赛之所。”海岸长桥极似于后来绍兴的纤道桥。可惜现在只剩下极少数的一二段石桥（图 2-107）。

图 2-107 福建泉州海岸长桥

凤屿盘光桥又名乌屿桥，是从晋江岸架至乌屿岛的长桥。从海上望之，和万安桥成两道飞梁。旧名石路，潮至不可行。南宋·宝祐中（1253～1258）建桥 160 间，长 400 余丈，比洛阳桥更长。现在已填作长石堤梁了。

至于东洋桥之长 432 丈；苏埭桥之长 2300 余丈（疑尺之误）看起来都长于洛阳。

下辇桥在泉州旧 35 都。《隆庆府志》记：“宋幼主自万岁山行，经此下辇，故名（此时应未有桥）。元·至正间（1341～1369），僧法助建，凡六百二十间。”① 然而墩石上分明刻有“至治元年”（1321）字样（图 2-108，109），志书有误。“明洪武间（1368～1398）桥南沿江一带陷……募赀移入田中（估计仅此一部分移动）。”

7. 福州万寿桥等

福建省如泉州以外，如连江县的江南桥、通济桥，都是宋·政和四年（1114）造，“叠石为梁”凡 16 间，长 56 丈。

福州万寿桥在福州城南门外。桥中间有洲。洲北有石桥 36 孔，洲南十孔，现全长约 800 米。《福建通志》载原为浮桥：“元·大德七年（1303）头陀王法助，奉旨募造石阑桥，酾水为二十九道，上翼以石栏，长一百七十丈有奇。南北构亭工。元至治二年（1322）落成。”② 后经修葺，孔数有增。1929 年加桥面成公路桥（图 2-110）。闽江水盛，桥墩过密，上游拥水，下游成瀑。现已彻底予以改造。

8. 莆田熙宁桥

桥位于莆田黄石桥兜，木兰溪入海处。始建于元·元统二年（1334），由僧越浦倡建。明、清之间，数度倾圮。清·雍正十年（1732）修复。后桥上亦加公路。然此桥原状尚称完整，已列为福建省重点文物保护单位。当亦如洛阳桥一样，恢复原样（图 2-111）。

---

① 见清·黄行，郭赓武等纂修，《泉州府志》卷十，第 8 页，民国十六年（1927）补刻本，泉州志编委会，1984 年影印本。

② 民国·沈瑜庆，陈衍纂，李厚基等修，《福建通志》津梁志卷一，第 3 页，1938 年刻本。

图 2-108　福建泉州下辇桥

图 2-109　下辇桥“至治元年”石刻

9. 福建漳州虎渡桥

石梁墩桥中梁最为巨大者称福建漳州虎渡桥。桥在漳州之东 16 公里，跨柳营江，源自九龙江。《读史方舆纪要》引志记：“九龙江水自华峰而来，注九江山下，为漫潭。两山如壁。流十余里，漫而不湍，渊而不测，即梁（代）时龙跃处。南流经香州渡，又

图 2-110　福建福州万寿桥

图 2-111　福建莆田熙宁桥

南经蓬莱峡。出两峡间，亘虎渡桥，为东偏要害。”①

所以称为虎渡，《陈让记》说：“江南桥梁，虎渡第一。昔欲为桥，有虎负子渡江，息于中流，探之有石如阜，循其脉，沉石绝江，隐然若梁，乃因垒址为桥，故名虎渡，即柳营江桥也。”

《漳州府志》记其沿革甚详：“虎渡桥即江东桥，在柳营江。为郡之寅方，因名虎渡（此又一说）。宋·绍熙间（1190～1194）郡守赵伯迈始作浮梁。嘉定间（1208～1223）郡守庄夏，易以板桥，垒石为址，酾为十五道而屋之，改名通济桥。然下栋上板，时复修葺。嘉熙元年（1237），毁于火。郡守李韶，捐钱伍拾万为之倡。里人颜侍郎颐仲，捐金佐之。时故郡守庄夏之子梦说，慨然以绍光志为己任。率亲旧裒施，以石为梁，长二百余丈（约600米），梁长八丈余（约20余米），厚亦如之。桥东西各有亭，郡守黄朴为之记。明三百年间，屡坏屡修。嘉靖十九年（1540），巡按王瑛，檄知府顾四科捐俸重建。晋江王慎中有记。嘉靖四十四年（1565）知府唐九德修复。砌石为栏。东西竖两关；东曰三省通衢，西曰八闽重镇，宏伟壮丽，江上巨观（这是其全盛时期）。

国朝（清）顺治五年（1648）‘土贼’王良断其一间。十二年（1655）‘海寇’复断四间。（均抗清志士所为）。乱平，随以木梁修治。康熙十七年（1678）海寇刘国轩焚毁殆尽。十八年总督姚启圣修以木梁，寻又坏。二十四年（1685）水师提督施士良重筑以石，四十八年（1709）郡人陆路，提督蓝理重修，将成而中板复折。五十二年（1713）郡守魏荔彤乃捐俸884缗成之郡绅蔡世远有碑记。雍正九年（1731）里人郭元龙重修。乾隆二十一年（1756）桥石中断，巡道杨景素，知县陶敦和倡捐重修，邑绅王材有记。”清以后无记录，不详。

从记载得知，最早的石梁是在宋·嘉禧初，已用长达20多米的厚大石梁。如全桥同一跨长，而墩宽5米，桥约有20孔。视嘉定间木梁石墩桥15孔又多约5孔。

明三百年间，“屡坏屡修”仍是用石，未称用木、立楯竖关，使桥梁更为“宏伟壮丽，江上巨观。”

清代记录前后说到断梁共四次，“断一间”，“断四间”，“中板复折”，“桥石中断”。大石梁断后，或添中间墩换上木梁，所焚毁者估计是指的这些木梁孔。后来木梁悉换以石，于是桥墩有大有小，桥孔有宽有窄，梁石有厚有薄，然而全桥总是一致的石梁墩桥。图2-112是根据一张二十年代模糊不清的虎渡桥原照所描绘的虎渡桥图。图2-113，114是当时的桥门和桥墩图。虽然风韵已不如昔，但可从此依稀想见当年。

200吨重的虎渡桥石梁，如何架设，始终是个疑问。罗英《中国桥梁史料》认为可能采用宋·朱勔运花石纲的方法。

《宋史》记：“徽宗垂意花石，朱勔取浙中珍异花、竹、石以进。……尝于太湖龟山取巨石，高宽各四丈（约13米）有奇，广得其半（6.5米）。玲珑嵌空，窍穴千百。专造大舟以载之。挽以千夫，凿河断桥，毁堰拆闸，数月方至京师。赐号‘昭功敷庆神运石’立于艮岳之上。”②《癸辛杂志》论艮岳：“艮岳之取石也，其大而穿透者，致远必有损折之虑。近闻汴京父老云、其法乃先以胶泥实填众窍，其外复以麻筋杂泥固济之，令

---

① 《读史方舆纪要》卷九十九，第4118页。

② 元·脱脱等撰，《宋史》卷四百三十五，中华书局，1960年。

图 2-112　福建漳州虎渡桥

图 2-113　虎渡桥桥门

圆混。日晒极坚实，始用大木为车，致于舟中，直俟抵京，然后浸于水中，旋去泥土，则人力而无他虑。”①

假山石以瘦、绉、透、秀，玲珑嵌空为上乘。根据“神运石”的尺寸，估计重约200吨。若裹以麻筋杂泥令混圆，直径约14～15米，重可达600吨。漳州虎渡桥石梁，如裹之令圆，则直径约2.6米，重约300吨。用“大木为车”都是不可能的。所以艮岳所用方法，是指较小的花石纲而已。虎渡石梁估计是垫滚木拖拉，诸桥孔之间，先用土砂填堤、待梁就位之后去堤成孔。这是鲁班“砂堆亭”的施工方法，切实可行。

① 北宋·周密撰，《癸辛杂志》前集，第13页。

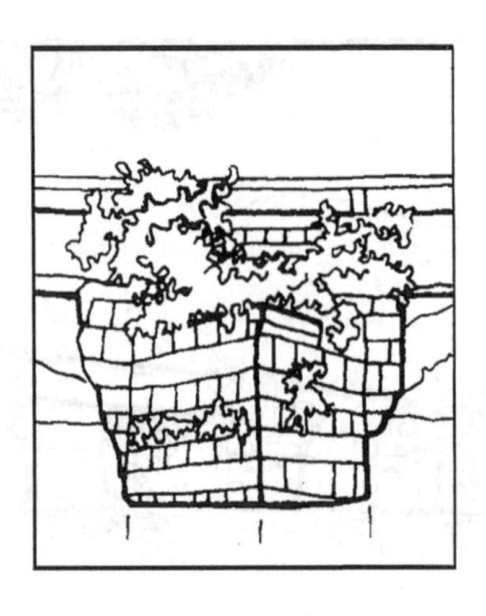

图 2-114　虎渡桥桥墩

现在的虎渡桥，仅存半座、六墩一合。大石梁仅存一孔，墩欹梁绝。并在上面加造近代钢筋混凝土梁。是不是仅有这一个桥址可以过柳营江？看来不提高民族意识，和更进一步的保护人类文明史迹的认识，这样的事情将还会不断地发生下去！（图 2-115）。

图 2-115　福建漳州虎渡桥现状

第四节　伸臂梁桥

木、石梁桥受制于材料的长度和强度，简支木梁，一般在10米左右，石梁则有20米者。当下为湍流、深谷，墩柱不易建设时，中国古代木桥，有伸臂梁式的桥型。木伸臂梁可能是由简支木梁加单层托木，演变为多层托木而产生的。在房屋建筑中便是斗拱构造。石伸臂梁，便为叠涩。

一　木伸臂梁

木伸臂梁利用木料，横直相间，层层挑出成为伸臂。两伸臂之间，搁以简支木梁。《中卫县志》记中卫山河桥："因崖岸垒石作基陛，节节相次，排木纵横接比，更为镇压，对岸俱向赴中，去三四丈（约10～12米）。并大材，以板横次之，外施钩栏，悬空而行。"这座桥"高三丈（约10米），宽八尺（约2.6米），长二十丈（约60米）"其长度当然包括了两岸锚着部分的梁长，然而净跨至少也可到30～40米。

木伸臂梁桥，可分为单伸臂桥，双伸臂桥和斜撑伸臂桥。单伸臂桥又称刁桥或折桥，古称河历。

（一）河历、刁桥、折桥

伸臂梁的起源很早，最早的记载是在西晋永嘉年间（308～313）、居于今东北的鲜卑族人吐谷浑，携其部下西移到甘肃西部。建设开垦。段国《沙州记》记今甘肃安西到新疆吐鲁番，称："吐谷浑（读如：突欲魂）于河上作桥，谓之河历，长百五十步（此数过大，疑步为尺之误）。两岸累石作基陛，节节相次……（云云）"[①] 成为后来发现的诸伸臂梁桥描述的最早文字。

《四川通志》记榻水桥："桥跨文井江，在二铁索桥之间，俗名谓之刁桥。其制不用中柱，自两岸压木于土，填以砂石，木上加木，层层递出数尺。将至斗头丈许，则以竹为排，架于其上，高约数丈，宽仅数尺。"[②] 单伸臂梁而称为刁桥。

《金史·外国传·西夏》夏、宋之际，夏于来羌城起折桥。单伸臂梁桥其形如折，故称折桥。

河历和折桥的具体位置，见浮桥章，黄河上诸桥一节中。这几座桥梁都已看不到了。

（二）四川现有几座刁桥

现今西南山区仍有较多半永久的和临时性搭架的刁桥。只能明其结构，无可考据年代。

---

① 宋·段国纂，清·张威撰，《沙洲记》二页，王云五主编，《丛书集成初编》，商务图书馆，1936年初版。

② 清·常明，杨芳灿等纂修，《四川通志》卷三十一，清嘉庆二十一年（1816）刊本，北京巴蜀书社，1984年。

(1) 四川甘孜木伸臂梁。是一座半永久性的木桥（图2-116）。两岸用木笼填砂石护岸。伸臂纵木粗壮，横木细弱。横木两端，伸出于纵木两侧，并套串在一根楔搁于最下横木上的小柱上，成为一个控制位置的框架。这样一路过去层数不同的框架，小柱伸出桥面（近处两根已断）便是栏杆柱。所以这是一座有设计思想的桥梁。

图2-116　四川甘孜木伸臂梁桥

(2) 四川硗碛木伸臂梁。在四川西北部山间溪涧之上，冬架夏撤，临时性的木桥，所以力求简单。两岸伸臂梁层层相架，横垫木既少又不规则。伸臂后部镇压在岸上。前部尚有一木柱架，一方面夹控伸臂，同时减少伸臂长，也可减少压重。中间悬孔搁在伸臂外端（图2-117）。

图2-117　四川硗碛木伸臂梁桥

(3) 四川木里自治县木伸臂梁。可说是一座比较正规的刁桥。两岸以井干式木笼内填砂石作基陛，两边木伸臂层层纵横相压，纵梁达八层之多，微向上斜成八字折（图2-118)。

图2-118 四川木里自治县木伸臂梁

从井干式桥台和护岸，结合着东北多森林，善于造井干式房屋，因此联想鲜卑族吐谷浑在井干式建筑的基础上创作河历。西汉武帝在长安造井干楼，可见由来已久。

这三座桥正代表着三种比例（图2-119)。以悬孔跨长为 L，其伸臂和锚着可有不同布置。

硗碛桥布置得净跨为 $2L$，桥全长 $3.6L$。如 L 为12米，则净跨24米，全长43.2米。

甘孜桥布置得净跨为 $3L$，全长为 $5L$。亦以 L 为12米计，净跨36米，全长60米。

木里桥布置得净跨为 $4L$，全长为 $6L$。则净跨为48米，全长72米。估计单孔木伸臂梁的桥跨和长度，能达到这一尺寸便不简单了。

(三) 甘肃几座折桥

甘肃是河历，即折桥的发源地，但现在这样的桥梁虽有而不多。甘肃的折桥大致有三种类型：一是握桥，二是带撑折桥，三是斜撑伸臂桥。

1. 甘肃兰州握桥（附小握桥）

桥原在兰州西门外，跨阿干河，名为握桥，亦曰卧桥，或称西津桥、三公桥。

《甘肃新通志》记兰州府兰皋县:“县西两里，以木架里，俗名卧桥，跨阿干水。”清·杨春和《西津桥隄岸记》略云:“兰州城外有阿干河。跨水建桥，相传昉（始）于唐代，为河历遗制。”《兰州府志》称:“西津桥在县西二里，当阿干河口，架横空，长十余

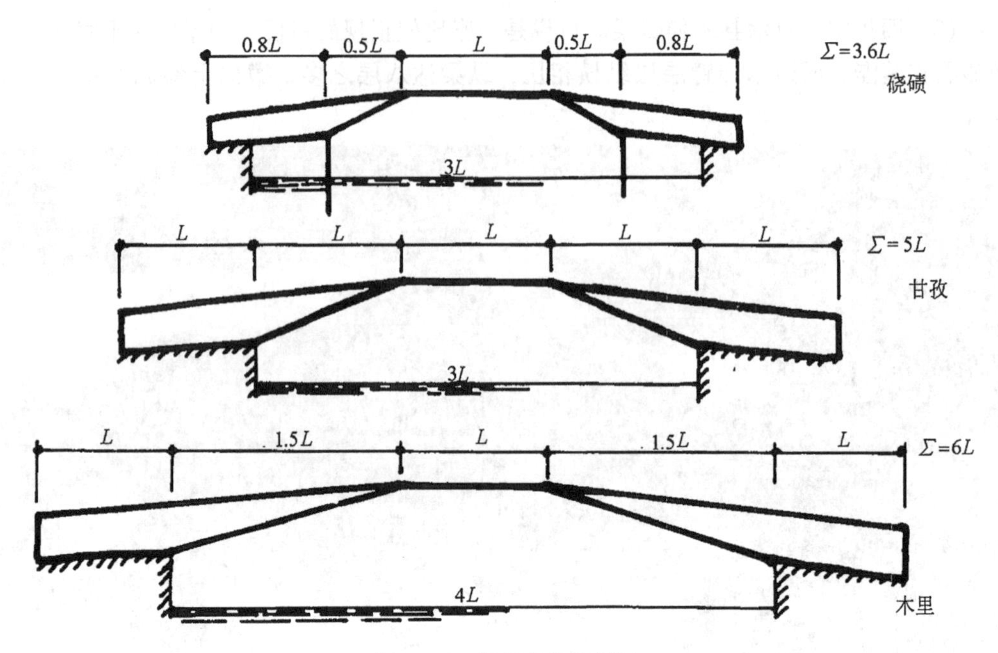

图 2-119　河历各种比例图

丈，高三丈，下无柱。”具体的位置见浮桥一章的《金城揽胜图》中。最后一次修缮是在清·光绪三十年（1904）。

因卧桥是城市永久性桥梁，所以除结构精制外，桥身两旁施设挡雨板。桥上建桥屋，成桥市。桥屋两端有美丽的桥门（图 2-120）。

现兰州市区已大为扩展，桥址处已是闹市。1952 年拓阔西津路，桥被拆除。实测绘图，得净跨 22.5 米，全长 39 米，桥宽 4.6 米，桥高 6.0 米。

类似西津桥的握桥《甘肃新通志》记金塔县有迎善桥：“在兴隆、栖云两山间，架木横空，上有穿廊，下无柱，如握桥然。”

图 2-121 为兴隆山小握桥。桥梁构造低下、简单，但桥屋华丽。现在木伸臂梁已改为钢筋混凝土肋拱。只是桥屋彩绘一新。买椟还珠而已。

2. 甘肃甘南木伸臂梁

为了保护桥梁，木伸臂梁大多建有桥屋。图 2-122 示甘肃甘南藏族自治州木伸臂廊桥，是一般的握桥结构，可是廊屋柱间都有斜撑，成桁架构造。原认为如确是原有，则中国古代有了桁架。后查记载，甘肃的这些廊桥是民国时代加固时所为。桁架在中国古代木桥中仍付阙如。

3. 甘肃文县阴平桥

甘肃文县阴平桥是历史上有名的一座桥梁。三国后期，魏、蜀相争，在阴平桥头有过一番较量。现在的阴平桥早不在当年的原址，至于桥式是否当年旧姿亦更难说。

《水经注·白水》：“迳偃城北。又东北，迳桥头。”守敬按：“此《蜀志》所谓姜维阴平桥头也。据此注‘白水迳桥头，与白水合’。羌水注亦云：‘羌水至桥头，与白水合’，则桥头当去二水合流处不远。今阴平桥头在文县南门外，跨白水上，盖非古之桥头”（图 2-123）。

图 2-120　甘肃兰州握桥

图 2-121　甘肃兰州兴隆山小握桥

《魏志·邓艾传》记:“景元三年（262），蜀将姜维却保沓中。四年征蜀，司马文王令雍州刺史诸葛绪要维，令不得归。维引还，闻雍州已塞道屯桥头。入北道，欲出雍州

图 2-122　甘肃甘南藏族自治州木伸臂梁

图 2-123　《文县志》阴平桥位置图

后。绪却。维从桥头过。绪趣截维，后一日不及，维遂东守剑阁。”姜维和诸葛绪在阴平桥头一出一人，史书详记，使阴平桥名声大振。后邓艾取蜀，从景谷道越摩天岭，未见说先过阴平桥（事见栈阁一章）。宋时桥早就移位。陆游《老学庵笔记》云："阴平在今文县，有桥曰阴平。淳熙初，为郡守者大书石于桥下曰‘邓艾取蜀路’过者笑之。”看来发生误会的事早就有了。

现在的阴平桥建自清代。

康熙（1662～1721）《重修阴平桥记》称："余按《一统志》暨《华阳国志》见古有阴平桥者，盖始有阴平之日也。秦梁汉柱，不知几历兴废于兹矣。"康熙时予以重建，从文中"飞阁"，"复道"，看得出是一座木廊桥。

《文县志》①记自康熙之后，雍正七年（1729），乾隆甲寅（五十九年，1794年），道光丙午（二十六年，1846年），咸丰丙辰（六年，1856年）等都予重建或重修。今日所见图2-124是清代后期所修复的桥梁。

图2-124 甘肃文县阴平桥

道光丙午（1846）张培兰《重修阴平桥记》亦以文采典实取胜，然只写了桥头胜景和控扼形势。对于桥梁结构，不着文字。

从图2-124可见此桥两岸木伸臂梁重叠共计10层，以接近45°角斜挑向上。以悬孔跨长为 L，桥长为 $2.2L$，净跨为 $1.8L$。设 L 为12米，则桥长26.4米，净跨21.6米。

① 清·长赟修，刘健纂，《文县志》，光绪二年（1876）刻本。

这是一座斜撑式木伸臂梁桥，如细节上予以考虑和保证，还能起到三折边拱的作用。阴平桥在文县是木桥的典范。类似此桥式的还有文县白水江石坊伸臂木梁桥，文县横丹沟木梁桥等。

（四）西藏木伸臂梁

木伸臂梁桥原本是少数民族地区的产物。陇西地区，自古羌藏杂居，西藏便多有木伸臂梁。

王我师《藏鈩总记》称："惟彼昌都，原称前藏。两河环绕，双桥高架，实为西藏之门户。嘉玉桥最为重要。"① 嘉玉桥是昌都两桥之西又一座桥梁。

清·顾复初《西藏图考》记察木多（即昌都）："即古康地，昔称前藏，一名喀木。界通川滇，其北河有四川桥，南河有云南桥。江巴林寺系江心濯结所建。左水名昌河，右水名都河，故又名昌都。"②

四川桥藏名为扎史达克杂木桥。经此东南去察雅，入四川雅州，通成都。

云南桥藏名南克萨母木桥，南下沿澜沧江达云南，德钦、中甸去大理、昆明。

从云南桥往西"由南河而进，偪仄多偏桥……水复山重，四十里至俄洛桥……进浪荡沟上山由偏桥，行险如前……八十里至拉贡……二十里过松罗桥。西南行四十里至麻利……十里过山，山势高峻，下山绕河而行，偏桥垒晃，三十里至嘉裕（或作玉）桥。又作假夷桥，有碉房柴草，两山环抱，一水中流。天气暄和，地土饶美。"这里已从四川盆地爬上了西藏高原。

杨揆嘉玉桥诗："悄悄日西下，溅溅水东流，倦客暮投宿，凄然生远愁。仄径俯漻壑，支崖夹寒湫，横空架飞梁，蹴浪鹫潜虬。淡月一回照，千峰影如浮。山重水更复，归路何其修。"在古代交通不便的情况下，南人远去，不免凄愁。诗中仄径、支崖、横空，蹴浪四句都在说桥。

云南桥（图 2-125）和嘉玉桥（图 2-126）是同一类型的多孔木伸臂梁桥。桥墩和桥台，全部是井干式木笼内填砂石。中墩既高且大，自然"蹴浪鹫潜。"云南桥梁大小共五孔，嘉玉桥只三孔。在墩台中部两侧伸出三重木伸臂梁，上搁梁木。桥宽与墩长比，不足其 1/3，自是"仄径"。嘉玉桥在墩还有墩身向上引伸的井干式桥屋。云南桥亦有，只是已没有屋顶了。云南桥中孔下面估计是后来加固所加的八字斜撑。

虽然是多孔的伸臂梁，却是诸孔独立的单伸臂河历式桥，并不是平衡伸臂的多孔连续桥。然而伸臂梁桥，由单孔演进为多孔，便可从山区狭谷溪涧进入平原宽阔的河道，成为一个独立系列的桥型。

（五）闽浙木伸臂梁桥

虽说木伸臂梁桥可以建于平原地区，但仍以靠近山区，取材容易。

周亮工《闽小记》称："闽中桥梁最为巨丽，桥上架屋，翼翼楚楚，无处不堪图画。吴文忠落笔即仿而为之。第以闽地多雨，欲便于憩足者。两檐下类覆以木板，深辄数

---

① 清·顾复初，署格黄沛翘辑，《西藏图考》卷之八，第 6 页，清黄沛翘手辑本，清光绪十七年（1891）重刊。

② 《西藏图考》卷三，5 页。

图 2-125　西藏昌都云南桥

图 2-126　西藏嘉玉桥

尺。俯栏有致，游目无余，似畏人见好山色故障之者。予每度一桥，辄为忾叹。”①

福建（他省亦然）木桥，不单是指木伸臂梁，也包括有贯木拱桥。只要是木桥，防雨是重要的目的。

《闽部疏》记：“闽中桥梁甲天下，虽山坳细涧，皆以巨石，梁之。上施榱栋，都极壮丽。初谓山间木石易辨，已乃知非得已。盖闽水怒而善崩，故以数十重重木压之。中多设神像，香火甚严，亦镇压意也。”② 福建石梁墩一般不屋，此处称“数十重重木压之”正是木伸臂梁桥。这说明施桥屋的另一个理由。

从近代力学观点看，多孔木伸臂桥，是在中间墩上左右平衡伸臂。当一孔有活载而一孔没有时，墩上伸臂受不平衡之力，倾覆可虑。所以桥屋不仅压墩，且先压伸臂木梁。

闽浙比较重要的木伸臂梁如表 2-2。

表 2-2　闽、浙主要木伸臂梁桥表

地　名	桥　名	年　　代	孔　数	桥长（米）	桥屋（间）
福建建鸥	平政桥	宋·乾道初　1165	12		360 楹
泉州	金鸡桥	宋·嘉定间　1208～1224	18	一百丈有奇　约 320	83
古田	石平桥	宋始建，成化十五年重修	12		56
建阳	朝天桥	宋·绍兴中　1131～1162	13		73
仙游	青龙桥	宋始建，明·成化初　1465	14	八十二丈　约 260	34
浙江泰顺	永庆桥	始建年代不详，现桥为清·嘉庆二年　1797	2	十一丈三尺　36	13
泰顺	东垟桥	1921	2	八丈四尺　27	11
鄞县	鄞江桥	宋·元丰始建，清·道光十三年重建　1833	6	三十八丈　实量 76	28
义乌	东江桥	宋·庆元三年始建，清·光绪二十四年修　1898	8	二百余步　约 380	43
义乌	熟溪桥	宋·开禧三年始建　1947 年仿原重建	11	五十丈　约 160	49
永康	西津桥		13		54
龙泉	济川桥	清·康熙五十七年	7	约 126	30

1. 福建建鸥平政桥

清·王沄《闽游纪略》记：“闽桥巨者木一，石二。在建州者曰通都（即建鸥平政桥）。下垒巨木，上屋之，商贾之所聚也。时不戒于火，复构如果。”③ 接着便记万安、虎渡二大石桥。

《读史方舆纪要》记建鸥平政桥：“在府西平政门外。旧有浮桥。宋·乾道初（1165）始垒石为址，架木为梁。后屡圮屡复。明·洪武元年重建。凡为址十有一而梁以木，上覆屋凡三百六十楹。后屡有废置。建江经此，约束而出，如在山峡中。水盛时悬流一二丈，牵挽其艰。”④ 可见此桥桥墩过密，挡水严重，下游悬流如万寿桥。

---

① 《闽小记》卷一，第 30 页，上海古籍出版社，1985 年。

② 明·陶宗仪撰，《说郛续》卷二十四，清宛委山堂刊本，清顺治三年（1648）。

③ 《古今游记丛抄》卷三十二，上海中华书局，1924 年。

④ 《读史方舆纪要》卷九十七，4028 页，中华书局，1955 年。

2. 福建泉州金鸡桥

《泉州府志》记金鸡桥:"宋·宣和间(1119～1125)邑人江常始造浮桥。嘉定间(1208～1224)僧守静造石墩十七,架木梁,覆以亭屋,长一百丈有奇(约320米)。"之后圮于水、灾于火。明《朱鉴记》记成化乙未(1475)修复后是:"其规模视昔有加。墩十有七,每墩架桃木九十有九,铺巨梁木,上则建亭八十三间,旁则翼遮屏三十有四。""明·万历十一年(1583),佥事王豫,议开溪引水达晋江南乡,拆桥址为坝址,坏过半"余墩齿齿。五十年代拆墩,层层卸石,石尽底现,发现墩下为"睡木基础"或称"卧牛木"。以巨大松木每根长15～16米,尾径40～50厘米,纵横两层,叠作"卧"桩。红松去枝叶,截头尾,带皮而用。除金鸡桥外,福州万寿桥,永康西津桥,桂林花桥,以至最近发掘的四川成都古万里桥等都是睡木基础。

福建木伸臂梁尚有古田石平桥、建阳朝天桥、仙游青龙桥等,惜近况不明。

浙江现存的木伸臂梁桥尚多保存完整,继续使用。如:

3. 浙江泰顺永庆桥、东垟桥

桥在泰顺戬洲乡下溪坪。始建年代不详,现桥重修于清·嘉庆二年(1797)(图2-127,128)。

图2-127 浙江泰顺永庆桥

桥全长36米,宽5米,高5.2米。中墩上,最下一层为石伸臂,上两层为木伸臂、上伸臂梁长2.7米。

东垟桥是按传统结构,民初的建筑、木工甚为精致。桥全长27米,宽4.15米,高6.45米(图2-129,130,131)。中墩上仅两层木伸臂。特点是下层四梁而上层七梁。主梁亦七梁。伸臂梁数不齐是根据受力的大小而定。可见各层伸臂梁数相同是不经济的构造。桥台处除梁端搁于墩石之外,另有石伸臂上横板,加短柱以支梁。

这两座桥,廊屋虽甚简单,但有起伏和情趣、造型美观。

图 2-128　永庆桥桥墩，木伸臂

图 2-129　浙江泰顺东垟桥

浙江有比较长的多孔木伸臂梁桥。

4. 浙江鄞县鄞江桥

《鄞县志》载:“桥在县西南五十里。宋·元丰间建。屡圮屡修。清·道光十三年(1833)重建。跨兰江。桥亘三十八丈，横径三丈，上覆屋二十八间。”此桥在时，实量桥长 76 米，宽 7 米，墩中至中最大跨 13 米，共六孔。墩上仅有一层伸臂托木，长 8.4

图 2-130 东垟桥中墩木伸臂

图 2-131 东垟桥桥台石伸臂

米。俗呼之为“扁担”。桥已于 1979 年拆去。

5. 浙江义乌东江桥

《义乌县志》称东江桥又名兴济桥:“在县东三里，东江入东阳大路。旧有浮桥。宋·庆元三年更建石桥。”清《义邑东江桥志》记:“历元至明数百年间，修建之举，不堪备述。……嘉庆庚午（1810）为一劳永逸计，即旧址而倍垒其墩，增高十数尺。墩上纵横架大木又高七尺余（约 2.2 米）。铺以厚板而建瓦屋于上，凡四十一楹。桥成，自下趾至上栋共高六丈（约 19 米）有奇，自东岸至西岸共长二百余步（约 380 米）有奇。”墩上木伸臂共六重，俗又呼之为“喜鹊窝”。

6. 浙江义乌熟溪桥

桥在义乌县东南。志记始建于宋·开禧三年（1207），屡遭毁损。明·嘉靖二十五年造 6 墩而止。隆庆二年（1568），建成 10 墩，架木为梁。万历四年（1576），造桥屋 49 楹。实长 50 丈（约 160 米），宽 1 丈 7 尺（约 5.4 米）。清·康熙二十五年大火焚桥过半。1947 年仿原式重修，1963 年依旧制修复如图 2-132，133，134。墩上伸臂木共计三重。

图 2-132　浙江武义熟溪桥

图 2-133　熟溪桥伸臂梁

图 2-134　熟溪桥桥面

图 2-135　浙江永康西津桥

其他尚有永康西津桥（图 2-135），龙泉济川桥等。

（六）湘、桂、黔木伸臂梁桥

湘、桂、黔三省，特别是湖南省，有较多的多孔石墩木伸臂梁。较之福建的石墩石梁，能够取得较大的桥跨，减少河道挡水。木伸臂桥例有桥屋，已渐由原来保护桥木、加载平衡木伸臂梁的功能之外，着力变为建筑艺术品。特别是在侗族聚居的地方，以侗族的特别建筑形式，使桥梁和村寨成为有机的整体。桥屋之中还赋有除市场以外，侗族的其他民间个人和社会公共活动场所的作用，具有特别淳厚朴实的地方民族色彩。

在这一带，这样的桥梁，以功能而言，总称为风雨桥；以形象而言，总称为廊桥或鹊亭桥；以装饰而言，总称为花桥。

湘、桂、黔三省的重要木伸臂梁桥见表 2-3。

表 2-3 湘、桂、黔主要木伸臂梁桥表

省名	地 名	桥 名	年 代	孔数	桥 长	桥 屋
湖南	醴陵	渌江桥	宋始建，清乾隆三十二年 1767	8	六十丈八尺 195 米	100 间廊亭
	新宁	江口桥				廊亭
	安化	镇东桥	清·光绪五年 1879	6	三十丈 96 米	39 间廊
	安化	思贤桥	清·乾隆三十五年建，咸丰四年重建 1854	5	十三丈五尺 43 米	20 间廊阁
	安化	永锡桥	清·光绪四年 1878	4	二十二丈七尺 72.6 米	35 间廊
	陇城	单亭花桥	清	1		5 间廊亭
	路塘	花桥	清	2		9 间廊阁
	溆浦	万寿桥	明·崇祯始建，清·乾隆八年 1743	5	二十二丈五尺 72 米	34 间廊亭
	通道	普修桥	清·嘉庆始建 1796～1820	3	十八丈 57.7 米	21 间廊亭阁
	通道	都天桥		2		19 间廊亭阁
	通道	回龙桥	清·乾隆二十四年始建 1759 1931 年易石墩	3	十九丈二尺 61.4 米	22 间廊亭
广西	全州	飞鸾桥	始建于宋·明焚、清·康熙十七年重建 1678	7	四十六丈 143 米	37
	全州	饮虹桥	清·乾隆十年始建 1746	7		
	阳朔	金宝桥	清·同治九年 1870	3	十三丈四尺 43 米	
	三江	程阳桥	始建年代不详 1917 年重建	4	约十九丈 60 余米	65 间廊阁
贵州	永宁	北盘江桥	清·顺治十六年 1659	单		
	黎平	地坪花桥	清·光绪间建	2		21 间廊阁

1. 湖南醴陵渌江桥

《醴陵县志》记渌山出自江西萍乡，西流到湖南醴陵，其水“渚清沙白”，“澄且碧绿”、“紫白石粲粲可数”所以名为渌江。“有宋时，邑之好义者，椓大木为杙于潭底，而累琦石（石条）于杙上，为墩七，雁齿挤排，架木成梁。”[1] 中经数百年，桥墩或被冲倒，梁木或被火焚。屡经修建。宋时五墩六孔，明·崇祯五年（1632）在旧址重建时

① 民国刘谦纂，陈鲩修，《醴陵县志交通卷》，醴陵县文献委员会，1948 年铅印本。

改为七墩。清·雍正三年（1725）何天衢《渌江桥记》载："其河深而广，水流湍激，迅若张弩·磊石为墩，其数七；兼南北两岸，其数九。墩之高皆三丈许。其水势澎湃，自东而走南，惧益激之怒也，故墩之疏密不一。其相去阔者至九丈余（约30米），次亦不下五六丈。上架大木，鳞次层出，凡十数重而彼此始相连层。其面复袭以大木数重，更以横木覆之。其广可容驷马，其钉、环、连贯之属，约以数千石计。"

桥总长为60丈8尺（约195米），桥宽一丈6尺（约5.1米）。桥墩间距，根据水深、流向和流速不同而造成不等跨。所以即使由宋时的六孔改为8孔，最大孔的跨度并未能缩小。20米左右的悬孔木梁变形较大。清·乾隆三十二年（1767）丁宗懋在《渌江桥记》里便提到："顾此桥之所苦者，每墩相距中空五丈（约16米）至七丈（约22米）不等。即木之大者，首尾仅几？墩石中间，软弱不支，故易败。公乃采大木缚三为一，贯以铁钉。每墩先布纵木十余株，咸长出墩三四尺（1～1.3米），如檐霤状。乃衬以横木，一纵一横，逐层斗阁，至二十余层，乃架桥梁焉。故墩之宽者，式渐狭，而梁之柔者亦劲矣。"这里采用了用铁件组合的三合一木梁。现桥木伸臂梁下部又加了支撑于石墩墩身的木斜撑（图2-136）。

图2-136　湖南醴陵渌江桥

此桥过去是有桥屋的。明成化九年（1473）修桥时"复以连屋"。万历三十四年（1606）重修，"覆屋百间，以利贸易，中竖一楼，以真武之神栖焉"真武是火神。木桥最易得火灾。渌江桥曾"居人不戒，以回禄灾，一炬炽，两河惊，焰起烟霏，闻者浩叹。""故供火神以镇压。之后各代还细加装饰。所谓："张其檐牙，鲜其碧绿青黄，固其重门扃钥。""左右置栏楯，加丹垩。""构合面店房数十间，两壁置两板，罘罳，下环栏槛，极坚且致。居人住桥上，巷巾中空胡同，与阛阓通往来，行李（旅）不觉其为桥也。"

现此桥不但没有桥屋，且木梁亦都拆去，换成近代公路桥梁了。

2. 湖南新宁江口桥

桥在县城北4里，始建于明·万历年间。计长九孔102米，桥宽约3.5米。桥廊歇山顶（图2-137，138）亭。木伸臂似鹊窠，故合称鹊亭桥。

图 2-137 湖南新宁江口桥

图 2-138 江口桥桥面

3. 湖南安化镇东桥、思贤桥、永锡桥

湖南安化仍保存有 3 座称为鹊亭结构的木伸臂梁桥，即东坪镇的镇东桥和江南镇的思贤桥。前者 5 孔，长 30 丈（96 米），宽 1 丈 4 尺（4.5 米），高 3 丈 6 尺（11.5 米），始建于清·光绪五年（1879）。思贤桥计亦五孔，长 13 丈 5 尺（43 米），宽 1 丈 3 尺（4 米），高 3 丈（约 10 米），始建于清·乾隆卅五年（1770）。咸丰四年（1854）重建（图 2-139）。

图 2-139　湖南安化思贤桥

第三座是洞市乡的永锡桥。4 孔 35 间廊屋，建于清·光绪四年（1878）。一年树基，二年架鹊木，三年建廊，共前后历四年完成。这三座桥均尚整修完整。

以上这五座桥、廊、亭、阁比较简单。

4. 湖南陇城牙大单亭龙桥等

一到侗族自治县各处，木伸臂梁以建筑为主，或单孔、双孔，多到五六孔，在村落附近，跨越大小溪流。桥长十数至七八十米。廊宽三四米。单侧或两侧设栏杆或格栅窗。四柱五架梁的廊道，两边往往设通长的坐凳供人休憩眺望。廊以上，至少有一处，多至三五处，二三层至六七层重檐，四角、六角、八角攒尖亭，或歇山式阁顶。桥两端通常有重檐桥门。桥屋在其风板、檐角、屋脊，倍加装饰。花草虫鱼，飞禽走兽。云龙、飞凤、灵雀、祥鹤之属；复钵、宝瓶、葫芦、风信之顶，无奇不有，多者使人眼花缭乱。

最简单的如图 2-140 示湖南陇城牙大单亭龙桥。桥只在田头一孔，已经花如许气力。在侗族、建造木建筑的桥梁看来已成为广泛的乐事。

图 2-140　湖南陇城牙大单亭龙桥

5. 湖南溆浦万寿桥

桥位于溆浦黄茅园乡万寿村，跨龙潭河。桥始建于明·崇祯年间（1628～1644）。

《溆浦县志》载:“石墩六，亭三十四间。跨龙潭河，通武冈。清·乾隆八年（1743）复修。现桥廊木梁上尚留有清·嘉庆三年（1798），道光十四年（1834）和民国三十四年（1945）维修后的年号题记。现为溆浦县级文物保护单位。1986年因祭祀失火，经集资修复（图2-141）。

图2-141　湖南溆浦万寿桥

6. 湖南通道普修桥，都天桥

通道是侗族自治县，尚有花桥六七座之多。黄土乡普修桥是其中较大且装饰最华丽的一座。始建于清·嘉庆年间（1796～1820）。桥长18丈（57.7米）宽1丈3尺（约4.2米）。共计21间桥廊，廊上有5处亭阁（图2-142）。

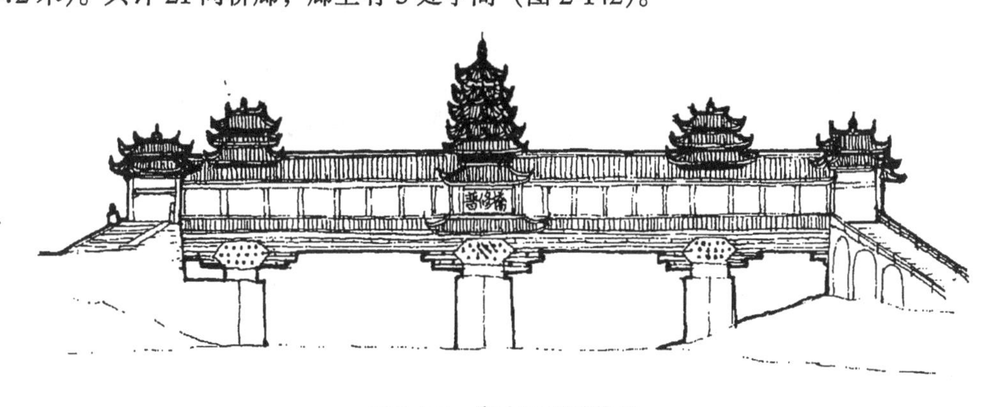

图2-142　湖南通道普修桥

通道都天桥，地较偏僻，但桥仍恢廓，青山绿水、风景绝佳（图2-143）。

7. 湖南通道回龙桥

湘西桥梁多以龙名。飞龙、独龙、洗龙、卧龙其名各异。回龙桥在通道县、坪坦乡平日村口。初名龙皇桥，后以“桥长如龙，翼立水上，水至回环，护卫村寨”故更名为回龙桥（图2-144，145）。

桥始建于清·乾隆二十四年（1759）。1931年易木磴为石墩。1959年列为省级重点文物保护单位。

图 2-143　湖南通道县都天桥

桥共 3 孔，一大二小，全长 19 丈 2 尺（约 61.4 米）共有廊亭 22 间。大孔木伸臂共三层，斜挑出 1.8 米。左右齐来，外用鳞板遮蔽如拱形。小拱木伸臂仅两层。桥廊亭建筑形象完整，惜桥孔布置不甚协调。

8. 广西全州飞鸾桥、饮虹桥

侗族散居在湖南、广西、贵州诸地。

飞鸾桥在全州，跨罗江。始建于宋。明·嘉靖六年（1527）为 6 墩 7 孔木伸臂梁，桥长 46 丈，覆屋 37 楹。明·正德十三年（1518）焚于火。清·康熙十七年（1678）重建。桥宽 6.2 米，最大跨径 14.9 米。

全州尚有饮虹桥，始建于清·乾隆十年（1746）、亦为 7 孔木伸臂梁。

9. 广西阳朔金宝桥

阳朔风景区有金宝桥，建于清·同治九年（1870）。计 3 孔，全长 13 丈 4 尺（约 43

图 2-144 湖南通道回龙桥

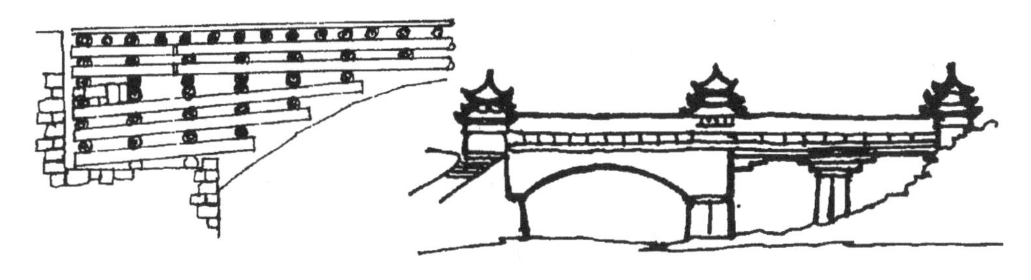

图 2-145 回龙桥大孔木伸臂

米）宽 1 丈 3 尺（约 4 米）。中孔 21.4 米，边孔各 4.35 米。木伸臂共五层，实乃图 2-117第一式的硗碛式布置加上桥屋建筑。

10. 广西三江程阳桥

三江亦侗族自治县。桥在古宜，跨林溪河，其始建年代不详，1917 年重建。桥共四孔，长约 19 丈（约 60 余米）。保存完整，上有廊阁 65 间，重檐飞桷、备极雄伟（图 2-146，147）现为省级重点文物保护单位。

郭沫若曾有诗道："艳说林溪风雨桥，桥长廿丈四层高，重檐联阁怡神巧，列砥横流入望遥。竹木一身坚胜铁，茶林万载茁新苗。何时得上三江道，学把犁锄事体劳。"

11. 贵州永宁北盘江桥

永宁北盘江在城东 40 里，明崇祯三年（1630）朱家民建造有名的铁索桥。清初战争，桥毁。清·顺治十六年（1659）重修为木伸臂梁。卞沅《重修盘江桥碑记》称："……

图 2-146　广西三江程阳桥

图 2-147　程阳桥鹊亭

鼎建舆梁焉。石之不可而取诸木。迺命官督丁役采于山，得巨材二百二十八株。排连之，使卧于两岸临水，复镇之以巨石，柱之以劲干。各层累而加率如之，凡叠序出焉。咸镝其本，加固，及两木之末不接者三十有四尺（约 11 米）。选材可六丈者矩之，以交（搭接两端各 4 米）其上而弥缝之。值者为槛，帱者为屋（有廊），兀者为门，无不宜焉。”[①] 这是一座单孔单伸臂木伸臂梁桥。惜此桥早已不存在了。

① 清·靖道漠等纂修，《贵州通志》卷四十二，清乾隆元年（1741）刊本，台湾华文书局，1968 年初版。

12．贵州黎平地坪花桥

桥为侗族花桥构造，建于清·光绪间。长廊傑阁，现仍十分完整（图 2-148，149）。

图 2-148　贵州黎平地坪花桥

图 2-149　地坪花桥桥门

其他各地的花桥尚有不少，且有构造比较特殊的。如图 2-150 的双孔双层鹊亭桥，上层仅行人，牵引牲口者可走下层，以保层桥梁的环境卫生。可谓设想十分周到。

二　石伸臂梁

石伸臂梁在石建筑中称为叠涩。绝大部分的石墩石梁桥，在石墩两侧，作数层石料的叠涩出檐，以缩短石梁长度。福建的石墩砌法是一层纵一层横，因此叠涩也随之外

图 2-150　双孔双层鹊亭桥

挑，其中只有纵向石料起支承梁的作用。

浙江平湖兴隆桥（图 2-151）。在重覆四层叠涩出檐之后，最上一层才是横向的支点石梁。桥梁跨 7.0 米。

图 2-151　浙江平湖兴隆桥

浙江海宁旺岸桥（图 2-152），重覆六层叠涩，同时在实体的桥台下，两岸各开有一个小孔。主孔净跨 7.7 米，小孔浮跨各 1.7 米。

云南云县河湾桥（图 2-153）是向上斜挑的石伸臂梁。两层石伸臂厚约 10 厘米，递次共挑出桥台面 80 厘米，上搁石梁长 3.5 米，宽 1.5 米，厚 18 厘米。

图 2-152　浙江海宁旺岸桥

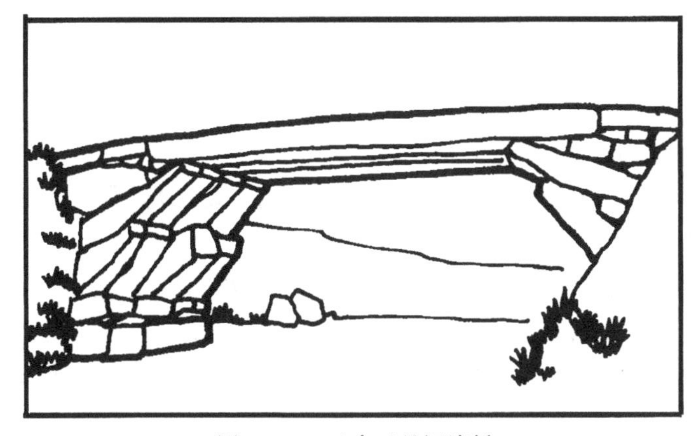

图 2-153　云南云县河湾桥

石伸臂梁最后亦往石拱桥发展。

第五节　梁 桥 小 议

梁柱和梁墩是桥梁的基本形式。古代梁桥和近代相比是不能以道里计，可是千里之行，始于足下。从古代所掌握的材料和技术出发，亦不乏很聪明的创意。

譬如简支木梁桥上用糯米汁石灰三和土，再铺石板，或甃砖作路面，可行车马，既保持木梁干燥，同时起到连续桥面的作用。虽然增加荷载，看来事属必需。

由简支梁转化为单、双伸臂梁，这在世界桥梁史上也是个进步。中国木伸臂桥跨度达到五六十米，这是古代木、石拱桥所没有超越的。递次叠架木梁成平衡伸臂的构造，近代车辆部件中簧片支承极与之相似。近代伸臂梁桥脱胎于古桥，其伸臂构造，虽已不必叠木为梁，可是结构原理没有什么超越。

中国木梁桥衍生出的桥屋，无论置于何地，总飞扬着民族的特色和趣味。

中国梁桥里面的一个特殊系统——栈阁，将专章介绍。

第三章 栈　阁

第一节 概　　说

中国古代道路中有一类专门的名称，因为它缘谷通路，是为谷道。谷道中有部分道路以特殊的形式来构筑，是为栈阁。

栈阁既是道路，亦属桥梁。栈阁是古代山区峻险道路的特殊形式的总称。栈阁亦是这类道路中特殊结构的总称，是中国古代桥梁的一类巧妙的形式。

《后汉书·隗嚣传》称:“嚣复上言:‘白水(白龙江)险阻,栈阁败坏。’”其注曰:“栈阁者,山路悬险,栈木为阁道”。

栈阁又分别简称为“栈道”或“阁道”。

《史记·高祖纪》:“烧绝栈道”注:“栈道,阁道也。(北魏)崔浩云:‘绝险之处,傍凿山岩而施板,梁为阁’”。

《广韵》释栈:“阁也”。《正字通》说:“马鸣阁道，利州（今四川广元）栈道也。”互相通释。所以，栈道就是阁道，阁道也即栈道，合称栈阁。

不论栈或阁，最基本的做法是“其梁一头入山腹，一头立柱水中”，“上施板阁”搭架成木结构的道路。或则说是靠山的桥梁。因此，栈阁又称“桥阁”或“桥格”。

《汉鄐（xù）君开通阁道碑》故又称为《汉中郡太守鄐君修桥阁碑》。

宋·晏袤释汉鄐君开通褒斜道摩崖称:“永平六年……大守巨鹿鄐君……始作桥格六百二十三间，大桥五。……汉中郡太守鄐君修桥阁碑一百五十有九字。……今所凿栈道石窍具存。……杨君为民兴此阁道”四个名称同时使用，说的是一回事。然而谷道之中有阁有路，所以谷道包有却并非都是阁道。

栈道之中还有一种建筑称为“邸阁”。邸阁是“军屯蹊要，储蓄资粮之所也。”《三国志·后主传》:“亮使诸军运米，集于斜谷口，治斜谷邸阁。”《三国志·魏·王基传》:“基以攻形，而实分兵取雄父邸阁，收米三十余万斛。”邸阁是阁道中一段仓储，兼亦有居住休憩的房子。

严格地说，阁道和栈道还有区别。阁道包有但并不全是栈道，栈道仅是阁道的一种。在城市里，宫、观、台、榭之间或长或短地用架空的通道联结起来的也称阁道。

《史记·秦始皇本纪》称阿房宫:“周驰为阁道，自殿下直抵南山”又“自雍门以东至泾、渭，殿屋复道，周阁相属。”

《淮南子·本经训》道:“大构架、兴宫室，延楼栈道。”注曰:“延楼高楼也。栈道，飞阁，复道相通。”所以，阁道的另一类是复道。如淳曰:“上下有道，故谓之复。”《雍录》认为,“汉之命为复道者，即秦之阁道也，为其阁上阁下皆有行路，故名复道也。”[1]

---

① 《雍录》卷二。

历史上的复道，常属帝王专用，来往乘辇。《竹书纪年》记夏桀十三年（前1805）“初作辇”便是靠人輓着行车的车子，故亦曰辇道。《汉书·司马相如传》有：“辇道丽属”。注：“辇道·阁道也。”

因为历史上名称有互通的地方。今仍将栈阁区分为第一类主称为栈道，第二类主称为复道。

至于秦称“甬道”和唐称“夹城”的道路，有时亦称辇道，《雍录》的定义是：“两墙对起，所谓筑垣墙如街巷”① 专供皇家使用，和栈阁完全是两桩事。

第二节　栈　　道

在中国的西南、南北地区独多栈道，特别是甘肃、陕西、山西、四川、云南、西藏等省，其省界之内和省界之间，甚至于与邻国的国界之间相交往的道路上，都找得到栈道的记载和遗迹。其中最著名的自然要数秦（陕西）蜀（四川）之间的栈道。

一　秦蜀栈道

秦蜀栈道之所以有名，一是历史记载最早；二是栈道数量较为集中；三是平日的贸迁和战争中的通塞有很多可歌可泣的故事，令人神往；四是这些道路是从中国古代人文发源地的中心地带，通往西南的重要道路，历来予以极大重视。研究了解秦蜀栈道的沿革，才能看出栈阁的发展。

李白《蜀道难》歌辞曰：“噫吁戏，危乎高哉，蜀道之难，难于上青天！蠶叢及鱼凫，开国何茫然，尔来四万八千岁，乃与秦塞通人烟。西当太白（今陕西眉县以南的太白山，正当褒斜道北口斜谷东侧）有鸟道，可以横绝峨嵋巅（泛指蜀山）。地崩山摧壮士死，然后天梯石栈相钩连。上有六龙回日之高标，下有冲波逆折之回川。黄鹤之飞尚不得，猿猱欲度愁攀缘。青泥（《三国志》‘青泥岭在略阳县北五十里’）何盘盘，百步九折萦岩巒。扪参历井仰胁息，以手抚膺坐长叹。问君西游何时还？畏途巉岩不可攀，但见悲鸟号枯木，雄飞呼雌绕林间。又闻子规啼夜月，愁空山。蜀道之难，难于上青天，使人听此雕朱颜。连峰去天不盈尺，枯松倒挂倚绝壁，飞湍瀑流相喧豗，砯崖转石万壑雷。其险也若此，嗟尔远道之人胡为乎来哉！剑阁峥嵘而崔嵬，一夫当关，万夫莫开。所守或非亲，化为狼与豺。朝避猛虎，夕避长蛇，磨牙吮血，杀人如麻。锦城虽云乐，不如早还家。蜀道之难，难于上青天！侧身西望长咨嗟。”这是当年栈道所在的典型环境。

四川是个盆地，四周都是高山，和外界相通都得翻山越岭。其西北诸山、大剑、小剑、岷山、米仓山、秦岭等，中间相隔着汉中和北侧八百里秦川，历代帝王之乡的关中。

凡是四川的道路都可叫做蜀道，而李白所说的蜀道乃是秦蜀之间的道路。李白从蜀的开国，谈到后来的“鸟道”，然后是五丁开道，天梯石栈，从太白山、经青泥岭、九

① 《雍录》卷二。

折坂、剑阁而达成都。

蜀王开国，杨雄《蜀王本纪》曰："蜀王之先，名蠶叢、拍薄、鱼凫、蒲泽、开明，是为人萌。椎髻左衽，不晓文字，未有礼乐。从开明上到蠶叢，积三万四千岁。"①

唐·欧阳詹《栈道铭并序》说："秦之坤，蜀之垠，连高峡深，九州之险也。阴豁穷谷，万仞直下，犇崖峭壁，千里无土，互隔呀绝。巉巉冥冥，麇鹿无豯，猿猱相望，三代而往，蹄足莫之能越。秦虽有心，蜀虽有情，五万年间，曼不相接……。"②

一个说"三万四千岁"（杨雄）；一个说"四万八千岁"（李白）；一个说"五万年间"（欧阳詹），都是文学上的夸饰，不能作准，然而于漫长的岁月之后，什么时候互相交往呢?

李白认为是在秦惠王时"地崩山摧壮士死"之后。欧阳詹则认为三代（夏、商、周）以前没有交往，三代及三代之后才有栈道。

从正史记载，三代以前，蜀和中国早就相通。《史记·五帝本纪》记黄帝生二子："其二曰昌意，降居若水。昌意娶蜀山氏女。……黄帝崩，其孙，昌意之子高阳立。"时在公元前2513年。若水即今金沙江。《水经注·卷三十六》："若水出蜀郡旄牛徼外，东南至故关为若水也。……若水沿流，间关蜀土。黄帝长子昌意，德劣不足绍承大位，降居斯水，为诸侯焉。娶蜀山氏女，生颛顼于若水之野。有圣德，二十登帝位。"《山海经》、《竹书纪年》、《蜀国春秋》等都记有此事。《华阳国志·巴志》所以称"巴国，远世则黄帝之支封，在周则宗姬之戚亲"则黄帝之时早已和蜀相通。

《竹书纪年》记："帝尧陶唐氏……八十七年（前2271）初建十有二州"其中有梁州。《禹贡》曰："华阳黑水惟梁州"便是今陕西汉中等地方。

大禹治水，《史记·夏本纪》记："华阳黑水唯梁州。汶（岷江）嶓既艺，沱涔既导，蔡蒙（雅州）旅平。……西倾因桓是来。浮于潜，逾于沔，人于渭，乱于河"不是曾到了四川吗？而《华阳国志》③记："禹娶于涂山……今江州（重庆南岸）涂山是也。"

《竹书纪年》帝辛（即纣王）三十三年（前1122）"冬十月二日，周师有事于上帝，庸、蜀、羌、髳、微、卢、彭、濮从周师伐殷。"《括地志》说："房州、竹山县及金州，古庸国也；益州及巴、利等州，皆古蜀国；陇右岷、洮、叢等州以西，羌也；姚府以南，古髳国之地；戎府以南，古微、卢、彭三国之地；濮在楚西南。"武王伐纣、已动用了西南地区少数民族的军队。

《尚书》所记的是："武王伐纣，实得巴蜀之师，以凌殷人。"④ 如何凌人？汉高祖曾亲试过、《后汉书·南蛮西南夷传》记巴蜀之民："天性劲勇。初为汉（高祖）前锋，数陷阵。俗喜歌舞。高祖观之曰，此武王伐纣之歌也，乃命乐人习之，所谓巴渝舞也。"所以《华阳国志·巴志》说："周武王伐纣，实得巴蜀之师，著乎《尚书》。巴师勇锐，歌舞以凌。殷人前从倒戈，故世称之曰，武王伐纣，前歌后舞也。"

《国语·晋语》记："周幽王伐有褒，褒人以褒姒女焉。"《竹书纪年》记周幽王三年

---

① 《全上古三代秦汉六朝文·全汉文》卷五十三。

② 清·沈青崖编纂，刘於义监修，《陕西通志》卷九十，清雍正十三年（1735）修，台北华文书局，1968年。

③ 《华阳国志·巴志》。

④ 《尚书》卷六。

（前799），王嬖褒姒。”褒国即今汉中。《史记·周本纪》所记带有较浓厚的神话色彩。

如此确实频繁的往来，可见三代和三代之前，秦蜀已有交通。然而当时是否仅是翻山越岭的羊肠小道——鸟道，有没有栈道的构造，史籍没有写明。可是到秦时，栈道已很普遍。

李白诗中“地崩山摧壮士死”是指五丁运石牛的故事，认为此时始有栈道。

《太平御览》卷八百八十八记秦惠王更元九年（前316），即周慎王五年：“秦惠王时蜀王不降秦，秦亦无道出蜀。蜀王从万余人传猎褒谷，卒见秦惠王。惠王以金一笥遗蜀王。蜀王报以礼物，礼物尽化为土。秦王大怒，臣下皆再拜稽首，贺曰，土者地也，秦当得蜀矣。秦王恐无相见处，乃刻五石牛，置金其后。蜀人见之，以为牛能大便金。蜀王以为然，即发卒千人，领五丁力士拖牛，成道。置三枚于成都。秦道乃得通，石牛之力也。后遣丞相张仪从石牛道伐蜀。”秦惠王讨灭蜀王，封公子通为蜀侯。惠王二十七年（前311）使张若与张仪筑成都城。其后置蜀郡，以李冰为太守。

《水经注·卷二十七》引三国、来敏《本蜀论》等所记略同。刻置石牛的地方，据《关中胜迹图志》记于：“金牛峡，在宁羌州（今宁强）北九十里。”并引《通志》曰：“山有道，通陇蜀。东西两汉（水），界以分流。梁益二州，雄为扼塞。据褒、沔之上游，为巴蜀之门户。山下有石牛五，为秦王给蜀所作，又名五女峡。”

既蜀王猎褒国，从万余人，不为不多。又与秦惠王猝然相见，则秦、蜀至褒各有道路，且已有了一定的规模。石牛之计，不过是秦王让蜀王自己加固扩大通道之法。所以，《华阳国志》认为：“谷道之通久矣，而说以为因石牛始通，不然也。”[①] 郦道元也说：“厥盖因而广之矣。”“说者”也应包括李白在内。

自此之后，引出了“栈道千里，通于蜀汉。”

《史记·范雎·蔡泽列传》记昭襄王三十六年（前271），范雎始说秦王道：“大王之国，四塞以固，……右陇蜀……”。四十一年，范雎拜相，为应侯。五十年（前257）蔡泽说范雎：“今君相秦……栈道千里，通于蜀汉。……《易》曰：‘亢龙有悔’（已经到了极位了，可以退了）。”于是范雎谢病免相，蔡泽代之。于此可见，秦自惠王至昭襄王时，栈道已多至千里。这一数字也是文学上的语气，作不得准。

《史记·秦本纪》记有秦昭襄王六年（前301）：“蜀侯辉反，司马错定蜀。”“十三年，更鄙为汉中守。”“二十七年，又使司马错发陇西，因蜀，攻楚黔中。”“三十年，蜀守若伐楚。”都在范雎相秦之前。范雎自昭襄王四十一年至五十年，10年相秦期间，重点在攻韩、魏、赵。所以，栈道千里，恐怕应归功于昭襄王、穰侯、司马错、更鄙和若。

秦蜀之间的栈道，当时已不止一道。离秦不远的楚汉之争，刘邦被封于汉中，是为汉王。王升《石门颂》称：“高祖受命，兴于汉中，道由子午，出散入秦。建定帝位，以汉诋焉。后以子午，涂路涩艰，更随围谷，复通堂光，凡此四道，垓鬲尤艰……”。已经有了四条栈道。

非常明确，汉高祖是由子午道进汉中，由大散关故道出汉中。至于说“更随”“复通”意乃过去有过，重新打通。所以那些都是秦栈，或甚至为秦以前的栈道。

---

① 《华阳国志》卷十二。

当年这四道[①]是故道、褒斜、堂光、子午。今日知道的四道是故道、褒斜、傥骆、子午。

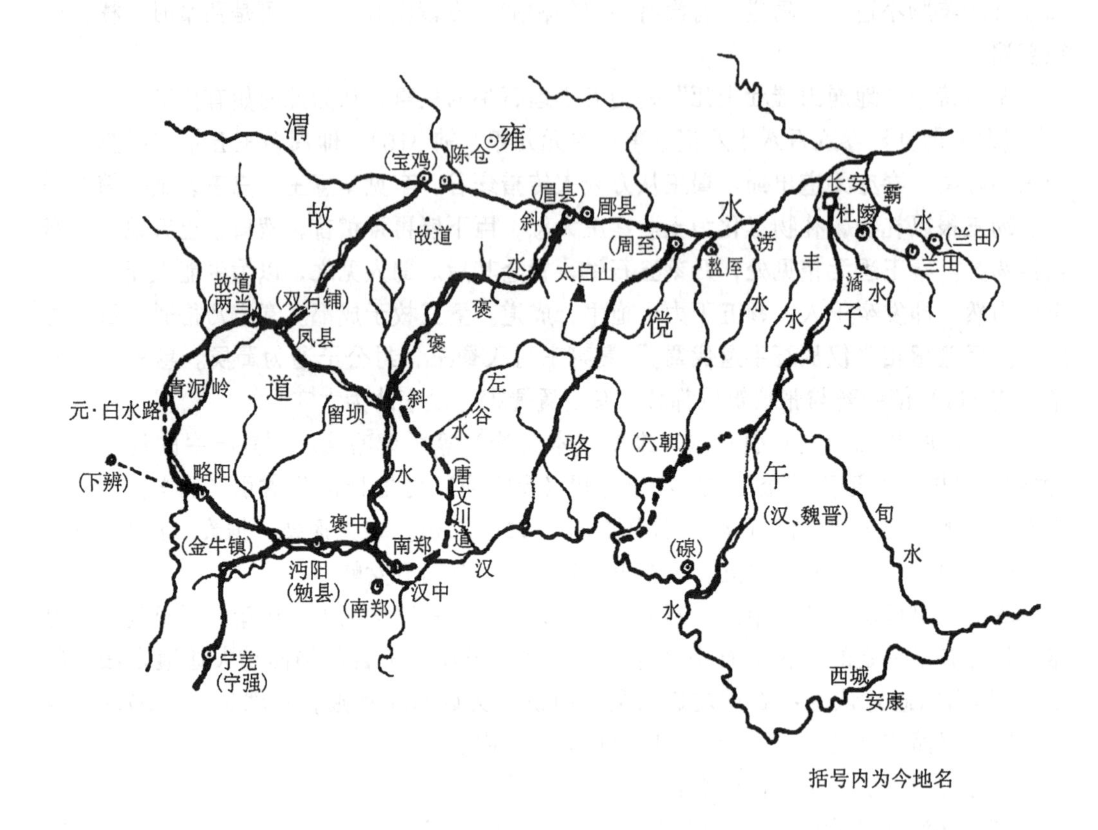

图 3-1　秦蜀栈道图

《资治通鉴》南郑：宋曰兴元府，东北至长安取

骆谷路六百五十二里	谷长四百二十里
斜谷路九百二十三里	谷长四百七十里
驿路（故道）一千二百二十三里	
子午道八百四十一里（《通典》）	谷长六百六十里

对照起来看堂光似即傥骆。汉中博物馆郭荣章考证“据《陕西南山谷口考》：骆谷西二十五里为韦谷，今讹作泥谷’即为《石门颂》中的围谷，在傥骆道的南口。洋县中有傥山和光山。‘更随围谷，复通堂光’应是傥骆道的前身。”

更有五道之说。杨涛[②]认为：“西安至汉中有五路可通。一为北栈道，二为褒斜道，三为傥骆道，四为黑水蒲河道，五为子午道。”其黑水蒲河道不见典籍。今仍以四道为主。自西至东，先叙故道。

---

① 黄盛璋，地理学报，川陕交通历史的发展，1951 年，第 11 期。

② 石门，1988 年，杨涛，宝汉公路修建过程述略。

（一）故道（陈仓道、散关道）

1. 故道沿革

故道北端，在秦为雍。史称雍隙。隙是孔道，已有扼秦岭缺口通四川的孔道的意思。雍在汧渭之会，即汧水和渭水相交之处今陕西宝鸡市附近。自秦德公起（前 677）一直到秦献公二年（前 383）共 295 年，十六代都都于此。南到汉中郡南郑（今陕西汉中市）。

故道的得名，或说由于较其他栈道为早而言，或说是因从宝鸡入口处循嘉陵江北源故道水峡谷而得名。以前者似较合理。因为宝鸡古名陈仓，所以也称陈仓道。《史记·高祖本纪》记汉二年（前 205）："八月、汉王用韩信之计，从故道还袭雍王章邯、邯迎击汉陈仓。"

宝鸡南、秦岭之脊，古有散关关隘，所以也称散关道。故称"出散入秦"。

《水经注·渭水》："渭水东入散关。(《元和郡县志》、《太平寰宇记》并云'在宝鸡西南五十二里。'《方舆纪要》云'在宝鸡西南五十二里大散岭上，亦曰大散关，为秦蜀之噤喉')。……渭水又与捍水合，水出周道谷，北迳武都故道县故城西。"

大散岭、大散关在周时为散国。王国维考证"散氏盘"时（周厉王时铸公元前 878～830 年），盘上铭文有"周道"一词。《水经注》又言"出周道谷"，所以这一条陈仓故道，实际可能是最早周代的"栈"道。

故道在起终两点之间所经过的路线有不同的说法。按《关中胜迹图志》及《汉南续修府志》从北往南，由宝鸡、经渭河南面的益门镇、关岭（大散关），观音台（堂），黄牛铺、草凉驿到凤县。折向东南，经南星、松林驿、乱石铺、留坝厅、青羊铺、武关驿、焦岩铺、褒姒铺达褒城县。一路岔往东西抵汉中。另一路由黄沙驿（现黄沙镇）、沔县、青羊驿、五丁关、宁羌州（今宁强）走黄坝驿、七盘关接四川的金牛道。从黄牛堡到褒城县的秦栈见图 3-2。

《关中胜迹图志》称这一栈道图为《秦栈图》并引《舆程记》称："陕西栈道长四百二十里，自凤县东北草凉驿为入栈道之始。"《方舆纪要》："自凤县至褒城皆大山，缘坡岭而行，有缺处以木续之成道，如桥然，所谓栈道也。其间乔木夹道，行者遇夜，或宿于岩穴间。出褒城地始平。"并引欧阳詹《栈道铭并序》全文。所谓秦栈，集中在这一段。

《县志》称："明·洪武二十五年（1392），因故址增修，约为栈阁二千二百七十五间，统名曰连云栈。""故址"也可能是秦汉故道，也可能是北魏所开的旧道。因为这段栈道（凤县至褒城），自武关驿以南和褒斜道南段相合。再加上其他一些理由，所以李之勤《蜀道话古》认为古道自凤县起："离开嘉陵江河谷……经两当县至徽县，由徽县南越青泥岭至白水江，再越老爷岭至略阳（古兴州）。由略阳向东，南越煎茶岭出白马关到勉县（沔县）。"

主张故道走略阳的最大根据是《史记·曹相国世家》记他："从还定三秦，初攻下辨、故道（地名）。"正义引《括地志》："成州同谷县本汉下辨；又凤州两当县本汉故道县"（参见图 3-1）。

然而汉高祖还定三秦乃听韩信之计，分兵各路出击。《史记·淮阴侯传》称："遂听信计，部署诸将所击。"曹参为先行"初定下辨·故道。"樊哙别出往西："别击西丞白水北"

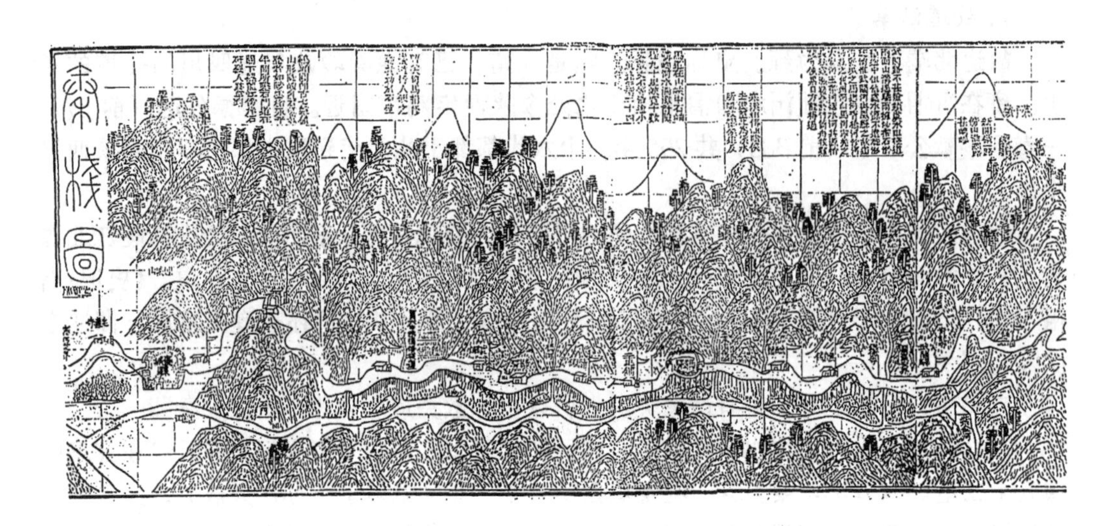

图 3-2

即走陇道，至今西和县境。靳歙："别击章平军于陇西，破之，定陇西六县"事见诸将传中。诸路行军，消除了汉王主力正面和侧面的阻挡。可使汉王主力"东出陈仓，还定三秦"。诸将所出已超出了秦蜀故道的范围，已有部分是陇蜀的道路了。既然秦末汉初，由略阳转的道路已通，将之纳入故道未为不可。

2. 故道栈阁

谷道中有路有栈。故道中秦汉时期栈阁的多少已无法考证。

清·徐松《宋会要辑稿·方域·道路》引宋·褒城县窦充说："入川大路，自凤州至利州（今广元），剑门关直入益州，道路遥远，桥阁约九万余间（如每间 2 米约合 180 公里）。凤州到剑州约 1100 里，栈道大部集中于此。

《太平寰宇记》记凤州到褒城共 150 里的驿道上共"有栈阁二千九百八十九间，险板阁二千八百九十三间。"① 共计 5882 间（即 81 公里范围内有栈阁约 12 公里）。

《褒中志》详列青羊铺到褒城鸡头关共 121 里，有明代连云栈阁 2275 间（即 65 公里内有栈阁 4.5 公里）。

《汉南续修府志》栈道图记沿故道水自黄牛堡至柳树滩："草凉驿一路，傍山临涧。冬春水涸，行人取捷涧中。夏秋水涨，必沿山而走，故穴山架修栈数十段。"到了凤县，翻越凤岭"崔巍上下，险程五十里，栈道之高，无逾此者"。

凤县走略阳的故道上，在略阳以西 20 里有有名的郙阁栈道。《一统志》称："汉建宁三年（170）建。"

汉·李翕《析里桥郙阁颂》文为："维斯析里，处汉之右，溪源漂疾，横柱于道。涉秋霖漉，盆溢滔涌，涛波旁沛，激扬绝道。汉水逆瀼，稽滞商旅，路当二州，经用衿沮

① 《太平寰宇记》卷一百三十三，4 页。

《秦栈图》

。沮县士民，或给州府，休谒往还，恒失日晷。行里咨嗟，郡县所苦。斯溪既然，郙阁尤甚，缘崖凿石，处稳定柱，临深长渊，二百余丈，接木相连，号为万柱。过者慄慄，载乘为下，常连迎布（相对来往的车辆，人下车步行），岁数千两。遭遇贳纳，人物具堕，沉没洪渊，酷裂为祸，自古迄今，莫不创楚。于是太守汉阴阿阳李君讳翕，字伯都，以建宁三年二月辛己到官。思惟惠利，有以绥济，闻此为难，其曰久矣。嘉念高帝之开石门，① 元功不朽，乃俾衡官椽下辨仇审，改解危殆，即便求稳。析里大桥，于今乃造。校致攻坚，结构工巧，虽昔鲁班，亦其儗象……。”

原来栈道的修筑十分困难。唐·欧阳詹《栈道铭》说：“……惟兹地，有川不可以舟涉，有山不可以梯及。粤有智虑，以全元造（补造物的不足）。立巨衡（横木）而举追氏（追者琢也《周礼》天官追师注，追，治玉石之名，此指石工），缒（悬）绊（麻绳）以下梓人（《考工记》：‘攻木之工’）。猿垂绝冥，鸟傍危岭。凿积石以全力，梁半空于木棚（木架）。斜根玉垒（山名），旁缀青泥（岭）。截断岸以虹桥（如析里大桥），绕翠屏而龙蜿。坚劲胶固，云横砥平。总庸蜀之通途，绕岐雍之康庄。……”使“钻坚刻劲，无蹊以道。”②

栈道沿着溪谷的危岭峭壁，悬空着力，凿石成孔、插梁立柱、搁板成栈。唐·王勃《易阳早发》诗：“危阁寻丹障，回梁层翠屏。云间迷树影，雾里失峰形。”所见便是龙缩于丹障翠屏之间。

由于造作困难，郙阁栈道道路较窄，结构不牢、行者不能乘车骑马，并常有损害，

---

① 石门为汉永平中鄐君所开，历时三年，汉高祖没有这多时间，详后。

② 《栈道铭》刊载于明·李遇春纂修，贾言校补，《嘉靖略阳县志》卷之五，1963年，《天一阁藏明代地方志选刊》本。

跌落江水。于是汉时有些地方拆了改造（既解危殆）改变一些线路，添造析里大桥，使故道更为安稳。

略阳段故道需翻越“青泥何盘盘”的青泥岭。《略阳县志》载：“青泥岭在兴州（今略阳）长举县（今白水江，长峰南）西北五十里。山上多云雨，行者屡逢泥淖，故曰‘青泥’”。唐·杜甫《泥公山》诗道：“朝行青泥上，暮在青泥中，泥泞非一时，版筑劳人工（一如在踩泥墙，白费人工)。”① 唐·元稹《青云驿》诗“……昔游蜀门下，有驿曰青泥，闻名意惨怆，若坠牢与狴。”②

元·至和二年（1055）利州路转运使李虞卿开白水道，作栈道以代替翻山路。雷简夫《新修白水路记》道：“至和元年冬……以蜀（故）道青泥岭路高峻，请开白水路，以改公私之行。具上未报，即预画材资以待其可。明年春……因山伐木，积于路处，……至秋七月始可其奏。然八月已走新路矣，十二月诸工告毕。……作阁道二千三百九间（约5公里)。邮亭、营屋、纲院三百八十三间，减旧路三十三里，废青泥一驿。”③ 在很短的时间里，以阁代路，可见栈阁的优越性。而下节褒斜道中将见到唐时以文川道代褒斜南段的栈阁，以路代阁，明显地起到倒退的作用而失败了。

（二）褒斜道

1. 褒斜沿革

褒斜道亦是栈道中较古和十分有名的栈道。道从陕西郿县西南30里斜水入渭的斜谷口，循斜谷上至桃川谷地，然后翻不高的5里坡，从褒水支流太白河河谷，下行沿褒水河谷到褒城的栈道。

班固《西都赋》称长安：“右界褒斜陇首之险”。④ 注引《梁州记》曰：“万石城，泝汉上七里，有褒谷。南口曰褒，北口曰斜，长四百七十里。”《史记·河渠书》作“五百里。”

褒口至汉中约40里，斜口至长安约200多里、故从长安取褒斜道入汉中约七百余里。现在测量，斜水长69公里，褒水长198公里，除去两河上源各10公里未被利用，合247公里。

古人认为褒斜同谷的说法是地理上的误解。《班志》称：“斜水出衙岭山，北至郿入渭。褒水亦出衙岭，南至南郑入沔。则褒斜虽同为一谷而衙岭其分水处也。”从地形上看，水侧都是高山，只是分水岭的衙岭亦似谷地，所以称为同一谷。今已无衙岭的地名，但五里坡山势起伏多丫，民间有“丫岭”或“丫豁岭”之称。

有人认为褒斜是最古的栈道。因为《华阳国志》中有“黄帝乘祗车出谷口。”秦泌注：“斜谷口也”；及开明帝“以褒斜为前门”。《史记·货殖列传》载：“秦栈道千里，惟褒斜绾毂（车子通过最多）其口”等记载。然而秦泌所注没有什么根据；开明褒斜之说是晋人看法。至于货殖列传，其文为：“及秦、文、孝、缪居雍隙，陇蜀之货物而多贾。献

---

① 《泥公山》选自清·彭定求等辑，《全唐诗》卷二百十八，2297页，中华书局，1960年出版。

② 《全唐诗》卷三百九十七。

③ 《陕西通志》卷九十一。

④ 清·严可拘辑《全上古三代秦汉六朝文，全后汉文》卷二十四，中华书局，1958年。

孝公徙栎邑（徐广曰：在冯翊·索隐，即栎阳）北郤戎翟，东通三晋，亦多大贾。武、昭治咸阳。因以汉都长安，诸陵四方辐凑并至而会，地小人众，故其民益玩巧而事末也。南则巴蜀。巴蜀亦沃野……。南御滇僰、僰僮；西近邛筰，筰马、旄牛。然四塞，栈道千里，无所不通，唯褒斜绾毂其口，以所多易所鲜。”

首先可见，栈道之名首见于秦，似与黄帝无与。秦蜀之间的栈道以秦的都城东迁而有所侧重。

《史记·秦本纪》记秦德公（前676）“卜居雍（今宝鸡北）。”到秦献公“二年（前383）城栎阳（陕西东部）”其间共293年，历十三代。当秦都雍时，厉共公二年（前475）“蜀人来赂”。躁公二年（前441）“南郑反”。惠公十三年（前387）“伐蜀，取南郑。”这些行动，从雍出发，自然以自散关入故道走凤褒段为近，不必走“回远”的褒斜。秦孝公十二年（前350）“作为咸阳，筑冀阙，秦徙都之。”秦惠王更元九年（前326），便是凿五石牛骗蜀王的那年，惠文王到褒谷。司马错伐蜀；十二年（前313），又攻楚汉中，取地六百里，置汉中郡。秦武王元年（前310）“诛蜀相壮”。昭襄王六年（前301）“蜀侯辉反，司马错定蜀”。昭襄王二十年（前287）“王至汉中”等记录，都是从咸阳出发，那到有可能不必“回远”地走故道，而走“新开”的近路——褒斜道。之后昭襄王有事于蜀，宜以走此道为主。所以有人认为褒斜道是昭襄王始开，未始不可推前一步是惠文王或更早的秦孝公所开辟。

栈道的开辟，军事目的为其一，然最终还是为了辟地开疆，进行物资交易的经济目的。所以《货殖列传》把交通和贸易密切地联系起来。“因以（再加上）汉都长安……惟褒斜绾毂其口”指的应是汉武帝时的情况。

西汉高祖刘邦从子午道到汉中，行后烧绝栈道。《史记·高祖本纪》记：“去辄烧绝栈道。”《史记·留侯世家》则说：“汉王之国，良送至褒中，遣良归韩。良因说汉王曰：‘王何不烧绝所过栈道，示天下无还心，以固项王意。’乃使良还。行，烧绝栈道。”初读似有抵捂之处。《元和郡县志》、《舆地记胜》、《名胜志》、《一统志》等都认为张良所烧乃褒斜道，则更不合理亦不知所据。因只烧褒斜（那时可能早已不通）不烧子午，何以“示天下无还心”？

《水经注·沔水》称：“汉水又东合直水，水北出子午谷岩岭下。又南枝分，东注旬水，又南经蓰阁下……张子房烧绝栈阁，示无还也。”所烧只能是子午而非褒斜。估计汉初褒斜阻断，傥骆不通，褒斜复通在汉武帝时。一旦复通而百贾云集。

《史记·河渠书》武帝时：“人有上书欲通褒斜道及漕事，下御史大夫张汤。汤问其事，因言，抵蜀从故道。故道多阪，回远。今穿褒斜道，少阪，近四百里。而褒水通沔，斜水通渭，皆可以行船漕。漕从南阳上沔入褒，褒之绝水至斜，间百余里，以车转。从斜下渭。如此汉中之谷可致，山东从沔无限，便于（黄河）砥柱之漕。且褒斜材木竹箭之饶，拟于巴蜀。天子以为然，拜汤子印为汉中守。发数万人作褒斜道五百余里。道果便近，而水湍石不可漕。”水道不通但陆道却兴旺起来。时在汉武帝元狩年间（前122～前117）。但此道到东汉初又断绝了。

东汉鄐君再开通褒斜道。《水经注》：“褒水又东南历小石门，门穿山通道，六丈有余，刻石言……。"[①] 其所说刻石，即有名的今称为《鄐君开通褒斜道摩崖》及《故司隶校尉犍为杨君颂》。

南宋晏袤发现此刻石时所录文字为："永平六年（63）汉中郡以诏书受广汉、蜀郡、巴郡徒（罪犯）二千六百九十人，□（开）通褒斜□（道）。太守巨鹿鄐君、部椽治级、王宏（弘）、史荀茂、张宇、韩岑弟典工作。太守丞□□（汉）杨（现此字磨灭）显将（现缺）陨用（现缺）。始作桥格六百二十三间，大桥五，为道二百五十八里。邮亭、驿置、徒司空，褒中县官寺并六十四所。凡用功七十六万六千八百余人，瓦卅六万九千八百四器。用钱百四十九万九千四百余斛粟。九年（66）四月成就。益州东至京师，去就安稳。"现这一石刻已凿下存在汉中博物馆，存字 97 个。

石门是一个短隧道。汉·永平四年（61）下诏，6 年动工，9 年完成。《县志》称："石门在北鸡头关下。此门通，可避七盘之险"。《汉南续修府志》图中注明："鸡头关即古七盘岭，山形陡峻，乱石嵯峨，登者如陟云梯。永平年间所凿石门道，在关下黑龙江（即褒水）傍，岸石砰裂，人迹罕到。"

汉·王升的《石门颂》详细叙述了石门开辟的由来和后来的情况。全文如下：

> 维坤灵定位，川泽腹躬，泽有所注，川有所通。斜谷之川，其泽南隆，八方所达，益域为充。高祖受命，兴于汉中，道由子午，出散入秦。建定帝位，以汉诋焉。后以子午，涂路涩艰，更随围谷，复通堂光。凡此四道，垓鬲尤艰。至于永平，其有四年，诏书开斜，凿通石门。中遭元二，西夷虐残，桥梁断绝，子午复循。上则悬峻，屈曲流颠，下则入冥，庼写输渊。平阿淖泥，常荫鲜晏，木石相距，利磨确磐。临危枪碭，履尾心寒，空舆轻骑，滞碍弗前。恶虫弊狩，蛇蛭毒蟳，末秋截霜，稼苗夭残。终年不登，匮馁之患，卑者楚恶，尊者弗安。愁苦之难，焉可具言。于是明智，故司隶校尉犍为（郡）武阳（县）杨君，厥字孟文，深执忠伉，数上奏请，有司议驳，君遂执争，百僚咸从，帝用是听。废子由斯，得其度经。功饬尔要，敞而晏平。清凉调和，烝烝艾宁。建和二年，仲冬上旬，汉中太守犍为武阳王升，字稚纪。涉历山道，推序本原，嘉君明智，美其仁贤，勒石颂德，以明厥动。其辞曰：……"（皆歌颂之辞，略不录）附刻有"王府君闵阁道危艰，分置六部道桥……造作石䕲，万世之基，或解高阁，下就平易，行者欣然焉。

东汉初，褒斜道已断绝，永平六年起杨孟文化了 3 年时间，修复桥栈，凿通石门隧道以改善翻山道。褒斜道的具体走向是：自汉代褒中县，即今陕西汉中市与勉县接境处的褒口，经石门、三交城、二十四孔阁、赤崖，溯褒水河谷而上，到今天太白县五里坡相近，坡上为褒水上游红岩河的虢川平地，水向南流。坡下则为斜水中游桃川谷的川道，水向北流。道沿斜水河谷，经鹦鸽、斜谷关到郿县（图 3-3）。

斜谷关即《水经注》所称的"大石门"，褒口所开石门也称小石门。

40 年后《后汉书·安帝纪》载："永初元年（107）六月……先零种羌叛，断陇道。……二年十一月……先零羌滇零称天子于北地，遂寇三辅，东犯赵、魏，南入益州，杀汉中太守董炳。……四年……先零羌寇褒中，汉中太守郑勤战殁。……元初元年（114）

① 《水经注·沔水》。

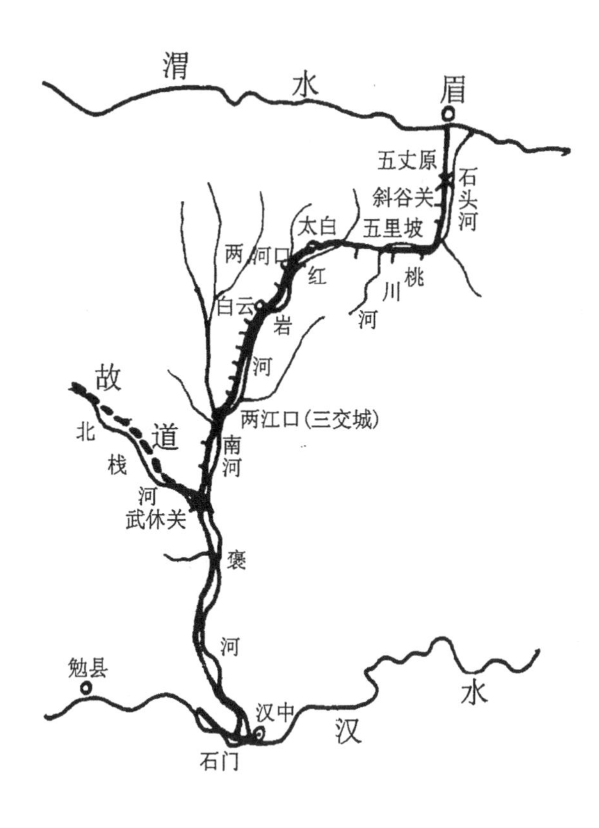

图 3-3　褒斜栈道走向图

褒斜道走向

西安　户县　周至　眉县　五丈原　斜谷关（大石门）

鹦哥嘴、下寺湾 ｝石头河谷东　过石头河　老爷岭　灵丹庙、杜家坪 ｝桃川河谷

五里坡

太白县、两河口、关山、上下白云、古迹街、高桥、王家楞、赤崖、柘栗园 ｝红岩河谷（红崖河）

孔雀台、下南河、武休关、马道镇、褒姒铺、褒城县 ｝褒水干流河谷

两江口（三交城）

……先零羌寇武都（在甘肃）、汉中，绝陇道。……四年十二月陇右平”。《石门颂》中“中遭元二，西夷虐残，桥梁断绝”影响到褒斜道。《后汉书·邓骘传》亦作“元二之灾”章怀太子李贤注认为元二即元元，二为元之重读。宋·赵明诚，洪适认为“不成文理”。洪适引王充《论衡》以“元二者盖即位之元年二年也。”于是一般都解作永初元年和二年。可是《石门颂》未提年号，岂亦属“文理不通”。根据《安帝纪》真正影响到桥梁

断绝的是“元初元年”即“元二”或“二元”的意思，可见李贤注是正确的。

褒斜一断，复走子午。《后汉书·顺帝纪》安帝延光四年（125）十一月，顺帝即位，年十一岁：“十一月乙亥诏益州刺史罢子午道，通褒斜路”。褒斜又得“敞而晏平”。

东汉末年到三国期间，秦蜀栈道上战事不休。

汉献帝初平年间（190～193）益州牧刘焉，见汉室衰微，思独立于蜀。《三国志·刘焉传》记：“焉阴图异计……遣（张）鲁为督义司马，往汉中断绝谷阁，杀害汉使”《通鉴》记所断为斜谷道。《三国志·魏·张鲁传》：“张鲁据汉中……建安二十年（215），太祖（曹操）乃自散关出武都（走故道）征之，至阳平关……攻破之……入南郑”“十二月，公（曹操）自南郑还，留夏侯渊屯汉中。”不三年，刘备和曹操争汉中。

《三国志·魏·武帝纪》“建安二十三年（218）五月，张飞、马超走汉中、阴平……七月（操）治兵遂西征刘备。……二十四年正月，夏侯渊与刘备战于阳平关，为备所杀。三月，（魏）王自长安出斜谷，军遮要以临汉中，遂至阳平。备因险拒守。夏五月，引军还长安。”这一次出兵褒斜道，曹操把汉中视为“鸡肋”食之无味弃之可惜而退兵。

“军遮要以临汉中”有两种解释。一说遮要为地名。今陕西留坝南河乡孔雀台东，褒河岸边有“遮要”二字石刻。二是对绝险处的临时遮护。

曹操对褒斜曾有评价。《三国志·魏志·刘放传》记：“昔武皇帝征南郑，取张鲁、阳平之后，危而后济，又自往拔出夏侯渊军。数言，‘南郑真为天狱。中斜谷道为五百里石穴耳’”。

曹操既退出南郑，汉中为刘备所得，并以此为据点。诸葛亮后六出祁山，均走栈道。

《华阳国志·南中志》称诸葛亮：“好治官府、次舍、桥梁、道路”大力整修栈道。

《三国志·蜀·诸葛亮传》：“屯于沔阳。”蜀建兴六年（228）“春，扬声由斜谷道取郿，使赵云、邓芝为疑军据箕谷。……亮身率诸军（从故道）攻祁山。……马谡与郃战于街亭（即街泉亭，今甘肃秦安县东北），大为郃所破……亮拔西县千余家还于汉中”。

箕谷有两种解释：一称在褒城县北，赤崖在其北。一说在斜谷附近太白县的东侧小谷。以后说为合情理。因为可构成对魏的威胁，退军时烧绝身后的栈道以遏追兵。诸葛亮回军，赵云、邓芝这一路疑军亦退回。《水经注》记：“诸葛亮与兄瑾书说：‘前赵子龙退军，烧坏赤崖以北阁道，缘谷百余里’”。①

六年：“冬，亮复（从故道）出散关，围陈仓。……亮粮尽而还。”七年“亮遣陈式攻武都、阴平”而自又趋故道。《三国志·魏·曹真传》：“真以亮惩于祁山，必从陈仓……治其城。……亮果围陈仓，已有备而不能克”。

七年冬，“亮从府营于南下下原上，筑汉、乐二城。”汉城位于沔阳（今勉县）是故道、褒斜道、金牛道的交会点。乐城在今成固西，是子午道、傥骆道、小河口道（褒斜道支线、唐代修筑为文川道）的会合点，城东有赤阪之险。

汉建兴八年，即魏、太和四年（230）秋《三国志·魏·曹真传》记：“真以蜀连出侵边境，宜遂伐之，数道并入，可大克也。……真以八月发长安，从子午道南入。司马宣王泝汉水，当会南郑。诸军或从斜谷道，或从武威入。会大霖雨卅余日，或栈道断绝，

① 《水经注·沔水》。

诏真还军。”

诸葛亮行军都在冬春，曹真出军不以时，“况深入险阻，凿路而前……今又加之以霖雨。……发已踰月而行载半谷（不到二百里）……乃兵家之所惮也。”事见《王肃传》。

《诸葛亮传》接记:“九年，亮复出祁山，以木牛运，粮尽退军。……十二年（234）春，亮悉大众，由斜谷出，以流马运，据武功五丈原。……其年八月，亮疾，病卒于军，时年五十四岁”。诸葛亮六出祁山，多数走故道，而最终卒于斜谷口，而归葬于近褒谷口的勉县。

宋·苏轼《至下马碛憩北山僧舍》诗道:“南望斜谷口，三山如犬牙，西临五丈原，鬱结若长蛇。有怀诸葛公，万骑出汉巴。吏士寂如水，萧萧闻马挝。公才与曹丕，岂止十倍加，顾瞻三辅间，势若风卷沙。一朝长星坠，竟使蜀妇髽。山僧岂知此，一室老烟霞。往事逐云散，故山依渭斜，客来空吊古，清泪落悲笳。”

在诸葛亮六出祁山之初，走那条栈道，魏延曾上奇计。《三国志·魏延传》引《魏略》曰:“夏侯楙林为安西将军，镇长安。亮于南郑与群下计议。延曰:‘闻夏侯楙，少主婿也，怯而无谋。今假延精兵五千，负粮五千，直从褒中出。循秦岭而东，当子午而北，不过十日可到长安……而公从斜谷来……则一举而咸阳西可定矣。亮以此县危，不如安从坦道，可以平取陇右，十全必克而无虞，故不用延计”。

“循秦岭而东”则是走秦岭北侧无人之地，不是走子午道。“当子午而北”乃出了子午关再走常道。这是出其不意从天而降之计，和日后邓艾趋阴平小道出江油之计相仿，惜诸葛亮一生谨慎，不予采用。

诸葛亮死后29年，魏大举攻蜀。《三国志·魏·锺会传》景年四年秋（263）:“会统十万余众，分从斜谷，骆谷入……魏兴太守刘欣，趣子午谷。诸军数道平行。……会移檄蜀将吏士民曰:‘是以命授六师，龚行天爵。征西、雍州、镇西诸军，五道并进（阴平、故道、褒斜、傥骆、子午)”。后邓艾自阴平道偷袭江油得手、蜀降。

晋时褒斜仍为秦蜀主要通道，时予维护，见于褒斜南口石门洞之北，晋太康元年(280）摩崖石刻。现剥存汉中博物馆中。

东晋南北朝时，褒斜栈道石门有北魏王远《石门铭并序》记贾三德修栈道事。文曰:“此门盖汉永平中所穿，经数百载，世代绵邈，戎夷递作，乍开乍闭，通塞不恒。自晋氏南迁，斯路废矣。其崖岸崩沦，涧阁湮圮，南北各数十里，车马不通者久之，攀萝扪葛，然后可至。皇魏正始元年（504)，汉中献地，褒斜始开。至于门北一里，西上凿山，为道峭阻，盘纡九折，无以复加。经途窒碍，行者苦之。梁秦初附，实仗才贤，朝难其人，褒简良牧。三年（506）诏假节龙骧将军梁秦二州刺史泰山羊公（名祉)，建旟嶓冢，抚境缓遐，盖有叔子之风焉。以天险难升，转输艰阻。表求自回车（万）东，开创道路。释负担之劳，就为轨之逸。诏遣左校令贾三德领徒一万人，将帅百人，共成其事。三德巧思机发，情解意会，虽元恺之梁河（晋杜预字元恺造黄河浮桥)，德衡之损蹑（三国马德衡改进织绫机)，未足以偶其奇谋。起自四年（507）十一月十日，讫永平二年（509）正月毕工。阁广四丈，路广六丈。皆填磎栈壑，砰险梁危。自回车至谷口二百余里，连辀骈辔而进。往哲所不工，前贤所辍思，莫不夷通焉。王生（遵）履之，不无临深之叹；葛氏（孔明）若存，幸息木牛之劳。于是畜产炉铁之利，纨绵罽髭之饶，充牣川内。四民富贵，百姓息肩，壮矣。自非思埒（鲁）班（王）尔，筹等张（仪）蔡（泽），忠心忘私，何能成其事哉。乃作铭（略）”。

贾三德自有《石门铭小记》刻石为：“本西壁文（为）后汉永平中开石门。今大魏改正始五年为永平元年，余功至二年正月，迄乎开复之年（与东汉）同曰永平。今古同（迹）矣哉！后之君子，异事同闻焉。贾哲字三德”。

在这篇文字中，有争议的地方是“回车（或作万）”是在哪里？“开创道路”认为是开劈了新的栈道。

这一段栈道的大地置是在石门，褒谷口上下是很明确的。于是有人认为凤褒一路的北栈不是秦汉故道而是北魏的“回车道”，并推论唐代的褒斜道便是回车道。

《通鉴·梁纪一》记天监六年（507）“九月、甲子，魏开斜谷旧道”。胡三省注：“汉高之为汉王也，从杜南入蚀中，张良送之褒中……意此即斜谷旧道。……以事势言之，承平旧时，自长安入蜀，取其道就平易。南北纷争，塞故道而开新路以依险。今魏欲就平易以通梁·益，故复开旧道。”所谓“开创”新路是因旧道“崖远崩沦，涧阁堙圮”不能不稍为移动的关系。所谓“回车”便是在这段崩坏道与未崩坏道相接处，车马不能过去，需要回头。人则仍可负货“攀藤扪葛”继续前进。车路断的地方《石门铭》中可见在褒谷口北（或西北）二百余里。所以回车不是地名，“新”开的路更不能称为“回车道”。

再有例如47年后，《通鉴·梁纪二十一》元帝承圣三年（554）：“魏宇文泰命待中崔猷，开回车路以通汉中”。胡三省按：《北史·崔猷传》：‘秦欲开梁汉路，乃命猷开通车路，凿山堙谷五百余里，至于梁州。’此特因旧路开而广之以通车耳。前史盖误以通字为回，传写者又去其旁而为回也”。查《北史》无崔猷传，传在《周书》：“魏恭帝元年（554）太祖却开梁汉旧路，乃命猷督……等五人，率众开通车路，凿山堙谷五百里，至予梁川”。“梁汉路”者梁州汉代古路。

然而确实有过回车戍的地名。《太平寰宇记》：“回车戍在梁泉县南一百六十里”。《元和郡县志》：“回车戍在凤州西北六十里”。估计先是有栈路断绝回车的事实，久呼成为名，史志记名循之而已。

从唐代开始，褒斜道和故道中的凤褒段时有相混的提法。

唐代修建栈道的记录，较重要的有：

唐·贞观二十二年（648）《册府元龟》记：“开斜谷水路，运米至京师”。据此，即和汉武帝时张印所作一样，然而成功与否，未见确载。以理度之，想必不成。

《旧唐书·宪宗纪》记元和元年（806）：“正月壬辰，复置斜谷路馆驿”。事为高崇文，李元谅分兵由斜谷和骆谷入汉中，以讨伐剑南节度使刘辟之乱，故极为可能是褒斜古道。

《旧唐书·敬宗纪》载：“宝历二年（826）春正月，兴元节度使斐度奏修斜路及造驿馆。皆毕工”。这是因为傥骆道由于艰难险阻，仍通褒斜。

唐文宗开成四年（839）归融为山南西道节度使，大力整顿栈道。刘禹锡《山南西道新修驿路记》：“自散关抵褒城，次舍十有五，牙门将贾黯董之。自褒而南，逾利州至剑门，次舍十有七，同节度付大使石文颖董之”。可见新修驿路乃指包括凤褒段的故道和入川的金牛道。整顿加宽，以利行旅。原来的道路“并山当蹊，顽石万状。坳者垤者、兀者铦者，磊碜倾颔，波翻兽蹲。炽炭以烘之，严醯（醋）以沃之，溃为埃煤，一篲可扫。栈阁盘虚，下临谽呀。层崖峭绝，枘木亘铁（有写作垣，不通），因而广之，限以勾栏。狭径深陉，衔尾相接，从而拓之，方驾从容。急宣之骑，宵夜不惑。郄曲稜层，一朝坦夷。……由是驶行者忘其劳；吉行者徐其趋；挈行者家以安，货行者肩不以病；徒行者足不茧；乘行者蹄不刓。公谈私咏，溢于人听”。

这一次所修路分属故道，褒斜南段和金牛道，唐人常予混称。如唐·雍陶于大中八年（854），即归融修路后15年入蜀诗有句："大散岑头春足雨，褒斜谷里夏犹寒"故道褒斜不分，正因山南西道管褒斜及以西的栈道。

唐·宣宗大中三年（849），山南西道节度郑涯，奏请褒斜道南段，自青松驿以南改道，称"文川道"（图3-1）。详唐·孙樵《兴元新路记》。主要是想避免褒斜南段栈阁众多，常遭破坏，改为翻山越岭，只有少数栈阁的道路。虽然造成之日《唐会要》载曾以"减十驿之途程……通千里之险峻……宣付史馆"。① 但只有一年，大中四年《唐会要》又称："六月，中书门下奏，山南西道新开路访闻颇不便人。近有山水摧损桥阁，使命停拥，馆驿萧条，纵遣重修，必倍费力。……宣旨却令修斜谷旧路及馆驿。……其年八月，山南节度史封敖奏……七月二十日毕功"。②

文川道存在时间不长，现存双溪驿一段滑水河谷边有部分石栈遗迹。

唐·僖宗被宦官田令孜挟持下，由长安逃凤翔，转汉中，时在光启二年（886）。

《旧唐书·僖宗纪》说："兴元节度使石君涉开车驾入（散）关，乃毁撤栈道，栅绝险要。车驾由他道仅达，为邠军踵后，崎岖危殆者数四"。僖宗到达兴元，石君涉逃脱，乃命王建成三泉，晋晖戍黑水（褒水），"修栈道以通往来"。

80年代开挖得《晋晖墓志铭》记其与王建："同为先锋使，部领黑水、三泉等地把截并修斜阁道等使。似雪之戈铤齐至，如化之栈阁成立。"前后看来，也是指凤褒段栈道，铭却称"斜"。

唐代以后，都城越迁越往南，关中已经不是畿辅所在。秦蜀之间的交通，已由中央和地方降为地方和地方的关系。虽然，作为战略要地的这些通道，在和平和战争时期仍具有很高的价值。不过，由于褒斜和故道比，栈阁较多，一次损坏修复不易，所以从故道走的记录比褒斜为多。

明代修连云栈，还保持大量的栈道。

清代以路代栈，栈阁越来越少，现在则完全代之以近代公路。

清·康熙三年（1664）贾汉复修栈道。《宝鸡县志》载党崇雅《贾大司马修栈记》记明末变化，道路"梗塞，羊肠一线，仅供猿狐出没。……乃捐金募工……修险碥凡五千二百有奇；险石路凡二万三千八十九丈有奇；险土路一千七百八十丈有奇。修偏桥一百一十八处计一百五十七丈"路多而桥栈少。所修者亦为褒凤段。《南北栈道图》（图3-2）示在难头关以北，观音堨处。

2. 褒斜栈阁

褒斜道除了五里坡一段外，都是沿着河谷行走，栈阁特多，种类不一，所以曹操称

---

① 《唐会要》卷八十六。

② 《唐会要》卷八十六。

之为“五百里石穴耳”。从褒水和北栈水相交的武休关（属今留坝县姜窝子）起以南和故道北栈相合。武休关以北为褒斜北段。由褒河中上游南河、红岩河河谷，经五里坡入桃川河，石头河河谷，所经诸站见图 3-3。

对于栈阁的情况：1934 年原陕西省公路局为修建宝汉公路，孙发瑞和郭显钦工程师等实地考察褒斜，① 可惜没有留下栈阁遗迹的报告。只是在修难头关大桥时，工程师张佐周特意在石门北侧恢复了一段栈道。现已没在褒中水库中。② 陕西省考古研究所于 1960 年 11 月 2～7 日，和 1963 年 2 月 24～28 日，对石门附近 4 公里范围内专门作了栈阁遗迹的调查，写出了报告。③

同一杂志，发表了陕西省文物管理委员会，陕西省博物馆联合组成陕西工作组，对全长 240 余里的褒谷进行了一个月的调查，写出《褒斜道连云栈南段调查简报》；1973 年和 1980 年又作了留坝县姜窝子经江口至太白县境的栈道调查，写出了《褒斜栈道调查记》。④

陕西省交通厅为了编写《陕西古代道路交通史》曾对四道作了现场考察。

汉中博物馆馆长郭荣章一生对汉中诸栈道遗迹踏遍青山，详加探索，其功尤不可没。汉中市张维铮，有志研究栈道，通过现场写生拟作诸道长卷、现已完成其二，可称有志之士。

综合这些资料与本书作者对栈道的现场调查考察，得栈道遗迹近况。

自近代道路交通的出现，古栈道除了在深僻的山区偶而有见外，所能看到的是朽没、废弃了栈阁之后所余的石孔（图 3-4）。首先，由于谷区崖质不同。褒谷内为石英岩、结晶石灰岩、石英云母片岩、云母片岩等四种。前二种硬度大，不易风化。后两种抗蚀力弱，年久风化剥落或崩坍。因此，栈阁石孔遗迹多半保存在前两类石质的岩崖面上。汉中发展交通，建设道路，残剩石穴又被炸去不少。即现存遗迹结合历史考证，褒斜栈阁的构造大致可分为：

(1) 依崖梁柱式。《水经注》引：“诸葛亮与兄瑾书说：‘前赵子龙退军，烧坏赤崖以北阁道，缘谷一百余里。其阁梁一头入山腹，其一头立柱于水中。今水大而急，不得立柱，此其穷极，不可强也’。又云‘倾大水暴出，赤崖以南桥阁悉坏’”。⑤

这类一梁一柱的栈道称为标准式。

石门南约半华里，岸崖陡立，水流湍急。有十一个方形壁孔凿于陡立崖石半腰。各孔间距约 1.5～2 米不等。在一部分壁孔的下面，发现凿有 4 个圆形底孔，比壁孔低约 7 米，距壁水平距约 5.5 米。圆形底孔直径 31～34 厘米，深 30～32 厘米。其中有一个底孔中间还有一个直径 9 厘米，深 6 厘米的小孔。其他壁孔下有的被水浸没，有的崩毁，未寻得柱孔。其平面及复原想象见图 3-5，6。

---

① 杨涛，宝汉公路修建过程述略，石门，1988 年，第一期。
② 杨涛，宝汉公路修建过程述略，石门，1988 年 1 月。
③ 褒斜道石门附近栈道遗迹及题刻的调查，文物，1964 年 11 月。
④ 考古与文物，1980 年，第 4 期。
⑤ 《水经注·沔水》。

图 3-4　陕西留坝下南河乡褒斜栈道孔遗迹（1992 年修公路已炸去）

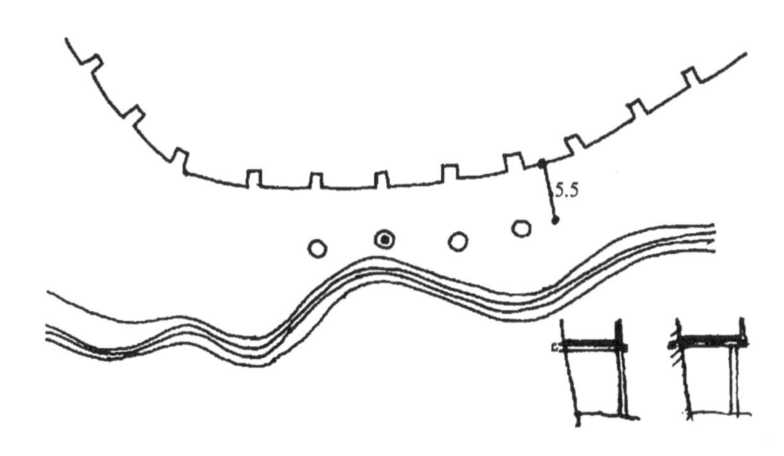

图 3-5　依崖梁柱式栈（褒斜道石门南）

中央电视台“栈道”摄制组于 1993 年 6 月摄制时曾临时用一些木料，就某段栈孔遗迹搭架一段栈道。

古代栈道上的荷载虽不能和近日车辆载重相比，但亦尚不为轻。密集地行军走马，“方驾从容”并行两辆马车等。栈道上的载重车辆，如诸葛亮的“木牛”“流马”，其荷载如何？

斐松之引陈寿编《诸葛亮集》记载木牛和流马的制作方法为:“木牛者，方腹（载重木箱）曲头，一脚四足……载多而行少（走得慢）……载一岁粮，日行二十里而人不大劳。”一岁粮约 700 斤，如车身重 300 斤，合计千斤（500 公斤）。又记流马，其载荷为：“板方囊二枚……每枚受米二斛三斗”即共可载米四斛六斗（古时一斛为十斗）合 480 斤，与车重合计约 700 斤（350 公斤）比木牛为轻。有说木牛独轮，流马四轮。岂有独轮载多而四轮载少？或说都是四轮，也许比较合理。“一脚四足”容即一撑四轮，每轮集中载重约 125 公斤，简陋的木栈桥面还能承受得起。

图 3-6　依崖梁柱式栈复原想象图

栈道上还有“急宣之骑”，又如荔枝道上，一骑红尘，负荷而驰，马蹄对桥面板的冲踏力估计为集中力约 168 公斤。

栈上每平方米面积中估计通过四至五个有武器负荷的兵士，或负贩的商人，约合 350 公斤/米^2。以这些荷载来核算栈道，从穴孔尺寸、间距、栈宽以看构造。

底孔距壁孔 5.5 米，栈道宽可能自 5.5 至 6 米。汉贾三德褒斜道“就方轨之逸”“骈辔而进”“阁广四丈”。（按魏正始弩机尺尺合 0.243 米，4 丈即 9.72 米），此处还不足。然而对并行两车，双骑则 6 米已完全足够了。同一栈段各个时期的栈宽并不一致，有时因陋就简，有时恢宏廓大。如唐代归融修褒斜，就是把“纳木组铁”即在山崖边上一路钉木橛，拉铁链作扶手的窄狭栈道，予以加宽。在栈道外侧加上木栏杆“限以勾栏”。勾栏是泛称，栈道上的栏杆，不必作精致的勾片栏，或横或竖，或横竖结合也就够了。

留坝县黑杨坝村南，褒河西岸是一处弯道的凹岸，崖壁陡峭，褒水贴壁而流，地名阎王碥（或砭）亦名观音碥。壁长百米，距今水位高 5 米处凿有方形壁孔 27 个。壁孔长宽各自 36 至 40 厘米，深 70 厘米，间距 1.5～2 米。在这方形壁孔下，还发现凿有方形或圆形的石孔 13 个。方形孔长、宽 29 厘米，深 7 厘米；圆形孔直径 21 厘米，深 5 厘米，和上面方形壁孔成一直线。互相垂直对应，间距约 3 米，柱稀而梁密。

《褒中志》记：“阎王碥栈二百二十间”。今只残留了一小部分（图 3-9，10）。

（2）依崖梁柱斜撑式。留坝县武关驿村东褒河东岸有栈道遗迹。此处地形呈斜坡状。距今水面 4～4.5 米的岩壁上有方形壁孔八个，孔宽 39 厘米，深 81～101 厘米，间距 1.76～3.95 米。在接近水面的地方，发现有圆形柱孔 6 个，直径 17 厘米，深 5 厘米。柱孔和壁孔高差 3.6～4.1 米，距离为 5.7 米。在壁孔和柱孔之间还凿有一排石孔共 16 个，上距壁孔 2.1 米，下距柱孔 2 米，均为方形。孔口宽 16 厘米，深 16 厘米，间距 73～105 厘米，孔口向上倾斜 25°～30°。从这一排孔所处的位置，且孔向上斜的角度看，它只能是斜撑，或联于立柱或联于横梁（图 3-11）。

（3）依崖斜撑式。留坝县磨乔村西褒河对岸，崖壁依江直立。在今水位上 2.5 米处

图 3-7 临时搭架栈道（1993 年）

有方形壁孔 22 个，宽约 25 厘米，深 30 厘米，间距约 30～50 厘米。孔小而密。下有撑柱孔，凿于崖壁紧贴水面的地方。在壁孔的上方，高约 3 米处，还凿有方形孔四个，估计是安装棚架用的。

这是一段《栈道铭》所谓“斜根玉垒”的依崖斜撑式栈（图 3-12）。值得研究的是梁在梁孔中因斜撑外撑而有外拔的趋势如何解决？除了尽量楔紧之外，据说陇蜀道上，武都栈道残段中发现有袋形石孔，横木端头带木楔，击梁入孔后，木楔咬入梁头（图 3-13)，便不易拔出。可免“遭遇贳纳，人物具堕”。金牛道和三门峡栈道尚有其他方

图 3-8　临时搭架栈道“步辇”图

图 3-9　褒斜道阎王碥石孔（40×40 厘米）

图 3-10　阎王碥栈孔

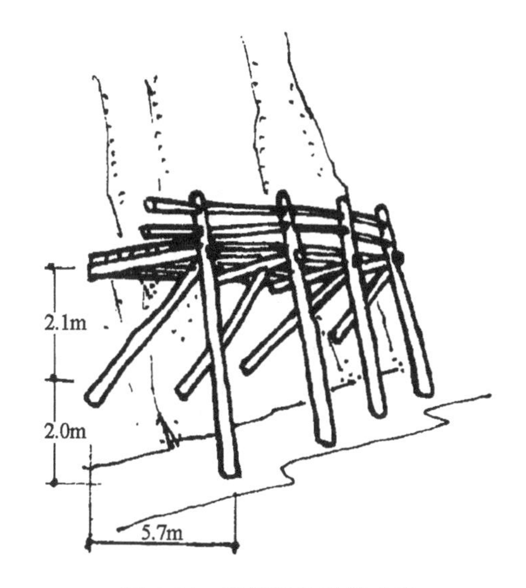

图 3-11　依崖梁柱斜撑式栈

图 3-12　依崖斜撑式栈

法。

中国古画中保存有栈道的写照，五代，梁（907～923）关仝所绘《蜀山栈道图》（图 3-14）右上方所绘，便是依崖斜撑式栈，高而且密，栈面还布土。画上乾隆题句为："关仝真迹天下少，十人规抚九背驰，蜀山栈道子之作，横云剑阁高峨峨（图中无剑阁），五丁斧痕留绝壁，

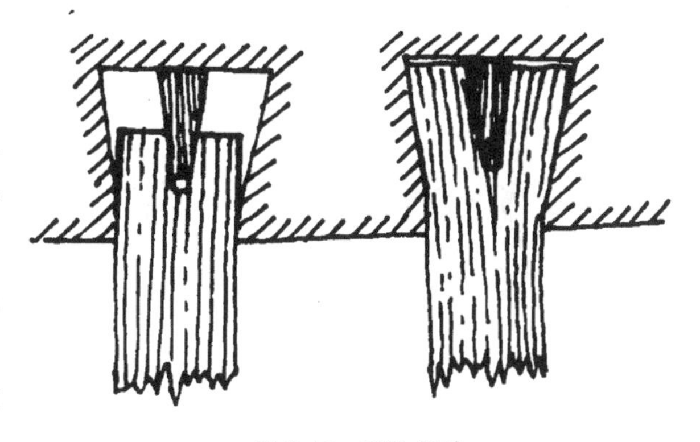

图 3-13　梁头锚着

秋风落叶流水澌。装池屡易姓氏去，细认手笔无然□。试看气韵生动处，犹使人饶蜀道思。”所绘并非定是剑阁栈道，但气韵生动必乃曾临其景写实之笔。

北宋范宽是中国古代有名的山水写实画家，陕西耀县人，生卒年代不详，但北宋仁宗天圣（1023～1031）中尚在。平生踪迹必曾到过秦陇蜀间的栈道，所绘山水气势磅礴，非常真切地刻划出深山中深邃幽静，常荫鲜晏的景象，其秋林飞瀑图（图 3-15）中画面左边便是依崖斜撑式栈道。

图 3-14　五代梁关仝蜀山栈道图

图 3-15 北宋·范宽《秋林飞瀑图》(局部)

(4) 依崖双梁中柱式。在崖壁有上下两排，或两排以上同样大小相对齐的水平壁孔时，往：是上插较长的桥面梁、下插较短的承托柱梁、两梁之间撑以木柱。这一构造在褒斜道中较为少见、仅于文川道中有所发现。金牛道上较为普遍。其中剑阁更著、将于相应节中详述。

(5) 依崖一梁多柱式。褒谷口是贾三德拓宽栈道的始端，在壁立的山崖半腰发现在同一水平线上有 3 个残存方孔，距水面约 8 米，孔间距 1.5 米。底孔 3 个均为圆形，径 35 厘米，深 10 厘米，对齐于一个壁孔。其他两壁孔下因河床淤积，不见底孔。

图 3-16　依崖-梁多柱式栈复原想象图

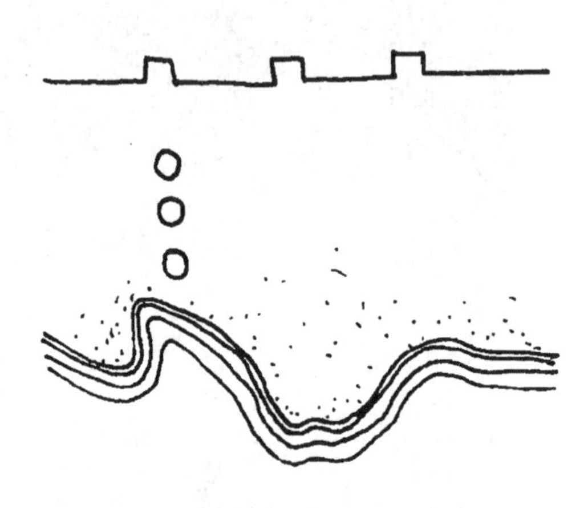

图 3-17　依崖-梁多柱式栈（褒谷口）

多柱支承比单柱支承可得更宽的桥面，贾三德所建栈“阁广四丈”便为可能（图 3-16，17）。

(6) 不依崖梁柱桥（偏桥）。在石门之南，有一巨大山崖伸入河中，形如虎口，俗称老虎口。紧接此处之南，崖面倾斜，但坡度较为平缓，是由许多台阶构成。在台阶上发现 42 个底孔，因无崖可依，故无壁孔。底孔有方有圆，有大有小，亦有高低。最大孔径 30 厘米，最小者 12 厘米。高低孔高差约 4～5 米，水平宽约 4.6 米。这是一座柱脚不齐的栈桥。然而因是在河流的一侧，既不跨河，又不跨支涧，因此大概这就是所谓“偏桥”。虽然有些文字中将所有依崖栈道亦称作偏桥，但偏桥和栈宜有差别（图 3-18，19）。

(7) 依崖有梁无柱式。自赵子龙烧赤崖栈道，又加大水暴出，冲坏了赤崖以南栈道桥柱。诸葛亮称:“自后按旧修道者，悉无复水中柱，迳涉者浮梁振动，无不摇心眩目也”。称为“千梁无柱”。

赤崖南北栈道“按旧”修复时，变有柱为无柱，废底孔不用。如仍维持原有梁距（约 1.5 米）不变，壁孔深度便嫌不足，自然要“浮梁振动，摇心眩目”。无柱栈宽将比原者为窄，若旁无挽捉，路仄径危，非复坦途。只有加密梁距，始可加宽栈宽。所以今存赤崖附近壁孔间距仅 30～50 厘米。

四川硗碛残留有无柱木栈一段。长江小三峡口亦复原了一段无柱栈道。

(8) 凹槽式栈。在石门南，老虎口之北侧有一低矮山咀，当中有凹槽。槽宽3.23～3.95 米，底部距水面 8.5 米。槽东壁临河，高 1.42 米，西壁傍山，高 4.5 米，栈道与

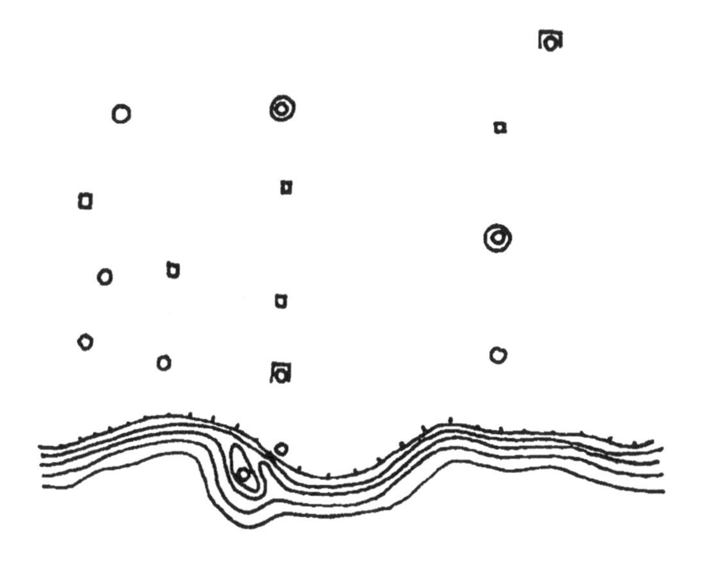

图 3-18　不依崖梁柱桥（偏桥）

图 3-19　不依崖梁柱桥（老虎口南）复原想象图

此槽相连。在石门北面也有类似凹槽一段，南北贯通。栈称凹槽式。

凹槽应是路而非栈。但有时凹槽并非路的全宽，是为了栈道线路比较顺直，凿去一部分山咀，且凹槽底仍铺梁、板、那便是栈道构造的一种。其他栈道中亦有所见，黄河三门峡栈道较为突出。

(9) 石栈。栈道都为木制，石栈起于何代？

唐·李白《蜀道难》诗中称："地崩山摧壮士死，然后天梯石栈相钩连"。似乎秦代一开始就用石栈，看来不太可靠。

汉《石门颂》称："王府君闵谷道危难……造作石积，万世之基。"《字汇编》"积与积字通"。石积是指堆积石板于石梁上为栈。这一构造，今日尚有残留。在崖边密插斜向上的短石梁。石梁之上以交错的石板铺成栈面（图 3-20）。

留坝县孔雀台东褒河西岸有一山峰拔地而起，临河一面十分陡峻。水处弯道处，回

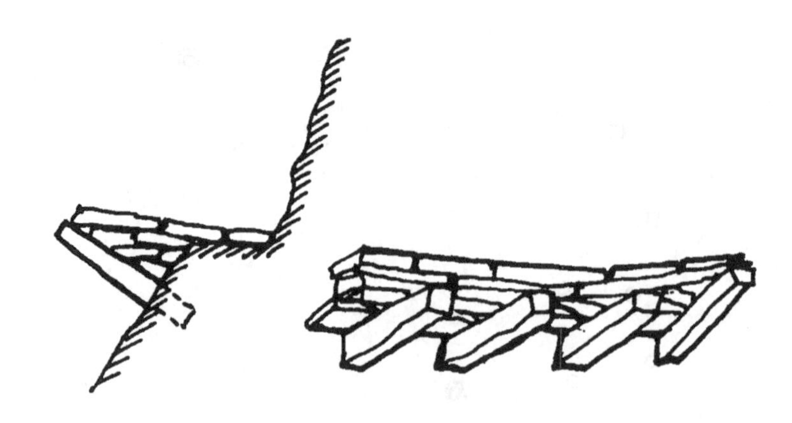

图 3-20　石栈

旋成潭。距水面 3 米高处有一排石孔，孔为方形，孔口宽 31 厘米，深 30 厘米，间距 30～50 厘米。其中一孔残留有向上斜出的石梁。尚有几孔残留有断梁。附近多成层岩石，民居用以建屋并代瓦。可见亦为石碛。虽不一定是汉代遗物，始创于东汉恒帝建和二年（148）为王升的遗制似应没有问题（图 3-21）。

图 3-21　褒斜道孔雀台石栈遗迹

留坝县柘梨园乡小庄沟（一名石哑子）红岩河西岸，尚残留有南北西段石碛栈道，图 3-22 为北段，除了中部有三间石梁托石碛外，其他直接积石于崖壁阶。

今陕西太白县王家楞乡南十里西坝村，褒河（此段又称红岩河）之东有一座南北走向的山岭、高约千米，长约里许，崖质全呈赤红色，望之如赤石一片，当地称红崖（或岩）里，即昔之赤崖。三国建兴六年（228）赵子龙烧赤崖以北栈道，后赤崖南北栈道

图 3-22　褒斜道留坝柘梨园小庄沟石蔇

修复时为千梁无柱、可是今日残留在石孔中者为石梁。可以推理为因木梁浮动、振悼眩目，何时再修，又不敢立柱，始改为石梁。

残迹中下方水平石孔为栈道，然则向上斜排的石梁又起什么作用?（图 3-23)。《水经注》记诸葛亮与兄瑾书中又云:“时赵子龙与邓伯苏一戍赤崖屯田，一戍赤崖口（守府库）但得缘崖与伯苏相闻而已。”所以斜上登高的石梯栈可能是便于两岸登高相闻之用。

可以说，东汉起有石栈，三国、唐因之。石多于木得之容易，且不会腐朽。然加工较多，易风化或脆裂，重而材短，栈道较窄。唐·柳宗元《法华寺石门精室》诗道:“松溪窗窱入，石栈寅缘上”亦称石栈。然地在永州，不在褒斜，亦可见石栈已相当普及了。

褒斜栈阁的构造类型已相当全面。在一道之中并非单纯地按构造分段，却是根据地形，犬牙相错，灵活运用。

如过褒惠渠水坝北 3 公里许，有栈道孔壁 56 个，柱孔 190 个，高出今水面 8～9 米。孔口见方，40～43 厘米，深 80～90 厘米。口部略高于底部，使插入孔内木梁略向上翘，且在孔底面开排水槽道，以免孔中积水。再南，有两山咀，南北相距约 16 米。栈孔凿于两山咀半腰，南山共 8 孔，山北侧有一平台，东西长约 3 米，南北宽约 1.2 米，台面略低于栈道壁孔。台面有许多底孔。最大底孔边长 60 多厘米，最小的直径约 10.5 厘米。平台西边是直立崖壁，壁上凿一方形壁孔，高于平台 4 米。此处似曾有建筑。北山咀共九个壁孔。诸壁孔间距不超过 70 厘米。共发现 37 个底孔，其布置如图 3-24。

这一段栈阁，有栈道，有偏桥，还有邸阁，复原后的形象也许如图 3-25 那样为依崖梁柱式，也许为图 3-26 为依崖无柱。

图3-23　褒斜道赤崖石栈遗迹

汉中张维铮行遍褒斜全程，调查记录其遗迹作水粉及水彩长卷长50米，其局部见图3-27。又作文川道长卷长40米，其局部见图3-28。

（三）傥骆道

《读史方舆纪要》[①] 记："傥骆道南口曰傥（傥水汇入汉水处），在洋县北三十里；北口曰骆（西骆谷水出山口），在西安府盩厔（今周至）县西南百千十里，有骆谷关"所以道名傥骆。

《通典》："汉中至长安，取骆谷，凡六百五十二里，谷长四百二十里。其中路屈曲八十里。凡八十四盘"。

傥骆道在四道之中（故道、褒斜、傥骆、子午）自长安至汉中里程和谷长都最短，

① 《读史方舆纪要》卷第五十六。

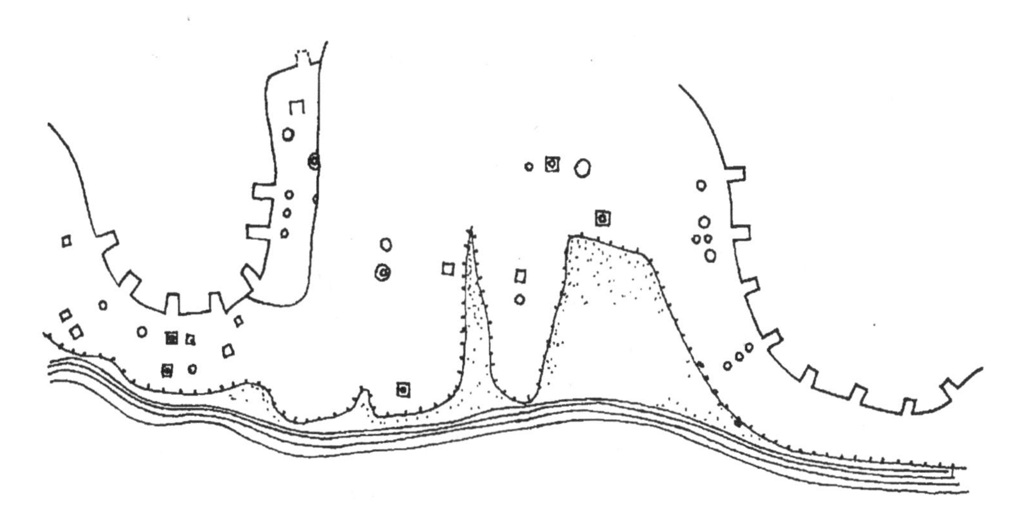

图 3-24 褒斜道一段栈孔遗迹

图 3-25 褒斜道一段栈道复原想象（依崖梁柱式，偏桥）

所以《华阳国志》称："子午、骆谷、褒谷关为汉中北道之险，而骆谷尤近。故唐世有事，每以此幸兴元"。《汉中府志》载："洋县至周至为古骆谷，傥谷，唐德宗兴元路也。山程七百余里，中间并无州、县。查终南、太白两大山，其脊背在周至之南，洋县之北，林深谷邃，蟠亘千余里，为梁、雍第一奥阻"。

傥骆虽然亦以二水为名，但和褒斜不同，褒斜是沿着褒水河谷，翻入斜水河谷。傥骆栈道却穿越傥水、酉水、湑水、黑水、西骆谷水五个河谷，顺次翻越牛岭、贯岭梁、

图 3-26　褒斜一段复原想象（依崖无柱式，偏桥）

兴隆岭、秦岭正脊、十八盘岭等五座山岭，是一条谷岭相联的栈道（图 3-29）。

傥骆道具体的线路大致如下[①]："自汉中向东行，经成固县，东北过湑水河十五里至洋县马畅镇。折东，经前湾、戚氏两乡。折东北，经八蜡庙、潘家湾，即进入傥水（谷）口。经田家岭、青石嘴、银洞沟。稍西向北，经传傅坝、赵家梁、银杏坝、大牛岭至华阳（古傥骆重镇）。向北，经松树嘴、北塘口、林口子，进入太白县属的二郎坝，至黄柏源。折东，经核桃坪，入周至县的大房子。折东北，经钓鱼台、厚畛子、玳瑁河、八斗河、老君岭，出骆谷口入关中到长安"。唐代的骆谷道驿站如图 3-29。

傥骆虽亦古道，秦汉并无详细记载。

《三国志·魏·曹爽传》记正始五年（244）曹爽伐蜀："大发卒六七万人，从骆谷入。是时，关中及氐羌转输不能供，牛马骡驴多死，民夷号泣道路。入谷行数百里，贼因山为固，兵不得进……乃引军还"。

《三国志·蜀·姜维传》延熙二十年（257）："魏大将军诸葛诞叛于淮南寿春。蜀将姜维，乘虚兵向秦川，率兵数万人出骆谷"。

《三国志·魏·钟会传》景元四年（263）："会统十万余众，分从斜谷、骆谷入"。

《晋书·济南惠王遂传》记梁州刺史司马勋于永和五年（349），乘关中反后赵之机，率兵出骆谷，占据了长城戍（今周至县西南，骆水东）。

隋在周至县骆谷关设关官。

唐·天宝之乱，玄宗从散关入蜀，但房琯、高适等取骆谷南奔。

① 陈显远，傥骆道初考，石门，1988 年 1 月。

《通鉴·唐纪三十五》至德二年(757)辛末，御史大夫崔光远破贼于骆谷。”唐·代宗宝应元年（762）九月，曾下令骆谷、子午、金牛诸谷道关卡要严格检查行人。

《通鉴·唐纪三十九》广德二年(764)“吐蕃之入长安也，诸军亡卒及乡曲无赖子弟相聚为盗。吐蕃既去，犹窜伏南山子午等五谷（长安南山大谷有五即：子午、斜谷、骆谷、蓝田谷、衡岭谷》，所在为患。”

骆谷之所以名兴元路者起自唐·德宗。《通鉴·唐纪四十六》兴元元年(784)：“李怀光结朱泚亦反，德宗从骆谷入汉中。……二月，上自盩厔入骆谷。……庚寅，车驾至城固。……壬辰，车驾至梁州（现汉中)。……夏四月、庚戌……浑瑊帅诸军出斜谷。……六月巳酉……诏改梁州为兴元府。”秋七月丙子，德宗由汉中走故道，出散关抵凤翔。“初……上入骆谷，值霖雨，道途险滑……叔明之子升及郭子仪之子曙、令狐彰之子建等六人……著行滕（以斜幅缠足腨肠，逼束其胫，自足至膝，即今绑腿)、钉鞋，更控上马以至梁州。他人皆不得近。及还长安，上皆以为禁卫将军”。

图 3-27 近人汉中张维铮绘《褒斜栈道图》（长卷局部）

元和四年（809）元稹以监察御史赴蜀，来回都走傥骆道。

唐·僖宗广明元年（880)，僖宗又避黄巢之乱，由傥骆道入蜀经兴元至成都。

五代时，后唐明宗曾修骆谷道。北宋在傥骆道修设馆驿。南宋与金之战，宋将吴璘，别军姚仲卿由骆谷出兵，指向关中。

宋元之际，兵争多半在故道，傥骆渐少通往。到明代时，《周至县志》载：“骆谷口

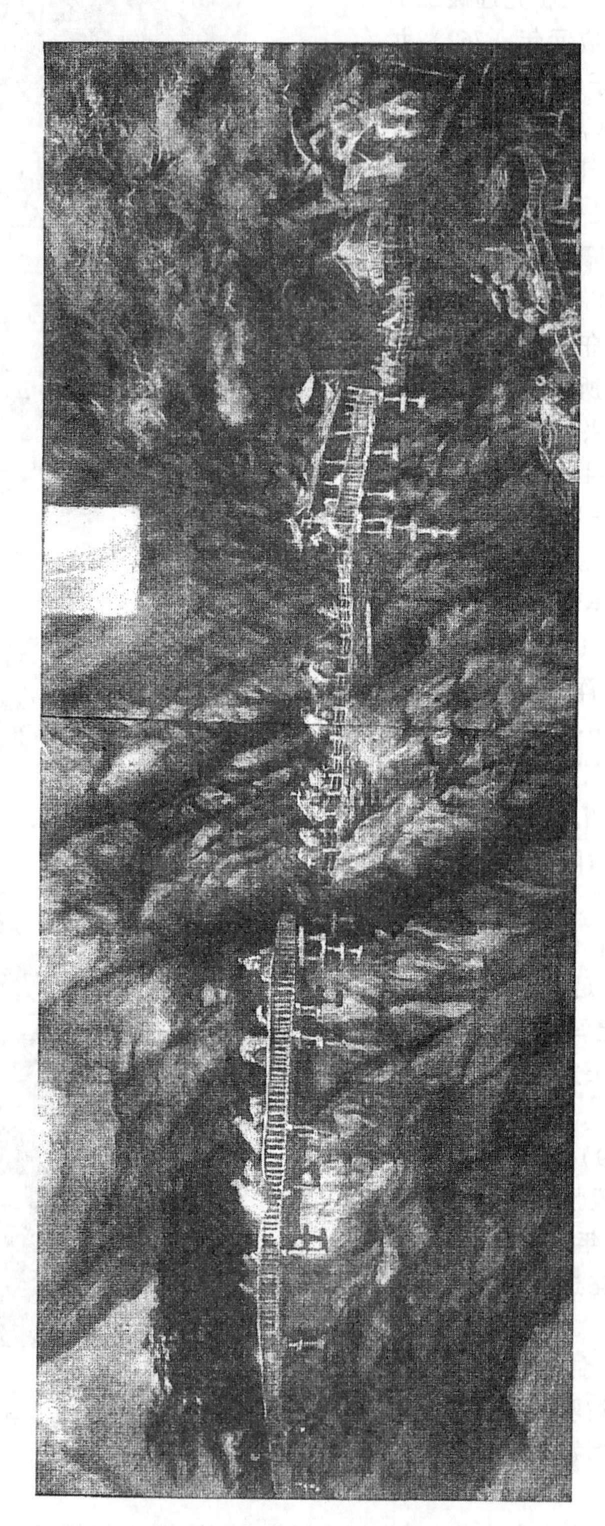

图 3-28　近人汉中张维铮绘《文川道图》(长卷局部)(梁柱栈,石积、桥阁)

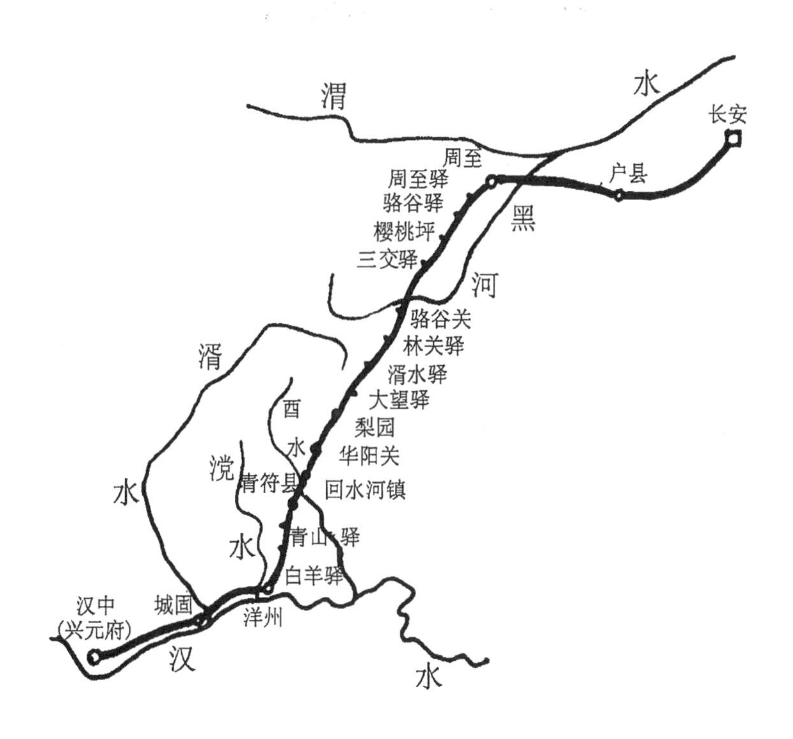

图 3-29 傥骆栈道走向图

明设巡司，盗贼窃发，巡司不能守，遂塞之。”① 《地理通释》所记略同。

傥骆道虽短近，但林深谷邃，蟠亘千余里，道途险滑。唐·元稹《南秦雪》诗道：“帝城寒尽临寒食，骆谷春深未有春。才见岭头云似盖，已惊岩下雪如尘。千峰笋石千株玉，万树松萝万朵银。飞鸟不飞猿不动（寒冻），青骢御史上南秦。”

西北大学李之勤两次考察傥骆道，② 访得意阁桥栈遗址：“得见古栈道遗址近十处，而谢湾附近百余米间有栈道残柱、柱孔八十余，和石碥、栈桥遗址，甚为壮观。……溯黑河谷七十里……沿途观音崖、黄泯坡、秦岭梁等均有明、清或以前的碥道、石栈栈孔……。东至殷家坪南之鼓轰滩，水流如瀑，轰声如雷，亦有古代架桥处，留有桥柱孔数十。两岸且有石柱残存……”。

（四）子午道

1. 子午沿革

子午道至少在秦时已有。

《史记·张仪列传》记：“苴蜀相攻击”。正义引《华阳国志》为：“昔蜀王封其弟于汉中，号曰苴侯，因命之邑曰葭萌。苴侯与巴王为好，巴与蜀为仇，故蜀王怒伐苴。苴奔巴，求救于秦。秦遣张仪从子午道伐蜀。王自葭萌御之，败绩。走之武阳，为秦君所

① 《全唐诗》卷四百十二，4568页，中华书局，1960年。
② 李之勤，《傥骆古道的发展特点，具体走向和沿途要地》，1993年，10月。

害。秦遂灭蜀。”[①]《六国年表》记在秦惠王二十二年（前316）十月；《正义》称在秦惠王后元年（前324）。

《蜀道话古》因今本《华阳国志》记为：“秦大夫张仪、司马错、都尉墨等从石牛道伐蜀。”[②] 所以认为“子午”乃“石牛”之误。实则张仪因“苴”已奔“巴”，从秦救之，得走子午。胜，然后再沿石牛道入蜀。关中至汉中走子午，汉中至蜀走石牛，两者乃一顺之路并不是对立的。

《史记·高祖本纪》称汉王于公元前205年“之国，自杜南入蚀中。”蚀谷即子午谷。胡林翼《谈史兵略·汉》说：“从杜（陵）南而人，即子午谷也。”

从长安到汉中，除了唐代有一段时候常走骆谷外，一般不走褒斜便走子午。虽然，《石门颂》称子午道十分险峻。悬出的山石，屈曲的流水，幽深的峡谷，倾侧的坡道，有时还有一段段泥泞的道路。毒蛇恶虫，伤害行旅。沿着河谷的道路、荫暗潮湿，树木和石角交相碍路。所谓“常荫鲜晏，木石相距、剩磨确磐。”

汉武帝元狩年间（前122～前117）通了褒斜，子午便遭冷落了近120年。

西汉平帝元始五年（5）《汉书·王莽传》记：“莽以皇后（莽女）有子孙瑞，通子午道。子午道从杜陵直绝南山，经汉中。”

东汉明帝永平四年（61）“诏开褒斜”九年（66）完工，于是又走褒斜停子午。

东汉安帝元初元年（115）羌攻入汉中，褒斜断绝，于是又走子午。

《石门颂》中对子午道艰难的道路形容得十分生动。因此，地方官杨孟文又于安帝延光四年（125）安帝崩后，奉顺帝诏，再开褒斜，废弃子午。

东汉末年、献帝初平年间（190～193）张鲁：“断绝谷阁”主要指的是褒斜。然而韩遂马超时，数万家还是从子午道逃往汉中。

诸葛亮出兵都从故道，褒斜，不取魏延突出子午关的计策，然而太和四年（230）曹真却取子午攻蜀。

景元四年（263）钟会伐蜀，五道并进，魏兴太守刘欣趣子午。

可见子午道实际从来没有真正被废过，只是有时走得少些，有时走得多些。

《元和郡县志》记六朝时“梁将军王神念以旧子午道缘山避水，桥梁数百，多有毁坏，乃别开乾路，更名子午道。”[③] 新旧子午道的具体走向，虽然在局部地段还有争议，大致如图3-30。

2．子午栈阁

陕西省交通厅为了编写《陕西古代道路交通史》曾于1986年10月12日对子午栈阁遗迹进行了二次调查，发现了大量栈道壁孔和桥梁柱孔。可惜因修公路破坏的较多[④]。

如盘据于子午谷口的拐光崖有古栈道，修公路石桥时炸毁山石，栈孔被破坏。

到喂子坪循沣水河谷上行，都为悬崖峭壁，原为古栈道，因修公路被破坏后，还遗

---

① 《华阳国志·蜀志》。

② 《华阳国志·蜀志》。

③ 《元和郡县志》卷一。

④ 王开，《历史上的子午道》，《石门》，1988年第1期。李进，《也谈石砭谷和子午道的关系》，同上杂志。

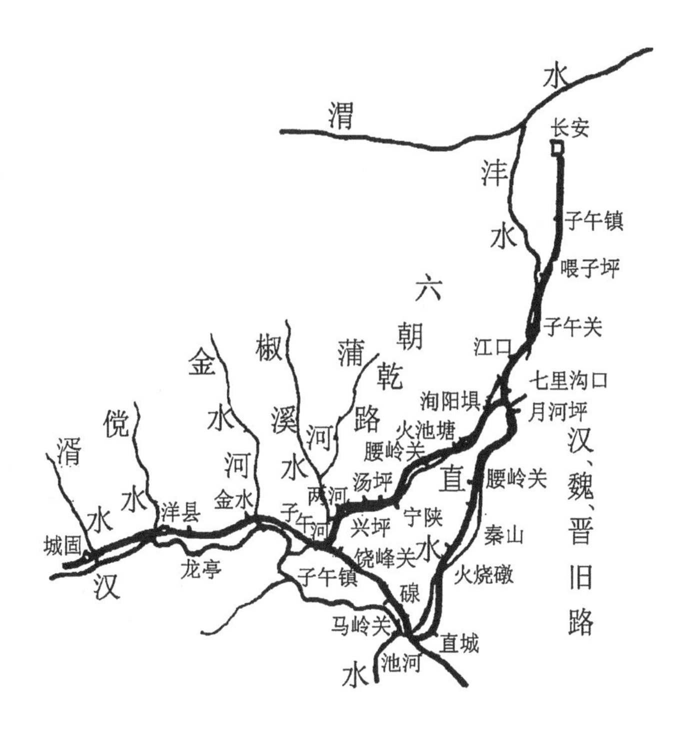

图 3-30 子午栈道走向图

有长约 50 米的栈阁壁孔和柱孔。壁孔多为圆形，个别为方形，与褒斜多为方形者不同。柱孔都是圆形，有直立和斜撑二种。栈孔间距约 2 米，宽亦 2 米，还可看到残存的石梁数根。

黑沟口南四里处红崖子的沣水西崖有一排石栈和柱孔。

子午关在长安南约百里，两岸高山壁立，紧束沣河峡谷，缘谷为栈道。唐·杨凝《送客入蜀》诗："剑阁迢迢梦想回，行人归路绕梁山，明朝骑马扬鞭去，秋雨槐花子午关。"[①] 现关下还有壁孔和柱孔数处。柱孔圆形直径约 25 厘米，深 15 厘米以上。从河心一块巨石上三排桥柱孔观察，桥宽约 2 米。栈道由沣河东岸转向西岸。西岸栈孔，修公路时都已崩坏。

由月河坪至古磉墩一段月河中，尚有多处栈道柱孔遗迹。

汉、魏、晋旧路的腰竹岭南，河谷西侧，岩石陡立，古有栈道。此处的古磉墩上即汉子午道的"葄阁"。即《水经注》所记："又迳葄阁下。山上有戍，置于崇阜之上，下临深渊，张子房烧绝栈阁，示无还也。又东南历直谷，径直城，西而南流注汉。"

腰竹岭南侧河中有柱孔遗迹数处。柱孔直径 33.2 厘米，深 23 厘米。南 38 公里处池河东岸的陡崖上，有 50 米长的一排壁孔遗迹。壁孔有圆有方，距常水位高 2 米。河中也是柱孔。

其他如太山庙、火镰碥等处亦见残孔和残存石梁。六朝后新路因为是乾路、栈阁遗

① 《全唐诗》卷二百九十，3302 页。

迹不多。子午栈阁不宽、仅及 2 米，逊褒斜远甚。

（五）金牛道（石牛道）

1. 金牛沿革

故道、褒斜、傥骆、子午四道是陕西到汉中的通道。从汉中到四川腹地，除了接子午道通往涪州的荔枝道；从兴元府南下通到巴中的米仓道，最重要的是通往成都的金牛道。陇右古道亦通过故道走金牛入蜀。金牛道真可谓“绾毂”由蜀去秦陇之口。在秦栈之中，故道称为北栈，金牛又称南栈。从散关到剑阁统称南北栈。

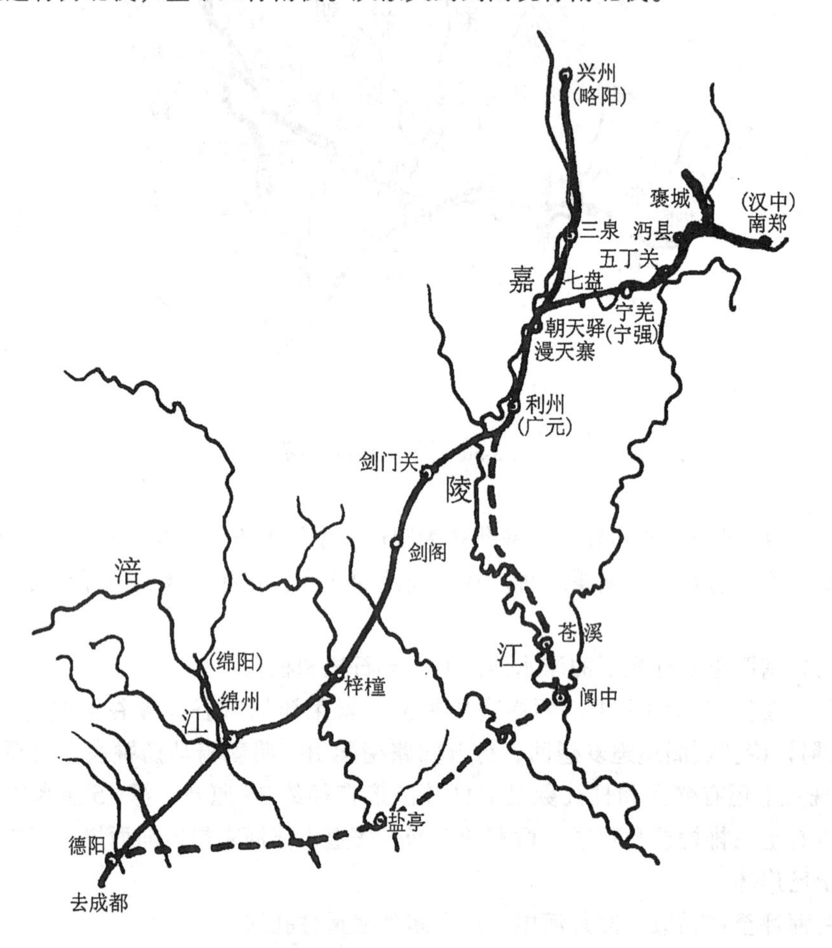

图 3-31　金牛栈道走向图

金牛的得名已见前述。金牛道的起点应自褒中秦惠王会蜀王之处。或更狭义些自金牛峡起。峡在宁羌州（宁强）北 90 里，传说是秦王作五石牛的地方。胡曾《金牛驿》[①]诗道:“山岭千重拥蜀门，成都别是一乾坤，五丁不凿金牛路，秦惠何由得并吞”。

左思《蜀都赋》称:“却背华容（水名，在江油之北），北指昆仑，缘以剑阁，阻以

① 《金牛驿》出自清·彭定求等辑《全唐诗》卷六百四十七，7426 页，中华书局，1960 年。

石门。”所以蜀素有“重关”（石门、剑阁）之险，金牛道以剑阁之险而又称剑阁道。

金牛道的走向是自五丁峡、过五丁关、滴水铺、宁强、牢固关、黄坝驿、七盘关、神宣驿（古筹笔驿）、明月峡、朝天峡，沿嘉陵江峡谷东岸峭壁，过大小漫天、龙洞阁、千佛崖到广元（古利州）。经昭化桔柏津、小剑和大剑山之间的剑阁道。再过剑门和梓橦两百里之间，坡道起伏，当年十万株古柏夹道的“翠云廊”，中经唐明皇夜雨闻铃的郎珰驿，由梓橦、绵阳、德阳到成都。自汉中到成都全长约1200余里（图3-31）。

《汉南续修府志》绘长卷栈道图自故道水至七盘关，今析为二，图3-2为褒城以北的秦栈连接图3-32为褒城以南至七盘关的金牛道北段。府志与《关中胜迹图志》所绘图起讫为疆域所限、金牛道南段非其所属，只能阙如，但却有不少剑阁古名画可为金牛道生色。

金牛道上的七盘和褒斜道上七盘同名，但形势不一。清·李骥元诗：“南栈七盘促，北栈七盘长。”可见一般。

金牛道亦属秦时或秦以前栈道，应称蜀栈。今亦有称之为秦栈者，是按开创时间而言。

金牛道汉初曾经萧何整治。

《史记·萧相国世家》叙：“汉王引兵东定三秦，何以留相留收巴蜀。填抚谕告，使给军食。汉二年，汉王与诸侯击楚，何守关中，侍太子，治栎阳”。可见汉王自汉中由故道入秦，萧何却由金牛道入蜀、治道征粮，明年还关中。

今朝天峡口，朝天区政府于1992年5月1日立《颂萧何修治剑南道碑》文序曰：“《禅林仙观》载：‘朝天峡东壁刻碑一通，赞扬萧相修治剑南道，留收巴蜀，填抚谕告，使给军实，兴立帝业的功绩。五言体古诗，字形汉隶。原碑毁于隋末。唐高宗显庆庚申（五年，公元660年重立）。”后碑又毁。1992年5月再立新碑，诗非上乘，无萧相国具体事迹，且多郙阁、石门颂句，故略而不录。

蜀汉诸葛亮北伐中原之前，曾大修金牛道。朝天峡、清风峡处凿石架空为阁，开辟了嘉陵云栈。并在大剑山小剑山之间开剑阁道。因此，金牛道之险在利州以北和剑阁两大处。

利州（今广元）以北的金牛道，经由嘉陵江河谷的东岸，其名胜之处为千佛崖。《蜀中名胜记》记利州：“北十里千佛崖，即古龙门阁。先是，悬崖架木栈而行。后凿石为千佛像，成通途矣。”[①]《广元县志》记千佛崖：“峭壁千仞，逼临大江……先是悬岩架木，作栈而行。唐（玄宗开元间）、韦抗凿石为路，并凿千佛，遂成通衢。”然而今检视刻石题记中，发现有“天成二年（556）三月十一日”字样，因此推定为南北朝时始作，盛于唐·宋。至清咸丰，其佛像一万七千余尊。民国开川陕公路时，炸去万尊。废佛龛成通衢不过是一段而已，迤北仍保留着栈道遗迹。

宋代曾对此道进行维修，今清风峡东石壁上有“淳熙丙午（南宋孝宗十三年，1186年）桥阁官刘均用重修栈道”的摩崖石刻。

沈佺期龙门阁诗道：“……长窦亘五里，宛转复嵌空。伏湍照潜石，瀑水生轮风。流水无昼夜，喷薄龙门中。潭河势不测，藻葩垂彩虹。”[②] 杜甫、龙门阁诗：“清江下龙

① 曹学隆撰，《蜀中名胜记》卷二十四，364页，《丛书集成初编》本，中华书局，1936年。

② 《过蜀龙门》，《全唐诗》卷九十五，1023页，中华书局，1960年。

图 3-32

门，绝壁无尺土，长风架高浪，浩浩自太古。危途中萦盘，仰望垂线缕。滑石敲滩凿，浮梁袅相柱。目眩陨杂花，头风吹过雨。百年不敢料，一坠即得取。饱闻经瞿唐，足见度大庾。终身历艰险，恐惧从此数。”①

宋·陆游曾来回两次过龙洞（门）阁。一次于风雨之中，所以有“卷地黑风吹惨淡，半天朱阁插虚无”之叹。《再过龙洞阁》值清秋天气、写道:“天险龙门道，霜清客子游，一筇缘绝壁，万仞俯洪流。着脚初疑梦，回头始欲愁。危身无补国，忠孝两堪羞。”

利州这一段栈阁究竟是怎样的?

2. 利州栈阁

宋·王象之《舆地纪胜》利州景物，“石栏桥”条记:“桥在绵谷县（即利州，今广元）北一里。自城北至大安军界（略阳、三泉）桥阁共 15 360 间（约 30.7 公里）。其著名者为石柜阁，龙洞阁。”千佛崖就在石柜阁迤北。

原来这一段栈道是在嘉陵江边上“绝壁无尺土”的峭壁上，“一筇缘绝壁”“朱阁插虚无”而建成。《颂萧何修治剑南道碑》记:“峡谷长十里，飞瀑雷声喧，波涛击绝道，江水折回环。凿石穿木梁，临渊立桥柱，楼阁三百间，飞檐凌云渡。日间乘千辆，常年连迎布，使节纷轮蹄，行旅踏歌步。”

千佛崖上游嘉陵江峡谷为朝天峡、明月峡。好在这段川陕公路高建在古栈道之上，嵌在石壁之中，成凹槽形，得以保存栈道壁孔四百余个，以及栈道以上一整片峭壁面。

1991 年地方在此修复了一段栈道。1992 年本书作者得绵阳建委郭明伟和杨斌之助

① 清·彭定求等辑，《全唐诗》卷二百一十八，2300 页，中华书局，1960 年。

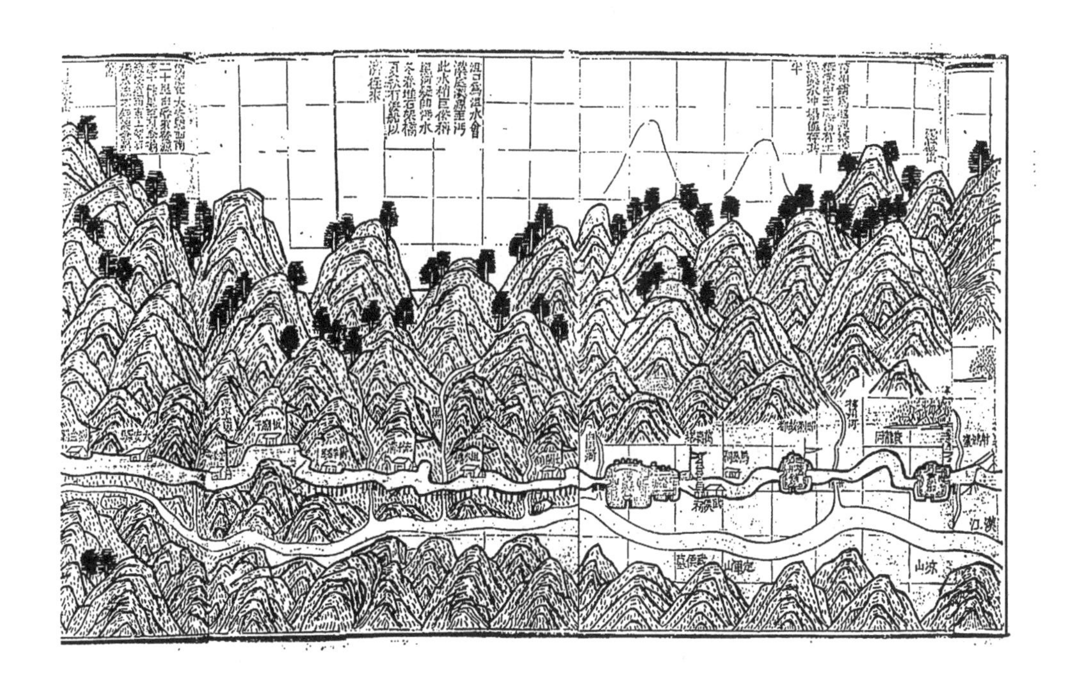

金牛道

亲临其地，摄得秦栈照如图 3-33，34，35，36。

所恢复的这一段栈道，贴着青色结晶石灰岩峭壁，完整削立，无裂罅节理，表面成石笋的鳞状。江水缘壁，人行栈上，可透过桥面见到嘉陵江流动的江水。唐·岑参诗："侧径转青壁，危桥透沧波"可谓一字不虚。

地方所立《朝天峡先秦栈道维修记》记:"今朝天峡东岸绝壁上尚有栈道遗孔四百余眼。口呈方形，边长 43 至 45 厘米，深 93 至 95 厘米（较褒斜壁孔为大)。壁孔稍向内斜，孔底面外端有一小方眼。横梁楔木扣其内而不会滑脱（图 3-37)。上为雨棚孔，中为行道孔，下为支撑孔。上下左右壁孔的距离为 2 米。横梁外延（栈道桥面板宽 2.5 米)。板面外围栏杆。峡中段老虎口下最险峻处壁孔多至七八层，均为历代维修而凿。河底的友撑眼有方有圆，依地势而定。行道孔眼多凿在离常水位 8 至 10 米处，其形制为横梁支撑式。绝壁险栈，凌居于湍水之上，出没于烟云之中。唐·李白《送友人入蜀》诗曰:"见说蚕丛路，崎岖不易行，山从人面起，云傍马头生。芳树笼秦栈，春流绕蜀城。升沉应已定，不必问君平。"① ……1988 年维修了 140 米栈道，1990 年遭洪水毁损。1991 年再修被毁栈道……省府列为省级重点文物保护单位。

这一段栈道的恢复，让人亲睹和登临古人所创建的栈阁形式，亲身体会其诗中所形容的韵味。钦佩古人在困难条件下的创造精神。看到中华民族的智慧和希望。

栈道的复原因陋就简，其横梁是铁路捐赠的旧枕木，尺寸长度均比栈道原物为小，可从图 3-35，36 中看到梁填不满壁孔而用木楔塞。所以所恢复的栈道宽只有原栈的一

① 清·彭定求等辑，《全唐诗》卷一百七十七，1805 页，中华书局，1960 年。

图 3-33　金牛道朝天峡秦栈复原入口（作者）

半都不足。当年宽 6 至 9 米，两车并行，其气势当更为宏大。

水中无柱孔，不一年又遭水毁，可见现有双梁中柱低于（也许是河床淤高而抬高的）嘉陵江洪水位。不能再使所恢复的栈道亦只是昙花一现，宜用现代技术改进设计。

栈道梁采用了不同于图 3-13 的锚着方法，是在复原过程中所发现。可见类似于当年贾三德的“巧思机发，情解理会”的“奇谋”还没有完全被发掘出来。

朝天峡和明月峡依崖双梁和三梁中柱式的栈道构造，一方面是按照壁孔遗迹复原所得到的合乎逻辑的结果；另一方面则有古画为据。

唐人绘《明皇幸蜀图》左上角绘有临江盘山栈道，上有走马行人，是依崖双梁中柱式（图 3-39）。图 3-40 为唐·李昭道《春山行旅图》局部，栈阁骑道两画竟何其相似，只是青绿设色和牛毛茧丝，用笔各异而已。足见都是写实之作。这两幅国宝古画，现均藏于台湾台北故宫博物院。

3. 剑门栈阁

出利州过昭化桔柏浮桥，南至剑门。

《旧唐书·地理志》载：“剑门，界大剑山，即梁山也，其北三十里所，有一剑山。大

图 3-34　金牛道朝天峡秦栈复原桥面

剑山有剑阁道三十里，到剑处，张载刻铭之所。剑山东西二百三十里。”

《华阳国志·汉中志》记:“汉德县有剑阁道三十里，至险。……武侯相蜀，在大剑山凿石架空为三十里阁道，始为飞阁，以通行旅。并在大剑山峭壁中断两崖相对处，砌石为门，立剑门关戍守。”

剑门关以内现有县名剑阁。

剑门栈阁或剑阁栈道只是在剑门关外到小剑山之一段 30 里间，高差极大的剑门峡谷栈道。

大剑山一名梁山。此山形势奇特，山北峭壁，耸立千仞。往东联绵不断直到嘉陵江峡谷。往西折而向南，成为一个自然的巨大的城廓。《一统志》称:“其中峭壁中断，两崖相嵌，如门之辟，如剑之植，故又曰剑门。”① 一夫当关，万夫莫开” 历史上兵家必争之地。

杜甫《剑门》诗道:“惟天有设险，剑门天下壮。连山抱西南，石角皆北向。两崖崇

① 《剑门》诗出自清·彭定求等辑，《全唐诗》卷二百十八，2301 页，中华书局，1960 年版。

图 3-35　朝天峡秦栈依崖双梁中柱式栈

图 3-36　朝天峡秦栈依崖三梁中柱式栈

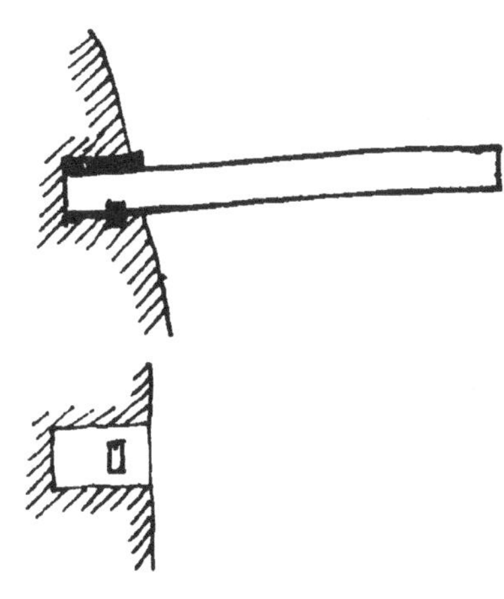

图 3-37　梁端嵌固防脱措施

墉倚，刻画城廓状。一夫怒当关，百万未可傍……”①

险则险矣，晋·张载认为不可恃。他认为主动权还是在人。他于晋·太康初年（280）所作《剑阁铭》中论剑门得失、认为在德而不在险。晋武帝司马炎命镌刻于剑门关山岩，其辞曰:“岩岩梁山，积石峨峨，远厉荆衡，近缀岷嶓。南通邛僰，北达褒斜，狭过彭碣，高逾嵩华。唯蜀之门，作固作镇，是曰剑门，壁立千仞。穷地之险，极路之峻，世濁则逆，道清则顺。闭由往汉，开自有晋。秦得百二，并吞诸侯，齐得十二，田生献筹。矧兹狭隘，土之外区，一人荷戟，万夫趑趄。形胜之地，匪亲勿居。昔在武侯，中流而喜，山河之固，见屈吴起。兴实在德，险亦难恃，洞庭孟门，二国不祀。自古迄今，天命匪易，凭阻作昏，鲜不败绩。公孙既灭，刘氏衔璧，覆车之轨，无或重迹。勒

图 3-38　金牛道明月峡秦栈复原（有棚架）

铭山河，敢告梁益。”

时距蜀亡仅 17 年，距诸葛武侯死 36 年。

唐玄宗避安史之乱，于至德二年（757）回长安，路过剑门，其《西过剑门》诗曰：“剑阁横空峻，銮舆出狩回，翠屏千仞合，丹障五丁开。灌木萦旗转，仙云拂马来，乘时方在德，嗟尔勒铭才。”

剑门固险，蜀汉姜维守关而钟会不能进。然而邓艾却由阴平小道，袭击剑门西侧的

① 《大清一统志》。

图 3-39　唐人绘《明皇幸蜀图》(局部)

后路，从江油经绵阳直捣成都。蜀亡。时在景元四年（263）。

宋·乾德三年（965）王全斌攻蜀。蜀孟昶令王昭远将兵守剑，而全斌却从剑门东嘉陵江峡谷，横走来苏小道，从东侧偷袭关后。因此，险也有一定的限度。

宋、元、明、清和近代，内乱和易朝的时候，无不在金牛道上剑门这一段发生过战争，也无不于巩固统治后不时地修复。一度因为剑阁路险而改移道路。清·彭遵泗《蜀故·蜀道》记："剑门驿路自明末寇乱，久为榛莽，入蜀由苍溪出阆中、盐亭、潼州以达

图 3-40 唐·李昭道《春山行旅图》(局部)

汉州，率皆鸟道。”清·康熙二十九年（1690）四川巡抚恢复剑关旧路，比新路短 200 里。其实这一条“新”路，还是唐·至德年间所开辟。蜀中“鸟道”如毛，都不及金牛道的重要。

清·陶澍《蜀𬶭日记》于嘉庆二十五年（1820）所见已都为土石路面的坡道，即碥道、栈道悉成遗迹（图 3-41）。

根据壁孔遗迹，撇去几个可能是不同时期凿的孔，取照片上主要六个孔复原剑门栈

图3-41　剑门栈道遗迹

道的一段，如图3-42是依崖双梁中柱式结构。这是有古人留下的诸多《剑阁图》可以证实。

山水诗画盛兴于唐宋。绝大部分的中国山水画以狭长竖幅取景。《剑阁图》便是极好的题材。从近处剑溪下面桥梁驿舍开始，循溪谷缘崖曲折，栈道萦回，树木疏落。到画的上端，双峰夹峙，一关雄踞。宜于四时景色，各派笔墨。画家作品虽多，真正到过剑阁者却为少数。

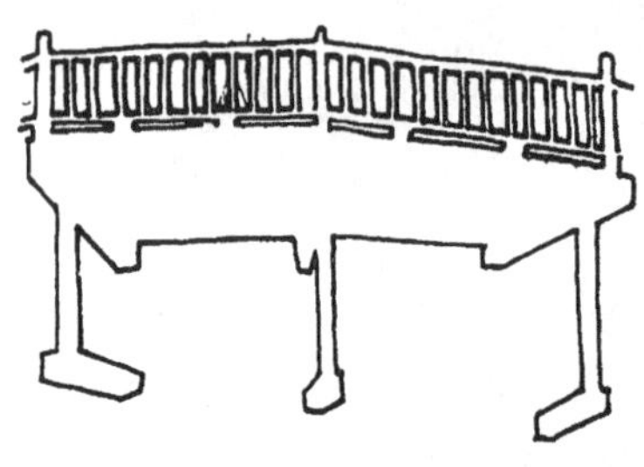

图3-42　剑门栈道部分复原图

广东省博物馆藏·明·关思《重岩积雪图》所绘乃剑阁栈道。关思字九思，号虚白，浙江吴兴人。原画题“仿范宽笔，虚白道人。”画面明朗、层次分明、只是栈道构造交代不清楚。范宽是北宋著名写实山水画家，想必曾有《剑阁图》传世，惜未曾见。未知此图（图3-43）有多少是忠于原作。

上海博物馆藏，明·仇英（1506～1556）《剑阁图》所绘乃剑阁雪景。仇英，字实父，号十洲，江苏太仓人。工山水、人物，临摹古画可乱真。与曾在北京宫庭作过画的苏州文徵明交往密切，与沈周、文徵明、唐寅合称明四大画家。

这幅画（图3-44）工笔刻划，绢底墨染，但人物走马却渲染色彩，极为生动醒目。仇出身工匠，画以桥为主，虽画上仅绘一桥一栈，却代表剑阁30里萦回的栈道。这一桥一栈，必有所据。特以墨勾勒如图3-45。

上方栈道图是依崖双梁中柱式，与图3-39，40唐画相同，且与剑阁栈道遗迹壁孔复原图亦相合。下方是栈桥，桥柱是自然姿态的树干，并没有像有些明、清栈道图（未取用）界画出之，加工绳直，不符合栈道建造时取材和加工条件。那是在都市中的木建筑。仇画栈道桥和北宋。范宽《溪山行旅图》（图3-46）所绘者相似。仇英以工匠的知识、智慧和写实精神，能够组合古人画册中的精粹，为栈道传神。

清·罗聘（1733～1799）为扬州八怪之一。所绘《剑阁图》（图3-47）以山水为主，云烟舒卷，气势磅礴。

本书作者曾携诸图至剑门阁道，在剑溪桥头、按图索骥，核对景物。虽然江山未必有多大变化，然而栈道早已没有了。中国画是以概括的手法作画，不可能和实景完全相符，大致上关（实乃范宽）、罗两画更接近于剑门实景。

剑门栈道这一段自画下方的剑溪桥，沿剑泉（凉水沟），飞仙阁，石庙子而上。山路险峻，迂回曲折。关、罗画上方有跨溪木桥，应是扇子石桥（桥已无）。古道从扇子石向剑门关爬山而行，路宽丈余，有108级梯步直抵关门。

可是所有这几幅画，近景剑溪桥和实物不符。剑溪桥现为三孔石拱（见圬工拱桥一章），乃明·弘治年间修建（1488～1505）。新掘出明·正德丁丑（1517）剑溪知州武缘李璧书《过剑溪桥》诗碑，楷书“看山晓度剑溪桥，踏雾冲云马足遥，见说金牛经历处，

图 3-43 明·关思《重岩积雪图》

图 3-44 明·仇英《剑阁图》

欲将兴废问渔樵”诸画时间都在其后，却都是木桥，看来都是仿宋之作了。

唐·张文倧《蜀道难》诗所咏当为剑门阁道。诗云:“梁山镇地险，积石阻云端。深谷下寥廓，层岩上郁盘。飞梁（扇子石桥）架绝岭，栈道接危峦。揽辔独长息，方知斯路难。”用之题诸画，最为合适。今日剑门雄胜依然，艰危已失。假如在那里恢复一段栈道，真可是旅游胜景。

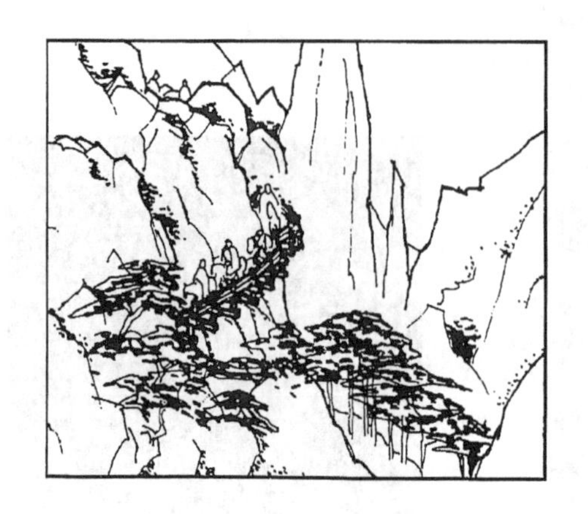

图 3-45　摹明·仇英《剑阁图》桥栈

图 3-46　北宋·范宽《溪山行旅图》

二 陇蜀栈道

陇蜀间栈道主要是阴平道和天井山道。

(一) 阴平道

阴平道以阴平郡而得名、是汉、羌、氐等族之间自古以来长期形成的道路。以三国蜀、魏之争而有名。从邓艾与姜维间军事追逐的记载中可看出阴平道当时的路线（图3-48）。

《三国志·邓艾传》记:“正始二年(241)……出参征西军事，迁南安太守。嘉平元年（250）与征西将军郭淮拒蜀偏将军姜维。维退，淮因西击羌。……于是留艾屯白水北。三日，维遣廖化自白水南向艾结营。艾谓诸将曰……维必自东袭取洮城（今甘肃岷县）……艾先至据城，得以不败。”

诸葛亮死后二十八年:“景元三年(262)又破维于侯和，维却保沓中（甘肃临潭县西南有沓中戍，姜维种麦于此)。四年秋，诏诸军征蜀。大将军司马文王皆指授节度，使艾和维相缀连(牵制姜维)，雍州刺史诸葛绪要维，令不得归。”《通鉴》记是:“自祁山趣武街桥头，绝维归路。”城州同谷县旧名武街城。《水经注》:“白水迳阴平故城南，又东北迳桥头。”

图3-47 清·罗聘《剑阁图》

《邓艾传》接着说:“维闻钟会军已入汉中，引退还。欣等追蹑于疆川口，大战。维退走。闻雍州已塞道，屯桥头，从孔甬谷入北道，欲出雍州后。诸葛绪闻之，却还三十里。维入北道三十余里，闻绪军却，寻还从桥头过。绪趣袭维，较一日不及。维遂东引，还守剑阁。钟会攻维未能克。艾上言，……从阴平由邪径，经汉德阳亭（今四川雁门坝），趣涪。出剑阁西百里，去成都三百余里。……攻其不备，出其不意，今掩其空虚，破之必矣。冬十月，艾自阴平道行无人之地七

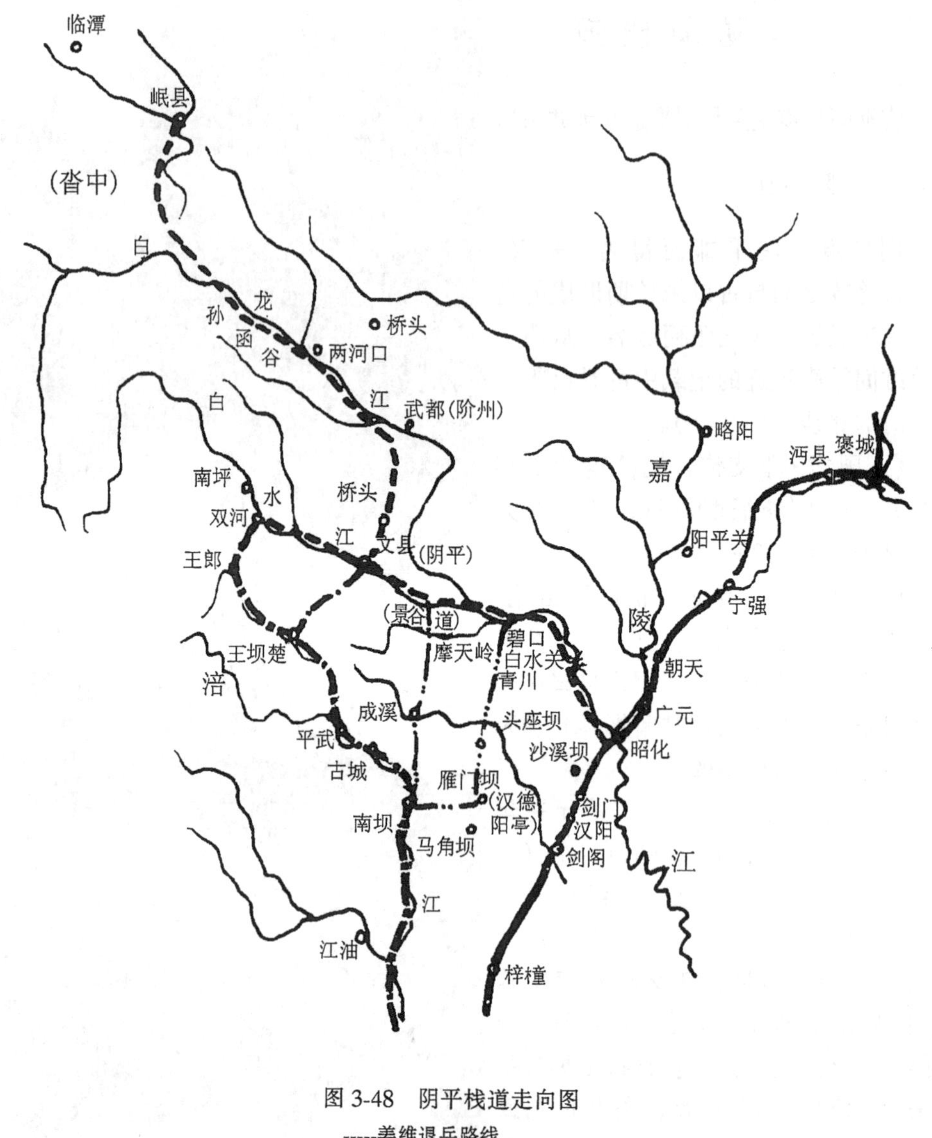

图 3-48　阴平栈道走向图

百余里。凿山通道，造作桥阁。山高谷深，至为艰险，又粮运将匮，频于危殆。艾自以毡裹，推转而下。将士皆攀木缘崖，鱼贯而进，先登至江油。蜀守将马邈降。”

《三国志·蜀·姜维传》记：“邓艾自景谷道旁入，遂破诸葛瞻于绵竹。”

从正史所载的行军路线，关于陇蜀间的栈道可以看出一些端倪。然而诸家聚讼纷纭，各有见地，不能备述。按《邓艾传》邓艾和姜维追逐的路线宜是，姜维由岷县（古洮城）至沓中。沿白龙江孔函谷到武都。今武都地区仍有险崖坝，坪垭村等栈道的遗址。转桥头、文县、由白水江景谷道到碧口，又沿白龙江到白水关、昭化，由金牛道退守剑门。

邓艾出奇兵，则由“景谷道傍入”，“从阴平出邪径，经汉德阳亭，趣涪。”诸家对邓艾不走正道，邪出“行无人之地”这一点都觉得是不容否认的，只是从哪里傍出，走什么路线，争执不一。今只取两家。

四川大学已故刘琳教授在《华阳国志校注》中所述的路线：从景谷道口下青川、雁门坝（汉德阳亭）转西到古江油关（今南坝）。

南坝张树敏[①]认为邓艾只是扬言要走“汉德阳亭”而实际却和扬言者不同，从阴平翻越摩天岭（即青塘岭），到今青溪镇。经青溪向南沿左担山过百里，即抵蜀汉之江油关，由此南下沿左担道趋涪。其根据是《邓艾传》“行阴平无人之地”起到“至江油”未提德阳亭。而《姜维传》又称“由景谷道傍入”。景谷道是由阴平（文县）沿白水江，白龙江，至汉白水县（今青川沙州乡）。左担道则是，从江油关（南坝）沿涪江南岸经今响岩乡、煽铁村、平驿堡、出界将塆，至江油武都，长120里。

张树敏认为此径较便捷，“岂能舍此不走，反而长途劳师，绕道德阳亭再迂回江油关？即或如此，汉德阳亭也有路趋涪，……何必向西迂回再趋涪，辗转三百七十里而致迂远失时。”

两说并存。这两道指的都是阴平邪径。然则阴平正道在哪里？

严耕望[②]认为有甲、乙、丙三线。

甲线从文县、经碧口，到昭化接金牛道。

乙线即邓艾入蜀道。

丙线由文县直南，逾山至龙州（今平武）又东至青川，折向西南至江油。

兰州大学地理系青川鲜肖威教授认为甲、乙两线大体不差，而丙线纯属虚构。

甲线固无问题。乙线是邪径，非阴平正道。丙线中“东至青川，折向西南”为不妥。阴平正道之一，从文县翻山到王坝楚，或更在上游由双河翻山到王郎。由涪江北侧支流再沿涪江河谷，直下平武、南坝、江油。作者曾循涪江上至平武、在平武以上看到栈孔遗迹数处（图3-49）有一排壁孔（柱孔在水中，不见），有两排壁孔，亦有凹槽，槽不深，槽边外下侧还有壁孔，可见还有梁板以加宽栈面。可见此线亦不虚。

综上所述，阴平道，或应称沓中阴平道，是沿白龙江、白水江及涪江峡谷的栈道。其重点城市为甘肃的文县（阴平）。《文县志》记阴平：“南邻摩天岭，西接柴门关，北有临江关以达武都，东有玉垒关以接蜀汉。江边栈道皆断崖绝壁，扦木凿山。设有不虞，第绝其栈道，势不能腾空而下，有四塞之固焉。”今文县境内尚有：柴门关栈道，崖壁除栈孔外，尚镌有“秦蜀交界”摩崖，林家湾栈道，高栈头栈道；勃鸽崖栈道，峭壁临江，半崖凿孔甚多并镌有宋哲宗年号，马泉栈道，玉荪栈道，骆驼顶栈道，金口坝栈道等。

（二）西狭栈道（天井山道）

西狭栈道又名天景（井）山道，在武都郡（今成县）西，武街与沮县的道路上。这里两山对峙，中夹深窄的鱼窍峡，峡中有黄龙滩。

---

① 平武：张树敏，邓艾伐蜀走阴平道路线考辨，平武文史资料选辑，第六辑。

② 严耕望，阴平道辨，新亚学报，第9卷第2期。

图 3-49　四川平武县阴平栈道遗迹

峡中原有栈道。东汉建宁三年（170）三月，李翕由渑池调任武都太守，命衡官椽仇审治东阪，有秩李瑾治西阪，修治栈道。建宁四年，镌刻《西狭颂》于石壁。

《西狭颂》中有："郡西狭中道，危难阻峻，缘崖俾（比比相连）阁，两山壁立，隆崇造云。下有不测之溪，厄兰促迫（危栏狭近），财（才）容半骑，进不能济（单车道），息不能驻（坡度太陡），数有颠覆霣（陨）隧（坠）之害，过者创楚，惴惴其慄。君践其险，若涉渊冰。叹曰：'诗所谓如集于木，如临于谷，斯其殆哉。因其事则为设备，今不图之，为患无已。敕衡有秩秋李瑾，椽仇审，常繇道徒，鏶（镌，凿石）烧破析，刻臽确嵬（在高崖处凿小孔），减高就埤（减少爬高，就走低处），平夷（坡平）正曲（截弯就直）。柙致土石（加固土壁石壁），坚固广大，可以夜涉。四方无雍，民歌德惠……"。

郭荣章实地调查，所见栈孔遗址有：第一处在谷口南侧，天寿山下，现存两排栈孔。上排壁孔系方孔，见方 40 厘米深 80 厘米，间隔 3～4 米，下距谷底 4 米。下排柱孔系圆孔，直径 15 至 20 厘米，深 10 厘米，下距谷底 80～120 厘米。上下两排各 20 孔。每一方孔下与之对应有一圆孔。壁孔口部略高于底部，使阁梁略上翘，不致滑落，以求坚牢。柱孔道与崖壁斜交，是为缘崖斜撑式栈。第二处在谷口上溯 1.5 公里处南岸，仅存五孔圆形柱孔，直径 15～20 厘米、间隔 2～3 米。第三处在谷上溯 3 公里的天井山下，存长方形柱孔六个，长 20 厘米，宽和深约 10 厘米、间隔 2 米，孔上斜，其上 10 米即西狭颂。

三 滇蜀栈道

《史记·货殖列传》称蜀:"南御滇、僰、僮，西近邛、笮、旄牛。然四塞，栈道千里，无所不通。"这些栈道，正如司马相如所说:"邛笮冉駹者近蜀，道亦易通，秦时当为郡县，至汉兴而罢。"

滇蜀间的栈道，便以东部的僰道（今宜宾）向南和西部的越雟（今西昌）向南的两条主要通路。前者在汉称为南夷道，后者称西夷道。历代的名称并不相同。

（一）僰道（五尺道，南夷道，石门道）

1. 僰道沿革

秦孝文王时，蜀守李冰治僰道。

《水经注》卷三十三，引《华阳国志》:"崖峻阻险，不可穿凿，李冰乃积薪烧之"指的便是此道。

《史记·西南夷传》:"秦时，常颎略通五尺道。"索隐谓:"栈道广五尺（约1.5米）。"《括地志》云:"五尺道在郎州（今南盘江边的曲靖）。"是由僰道向南，经夜郎到郎州的道路。

开发云南，战国时楚、庄跻起一定作用。历史上对他的由楚入滇的路线有不同的记载。

《史记·西南夷传》记:"始。楚威王时（前339～前329），使将军庄跻，将兵循江上，略巴、蜀、黔中以西。庄跻者，故楚庄王苗裔。跻止滇池……以兵威定属楚。欲归报，会秦王夺楚巴、黔中郡，道塞不通，因还，以其众王滇。"《前汉书·西南夷传》与之略同。如理解由楚定巴、再入蜀，则必沿长江。于是往黔中便可能由僰道向南，东取黔、西取滇。

《后汉书·西南夷传》与之相异，曰:"初。楚顷襄王时（前298～前263）遣将庄豪（疑跻之误）从沅水伐夜郎。军至且兰（今贵州贵定附近）。椓船于岸而战。既定夜郎，因王滇。……滇王者，庄跻之后也。"

《旧唐书·地理志》记姚州:"古滇王国。楚顷襄王使大将庄跻，泝沅元出苴兰以伐夜郎，属秦夺楚黔中地，跻无路能还，遂自王之。秦併蜀，通五尺道。"和《后汉书》略同，但又插入秦夺黔中地事。

常璩《华阳国志·南中志》年代按《史记》，（任乃强校注图志已改为顷襄王），路线用《后汉书》。

后史纠正前史是因为时间上发生抵触。于是庄跻入滇，史家专论。近人任乃强校补图注同意贵州莫与俦《庄跻考》的结论即:《史记》在时间上错了，《后汉书》溯沅江也错了。其考证结果认为：时间上以顷襄王时为是，但路线上可能是溯长江而上至涪陵，折而向南，沿乌江到江口。溯其支流芙蓉江，经正安达遵义，再由西南入昆明。

然而《史记》秦·常颎略通五尺道当是司马错伐黔中相近的时候。时在秦昭襄王二十七年即楚顷襄王十九年（前280）《史记》:"又使司马错发陇西，因蜀，攻楚黔中，拔之。"切断了庄跻归路。

汉初，蜀以南的地方暂时还管不着。汉武帝时，《水经注》记有："汉武帝惑相如之言，使县令南通僰道，费功无成。唐蒙南人，斩之。乃凿石开阁，以通南中，迄于建宁，二千余里。"《史记》称蒙："发巴蜀卒治道，自僰道（今宜宾）指牂牁江（今北盘江）。"

隋史万岁南征，自川滇西道入，由东道即僰道回。

唐·贞元九年（793），南诏蒙异牟寻遣使三路入川，致书韦皋。唐·樊绰《蛮书》记《赵昌奏状》称："恐和使不达，故三道遣。一道出石门以戎州入……"。唐时戎州即今宜宾。石门为云南昭通豆沙关。同书卷一记入云南道路："戎州南十日程至石门，上有隋初刊起处云：'开皇五年（585）十月二十五日，兼法曹黄荣，始领始、益二州石匠，凿石四孔，各深一丈，造偏桥梁阁，通越析州（今宾川）津州。盖史万岁南征，出于此也。"同书记这一段道路是"横阁一步，斜亘三十余里。半壁架空，欹危虚险。"

2. 僰道栈阁

僰道栈阁的分布和形制，缺乏详细调查资料。按上记载，"横阁一步"。唐制约合今1.8米，为栈阁梁间距。"斜亘三十余里"，以三十五里计，唐制一里三百六十步，约一万二千六百余间。"半壁架空，欹危虚险"的栈阁，规模可真不小。然而却只"凿石四孔，各深一丈"何其少也？

今理解为"四孔"是指每个支点为四叠横梁，层层挑出，每梁入崖各"深一丈（约2.94米）"，孔很深（可能尺寸记载有误），则可锚住木梁。这是一种"依崖四层木伸臂式栈。"于是梁栈有单梁无柱，单梁有柱，双梁中柱，三梁二中柱，和四叠梁伸臂。今金沙江皎平渡附近有残存栈道，便是此式。

四叠梁栈，道宽当不至5尺。经结构计算可宽至2丈（约5～6米）、唐代栈道规模都是比较宏大的（图3-50）。

图3-50　依崖四层木伸臂栈

（二）旄牛道

秦既据蜀，又向西和南方发展。《华阳国志·蜀志》记秦昭襄王二十二年（前285）蜀郡太守“取笮（今四川盐源、云南宁蒗一带）及其江南地”司马相如又略定秦时当为郡县的“邛、笮、冉、駹。斯榆（今大理一带）之君皆请为内臣。”《史记·西南夷传》：“乃以邛都为越嶲郡；笮都（即旄牛县）为沈黎郡；冉、駹为汶山郡。”

《水经注》卷三十三记：“汉武帝元封四年（疏：当作元鼎六年，即公元前111年）……治旄牛道。……自蜀西度邛、笮，其道至险。有弄栋八渡难，杨毋阁路之阻。”至于这一段阁路的具体情况就不太清楚了。

四 藏蜀栈道（附近邻栈道）

四川西部和青海、西藏接界、川藏之间，多有栈道。

（一）硗碛栈道

由成都沿岷江而上到汶川，再过去便是阿坝藏族自治州。如溯青衣江，上芦山河、宝兴河，地名灵关。从宝兴、硗碛，可入小金川、大金川，亦抵阿坝藏族自治州。作者曾循两路探索，于硗碛得见古栈道遗构。图3-51为依崖梁柱式标准式栈道。图3-52为依崖有梁无柱式木栈。这些栈道都已没有桥面。栈道较窄，栈木细小，结构稀疏简陋。因栈道在公路对面，人不可及。但见树木荫森，水波沸活，仿佛处身于近古时代的环境之中。

图3-51 硗碛栈道依崖梁柱式栈

图 3-52　硗碛栈道依崖有梁无柱式栈

（二）昌都栈道

川藏和滇藏之间，从海拔 200 米，直上 3000 米的世界屋脊。其间山则峻岭重阻，水则迂回湍激。冬则积雪，夏多瘴历，有好几处古道上有栈道偏桥，以昌都地区至为险要。

入藏道路，其栈道艰险，和褒斜、金牛不可同日而语。

清《和琳奏折》称："口外山路陡险，风雪不时，侧径偏桥，怪石林立。迥非同甘道入夜可攒行。"清·余瀛《西征日记》① 记："上碧贝山（在昌都境内）土人名曰琫山，又名得贡剌山，陡峻百折，磴曲岗旋，云迷雾锁，虽骏马亦难展足。至巅凡三十里。下坡之险，更倍上坡，悬崖峭壁，仄径蜿蜒。俯视下方，昏黑无底，一落岂止千丈也。回思褒斜、剑阁，刮耳摩天，直康庄耳！虽王公贵显，至此亦须步行，舆马之力，至此穷矣。"

从察雅到昌都一段路程中偏桥特多。《西藏图说》载："洛加宗沿沟而上，傍山行路，纡曲稍平，第偪仄多偏桥。"又载"包墩沿河（指澜沧江上游）行十里，过大山，地名小恩达，路多偏桥，险窄不可骑。行六十里，过四川桥，抵察木多（即昌都）。"

过了昌都又是偏桥。"浪荡沟二十里至裹角塘，进沟上山由偏桥。行险如前，雪凌滑甚。""十里过山，山势高峻，下山绕河而行，偏桥叠见，三十里嘉裕桥。"

在褒斜道一节中，已对偏桥作过解释。偏桥和云栈本是两种类型，但亦有认为是同

① 载于《古今游记丛抄》卷四十七，119 页，上海中华书局，1924 年出版。

一事物。清·王昶《雅州道中小记》:"自雅州至小关山，两山皆壁立溪中，石累累然若卵，若棋、若弹丸、若缶瓶甓釜，大者若舟……溪水落，人为道溪中，水涨则从偏桥以行。……偏桥之制，先凿穴石壁上。下二三丈复凿穴以楮（柱）巨木，木斜出，杪与上壁穴平。举木横上穴中，复引其首缀于木杪，势平，固以絙，或铁，或竹索。两木间施骈木焉。实土，布以板。如是始通人行。秦中名曰栈道，又名阁道。楚、黔皆有之。岁久絙稍弛，率跛倚摇荡。又久者版木朽腐，缺处俯见万石林林，石皆枪植剑矗，辄背汗足瘁，涩不能举。马蹈其隙颠踣。行人坠万仞下，肢肌糜裂以殇。若是者，壁绝路断处多有之，故其地号至险。"① 所以，这一带称偏桥实即栈阁。

（三）尼羊曲栈道

离西藏拉萨以东约320公里的尼羊曲河峡谷中，尚有一些栈道遗迹。石壁陡立，江水奔涌。藏民在这里倚山傍水，搭架简陋的栈道（图3-53）。很明显的看出，都是捆绑结构。

图3-53 西藏尼羊曲栈道

① 《雅州道中小记》出自《古今游记丛抄》卷三十，上海中华书局，1924年出版。

（四）近邻栈道（附）

中国与西南邻国之间亦有栈道。

《大唐西域记》卷三，记："瞢揭釐城东北逾山越谷，逆上信度河，途路危险，山谷杳冥。或履縆索，或牵铁锁，栈道虚临，飞梁危构，椽杙蹑登，行千余里，至达丽罗川，即乌仗那国旧都也。……从此东行，逾岭越谷，逆上信度河。飞梁栈道，履危涉险。经五百余里，至钵露罗国（北印度境）。" 所记乃今克什米尔地区印度河上游的河谷飞梁栈道。

五　楚蜀栈道

长江三峡中亦仍有栈道孔遗迹（图 3-54）。清·洪良品《巴船纪程》记巫峡："两岸

图 3-54　长江三峡栈道孔遗迹

铁壁夹立，有若斧劈。岩际多作洞穴形，其上羊肠萦绕，铁锁横空。纤夫背负百丈（篾索称百丈），手缘索链，鱼贯而行，冉冉入云际。……殆亦明、符锡之开峡山栈道，治钓鱼台也。"① 三峡大坝成，三峡栈道遗迹当永沉水中。

小三峡亦有栈道，传说乃秦司马错伐楚所创。现在峡口恢复一段栈道作旅游之用

① 载于《古今游记丛抄》卷三十，第 43 页，上海中华书局，1924 年出版。

(图 3-55)。栈道亦为依崖有梁无柱式。

图 3-55 长江小三峡口栈道

图 3-56 清·髡残《仿王蒙山水轴》(局部)

假定说褒斜赵子龙烧栈之后始有有梁无柱式则这些栈孔当非秦栈原物。

《中国古代书画精品录》中，清·髡残《仿王蒙山水轴》中部亦醒目地绘有有梁无柱栈道一段，曲折缘山嘴、山上有楼阁。栈道有扶栏。今小三峡栈道为游人安全计亦装上栏杆。不然下临无地，将有危慄之感。王蒙作画（图 3-56）不师成法，其原题为“汉武帝欲以兵法教霍去病，病曰，不至学古兵法，顾方略如何耳。唐明皇示韩干御府图马，干曰，不愿观也……石秃曰、若先有成法则塞却悟门。古人学道先从死里求活，所谓绝处再苏……。”看来学古人造桥亦当如此。

六　各省栈道

栈道不止秦、蜀、陇、滇、藏等地区有，见凡山区险道，古时常有栈道。

（一）山西雀鼠谷栈道

《水经注》记："汾水南过冠爵津，汾津名也，在介休县西南，俗谓之雀鼠谷。数十里间，道险隘。水左右悉结偏梁阁道。累石就路（石葕），萦带岩侧。或去水一丈，或高五六尺。上戴山阜，下临绝涧，俗谓之鲁班桥。盖通古之津隘矣，又在今之地险。”《隋书·宇文恺传》隋文帝时“鲁班古道，久绝不行，令恺修复之。”

（二）云南盘蛇谷栈道

《徐霞客游记》记盘蛇谷："东西两崖，夹成一线，具摩云夹，溪嵌于下，蒙箐沸石……路皆凿崖栈木。半里，复西向缘崖行。一里，有碑倚南山之崖，题曰‘古盘蛇谷’乃诸葛武侯烧藤甲兵处。然后信此险之真冠滇南也。”

（三）湖南浈阳峡栈道

《水经注·资水》载："溱水又西南，历皋口、太尉二山之间，是曰浈阳峡。两岸杰秀，壁立于天。昔尝凿石架阁，令两岸相接，以拒徐道覆。”事见《晋书·卢循传》。

（四）河南黄河三门峡栈道

古代去长安槽运，由运河入汴水，经黄河三门峡。上溯，自渭水运抵京师。然而三门峡砥柱水险，经常覆舟。西汉成帝时曾修凿过三门峡。西晋亦曾开凿有“太康二年（281）木匠□伦石工孙同造”字迹。唐代对三门峡的人门一道，加以整治，并开纤道。《唐会要》卷八十七记："唐·显庆元年（656）苑面西监褚郎请开底柱三门。凿山架险，拟通陆运。”《太平广记》引《朝野佥载》有："将作大匠杨务廉开陕州三门，凿山烧石岩，侧施栈道牵船。”

现三门峡尚有栈道石穴八九百个。并有凹槽形栈道遗迹（图 3-57）。

三门峡栈道的构造细节有独特之处。

凹槽式栈道如图 3-58。在凹槽石壁边上，靠近槽底面处，横向开凿方形石孔。孔高约 10～20 厘米，间距约 2 米。横孔用以插横梁。对准每一横孔，在石槽底面有竖向的底孔一或二三个。底孔为正方形或长方形。边长 10 厘米左右，深 5～10 厘米。估计底孔是安置垫木短柱之用，垫木和横梁榫合。上铺木板，便成栈道。栈道宽约 2 米。凹槽石底面宽 1～2 米，窄处仅为 20 厘米，恐怕是后来崩坏的缘故。高出石槽底面 1 米左右有牛鼻孔，径约 15～30 厘米，是为安装铁链扶手之用。因是纤道，外侧不会有栏杆，内侧靠铁链借力。

图 3-57　黄河三门峡栈道遗迹（凹槽式栈）

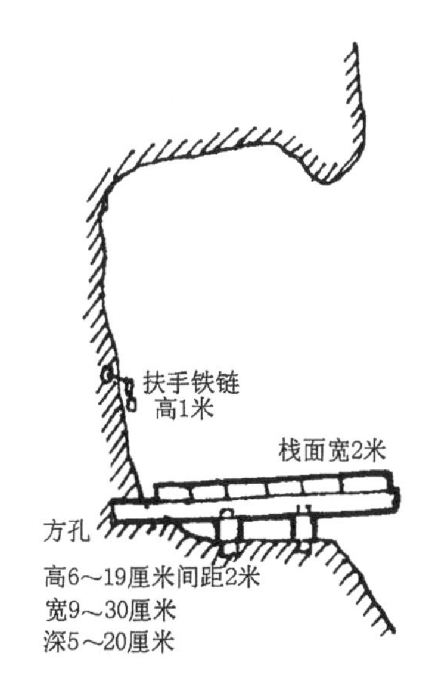

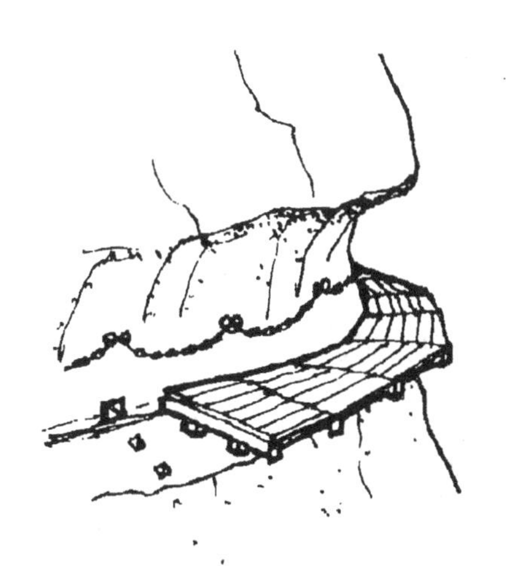

图 3-58　三门峡凹槽式栈

另有一段栈道，石底面宽仅 40 厘米，石质坚硬、石壁凿有 10 个密排的特殊壁孔以锚定木梁（图 3-59）。根据孔形，推想当年是从孔的前方插入木梁，其一端远伸在外。石壁外侧梁下用长木板垫底。后端一方面靠石孔上留下的石横梁；另一方面靠梁后与横梁榫合的竖木接合，竖木顶楔紧于孔。可以得到既能抵御弯矩，又能防止滑脱的结构细节，和陇栈和褒斜的梁头细节又不一样，故称为依崖楔锚梁式栈。

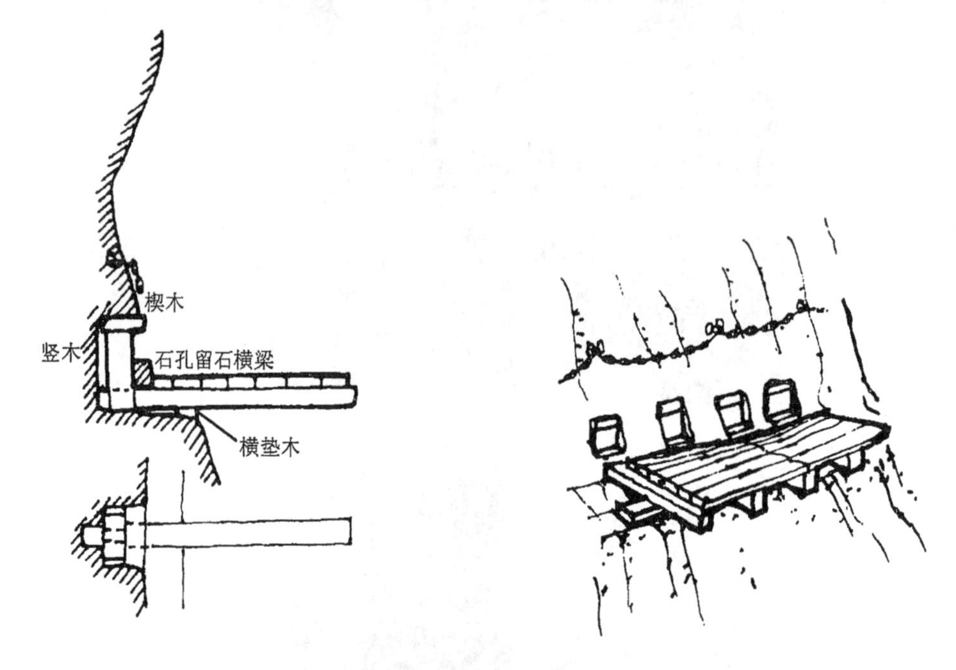

图 3-59　三门峡依崖楔锚梁式栈

图 3-60　清·王翚《仿范宽溪山行旅图》（凹槽式栈）

清·王翚《仿范宽溪山行旅图》上绘有凹槽式栈道（图 3-60），高穿半崖，更为险峻。

便在三门峡上下游，尚有新安至三门峡黄河栈道，和新安至渑池一带栈道。石壁有宋治平三年（1066）；崇宁四年（1105）清·康熙五十二年（1713），嘉庆十六年（1811）碑记。

（五）河南济源沁河栈道

河南济源五龙口溯沁河25公里，峭壁上今尚存栈道遗孔二百余个。亦有“石门”，其铭称为三国、魏、齐王曹芳正始五年（244）所开凿。

（六）贵州镇远栈道

《读史方舆纪要》记贵州镇远县、镇远卫:“当黔播之咽喉，为辰沅之藩屏……有偏桥。[①] 左倚高崖，右临溪水，斵石架木，以通往来。”

七 名山栈道

栈道既为山区道桥结合的一种形式，且名山深谷，风景绝佳处，往往是僧、道所占，多建庵、寺、观、阁。游客信徒，踪迹络绎、多有栈道。

（一）陕西西安九嵕山栈道

九嵕山为形胜之地，为唐太宗昭陵所在、系由阎立德所经营。李世民灵寝的玄宫建在九嵕山主峰之上。营建之时，“缘山傍岩架梁为栈道。悬绝百仞，绕山二百三十步（约414米），始达元宫。”建成之后，为了保护元宫，拆去栈道。虽是陵寝施工用栈、昭陵得以完整地保存至今。

（二）陕西华山栈道

李白诗中有“天梯石栈方钩连”句，其天梯可能是凿石的蹬道。《韩非子》:“秦昭王令工施钩梯上华山。”今日华山一侧，仍有凿山而成石磴道。外侧凿石孔，设栏杆。内侧在石壁上挂铁链。梯道断处，架以石栈（图3-61)。

《徐霞客游记》记有若干名山栈道。

（三）福建武彝山栈道

“岩北处更有一岩尤奇，上下皆绝壁，壁间横坳仅一域，须伏身蛇行，盘壁而度，乃可入。……至坳转处，上下仅悬七寸，阔止尺五。坳外壁深万仞。余匍匐以进，胸背相摩，盘旋久之，深度其险。岩果轩敞层叠，有斧凿置于中，欲开道而未就也。”[②] 这也许便是开凿的凹槽式栈道。

---

① 《读史方舆纪要》卷一百二十二。

② 丁文江著《徐霞客游记》卷一，18页，商务图书馆，1923年版。

图 3-61　陕西华山天梯石栈

（四）浙江天台山栈道

栈道在桃源:“双鬟诸峰，娟娟攒立，岚翠交流……寻得石径层叠，磴级既尽，复叠石横栈，度崖之左，已出瀑上。”

（五）山西恒山栈道

“抵山下，两崖壁立，一涧中流，透罅而入，逼仄如无所向，曲折上下，具成窈窕。伊阙双峰，武彝九曲，具不足以拟之也。时清流未泛，行即溯涧。不知何年，两崖具凿石坎（穴），大四、五尺，深及丈。上下排列。想水溢时，插木为阁道者。今废已久，仅存二木悬架高处，犹栋梁之巨擘也。三转，峡愈隘，崖愈高。西崖之半，层楼高悬，曲榭斜倚，望之如蜃吐重台者，悬空寺也。”① 根据描述，栈道似为有梁无柱式。两崖

① 《徐霞客游记》卷一，第 88 页，上海古籍出版社，1982 年。

都有栈道，或竟两两相联，成为一体。悬空寺楼阁之间，亦有撑柱木栈，今日犹存。

（六）金华山栈道

“两崖中辟，上插云霄，而下甚平。有佛宇三楹当其中。楹左右恰支两崖，而峡从其前下坠，路由左崖入，由右崖栈石壁而盘其前以登玉皇阁。……栈高悬数丈，上下皆绝壁、端耸云外，脚插峡底，栈架空而横倚之。”

（七）四川峨嵋山栈道

徐霞客惜未入川，而峨嵋山亦有栈道。罗哲文摄得峨嵋栈道一段（图3-62），亦为后代修复者。其横梁除支以木柱外，一端入崖壁，另一端撑于对壁，河谷较窄，此举成为可能。恒山栈孔可能亦即如此。

图3-62　四川峨嵋山栈道

（八）四川青城山栈道等

四川青城山天师洞以上有栈道。四川交通厅吕隆光见赠青城后山栈道照片数桢（图3-63，64）系专程派员所摄，虽为复古仿制，然依山曲折，高下如意，穿行于崖侧，丛岩，瀑布之间，用绑扎式木结构。木柱外倾，上捆栏杆木，可以不占行道空间。行道板间隔地横嵌在梁木之上，经济牢固，简单实用。

四川成都灌县等处还多栈道。

《古今集记》在灌县“西十余里有虚阁栈道。二十五里有石笋阁道。三十里有龙洞阁道。”

四川成都九峰山银厂沟有攀高依崖栈道。

四川彭县有长三千一百米的银苍峡栈道等。

名山栈道，作为交通点缀和观赏胜景实在是美妙不过的。

图 3-63　四川青城山栈道（一）

图 3-64　四川青城山栈道（二）

（九）甘肃燉煌莫高窟栈道

甘肃燉煌窟诸山壁洞穴之间，昔日以栈道相联。法国伯希和盗买燉煌文物时，曾摄得此帧（图 3-65），尚可见其一斑，是有梁无柱式结构。现今修复者已无复旧观。类似于燉煌的尚有甘肃麦积山石窟，诸洞穴之间亦有栈道，高出云霄，亦是依崖有梁无柱，多达七八层，有梯道互相联系，更为壮观。

图 3-65　甘肃燉煌莫高窟栈道

八　栈道展望

（一）栈道短长

总览栈阁发展的历史，栈道是从无法解决通过深沟峡谷，悬崖峭壁，只能翻山越岭，艰苦跋涉的山区鸟道，由于发明了倚山穴栈的方法而产生的。有历史文字的记载，栈道源于秦代。有了栈道，道路避攀登、就平易。两地之间，尽量减少坡降，取河谷近路，缩短距离。褒斜石门隧道和栈道，撇开了七盘山之险；白水栈道，躲过了青泥岭，都是依靠栈阁。文川道想避免褒水栈阁，阆中道想躲开剑门栈阁，结果还是都回到旧路，可见栈道有相当的优点。

栈道的构造并不复杂，所困难的是其施工条件。因为“穴石”都是几乎在无法立足的崇崖急湍的环境中进行。从山上吊下绳索，悬挂脚手。石工木工在半空中像猴子和飞鸟一样工作。凿石、立棚、架梁。这是最不利的施工条件，一般情况下，还是在枯水季节，从河谷的山根边上，立起脚手架较安全的工作。

栈道的工程量实在并不算大。以标准式结构而言，取每间间距 1.5 米，凿石孔 40 厘米见方，深 50 厘米，壁孔柱孔各一，每延米只需 0.107 立方米。栈道宽以 3 米计，梁、柱、板及栏杆等木料亦只 0.2 立方米左右。木料就地取材，不必大动斤斧，加工简单。工程数量较之土石道路，砌石挡墙要少得多，可称为因地置宜的好办法。

简单的结构，少数工程数量，因此带来了快速的施工速度。如李虞卿督修白水道，作栈道 2309 间，一切材料都已准备好，一个月便走新路。每间以 1.5 米计共 3463.5 米，日成栈 115.45 米。贾三德修石门左右栈道二百余里，费时 14 个月，日成栈（及道）238 米。

假如是对已经凿了石穴的旧栈，由于水火毁坏而予以修复，则时间更短，速度更快。如曹真攻蜀汉，进军子午，时逢大雨，30 余天只推进了 330 里（半谷）每天约 10 里。以行军速度看，似嫌太慢。然而雨天修栈（及路）能有日进约 4260 米的速度，不能算慢。诸葛亮薨，魏延退军烧绝栈道，杨仪随后“槎山通道，昼夜兼行”也能即刻修复。何况杨仪可用拆后架前的方法，以少量材料，快于曹真修栈的速度回到汉中，可见栈道施工也不是十分可怕的事。

古栈道两大自然破坏力是水和火。

栈道构造的演变，便是和水斗争的过程。标准式栈道立柱水中，即使是注意到了“处稳定柱”，立脚在可靠的石脊上，可是当山水骤来，骇浪惊波，“碧沙溃瀸而往来，巨石硉矹以前却”（《江赋》）。沙滩移走，“砯崖转石”（李白）、巨石下滚，加上水面夹有漂木，栈柱立被横摧，其破坏是灾难性的。

从构造上解决，于是有缩脚进岩根的斜撑柱式，有单梁无柱、双梁、三梁中柱式、四层叠梁式等，并且应将最下点抬高到最高洪水位以上。没有详细水文记录的当年，不一定能准确做到，可能还是吃了洪水的亏。

水对栈道另一危害之处是时乾时湿使木材腐朽。栈道处于常荫鲜晏，雾摝云罩，轻泉飞溅、苔藓滋生的环境之中，极易腐朽、外观如昨，却会随轮蹄摧折。往往一段路出了问题，后来者不知，迳临危栈，正应了《诗》云“进退维谷”的地步。

石栈以石代木在抵御水火方面也许比木为强。但性脆易裂，硬木设计抗拉强度为 10000 千帕，而花岗石平均为 2830 千帕。且不耐冲击。同样的荷载，同样的截面，石梁仅能挑出木梁的一半，所以石栈栈道面较木栈为窄。

木料不耐火。“祖龙一矩，化为尘土。”有人统计，[①] 历史上记载断褒斜栈道明确用火焚的重大事件有五次。所以唐·阴铿《蜀道难》诗道：“高岷有长雪，阴栈屡经烧。”石栈亦可以堆柴烧裂而断。火攻是兵家常用的办法。木栈，或广义地说一切建筑材料都经不起火，木料特甚而已。没有雷击起火烧栈的记录，栈道失火都是人为的。

我们再从道路的发展历史看栈道今后的地位（图 3-66）。

道路是由上下盘旋的蹊道，发展到沿谷缘壁的栈道与偏桥结合。由于木栈的缺点和火药的应用，清代起多修碥路。

碥路又称塥路，偏路。《正字通》称：“水疾崖倾曰碥”。便是路修在靠急水的崖坡边。或开山，或加砌挡土墙。直到今天的山区公路，仍是依山曲折、弯道特多，所谓“直上葱茏四百旋”。实际是旋多迂远，落后的公路建筑。作者在山区作古桥调查，汽车日行二百公里，约十多秒钟转一个弯，便是只有“碥路”少建偏桥和桥梁的缘故。

近代铁路不允许许多小半径的弯道，于是直穿而过，桥隧相连，道路是顺直了，工程量较大，风景欣赏却成问题，减少了旅游的乐趣。况且崭山填道破坏自然植被，破坏了原有的边坡稳定，常遭受坍方、落石等而中断交通。栈道布置却不然，尽量维持山川原貌而又能取得顺直便捷的道路。采用近代材料和结构技术，结合栈道的选线及构筑方法以作近代山区道路，该是上乘的事。

---

① 郭清华，《浅谈褒斜栈道在历代战争中的运用》。

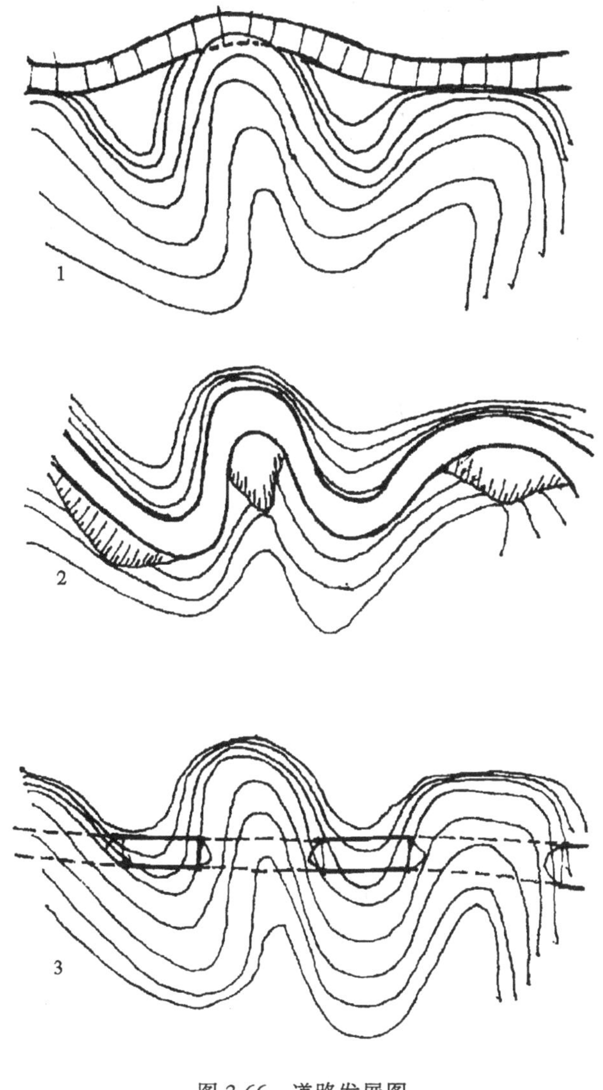

图 3-66　道路发展图

1. 栈道偏桥　2. 缘山碥路　3. 桥隧结合

（二）栈道景色

即使是古代栈道，行处有险有乐。特别是欣赏雄奇，劲秀的山水风景、在栈道上可联绵不断，应接不暇。再加上在稍平坦或峻拔之处，建一亭、阁、观、楼，集中地停留在风景极美的地方，真山真水，较之城市中些山滴水的景区，更可开人襟抱，廓人胸怀。中国的水墨山水画更引人入高雅平和的景地。

一个人对自然环境的欣赏，取决于文化水平，个人遭遇、和一时心境。经过栈道的骚人墨客，因为古栈的安全性较差，再因跋涉时间过长，以及家乡观念，身世悲叹的情绪严重、极多悲怆的调子。然而亦有放怀宇宙，达视人生，感到欢快的歌颂栈游之乐的咏唱。

唐·白居易《送武士曹归蜀》诗道：“花落鸟嘤嘤，南归称野情（乐山水野趣之情），月宜秦岭过，春好蜀山行。江路通云栈，郊扉近锦城。乌台步冈老，人羡别时荣。”① 既羡其别时荣归，又羡其能得沿途景致。

唐·雍陶《到蜀后记途中经历》诗：“剑峰重叠雪云漫，忆昨来时处处难。大散岭头春足雨，褒斜谷里夏犹寒。蜀门去国三千里，巴路登山八万盘。自到成都烧酒熟，不思身更入长安。”② 虽然诗中叹道路的艰难，然而栈道夏日犹凉，八万盘栈路穿云，数千重剑峰攒日，这样的美景平原上是看不到的。

唐·杜甫《五盘岭》诗：“五盘虽云险，山色佳有余。仰凌栈道细，俯映江水疏。地僻无网罟，水清反多鱼……喜见淳朴俗，坦然心神舒。”不是吗？险虽有险，但山色绝佳，民风淳朴，行之心情舒畅。

唐·岑参《早上五盘岭》诗：“平旦驱驷马，旷然出五盘。江回两崖斗，日隐群峰攒。苍翠烟景曙，森沉云树寒。松疏露孤驿，花密藏回滩。栈道溪雨滑，畬田原草干，此行为知己，不觉行路难。”③ 如此江山美景，崖斗峰攒、松疏花密。加上将与知己相逢，赏心悦意，行路不难。

山中风景四时相宜。前记元稹《南秦雪》诗和仇英剑阁雪景图在寒冬天气，雪景可称美极。

宋·陆游《嘉州铺遇小雨景物尤奇》诗道“一春客路厌风埃，小雨山行亦乐哉！危栈巧依青嶂出，飞花并下绿岩来。面前云气翔孤凤，脚底江声转疾雷。堪笑书生轻性命，每逢险处更徘徊。”险处徘徊，不险不显其奇，不险不得其乐。

明·孙昭《连云栈》诗：“危楼断阁置梯平，蹬道迎云寒易生。落木倒听双壁静，飞轮斜度一空横。高林数急征鸿翼，崖壁时翻瀑布声。未信关南地形险，翻疑仙洞石梁行。”山水栈阁之乐，竟然如到了仙境一般。

可惜绝大部分栈道已成遗迹。

1993年秋应邀赴汉中开第四次蜀道石门石刻研究会，其间去褒斜一行，但见石穴残留不多，古迹岌岌可危、因步放翁为南郑谱词《汉宫春》曰：“飒爽金秋，看汉王台畔，聚会今贤。畅说益梁飞阁，石壁题笔。东瀛佳客，羡中华道中书元。全仗着，主雅客喜，提携白发英年。褒斜道上周旋。唯观音碥下，孔雀台前，五百里间石穴，残剩堪怜。朝天峡口，缘嵊崖秦栈占先。执牛耳，子午傥骆，珍惜赖群肩。”

近年各地渐知珍惜民族文化，保护栈道古迹，恢复一些古栈以作山水点缀旅游之资，亦可称庆了。

第三节 复 道

复道联接诸宫室之间，地非险峻。上层为帝皇专用的道路，所以功能和栈道不同，自然其结构形式也不一样。

一 黄帝复道

最早的复道，据传是在黄帝轩辕氏时。《水经注·汶水》记：“汉武帝元封元年（前

① 《全唐诗》卷四百三十六，4835页，中华书局，1960年版。

② 《全唐诗》卷五百十八，5915页。

③ 《全唐诗》册六卷一百九十八，2046页，中华书局，1960年。

110）封泰山。……欲治明堂于奉高傍而未晓其制。济南人公玉带上〈黄帝明堂图〉。图中有一殿，四面无壁，以茅盖之，通水环宫垣。为复道，上有楼，从西南入，名曰昆仑。天子从之，入以拜祀上帝焉。于是上令奉高作明堂于汶上，如带图也。”公玉带明堂图不知何据？如图所绘，则可以认为在公元前27世纪已有了复道。

二 秦汉复道

秦统一六国、大兴宫室，规模宏大，多建复道。

《史记·秦始皇本纪》:“二十六年（前221）……秦每破诸侯，写仿其宫室，作之咸阳北阪上。南临渭，自雍门以东至泾渭，殿屋复道周阁相属。”三十五年（前212）：“于是秦始皇以为咸阳人多，先王之宫廷小。吾闻周文王都丰，武王都镐。丰镐之间，帝王之都也。乃营作朝宫渭南上林宛中。先作前殿阿房。东西五百步，南北五十丈。上可以坐万人，下可以建五丈旗。周驰为阁道，自殿下直抵南山。表南山之巅以为阙。为复道，自阿房渡渭，属之咸阳，以象天极阁道绝汉抵营室也。”“乃令咸阳之房二百里内，宫观二百七十，复道、甬道相连。”

杜牧《阿房宫赋》称:“长桥卧波，未云何龙？复道行空，不霁何虹？”

司马迁在一文之中并用阁道，复道和甬道。本章概说中已予说明。古籍中亦有混为一谈者，如《淮南子》注说:“甬道，飞阁复道也”是错误的。

汉因秦制，初都洛阳。《史记·留侯世家》:“六年（前201）……上在洛阳南宫，从复道中望见诸将往往相与坐沙中语”便是周、秦留下宫室中的复道。

汉都长安，开始大营宫室。首先从秦遗留下来的兴乐宫改建为长乐宫。汉高祖七年（前200）萧何营建极为华丽的未央宫。汉武帝太初元年（前104）所建“千门万户”的建章宫。长乐宫北有明光宫；未央宫北有北宫、桂宫等宫殿，在这些宫殿之间都有阁道相联（图3-67，68）。

《傅子·宫室》说:“上于建章中作神明台、井干楼，咸高五十余丈，皆作悬阁、辇道相属焉。”班固《西都赋》盛称:“辇路经营，修除飞阁。自未央而连桂宫，北弥明光而亘长乐……”昭明太子注:“辇路，辇道也”以道注路，甚为无谓。如淳曰:“辇道、阁道也”辇道外延广，阁道不过是其一种。宫室间的悬阁辇道，是行辇的复道。

张衡《西京赋》有:“阁道穹隆，属长乐与明光，径北通乎桂宫。……长廊广庑，途阁云蔓。”注称“谓阁道如云，气相延曼也。”

《关中胜迹图》中的复道不过是示意，未必能来达当年复道的真实情况。图上所注“复道”或“辇道相属”都是高架墙基上的开敞廊道。这和“上下有道故谓之复”“人行桥上，车行桥下”者有异。

复道联结于宫殿之间，可是都城皇宫之内和上林离宫别馆间又有差别，有取其秘而不见，亦有取其敞而赏景两种功能。

关于前一种，张衡《东京赋》称:“飞阁神行，莫我能形。”注为:“言阁道相通，不在于地，故曰飞；人不见行往，故曰神。形，谓天子之形容，言我无能说其形状也。”秦始皇幸梁山宫“见丞相车骑众，弗善也”丞相损车骑，始皇以为“此中人（随从）泄我语……皆杀之，自后莫之行之所在。”汉高祖于洛阳宫从复道上望见诸将相与坐沙中

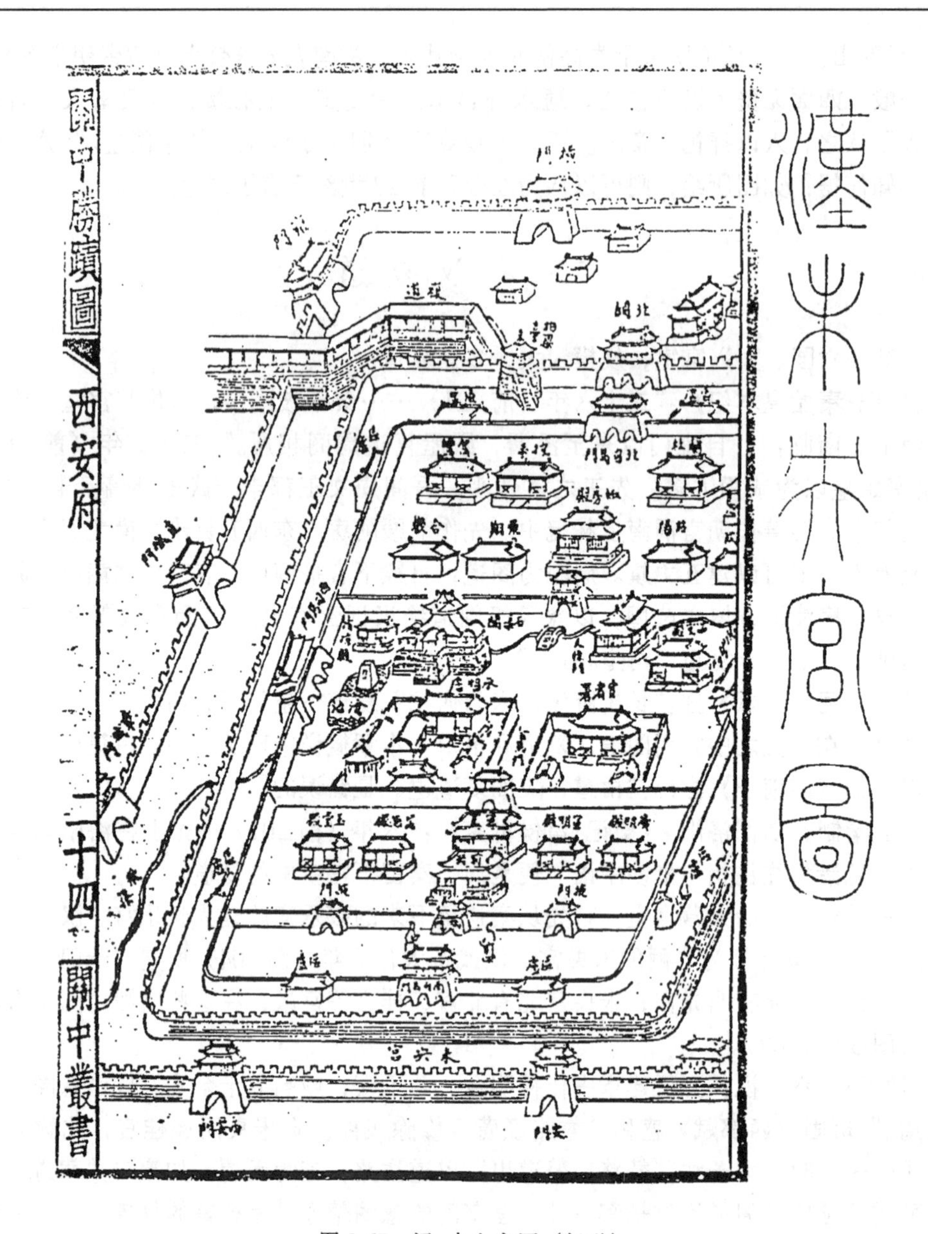

图 3-67　汉·未央宫图（复道）

语，诸将亦当不见汉高。于是复道似应有窗，图中已略去了。

台北故宫博物院藏元代李公琰《汉宛图》宫墙外一段复道，上建楼观，下天三个门洞。其他宋·元宫宛画中，廊道和复道相连续。低台者为廊、高台者为复道，几乎不易分清。

秦始皇以黄河为秦东门，汧水与渭水相交处的雍为秦西门，北至九岁山甘泉山，南至鄠杜，东西八百里，南北四百里，离宫别馆，弥山跨谷，一无关栏，自然“神形”其中。汉武帝的上林宛却是外人不得入内。如此，则为了观赏风景复道自可通畅。《建章宫图》左上，蓬莱方壶之间的一段复道，便是开敞的木阁道。

清·张宗苍绘《飞阁流泉图》，山林间的复道，亦是架空长木廊道（图 3-69）。至于

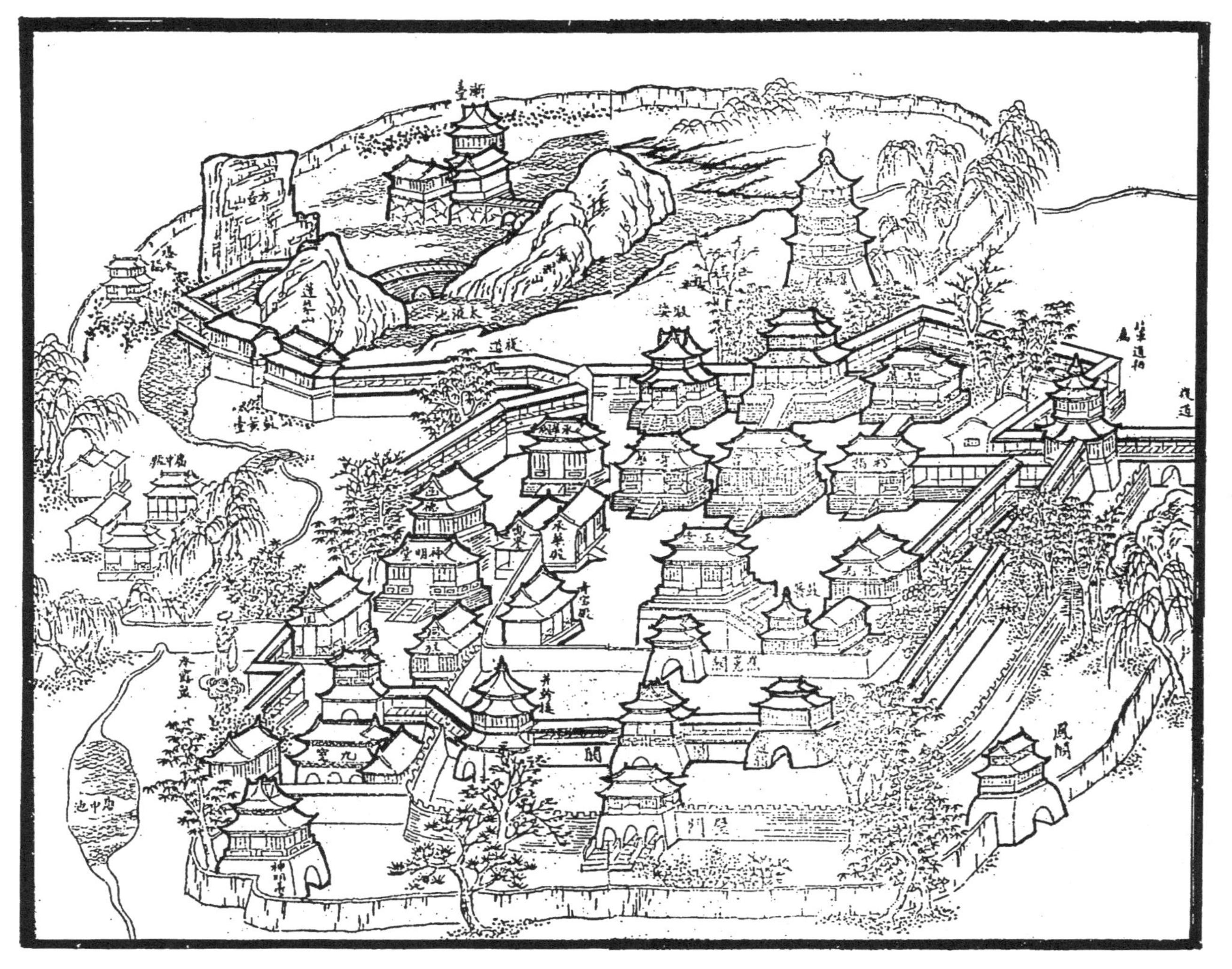

图 3-68　汉·建章宫图（复道·辇道相属）

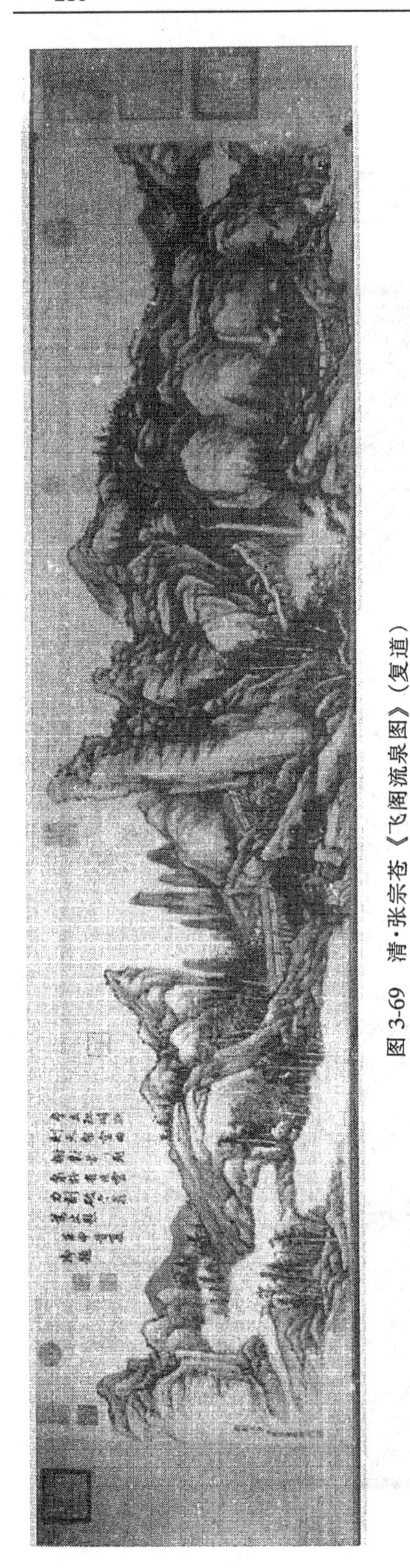

图 3-69　清·张宗苍《飞阁流泉图》(复道)

桥下亦能通行，便可算“复”，恐怕不必一样顺着上层走向通行车道。

三　魏晋复道

台观宫殿建设，往往一主两从，三者之间，联以廊桥，亦称阁道或复道。如魏、曹操建于邺都有名的铜雀台（原名铜爵台）。

《三国志·魏武帝纪》:“十五年（210）冬，作铜爵台。”《三国志·陈思王植传》:“铜爵台新成，太祖悉将诸子登台，使各为赋。植援笔立成，可观，太祖甚异之。”阴澹《魏记》记其辞，中有“……建高门之嵯峨兮，浮双阙乎太清，立中天之华观兮，连飞阁乎西城……”。这时铜爵台与西城以飞阁相联。

建安十八年（213）并起金虎台和冰井台，与铜爵一主两从。《邺中记》记“至石虎（于晋·永嘉六年，公元 312 年），三台更加崇饰。”《水经注·漳水》记:“中曰铜雀台，高十丈……石虎更增二丈……又于台上起五层楼，高十五丈，去地二十七丈。又作铜雀于楼巅，舒翼若飞。南则金凤台，北曰冰井台。”左思《魏都赋》咏曰:“驰道周屈于果下，延阁胤宇以经营。飞陛方辇而径西，三台列峙以峥嵘。”注:“铜爵园西有三台，中央有铜爵台……南则金虎台，北则冰井台……三台法殿，皆阁道相通。直行为径，周行为营。”

南北朝时，陈于宫宛中亦修阁并连以复道。《通鉴·陈纪十》长城公至德二年（584）陈叔宝在建康:“是岁，上于光昭殿前，起临春、结绮、望仙三阁，各高数十丈，连延数十间……并复道交相往来。”

四　隋·唐复道

《大业杂记》称隋宛:“元年（605）五月，筑西宛。周二百里，内造十六院，……外游观之处复有数十。或泛轻舟画舸，习采菱之歌，或升飞桥阁道奏春游之曲。”

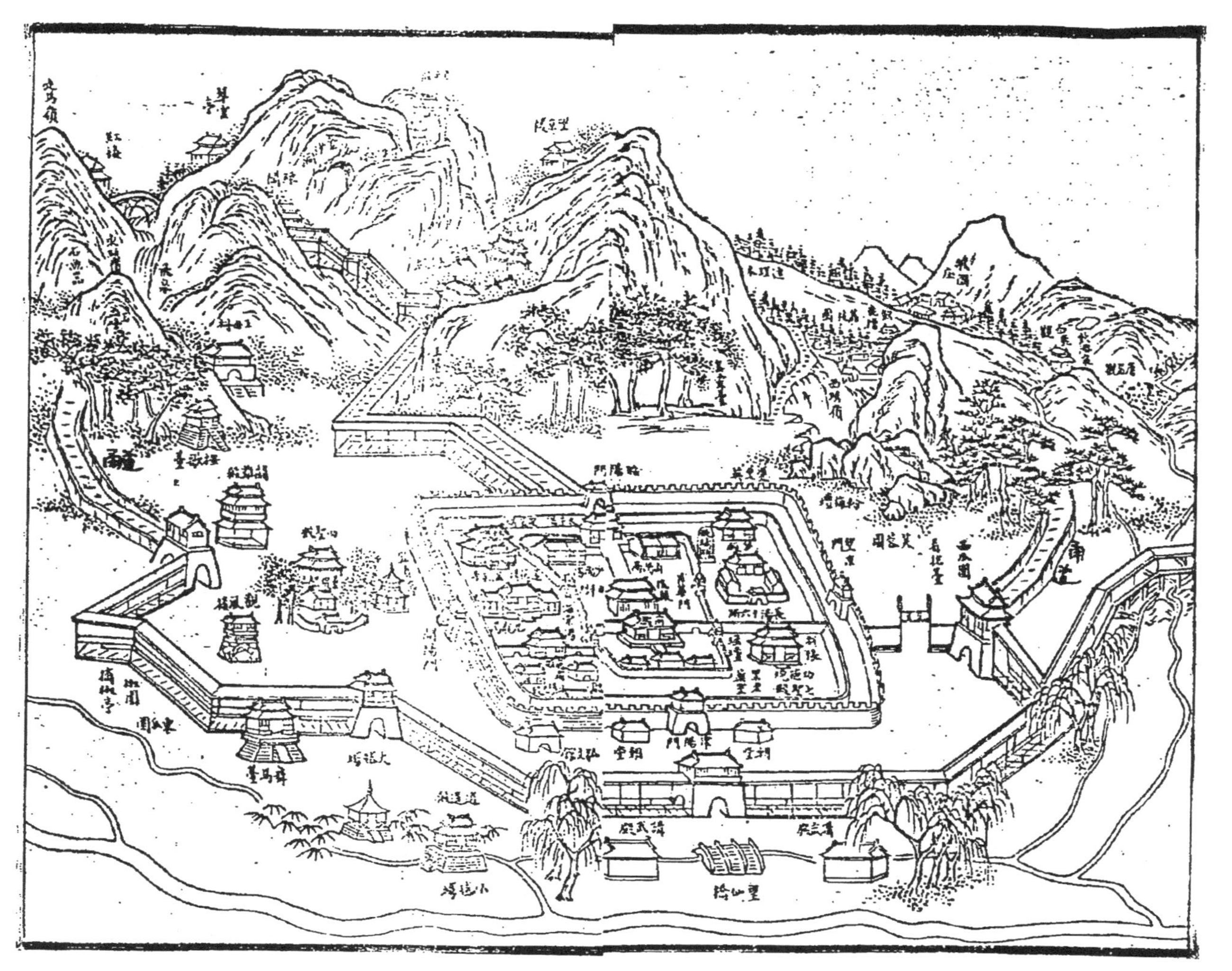

图 3-70 唐·华清宫图（复道，甬道，玉辇路）

隋祚过短，唐代享有较长的昇平繁华年代。

唐的宫城是以隋城为基础，主要宫阙有三个群落，即太极宫、大明宫和兴庆宫。关于宫殿间的复道有这样一段记载。

《通鉴·唐纪二十八》玄宗开元七年（719）："九月……上尝从复道中见卫士食毕，弃余食于窦中，怒。欲杖杀之。……（其兄宁王李）宪从容谏曰：'陛下从复道中窥人过失而杀之，臣恐人人不自安'"。避免了走秦始皇的老路。

唐玄宗对骊山宫殿的发展，超越前代，达到了鼎盛的时期。自李世民于贞观十八年（644）由阎立德兴建汤泉宫后，李隆基于天宝六年（747）大加扩建。"宫殿包括一山而缭墙周遍其外"并改名为华清宫。唐时，长安去骊山为复道还是甬道，不甚清楚。《关中胜迹图》绘《唐华清宫图》（图 3-70）复道周缭。上山的开畅木阁复道称为玉辇路。看来皇帝和后妃的行辇和近臣得走上层，一般只能走下层，是名符其实的复道。因为在一宫之中，上层连廊庑窗槛都没有，便于观赏风景。玉辇通长生殿，朝元阁。玄宗命李龟年在朝元阁中演曲，与杨玉环在长生殿外定情，都走复道。

唐·张继《华清宫》诗道："朝元阁峻临秦岭，羯鼓楼高俯渭河。玉树长飘云外曲，霓裳闲午月中歌。"① 复道都可作证。

唐代佛寺亦有一主二从殿堂联以复道的建筑。甘肃燉煌 148 窟壁画中所绘唐代佛寺。中殿和边阁相联，下则有廊道，上则为飞桥，组成复道（图 3-71）。

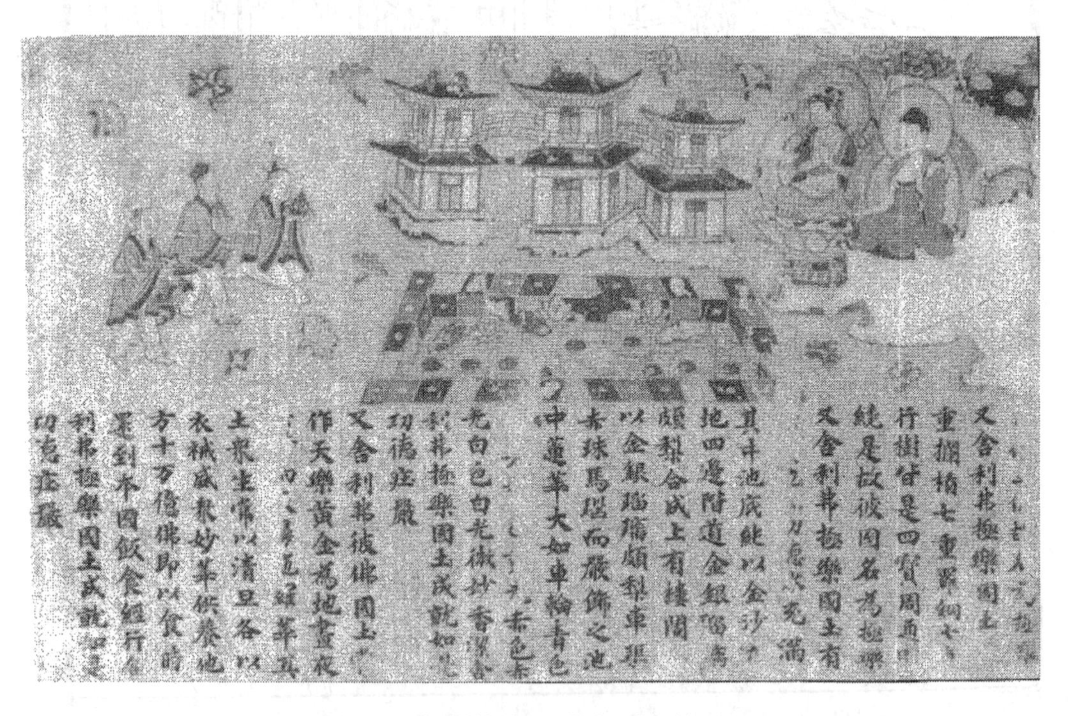

图 3-71　唐·燉煌写经上佛寺飞阁（复道）

① 清·彭定求等撰，《全唐诗》卷二百四十二，2720 页，中华书局，1960 年。

五　宋辽复道

宋都汴梁，到宋徽宗时，大营宫宛，筑万岁、艮岳，时在政和七年（1117）。艮岳规模宏大。艮岳后有曲江池，靠近城墙。《考工典苑囿部》记：“自天波门桥引水直西……乃折南过阊阖门，为复道通茂德帝姬宅。”①

《宋史·宗室传》宋·政和八年（1118）嘉王楷管理皇城内事，从“外第作飞桥复道以通往来。”

宋徽宗自制《艮岳记》道：“……复由磴道盘行萦曲，扪石而上。既而山绝路隔，继之以木栈。木倚石排空，周环曲折，有蜀道之难。跻攀至公亭最高……”。这是御宛中的栈道。李质《艮岳百味诗》称：“云栈横空入翠烟，跻攀端可蹑飞仙……。”②

山西大同下华严寺，薄伽教藏殿有辽代（916～1125）木结构《天宫楼阁、左右是弧形飞桥、作为复道（图3-72）。

图3-72　山西大同华严寺《天宫楼阁》复道

六　元、明、清复道

元都大都，明代自永乐以后也迁北京，就元大都予以扩建。清兵入关，便踞明宫，

① 《古今图书集成》考工典卷五十三苑囿部，清雍正四年刊本，中华书局，1934年影印。

② 《丛书集成初编》本，商务印书馆，1916年。

另有兴作。现在清代宫殿完整地保存着，但无复道。

明·文徵明于嘉靖乙酉（四年，公元1525年）与陈沂、王英、马汝骥曾游西宛（即今北海公园）。马汝骥《西宛诗》10首中的《平台》一诗把“南北垂接斜廊，悬级而降，面若城壁”称之为复道。其诗曰：“曲台通太乙，复道肃钩陈……”。不知指现北海中何处。

北京雍和宫两殿之间的一段复道（图3-73）或亦铜雀三台间复道遗址，然不过是一段架空的廊桥，亦仅小筑而已。

图3-73　北京雍和宫复道

七　复道展望

复道和栈道原本是相近似的结构，后者依谷兴建，缘崖着壁、下临急流，上笼烟树，是山区的桥道。前者在宫宛之中，为帝王贵胄所专用，或避人耳目，或开畅顾赏。结构平易，装饰繁华，到今天已经没有必要。不过高速道路的发展，城市中有立体道路和城市间封闭和高架的高速公路或铁路，庶几还有些复道的味道。近年高楼建筑，亦有故意在两分离的高楼间联以复道。复道的意义不如栈道远甚。

第四章 圬工拱桥

第一节 概　　说

拱桥是中国古桥中遍及全国的一种桥式。

拱字的意义，不是从拱桥的构造，而是以拱桥的形象从其他事物中假借而来。

《说文》拱："敛手也"。抱拳敛手谓之拱。

环绕合执、隆起弯曲都称为拱。《徐霞客游记》以鞏作拱。《说文》鞏："以韦（皮带）束也。《易》曰：'鞏用黄牛之革'"。便是以环绕合执的形象，因鞏借作拱。

一 拱的起源

中外桥史学者都曾探索拱的起源。然而觉得事涉渺茫。毕竟何时何地第一次出现拱是说不清楚亦不必深究，可是总放不下这一问题。探本求源，大致有如下五种可能。

（一）天生桥说

人类一切称为创造的源泉都来自自然，这是真理。拱的结构得到天生拱的启发。

陆游《入蜀记》："见天生桥在万县路中，一巨石跨溪而过，自然成桥，形如玉虹，青碧光莹。"《徐霞客游记》记哀牢山有："天生桥，非桥也，即大落水洞透穴潜行，而路乃逾山涉之。"全国各地天生桥多不胜数，形形式式，形成奇景。

安徽休宁县齐云山天生桥，上下成蹊，岩侧摩崖题刻甚多，自古便为江南一景（图 4-1）。

江西贵溪天生桥系红砂岩质，浑然石拱（图 4-2）上为坦途，履之如桥。

水成岩天生桥最著者乃浙江天台山石梁（图 4-3，4）。晋、孙兴公《游天台山赋》记石梁："……跨穹隆之悬磴，临万丈之绝冥，践莓苔之滑石，博壁立之翠屏。"注引《启蒙记》："天台山石桥路迳不盈尺，长数十步，步至滑，下临绝冥之涧。……莓苔即石桥之苔也。"石梁即以桥名。

《徐霞客游记》游天台山记，叙述明·万历四年（1613）癸丑四月初三："下至下方广寺，仰视石梁飞瀑。……初四……循仙筏上昙花亭，石梁即在亭外。梁阔尺余（约 0.5 米），长三丈（约 10 米）架两山坳间。两飞瀑自亭左来，至桥乃合流下坠，雷轰河隤、百丈不止。余从梁上行，下瞰深潭，毛骨俱悚。梁尽，即为大石所隔，不能达前山，乃还。"[①] 崇祯五年（1632）三月，再游天台山。"十六日，过上方广寺，抵昙花亭，观石梁奇丽若初识者。"

---

① 丁文江撰《徐霞客游记》卷一，商务印书馆，1923 年。

图 4-1　安徽休宁齐云山天生桥

图 4-2　江西贵溪天生桥

天台山石桥介于梁拱之间，可称为“石梁”，因是一根天生的弯梁。亦可称为石拱，也算是一跨拱矢极薄的扁拱。

浑然一体的天生桥，可以启发人们作涵空跨越的尝试，然而离用石块砌拱还有很长

图 4-3 浙江天台山石梁飞瀑

一段距离，造化天工，可望而不可即。

广东番禺县莲花山古石场，广州西汉时南越王墓石料即采自此地。石工取石、留下很多峭壁深池，其中有一座人工凿留的“天生桥”玲珑小巧，极为有趣（图 4-5）。

江苏溧水县大西门外约 10 里的胭脂河上，亦有两座人工开凿的“天生桥”，今存其一（图 4-6）。《明史·河渠志》载：“洪武二十六年（1393）尝命崇山侯李新，开溧水胭脂河以通浙漕。”即开凿秦淮河和石臼湖间的胭脂河。该河经溧水县城西丘陵地带，需穿过一段石山。工匠凿山时留下上面一段岩石，淘空下面，状似天生，所以亦称“天生桥”。

《溧水县志》记，当年开挖石方时，用钢钎在岩石上凿缝，用桐油麻绳嵌入缝中，点火燃烧，待石烧热后泼以冷水，岩石崩碎后取出，用此法开成宽 10 余米深 30 多米的河道。在这段河道上，原凿有南、北两座“天生桥”，南桥于明·嘉靖七年（1528）由于长期雨雪侵蚀，车马辗压而崩塌。之后，本地武氏父子，加固北桥，保存至今。桥长 34 米，宽 8～9 米，厚 8.9 米，桥面高出河底 31.5 米。这两座“天生桥”凿成方洞形，若成拱形，也许南桥还不致崩坍。

天生桥中亦有落石而成者。

《徐霞客游记·江右游日记》记江西贵溪：“将至贵溪城，忽见溪南一桥门架空，以为

图 4-4　《天下名山胜概记》天台石梁

图 4-5　广东番禺莲花山古采石场人工“天生桥”

图 4-6 江苏溧水县人工“天生桥”

城门与卷梁（拱桥）皆无此高跨之理，执途人而问之，知为仙人桥，乃石架两山间，非砖砌所成也。大异之。”后到江西宜黄狮子岩游“石鞏寺”。寺北有矗崖立溪上，半自山顶平剖而下，南峰突兀，与之对峙为门。石鞏岑正中悬其间……是峰东西横跨，若飞梁半天，较之贵溪石桥，轩大三倍。”云南下关天生桥（图 4-7）和贵州落石天生桥（图 4-8)都属此类。这种落石横搁在两崖之间，或嵌入两崖之口，左右横推，正起拱的作用。石砌拱桥，是不是仿此而作?

(二）土穴说

《易·系辞下》称:“上古穴居而野处，后世圣人，易之以宫室，上栋下宇，以待风雨。”《礼记·礼运》亦说:“昔者先王未有宫室，冬居营窟，夏居橧巢，饮血茹毛，未有麻丝。”今天发现原始社会，如北京周口店，山西垣曲、广东韶关、湖北长阳等旧石器时代的“山顶洞人”就是居住在天然的山洞之中。

新石器时代已经有了浅穴（竖穴）上盖木架、茅顶，糊以草泥的浅穴居和宫室的结合。但是在黄土高原地区，迄今为止，仍以窑洞为主要的居处。黄土窑洞乃是筒拱建筑，靠自然土的拱作用，稳定而不坍落。只是在窑洞洞口避免雨水流淌而护以砖拱。砖拱当然是后世的产物。

图 4-7　云南下关天生桥

在土壤条件合适的地方，如戈壁滩、黄土高原等地区，还能挖到土穴墓葬。土穴墓始自战国。[①] 洛阳金谷园东汉墓（约 110）的一个耳室为土穴。新疆吐鲁番阿斯塔那（汉意首府）高昌时代土穴墓（图 4-9）时在公元 384 年。这种攒尖（覆斗）和穹窿（覆盂）式的土穴，已是对立体拱作用的充分认识。

世界伟大建筑的中国长城，起自战国，联于秦汉，完善于明。从长城上，我们应该可以看到拱发展的痕迹。遗憾的是，秦汉及以前的长城，仅存遗迹，所能见到的是长城的片断残垣，或孤立的烽火台，已看不到城门，敌楼等建筑。今日的砖石城墙和城、堡、障、堠等附属建筑，虽有很多砖石拱门或射窗孔，大都是明代的建筑。在丝绸之路上汉长城的烽火台，可以见到崩成尖拱形的土城门洞，是不是为西汉时的原型，已难查究。西汉和东汉之间已有砖拱出现，土穴未始不是砖拱穴的前身。

今日陇东地区黄土高原，长久被雨水侵蚀而为梁为沟。深沟之间有时造土桥。土桥实乃陡壁土堤，堤上通道。堤下有土洞通过沟底之水。堤为主而桥孔少，但仍以土桥为名。

① 王仲殊：《墓葬略说》，《考古通讯》，1955 年 1 月号。

图 4-8　贵州落石天生桥

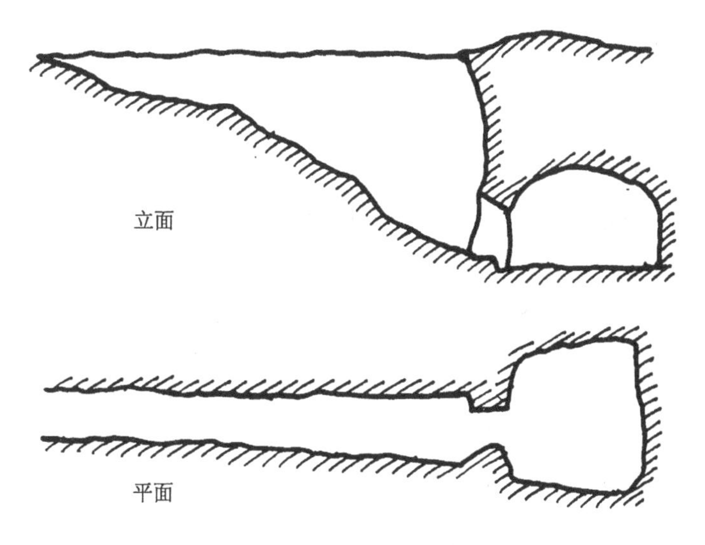

图 4-9　新疆吐鲁番土穴墓

从天生石洞到人工土穴，土门洞、土桥洞是拱作用认识和利用的一个方面。

（三）陶瓮说

陶器的发明很早，离今约五六千年以前的新石器时代已有了陶盆、瓶、罐、鬲、瓮等日用陶器。陶器一般都是制作成圆形，已利用了简单的旋转工具。在发掘出西安半坡村新石器时代遗址中，房屋建筑用木构、草顶、泥墙。遗址仅存房基和柱孔，上部的构造，包括门窗的做法是推想而得（图 4-10）。

图 4-10　西安半坡村新石器时代民居（瓮牖想像图）

《礼记·儒行》中却有这样的记载，记穷苦的学者“蓬户瓮牖（窗）”以陶管或无底破坛子、砌在土壁之中作为窗户，这也许就是当年新石器时代的原始格局。现今潮汕地区，仍能见到用数根圆形陶管砌在墙中，作窗或通气孔的房屋。[①] 中国石拱桥建造，砌拱一项，仍称“卷瓮”，或“骈瓮”，而《营造法式》称石拱为“舆窗”。

新石器时代墓葬，儿童都用瓮葬。瓮竖立土坑中，上盖石块、陶盆或陶片。1954 年山东辽阳发掘出数量达 348 座儿童陶棺[②]，长者 120 厘米，短者 30 厘米，分别用二到五节不同的陶器，如锅、瓯、盆、罐、钵、甑、壶、奁等套接而成，横埋在土中。时间约在拱发展初期的西汉初中期。

陶瓮内存水、酒、粮食，瓮壁可以抗拉；埋于土内，瓮壁起拱的作用，可以抗压。环绕合执不就是拱吗？

后代用陶器作为建筑材料，先是半规瓦、后为空心砖、小砖……。从瓮出发发现了拱作用然后用砖石“卷瓮”“骈瓮”以造“舆窗”，这也是一种有趣的逻辑进程。

（四）叠涩演进说

自从用比较整齐的砖或石块砌墙，其门窗留孔，有用左右挑出檐石，上搁木板或石梁的做法。多层的叠石，层层挑出，左右相接，在中国称为“叠涩”，国外称“假拱”。国外对石拱的起源，大部分主张由“天生桥”得到启发，和在古希腊建筑及埃及金字塔内发现的“假拱”演变而来的学说。然而叠涩不是拱，不产生拱的推力。叠涩和拱结构现今仍并存在中国古今建筑和桥梁结构领域。梁桥一章里我们已见到不少实例。

湖北秭归与巴东两县交界处的溪河上，清·乾隆年间建造的寅兵桥，为单孔尖拱。桥由两县各建一端，因此选料和构筑工艺不尽相同。尤其是此桥北侧桥孔中心分界两端

---

① 至今非洲尼日里亚民居仍有开窗洞的圆土茅屋极似半坡。

② 陈大为，辽阳三道壕儿童瓮棺群发掘报告，考古通讯，1956 年第二期。

的结构方式完全不一样。秭归一端，采用传统的拱券带眉石结构，而巴东一端，不设拱券，用逐层向桥孔中挑出的叠涩方式，东西合拢成为整体，桥洞自形成完整的拱形。秭归拱顶横推力作用于巴东叠涩墙上。巴东半“拱”不产生推力，其倾倒的趋势为秭归半拱推力所顶住。此实为古桥中斗胜的奇构（图 4-11）。

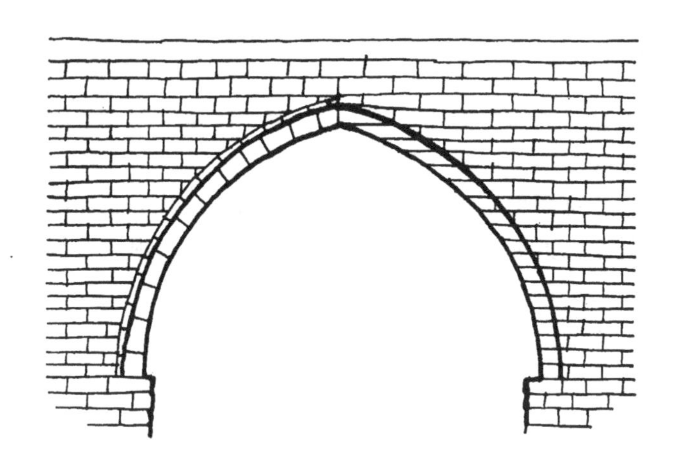

图 4-11 湖北秭归寅兵桥

遗留下来中国最早的假拱实物也许可算春秋时代，今苏州的“烽燧墩”[①]石坑。

江苏吴县、木渎、光福一带，屏障太湖的五峰山岭上，每遇险要处，常突出一个个高大的土墩，络绎不绝，相互呼应。自古来群众中相传，认为是“秦始皇北筑长城、南筑墩”墩内造石坑、坑内置泥香炉、烛台等物以求长生不老的“风水墩”。1954 年，考古工作者进行个别的探掘，判断为春秋吴越之争时期，吴国（前 585～前 476 年）所建以防越兵的“烽燧墩”（与风水谐音，图 4-12）。

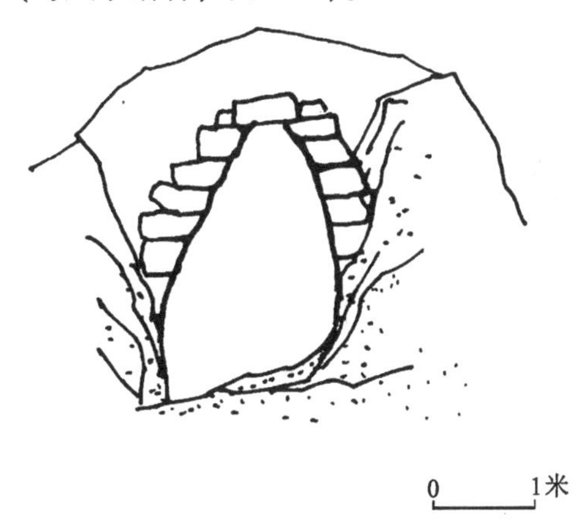

图 4-12 江苏吴县“烽燧墩”假拱

① 朱江，吴县五峰山烽燧墩清理简报，考古通讯，1955 年第 4 期。

这些“烽燧墩”外包封土，内为帐篷式的人工砌筑石室，平面呈袋形。小口处为窟门，门高约 2.3 米，底宽 1.43 米。进门洞后，窟室最狭处 1.06 米，最宽处 1.66 米。两壁及后墙石块皆随意堆砌，并无定形。两壁光整，底大上收、壁顶间盖有成形光整的长形石顶板。这便是假拱。如顶上石板乃嵌于石壁，与之相抵，便成真拱。于此可见，春秋时尚没有拱。

（五）折边演进说

过去认为中国石拱桥的历史记载不早于晋，存在的实物不早于隋。地上建筑不易长期保存，可以从地下建筑推见拱桥的起源。

考古专家们[①~④]根据历史记载和考古发掘，得出按时代分墓葬结构大致的情况。

新石器时代：浅小长方形土坑葬和幼儿的陶瓮葬，并出现用石板或石块铺列的石棺形式。

殷商时代：深埋土圹，墓室成正方或长方形。以地位的高低，埋入有深浅。并有四出、对出、单出的斜坡墓道，所谓“亚”、“中”、“甲”字形墓和没有墓道的“目”字形墓。土坑竖穴，木棺木椁。

西周时代：仍为土坑竖穴棺椁墓。春秋后期、封土为坟。

东周、战国晚期：洛阳、西安出现了土洞墓室，即“土坑横穴”墓。在郑州，亦发现用空心砖搭成砖室以代替木椁的墓。

汉代：墓的形式复杂起来。主要有：单纯土洞墓；竖坑棺椁墓。以上是春秋战国时代的延续。空心砖墓，发生于战国末期、盛行于西汉前期。空心砖因手制孔的关系，一般长 1.3 米最长 1.5 米（两倍臂长）。先是平空心砖椁墓。由于顶砖在土压作用下易于折断，改为两砖斜搭成尖顶空心砖椁墓。在西汉和东汉相接时期，出现了三、五、七或更多的折边空心砖墓。

西汉中叶已盛行小砖（或楔形或扇形）筒拱墓，并列砌筑。如禹县白沙西汉墓（楔形砖）洛阳西汉壁画墓（扇形砖）；洛阳烧沟汉墓等。

西汉末年墓葬由单人改向双人，墓室由长方形转变为方形。

东汉中叶以后，出现石室墓。一般称为画像石墓。在这些画像石墓中，不但墓室本身的构造提供了拱发展的线索，同时发现各种汉代桥式的画像，对古桥史起很大的帮助。

六朝、唐、宋时代。和东汉晚期相似，以砖室墓为主，方锥为流形形式。墓室四壁从直线形改为弧形，即起横向拱作用，以抵抗土压力。对拱的认识已完全趋于成熟。唐、宋代墓室平面已有四角、六角、八角、圆形等，往往内部能雕砌成仿木结构。墓顶则叠涩和拱式薄壳并用。有时在一个墓的墓顶砌筑时两法并举。

明、清墓室多半为半圆筒形拱室。帝王为石墓、民间用砖墓。

---

① 王仲殊，墓葬略说，考古通讯，1955 年创刊号。

② 茹士安，何汉南，西安地区考古工作中的发现，考古通讯，1955 年第 3 期。

③ 杨宽，中国古代陵寝制度史研究，上海古籍出版社，1985 年。

④ 祁英涛，中国古代建筑年代的鉴定，文物，1965 年第 5 期。

综合这些情况，西汉和东汉之间是砖拱由平板、三、五、七等折边拱演变为圆拱的时期。刘敦桢《中国古代建筑史》绘其形制如图 4-13。

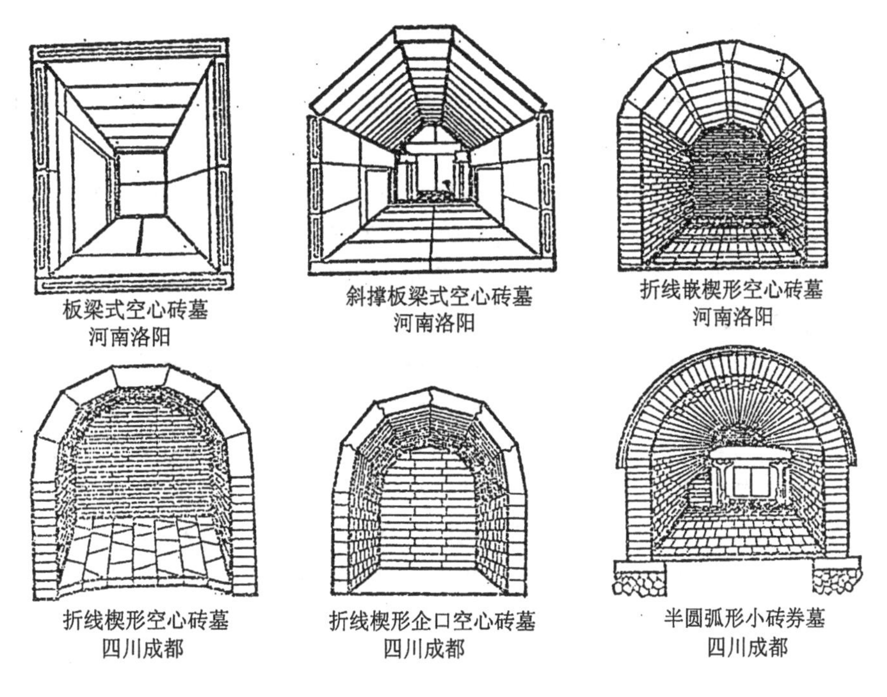

图 4-13　中国汉墓砖拱演变图

二　拱 的 类 别

五种拱的形成说不是孤立的，可予多方面的综合。天生桥给人以各种拱的形式的启发；土穴使人产生对拱和穹窿结构有安全感的经验；陶瓮说可以解释何以长时期里，人们总认为半圆拱在河下还有半拱的猜测；假拱使人知道拱不单是外形，还应有真正的拱作用；折边拱才是一步步走进了人工砌拱的堂奥。

圬工拱桥主要包括砖、石两种。砖拱在墓葬、城门洞，民居中较多，亦是拱桥的最早可能采用的材料。然而国内现存砖拱年代都较晚，造型一般，数量亦极少，所以圬工拱桥以石拱桥为主。

第二节　石　拱　桥

一　早 期 石 拱

（一）汉、飞梁、裸拱

1. 飞梁

中国志史记载桥梁极多，多半只记桥名，略加描述，分不清是何种桥型。诸汉赋中形容桥梁如：班固《西都赋》有:“抗应龙之虹梁”。李善注:“梁形似龙而曲如虹也”。张衡《东京赋》称:“凌天地，绝飞梁。”注:“直渡曰绝。”《甘泉赋》曰:“历倒景而绝飞梁”。左思《魏都赋》有:“石杠、飞梁，出控漳渠。”司马相如《上林赋》记:“隃绝梁，腾殊榛”。注:“梁石绝水也”。

《后汉书·梁冀传》载，在汉顺帝时:“飞梁石磴，陵跨水道。”李贤注:“架虚为桥，若飞也。”

因为唐·将士郎游芳撰山东任城阳门桥桥亭的《任城县桥亭记》曰:“甃石门以飞桥，夹以朱栏，揭以华表，炳若星汉，拖石虹蜺。”① 和宋、陆德源《咏安济桥》诗有“架石飞梁尽一虹”。因此，有人② 推断，诸凡飞梁，皆为拱桥。这可能部分是事实，但证据尚不足，很多飞梁者不是拱桥。

飞梁仅是“架虚为桥”而其势“若飞”。一切桥型都是架空，都可用若飞来形容它。所以，泉州洛阳桥是石梁石墩，刘子翚称之为:“跨海飞梁叠石成。”盘江铁索桥，杨绳武诗为:“屹立盘江浒，飞梁系半空。”王褒和庾司水修渭水浮桥道:“长堤通甬道，飞梁诗造舟。”石柱木梁的灞桥，杜预歌之为:“飞梁默以霞起。”

拱桥可以用虹或飞梁来形容它，但是虹或飞梁却不一定是拱桥，应以旁证来确定。下节将证明、洛阳和邺城（魏都)，有些桥可能确实是拱桥。

2．裸拱

《中国古桥技术史》根据《考古》1965年第一期载，河南新野北安乐寨村出土的汉代画像砖（原书图版3，黑白-1)，认为这上所刻乃一座东汉裸拱，即无拱上结构，仅有拱券的拱桥。桥前桥后各三力士为挽拽和牵制车马的上下桥。这是根据零星资料作出不全面和有错误的推断。1986年南阳文物研究所对新野樊集乡48座汉墓作了清理，并于1990年出版了《南阳汉代画像砖》一书。通过书中诸多画像砖作考证比较，得出原来对内容和断代的判断都有失误。

有力士牵挽的“拱”桥画像砖有三种。图4-14，4-16上为一曲桥，桥前后各三力士。桥上前有骑一人；中有驷马车一辆；桥下左右各有击鼓（或钲）一人乘小舟；中部有鼎一，下部有游鱼四，龟一。

图4-16下为一曲桥，桥前后各三力士。桥上前面助挽者二人；中部双驾马车一；后随一人；桥下左右各二击手鼓（或钲）者同乘一舟；中部上为一鼎，下为一鱼。

图4-15，4-17上为一曲桥。桥前后各二力士。桥上且鼓且午乐人二；双驾马车一；桥下有二带斗拱的桥柱；左右各二人击手鼓（或钲）同乘一舟；中部有一鼎；一龙，龙咬挽索；一水兽。

这三块画像砖所画同一题材，文物工作者认为是“泗水捞鼎”。

禹铸九鼎，历传至周。《史记·封禅书》记:“秦灭周，周之九鼎入于秦。或曰，太丘社亡，而鼎没于泗水彭城下（江苏铜山县)。其后百一十五年而秦并天下。”《史记·秦始皇本纪》载:“二十八年（前219）……始皇还，过彭城，斋戒祷祠，欲出周鼎泗水，使千人没水，求之弗得。”《史记·孝武本纪》有:“禹收九牧之金，铸九鼎……迁于夏商。

① 《隆庆赵州志》卷二，10页。

② 潮汛，甃石门的飞桥，光明日报，1978年10月8日。

图 4-14 南阳汉画像砖裸拱

图 4-15 南阳汉画像砖骆驰虹

周德衰，宋之社亡，鼎乃沦伏而不见。”而汉武帝元狩二年（前 121）得宝鼎于汾阴巫锦，魏脽后土营旁，“迎鼎至甘泉”后即改元元鼎。

画像砖所刻便是以汉代午乐配景的“泗水捞鼎”。拓片上很清楚看到力士所牵绳索乃引到桥下鼎耳，并非牵挽车马。这一题材，若是说明秦始皇捞鼎，史既称“不得”，则画中不应有鼎。但汉武帝得鼎，虽不自泗水，却以“泗水”得鼎以傲秦始皇，画像砖应是元鼎年间合时的产物。元鼎之前不会有，元封（前 110）之后题材已过时。

南阳文物研究所根据墓乃夫妇同穴，始于汉武帝时（前 140～前 87）而宣帝时（前 73～79）成为主要葬式，作此墓断代的上下限。作者则认为，极大可能是西汉武帝元鼎年间（前 116～前 111）的墓葬。

图 4-16　南阳汉画像砖泗水捞鼎拓片

图 4-17　南阳汉画像砖骆驰虹拓片

图 4-17 下画像砖拓片同样是车马过桥，桥下有四桥柱、有人划船，但没有捞鼎的场面，便可能是元封以后的墓葬。

南阳文物研究所称诸有柱无柱的桥都是拱桥。又因桥侧或为×纹，或为点纹，便判断为木拱桥。

这里有几点疑问，如：同为泗水捞鼎，何以有的桥桥下无柱，有的有柱？一种可能的解释是彭城泗水桥是一座有桥柱的多孔“骆驰虹”木梁柱桥，想来桥下因需刻捞鼎场面，有些画便略去桥柱，正像山东嘉祥武氏祠石刻一样，为了桥下战斗场面挤不下而把桥柱略了。泗水较宽，一孔拱桥是不可能的，应以多孔梁柱桥为合理。况且出土“泗水捞鼎”画像砖的墓室顶都是三折边拱（图 4-18，19），石拱裸拱还不一定成熟。

图 4-18　南阳樊集 M38 号画像砖墓（三折边拱）

另一种解释不排除西汉确是已有了拱桥，无论是石拱或木拱。画像砖是根据某一实物的概括，不能求之过实。桥梁不一定落后于墓葬，也许墓葬结构落后于桥梁。图 4-16 下，4-17 上桥头都有凤阙、将于下节论及汉代桥头有阙的石桥。

这二种解释哪一种正确，留待今后能得到更多的佐证后确定。

（二）汉·晋，洛阳石桥

《水经注·洛水》记：“七里涧……涧有石梁，即旅人桥也……凡是数桥，皆垒石为之，亦高壮矣。制作甚佳，虽以时往损功，而不废行旅。朱超石《与兄书》云：‘桥去洛阳宫六七里，悉用大石，下圆以通水，可受大舫也。奇制作，题其上云：太康三年（282）十一月初就功，日用七万五千人，至四月末止。此桥经破落，复更修补，今无复文字。”历来写桥史，都引这座太康三年（非朱超石目睹，乃传闻的年代）的旅人桥为石拱桥的最早记载，未经详审，有重新考证的必要。

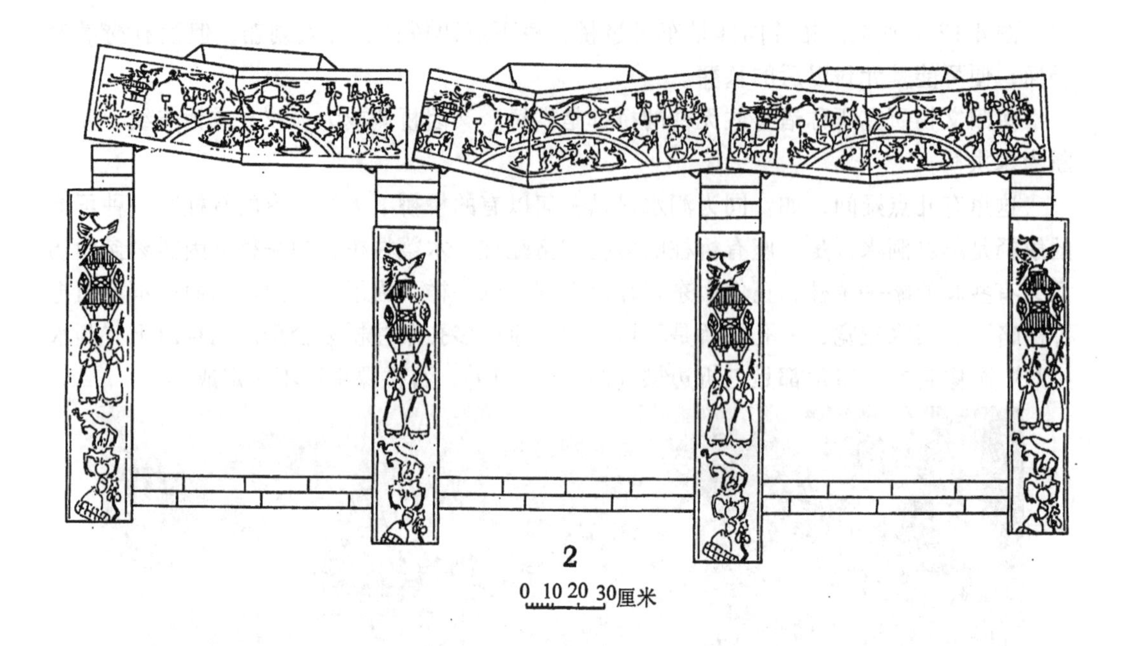

图4-19　南阳樊集吊窑M24号画像砖墓

《南史·列传六》记朱超石兄:"朱龄石……义熙九年(413)徙益州刺史。……十四年(418)……以龄石为雍州刺史。……龄石弟超石……(于)义熙十二年(416)北伐,超石前锋入河(到了洛阳)……大军进克蒲坂,以超石为河东太守。……关中乱,帝遣超石慰劳河洛,与龄石俱没赫连勃,见杀。"《南史·宋本纪》及《通鉴》记:"义熙十三年(417)刘裕、朱超石至洛阳。"明年,便弟兄同被害,可见《水经注》引朱超石书简,时为公元417年。

七里涧桥并不成于太康三年。据《晋书·武帝纪》载:"泰始十年(274)九月,立河桥于富平津。十一月,立城东七里涧石桥。"比《水经注》记要早八年。

《水经注》记称:"凡是数桥,皆垒石为之,亦高壮矣。"则石桥不止七里涧一座。今详细综合其所叙,以见洛阳各古桥情况。根据诸书所记里程,当时洛阳的平面布局如图4-20。

《水经注·谷水》自西而东:"谷水又迳河南王城北,所谓成周矣。"《史记·周本纪》记:"成王在丰,使召公复营洛邑……居九鼎焉(便是后来沉落于泗水的鼎)。"《水经注》接着说:"旧渎又东,晋惠帝造石梁于水上。按桥西门之南颊文称,晋·元康二年(292)十一月二十日,改治石巷水门,除竖枋、更为函(函、包也)枋,立作覆枋屋,前后辟级续石障,使南北入岸,筑治濑处,破石以为杀矣。到三年三月十五日毕讫,并纪列门广长深浅于左右。巷东西长七尺,南北龙尾广十二丈。巷渎口高三丈,谓之皋门桥。潘岳《西征赋》曰:'秣马皋门'即此处也。"《昭明文选》录《西征赋》注此句时引当年所见《水经注》为:"石卷渎口,高三丈,谓之皋门桥。""巷"和"卷"一字之差。既然泰始十年(274)已有石拱,则元康三年(293),用"石卷渎口",当为不误、今本《水经注》改之无理。"改治石巷水门,除竖枋,更为函枋"可理解为原是木桥巷、那时改为石卷洞,是一座有覆枋桥屋的石拱桥,复原示意如图4-21。接着《水经注》又

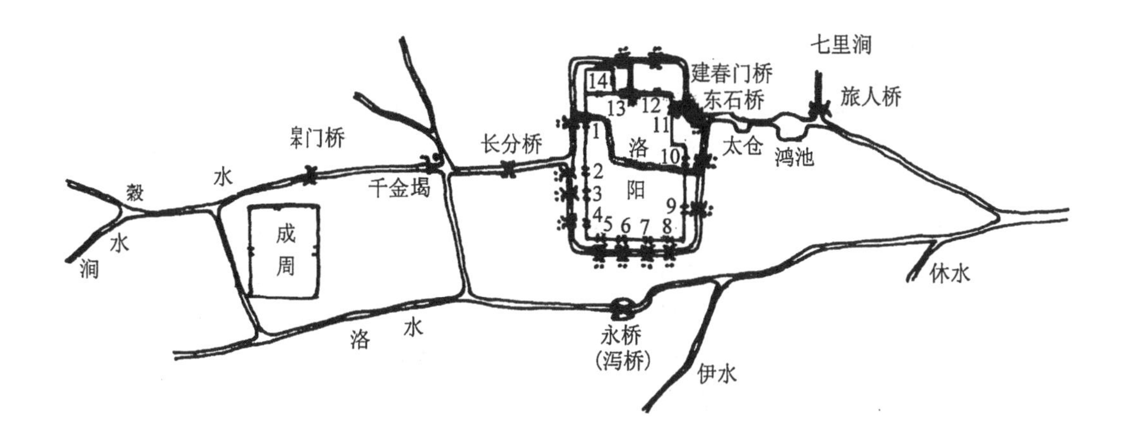

图 4-20　《水经注》记洛阳诸桥位置图

洛阳城

《帝王世纪》“城东西六里十一步，南北九里一百步”

《元康地道记》“城南北九里七十步（4072 米）东西六里十步（2660 米）

诸城门

1. 承明门　2. 阊阖门　3. 西阳门　4. 西明门　5. 津阳门　6. 宣阳门　7. 平昌门　8 开阳门　9. 青阳门　10. 东阳门　11. 建春门　12. 广莫门　13. 大夏门　14. 金墉城

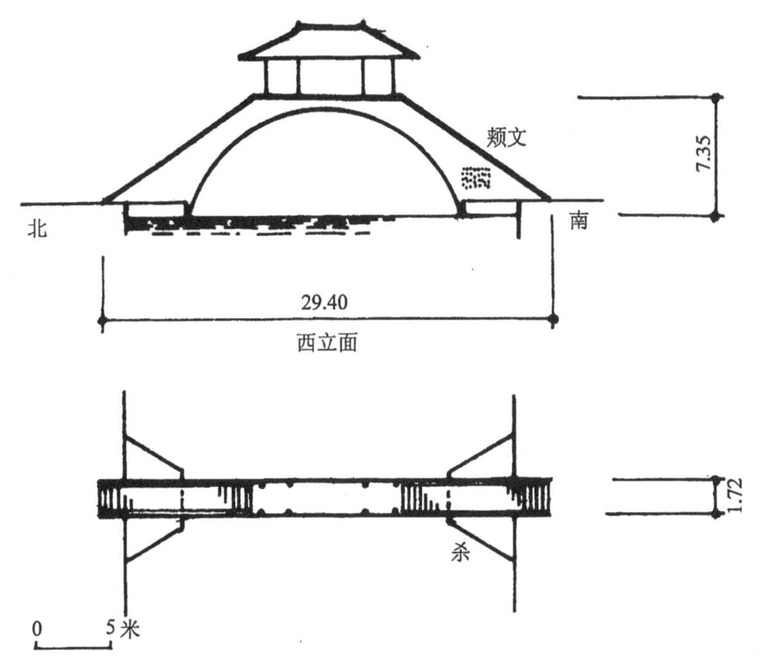

图 4-21　洛阳皋门桥（西晋）复原示意图

记。

“榖水又东，又结石梁，跨水制城，西梁也。”《洛阳伽蓝记》记:“出阊阖门外七里，长分桥”便是此桥。

穀水流过洛阳城北，“又东，屈南，迳建春门石桥下。……桥首建两石柱。桥之右柱铭云：‘阳嘉四年乙酉、壬申（阳嘉乃东汉顺帝年号，135）以城下漕渠东通河、济；南引江淮，方贡委输，所由而至，使中谒者魏郡清渊马宪，监作石桥梁、柱。敦敕工匠，尽要妙之巧，撰立重石，累高周距，桥（梁）工（致）（道）路（广）博，流通万里云云。”

《洛阳伽蓝记》记：“明悬寺在建春门外，穀水绕城，至门外，东入阳渠。石桥有四柱，在道南（前疑漏‘其二’二字)。铭曰，汉·阳嘉四年，将作大匠马宪造。”又“逮（北魏孝明帝）孝昌三年（527）大雨、颓、桥柱始埋没。道北两柱至今犹存。”

《太平寰宇记》引《晋书》洛阳十二门，皆有双阙[1]石桥，桥跨阳渠水，即洛阳城的护城河。[2]《水经注》亦说：“城之四面有阳渠，周公制也。”

建春门石桥的桥头各有两石柱，和别门的桥头双阙不同。桥东西走向，水由北向南流。桥南两柱埋得不好、大雨后倒下、埋在土中；可见柱不是桥的结构，而是桥头华表之流。柱铭称：“尽要妙之巧，撰立重石、累高周距”说明是一座用大石块砌筑的（重石累高）拱（周，曲也；距，两物相隔，应指桥跨）桥。所以如此高大，乃是桥下要通漕运，“受大舫过”的缘故。城门口阳渠上的桥、又需要过车马、怀疑此桥乃是带拱坡桥面的实腹圆弧拱桥。

建春门石桥又称上东门桥，亦称西石桥，因为不远又有一座马市石桥，称东石桥。

《水经注》：“(穀）水自乐里道屈而东，出（离开）阳渠……水南即马市也……又东迳马市石桥。桥南有二石柱，并无文刻也。”元代《河南志》记晋洛阳城阙称：“马市在大城东，前有石桥，悉用大石，下圆以通水，可过大舫”云出自陆机《洛阳记》。并认为此桥建造年代：“刘澄之《山川古今记》；戴延之《西征记》并云太康元年造，非也。”

叙述至此，《水经注》转而改记洛阳城西、南阳渠上的诸桥。自阊阖门石桥，即“汉之上西门”桥，一支“历故石桥东，入城。”穿城而过，出东阳门石桥下，复入阳渠。主渠自阊阖门石桥下往南，“迳西阳门”、“西明门”、“建阳门”、“迳宣阳门南”（对洛水浮桥)、“平昌门”、“开阳门”、折而往北，“迳青阳门东……东阳门东，故中东门也……又北迳故太仓西……仓下运船常有千计。”于是又北合至东石桥，东转而东流、过方湖、鸿池。“其水又东，左合七里涧。”到了旅人桥。

“凡是数桥”便是指他所叙述的皋门桥，长分桥，建春门石桥，马市石桥、结合七里涧旅人桥等，都要通过数以千计的漕船、自然需要轩大高敞。“悉用大石，下圆以通水”不是单指旅人桥。

假如这是正确地理解了郦道元所记述，则诸桥建造年代为：

皋门桥——晋元康三年（293）

长分桥

建春门石桥——东汉阳嘉四年（135）

---

① 前记汉画像砖中有“阙”。

② 《太平寰宇记》卷三。

马市石桥——晋太康元年（280）
阊阖门石桥
故石桥
东阳门石桥
七里涧旅人桥——晋泰始十年（274）
（《水经注》晋太康三年，公元282年为误）

石拱桥的最早记录宜暂定为东汉阳嘉四年（135）。

（三）魏、后赵邺城石桥

曹操封魏王、都于邺，后赵石虎亦建都于此，地在今安阳东北、夹于洹水和漳水之间（图4-22）。

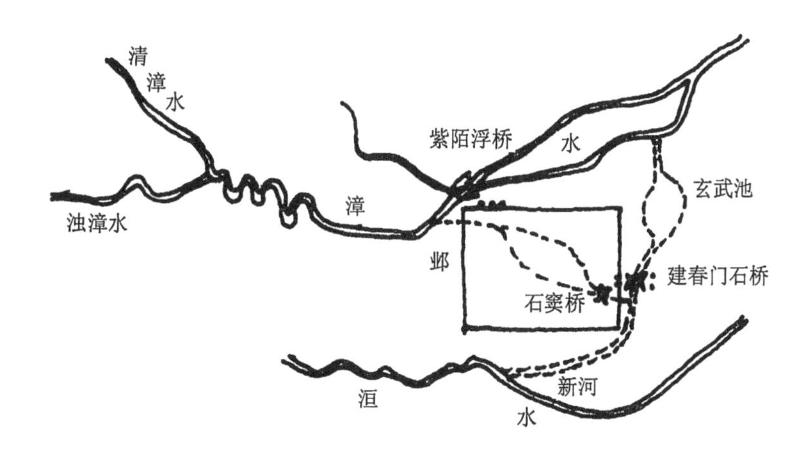

图4-22　魏、后赵，邺城石桥位置图

《水经注·洹水》记:“洹水又东，枝津出焉，东北流迳邺城南……又北迳建春门，石梁不高大，治石工密。旧桥首夹建两石柱、螭矩趺勒甚佳。乘舆南幸，以其制作华妙、致之于平城（今山西大同）。”又漯水条记:“其水又经（平城的）宁先宫东……宫之东次，下有两石柱，是石虎邺城东门石桥柱也。按柱勒、赵建武中（335～348）造，以其石作工妙，徙之于此。”文前后相呼应。

邺城建春门石梁是梁是拱还不够清楚，但因其和洛阳布局相同，东门同曰建春，桥头都有石柱。因洛阳建春门有石拱桥的可能性，故邺城容或似之。

《水经注·漳水》载:“魏武又以郡国之旧，引漳流自城西东入，迳铜雀台下，伏流入城，东注，谓之长明沟也。……沟水东出石窦下，注之洹水。”《河南通志》便书:“三国时（宜为东汉末）建石桥，魏武帝引漳水入邺，通经石窦、即此。”[①] 石窦即石桥，或石窦桥。

左思《魏都赋》中的:“石杠、飞梁，出控漳渠。”其注曰:“石窦桥在宫东”。

① 清·孙灏等纂，《河南通志》卷八，25页，清光绪八年（1882）刊本，台北华文书局，1968年。

另一座更早的石窦桥见方顺桥一节。

石窦桥在当初想必十分有名。唐、张彧《赵州石桥铭》称:“云作洞门、呀为石窦”用石窦桥来比赵州桥，石窦桥自然是石拱桥，且亦宜为圆弧拱。

可惜所有这些汉、晋拱桥都已不可见。可见诸古石拱，将分述于后。

二　折边拱

迄至今日，在中国大地上所发现星罗棋布的石拱桥，构造品类繁多，予以整理，脉络分明，随时代，区域而不同。从各种构造中，折边拱是一种特殊的类型。拱有折边演进的一说，由折边而演进为曲线拱，拱愈趋成熟，故先叙折边拱。

折边石拱，集中分布于浙江，独多于绍兴。

绍兴古称会稽。《竹书纪年》述尧:“初建十有二州”会稽属扬州。又:“禹八年春，会诸侯于会稽。……秋八月，帝陟于会稽。”会稽之名，实始自禹。《吴越春秋》记:“禹巡天下，登茅山以朝群臣，乃大会计治国之道，更名茅山曰会稽。”《越绝书》道:“禹葬会稽，鸟为之芸”。周仍属扬州。《周礼》:“扬州镇山曰会稽。”春秋时为越国都城。《越绝书》记:“春秋越王勾践，以甲楯五千，栖于会稽。”秦、汉为郡。南北朝时，为南朝重镇。隋、唐属山阴。自宋改称绍兴后，元、明、清至今因之。历史如此之久，所以浙江特多古桥，而绍兴是中国很古的城市，集中了不少全国稀有的古石桥。虽这些古桥有称“古”而莫知其建始，有的虽有建始年代，但往往是循古重建之作。折边拱桥式甚古而至今仍有新建，便为一例。

（一）三折边拱

浙江省城乡间有百千座非常简单的石桥，其名称各地不同；永康称“三搭挤”，临海称“三占桥”，东阳为“三踏犁”，仙居叫“六股肩”，泰顺呼之“老虎伸腰”，尚有称作“无柱桥”，“神仙桥”。结构用一块（或并列数块）平石，左右各一（或并列数块）斜石，搭架成桥。交角处或有或没有横向联系的角石。角石断面，或作长方形，或作梯形，或作五角形。斜撑石下端或以榫卯的形式与桥台帽石相联；或将帽石开槽，嵌入斜撑石。角石与斜撑石一般以榫卯结合。中间横梁石往往只嵌落入角石，横梁石上，直接行车人畜或车辆。

折边拱分为实腹和空腹两种。

1. 实腹三折边拱

在斜撑石和岸路之间，填充片石、块石、或条石，其顶面成阶梯、坡道、或平桥面、便为实腹三折边。

三折边拱在汉代墓葬结构中已相当成熟。图 4-23 示西汉、南阳画像砖墓的三折边拱顶。净跨 1.0 至 1.3 米，折边砖和顶砖有六种楔合方式。砖并列砌筑。图 4-24 为东汉晚期山东安丘画像石墓,[①] 三折边石拱，自左至右，净跨为 2.4，2.94 和 3.55 米。

浙江的实腹三折边拱有和墓室三折边石拱采用相同的做法。

---

① 殷汝章，山东安邱牟山水库发现大型石刻汉墓，文物，1960 年第五期。

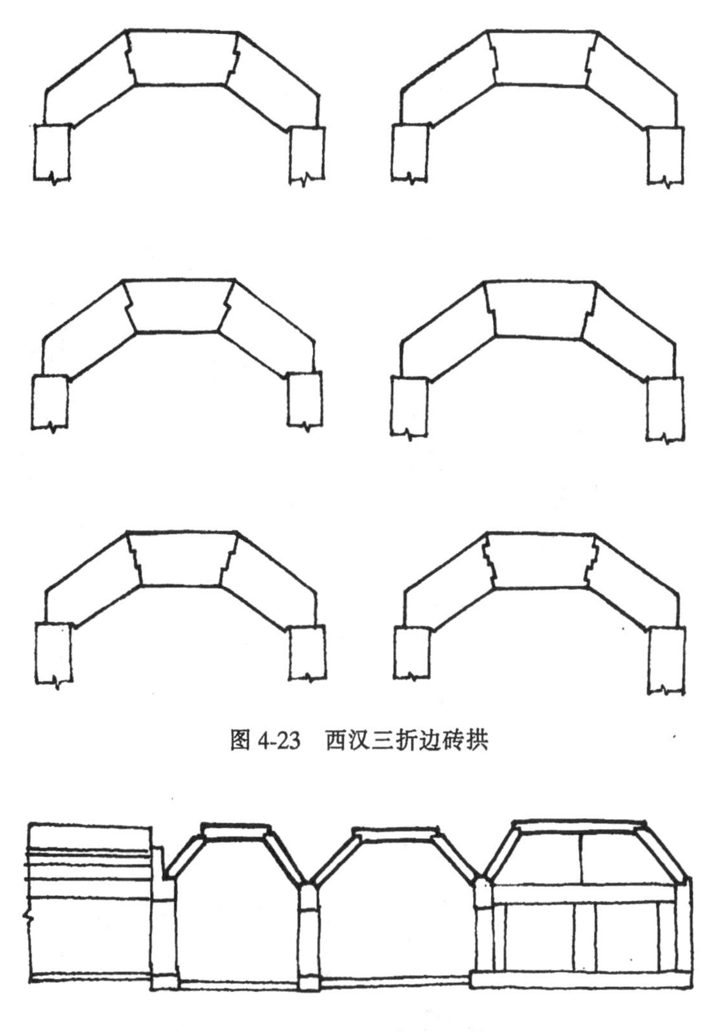

图 4-23 西汉三折边砖拱

图 4-24 东汉三折边石拱

(1) 浙江衢县神仙桥。位于石佛乡王塘源村（图 4-25）。全长 8.75 米，净跨约 5 米，中间横石板长 3.2 米。撑石长 2.7 及 3.0 米。三石直接搭架和东汉山东安丘石板墓拱同。石阶踏步直接铺于撑石之上。神仙桥的砌筑方法，除诸石并列之外，有奇偶相配，即如梁二撑三、相互错位，以增加横向的联系。神仙桥不知其建始年代，此桥已存在超过二百年之久。这也许是石拱桥中最古老的形式。

(2) 上海金山利民桥。上海金山县枫泾镇亦有一座无角石，直接搭架的三折边拱、名利民桥。桥净跨约 10 米，中间平石板长约 5.6 米，故石料粗大。梁五撑六，略有错位。虽然建筑年代较晚，约在清末，但是浙江以外，目前仅发现的无角石三搭挤桥（图 4-26，27）。

大部分后来的三折边石拱增加了角石，使增加横向联系和稳定，而复杂的榫卯结构都集中在角石上，便于石料的加工和架设，也使横梁和斜撑可稀疏排列，桥面填石板以节约材料。

浙江的很多实腹三折边石拱桥年代不清，志记早者为宋桥。

图 4-25　浙江衢县神仙桥

图 4-26　上海金山枫泾利民桥（一）

图 4-27 上海金山枫泾利民桥（二）

图 4-28 浙江嵊县和尚桥

(3) 浙江嵊县和尚桥。位于嵊县浦口镇无底井村古庙之旁，故名和尚桥。桥跨约10米，横梁长6米，桥面宽1.7米，由三根石梁并列，靠角石桥向联系。斜撑石上满填块石成平桥（图4-28）。因南宋·嘉泰《会稽志》已有记载，故桥始建于公元1201年以前。虽现桥为清、道光、光绪年间，曾于重修，桥式当仍承古制。

(4) 浙江义乌古月桥（图4-29），建于南宋·嘉定六年（1213）。桥长31.2米，单孔净跨15米，高4.95米，桥面宽4.5米。纵向横排六行条石，断面尺寸为50×30厘米，间距55厘米。桥面横铺石板。斜撑石上填筑坡道，现今的拖拉机都可于上行驶。

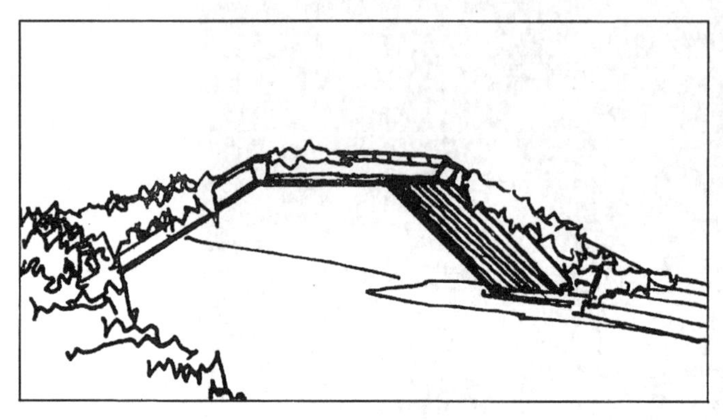
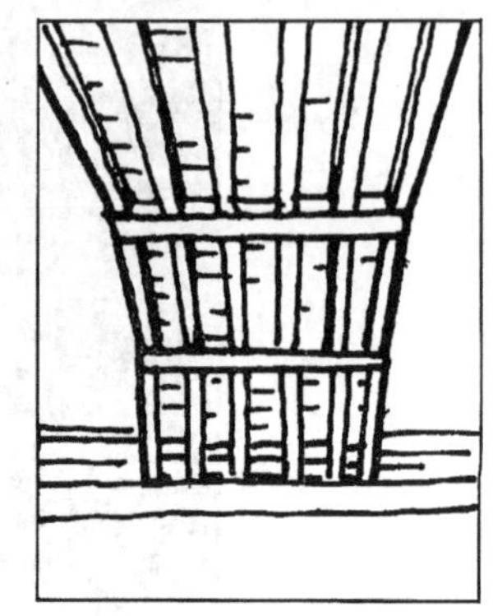

图4-29　浙江义乌古月桥

大多数实腹三折边石拱桥建于清代，甚至还有近代建筑。拱背作坡道填筑者如：

(5) 浙江绍兴蓬山村洞桥（图4-30）。其他还有绍兴柯山村小土桥，夏泽村桥，横溪村黄圩桥等。

(6) 浙江绍兴张溇村云洋桥（图4-31）桥斜拱脚砌在桥台的靠河侧面，又似演变绍兴八字桥的直立石板柱为斜撑柱而成。类似者有东湖门村立仁桥。

实腹三折边拱可建成多孔石桥。双孔者如：

图4-30　浙江绍兴蓬山村洞桥

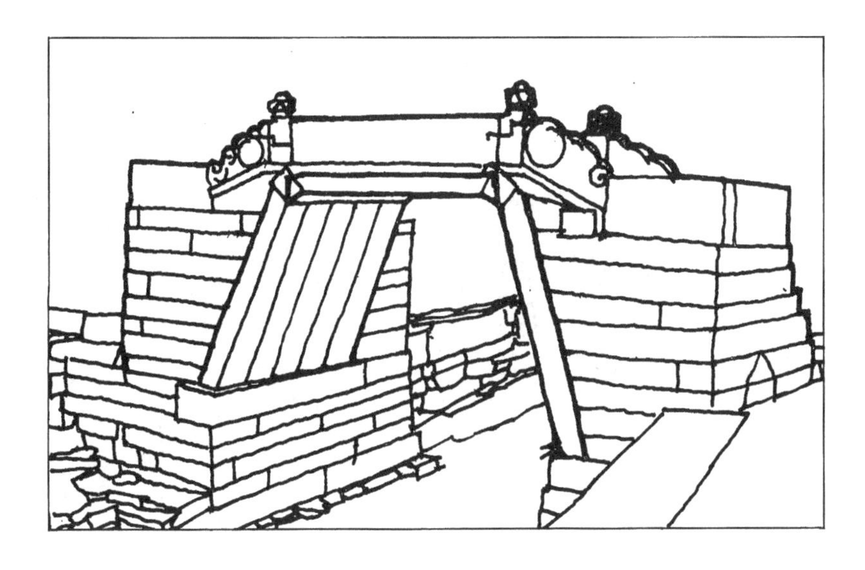

图 4-31　浙江绍兴张溇村云洋桥

(7) 浙江义乌万隆桥（图 4-32)。双孔净跨各 6.9 米。

图 4-32　浙江义乌万隆桥

(8) 浙江嵊县谷来镇西城桥（图 4-33)。桥建于清、道光二十年（公元 1840 年)。桥墩分水尖直伸至桥面，酷似大雁展翅。

他如金华长山乡滕家桥，始建于南宋淳熙年间（1174～1189)；仙居方宅乡镇安桥等。

(9) 浙江东阳庄溪桥（图 4-34）为三孔三折边拱。

(10) 浙江萧山洲口沿桥，为五孔建筑（图 4-35）净跨各 7.4 米，石梁长 4 米，桥

图 4-33　浙江嵊县谷来镇西城桥

图 4-34　浙江东阳庄溪桥

面宽 3.5 米，全长 47.1 米。桥建于 1930 年。

（11）浙江缙云新建镇永济桥（图 4-36）为七孔连拱，各净跨 7.8 米，全长 74.8 米，桥面宽 3.1 米。桥建于 1921 年。

（12）浙江东阳湖溪桥（图 4-37）共十一孔，净跨 9.4 米，全长 135.2 米，桥面宽 3.45 米。桥建于 1922 年。三折边拱桥孔最多者为浙江诸暨溪缘桥，共十五孔，净跨 7.9 米，全长 143.3 米，桥面宽 2.23 米。

多孔的实腹三折边拱全部都是重型厚墩，各孔各自独立，可建不计孔数的长桥。这

图 4-35　浙江萧山洲口沿桥

图 4-36　浙江缙云永济桥

些多孔桥又都是清末民初所建，时已对三折边结构力学和构造上有了深刻的认识。桥式构造简单，制作架设十分容易。山区产石，造这样的折边拱桥是极经济耐久的。

1993 年，天台交通局夏祖照和绍兴交通局罗关洲，在天台及雁荡山区，拍摄了几座弯板的实腹折边拱，极为有趣地填补了折边拱向圆弧拱发展的另一途径。

直线折边拱，每边石板既受压又受弯、将石板加拱成弯板，便可进一步提高拱的作用。两桥的建设年代不详。

图 4-37　浙江东阳湖溪桥

(13) 天台石桥是对称的弯板实腹三折边拱（图 4-38，39）。桥有角石，但仍为梁四撑五、奇偶组合。撑石下端，横叠三层石条，以分布扩大拱脚基础。弯撑后为块石填挤，上铺桥面。桥上没有栏杆。

图 4-38　浙江天台弯板三折边拱

(14) 浙江乐清县北雁荡石桥是不对称的（拱脚有高低）弯板实腹多折边拱、顶板较短平而撑板弯长。拱腹亦为乱石填挤，上铺桥面设栏楯。右侧更将道路用石梁继折引出。桥高耸两崖之间，桥后跌水，桥下汇为清潭，绿树葱茏，翼亭临俯、风景绝佳（图 4-40）。

(15) 故宫藏，唐·杨昇《雪山朝霁图》下方画有一座石桥，细审即弯板三折边拱（图 4-41，42）其上御题记为："唐·杨昇雪山朝霁图，观者或以为异。按雪山在西秦河州，渐与南城接境、四时有雪，草木滋润，升之所作盖本此。"

图 4-39　天台弯板三折边拱底面

图 4-40　浙江乐清北雁荡弯板多折边拱

图 4-41　唐·杨昇《雪山朝霁图》

图 4-42　唐·杨昇《雪山朝霁图》局部摹放

《旧唐书·地理志》记:“河州、隋枹罕郡。武德二年（619）平李轨、置河州。……天宝元年（742)改为安乡郡。……乾元元年（758）复为河州。”即今甘肃兰州西南临夏一带。这样的桥式只发现于浙江，御题指为西北，不知何据？汉代已有直边三折边拱，唐代便有弯板三折边拱。实物的存在证明画家并非虚构；画家的作品，得以推断实物早期存在的年代，两相印证。

2. 空腹三折边拱

在三折边的上两角上，再左右撑以横板及岸，一方面是桥面的延续，另一方面稳定拱结构。拱腹透空，故名之为空腹三折边。因为有六个支承点、俗称“六股肩”者系指此式。空腹三折边拱结构非常经济和巧妙。

(1）浙江丽水桃花桥。建于清·光绪十九年（1893)。桥净跨 8 米，桥面宽 1.2 米，全长 10.7 米。桥全部用条石构成，桥台则用乱石砌筑。全桥玲珑剔透、实有飞越的感觉。《浙江桥梁·民间部分》记载，该地区尚有此式桥多座（图 4-43)。

(2）浙江泰顺城关学前桥，建于清、乾隆年间。桥位于市区街衢，跨越太平溪。净跨 8.3 米，桥长 10.95 米，高 1.9 米，桥面宽 2.93 米。共并列八组桥面及斜撑。桥面中部石板梁长 5.6 米，平均宽 0.37 米。桥边上设矮石栏（图 4-44，45)。

(3）浙江泰顺三魁区、下洪乡，下洪村南庆桥（图 4-46，47)，建于清、光绪十二年（1886)。桥净跨 8.5 米，桥长 10 米，高 5.5 米，桥面宽 1.7 米。共并列五块厚 25 厘米石板，而斜撑仅为三根。桥面两侧亦设矮石栏。

这一高一矮两座空腹三折边拱，都是平桥面，便于行驰车辆。

空腹三折边拱的结构力学机制又和实腹不同，将于石拱桥研究一节中阐明。

图 4-43　浙江丽水曳岭区桃花桥

图 4-44　浙江泰顺城关学前桥

图 4-45　学前桥桥面

图 4-46　浙江泰顺三魁区南庆桥

图 4-47 南庆桥桥面

(二) 五折边拱

三折边以上为五折边，五折边都是实腹拱。

(1) 浙江临海大善桥。临海大善桥（图 4-48，49）显然是折边拱支承于两岸向河倾斜的桥台之上。桥台下最大净跨 15.4 米，三折边净跨 14 米。中部桥面桥石长 7.1 米，桥面宽 2.3 米。桥石共 4 条，并不密排，桥面以小石板镶嵌。虽为五折边，实仍是三折边拱。

(2) 浙江绍兴拜王桥在城内府山直街、为五折边拱，净跨 5.8 米，桥面宽 3.1 米。《越中杂识》记此桥："唐末，钱（镠）武肃王平董昌，郡人拜谒于此。梁太祖即位后封吴越王，故桥以拜王名。"平董昌事在唐·乾宁三年（896）。清·康熙二十八年（1696）重修（图 4-50）。

(3) 浙江绍兴昌安西街昌安桥，亦为五折边拱，净跨 4.8 米。"文化大革命"中改凿桥名为敢闯桥（图 4-51）。《吴越备史》记唐·乾宁三年，钱镠起此桥名昌安门桥，桥因门而名[①]。宋《嘉泰志》，清·《山阴县志》皆记有此桥。

① 宋·范坰、林禹撰《吴越备史》，《丛书集成初编》本，中华书局，1991 年版。

图 4-48　浙江临海大善桥

图 4-49　临海大善桥底面

图 4-50　浙江绍兴拜王桥

图 4-51　浙江绍兴昌安桥

五折边石拱桥在绍兴乡间尚有多座，如图 4-52 所示绍兴福全乡尹家村小桥等。

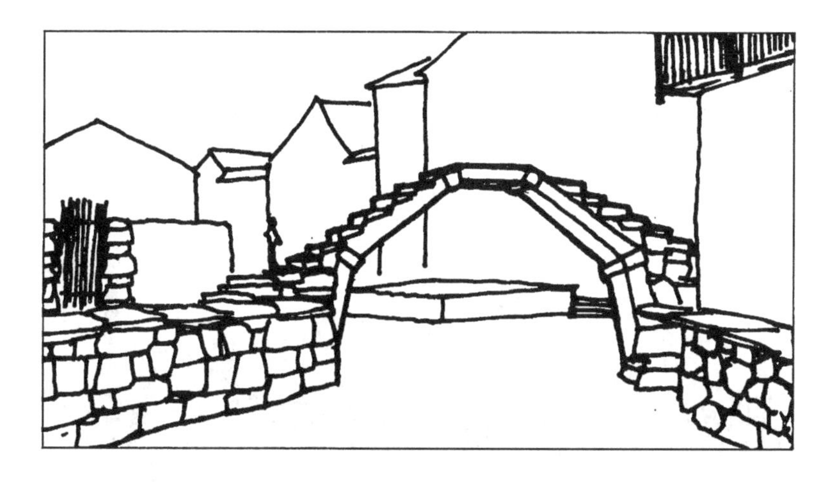

图 4-52　浙江绍兴尹家村桥

拜王桥和昌安桥始建年代都早于唐末，当年是否即此桥式，是可存疑，但西汉末年便有五折边空心砖墓拱。[①]

1986 年发掘的南阳画像砖墓，[②] 其樊集吊窑 M16 号墓，墓室长 2.71 米，宽 1.59 米，高 1.49 米。券砖前后并列 38 排，每列由五块特制砖榫卯砌成，券高 23 厘米。考古断代为自汉武帝时（前 140）到王莽前（9）（图 4-53 左）。1991 年 7 月，河南洛阳偃师县高龙乡辛村又发掘得王莽时期（9～23）套榫结构空心砖壁画墓，[③] 墓室顶用 4 块 17×17×60 厘米的套榫空心砖和一块 17×17×54 厘米的套榫顶砖作“仿券顶四坡平脊式”（即五折边）墓顶。拱净跨 2.32 米（图 4-53 右）。虽石拱桥的榫卯和墓拱不同，但

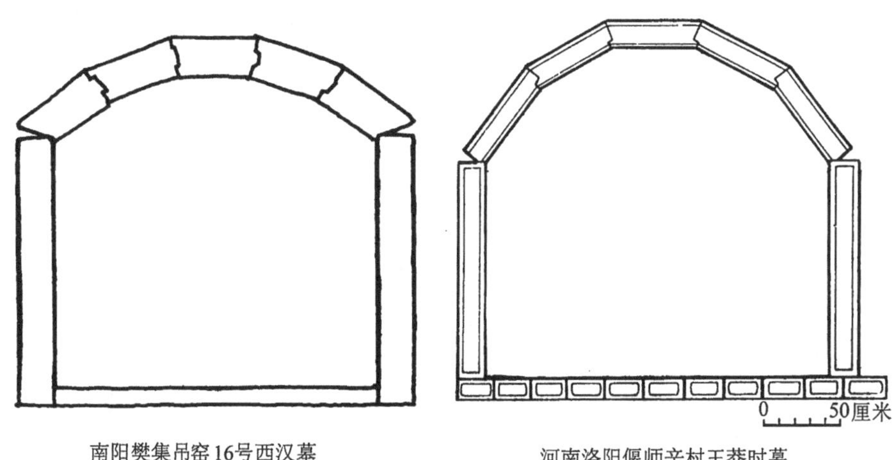

图 4-53　汉·五折边砖拱

① 洛阳烧沟汉墓，科学出版社，1959 年。
洛阳西汉壁画墓发掘报告，考古学报，1964 年第 2 期。

② 南阳汉代画像砖，南阳文物研究所，文物出版社，1990 年 5 月。

③ 洛阳偃师新莽壁画墓清理简报，文物，1992 年第 12 期。

拱形相似。吴越王时代前有五折边石拱桥也便不足为奇。

(三) 七折边拱

(1) 浙江绍兴谢公桥（图 4-54）在绍兴县城西小路。始建于后晋（936～946）。宋·嘉泰《会稽志》记:“在新河坊，以太守谢公（名凤）所置，故名。” 桥长 28.5 米，拱净跨 8 米，桥面净宽 2.95 米。清·康熙二十四年（1685）重修。

图 4-54　浙江绍兴谢公桥

(2) 浙江绍兴广宁桥位于城东。《会稽志》中已载有此桥，故当早于 1127 年。桥全长 60 米，拱净跨约 6 米，桥面宽 5 米。明·万历二年（1574），清·康熙三年（1664）修（图 4-55）。

(3) 浙江绍兴迎恩桥，在绍兴城西廓门，即迎恩门。传说春秋越国时便有此桥。《绍兴县志余辑》记桥建于:“明·天启六年（1626）。桥单跨，净跨 9.7 米，高 3.73 米，桥面净宽 2.8 米。桥栏纹饰精致（图 4-56）。

还有极少数几座七折边石桥亦都在浙江。各该桥梁始建年代不详。质之墓拱，河南洛阳有四折边空心砖加楔形砖（共大小九折边）；四川成都有六折边，四川新繁有七折边空心砖汉墓拱（图 4-13）。仅存于浙江绍兴的几座多折边石拱桥，虽经重修，也是难能可贵的文物佐证。

三　曲线拱

汉墓结构构造，后不用空心砖，而用楔形和斧形小砖砌拱，形成更接近于曲线的多

图 4-55　浙江绍兴广宁桥

图 4-56　浙江绍兴迎恩桥

折边拱券，桥梁中的砖拱亦是如此。桥梁中折边长拱石改用弯形板，七折边的石拱桥便成为今日习见的江南分节并列半圆石拱。多块弧形拱石所砌的石拱，亦即今日南北普遍存在的石拱桥（图 4-57）。中国古代石拱桥拱石多数等高。

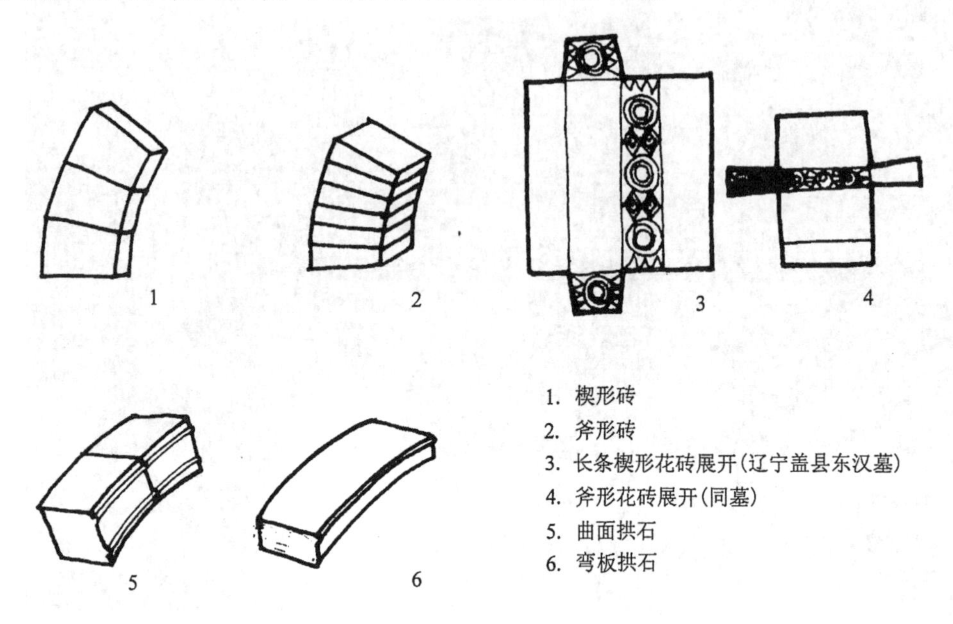

图 4-57　拱券砖石图

曲线拱的拱轴线大致可分为圆弧拱（割圆拱）、半圆拱、马蹄拱、锅底券（两点圆拱）、蛋圆拱（三点圆拱）、椭圆拱（图 4-58）等拱。近代所称悬链线、抛物线等拱形，在古桥中则仅有形似而无精确的数值根据。

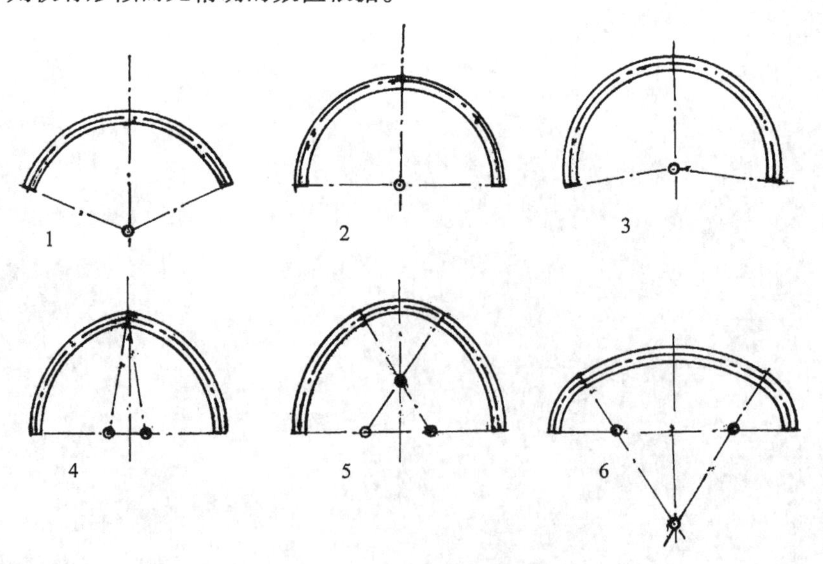

图 4-58　中国石拱拱券各种拱轴线

1. 圆弧拱（割圆拱）　2. 半圆拱　3. 马蹄拱　4. 尖拱　5. 蛋圆拱　6. 椭圆拱

拱券的砌筑方法，逐步有所改进，为：并列、并列榫卯、横放并列、纵联、并列分节、联锁分节并列、纵联锒面、框式纵联、乱石、锒面乱砌筑等方法（图 4-59）。石拱桥可以诸拱轴线形和砌筑方式的组合，再加上变化多端的拱上建筑、墩台形式、桥跨布置，和各个时期爱好不同的建筑装饰和栏杆式样，中国石拱桥的造型是多种多样的。

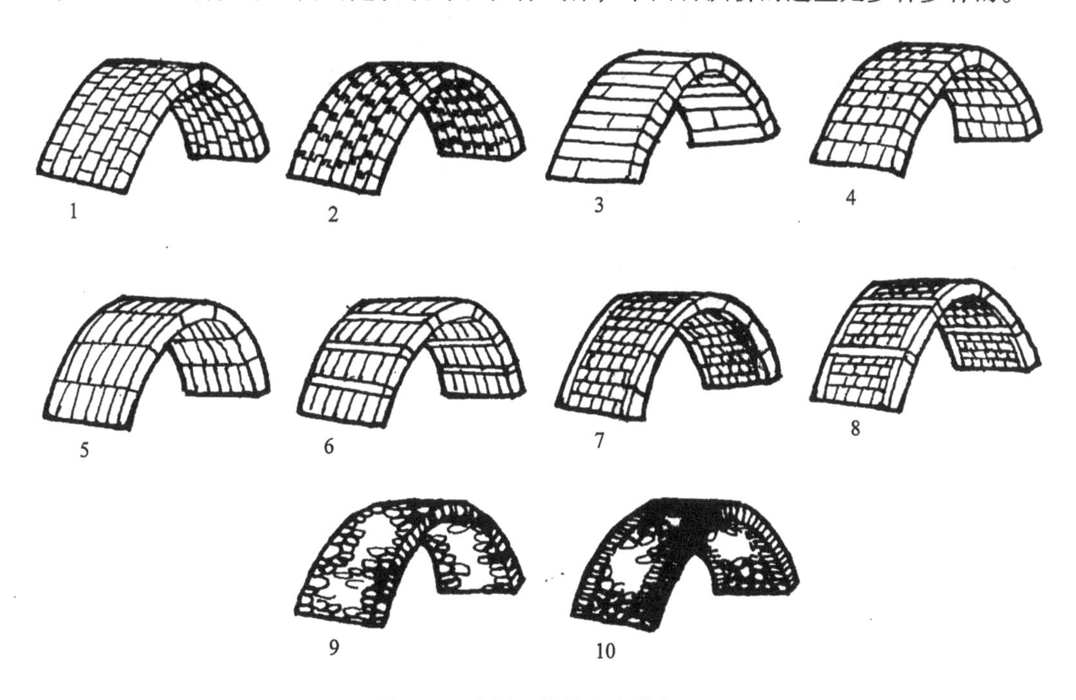

图 4-59　中国石拱拱券砌筑方法

1. 并列　2. 并列榫卯　3. 横放并列　4. 纵联　5. 分节并列　6. 联锁分节并列
7. 锒面纵联　8. 框式纵联　9. 乱石　10. 锒面乱石

石拱桥各部分的名称随朝代、地区有变化、匠师们的俗称有时也不一样。为便于叙述，兹以王璧文先生整理的清·官式石拱桥各部分名称，作为暂定的统一称谓，如图 4-60。

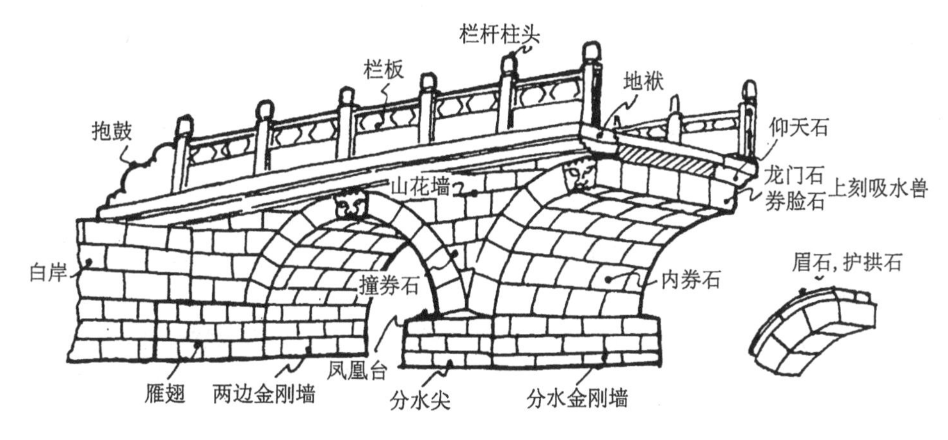

图 4-60　清·官式石拱桥各部名称图

南方薄墩薄拱驼峰式石拱桥，构造又不一样，各部分专门名称亦略有不同，按各方习惯的称呼如图 4-61。

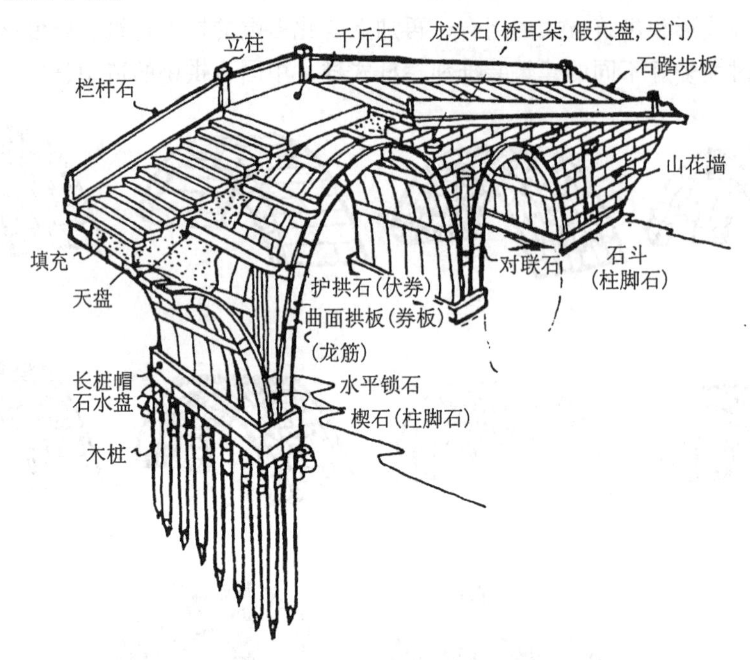

图 4-61　南方石拱桥各部名称图

(一) 圆弧拱 (割圆拱)

中国，甚至世界石拱桥历史中，历来认为拱券是从半圆拱开始的。由半圆拱逐步发展为割圆拱，即一段圆弧的拱。可是，见前所述，自天生拱、早期墓葬和桥梁的折边拱、画像砖裸拱大多不是半圆而是割圆。

50 年代发掘的河南洛阳东汉墓中墓门有三层小砖砌的圆弧砖拱;① 近年如 1992 年 3 月发掘河南洛阳金谷园东汉墓②其砖室及耳室顶亦是小砖圆弧拱 (图 4-62)。

中国现存古石拱桥，始建年代最早者为河北保定满城县方顺村石桥，至少为西晋，可上溯到东汉。河南临颍小商桥和河北赵县安济桥都是隋桥，亦都是圆弧拱。北方还有一系列圆弧拱桥。南方较早的古石拱桥，如宋代的上海青浦金泽万安桥、紫石桥等亦是圆弧拱，所以石拱桥从圆弧拱谈起。又因南北不同，先北而后南。北方圆弧石拱桥中重要桥梁见表 4-1。

1. 实腹圆弧拱

(1) 山西晋城迎旭桥。桥位于晋城城南 25 里的大箕河上。联接上党盆地和豫北平原的太行古陉上 (图 4-63)。

据《卫公创建迎旭桥记》记:“大淇迎旭桥之营，是箕之水口有天然石桥，去石桥东约十武 (约 10 米) 即今迎旭桥建处……”。桥始建于清·康熙十一年 (1672)，次年六月竣工。

---

① 文物参考资料，1958 年，第三期。

② 洛阳金谷园东汉墓 IM337 发掘报告，文物，1992 年，第 12 期。

表 4-1 北方圆弧石拱桥表

地点桥名	始建年代	主孔					小孔					附注
		净跨（米）	净矢高（米）	拱石厚（厘米）	眉石厚（厘米）	砌筑方法	净跨（米）	净矢高（米）	拱石厚（厘米）	眉石厚（厘米）	砌筑方法	
山西晋城迎旭桥	不详 清重建	19.5	6.5	70		并列 17 道						单孔
河北满城方顺桥	东汉(西晋) 公元 309	13.3	～4.0			镶面纵联	3.3 半圆					三孔独立
河北栾城清明桥	不详	13.8	5.0	50	10～18	并列 16 道	6.0	2.0	35	10～18	并列 20 道	三孔独立
山西晋城周村桥	不详	7.0	～2.8	45	13	镶面纵联	1.4 半圆		31			三孔独立
河北栾城凌空桥	金·泰和 公元 1201～8	25.62	6.24	65～67		并列 22 道	2.4	0.85			并列 22 道	三孔独立已拆毁
河南临颍小商桥	隋·开皇四年 公元 584	12.1	3.06	65		并列 20 道	2.6	0.6			并列 20 道	小孔接大孔
河北赵县沙河店桥	不详	7.0	2.5		10	并列 16 道	1.5	0.8				小孔接大孔
河北宁晋古丁桥	不详	7.3	2.0	55	10	并列 16 道	1.7 半圆					小孔接大孔
河北井陉桥楼殿	隋	10.7	3.2	55	20	并列 22 道	1.8 半圆	0.9	50	10		小孔上大孔
河北行唐升仙桥	(唐)	12.8	3.0	60	20	并列 20 道	2.35	0.6	50		并列 18 道	小孔上大孔
山西晋城景德桥	金大定硒至明昌 1165～1191	21.0	4.9	73	26	并列 15 道	3.1 半圆		58	20		小孔上大孔
河北赵县安济桥	隋开皇十五年～大业二年 公元 595～606	37.02	7.23	1.02	16～30	并列 28 道	4.0 2.75		65 65	16 16	并列 28 道	“两涯四穴”

续表 4-1

地点桥名	始建年代	主孔					小孔					附注
		净跨（米）	净矢高（米）	拱石厚（厘米）	眉石厚（厘米）	砌筑方法	净跨（米）	净矢高（米）	拱石厚（厘米）	眉石厚（厘米）	砌筑方法	
河北赵县永通桥	唐永泰初年　公元 765 年	23.48	4.64	65		并列 20 道	3.08 2.78 1.77 1.71	0.87 0.78 0.88 0.88	45 35	14 13	并列 23～24	“两涯四穴”
河北永年弘济桥	不详	24.8		85	35	并列 18 道	3.5 1.9	1.6 1.05			并列 18 道	“两涯四穴”
山西崞阳普济桥	金·泰和三年　公元 1202	～18	～6.2	61	23	铰面纵联	3.2 1.8				铰面纵联	“两涯四穴”
河北赵县济美桥	不详	8.5	2.5			并列 14 道	2.25 1.72 2.7	1.07 1.01 1.04				现已拆毁
河北沧州登瀛桥	明·万历二十二年　公元 1594	12.2	5.4			纵联	3.28					三大孔二小孔
河北献县单桥	明崇祯五至十年　公元 1632～1640	～9.8 ～9.0				纵联	～3.0					五大孔四小孔

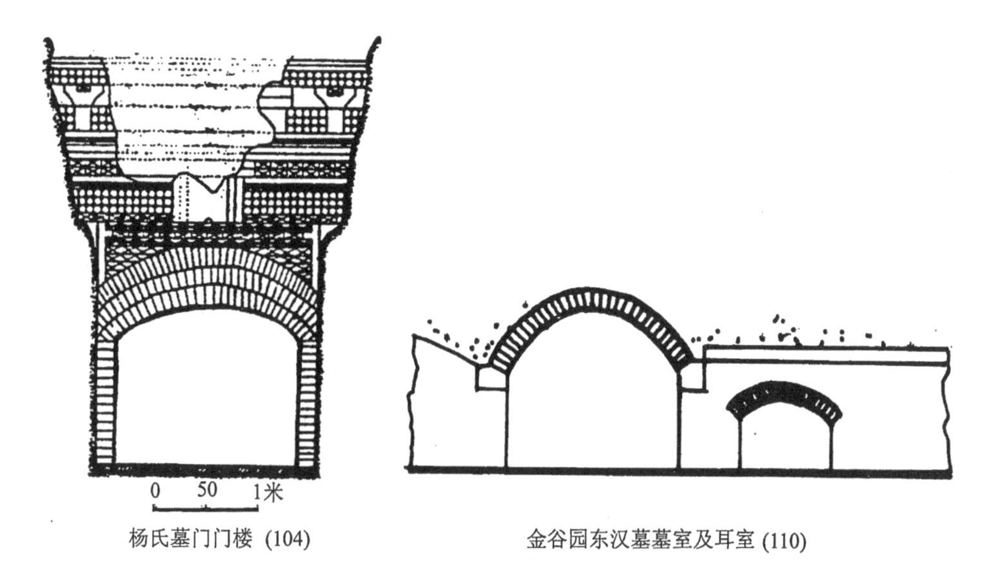

杨氏墓门门楼 (104)　　金谷园东汉墓墓室及耳室 (110)

图 4-62 河南洛阳汉墓圆弧砖拱

图 4-63 山西晋城迎旭桥

桥为单孔实腹圆弧拱，拱券直接砌于两岸岩石上，不设桥台。拱净跨 19.5 米，矢高 6.5 米，桥面宽 4.9 米。由 17 道拱券并列砌成。其中间 7 道为石灰岩，两边各 5 道为砂石和石英石。拱券厚 70 厘米、长 0.65～1.9 米，宽 30～40 厘米。券面石有腰铁相联。眉石挑出 20 厘米，厚 20 厘米。

值得疑问的是，清代创建何以仍用并列砌筑？且全桥石质又不同。宜是始建年代不详而清代按之重修而已。

圆弧拱桥由三孔实腹逐步演化为敞肩圆弧。

(2) 河北满城方顺桥。方顺桥位于太行山东麓，古称北平的今河北省保定市满城县境内，西南二十五公里的方顺村中。满城在汉代属中山，是个繁华的地方。

《史记·高祖本纪》记其于七年（前200），与匈奴于平城（山西大同东北）之战后回来：“二月，高祖自平城过赵、洛阳、至长安。”《通鉴·汉纪三》记其归程为：“汉亦罢兵归……上至广武（山西代县）……南过曲逆，曰：‘壮哉县，吾行天下，独见洛阳与是耳。’乃更封陈平为曲逆侯。”杜佑注曰：“中山郡北平县（汉为北平，唐改满城），秦曲逆县，后汉蒲阴县。”

汉文帝子刘胜曾封于中山。《史记·五宗世家》记：“中山靖王以孝景前三年（前154）用皇子为中山王……立四十二年卒（前112）……王莽时绝。”公元1986年便在满城发掘得其“黄肠题凑”的棺椁墓，得“金缕玉衣”。

东汉时，其地封光武帝之子刘焉。《后汉书·光武十王传》记中山简王刘焉于：“建武十七年（41）进爵为王。……三十年（54）徙封中山，……永元二年（90）薨。”

满城县有古石桥。

《考工典·桥梁部》保定府记：“方顺桥，在满城县南五十里，石空雕阑，坚致雄伟。隋开皇时建。”① 清·光绪《畿辅通志》满城县载：“方顺桥，在县南五十里，跨方顺河上，甃石为之。晋永嘉三年（309）建，隋·开皇，金·明昌继修。明·嘉靖间圮，僧德印募修”志引明兵部侍郎杨慎《重修方顺桥记略》：“方顺河者，源于完县白崖、马耳二山，会于满城……当山孔道，旧有桥，不识创自何代，废有岁时，过者病涉。今上御宇之三十五年（1556）……李朗首捐千金，清凉山僧德印募缘助构。……不期岁成石桥三架，长十五丈（约48米），阔三丈（约9.6米）。……垂成之次，掘泥得石记云，晋永嘉三年重修。抵金朝明昌丙辰（公元1192年）重修。”清·宣统二年，重铺桥面。

据此记载，桥始建时代应更早于西晋。西汉未见石拱桥资料，则最早可推到东汉。无论如何，至少也是晋桥。

所以可以推到东汉者，因《水经注》中，满城在东汉便有石窦（石拱桥）的建筑。

《水经注·滱水》（即唐水）记：“滱水之右，卢水注之……际水有汉中山王故宫处。台、殿、观、榭，皆上国之制。简王尊贵，壮丽有加。始筑两宫，开四门，穿城北，累石为窦，涿（流通）唐水流于城中。造鱼池、钓台、戏马之观。岁久颓毁，遗基尚存。……自汉及燕（后燕），涿滱水经石窦。石窦既毁，池道亦绝。”不能准确地知道中山简王石窦桥的具体地点。时间当在公元54年后不久。西晋永嘉三年“重建”或恐与之有关。

现有的方顺桥如图4-64，65，66。桥中孔为圆弧拱，净跨约13.3米，矢高约4.2米。边孔为半圆拱，净跨约3.3米。桥宽7.44米，全长共37.2米。大小拱上都有一层眉石（伏券，始于东汉），略凸出于拱券。桥上雕刻栏杆，显然是后代之物。

方顺桥是三孔不等跨拱桥，小孔和大孔分离，一主两从，造型优美。但拱券砌筑为镶面纵联式。早期汉代墓拱，从折边拱到小砖拱都是并列法砌筑，早期的石拱也是如此，故可怀疑，除基础和造型之外，都非东汉或西晋的原构。

① 清·陈梦雷撰，蒋迁锡重撰，《古今图书集成》，清雍正四年（1726）刊本，中华书局，1934年影印。

图 4-64 河北满城方顺桥

图 4-65 方顺桥桥面入口

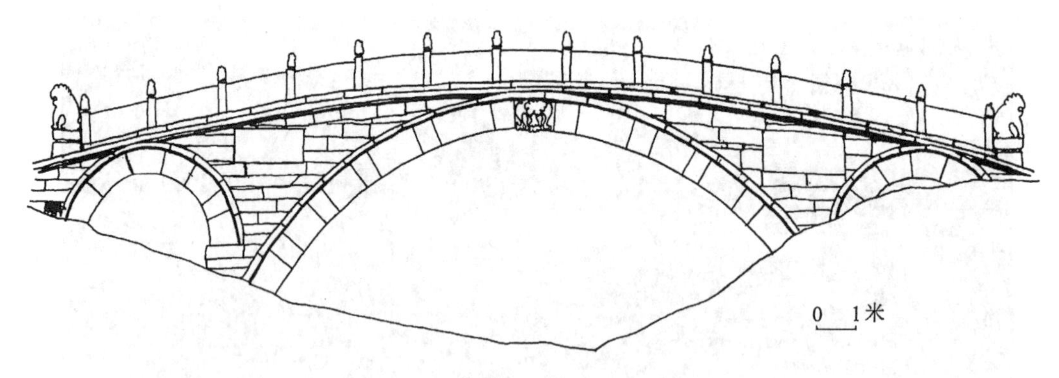

图 4-66　河北满城方顺桥图

（3）河北栾城清明桥。桥位于栾城赵村，其始建年代不详，只知重修于明（图 4-67）。

图 4-67　河北栾城清明桥

桥全长 31.7 米，共大小三孔圆弧石拱。大孔净跨 13.8 米，拱矢高约 5.0 米，拱石厚 50 厘米。共用 16 道拱券并列砌成。小拱净跨约 6 米，矢高 2 米，并列二十道券砌筑。

（4）山西晋城周村桥。桥始建年代不详，为三孔石拱桥。主孔为圆弧拱，净跨 7 米，矢高约 2.8 米，主拱石厚 45 厘米，眉石厚 13 厘米。小孔为半圆拱、净跨约 1.4 米。主孔系镀面纵联砌筑（图 4-68）。

（5）河北栾城凌空桥。桥跨栾城东关运粮河（图 4-69）。道光《栾城县志》记为“金·泰和（1201～1208）中建。”《重修凌空桥记》记：“旧桥数败。弘治十年（1497）……因其旧而成之，长三十丈（约 96 米），容两轨。高三丈五尺（约 11.2 米）。下为大券，得桥高之半……”。桥两端亦有两小孔。1966 年全桥被拆。

凌空桥主券净跨 25.62 米，矢高 6.24 米，共并列 22 道券石。但从两侧各往里第七道券的下半部，改为两道薄券，所以主券两端共 24 道。券石高 65～67 厘米。主券总宽在券顶为 6.25 米，券脚为 7.1 米。两端小拱，净跨为 2.4 米，矢高 0.85 米。

2. 敞肩圆弧拱

图 4-68 山西晋城周村桥

图 4-69 河北栾城凌空桥

(1) 河南临颍小商桥。小商桥位于河南临颍县城南，与郾城县交界处的颍水之上（图 4-70)。

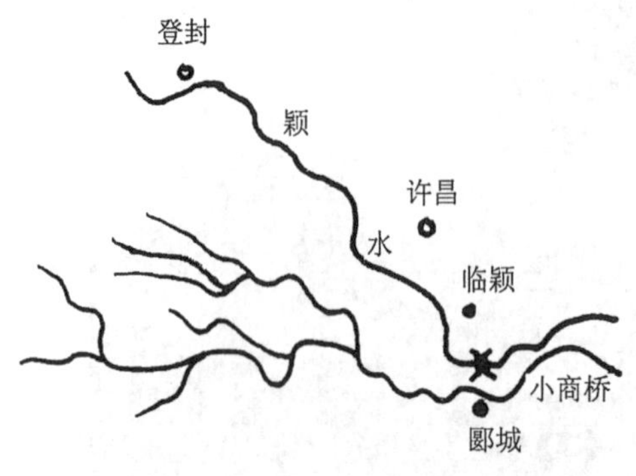

图 4-70　河南临颍小商桥位置图

明·嘉靖《临颍县志》载:"颍河源出登封之颖谷，过钧（州)、经许（州，今许昌)，由县（临颍）西北环而东南、至清水镇会沙河入蔡（今汝南）达淮。"

《水经注·颖水》记:"颖水出颖川阳城县西北少室山……又东南过临颖县南。……临颖，旧县也……小潕水出焉。〈尔雅〉曰:'颖别为沙'皆大水溢出，别为小水之名。"所以这一段颖水又名潕水和沙水。

唐时，颖水一名溵水。

《旧唐书·李光进传》记其弟光颜于宪宗元和九年:"讨吴济……光颜于是领兵临溵水。……明年（815）……破元济之众于小溵河。……光颜以小溵桥（即小商桥）贼之堡也，乘其无备、袭而取之。"

此段河道之所以名小商河，明、黎弁（临颍教谕）曾说:"颍川之属，或邑成地，以商而得名者非一，如曰商水、商城，盖以商高宗常经其地而名之。"因此有小商河、小商桥之名。

此河又名褚河、或渚河。清·赵遵律曰:"褚廷梅负文学重望，登门造请者麇集、遂易颍水为褚河。"

小商桥便造在这段河上。

清·顺治《临颍县志》载:"小商桥，在城南二十五里，跨颍水之上，隋开皇四年（584 年）建。元·大德（1298～1307）间重修。"《大清一统志》所记略同。

图 4-71　河南临颍小商桥（1982 年摄）

明·嘉靖《临颖县志》记:“元大德重修小商桥，碑文剥落难读，故不传。”所说系隋碑或元碑不详。桥上亦未见造作年号的石刻。

桥走南北，水流东西。

清·乾隆《临颖续志》记:“小商桥、石桥，在渚河。康熙十四年（1675）僧禄募修。桥有三洞，水皆东西流。十余年来，冲桥西北，而南岸渐淤，曲屈怒齿如月状，桥西北尽坏。今南洞已塞，先凿桥西南，以补北岸，然后水复故道。”1982年调查时水涨，摄得小商桥（如图4-71）。1990年水涸开挖得图4-72。

图4-72　小商桥（1990年摄，录自《中国石桥》）

现存桥洞三孔，桥全长21.3米。两岸小拱脚间距离为20.2米。主孔净跨12.1米，矢高3.06米；小孔净跨2.6米，矢高0.6米，桥宽6.5米。

大拱券厚65厘米，上有二道眉石。小拱券厚55厘米，上有三道眉石，眉石逐层向外突出。大小拱券均用二十道券石并列砌筑（图4-73）。

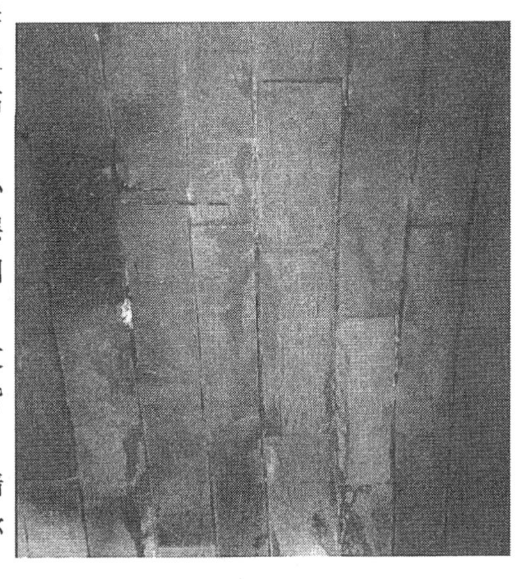

图4-73　小商桥并列拱券底

截止定稿之日，1995年初，河南省文物局拆修小商桥，剥离拱上建筑，见拱背在并列石之间有就地浇铸腰铁（图4-74）。

桥主拱脚落在小孔之下桥台的金刚墙上。金刚墙两侧有喇叭口导墙，汉·晋称“杀”。清官式石桥称为“雁翅”（图4-75）。

1990年3月开挖，发现桥下河底用12

图 4-74　小商桥拱背腰铁

排青石板铺砌，板长 50～145 厘米，宽 46～70 厘米。石板下打有木桩，桩径 15～20 厘米，间距 64～135 厘米。北部保存完整，南部已不存在。

桥上栏杆原已非旧物，1958 年“大跃进”中，当地负责人领人拆卸，烧制石灰。小商桥主桥石料系用郏县塔林坡或栾县首山石场所产淡红色石英质砂岩，故幸免于难。该类砂岩色彩鲜艳、质地坚硬耐久。而塔林坡石场据说自汉代便已开采使用。全桥现状如图 4-76。桥上已无栏杆，所画乃虚拟者。

小商桥构造上的特点是：

并列砌筑多道拱券，是早期石拱的砌筑方法。大拱上有两道眉石，小拱上有三道，是汉代多层砖砌圆弧拱的变化。

二小一大的三孔圆弧拱，小孔一个拱脚踏上大孔。然小拱拱脚轴线几乎和大拱拱脚轴线同在一垂直线上。大拱背无五角石（详后），小拱脚石下端嵌入最上一层的小拱脚横石，以撞券石的方式抵住大拱上层眉石。这等于是小孔桥台和大孔撞券石的组合。小孔实际并未真正上大孔，而是开小孔上大孔的敞肩拱的先声。所以乾隆志称“桥有三洞”不称两涯开穴，是恰当的。

小商桥大小券脸都布满雕刻，东侧背水面券脸为飞云天马图案。中间龙门石吸水兽

图 4-75　小商桥整修（1995 年 5 月摄）

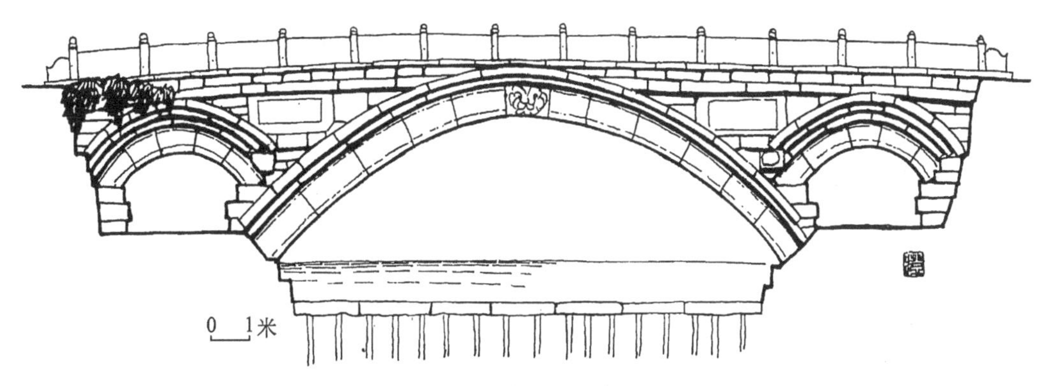

图 4-76 河南临颍小商桥图

头和赵州桥原隋代中部栏板所刻者相类似。西侧迎水面券脸刻作龙凤图案。中部几块拱石雕刻已风化殆尽。所有大拱券上层眉石的下缘有仰莲边饰。文物专家们认为主拱雕刻年代较早，似为原物。

在大拱和小拱相交处，小拱眉石之下，有兽头圆雕突出桥面。仅一处完整，其他三处或断裂不见，或风化严重（图 4-77）。

图 4-77 小商桥小拱和大拱相叠处

大小拱间山花墙上（或称象眼）各砌有一块浮雕长方石。东侧两两块为莲花图案、西侧面两块为三角形几何图案。东西不同，甚可怀疑，西侧两块乃后人重修时因陋就简，刻补之作。

据居民邢国兰老人讲，主拱基石四角，分别刻有四个力士。村民邢明甫回忆，桥面上青色石灰石栏板刻有带辫清代人物图像。

总之，隋代的小商桥，经各代维修，虽大致维持原状，但已杂以后代风格。这一次重修复原，可期统一。

小商桥经多次地震、水害，得幸保全。

小商桥之所以有名亦因抗金岳家军名将杨再兴于此血战身亡有关。《宋史·杨再兴传》记:“(岳）飞败金人于郾城（小商桥南），兀术怒，合龙虎大王、盖天大王及韩常兵逼之。飞遣子云当敌，鏖战数十合，敌不支。再兴以单骑入其军，擒兀术，不获，手杀数百人而还。兀术愤甚，并力复来，顿兵十二万于临颍（小商桥北）。再兴以三百骑遇敌于小商桥，骤与之战。杀二千余人及万户撒八索，千户百人。再兴战死后，获其尸。焚之，得箭簇二升。”《宋史·高宗纪》记在宋·绍兴十年（1140）甲寅。其事可歌可泣。今桥头杨再兴墓与庙已为地方所保护。

佚名《商桥忠墓》诗道:“将军义勇冠当时，三百人轻十万师。大野秋风悲断镞！高原落日冷云旗。忠魂得路山川恨，烈气蟠霄草木知。桥外孤坟千尺树，疑看亦有向商枝。”

小商桥红色桥石，几疑杨将军碧血凝成！再读此诗，怆然泪下。

(2）河北赵县沙河店桥。桥创建年代不详，共三孔，主拱券净跨 7 米，拱矢 2.5 米，共十六道券并列砌成。小孔净跨 1.5 米，拱矢 0.8 米，现已填塞。小拱和大拱间位置关系一如小商桥（图 4-78，79)。

图 4-78　河北赵县沙河店桥图

(3）河北宁晋古丁桥。桥始建年代不详，构造和沙河店桥相似。主券净跨 7.3 米，矢高 2 米，并列十六道拱券砌成。券石厚 55 厘米（图 4-80)。

(4）河北井陉桥楼殿。河北井陉县境内有苍岩山。据《井陉县志料》称其:“层峦叠障，壁立万仞。桥楼结构空中，庙宇辉煌崖里，古木环围，烟云缥缈，宛如画图。”《续志》记:“危崖峭壁，高出云表，山下流水潺潺，游鳞可数，石蟹成群。……断崖上架设桥楼，自下望之，真可称为空中楼阁。”山上乃隋代建福庆寺，隋炀帝女南阳公主出家于此，故寺有公主祠。”……由桥楼殿至公主祠，路经回环曲折，邃密幽雅，如入仙境”(图 4-81，82)。

清·侯少田《游苍山记事诗》称:“半天楼阁跨飞虹，风摇檐铎声铮�，巍然绀宇迷雕栊，良材画栋皆松棕……。”真是“千丈虹桥望入微，天光云彩共楼飞。”

《隋书·列女传》记南阳公主是:“炀帝之长女也。……年十四，嫁于许国公宇文述子士及。……。宇文化及弑逆（时在隋·大业十四年，公元 618 年)，主随至聊城（今山

图 4-79　河北赵县沙河店桥

图 4-80　河北宁晋古丁桥

图 4-81　河北井陉桥楼殿

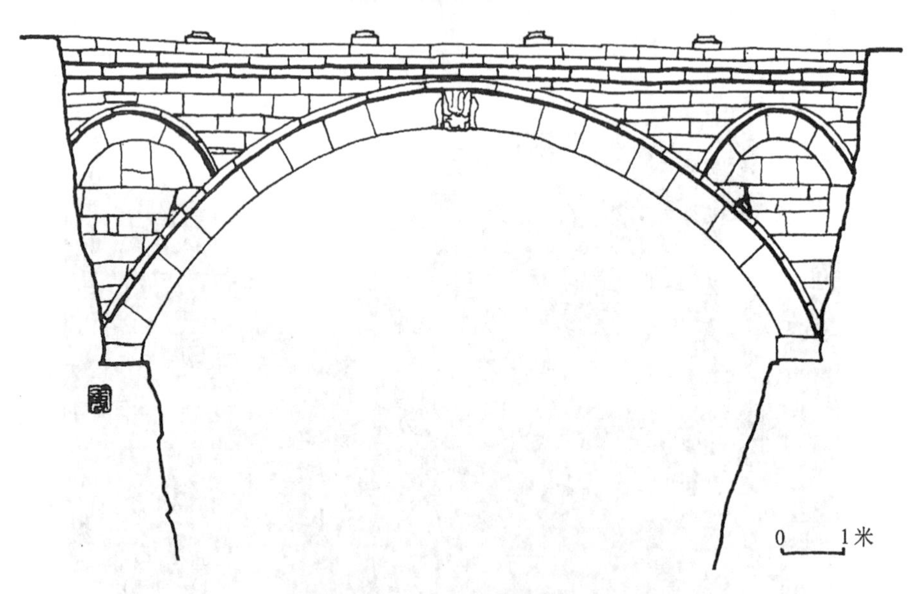

图 4-82　河北井陉桥楼殿桥图

东聊城），而化及为窦建德所败。士及自济北西归大唐。……建德诛化及……主有一子名禅师，年十岁。……建德（原欲徇情·公主不允）竟杀之。主寻请建德削发为尼。”《通鉴·唐纪三》记时为唐·武德二年（619）。《河洛记》云：“建德将化及并萧后（炀帝后），南阳公主随军，于时襄国郡（今邢台）尚为隋守……建德……引化及并（其）两子同时受戮。”“九月、庚寅，窦建德陷赵州。”武德四年，窦建德败于唐，为李世民所擒。《隋书》记:“(公主)将归西京(长安)复与士及会于东都(洛阳)之下，主不与相见。”

可见南阳公主出家时在唐·武德二年九月至四年四月之间。然则福庆寺的建设当在其前。桥楼殿始建于隋代估计是没有什么疑问的。

桥楼殿以桥为殿基。桥跨两崖，主孔净跨10.7米，矢高3.2米，主拱券厚55厘米，由22道拱券并列组成。拱顶处桥宽约7.53米，拱脚处7.93米。主拱上护拱石厚20厘米。拱顶上拱墙高约50厘米。

大拱脚处有两小拱，净跨1.8米，矢高0.9米，为半圆拱，拱厚50厘米，护拱石厚10厘米。

桥楼殿和赵州桥孰先孰后，尚难确定。桥楼殿及上述二座敞肩拱桥，其敞肩小孔，全部都已填死。有两种可能性，或是其结构细节尚不能保证大拱上小拱拱脚的稳定性，或是避免小孔成为藏垢纳污游方或乞丐的洞穴。如赵州桥下挖出的一石刻称:“从南第一虹(小孔)下□(有)一僧居焉，曰□心。”然而小拱毕竟完全上了大拱。

(5)河北行唐升仙桥。升仙桥位于行唐县城西门外护城河上。《行唐县志》记:“相传五代时有飞仙升于此。明·嘉靖四年(1525)郡人周文高，捐百金修东西门外两桥。……考旧志云：行唐城始建于唐·天宝年间(742～756)。池(护城河)阔三丈五尺(约唐制10.5米，清制11.6米)，深八尺，建石桥以通往来。”

考之唐史，行唐为范阳节度使属下。《通鉴唐纪三十一》:“范阳节度史……屯幽、蓟、妫、檀、易、恒、定、漠、沧九州之境。”“……(天宝)三年三月，以平卢节度使安禄山兼范阳节度使。”天宝十四载反。因此，行唐筑城，当在天宝四年至十四年间(745～755)，石桥自亦始建于此时。历代修缮，桥的主拱南侧，锁口石面刻有邑众12

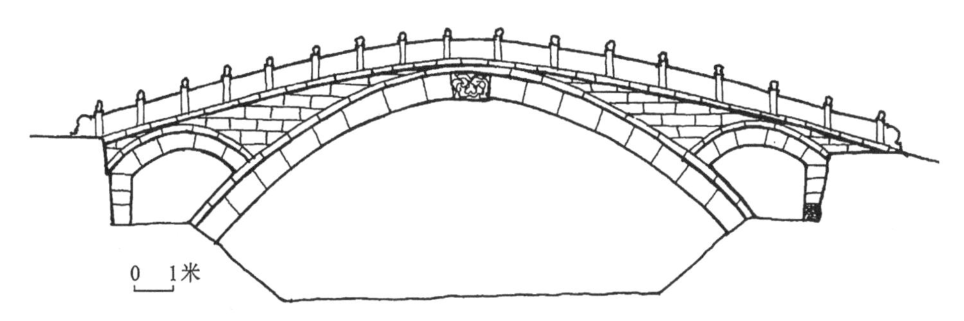

图4-83　河北行唐升仙桥复原想象图

人姓名，并有“（宋）元祐五年（1090）六月十五日”字样。似经宋代所修缮。

桥主孔净跨12.8米，矢高3米，由20道拱券并列砌筑。拱宽6.1米，券石厚60厘米，眉石厚20厘米。两侧叠两小拱，净跨2.35米，矢高0.6米，拱石厚50厘米，并列18道券砌成。

目前的桥面为平坡。根据隋·唐诸桥的布局及现桥大小孔位置，怀疑其桥面系后来所填平者。图4-83为升仙桥桥面复原后的假想图。

(6) 山西晋城景德桥。景德桥位于山西晋城西关，西关古为景德镇，故名景德桥，俗称西关大桥。又因桥通沁水、阳城的道路、亦称沁阳桥。桥跨白沙河上。

《凤台县志》记:“城西关桥一名沁阳桥，金·大定乙酉（1165）知州黄仲宣创建，成于明昌辛亥（1191），经四百余年不坏。成化壬辰（1472），大水塞川而下，桥毁而遗石尚存。”其实际情况是当时冲毁了晋城东门桥和南大桥，唯景德桥独存。清·乾隆元年（1736）整修，1956年又整修一新。

景德桥是敞肩圆弧石拱桥（图4-84），大拱之上每侧叠有一个小拱。桥全长33米，桥面宽5.9米。主拱净跨21米，矢高4.9米，主拱券石高73厘米，眉石厚26厘米。主拱并列15道券砌成。小拱为接近半圆拱，净跨3.1米，拱券石厚58厘米，眉石厚约20厘米。小拱一脚落在大拱之上，一脚砌于桥台。主拱龙门石有吸水兽，券脸石上满刻精美的浮雕。小拱和大拱之间的山花墙上有突出的石雕龙头。

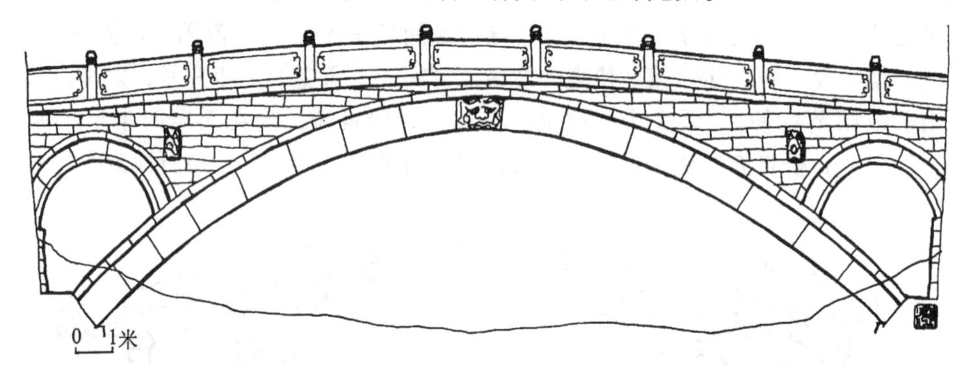

图4-84　山西晋城景德桥图

(7) 河北赵县安济桥。安济桥位于河北赵县城南五里的洨水上。赵县、汉名平棘，属常山郡。后魏置赵郡。《隋书·地理志》:“隋大业三年(607)改为赵州。”唐因之，故此桥又名赵州桥。相对于城西另一座规模略小的石桥——永通桥而言，又称大石桥，后者为小石桥。

《赵州志》记赵州地位的重要:“被山带河，形胜甲于天下。自大元定都幽燕，遂为南北孔道。及明·成祖皇帝复建鼎于北平，九省往来，为股肱上郡，中原锁钥。旧志云:‘跨有恒山滹水之胜，雄于河朔’。斯固然矣。今观州城，近则大陆潆洄于左，铁山耸峙于右，平棘山、洨水列其前，栾台、宋城屏于后。远则星冈沙流，坟衍膏沃，龙平马鞍，崎岖郁盘。又远则挂尧峰于泜水，拖井陉于滏阳。十八盘峻极而险据牛口，葫芦河汇注而浸引漳流。比其西登太行也，长川千里，胜气苍然，中条恒岳，秀涌芙蓉，四通八达，壮怀耸目，如在图画中矣。盖燕赵之上游，秦、楚、豫之咽喉也。”地位形势的重要，固不待元·明始然。唐·张彧《赵郡南石桥铭》已称:“万里传书，三边檄奏、邮亭控引，事物殷富。夕发蓟壖，朝趋禁雷。”柳涣《石桥铭》称:“北走燕蒯，南驰温洛，骓骓壮辕，殷殷雷薄。”(温洛泛指河南洛水。《易干度》记:“王者有盛德之应，则洛水先温”故称温洛)。赵州是交通要道，自古已然。

安济桥跨洨河。

《赵州志》引旧志说洨河:“凡有四泉，皆出获鹿南境。”张孝时《洨河考》称:“洨河发源于封龙石……瀑布悬崖，水皆从石罅中流出。”《水经注》记:“洨水不出山而假力于近山之泉。”《汉书·地理志》称:“石邑，井陉山在西，洨水所出。”所以洨河源于获鹿、井陉，属山区河道性质。常年少水，而夏秋挟山泉而来，汪汪然成为巨流。昔年曾通航运(图 4-85)。

图 4-85 直隶赵州大石桥(1900 年摄，桥下通航)

在这条道路上，跨过此水，历来便有桥梁，而隋代所建，为一时独步，历代所爱惜，保存到今天(图 4-86，87，88)。

历代歌颂此桥者极多，唯唐·中书令张嘉贞《赵郡南石桥铭并序》最为名著。《唐文

图 4-86　河北赵县安济桥东面（1930 年摄）

图 4-87　河北赵县安济桥西面（1930 年摄）

粹》载此文，以铭文为柳涣所作。张嘉贞的序文，对造桥者和桥的结构、雕刻都有记载，形容贴切而文辞极美。其辞曰：

“赵郡洨河石桥，隋匠李春之迹也。制造奇特，人不知其所以为。试观乎用石之妙，楞平砧斲（雕凿得棱角方正），方版促郁（排列得整齐严密）。缄穹窿崇，豁然无楹（高高拱起，空敞而无柱），吁可怪（怪）也。又详乎叉插骈坒（细看它们交叉着的，并列着的），磨砻致密，千百象一（琢磨得细致紧凑，如同一个整体）。仍糊灰璺（用灰浆砌合石隙），腰铁栓蹙（用锭形铁结合拱石）。两涯嵌四穴，盖以杀怒水之荡突，虽怀山而固护焉（虽洪水包住山陵而桥仍无恙）。夫非深智远虑，莫能创是。其栏槛蕈柱，锤斲龙兽之状，蟠绕拏踞，睢盱翕歘（怒目而视，呼吸吞吐），若飞若动，又足畏乎。夫通济利涉，三才一致（架桥渡水，天、地、人都有一样的要求）。故辰象昭回，天河临乎析木（星移斗转，银河到析木星处时可以渡过）。鬼神幽助，海若倒乎扶桑（用秦始皇驱石竖柱的故事）。亦有停杯渡河（用《高僧传》杯渡和尚的故事），羽毛填塞（用七夕牛郎织女鹊桥相会的神话）。引弓击水，鳞甲攒会者（用《论衡》鱼鳖浮为桥的故事），徒闻于耳，不睹于目。目所睹者，工所难者，比与是者，莫之与京（没有能比过它的）。”

接下便为“勅河北道推勾租庸兼复囚使，判官，卫州司功参军，河东柳涣断为铭曰：‘于绎工妙，冲讯灵若，架海维河，浮鼋役鹊。伊制或微，兹模盖略。析坚合异，超涯截壑。支堂勿动，观龙是跃。信梁而奇，在启为博。北走燕蒯，南驰温洛，骈骈壮辕，殷殷雷薄。携斧拖绣，骞聪视鹤。艺入侔天，财丰颂阁。斲轮见嗟，错石惟作。并固良球（玉磬），人斯瞿瞁（惊视）。”

张嘉贞的序文作于唐·开元十三至十七年（725～729）。《旧唐书·张嘉贞传》记其于开元十三年：“代卢从愿为工部尚书、定州（今真定）刺史，知北平（今满城）军事。……十七年，嘉贞以疾请就医陈都，制从之……其秋卒。”

张嘉贞说赵州桥建于隋代，但未详何年。

1955年整修赵州桥时，于河床中挖掘出很多隋、唐及后代碑刻题名残石。当年负责工作的文化部，古代文物修整所俞同奎所长曾为之考证说[①]：“在修桥主题名石六块里面，其中‘瘿陶县苏……’一块和‘修桥主李彦□……’等两块，字体是一样的，当是属于一个时代的刻石。据余鸣谦工程师（工程负责人之一）说，挖出的修桥主李彦□……等石块高度与现在石桥二小拱券的墩石同，又由其字体、官职称呼，推测是桥创建时所刻，并推测桥是集体捐钱所修。北京大学历史系孙贯文亦谈及，修桥主许多人名，全系南北朝和隋代人的习惯用名，如苏阿难，李客子等都是。尤其是女子自称为妃，如李聃妃。三字写作‘毛’，如李阿“毛”，更是隋人命名或写法的特征。由这些石刻，更可进一步推测建桥年份。

考瘿陶县名是隋开皇六年（586）所改。李彦□等两石刻有‘校尉’、‘骁骑尉’、‘云骑尉’各职名。按《隋书·百官志》：‘开皇六年吏部又别置朝议、通议、朝请、朝散、给事、承奉、儒林、文林等八郎；武骑、屯骑、骁骑、游骑、飞骑、旅骑、云骑、羽骑八尉。……炀帝（大业）三年（607），旧都督已上至上柱国凡十一等及八郎、八

---

① 俞同奎，安济桥的补充文献，文物参考资料，1957年，第3期。

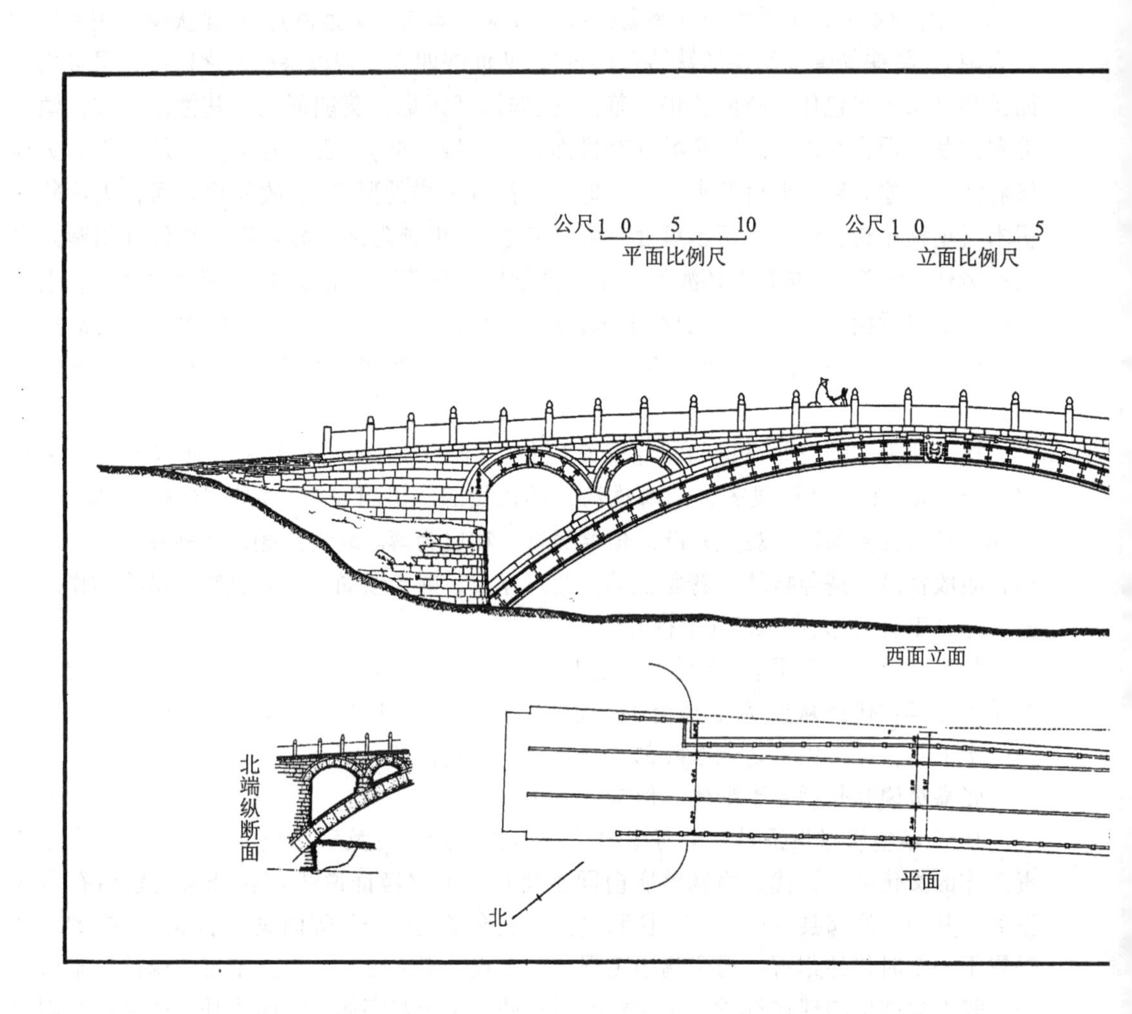
公尺 1 0 5 10
平面比例尺
公尺 1 0 5
立面比例尺
西面立面
北端纵断面
平面
北

图 4-88　河北赵县

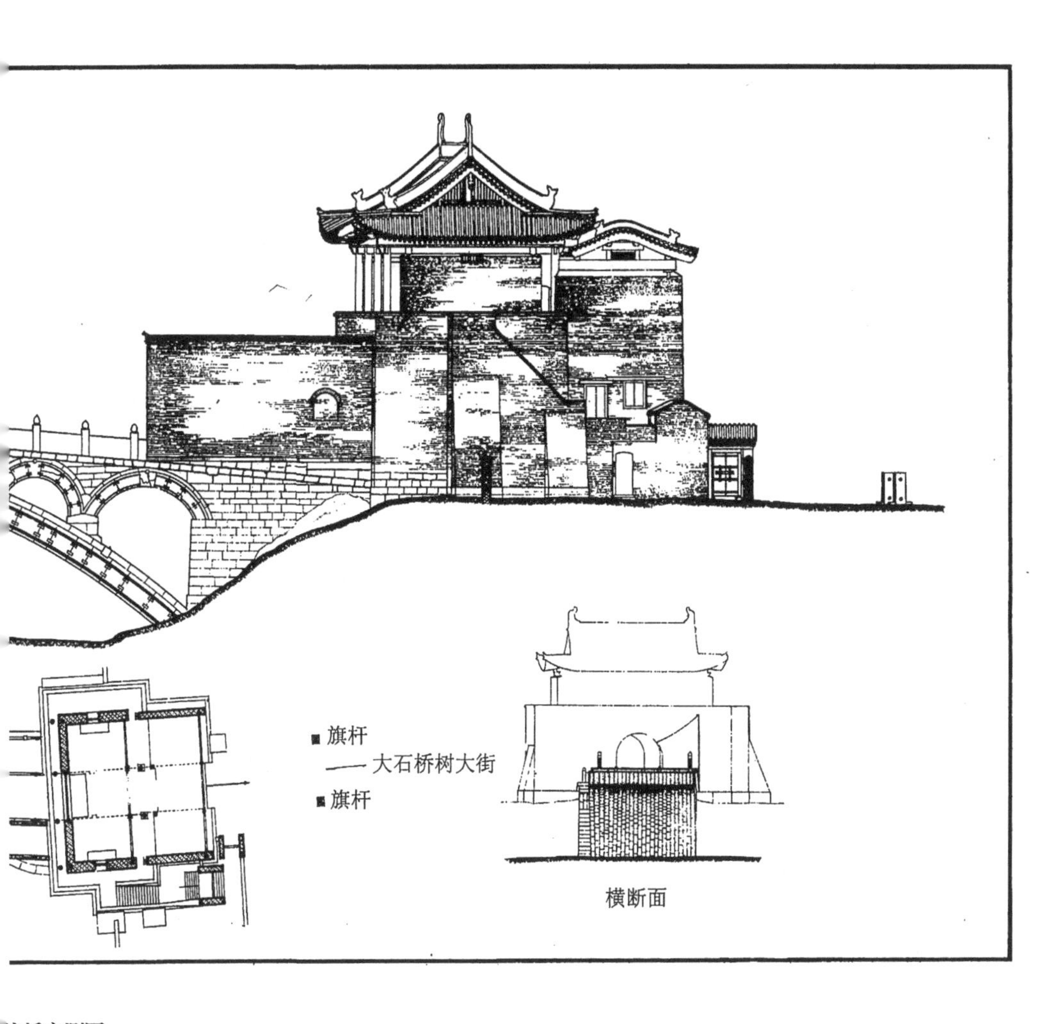

济桥实测图

尉、四十三号将军官皆罢之。’由以上职官名称演变看来，大石桥的修建，当在隋文帝开皇九年（589，统一局面成功后），至炀帝大业三年（608）的十九年间……尤以后几年的可能性大。……此桥工精料弗，绝不是三数年可以完成。”其推测完全正确。

后，北京大学在《金石汇目》分编卷三、补遗，二十五发现一项纪录，在安济桥下曾有一块唐山（亦名尧山，在今河北隆尧县东北，紧邻赵县）石工李通题名石，上有开皇十□年字样。

赵州桥北洞下曾获“赵下非”题名石，残刻有“……乙丑记”字样，如为隋代年号则为大业元年（605）。

明·孙大学《重修大石桥记》视为：“隋大业（605～616）石工李春所造也”显然还不够仔细和正确。

唐·张彧《赵郡南石桥铭》中有“敞作洞门，呀为石窦。穷琛墓算，盈纪方就。”一句，前已点明即指此桥一何像东汉的石窦桥。反之，石窦桥便很可能似赵州桥式的圆弧拱。“盈纪方就”者乃此桥造了十二年之久。

《宝刻丛编》中“栾州使君江夏徐□碑”上刻“大业二年（606）七月十五日立在汶川（即洨河）石桥前。”[①] 若定此年为石桥成年，则上推十二年，桥始建于隋开皇十五年（595），正囊括所有历史资料于其间。

因此，赵州桥可推定始建于隋·开皇十五年，完成于隋·大业二年（595～606）。

其间，隋文帝仁寿四年（604）、隋炀帝杨广和汉王谅之间有战争、井陉附近曾为战场，可能对工程有所耽搁。一年、事平，不二年，桥成。宋·宣和间安汝功《石桥诔》石刻道：“天桥苍虬脊，横波百步长，匪心坚不转，万古作津梁。”桥的建成、将传千古，果非虚语。

赵州桥为单孔敞肩圆弧拱。

历来对赵州桥尺寸报道有所不同，乃所指的部位不够明确，或以桥台内侧面间作为拱净跨（此时未加开挖）。1954～1956 年，文化部对赵州桥进行彻底的大修（图 4-89，90），并开挖桥下河床，测量得大拱净跨为 37.02 米（指拱腹的拱脚间）。并根据实测拱腹各点高度，反求半径，西侧为 27.7 米，东侧是 27.3 米。大拱拱券厚 1.02 米，以此推算，拱轴线东西平均拱跨为 37.707 米，拱轴线拱矢平均为 7.218 米。

大拱拱券之上有一层眉石（护拱石）平铺拱背，厚度靠拱脚处约为 30 厘米，向上逐渐减薄，到拱顶处为 16 厘米。

大拱背上，“两涯开四穴”，即有四个小拱。南北两端的小拱平均净跨 4 米，半径 2.3 米，拱石高 65 厘米，眉石厚 16 厘米；里侧两小拱平均净跨约 2.75 米，半径约 1.5 米，拱石亦高 65 厘米，眉石 16 厘米。

主拱和小拱都是并列砌筑，主拱和北端二个小拱，南端一个小拱并列 28 道券石，只南端一小拱并列 27 道。券石宽度由 25 至 40 厘米不等。全拱宽度约 9.6 米。栏板间桥面净宽约 9 米。

并列砌筑是中国拱（同时亦是西方拱）的发展过程中早期的一种砌筑方法。

赵州桥每条宽度自 25 至 40 厘米的窄条并列拱券、横向互相依靠，并无密切的联

---

① 陈思著，《宝刻丛编》卷六，王云五主编《丛书集成初编》本，商务印书馆，1937 年初版。

图 4-89 河北赵县安济桥近况

图 4-90 河北赵县安济桥底面

系。在墓室结构中，并列的墓顶拱券，靠作用在两端封墙的土压力所抵紧。在桥梁结构中，不但没有这样的条件，同时活载车马的振动作用、易使并列的拱肋，特别是靠边的拱肋分离塌坍，需要依靠一些结构上的措施，予以保持单独拱肋和整体拱桥的稳定性和整体性。

赵州桥采用了五种横向联系的方法。

一是拱顶横宽较拱脚略窄，使全桥略有收分、拱肋内靠。

二是拱背相邻的拱石间有腰铁联结。正如券脸所见的“腰铁栓蹙”一样。

三是全桥每侧在护拱石内砌有六块勾头石，石长约 1.8 米，其下端有 5 厘米勾住最外层的部分拱脸石。

四是全桥全宽内，在拱背上，与勾头石同一位置有五根横铁梁，带有直径约 14 厘米的梁头。每个小拱顶亦各有一根，共计 9 根带梁头的拉铁、约束并列的拱肋（图 4-91）。

图 4-91　安济桥细部（勾头石，拉铁）

五是也有认为眉石与拱肋之间的摩擦力亦可以帮助拱肋之间的联系。但眉石在小拱下为满砌，桥中间仅在桥的两侧有，且拱背不平，作用更为微弱。

不难看出，除了收分之外，所有的横向联系都仅设置在拱背。当铁拉杆和拱背腰铁锈断之后，横向联系便非常薄弱。但由于石工的“磨砻致密”和后代多方面的爱护，虽历洪水、地震等灾害，而仍得屹立于世。

赵州桥两端各有两个小拱上桥，其构造将于诸敞肩拱桥后综述。

赵州桥的桥台构造简单，亦出人意料。

经过 1934 年中国营造学社的研究，1954 年文化部整修挖掘和 1983 年写作《中国古桥技术史》对进行的测量钻探，其结果为：

1934年对桥台进行探测，从北拱脚起拱线下开挖，下挖五层石料之后，即发现基土。梁思成先生认为此为防水金刚墙，并非桥台的荷载基础，因此，他在桥梁实测图中（图4-88）对拱脚的终端提出怀疑。即可能尚向下延伸，则桥跨将会超过37米甚多。

1954年在桥西北侧下挖得同样结果，五层石料共厚1.549米。再钎插下1米，仍为基土。

拱脚和桥台的联结处有垫石。从西北和东南外侧观看是一个整块，但后尾未经挖出，可能为三角石，或为梯形（图4-92a，b）。由西数第27券南拱脚，其垫石是由两层条石组成（因拱券已崩坍，故看得清）。桥台和拱脚有铁柱相连，柱6厘米见方，石面露出部分高1米（图92c）。铁柱位置在主拱券石一侧的刻槽之内。南拱脚共发现五根铁柱痕，北拱脚未见。

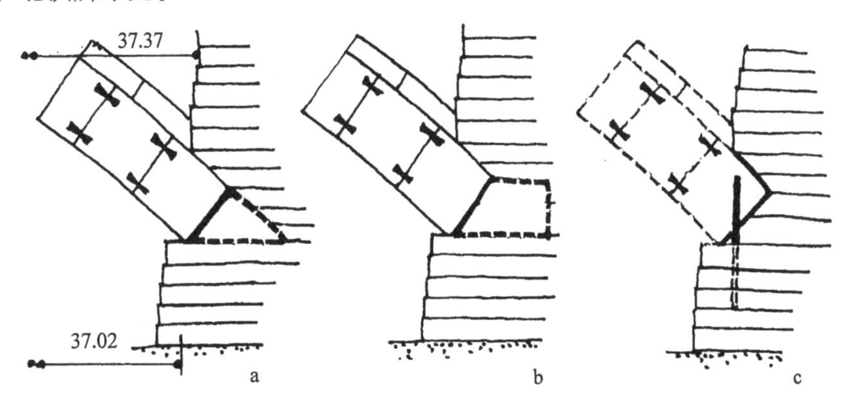

图4-92　安济桥拱脚图

认为拱脚到垫层石为止。其下部条石即为桥台基础，但怀疑下部尚可能有木桩基。

1983年对赵州桥桥台进行钻探，探得桥台宽9.6米，长5.8米，高约6.66米，（图4-93）。直接置放于硬塑，褐黄色，夹有江石和氧化铁的土层上。其物理性能是：天然容重1.95吨/立方米，饱和度$G=0.76$，液性指数$I_C=0.41$，天然孔隙比$e=0.63$，基本承载力为340千帕，经宽深修正后可达390千帕。

赵州桥的主拱，经大连工学院钱令希教授用极限分析法[①]进行分析，得拱厚安全度为3.703（括载作用于1/4桥跨处）；6.434（恒载）；和11.676（括载作用于跨中）。

拱中最大压应力为320.75牛顿/平方厘米（括载作用于1/4桥跨处）小于石料允许应力。

胡达和、夏树林[②]计算得地基应力$\sigma_{max}=440kPa$，$\sigma_{min}=310kPa$，超应力不足50千帕。如按塑性理论计算，其地基承载力是足够的。可是抗滑计算其滑动稳定系数K_C为0.7，即不够安全，需计入台后土的弹性抗力，便可稳定。这一计算乃按近代经典的拱桥和基础设计理论进行的。

① 钱令希，《赵州桥的承载能力分析》，《土木工程学报》，1987年，第4期。

② 胡达和、夏树林，《安济桥桥台基础考察报告》，1983年3月。

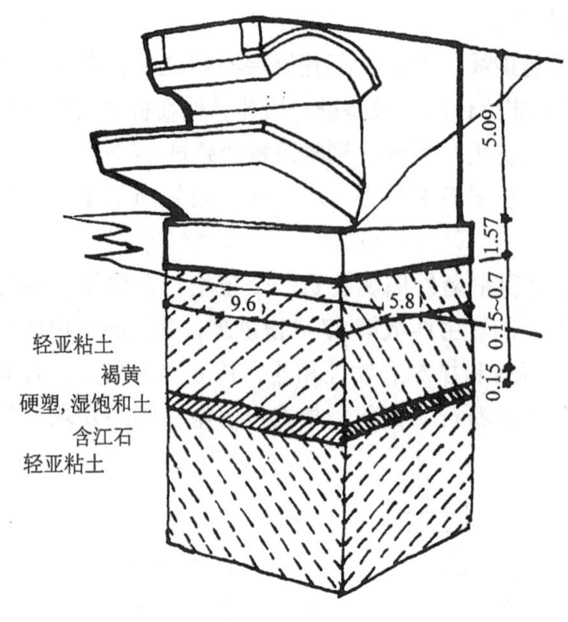

图 4-93　安济桥桥台及基底地质图

中国石拱桥的计算理论和近代习用的计算方法有所区别，将于专门章节中论述。

赵州桥的石拱构造，是科学的、经济和安全的，这一点无可置疑，且因出之于古代匠人之手，不能不引起深深地敬佩。

赵州桥的艺术亦很突出。将于第八章中详细分析。

历代对赵州桥曾勤加修缮。

桥成后约 200 年，唐·贞元九年（793）刘超然《新修石桥记》称:“隋人建石梁凡二百祀。壬申岁（贞元八年，792）七月大水，方割陷于梁北之左趾（桥东北角），下坟岸以崩落，上排遾又嵌欹，则修之为可。……速攻其石脊（石缝中草木）。仍累土以负，兹补栏植柱，靡不永固。”桥受水害，影响基础和拱肋。这是第一次较大规模的修缮记录。

北宁嘉祐年间。《宋史·方技传》记僧怀丙:“真定人，巧思出天性，非学所能至也。……赵州洨河凿石为桥，镕铁贯其中（估计指的是腰铁）。自唐以来相传数百年，大水不能坏。岁久，乡民多盗凿铁，桥遂欹倒（估计为外券倾离），计千夫不能正。怀丙不从众工，以术正之，使复故。”因事记在怀丙起出蒲津浮桥中渰铁牛之前，故时在公元 1056～1063 年间。距唐、刘超前修桥后约 270 年。

元·皇庆二年（1313）对赵州桥作了预防水害的措施。《元史·河渠志·冶河》记:“皇庆元年七月二日真定府言……下相栾城县，南视赵州、宁晋县，诸河北之下源，地形低下，恐水泛经栾城县、赵州，坏石桥，阻河流为害。由是议于栾城北，圣母堂东，冶河东岸，开减水河，可去真定之患。省准于二年二月……修治。”上距怀丙修桥约 250 年。又约 250 年后，明·嘉靖四十三年（1564），有孙人学《重修大石桥碑》载:“桥之上，辙迹深处，积三十年一易石。”则可见自隋至明，应已换过三十余次。

同年，翟汝孝《重修大石仙桥记》:“嘉靖乙未（三十九年，公元 1560 年），郡人魏中丞子……缉其桥中之路八尺（换桥面）……力竭……御用监太监……赵公芬，卜嘉靖壬戌（四十一年，公元 1562 年）冬十二月至次年癸亥四月十五告成，所修南北□头及栏槛柱脚，锥斵龙兽，□□旧制，且增崇故事形象，备极工巧，焕然维新，境内改观矣。”

明·万历二十五年（1597）张居敬《重修大石桥记》（见《赵州志》）云:“……世庙初，有鬻薪者以航运置桥下，火逸延焚，致桥微隙，而腰铁因之剥削，且上为辎重穿敝。先大夫目击而危之曰：弗葺将就颓也。以癸亥（嘉靖四十二年，公元 1564 年）岁……肩其役。垂若干年，石敝如前。余兄弟复请李县等规工而董之……经始于丁酉（万历二十五年，公元 1597 年）秋而冬告竣，胜地飞梁，依然如故。”

1934年中国营造学社梁思成先生调查赵州桥，所写《赵县大石桥》一文，文采飞扬，多述民间传说。桥的西五道券于明末坍塌，清·乾隆间修复。东三道券于乾隆间崩坠，暂时将桥面收进，加上栏杆。故图4-88所示东三道券为虚线，且四五道券亦有外倾现象，险象甚明。桥头为关帝阁，建于明·隆庆六年（1572）。明·崇桢二年（1626）增建。关帝庙前北部上两侧为鲁班庙和柴王庙，均为清·道光六年（1826）所建。

1954年文化部着手整修赵州桥。当时桥虽仍可通车马，但拱券变形，桥面渗水，拱券石底皮风化。四个小券风化更严重。桥面坎坷不平。栏杆均非旧物。桥台主体基本完好，基础则安全无恙。

修复的具体办法是：重立木拱架，拆除拱上建筑，整直和补足拱券。主拱券背实腹部分以及小拱券之上，护拱石内，灌注钢筋混凝土板，以加强并列拱券的横向联系。拱上填充则以块石混凝土代替土夹石。在护拱板上及拱上填充物之上铺设防水层。重新铺砌桥面。仿自河中挖出的隋代栏板雕琢新栏板（图4-94，95）。

图4-94 安济桥仿隋雕龙栏板

赵州桥经整修之后，焕然一新。然而梁思成觉得已古趣“全”无，得出“修旧如旧”而不要“修旧如新”的重要原则。

赵州桥为第一批国家重点文物保护单位。桥于1991年被美国土木工程学会选为国际历史土木工程里程碑。9月4日在桥头立赠送的铜牌。同年，中国土木工程学会于桥头立“世界著名古石桥碑。”

志载隋代所建石拱桥尚有：

山东东平清河沟清水石桥。《元和郡县志》和《太平寰宁记》记此桥为：“隋仁寿元年（601）造。石作华巧，与赵州桥相埒。长四百五十丈（《太平寰宇记》为尺）。”清·蒋作锦《东原考古录》称：“泗源亭西四里为清河沟，巨桥跨河，今淤土中。”据考证淤没于宋·元丰三年（1080）。

图 4-95　安济桥竹节柱栏板及金边花饰

山东滕县官桥。乾隆《山东通志》载为“隋开皇八年（588）”所建九孔联拱石桥。

河北南和澧水石桥。《畿辅通志》记其建于隋开皇十八年（598）“龟柱通泉，龙梁接汉。”不知是否为石拱桥。

（8）河北赵县永通桥。永通桥跨冶河。冶河俗称清水河。河自冶河铺向东南流，经栾城凌空桥、四济桥、赵县贾店、营儿铺，入西关，穿永通桥，南趋合洨河，至安济桥。

永通桥的建造年代众说不同。

主隋代说者因 1986 年重修永通桥时，在桥面上发现崇祯六年（1633）《重修永通桥记》碑刻称:“郡西百步许，有桥岿然曰永通。……创建于隋代。”

主唐代说者据同年出土修桥主题名石。石呈长方形，两侧磨光刻字，并分别以行、楷、草三种字体题刻，部分字迹已模糊不清。尚能认出有“□泰初……入道姑，大娘姑□敬造此桥，合家供养……”。查历史上各朝年号以泰字为第二字者共有十一朝。在歌咏安济桥的诗文中，从未有提及安济在永通之后。因此，不计公元 606 年以前者；不计 606 年后统治不及赵州者；亦不计已有咏永通桥诗文后的有泰字年号者，于是仅存三朝为可能。即隋·越王杨侗的皇泰（618～619）；唐·代宗李豫的永泰（765～766）及五代，后唐末帝的清泰（934～936）。

隋末唐初，赵州仍奉隋代正朔，而在国家动乱之际，一区稳定，仍在修桥，事本亦有可能，或即为“创建于隋代”者之所据。然而张嘉贞、张彧等记赵州桥铭中都不提永通，可见尚无此桥。后唐末帝时，河东石敬塘割燕云十六州与契丹，灭后唐而为后晋，赵州未有兵祸，造桥尚有可能。可是唐·永泰年间，正当已平安史之乱，郭子仪军壑镇守河东，人民生活比较安定的时候，永通桥的建设更为可能。时在张嘉贞书赵州桥后三十六年。近人高英民① 等亦主永通桥建于唐·永泰初年（765），故以此说为最有力。

主金代说者，因元·纳新《河朔访古记》记：“赵州城西门外平棘县境有永通桥，俗谓之小石桥。方之南桥（安济桥）差小，而石工之制，华丽尤精。清·洨二水合流桥下。此则金·明昌年间（1190～1196）赵人裒（buo，聚也）钱而建也。”② 既已发现“□泰初”石刻，故怀疑金代不过是“裒钱”（有误以为人名者）修缮而已。

北宋·淳化间（990～994）刺史杜德源咏永通桥诗曰：“并驾南桥具体微，石材工迹世传稀·洞开夜月轮初转，蛰启春龙势欲飞。金道马尘奔驿传，玉栏狮影炽晴晖。可怜题柱诗人老，惭愧相如驷马归。”③

永通桥是安济桥的具体而微（图 4-96，97）。

图 4-96 河北赵县永通桥（1984 年摄）

永通桥桥脚原已堆埋于两岸河床之下，1984 年大修时，在两侧开挖至桥基，得永通桥情况如图 4-98。

主拱为圆弧形，净跨 23.48 米，净矢高 4.64 米。拱顶宽度 6.63 米，东拱脚宽 6.89 米，西拱脚宽 6.95 米，主拱券有收分。主拱石厚 65 厘米，拱脚处拱石厚 75 厘米，拱石长约 70 厘米，宽约 25.5～43 厘米。全拱以 20 道拱券并列砌筑。券脸石在接缝间除拱脚部分有双腰铁外，其他均为沿拱轴线有一道腰铁。

主拱券上眉石厚 25 厘米，在主拱顶拱宽为 6.5 米的范围内有六根勾头石和带梁头的横铁梁。主拱券顶纵横石缝之间都有腰铁、构造方法和赵州桥相同。

主拱之上有四小拱。

小拱（或称空腹拱）之大者，东端平均净跨 3.08 米，平均净矢高 0.87 米；西端则为 2.78 和 0.78 米。小空腹拱东端平均净跨 1.77 米，净矢高 0.88 米；西端则为 1.71 和 0.88 米。拱券石厚 35 和 45 厘米，眉石厚 13.5～14 厘米，并列 22 至 24 道砌筑。

---

① 高英民，刘元树，《永通桥创建年代考》。
② 《河朔访古记》卷上，《影印文渊阁四库全书》史部三五一，台湾商务图书馆，1960 年。
③ 《隆庆赵州志》卷二，10 页。

图 4-97　河北赵县永通桥（1988 年修竣，1993 年摄）

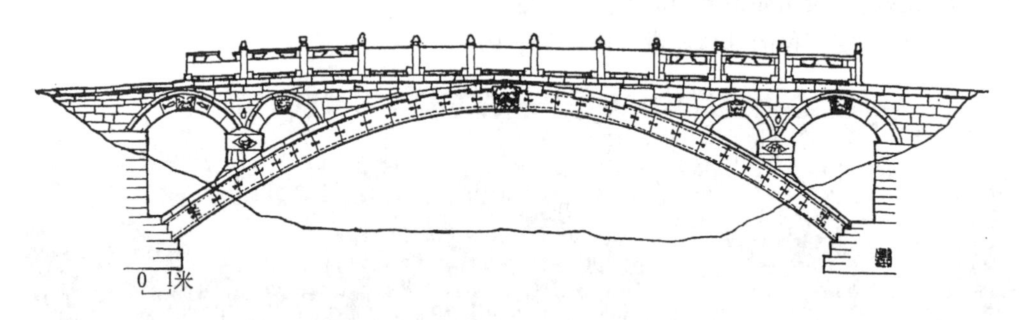

图 4-98　河北赵县永通桥图

桥上雕刻各个时代不同，但均甚精致，汇为大观。

永通桥既称建于唐代，但修缮记录极少。宋·杜德源刺史题诗和元·纳新访古，是否其间和修桥有关？至少可明确的为：

“金·明昌间（1190～1196）赵人裒钱而建（修）也”是第一次记录。以后续见于发掘出的碑记、和栏杆石上题刻有明·“正德二年（1507）吉立。”明·万历二十六年至二十七年（1598～1599），明·崇桢六年（1634），清·嘉庆四年（1800）和这次 1984～1988 年的彻底修缮。其中万历年间，张居敬张居仁兄弟，先修大石，再修小石。其《重修永通桥记》称小石桥：“直是颉颃大石，称二难于天下。……南配大石桥，为群奇胜者二，若伯仲若埙《xūn，陶制吹奏乐器）篪（chi 竹制吹奏乐器。《诗·小雅》所谓：‘伯氏吹埙，仲氏吹篪’）”。所以亦寓伯仲之意。杜甫诗：“伯仲之间见伊吕”亦此意也。现永通桥亦为国家重点文物保护单位。

(9) 河北永年弘济桥。弘济桥位于河北邯郸市东北，永年县旧城东五里，东桥村旁，跨滏阳河。

桥始建的年代不详。明·万历十年（1582）重建。

这是一座与赵州桥极为相似的单孔敞肩圆石拱桥。主拱跨径 24.8 米。

大腹拱净跨 3.5 米，矢高 1.6 米；小腹拱净跨 1.9 米，矢高 1.05 米。

拱用十八道拱券并列砌筑。券面面满刻龙、凤等浮雕。大券券脸石之间有单道腰铁相联。大拱厚约 85 厘米、眉石厚 35 厘米。值得指出的是所有的眉石都是勾头石。有约

8 厘米的勾头勾在大拱券面石上凸线的上边缘（图 4-99，100）。为了避免眉石显得过于厚重，其外侧刻成带单边的弧形面，以造成视觉上的轻薄感。眉石加厚，可使腹拱拱脚石嵌入眉石。这些细节，都是匠心独运，兼顾了结构构造和建筑外形。

图 4-99　河北永年弘济桥

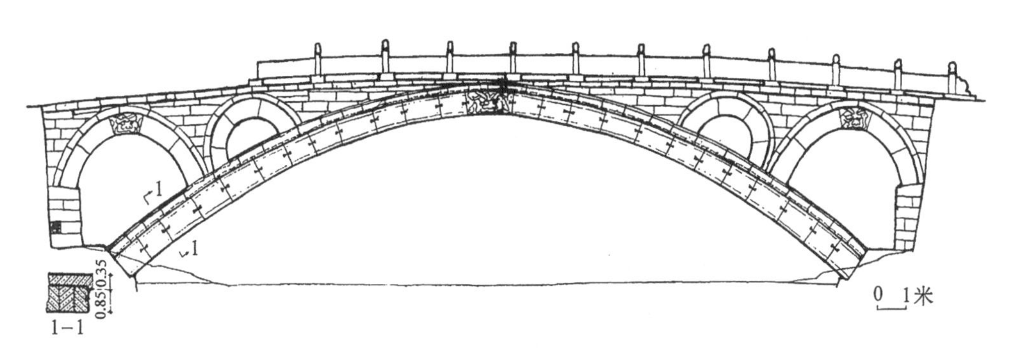

图 4-100　河北永年弘济桥图

（10）山西崞阳普济桥。普济桥和 1952 年地震倒塌的来宣桥，同建于山西崞阳城外。南门外为普济桥，北门外为来宣桥。

《崞阳县志》记，两桥均为“金·泰和三年（1202）义士游完建。”明·成化，清·乾隆曾予修缮。清·道光十年（1830）曾经崩塌，道光十一至十二年重建。

普济和来宣桥型相同。来宣桥在震坍前未经重建，则普济桥重建为按金代原桥式进行（图 4-101）。桥为单孔敞肩拱，大拱上叠四小拱。主拱现地面露出净跨约 18 米，矢高约 6.2 米。拱券石厚 61 厘米，眉石厚 23 厘米。大拱上腹拱净跨为 3.2 和 1.8 米。桥宽 9 米。拱券的砌筑方法已由并列改为纵联。券脸石上雕刻精良是为一绝。

图 4-101　山西崞阳普济桥

3. 多孔敞肩拱

(1) 河北赵县济美桥。济美桥位于赵县宋村。其始建年代不详。梁思成于 1932 年调查此桥时，发现拱券如意石底面有嘉靖二十八年（1549）刻字。而《赵州志》载："济美桥在宋村东北里许洨水上。万历二十二年（1594）贞孀元王氏捐资重建。"清代又曾修缮。然而，根据其并列的拱券构造，以及小拱和大拱的关系，恐怕始建年代或不晚于唐。此桥在"文化大革命"期间被拆除，今已荡然无存，难以再作进一步的发掘考证。

这是一座非常巧妙和造型美丽的石拱桥（图 4-102，103）。桥主孔共两孔，净跨各约 8.5 米，净矢高约 2.5 米。两端各有两小孔，桥为东西向，东券净跨 2.25 米，矢高 1.07 米；西券净跨 2.7 米，矢高 1.04 米。至券和小券均为 14 道并列。

桥中部两主券之间，又插入一中间小孔，净跨 1.72 米。拱矢高 1.01 米，券脚以下至券洞底高 0.72 米。之下，两拱之间，还铺砌有条石。中小券为并列十五道砌成。

济美桥主桥虽为建筑上难以处理的双孔桥但因介入小孔，成五孔外形，在张敛、虚实之间，处理得十分自然和富有韵律。

石工雕刻，除各券龙门石吸水兽外，东主券的南、北两券面石上均施浮雕。拱墙上亦有雕刻。栏杆外侧素平，内侧雕有人物故事。

(2) 河北沧州登瀛桥。登瀛桥一名杜林桥，在沧州西，跨滹沱河。据志载，明·万历间，善人刘尚用创建石桥，瀛州太守捐资倡助。集众力于万历二十二年（1594）建成。清·光绪二十年（1894）水冲毁两侧大小两孔。六年后，光绪三十三年（1907）邑人王荫桐修复（图 4-104，105）。

桥共三孔，净跨 12.2 米，净矢高 5.4 米，是接近半圆的圆弧拱。桥墩较宽，约 5.4 米，带分水尖，墩上开有小孔，为净跨 3.28 米的半圆拱。小拱并不上大拱背。桥面水平，越大小五孔拱顶，在侧大拱顶处折坡落岸。

桥全长 57.1 米，宽 7.7 米，高 9.25 米。

(3) 河北献县单桥。晚于登瀛桥的献县单桥，亦跨滹沱河。

图 4-102　河北赵县济美桥

图 4-103　河北赵县济美桥图

此处崇祯以前为木桥。明·崇祯五年至十三年（1632～1640），河间知府王逢元等倡建石桥，用八年时间建成（图 4-106，107）。

桥长 69 米，宽 9.6 米，高 8 米。共五孔，大孔中孔净跨约 9.8 米，左右四边孔略小，均为接近于半圆的圆弧拱。桥面以中孔和最边孔顶间拉坡。因边上四孔半径相同，所以第二、四孔拱顶上拱墙较诸孔为高。

桥墩为实体宽墩带分水尖。每墩上均有半圆小孔，净跨约 3 米。

全桥栏杆雕刻各异，有“三千狮子六百猴，七十二统绞龙碑”之说。

从上列一系列北方圆弧拱桥，其位置都在河北、河南和山西一带的古代交通要道上。结合东汉邺城（今安阳）、北平（今满城）的石窦桥；西晋洛阳的皋门桥等石拱桥，圆弧拱早于半圆拱。

所有引用的 13 座并列砌筑石拱，都是始建年代较早的桥梁。13 座桥中，又有十座集中在以赵县为主地的赵县、栾城、行唐、宁晋、井陉、永年六个县内。前已说过，砖墓拱的发展先是并列砌筑，集中地在河洛。1959 年河北省文物管理委员会报导，石家庄赵陵镇发掘出西汉中晚期（前 100～8）砖墓室，残存墓室结构，其拱顶为竖排、并

图 4-104　河北沧州登瀛桥

图 4-105　河北沧州登瀛桥图

图 4-106　河北献县单桥图

图 4-107　河北献县单桥

列、单层砖券拱，可见其渊源。

并列砌筑方法对石料的规格和加工较之近世的纵联法要简单。拱石只有在拱平面内相接触和外露面的加工要求严格精细外，其他均可粗凿。每块拱石的长度和每条拱肋的宽度并不要求十分一致，选材比较容易，加工量也少。砌筑时，诸条拱肋是独立的，各条间相靠的石缝用灰浆填塞，要求也低，为桥工所乐用。虽然，并列拱券间的联系，采用了收分、拱背腰铁、勾头石、和拉铁等方法，总不如拱石之间在砌筑时便能在横向互相有联系，能获得更为坚实一致的石拱。

由单孔带坡道，或阶道（如皋门桥），演进为大小三孔（如方顺桥），然后小孔和大孔逐步接近（如小商桥），进一步小孔上了大孔，得到了“两涯开四穴”的赵州桥式令人惊异的桥型。张嘉贞称之为“制造奇特，人不知其所以为。”现在看来，敞肩圆弧拱不是无本之木，无源之水。

完成小拱上大拱的历程，要经过建筑的试探，并解决其相应的细节（图 4-108，109，110）。

大小拱券分离如清明桥、方顺桥、济美桥，拱券拱轴线各不相关。沙河店桥和小商桥看起来似乎小拱已“上”了大拱，实际上大小拱拱轴线在拱脚处在同一垂直线上。拱的水平推力确是传到了大拱脚以上的拱身，但垂直力则未上大拱。小商桥小拱拱脚石的一角嵌入支承水平石内，以撞券石的方式抵住大拱，传递水平推力（图 4-108）。

小拱终于上了大拱。

小拱有两种方式作用于大拱，第一种姑称为直撞式。济美桥中间小拱的拱脚，类似于小商桥通过水平撞券石抵住主拱券。或如升仙桥、景德桥、弘济桥（图 4-109）和安

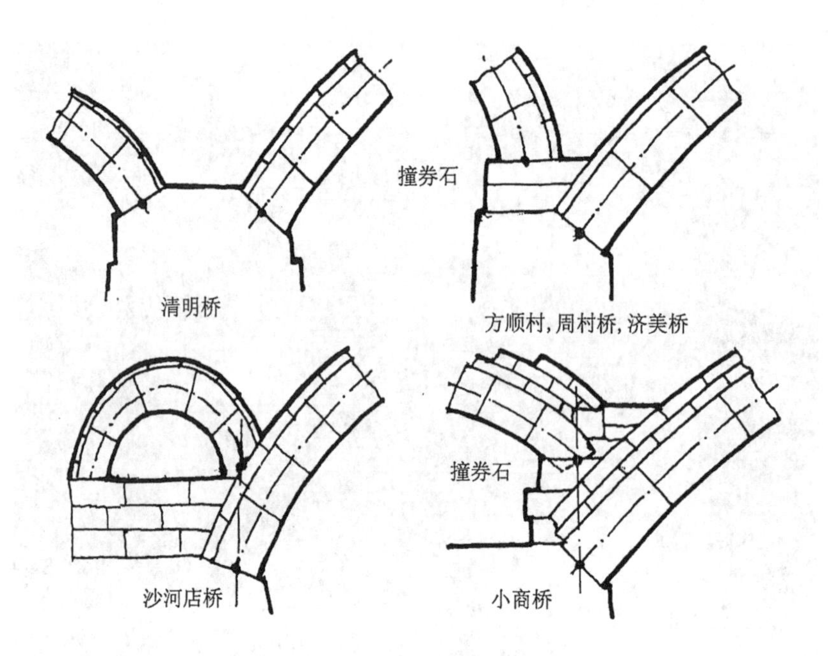

图 4-108　大小拱券分离和接近拱脚细节图

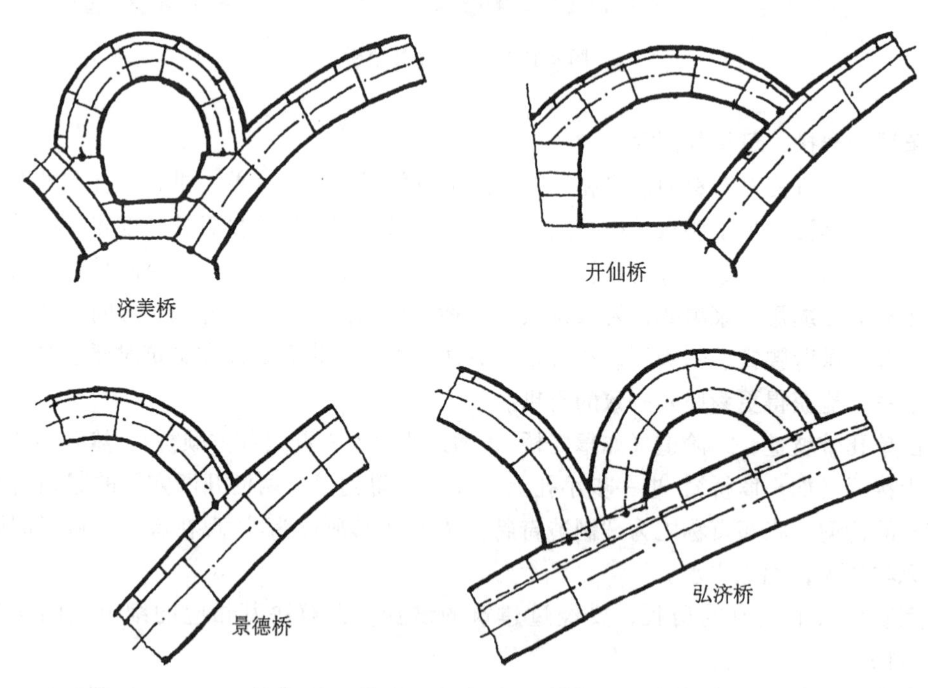

图 4-109　小拱叠于大拱直撞式拱脚细节图

济桥小券的靠桥中心的拱脚一样，小券拱脚直接撞于眉石。从弘济桥的实际观察中见小券拱脚一角还嵌于眉石，使增加传力的可靠性。

小拱脚支承于大拱背的另一方法是在眉石中设五角石。五角石支承拱上桥柱以承托小拱拱脚。自桥楼殿的单孔腹拱到安济、永通、普济诸桥都是这样做法（图 4-110）。

不管是直撞式或五角石式，中国古桥的敞肩结构和近代不同。近代拱上敞肩结构通

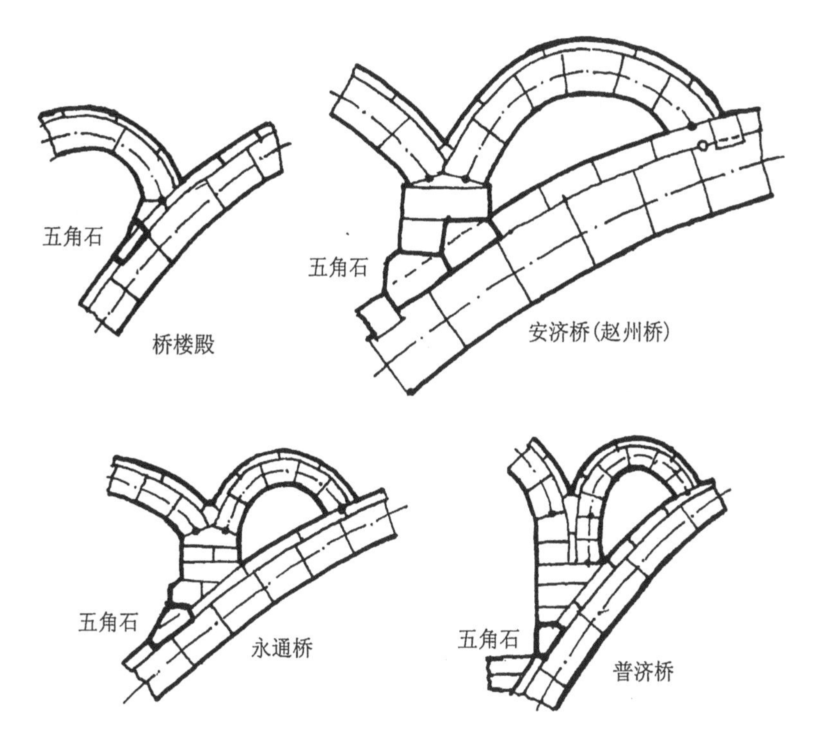

图 4-110　小拱叠于大拱五角石式拱脚细节图

过嵌在主拱石内的五角石和主拱券直接联结。中国古桥的敞肩部分是通过眉石，即护拱石再传至主拱券。主拱券和护拱石以上的拱上结构各自分别为独立的体系。由于细节不同，其设计计算方法亦和近代石拱桥理论不同。将于石拱桥技术一节中叙述

敞肩石拱可以减轻自重，排泄洪水，中国敞肩石拱的细节布置并能改善主拱的受力状态。①

4．南方薄拱圆弧拱桥

与北方相比，南方圆弧拱桥时间较晚，数量较小，分散而不集中。除个别外结构上拱券较薄，拱跨与矢高之比较北方为小（南方为 2.32～2.56；北方为 2.78～5.0。半圆拱为 2.0)，即南方不及北方者坦平。其重要诸桥见表 4-2。

(1) 上海青浦金泽万安桥。万安桥，俗称亭桥，位于今上海市，青浦县金泽镇北市(图 4-111)

金泽古称白苧里，又名金溪。《江南通志》记:“穑人获泽如金”后称金泽。“金泽以为镇也，户口云屯，帆樯鳞集。弦诵者科登甲乙，懋迁者家裕奇赢。四面滨河，回环绵亘……。镇故有寺，外有桥，畔有阁。……寺建于宋之南渡，名曰颐浩。……镇素以多桥著闻“古称”四十二虹桥。”

万安桥始建于南宋景定年间（1260～1264 年）全桥用紫石建成。元·至至二年(1342)，桥上曾建廊亭，所以有亭桥之称。志载其建亭材料，系用颐浩寺盖殿所余楠木。桥的东堍，原来还有佛阁亭桥，俗呼旱桥。寺早废。

① 参阅罗英，唐寰澄，中国石拱桥研究，人民交通出版社，1993 年。

表 4-2　南方薄拱圆弧石拱桥表

地点、桥名	始建年代	主孔					小孔	附注
		净跨(米)	净矢高(米)	拱石厚(厘米)	眉石厚(厘米)	砌筑方法	净跨(米)	
上海青浦金泽 万安桥	南宋景定 1260～1264	9.8	4.1	45	/	分节并列	/	单孔
上海青浦金泽 紫石桥	南宋咸淳三年 公元 1267	10.5	4.5	45	/	分节并列	/	单孔
江苏,苏州 灭渡桥	元 公元 1230	20.2	8.19	30	/	分节并列	/	单孔
福建福州 小桥	元	7.2	2.0	20	/	纵联	/	单孔
广西阳朔 遇龙桥	明·永乐十年 公元 1412	20.6	8.0		/	纵联	/	单孔
浙江余杭 苕溪桥	明·洪武元年 公元 1368	～15.0 ～12.5				纵联	～3.0	三大孔二小孔
浙江富阳 恩波桥	明·嘉靖四年 公元 1565	15.7 14				纵联	～2.4	三大孔二小孔

图 4-111 上海青浦金泽万安桥

桥一修于明·嘉靖间（1522～1566），再修于清·乾隆年间（1736～1795）。

现存石桥，为圆弧形石拱桥，净跨约 9.8 米，矢高约 4.1 米，桥宽 2.6 米，全长 29 米。除拱券，桥面和对联石柱为紫色石外，拱墙，栏杆，均为青石。系后代修缮所置换。

拱券为分节并列砌筑，无眉石。拱墙顺砌。桥沿石上，做颐浩寺中传说为赵孟頫所绘刻的“不断云”图案。桥面成大圆弧缓坡台级上下。

桥虽保存了主要的宋代紫石部分，但不若同镇、同河、南相去不远的紫石桥。

现桥为青浦县级文物保护单位。

(2) 上海青浦金泽紫石桥。紫石桥，正名为普济桥，又名圣堂桥，因桥用紫色石建成，故习称紫石桥（图 4-112）

紫石桥始建于南宋·咸淳三年（1267）。桥顶外侧，镌有年代题记，至今依稀可辨。清·雍正（1723～1735）间重修。今桥除部分栏杆石料不同外，其他均为原有的紫石。

桥为单孔圆弧石拱，净跨约 10.5 米，矢高约 4.5 米，桥宽 2.75 米，全长 26.7 米。

拱券和万安桥完全相同，分九节并列砌筑，约厚 45 厘米。无眉石。拱墙为顺砌。拱券外券有槽口，撞券石嵌在槽内，加强两者的联结。三分之一拱跨处上部的天平石，上侧勾住桥面缘石，端部刻有卷叶花纹虽极简单，远看却似兽头。拱墙在离拱脚约 3 米远处，有对联石，石上未刻楹联，看来是早期改进石拱拱墙联结受力的作用。桥栏系拼接长条整石，刻槽，朴实无华。桥面呈大圆弧曲线、造型完整、柔和悦目。

这座宋桥，虽年代较万安桥略晚，但保存比万安桥完整。桥为上海市重点文物保护单位。

(3) 江苏苏州灭渡桥。《苏州府志》载:“灭渡桥在赤门湾，旧以舟渡。元·大德间僧

图 4-112　上海青浦金泽紫石桥

敬修募众创桥，因名灭渡。明·正统间知府况钟重建。清·同治间重修。”① 志引元·张亨记略：“吴城东南，由赤门湾距葑门，水道间之，非渡不行。舟人横暴，侵凌旅客，风晨雨昏，或颠越取货。崑山僧敬修，几遭其厄，仅得免走，诉公廷法治之。既思创建石梁，利济永久。……始大德二年（1298）十月，迄工四年三月桥成。长二十八丈四尺（约 93 米），高三丈六尺（约 12 米），广视高之半（约 6 米）。……南北往来，踊跃称庆，名灭渡，志平横暴也。”此桥现今尚在（图 4-113）。桥净跨 20 米，矢高 8.19 米，拱券石厚 30 厘米，是最薄的单孔实腹圆弧石拱桥。五十年代所摄该桥，券石完整。之后约六七年一往苏州，每次总又见该桥券石又被撞掉一块，曾建议加防撞措施，未见付诸实施，桥已岌岌可危。

（4）福建福州小桥。福州小桥，位于福州城区，志载始建于元，明·成化六年（1471）重建。桥系粗凿方块石垒砌而成。桥净跨 7.2 米，矢高 2 米，是一座圆弧拱桥，拱券厚 20 厘米（图 4-114）。此桥现仍在，并利用作为城市桥梁。

（5）广西阳朔遇龙桥。遇龙桥在阳朔县白沙镇遇龙村旁，跨遇龙河。桥建于明·永乐十年（1412）。清·同治九年（1870）修缮损坏的石栏（图 4-115）。

桥系单孔石拱、净跨 20.6 米，矢高约 8 米。桥宽 5 米，全高 12.8 米，桥全长 32.3 米。桥两侧满生蔓树、垂绿摭容、古趣盎然。

（6）浙江余杭苕溪桥。苕溪桥正名通济桥，在余杭县西 30 里，跨南苕溪（图 4-116）。

① 见清·曹允源，李根源等纂，《吴县志》卷二十五，27 页，苏州文新公司影印本，民国二十二年（1933）。

图 4-113　江苏苏州灭渡桥

图 4-114　福建福州小桥

图 4-115　广西阳朔遇龙桥

图 4-116　浙江余杭苕溪桥

雍正《浙江通志》载：桥为东汉·熹平（172～178）中建，名隆兴。五代吴越王重建（907～978）改名安镇。宋·绍兴十二年（1142）复建，始名通济，以木为梁。元·至正十八年（1358）焚毁。明·洪武元年（1368），县令魏本初重建，通易以石，袤25丈（约80米），广三丈五尺余（约11.2米），甲于境内，俗呼大桥。明·正统间（1436～1449）县丞邱熙加石栏于两侧。康熙五年（1666）十一月，知县宋士吉重修。乾隆二十二年（1757）邑人宋文瑞重修。嘉庆元年（1796）桥墩分水尖被冲毁，由士绅集资重甃。东汉初建时的桥式不够清楚。现存的桥为明·洪武元年所建的桥式。

桥主孔共三孔石拱。中孔净跨15米，边孔净跨12.5米，为近半圆形拱券。墩上有小孔，净跨3米。小拱砖砌，大拱用花岗石砌成，券厚约20厘米，应属薄拱。

桥上原有桥屋，抗战时毁。今桥面已予整修，桥墩四周，加钢筋混凝土拓宽的护墩以防撞。

(7) 浙江富阳恩波桥。恩波桥位于富阳城旁，跨富春江支流。明·万历《富阳县志》载，桥旧名苋浦，初为木桥，其间经宋、元、圮而复修，直至明·嘉靖四十四年（1565），县令施阳得“以石易木，整固宏壮，左右夹以石栏，为一县之冠”。清·顺治、康熙间均曾予以修缮（图4-117）。

图4-117 浙江富阳恩波桥

恩波桥之得名是因宋·嘉定间（1208～1224），县令陈珌于桥下放生而取。

桥共三孔石拱，中孔净跨15.7米，边孔各14米。桥墩带分水尖，上各有小孔净跨约2.4米。桥面宽6.2米。

恩波和苕溪桥甚相类同，桥晚于苕溪约200年。小孔拱顶离桥面过低，即拱墙仍嫌过实，较苕溪桥为逊。

（二）半圆拱

中国现存古代石拱桥以半圆为最多。半圆小砖墓拱起于西汉。图 4-118 示内蒙乌兰布和沙漠与宁夏之间，麻弥图庙一号西汉墓残迹及安徽合肥西郊乌龟墩东汉末期古墓砖拱门洞，是形为半圆形的圆弧拱。

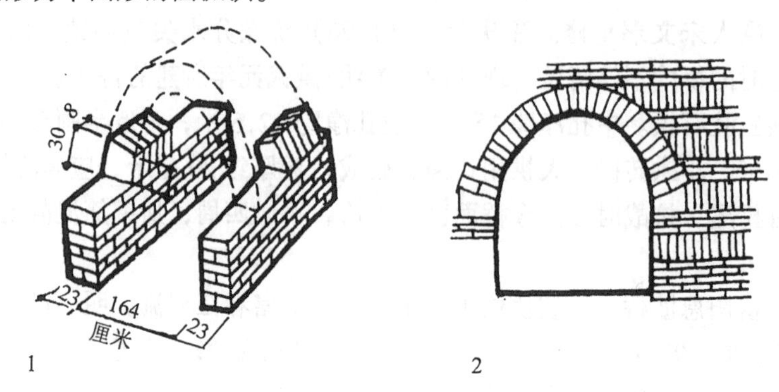

图 4-118　汉半圆砖拱

1. 内蒙麻弥图庙西汉晚期砖拱　2. 安徽合肥乌龟墩东汉砖拱

图 4-119　浙江嵊县毫石乡隆庆桥

汉代的半圆拱桥今已绝迹。西晋半圆拱亦仅见之记载。如《水经注·卷四十》记："浦阳又东迳石桥，广八丈高四丈（如为石拱，正是半圆），下有石井，口径七尺。桥上有方石，长七尺，广一丈二尺。"《名胜记》记浙江新昌县"浦阳江口有石桥"便引《水经注》这段文字。《舆地志》载"剡（今嵊县）东百里有石桥，里人传旧路自石笥入天姥。今石笥桥下一大井，与《水经注》合，疑即此也。"今嵊县毫石乡有半圆石拱桥，桥前亦有落井，岂为晋桥的遗制？（图4-119）。

宋·嘉泰《会稽志》载浙江萧山梦笔桥："（梁）天监四年（505）《叶道卿记》云：'初，齐·建元（479～482）中左卫江公舍斯居宅为大福田，斯桥之兴与寺偕始。"明·万历《萧山县志》记唐·会昌（841～846）倾。大中（847～859）再造，北宋时又重建。现桥为单孔半圆拱，是否是六朝时原来的桥式，无可查考。

至今传世的唐、宋珍贵的古画中有不少单孔和多孔的各种半圆石拱桥，不但画面精美绝伦，桥型亦丰富多彩，足以证明今日尚存在的桥梁，可能便是按照当年杰出的构造传统所建成。

元、明、清半圆石拱遍及祖国城乡，记不胜记，只能撷其精英，以见一二。今地不分南北，按桥孔多寡，各顺时记叙，以了解其演进。

1. 单孔半圆石拱桥

始建于晋、唐、宋的单孔半圆石拱桥，尚可查考者并不太多，择其重要的列于表4-3。然因时代过久、许多记载不详，很难作出最后精确的结论，有些提出的观点，存之以待后来者继续发掘查证。

表4-3　始建于晋、唐、宋单孔半圆石拱桥表

省市	地名	桥　名	始建石拱年代	孔数	净跨（米）	桥宽（米）	全长（米）	构造
浙江	嵊县	浦阳江桥	晋	单	20	3		
浙江	绍兴	光相桥	晋·义熙二年？406	单	8.0	6.0	30.0	分节并列
陕西	西安	曲江桥	唐·李昭道画	单				
四川	南充	捲洞桥	唐·开元	单				
江南	南城	湖桥	唐·广德二年764	单				
广西	兴安	灵渠万里桥	唐·宝历元年825	单	6.0	6.05	14.55	
山西	灵石	通济桥	唐·咸通九年868	单		4.8	32.0	
湖北	黄梅	灵润桥	唐·贞观？	单	7.35	6.1	18.3	
湖北	黄梅	飞虹桥	唐·大中？	单	12.6	5.16		
浙江	杭州	断桥	唐	单				
江苏	苏州	枫桥	唐	单	10.0		26.0	
江苏	苏州	江村桥	不详	单				
		《仙山楼阁图》桥	北宋	单				
江西	庐山	栖贤寺桥	北宋·大中祥符七年1014	单	10.33	4.94	20.17	并列榫卯
浙江	杭州	苏堤六桥	北宋·元祐1085～1093	单				
江苏	苏州	吴门桥	北宋·绍定1094～1098	单	14.0	4.5	52.0	
广西	阳朔	仙桂桥	北宋·宣和五年1123	单	6.9	4.2	15.0	并列
辽宁	凌源	渗津桥	金·大定十年1170	单				
江苏	苏州	越城桥	南宋前	单				
浙江	鄞县	高桥	南宋·建炎三年前1129前	单	12.0	4.7	32.0	
浙江	绍兴	柯桥	南宋·嘉泰前1201前	单	10.0	6.0	17.0	
浙江	绍兴	小江桥						

(1) 浙江绍兴光相桥。清·吴悔堂《越中杂识》称："光相寺，在府治西北三里越王祠侧。寺前有桥曰光相桥。按寺基为后汉太守沈勖宅。晋·义熙中（《会稽志》作二年，公元406年），宅有瑞光，掘得舍利数粒，遂捨为寺。"杜春生《越中金石记》中载有"光相桥题记"。桥始建于东晋。可是桥的一块拱石上刻有："古有光相……至正□年(1341～1350) 五月吉□……"等字样。靠桥端一根莲花瓣望柱上刻"隆庆元年(1567)吉日重修。"可见元、明曾重修。志载清·乾隆和嘉庆年间亦曾经修缮。现桥长29.55米，宽6.0米，拱高4.2米，净跨约8米。桥两边各有二十一级石阶（图4-120，121）。

图4-120　浙江绍兴光相寺桥

图4-121　光相寺桥桥面

桥虽为后代重修，仍可怀疑为是晋桥的原样，因为石拱是分节并列砌筑，是最早的并列砌筑法的改进。四分之一拱处拱石上压有雕刻有六朝时造型的兽头雕刻横系石。这些都可以作为旁证材料，有待于进一步发掘其历史资料或探测桥下可能存在的桩基等以确定建造年代。

(2) 陕西西安曲江桥。陕西西安曲江池现在已经没有古桥。只是从台北故宫博物院藏。唐·李昭道《曲江图》中发现有一座单孔石拱桥，画于远处，细节不清楚。不过这幅画上的一座三孔石拱十分有趣，将详下节。志史中记载唐代的石桥虽多，语焉不详。

(3) 四川南充卷洞桥。嘉庆《四川通志》记："卷洞桥，在县西四十里，碑记创始于唐之开元（713～742），重修于明之洪武，历数百年而不圮。"① 桥近况不明。

(4) 江西南城湖桥。光绪《江西通志》载江西南城朝京门外殷家源，水穿城出北水关，经流河桥，一名大石桥。唐·广德二年（764）邑令所建。桥近况亦不明。

(5) 广西兴安灵渠万里桥。广西灵渠是秦代伟大的水利工程。其干渠之上。志载，桥系唐·敬宗宝历元年（825），桂管观察使李渤所建。桥名万里，乃指其远离长安的道里计。

原桥为单孔净跨为6米的干砌石拱、拱券为单层青灰色粗凿斧形楔块，其上铺约10厘米厚同样材料的桥面石板，东坡九级，西坡七级及岸。全桥长14.55米，宽6.05米，高4.55米。

桥上建有桥亭。屡经兴废，但当年古桥依然。1963年该桥被列为省级重点文物保护单位。后发现桥基石及拱券石松动。1964年重修，次年竣工。重修中把青灰色粗料石全部换成白色细料石，桥亭亦自创新（图4-122）。这亦是梁思成所感叹的"修旧如新"又一实例。

图4-122　广西兴安灵渠万里桥

(6) 山西灵石通济桥。桥在山西灵石高壁镇。《地名大辞典》释高壁岭，在山西灵石县东南25里，一名韩信岭。《山西通志》记："石拱桥，长十丈（约32米），宽一丈五尺（约4.8米）下去水40尺（约12.8米）。唐·咸通九年（868）建。萧珙撰《新建通济桥》记。现碑剥落，字句尚可辨。"桥现状不明。

---

① 《四川通志》卷三十一，清·嘉庆二十一年（1817）刊本，北京巴蜀书社，1984年。

(7) 湖北黄梅灵润桥（附飞虹桥）。湖北黄梅是佛教禅宗吉地。梁武帝普通年间(520～526)，天竺佛教二十八祖，僧达摩来中国，是为中国禅宗初祖，传衣钵与慧可，再传僧璨、道信（四祖)、弘忍（五祖)。四祖、五祖均在黄梅。弘忍系隋·仁寿二年(602）至唐，上元二年（675）人。唐·武德七年（624)，至黄梅双峰山幽居寺（四祖寺）出家。唐·咸亨二年（671）传衣钵与六祖惠能，南下为南宗。[1]

黄梅双峰尖（破额山）有四祖寺，明·《湖广通志》记:“黄梅四祖寺在县西四十里，大医禅师（即道信）住锡之所，山有二峰相并，又名双峰寺。寺前有涧水沟桥，一(桥）名曰灵润（图 4-123)。西岗上有师冢，名慈云塔。其山旁接而深邃，亦奇观也。”

图 4-123　湖北黄梅灵润桥（四祖寺）

《湖北通志》金石八，宋·志全撰《砖塔记碑》记:“唐·贞观（627～649）中为众造寺，即四祖大师（禅师精舍）地也。”唐·常建《题破额山寺后禅院》诗，是:“清晨入古寺，初日照高林，曲径通幽处，禅房花木深。山光悦鸟性、潭影空人心，万籁世具绝，惟闻钟磬音。”诗极有名。而读者往往不知其处所。

寺前的灵润桥，附记于寺而不书年代，则理应为同期建筑。桥为单孔半圆石拱平桥。净跨约 7.35 米，桥高 4.9 米，宽 6.10 米，全长 18.30 米。桥上有 24 根木柱的轩廊，两端各有八字形砖砌门坊。券洞廊门。这是去四祖寺必经之路。

桥下溪涧有平石，上镌“碧玉流”三大字，及宋·欧阳修等题咏石刻。唐·柳宗元为大历八年至元和十四年（773～819）人，有《酬曹侍御过象县（柳州县名)》诗道:“破额山前碧玉流，骚人遥驻木兰舟，春风无限萧湘意，欲采蘋花不自由。”

① 敦煌新本六祖坛经，上海古籍出版社，1993 年初版。
五祖寺志，湖北科学技术出版社，1992 年版。

桥下石刻“碧玉流”三字、或说柳宗元所书、或称柳公权所书。柳宗元没有到过黄梅，熟视书体，是为柳（公权）体。二柳同时，公权系大历十三年至咸通六年（778～865）人。《旧唐书·柳公权传》记其书法:“体势劲媚，自成一家”并“多为佛寺留笔迹。”灵润桥下刻的乃柳公权书柳宗元诗。此亦可以作为桥可能是唐建的一个旁证。

桥内拱券石西南端第八块上刻有字迹，剥蚀而不可辨。有元顺帝至正十年（1350）年号，其为始建或重修不详。一般以之认为元代始建，证据似犹不足。

黄梅尚有五祖寺。《湖北通志》记：“五祖开法于东禅寺。”①《五祖寺志》称:“唐·永徽二年（651）道信付衣法与弘忍，是为五祖。同年，道信圆寂后，弘忍继承法席。后因弟子日益增多，便于永徽五年（654），离开幽居寺，在东山大兴土木，新建寺庙。……名为东山寺，亦称东山禅寺，简称东禅寺。”

“唐·上元二年（675）弘忍圆寂……大中二年（848）敕建五祖师寺庙，并改寺额为大中东山寺，亦曰五祖寺。”此时，禅宗经五祖改革，已遍行中国，称“天下祖庭”，“东山不二法门”。寺盛于唐宋，之后历代改元战争之际，多遭破坏，屡毁屡兴。今天的五祖寺前，登山的东山古道上，旧山门和新山门之间有跨涧石桥，名曰飞虹，亦称花桥，又名石梁渡（图 4-124）。桥为单孔半圆形石拱平桥，净跨约 12.6 米，桥高 8.45 米，宽 5.16 米。桥上盖有长廊，纵深六柱七间，粉壁黛瓦，两端亦有枋式门楼，分别额为“放下着”，“莫错过”。《寺志》称“系元代兴建”，不知系指全桥或仅指桥上廊屋而言。查《寺志》大事，桥极有可能始建于唐，大中二年至十二年（848～858）之间。尚需作进一步的考证落实。

图 4-124　湖北黄梅飞虹桥（五祖寺）

① 吕调元修《湖北通志》卷十六，641 页，上海商务印书馆，1934 年。

(8) 浙江杭州断桥。断桥在杭州里西湖和外西湖之口。

《西湖志》:"断桥本名宝祐桥，自唐时呼为断桥。张祜(〈孤山寺〉)诗云，'断桥荒藓合(或作湿)'，是也。岂以孤山之路，至此而断，故名与欤？然杨萨诸诗，往往亦称段桥，未可谓无证也。"①

张雨诗:"不嫌泥泞极，一舸段家桥"或:"路经苏家墓，船泊段家桥。"便是。

断桥只一孔堤桥(图 4-125)。

图 4-125　浙江杭州西湖断桥

(9) 江苏苏州枫桥(附江村桥)。《苏州府志》载唐代桥梁在吴者有乌鹊桥、花桥、石岩桥、夏侯桥、枫桥、普福桥、宝带桥共八座。然而北宋·元丰七年(1084)朱长文作《吴郡图经续记》说:"吴郡昔多桥梁，自白乐天诗尝云，红栏三百九十桥矣。其名已载《图经》。逮今增建者益多，皆叠石甃甓，工奇致密，不复用红栏矣。"即说明 390 桥中大都为木梁(或石梁)桥，其中自然亦有拱桥。木桥越来越少，继之者为石砌(甃)拱桥。

唐代石拱，以枫桥最有名(图 4-126)。

唐·杜牧《怀吴中冯秀才》诗:"长洲宛外草萧萧，却笑游程岁月遥，唯有别时今不忘，暮烟疏雨过枫桥。"②

桥在苏州城外寒山寺旁。寒山寺旧名普明禅院。《吴郡图经续记》:"普明禅院，在吴县西十里枫桥。枫桥之名远矣，杜牧诗尝及之。张继有晚泊一绝。……面山临水，可

① 清·傅玉露等修，《西湖志》卷八，2 页，1734 年刻本。

② 南宋·范成大撰，《吴郡志》卷四十九，宋·绍熙三年(1192)修，绍定刻本，《宋元地方志丛书》之四，台北大化书局，1987 年。

图 4-126　江苏苏州枫桥

以游息。旧或误为封桥……。”① 《吴郡志》:“普明禅院，即枫桥寺也，在吴县西十里，旧枫桥妙利普明塔院也。”

唐·张继是天宝年间进士，其《枫桥夜泊》诗为:“月落乌啼霜满天，江枫（或作村）渔火对愁眠，姑苏城外寒山寺，夜半钟声到客船。”②

明·高启诗:“画桥三百映江城，诗里枫桥独有名，几度经过忆张继，乌啼月落又钟声。”

枫桥的名字亦有人认为是封桥。《豹隐纪谈》云:“旧作封桥，因张继诗相承为枫。今天平寺多唐人书背，有‘封桥长住’字。”《吴郡图经续记》说:“今丞相王郇公顷居吴门，亲笔张继一绝于石而枫字遂正。”

江枫或作江村，枫字亦不误。《野客丛谈》记:“崔信明诗‘枫落吴江冷’。江淹诗:‘吴江泛丘墟，饶桂复多枫’已知吴中自来多植枫树。”

张继诗不作普明院、天平寺而作寒山寺。宋诸志记又不作寒山寺。今寺亦奉唐代诗僧，寒山、拾得，世称和合二仙。寒山于贞观年间（627～649）在浙江天台国清寺与拾得、丰干相与以禅宗诗觉世。现在的寺名为寒山寺。

萧寺之中，暮鼓晨钟、桥头夜泊，何来半夜钟声？欧阳修认为张诗:“句虽佳，其奈三更非撞钟时。”范成大则说:“欧公盖未尝至吴中，今吴中僧寺，实半夜鸣钟，或谓之定夜钟。……阮景仲为吴兴守，诗云‘半夜钟声后’。白乐天亦云‘新秋松影下，半夜

① 宋·朱长文撰，《吴郡图经续记》卷中，宋·元丰七年（1084）修，绍兴四年（1134）刊本，《宋元地方志丛书》之四。

② 《全唐诗》卷二百四十二，2724 页。

听钟声’。吴中半夜钟其来久矣。”

或“暮烟疏雨”，或“半夜钟声”，舟泊桥头诗寓禅意。宋·释英诗云：“晚泊枫桥寺，冥搜忆旧游，月明天不夜，江冷水先秋。岸曲依鱼艇，林低出戍楼，堪嗟名与利，白了几人头。”点出了愁之所在。桥以诗名。枫桥之所以独为有名，不为无因。

《苏州府志》载：“清·乾隆三十五年（1770）修。同治六年（1867）知长洲县蒯德模重建。”现存枫桥净跨约10米，高7米，全长约26米。

枫桥头为明代所建防倭的铁岭关。

枫桥西南，寒山寺前有江村桥，其始建年代不详。《苏州府志》载：“康熙四十五年（1706）里人程文焕倡募重建”（图4-127，128）。

图4-127　江苏苏州江村桥

这两座桥都是半圆形，严格地说是略大于半圆的驼峰式石拱桥。

（10）北宋、李公麟《仙山楼阁图》石拱。北宋名画家李公麟，宋仁宗皇祐九年（1049）至徽宗崇宁五年（1106）舒州舒城人，字伯时，熙宁三年进士，官至朝奉郎。晚年退居龙眠山，因号龙眠居士。擅长书画，尤工山水佛像。山水似李思训。

这幅《仙山楼阁图》是水墨画，“溪山重叠、楼阁参差、微波泛舟、长桥策骑”款题龙眠居士。

画上有三座桥梁，一座石梁柱，一座木梁柱，近方一座极为别致的单孔石拱桥（图4-129）。

桥下行舟，桥上策马。桥呈驼峰形，上下桥有踏步。桥栏精致，和唐·李昭道曲江桥栏相同。拱上实腹拱墙似乎有琉璃砖或花砖贴面，并有二整二破浮雕装饰，十分华丽。元·柯九思比之于杭州西湖苏堤六桥。岂六桥当年便是这样的装饰？抑或为画家的想象夸张？即使是夸饰，也一定有现实基础。这座桥反映了北宋石拱桥的一种类型，可

图 4-128　江村桥与寒山寺

图 4-129　北宋·李公麟《仙山楼阁图》石拱桥（摹绘）

惜竟没有见到相似的实物。

图 4-130　浙江杭州苏堤跨虹桥

（11）浙江杭州苏堤六桥。《宋史·苏轼传》记北宋元祐："四年（1089），请外，拜龙图阁学士，知杭州。……湖水多葑（茭土交结）……葑积为田。……（轼命）取葑田积湖中，南北径三十里，为长堤以通行者。……堤成，植芙蓉杨柳其上，望之如画图，杭人名为苏公堤。""六年（1091），召为吏部尚书。"

《西湖志》记之甚详，道："宋·元祐间，苏子瞻既浚湖，取葑泥积湖中。自南新路属之北新路，径五六里，夹植花柳为长堤，中有六桥，各有亭覆之。[①] 其（苏东坡）诗云'六桥横截天汉上，北山始与南屏通，忽惊二十五万丈，老葑席卷苍烟空。'章子厚诗云'天向长虬一鉴痕，直通南北两三春。'"可见六桥于筑苏堤同时便有之，时在公元 1090 年。志接记："自是湖分为两，西曰里湖，东曰外湖。自南渡后，堤桥成市，歌舞丛之，走马游船，达旦不息。岁久弗治，里湖尽为民业，六桥水流如线。正德间，相孟暵又重浚之。西抵北新堤为界，增益苏堤，高二丈，阔五丈，列插万柳，顿复旧观。久之，柳败堤复就圮。嘉靖间，县令王钺，令犯人小罪可宥者，得杂植桃柳为赎，真治湖一良法也。堤南第一桥曰'映波'……第二桥曰'锁澜'……第三桥曰'望山'……第四桥曰'压堤'……第五桥曰'东浦'……第六桥曰'跨虹'"。

图 4-131　浙江杭州苏堤东浦桥

现存诸桥均无复桥亭，都是单孔实腹半圆拱，拱券为联锁分节并列砌筑，有突出的眉石，两侧拱墙有对联石和天平石。图 4-130，131 为跨虹及东浦两桥。

① 《西湖志》卷三。

（12）江西庐山栖贤寺桥。江西庐山栖贤寺，在山南石人峰下，北距牯牛岭，南距星子县均约20里，地名栖贤谷，谷有玉渊潭，东下为三峡涧，桥架涧上，故又名三峡桥，观音桥，宋·苏辙《栖贤寺记》："栖贤谷中多大石，岌嶪相倚。水行石间，其声如雷霆，如千乘车，虽三峡之险，不是过也，故桥曰三峡。"① 俗称观音桥。《潘来游记》说："桥截壑为梁，溪水湍悍，就崖石为址，下圆而上平，工巧类神造。下有潭曰金井，窥之黝黑，深不可穷。峡石皆赭色，奋迅角力，水行其间，奔腾跳蹙，相搏相摩，尽水石之变。"② 因此，宋·黄庭坚《栖贤桥铭》中有："银河倾泻，起蛰千雷。"③ 宋·王十朋诗所谓："滟滪瞿唐在眼前，便应从此上青天，秋风脱叶随流下，疑是千帆出峡船"④（图4-132，133）。

图4-132　江西庐山栖贤寺桥（三峡桥）

① 民国，吴宗慈纂修，《庐山金石汇考》卷上，52页，中国仿古书局，1933年。
② 民国，吴宗慈辑，《庐山古今游记丛抄》卷下，52页，中国仿古书局，1934年。
③ 民国，吴宗慈纂修，《庐山志》卷十一，第64页，中国仿古书局，1933年。
④ 王十朋《三峡桥》诗：《庐山志》卷十二，第25页，中国仿古书局，1933年。

图 4-133　三峡桥桥面

桥离水甚高。王袆《三峡桥游记》中说:“桥上俯视涧底，亡虑百千尺。或云以瓶贮水五升许，从瓶嘴中泻出，缕缕下注，瓶竭，水乃注涧底。”[①] 苏东坡《栖贤桥诗》有句:“吾闻泰山石，积日穿线溜，况此百雷霆，万世与石斗，深行九地底，险出三峡右……空濛烟霭间，澒洞金石奏，弯弯飞桥出，敛欲半月彀……。”

三峡桥以山石作桥基，单券石造，南高北低，桥净跨约 10.33 米，桥面宽 4.94 米，桥全长 20.17 米。拱券为九道券并列砌筑。厚 95 厘米。现东西两侧已各毁一道，存七道。拱石共 107 块，拱石非常别致，子母榫卯相接。在桥下中心券石上刻有:“维皇宋大中祥符七年（1014）岁次甲寅二月丁巳朔建桥。上愿皇帝万岁，法轮常转、雨顺风调，天下民安、谨题”。在东侧外券第六石上刻有:“江州（九江）匠陈智福、智海、弟智洪。”东侧第二券第七石上刻:“建州（福建建瓯）僧文秀教化造桥。”西侧外券第七石上有“福州僧德朗勾当（即办理）造桥”（图 4-134）。

三峡桥拱券榫卯相接是古老的做法。

西汉末东汉初期，墓拱曾有用子母榫砖砌筑，如 1952 年于四川成都东乡青杠坡所发掘得的汉墓,[②] 其羊山子第 121 号墓和 67 号墓，墓拱净跨约 2 米，是二种不同的并列砌筑楔形子母榫砖拱（图 4-135)。前者砖拱轴线方向长而拱宽方向薄，后者反之，为薄而长。前者力弱而后者强。但到东汉墓拱中已绝少见子母榫。

三峡桥用四种不同的子母榫拱石，其子母榫位置正和羊山子 121 号墓相转 90 度。

事实上联锁分节并列砌筑的弯板拱，亦用子母榫。在弯板拱石为凸榫，于联锁龙筋则为凹卯，榫卯不外露，取得美观的外形。

---

① 民国，吴宗慈辑，《庐山古今游记丛抄》卷上，26 页，中国仿古书局，1934 年。

② 冯汉骥，四川的画像砖墓及画像砖，文物，1961 年第 11 期。

图 4-134　三峡桥拱券石刻字

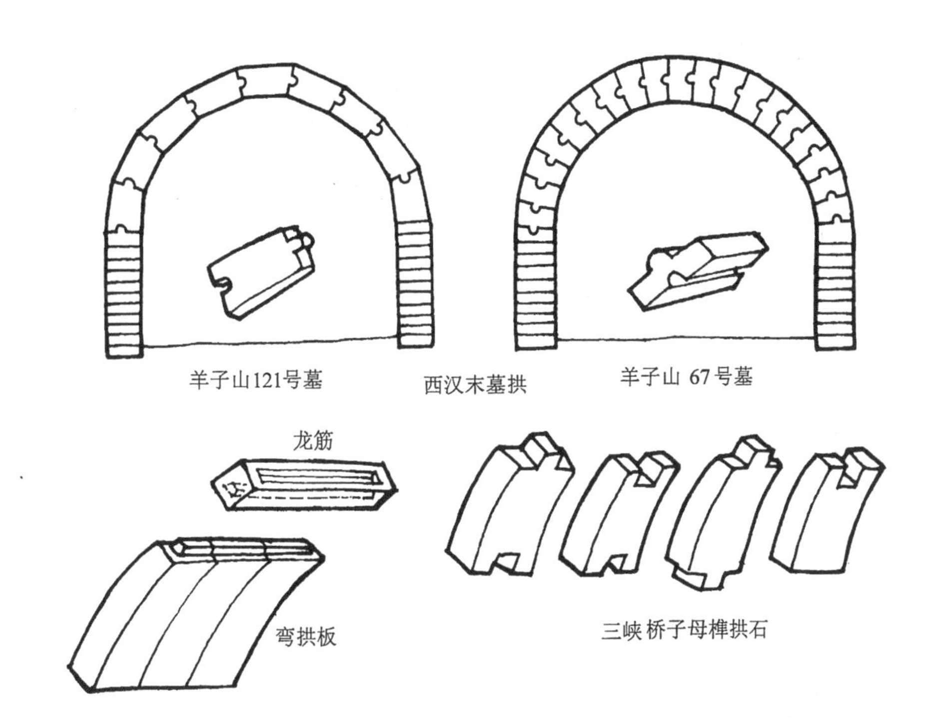

图 4-135　子母榫拱券图

(13) 广西阳朔仙桂桥。广西阳朔县白沙乡旧县村有石拱桥，名仙桂桥，横跨遇龙河东岸支流上。桥有碑记，风化剥蚀严重。经辨识，此桥建于北宋·宣和五年（1123），重建于南宋·绍兴七年（1137），为临桂县东乡大圩匠人所建。

桥长 15 米，拱宽 4.2 米，净跨 6.9 米，为干砌 9 道并列砌筑的单拱半圆拱。

仙桂桥和三峡桥是宋代尚在用并列砌筑拱券的现存实例。

（14）江苏苏州吴门桥。江浙一带绝大多数的单孔或多孔石拱，用榫卯结合的联锁分节并列砌筑的弯板石拱。

《苏州府志》载："吴门桥，在如京桥东，有石刻三大字。旧名新桥，下有三洞，最长，又称三条桥。"①

《吴郡图经续记》新桥："在盘门外。自郡南出，徒行趋诸乡至木渎者，每过运河，须舟以济。又当两派交流之间，颇为深广。故自昔未有为梁者，"（北）宋·元丰七年（1084），章岵为郡太守，"有石氏请出钱造桥，横绝漫流……往来便之。"②《苏州府志》又记："绍定（1094～1098）中重建，改今名。明·正统间（1436～1449）知府况钟再建。弘治十一年，清·顺治三年，雍正十二年重修。同治十一年（1872）重建。"

今日所见吴门桥是单孔半圆形驼峰式石拱，想系宋·绍定间改建。元丰间是三孔，名新桥。现桥拱券净跨约 14 米，桥脚宽约 5.8 米，拱顶宽 4.5 米，桥高约 6 米，全长约 52 米。为苏州市重点文物保护单位（图 4-136）。

图 4-136　江苏苏州吴门桥（望盘门）

（15）江苏苏州越城桥。苏州单孔古石拱桥甚多，现存著者如越城桥。《吴郡志》载越城桥，时为"越来溪桥。久废，（南宋）淳熙中（1174～1189）居民薛氏，以奁具钱复立之"说明桥早于南宋。《苏州府志》记："元·至正间（1341～1368）重建。明·永乐间修。成化间（1465～1487）知县文贵重建"（图 4-137）。

---

① 载于清·曹允源，李根源等纂，《吴县志》卷二十五，12 页，苏州文新公司，民国二十二年（1933）影印本。

② 宋·朱长文撰，《吴郡图经续记》卷中，2183 页宋本，《宋元地方志丛书》之四，台北大化书局，1987 年。

图 4-137　江苏苏州越城桥

志引《明·张习记略》称:“横山下衍石湖水而未注者曰越来溪。溪之上，湖之澨(shi，水滨）有石桥名越来溪桥，又谓之越城桥。盖今之新郭即春秋时勾践筑城以伐吴之地，城堞彷佛具存而桥与之尤近。岁久渐圮，知县文侯贵……选耆民徐衢尊董其事，经始于成化乙亥（己亥之误，1479 年）五月，落成于明年六月。崇广视旧各加二尺，旁增石阑，下袤石址”云。

(16) 辽宁凌源渗津桥（天盛号桥)。辽宁省凌源市南，天盛号村东的渗津河上有一座单跨石拱桥。桥建于金·大定十年，即南宋乾道六年（1170)。后遭洪水，桥埋没于地下数百年。1977 年被发现，现已作为文物保护（图 4-138)。

桥净跨仅 2.9 米，宽 4.7 米，矢高 2.5 米。拱券为锒面纵联砌筑法，券面石共七块，上雕花饰，无眉石，桥上每侧各有五根望柱，四块整板石栏。

桥下有倒拱，或称月拱。月拱有二类，即上下一致的全圆拱，罗英先生曾在西南见到数座，并称，江苏甪直镇建于明·成化二十一年（1485）的东美桥，传说也是全圆拱。解放后拆去苏州学士街升平桥时，据说也发现下有倒拱。陈森著《苏南石拱桥》称:“有(月拱）的桥也不是和河上的拱券成一正圆，而是一段圆弧。所用石料不如拱券石要求高，用条石并列侧砌即可。也有利用旧拱券的券板来做月拱的。月拱上下游两侧打有小木桩，防止券石的移动。月拱的拱度视河底淤泥厚度及通航的情况而定。”苏南民间石拱桥倒拱布置如图 4-139。

天盛号桥倒拱净跨 2.9 米，矢高 0.9 米，可能是此类倒拱的最早实例。

(17) 浙江绍兴柯桥。柯桥位于浙江绍兴柯桥镇，因该桥建于原融光寺门口，故又称融光桥。宋·嘉泰《会稽志》载:“柯桥在县西北二十五里，蔡邕避难江南，宿柯亭之

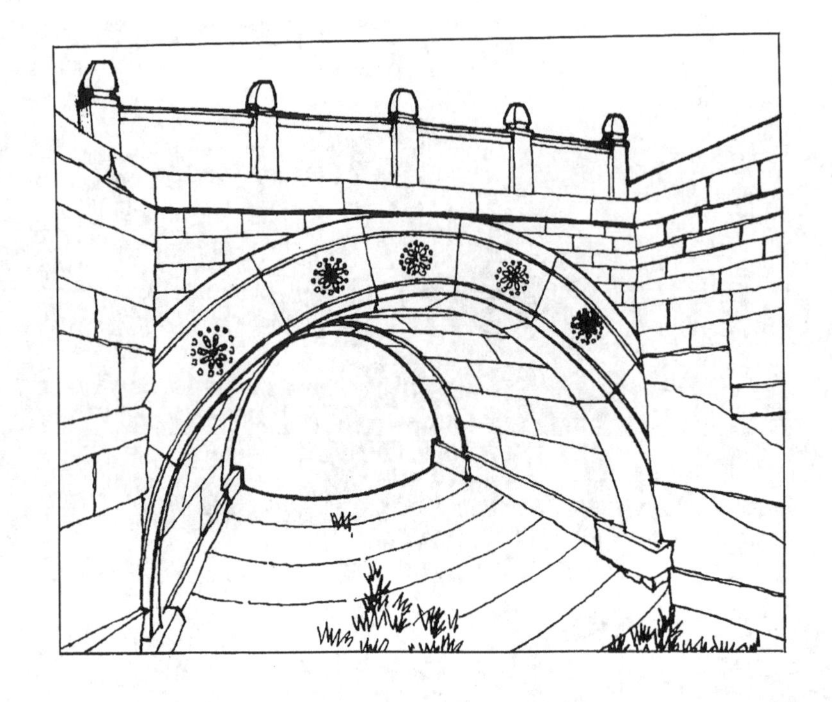

图 4-138　辽宁凌源渗津桥

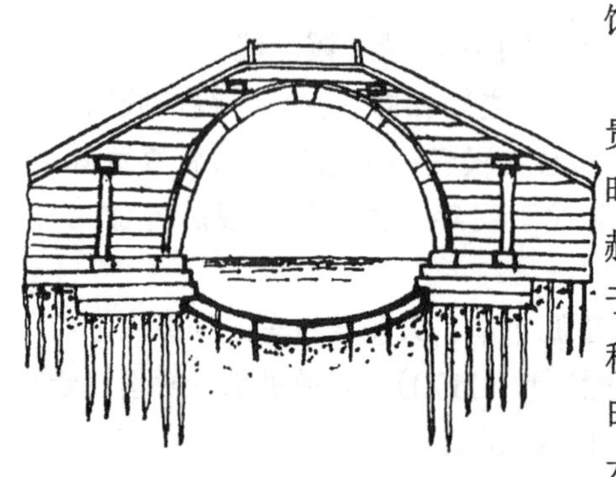

图 4-139　苏南民间石拱倒拱

馆，取屋椽为笛。”清《越中杂识》所记略同。

《后汉书·蔡邕传》记邕因屡次上言，得罪权贵肖小，于东汉·灵帝光和元年（178）四十六岁时，贬陕西五原安阳（今西安阳县）。“明年大赦”又因得罪五原太守，密告邕：“谤讪朝廷”，于是“亡命江海，远迹吴会，往来依太山羊氏，积十二年在吴。”张隲《文士传》述：“邕告吴人曰，吾昔尝经会稽高迁亭，见屋椽竹，东间第十六可以为笛，取用，果有异声。”高迁亭即柯亭。伏滔《长笛赋序》云：“柯亭之观，以竹为椽，邕取为笛，奇声独绝。”史、志所记蔡邕故事，无一及桥。宋·《会稽续志》记：“山阴柯桥，在县西二十里，旧曰柯亭，今有桥。唐·胡曾诗云‘一宿柯亭月满天，笛止人没事空传。中郎在世无甄别，争得名传尔许年。’”说明东汉时可能仅有柯亭而已。东汉以后，何时始建已不可知，但既《会稽志》和《会稽续志》前者成于宋·嘉泰元年（1201），后者成于宋·宝庆元年（1225），都有记载，桥至少要早于 1201 年。

现桥为单孔驼峰石拱，净跨约 10 米，高 7 米，桥宽 6 米，总长 17 米。拱券为联锁分节并列砌筑，无眉石、无对联石，拱墙顺砌，桥孔内一侧有纤道（图 4-140，141）。后世修缮记录不详。桥现为绍兴市级文物保护单位。

（18）江苏苏州尹山桥。尹山桥在苏州城南，跨运河。

图 4-140　浙江绍兴柯桥

图 4-141　柯桥拱券

宋《吴郡志》不见记载。清·《苏州府志》记:“尹山桥，跨运河，明·天顺六年（1462）知府林鹗重建，钱溥记。清·同治九年（1870）里人重修。”① 何时始建，不见志记。

《续资治通鉴·元纪三十七》:“元·至正二十六年（1366）十一月壬寅，吴大将徐达等兵至苏州城南鲇鱼口，击张士诚将窦义，走之。康茂才至尹山桥，遇士诚兵，又击败之。”

可见尹山桥至少为元建（图 4-142）。

图 4-142　江苏苏州尹山桥

1979 年，因其引道下沉，桥台变位，影响拱券岌岌可危。几经争议，80 年代予以拆除，桥石存宝带桥桥头（图 4-143，144）。拆前作测绘如图 4-145，其净跨为 14.32 米，拱略大于半圆。

实测表明，拱券为联锁分节并列砌筑，同时拱顶窄而拱脚宽，有明显的收分起横向稳定的作用。由于拱券脸的向内倾斜，拱墙亦内倾，对起挡土作用的拱墙为有利。桥两堍均作喇叭口，则拱墙平面上亦作八字形，又可使之更为稳定。钉靴式砌筑的拱墙，可节约石料。靠近拱券的对联石，将在石拱桥理论一节中看到其有利的作用。

南方的极大多数半圆拱是略大于半圆的马蹄拱，因所大有限，故都仍归之于半圆。

① 引《吴县志》卷二十五。

图 4-143　拆除尹山桥

图 4-144　尹山桥残石（存于宝带桥头）

尹山桥的结构代表着绝大多数元、明、清的石拱桥。

从照片可见，尹山桥的破坏实起因于基础，拱券对基础已有一定的适应调整能力。

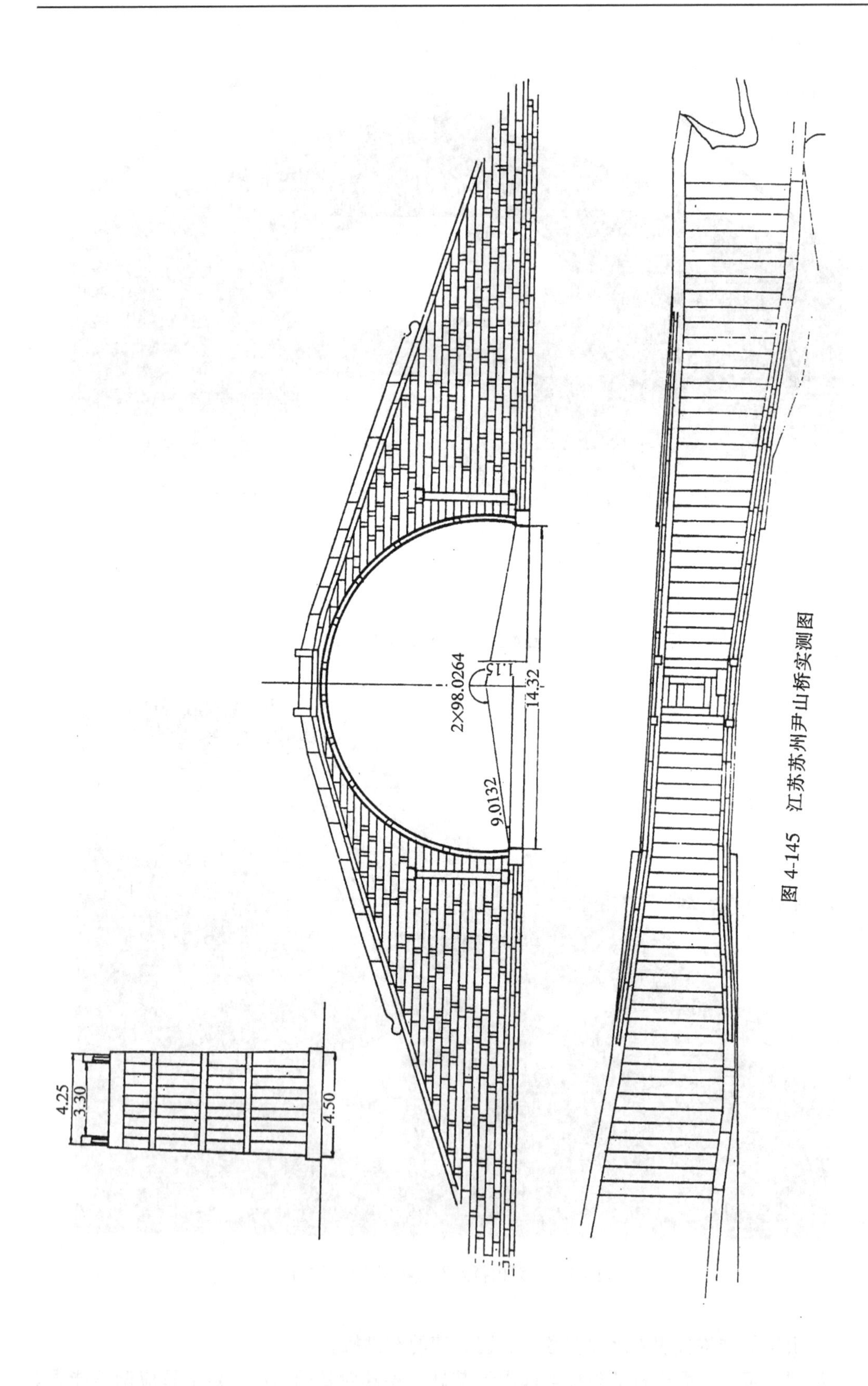

图 4-145　江苏苏州尹山桥实测图

建于软土地基的南方石拱，必需注意基础的构筑。

(19) 上海金山松隐塔阳桥。桥位于金山松隐庵侧，塔院之外的小河上，桥始建年代不详，但庵则建于元至正十二年（1352）。

桥系用花岗石拱券、对联石、桥面和栏杆。拱墙和眉石为青石砌筑。

拱券石于靠拱脚两层为分节并列，其上则为三层弯拱板加四道联锁横石的混合砌筑法。和同里富观桥如同一辙。是否意味着，元代砌拱，基本上还是分节并列，以后的修缮，始部分改为联锁分节并列，这两座桥成为砌筑方法过渡的见证。

塔阳桥原甚完好，80年代治河时扰动了桩基，使拱券受影响而产生变形（图4-146)。

图4-146　上海金山松隐塔阳桥

(20) 江苏苏州塔影桥。清·顾禄《桐桥倚棹录》记塔影桥："在（虎邱）山浜内，国朝嘉庆三年（1798)，任太守兆坰建白公祠于塔影园遗址，门首建桥，名曰塔影，便入祠之路，赤栏白石，丽景如画。桥联曰'路入香山社，人维春水船。'"

桥拱券是联锁并列砌筑，无眉石，有对联石和天平石。拱墙采用丁顺石砌筑的"钉靴式山墙（图4-147)。

中国古建，塔和桥往往相映成趣，桥或在塔阳，或处塔影，相得益彰。

江南多古镇。古镇的特点是河道成网，河街并行，水陆交叉。民居前临街而后临水。交通和生活大部需靠这些水道。临河的建筑十分活泼。轩窗可以瞻望，埠头可以上下，粉墙黛瓦，参差断续，高下疏密，向背有致。河上多石桥，既利于来往，亦构成江南水乡的一大特色。唐·杜荀鹤诗所谓："君到姑苏见，人家尽枕河，古宫闲地少，水巷小桥多。夜市买菱藕，春船载绮罗，遥知未眠月，乡思在渔歌。"又："去越从吴过，吴疆与越连，有园多种橘，无水不生莲。夜市桥边火，春风市外船，此中偏重客，君去必

图 4-147　江苏苏州虎邱塔影桥

经年。”“夹岸画楼难惜醉，数桥明月不教眠”云云。

白居易《正月三日闲行》诗道:“黄鹂巷口莺欲语，乌鹊河头水欲消。绿浪东西南北水，红栏三百九十桥。鸳鸯荡漾双双翅，杨柳交加万万条，借问春风来早晚，只从前日到今朝。”

南北东西，处处绿浪。黄鹂巷口，乌鹊河头，绿柳成荫，朱楼临水，桥如棋布，船似穿梭。这样的江南景色，令人难忘。白居易离去苏州不久，便在“扬州驿里梦苏州，梦到花桥水阁头。”水乡的魅力竟有如此。

今天的江南古镇已逐渐在现代化，苏州虽是历史文化名城，可是特色一天天在减少。保存得比较好的小镇，如甪直、同里、南浔、乌镇、周庄、金泽、朱家角、练塘等都还能欣赏到水乡的景色。小桥流水，不单是桥，重要的还有其桥头的环境和桥与桥、桥与屋的组合。在所有这些小镇中，保存得最好的还数周庄。

(21) 江苏昆山周庄钥匙桥。周庄是唐代古镇，“泽浸环市，街巷逶迤”，因北宋·元祐元年（1086）周迪公郎舍宅建寺，故名周庄。镇上石桥甚多，其中以镇东北的双桥，即世德桥与永安桥，合名钥匙桥更为著名。双桥建于明·万历年间（1573～1620)。跨市河和银子浜，一横一直，一拱一梁，形似中国古代铜簧锁的钥匙。石拱栏杆，叠长石如阶，可以坐憩。拱桥远处更有一桥，意境深远。桥以陈逸飞一画而驰名世界。荣浩柏所赠照片（图 4-148）传神地摄下了双桥的景色。光影层次，动静变化，极富诗意。

(22) 江苏昆山周庄富安桥（附三元楼小桥）。桥位于周庄市河沈万三宅前。沈万三为元末富豪，富甲江南，为明太祖所杀。相传此桥系元末至正十五年（1355）沈万三弟所建。桥四角有楼，或为民居，或为商店（图 4-149)。小桥位于两河丁字相交之处，宜为茶楼酒肆。

图 4-148　江苏昆山周庄钥匙桥

图 4-149　江苏昆山周庄富安桥

隋·洛阳天津桥，桥四角起楼，为“日月表胜”之象。唐·李白诗:“忆昔雒阳董糟邱，为余天津桥南造酒楼。”今得在周庄见此具体而微的布局胜景。南方多茶肆，吴地桥头多建水阁，由来已久。梁·昭明太子《文选》录西晋吴人陆机《吴趋行》道:“……

四座并请听，听我歌吴趋。……阊门何峨峨，飞阁跨通波，重栾承游极，回轩启曲阿……”。阁上歌唱吴音，清婉动人，可使舟子徐摇，行人驻足。作者生长江南，至此有《西江月》词一阕，道:“岂是花桥水阁，不同洛邑三层。长藤躺椅一壶清，弦索吴音倾聆。雅处谈天说地，俗来捭阖方城，悠游岁月乐太平，皓魄朝晖虹影。”

周庄三元楼桥，小院红楼，靠临街衢，桥上丛生小树，侧挂横桃，古镇的风味十足（图 4-150）。

图 4-150　江苏昆山周庄三元楼桥

（23）四川万县陆安桥等。在山区及古道上，还有不少单孔石拱桥，凌空飞越，岌嶪巍峨，采用较大的桥跨，和粗凿干砌的纵联砌筑方法，其著者如：

福建永定高坡桥，始建于明·成化十三年（1477）净跨 20 米，桥宽 7.4 米。

四川平武煽铁桥，建于清·光绪间，净跨约 20 米，桥宽 6 米。

浙江泰顺彭溪桥，建于清·光绪六年（1880），净跨 21.6 米。

广西临桂凉风桥，始建年代不可考。净跨达 26 米，桥宽 6.2 米。

福建浦城正龙桥，建于清·光绪十九年（1893）。净跨约 30 米，桥宽 5 米。

四川万县陆安桥，位于万县市郊，建于清·同治五年（1866）（图 4-151）。万州桥在万县市内，建于清·同治十年（1871）（图 4-152）。两桥均为高坡石拱桥，净跨约 33 米，几和赵州桥相埒，宽约 8 米。万州桥上原有飞檐桥亭一座，今已拆去。三峡建库，两桥将无踪影。

（24）元·吴镇《乱石拱图》等。山区民间石拱，就地取材，以最简单，最少的加工量，也能乾砌出相当跨径的乱石拱桥。当然仍十分注意咬口搭接，以求拱的稳固有力。

元 ·吴镇画《乱石拱图》（图 4-153）和实例如浙江临海清水坑桥，粗旷自然，野趣

图 4-151　四川万县陆安桥

图 4-152　四川万县万州桥

横生，实用经济，几似随手拈来，这和城镇石桥成强烈的对比（图 4-154，155）。

2．双孔半圆石拱桥

桥梁孔数以奇数居多，偶数居少。《易》以奇为乾为阳，偶为坤为阴。在中国，奇

图 4-153　元·吴镇《乱石拱图》

图 4-154　浙江临海清水坑桥

图 4-155 清水坑桥乱石券

数是起统治的数字。西方美学中亦以双数为“未解决的，没有中心情趣点的两重性”不易处理。虽然历来不排斥，甚至有时还喜欢成双成对的偶数，可是仍以奇数孔桥居绝大多数。

得见双孔的半圆石拱有：明·嘉靖建福建华西西埔桥，清·嘉庆建浙江嵊县雅璜村双虹桥等。

(1) 福建长汀水东桥。水东桥位于福建长汀县东门外，又名济川桥。桥始建于宋·庆元（1195～1200）年间。元、明、清三代屡经毁修。最近记录，为清·道光二十年（1840）所修缮。

桥为双孔，每孔净跨 17 米，拱券纵联砌筑，拱石厚 50 厘米。拱墙顺砌，中墩厚实。桥面平坡，石板路面。桥全长 40.4 米（图 4-156）。

1958 年利用作为城市桥梁，以通公路。

(2) 安徽歙县高阳桥。高阳桥，又称殿桥，位于歙县云横村，双孔红砂石半圆石拱，中墩有分水尖。桥建于明代。

桥上建屋、轩窗临流，可以居憩（图 4-157）。

(3) 浙江嵊县万年桥。万年桥在嵊县谷朱镇大桥头村旁，亦为双孔红砂石石拱，石料与河床石相同，显系就地取材。中墩亦有分水尖、尖顶有小石柱。正中嵌白石桥名，两侧有凸出的兽头石。桥面中平两坡，建于清·道光二十五年（1845）（图 4-158）。

图 4-156　福建长汀水东桥

图 4-157　安徽歙县高阳桥

图 4-158　浙江嵊县万年桥

3．三孔半圆石拱桥

三孔半圆形石拱桥是石拱桥中较多的一类。中孔均在 20 米净跨以下，配以边孔，三孔足以适合于一般中小河道的宽度，较之单孔，便于排洪和通航。三孔为单数，易于作美学上的处理。中边孔不同的比率，适应于微弯桥面的道路桥和驼峰突起的步行桥。驼峰式三孔的圆弧拱和半圆拱，因比例匀称、富于神韵，在汉后，晋、唐、宋时已多入画，得幸流传。元、明、清的三孔石拱桥，见诸志籍者比比皆是，现在尚存在的亦不为少数，此间仅只取踪迹所至，和能够得到较好资料者，以见一斑。

志史所载唐代的桥梁甚多，唐代的石拱桥得以从传世的几幅唐代名画中见其端倪。

《故宫书画图录》[①]载唐·李昭道《湖亭游骑》轴，《曲江图》轴及《洛阳楼图》轴乃国之宝，其上绘有几座石拱桥。

李思训、李昭道父子为唐代宗室著名画家。

《旧唐书·列传十》记："长平王叔良、高祖从父弟也……子孝斌，……孝斌子思训，高宗时累转江都令。属则天革命，宗室多见构陷，思训遂弃官潜匿。神龙初（705），中宗初复宗社，以思训旧齿，骤迁宗正卿，封陇西郡公……历益州刺史。开元初，左羽林大将军，进封彭国公……寻转右武卫大将军。开元六年（718）卒。……思训尤善丹青。迄今绘事者称李将军山水"。《新唐书·宗室世表来》载其子"昭道，为太原府仓曹，直集贤院。"与宰相李林甫为嫡堂兄弟。李昭道亦工山水，人称小李将军。

（1）唐·长安曲江桥。李昭道画《曲江图》即长安城东南，乐游原的曲江。宋《雍录》记："唐·曲江，本秦恺州，至汉为宣帝乐游庙，亦名乐游宛，乐游原。其地最高，

① 台北故宫博物院。

四望宽敞。……隋·宇文恺……凿之为池……为芙蓉池，且为芙蓉园也。……唐长安中，太平公主于原上置亭。……唐开元中，疏凿为胜景，南即紫云楼，芙蓉宛，西即杏园，慈恩寺。花卉环周，烟水明媚，都人游赏，盛于中和上巳。节即锡宴臣僚，会于山亭。……备彩舟，唯宰相、三使、北省官、翰林学士登焉。”①

图中画山水，楼阁，綵舟，并有数百人物较《雍录》所记更为详细、直观、生动。

乾隆御题为:“画法初开南北宗，卓然贤子继家踪。势虽小变妙还过，趣则有余繁不浓。体大由来物应传，神超可喜力能从。曲江三日图真事，未识可曾丞相逢。”《历代名画记》记李昭道:“变父之势，妙又过之，世上言山水者称小李将军。”② 末二句用杜甫《丽人行》典。

图上绘木梁柱桥二，单孔石梁桥一，单孔石拱桥一和一座图下方近景的驼峰桥面的三孔石拱桥（图 4-159）。桥上走马，桥下行船，因此，桥拱中孔大而边孔小。拱券和桥墩甚薄，正同今天典型的南方石拱桥。这幅画的桥梁部分已略有脱粉，摹绘如图 4-160。

图 4-159 唐·李昭道《曲江图》(局部)

（2）唐·湖堤桥。李昭道的《湖亭游骑图》（图 4-161，162）所绘河堤三孔石拱桥更为清晰。湖堤绿柳成荫，桃花满枝，游骑踏青。一桥跨水，三孔石拱，中孔高大而边孔略小，薄墩薄拱，桥面成驼峰形，两侧为石踏步，明显可见。桥柱较稀，望柱上有石狮，栏杆端部有抱鼓石。桥上援辔徐行的唐代官宦两人，童子掌扇者一人。桥下流水潺潺、满幅春景，情趣盎然。

① 宋·程大昌著，明·吴琯校，《雍录》卷六，《宋元地方志丛书》之四，台北大化书局，1987 年。

② 唐·张彦远撰，《历代名画记》卷九，291 页，《丛书集成初编》本，商务印书馆，1936 年版。

图 4-160 唐·李昭道《曲江图》桥（摹放）

图 4-161 唐·李昭道《湖亭游骑图》(局部)

图 4-162　唐·李昭道《湖亭游骑图》桥（摹放）

图上并无题识，然而景致极似江南。鉴于李思训曾为江都令，则天革命，又弃官潜匿，行踪必仍在江都一带。昭道亦然熟悉其地景色。江都为隋代行宫所在，素以廿四桥著名。郡人陈卓诗："凿河绕行宫，虹梁如鳞次，上浮金碧光，下流脂粉腻。游骑夹兰舟，纵横度清次。祇今野塘水，犹染峨眉翠。"竟似为此画而作。

从长安曲江桥和（江都）湖堤桥可见，今日江南的桥梁石拱，在唐代已经存在，志载唐建而今日尚在的石拱，极可能仍为当年的型式。图上石拱拱券的砌筑方法，只用简单的线条来表示，似乎是并列弯拱板。事实上一般山水画家，除对建筑有特殊兴趣和研究者外，细节都用写意法，以此代表并列分节，或联锁分节是完全可能的。此桥似为石拱而用砖砌拱墙。

李昭道《洛阳楼图》所绘乃厚墩五孔石拱（详后），所以他画有厚墩厚拱和薄墩薄拱两类石桥。并可明确，唐代已有驼峰式石拱桥。

唐代的桥梁如存在到今天，至少也有 1100 多年，必然经过历代的修缮甚至重建，因此很多将之归为后代桥梁。其实，以赵州桥为例，只要是维持原桥的规模、形式和部分材料的仍可称之为唐桥。则志载明确，或有很大可能为是者，选列如下。

（3）山东泗水卞桥。明·嘉靖《山东通志》载："卞桥，在泗水县东五十里，卞庄子城东一里。水自陪尾山发源，诸泉于泉林寺前竞出，东西分流而复会于此。金·大定二十一年建。"此桥今日尚在，然而桥中孔拱顶石上刻有："卞桥镇重修石桥，金·大定二十一年（1181）八月一日起工至二十二年四月八日竣工、谨记。"则金代为重修而非始建。

《山东公路史》称："据史料记载，此桥是全国罕见的晚唐建筑"，惜未详出处。

然《南史·羊侃传》记羊侃于"正光中（北魏年号，520～525）……以功为征东大将军，东道行台，领泰山大守……其从兄兖州刺史敦……据州拒侃……。侃少雄勇，旅力绝人……尝于兖州尧庙，蹋壁直上……泗桥有数石人，长八尺，大十围，侃执以相击，悉皆破碎。"

泗水县卞桥正位于岚山头至兖州的故道上，桥跨泗水。则其桥的始建年代，早于唐开国(618),在南北朝时就已有了(图4-163,164,165)。今两存其说,以待进一步考证。

图4-163　山东泗水卞桥（一）

图4-164　山东泗水卞桥（二）

现存卞桥共计三孔半圆形石拱，中孔跨径约4.5米，边孔半径约3.9米。拱券为镶面纵联砌筑。眉石只覆盖部分拱券，且与两侧拱墙面齐。拱券则从拱脚至拱顶，微倾内靠收进于拱墙。主拱拱脚在圆心以下约50厘米处有一莲花座托石，边孔则在圆心以下

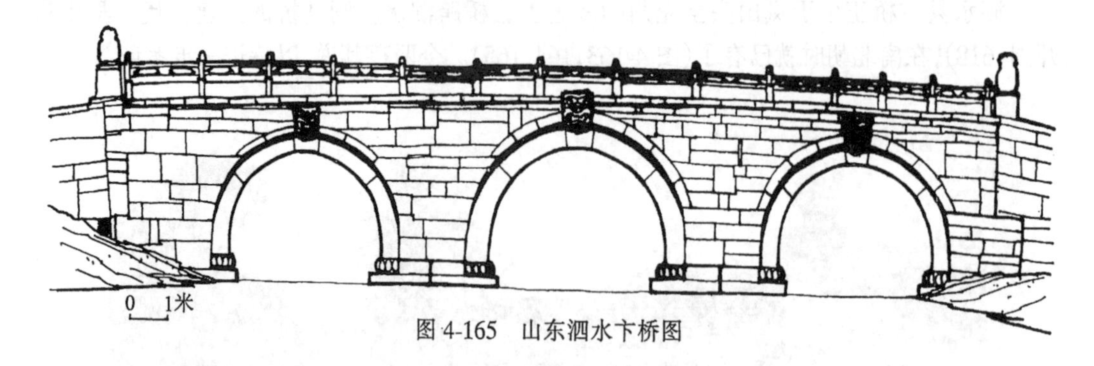

图 4-165　山东泗水下桥图

约 40 厘米处有莲花座托石。拱券龙门石均有外挑甚远的龙头装饰。桥墩宽 2.8 米，有分水尖。桥全长 25 米，净宽 5.2 米，全宽 6.2 米。

桥上栏杆石刻精美，桥两端各有两石狮。

桥跨径虽小，布局特殊，雕刻精美，年代久远，为山东省重点文物保护单位。因桥南水分两股、双沟映月，为兖州一景，故下桥亦称双月桥。

(4) 江苏苏州普福桥。苏州横塘普福桥原是一座美丽的南方三孔石拱桥。《苏州府志》载："普福桥，即横塘桥，三拱，上有亭颜曰'横塘古渡'。唐·孟东野诗：'未隋洞庭酌，且醉横塘席'，即此。万历间，里人徐鸣时倡修，国朝康熙四十七年（1708）郡人章豫重建"[①]（图 4-166）。

图 4-166　江苏苏州横塘普福桥（旧照，桥已拆）

然而志引《彭定求记略》云："苏城西南数里，有镇曰横塘，塘当横山之阳，岚光波

① 引《吴县志》卷二十五，13 页。

影，映带于市庐烟火间。石梁跨两岸，名曰普福桥，建置时代，莫可稽考。相传一修于洪武丁卯（二十年，公元1387年），再修于天启癸卯（天启无癸卯，仅癸亥，三年，公元1623年；丁卯，七年，1627年）。下设洞门三，广二丈（约6.4米）高三丈有奇（约10米），长二引（约64米）。上则建亭连楹。盖太湖之水，既由木渎以注横塘，而石湖亦合流以入是桥，东达胥江，北达枫江之运道，水势潆汇，实据要冲，故桥之风景特胜而规模亦推壮伟云。”

作记时当康熙盛世，《清史稿·圣祖纪》记载，二十三年（1684）至四十六年（1707）四次南巡。于是彭定求记：“近者翠华时巡，尝幸洞庭，邓尉，灵岩，华山诸处，则是桥更为凤舟龙旌照耀回翔之地，若不撤故谋新”被皇帝注意到桥梁败坏，地方官将会受到谴责。康熙四十六年皇帝一走，立即整修：“桥之广长若干，悉依旧式，而增高累尺，铺砌坚完，轩甍焕焕，望若绳直，履若砥平”开工于“康熙四十六年七月，迄十月造成。越明年桥上之亭复建。”

这是一座和李昭道《曲江图》和《湖堤图》极相似的三孔石拱桥。宋·范成大诗：“南浦春来绿一川，石桥朱塔两依然，年年送客横塘路，细雨垂杨系画船。”

此桥和李昭道所绘者同，无对联石。

桥已于60年代拆毁，改建为双曲拱桥。作者临流惋惜，慨何如之。

（5）宋·郭熙《滕王阁图》石拱。宋画中有很多十分细致真实的桥梁写照。

北宋画家郭熙，河南温县人，字淳夫，为御画院艺学士，善山水，师李成画法。《图画见闻志》称其：“画山水寒林，施为巧瞻，位置渊深”其画上有的题“熙宁壬子（1072）奉王旨画……”[①]等，可见为北宋神宗时代。

郭熙《滕王阁图》无款印，图中楼阁玲珑，上下共绘有四座桥梁，二座木梁柱桥，一座石梁柱桥，一座三孔石拱桥。这是一座石栏板的薄墩薄拱桥，桥下流水蜿蜒，桥上游骑得得，桥栏简朴，拱券的砌法未予交待（图4-167）。

现存三孔称始建于宋的石拱桥如：

（6）江苏苏州彩云桥。彩云桥，北宋《吴郡志》[②] 作彩云桥。

《苏州府志》载：“彩云桥，俗名半塘桥，在半塘寺左，跨山塘。（北）宋·政和元年（1111）重建。”记载十分简单，之前和之后的记录都不详，但现桥已是清代的构造。

桥共三洞，拱券为联锁分节并列砌筑，有眉石，对联石；山墙系丁顺钉靴式。两端桥堍平面构造于寻常稍不同。一端桥头引道在桥端直角转弯，沿河岸用石阶分别引向上下游，落岸；另一端引道，单侧转弯，下落至河堤，堤外侧为船埠（图4-168）。

自北宋以后，三孔或多孔半圆石拱的构造和技术已趋定型。大致是厚墩厚拱，平或微坡桥面，及薄墩薄拱驼峰式的江南石拱（图4-169）。北宋后桥梁开始有从结构上发展而艺术上予以利用的对联石，对景标题，平添趣味。全国各地现存元、明、清的三孔石拱桥见表4-4。择其部分，予以介绍。其驼峰石拱如图4-170至4-175。其中大运河上幸存的两座，杭州拱宸桥中孔净跨15.8米；嘉兴长虹桥为16.5米。在古桥中已属轩敞雄伟的了。

---

① 北宋·郭若虚撰，《图画见闻志》卷四，152页，商务印书馆，1936年1版。

② 南宋·范成大撰，《吴郡志》，台北大化书局，《宋元地方志丛书》木之四，1987年版。

图 4-167　宋·郭熙《滕王阁图》石拱（摹绘）

图 4-168　江苏苏州彩虹桥

（7）浙江吴兴双林三桥。吴兴双林镇三桥是明、清二代不同时期所建，相接近的三座石拱桥（图 4-176）。

西桥名万魁，在禹王庙北，西临风洋河。原为木梁。清·康熙元年（1662）始建石拱桥，落成于康熙八年（1669）。五十三年和五十七年两次修缮。乾隆庚戌（1790）改建，癸丑（1793）落成。较原桥增高五尺。桥长 5.10 米。

中桥名成化，亦名普光桥。吴若金《双林志》载，桥在石洋东，地即东林。明·嘉靖中（1522～1566）建。清·顺治戊戌（1658）修缮。康熙戊戌（1718）改建。乾隆壬辰（1772）重修，癸丑，与万魁桥同时落成，桥长 46.6 米。

图 4-169　江南典型三孔驼峰石拱桥图

图 4-170　上海青浦金泽天王阁桥

图 4-171　上海青浦朱家角九峰桥

图 4-172　江苏苏州普济桥

图 4-173　浙江绍兴泗龙桥（接二十孔石梁）

图 4-174　浙江杭州拱宸桥（拱墅区跨大运河）

图 4-175　浙江嘉兴长虹桥（王江泾镇跨大运河）

表 4-4　元、明、清三代多孔半圆石拱桥（三孔）

省市	地名	桥名	石拱始建年代		孔数	净跨（米）	桥宽（米）	全长（米）	构造墩坡
浙江	余姚	通济桥	元·延祐六年	1314	3	15 2×9.5	6.0	87.5	薄 驼峰
浙江	余姚	最良桥	清		3				薄 驼峰
浙江	嘉兴	长虹桥	明·万历三十九年	1611	3	16.5 2×9.3	4.9	72.8	薄 驼峰
浙江	嘉兴	文星桥	清·道光		3				薄 驼峰
浙江	杭州	拱宸桥	明·崇祯四年	1631	3	15.8 2×11.9	5.9～12.2	98.0	薄 驼峰
浙江	吴兴	潘公桥	明·万历十三年	1585	3	17.0 2×7.0	5.5	55.0	薄 驼峰
浙江	吴兴	万魁桥	清·康熙元年	1662	3	12.4～12.95 2×(7.2～7.9)	2.8～3.2	51.0	薄 驼峰
浙江	吴兴	成化桥	明·嘉靖		3			46.6	薄 驼峰
浙江	吴兴	万元桥	清·雍正八年	1730	3			53.5	薄 驼峰
浙江	吴兴	安澜桥	清·乾隆四十二年	1777	3	12.9 2×8.4	3.65	51.4	薄 驼峰
浙江	吴兴	潮音桥			3				薄 驼峰
浙江	嘉善	丰钱桥			3				薄 驼峰
浙江	平湖	当湖第一桥			3				薄 驼峰
浙江	绍兴	泗龙桥	清		3	6.1　加石梁 2×5.4 20孔	3.0	96.4	薄 驼峰
浙江	奉化	居敬桥	明·万历		3				薄 驼峰
浙江	鄞县	三眼桥			3				薄 驼峰
浙江	临海	七星桥	清·乾隆		3	13.3 2×12.7	4.7	55.4	薄 驼峰
浙江	海盐	沈荡桥			3				薄 驼峰
浙江	象山	欧阳桥	清·同治十一年	1885	3	9.6 2×8.0	5.0		厚 平
浙江	三门	东开桥		1933	3	5.4+6.9+6.25	4.3		厚 平
上海	松江	云间第一桥	明·成化		3				薄 驼峰
上海	七宝	蒲汇塘桥	明·正德		3				薄 驼峰
上海	嘉定	真圣堂桥	清·乾隆		3				薄 驼峰
上海	金泽	天王阁桥	清·康熙		3	7.0 2×4.0			薄 驼峰
上海	朱家角	九峰桥	清·乾隆四十二年	1777	3	10.5 2×6.0			薄 驼峰
江苏	宜兴	画溪桥	清		3	5.0 2×3.5			薄 驼峰
江苏	宜兴	鲸塘桥	明·嘉靖三十年	1551	3	8.0 2×7.7	4.5	44.2	薄 驼峰
江苏	苏州	普济桥	明·弘治七年	1494	3	9.0 2×5.0	5.3	50.0	薄 驼峰
江苏	铜山	燕桥	明·万历十八年	1590	3		7.15	28.0	厚 平
安徽	滁州	宏济桥	明·嘉靖十二年	1533	3	9.0 2×7.5			中 坡
安徽	宣城	济川桥	明·正统		3				厚 平
安徽	歙县	北溪桥			3	3×10.0	4.7	35.3	厚 平
安徽	歙县	浙溪桥	清·光绪二十二年	1896	3	8.3+8.8+8.6	6.5	45.0	厚 平

续表 4-4

省市	地名	桥名	石拱始建年代		孔数	净跨（米）	桥宽（米）	全长（米）	构造墩坡
河北	遵化	东陵石桥	清		3				厚 微
河北	清河	清河镇桥	清		3				厚 平
北京	故宫	金水桥	明		3				厚 微
北京		广济桥	清		3				厚 微
湖北	武当	迎恩桥	明·永乐		3	10.5 2×7.5	10.5		厚 微
湖北	咸宁	花园口桥			3				厚 平
湖北	咸宁	万寿桥			3				厚 平
湖北	通山	南门桥	明		3				厚 平
湖北	荆州	梅槐桥	清·同治		3		5.4	33.0	厚 微
湖北	通城	宋家祠	清·同治		3			24.5	厚 微
湖南	岳阳	三眼桥	清·光绪元年	1875	3	8.0 2×7.0		49.0	厚 平
湖南	怀化	中火铺桥	清·乾隆十五年	1750	3	16.0+12.0+5.0	5.4	48.5	厚 坡
四川	重庆	普渡桥	清·光绪十七年	1891	3				厚 平
四川	涪陵	龙门桥			3	3×25.0			厚 平
四川	开县	铁锁桥	清		3				厚 平
四川	成都	长春桥	清·乾隆五十年	1785	3				厚 平
云南	楚雄	灵官桥	明		3	8.8 2×8.5		38.7	厚 微
云南	楚雄	青龙桥	明·万历		3	11.7 2×9.3	7.65		厚 微
云南	昆明	圆通寺桥	清·康熙初		3	3×4.5			厚 平
云南	曲江	大新桥	明·万历三十二	1604	3			82.0	厚 微
河南	洛阳	涧河桥	明·正统元年	1436	3		12.68	126.8	
贵州	镇宁	坝陵桥	清·道光五年	1825	3				厚 平
辽宁	金县	三十里堡桥	清·光绪二十六年	1900	3				厚 平
辽宁	沈阳	永安桥	清·崇德六年	1641	3	3.77 2×3.43	8	32.12	厚 微
陕西	榆林	永济桥	清·乾隆						厚 微

* 本系列表格系根据各省现仍存在的古桥的部分重要资料汇总而成，只能见其梗概，并不全面。

东桥名万元。《双林志》记，旧为木梁，名福成。清·雍正八年（1730）甃石，改今名。道光甲午（1834）募修改建，庚子（1840）落成。桥长 53.5 米（图 4-177）。

三桥之间，万魁至化成约 50 米，化成至万元约 100 米。

三桥孔径大致相同，中孔净跨 12.42～12.95 米，边孔净跨 7.2～7.9 米，桥面宽 2.8～3.2 米。

同一河道之上，相邻近的三座桥梁，采用基本相同的造型，是符合于美学和同的原则。

图 4-176 是从万元桥看三桥。

厚墩厚拱，平或微坡三孔半圆石拱桥如图 4-178 至 4-183。

（8）河南安阳永和桥。永和桥初名永定桥，在今安阳市东约 20 里的安阳县永和乡永和集村的安阳河故道上。

《旧唐书·地理志》记："安阳……后魏于此置相州，东魏改为司州。周平齐复为相州。……隋文辅政……以安阳城为相州。……（唐）武德五年（622），岩州度县属相

图 4-176　浙江吴兴双林三桥

州，尧城……。”

《永和镇石桥记》残碑刻有:“永和集在五代后梁时改尧城为永定。宋改永定为永和。(北宋) 熙宁五年，废县为镇。……镇有河石桥。”清《河南通志》载:“永和桥在 (彰德) 府城东 40 里，即此桥。宋改永定为永和，故桥也易名。”

《旧五代史·梁太祖纪》记其在受唐朝节制时，于唐·昭宗:“大顺二年 (891) 春正月，魏军屯于内黄，丙辰 (日)，帝 (即后之梁太祖) 与之接战，自内黄至永定桥，魏军五败。”可见永和桥建于唐·昭宗以前。

明·嘉靖《彰德府志》载:“大明弘治六年 (1493)，知府鲍恺重修，东有永和桥。”

桥梁现仍存在。现为河南省重点文物保护单位。

1978 和 1984 年，河南省古建研究所对该桥进行勘察并发掘清理。桥为 3 孔半圆石拱，中孔跨径 7 米，边孔跨径 4.5 米，拱券为锒面纵联砌筑法。桥墩为两端带分水尖的长形石墩，宽 3.7 米，长 6.06 米。桥全长 39.5 米，桥面宽 6.8 米，高 8.2 米 (图 4-178)。

(9) 安徽滁州宏济桥。桥位于安徽滁州西涧，志记唐代为木桥，名为赤栏。唐代诗人韦应物，于建中三年 (782) 为滁州刺史，其《滁州西涧》诗为:“独怜幽草涧边生，

图 4-177　浙江吴兴万元桥（双林三桥之一）

图 4-178　河南安阳永和桥

上有黄鹂深树鸣，春潮带雨晚来急，野渡无人舟自横。”可见此时尚无桥。其始建年代不详。明·嘉靖十二年（1533）重建为石桥三孔。中孔净跨约 9 米，边孔约 7.5 米，和

图 4-179　河北清河清河镇桥

山东汴桥相似，拱券凹入拱墙（图 4-180），是甚为难得的两个实例。

（10）湖北武当山迎恩桥。湖北武当山乃道教圣地，为养生、武术之乡，明代极盛，永乐中大起宫观。迎恩宫亦建于永乐（1403～1424），今宫已废，其畔的迎恩桥仍完整地存在着（图 4-181）。

图 4-180　安徽滁州宏济桥（古赤栏桥址）

桥三孔厚墩半圆拱，中孔净跨约 10.5 米，边孔约 7.5 米。桥面宽达 10.5 米，坡道平缓、坦途宽畅。桥面两侧石栏精细，保存完整。一方面由于桥建于石基之上，桥墩带分水尖、结构牢靠；另一方面是此道早废，行人稀少，因此近 600 年的古桥，仍屹立如

图 4-181　湖北武当山迎恩桥

图 4-182　浙江三门东升桥

新。

（11）云南昆明圆通寺白石桥。圆通寺白石桥建于清·康熙初年。以二座三孔石拱桥中隔重檐八角亭屋，桥已融合于建筑之间（图 4-183）。

又如庙堂、陵寝之前，多导水架桥，以示阻隔。此时桥梁的布局，形成规则，在数量、形式、孔数上按阶级有所区别，称为金水桥。最尊者并行五桥，桥三孔石拱、一般

图 4-183　云南昆明圆通寺白石桥

为三桥、如有“僭越”将罹不测。

（12）北京故宫金水桥（附东陵石桥）。周·秦宫外有设桥的记载。汉代若干礼制建筑，如明堂、辟雍，周环有水、水上四面架桥。一般此时都为单桥。

隋代所建洛阳宫阙，在宫城应天门外，始有并列的三座桥，统称皇津桥。唐因之。于是举凡宫殿、陵寝、大庙，够得上等级的庙堂建筑都是如此，连文王孔子，鬼王阎罗亦不例外，中桥只准帝王行走，一般出入都走边桥，这是桥梁在封建等级制度下特殊的应用，在废除了等级之后，留下了供人凭吊节的布局。

现存北京故宫天安门外的金水桥（图 4-184），并列大小桥五座，桥洞三孔。

中国历史博物馆藏，明人所绘《皇都积胜图》其宫前金水河上为三座三孔石拱桥。

清·东陵殿门桥亦三座三孔（图 4-185）。

这一类装饰性的石拱桥，但求华丽或肃穆，桥跨都不太大。

4．四孔半圆石拱桥

四亦为偶数。四孔半圆石拱桥为数极少。

（1）广西桂林花桥。桂林花桥在桂林市七星公园正门口，灵剑江与小东江汇流处（图 4-186）。

据桂林鹦鹉山上石刻《桂林城图》记载，宋时已有此桥，当时仅有五孔，桥式、桥亭大致与今之水桥部分相同。所以即使屡经废兴，仍可归为宋代始建。

元代此桥被洪水冲垮。明·景泰七年（1546），郡守何永全在原桥址建石台木面桥，命名嘉熙。明·嘉靖十九年（1540）改建为石拱四孔水桥，五孔旱桥，名为花桥。

清代曾水毁多次，均经修复。1965 年，因水桥二号墩下沉已达 40 厘米，予以翻

图 4-184　北京故宫天安门金水桥

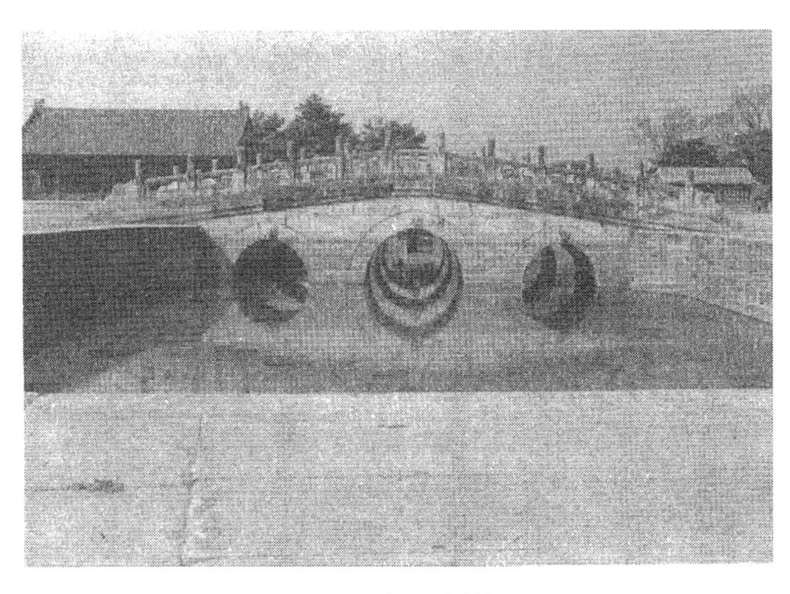

图 4-185　清·东陵殿门桥

修，改双层松木排筏基础为木桩混凝土承台基础。桥上原有清·光绪十八年（1892）所建木构瓦面廊屋，改建为琉璃瓦顶。

桥全长 125.23 米，水桥净跨自 12.7 至 14.57 米，桥宽 6.4 米。旱桥净跨自 3.36 米至 6.47 米，桥宽 3.7 米。

桥为广西省级重点保护文物。

近人叶恭绰题高奇峰《花桥烟雨图》诗称："漓江东畔花桥路，虹影波光接月牙，阅尽行人千百万，此心无着似轻沙。"

图 4-186　广西桂林花桥

此桥单层拱券，纵联砌筑。无眉石和对联石。拱脚极薄，拱与水中倒影如圆月，故有“波光接月牙”之誉。俗称小脚桥。

(2) 湖南沂溪大福桥。大福桥在泥（沂）溪上游，地名冻青树塘。原名大虎坪，打伙坪。因桥名大福，更名为大福坪。邑人黄崇光《大福桥记》述该地昔为宝、益、新、宁往来要道。溪上设义渡，冬易徒杠。清·嘉庆十五年（1810）十月始兴建石桥。十六年二月，奠基下脚。“阅七载（至 1818）竣工，用金五万有奇……工程之浩大，费用之繁多，实甲全县诸桥”（图 4-187，188）。

桥为四孔半圆形石拱。《桥记》记桥长 24 丈，实测 88 米；宽 2.7 丈，实测 7.3 米；高 8.6 丈，实测自水面以上高 9 米。桥拱净跨 14 米，拱券用石灰岩料石，厚 65 厘米，用糯米汁石灰胶结纵联砌筑，无眉石，拱墙顺砌，桥面平坡。

桥位河床覆盖层为砂卵石，东岸厚达 10 米，但墩台都奠基在石灰岩基岩上。桥墩极薄，两拱券相接，仅厚 1.3 米。迎水侧有分水尖。

桥梁由民间自建，执事 18 人，石工 48 人。桥成有联曰:“课厥功只凭七载勤劳，不假神能鞭石；问诸水竟成一行坦道，方知愚可移山。”以愚公移山的精神，不假神仙，鞭石成桥。还有以几代人的毅力，完成造桥义举者为。

(3) 浙江泰顺回澜桥。回澜桥位于浙江泰顺司前，百丈区山间两水合流大界之处。

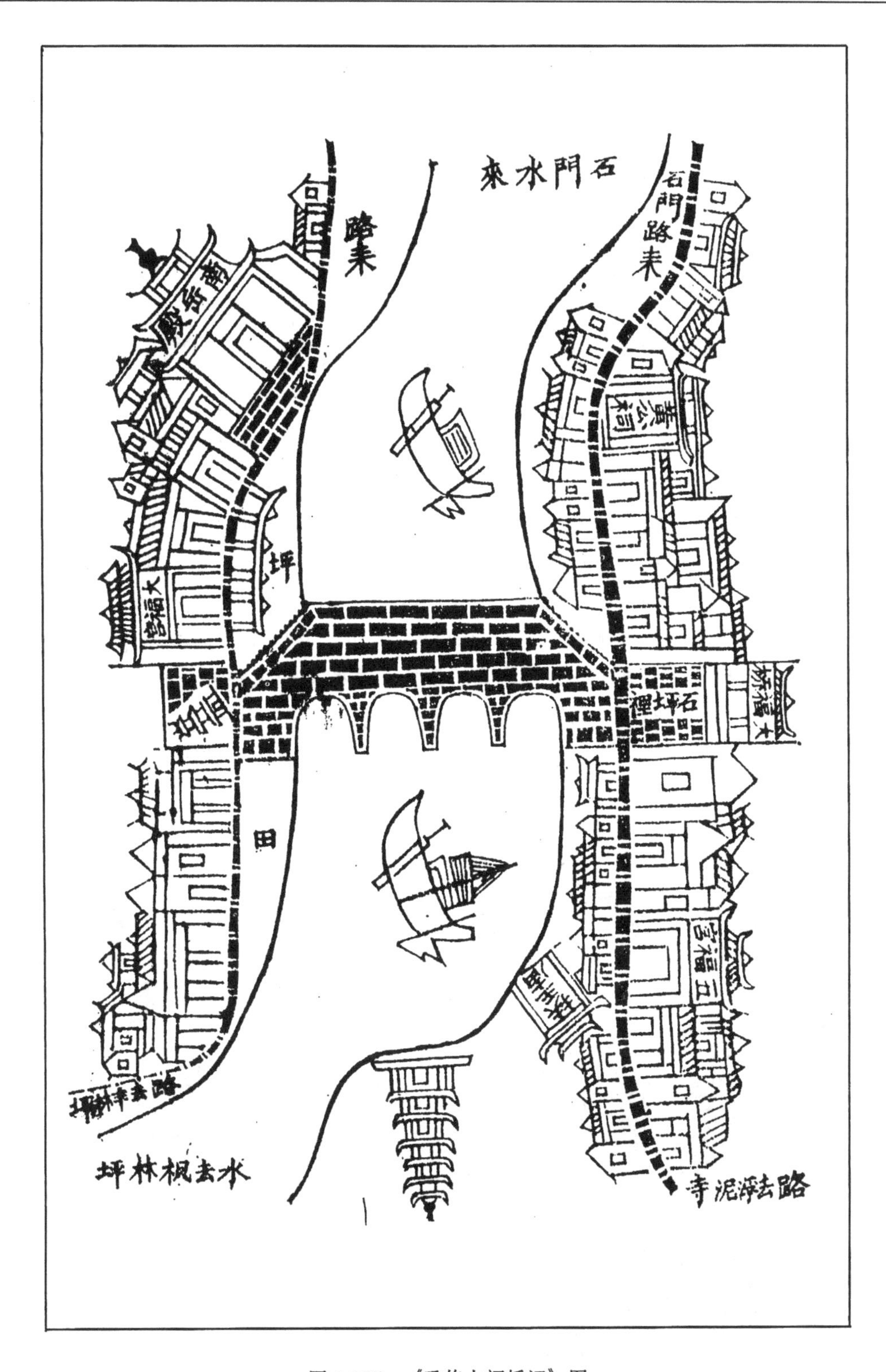

图 4-187 《重修大福桥记》图

根据泰顺《分疆录》，司前《陶氏家谱》，《回澜桥志》等记载，桥由陶化龙祖孙四代，独资接力所建成。清·道光二十八年戊申（1848）陶化龙始建。先选石场，造小桥名袭

图 4-188 湖南沂溪大福桥

庆以通运道至桥头。1850 年化龙积劳去世，嘱子琳、孙鸿年、鹤年“以完夙志”。清·咸丰二年（1852）琳选在今桥址上游 40 多米处的百念渡潭头处拦水破土动工建桥，费时三年余，耗银八千余两，于咸丰五年（1855）竣工。仅数月，毁于洪水。其原因有二，即：桥址处水急浪高；桥墩无水牙（分水尖）不能承受洪流和漂流物的撞击，必须改弦更张。惜财力不继，琳于同治七年（1868）去世。又四年，孙鹤年北上缙云、金华，取金华通济桥样式。确定有带分水尖的桥式。改桥址于水静浪平的君子潭口上侧，清理溪床，再次动工。明年，鹤年早逝，兄鸿年，率其子麒、侄家树分任其事。于光绪二年（1876）冬完成。耗资 14 500 贯。所以这一座桥，竟成于一姓四代历时 28 年。

图 4-189 浙江泰顺回澜桥

桥为三墩四孔半圆形石拱，净跨 12.5 米，宽 5.55 米，高 12.8 米，桥全长 85 米。桥券纵联砌筑，有眉石，拱墙顺砌。桥墩前端带高大的分水尖。全桥石料加工粗细，干砌而成。

桥坚实如新，现利用为泰景公路桥，并为县级重点文物保护单位（图 4-189）。

5. 五孔半圆石拱桥

图 4-190　唐·李昭道《洛阳楼图》

（1）洛阳楼前石桥。李昭道所处时代，乃开元、天宝盛世。"直集贤院"为宫庭画家，其《洛阳楼图》所绘乃东都楼阁。元《河南志》记魏城阙宫殿古迹云："明帝（227～239）造三层楼于夏门，去地十丈，故陆机与弟书云：'大夏门有三层楼，高百尺'"。

至后魏时:"西有大夏门，宣武（500～515）造三层楼，去地二十丈。洛阳城门楼皆两重，去地百尺，唯大夏门甍栋峻丽。"所以《图录》称:"王昌龄诗:'南渡洛阳津，西望十二楼'。唐以洛阳为东都、楼据其胜，故播之图画耳。"

《水经注·榖水》:"榖水又东，迳金墉城北。……魏文帝起层楼于东北隅。《晋宫阁名》:'金墉有崇天堂'即此。地上，架木为榭，故百尺楼矣。"金墉城的乾光门:"夹建两观，观下列朱桁于堑。"则北魏时，此处有朱漆栏杆的浮桥。"又东历大夏门下，故夏门也……。"

隋、唐时，洛阳城已从北魏原址南移，城门无大夏之称。李昭道所绘乃东都楼阁，不一定泥于大夏门的三层楼。画的左下方，绘有五孔厚墩半圆形石拱桥。桥墩间有一条竖线，似乎是表示尖墩而未全部绘清其细节。桥面中平，两端微带坡道（图 4-190）。亦不是《水经注》所说的"朱桁"。

唐东都洛阳有桥梁三十余座，即北魏时已有石拱，则画中有石拱桥是很自然的事。《唐会要》记天宝:"八载（749）二月，先是，东京商人李秀升于南市北，架洛水造石桥，南北二百步（唐制约 300 米），募人施财巨万计，自五年创其始，至是而毕。"前后建设了四年的石桥，也可能是石拱桥。其时间正是李昭道作画的年代。

图 4-191　宋·郭熙《丰年瑞雪图》局部

图 4-192　宋·郭熙《丰年瑞雪图》石桥（摹绘）

画上有清·乾隆御题云："丹青盈尺较纵横，妙写高楼擅洛京。跋马垂鞭值休暇，漾舟近岸有逢迎。将军自是超凡绘，宗伯犹疑着定评，风物盛唐传仿佛，几回感慨话怡情"。桥上便画有两个"跋马垂鞭"的唐代人物。

（2）宋·郭熙《丰年瑞雪图》石桥。台北古京博物院所藏宋·郭熙绘《丰年瑞雪图》浅墨设色，画峰峦积素，湖岸挽舟，邨市溪桥，往来行旅。画中一石桥为五孔半圆形驼峰石拱（图 4-191）。虽着笔不多，分明可以看出是一座尖墩石拱。野外桥梁，未设栏杆。桥上行人顶风雪而行，十分生动。图 4-192 为作者摹绘图。

郭熙所画的北宋两座多孔石拱桥和盛唐李昭道所绘没有多大出入。亦可证明，半圆石拱在唐代已经成熟，一直流传到今天。

唐、宋五孔半圆石拱桥的实物已不可见，现存元、明、清桥见表 4-5。

表 4-5　元、明、清三代多孔半圆石拱桥（五、六孔）

省市	地名	桥名	石拱始建年代		孔数	净跨（米）	桥宽（米）	全长（米）	构造墩坡
浙江	鄞县	大嵩桥		1927	5	13.0 2×10.0 2×7.5	3.8	75.0	薄 驼峰
浙江	兰溪	通州桥	清·乾隆二十三年	1758	5	5×9.0	4.0	84.8	厚 平
浙江	临安	新安桥			5				
浙江	潜下	步溪桥			5				
浙江	余姚	季卫桥	清·乾隆十八年	1753	5	10.0			薄 驼峰
浙江	昌化	颊口桥			5				
浙江	宁海	深田川桥	清·光绪十五年	1889	5	11.2～11.7	4.4	79.1	薄 平
浙江	临海	新桥头桥	清·乾隆五十四年	1789	5	14.0～6.6	4.4	82.0	
上海	朱家角	放生桥	明	1571	5	6.2+8.5+13.0 +8.5+6.2	4.3	70.8	薄 驼峰
安徽	宣城	济川桥	明·正统八年	1443	5		8.6	83.0	
安徽	定远	北炉桥	明	1368	5				厚 平

续表 4-5

省市	地名	桥名	石拱始建年代	孔数	净　跨 （米）	桥　宽 （米）	全　长 （米）	构造 墩坡
安徽	休宁	兰渡桥	明·弘治	5	5×14.0	6.0	88.6	厚　平
安徽	祁门	平政桥	明	5	5×15.0	7.0	77.0	厚　平
安徽	祁门	仁济桥	明·嘉靖元年　1522	5	5×15.0	7.0	77.0	厚　平
山东	泗水	苗馆桥	明·成化四年　1468	5	5×2.7	5.5	16.0	厚　平
山东	平阴	通济桥	清·康熙三十五年　1696	5	5×3.5	7.0	33.5	厚　平
河北	安国	贵妃桥	明·万历三十七年　1609	5		7.0	60.0	厚　微
河北	涿县	胡良河桥	清	5				厚　微
北京	定陵	五洞桥	清	5				厚　微
河南	洛阳	广济桥	明·嘉靖三十八年　1559	5		10.5	79.3	厚　微
河南	汝宁	济民桥	明·成化十九年　1483	5	7.8 4×7.5	7.4	55.0	厚　微
河南	汝宁	弘济桥	明·弘治十八年　1505	5	7.8 2×7.0 2×6.5	6.4	53.0	厚　微
河南	浚县	云溪桥	明·嘉靖四十五年　1566	5	8.0 2×6.8 2×6.5	10.0	49.2	厚　微
湖北	咸宁	小龙潭桥	清·同治五年　1866	5				厚　平
四川	成都	望仙桥		5				
四川	双流	文星桥	清·乾隆五十七年　1792	5		7.6	38.6	
四川	简阳	瑞华桥	清·乾隆四年　1739	5			132.0	
四川	重庆	三星桥		5				
四川	岳池	越江桥		5				
云南	丽江	黑龙潭桥	清·乾隆	5				
贵州	遵义	丰乐桥	清·咸丰元年　1851	5				厚　平
贵州	湄潭	任家桥	清	5				厚　平
广西	桂平	乐洋桥	清·同治十一年　1872	5	10.8 2×10.6 2×10.4	4.7	72.5	厚　微
贵州	都匀	遇仙桥	清·光绪二十年　1894	5		8.0	74.0	厚　平
广东	丰顺	五福桥	清	5				厚　平
福建	莆田	广化寺桥	清·光绪	5				厚　微
天津	蓟县	黄崖关	明	5				厚　平
江苏	苏州	五龙桥	宋始建，明·弘治十一年 1498	5				薄 驼峰
湖南	芷江	罗旧桥	清·康熙八年　1669	6		4.6	99.0	厚　平
浙江	浦江	合济桥		6	6×11.0	5.0	91.2	厚　平
贵州	龙里	广济桥	明·正统十一年　1446	6				厚　平

南方的石拱如江苏苏州五龙桥（图 4-193）始建于宋·淳熙间，后世重建。现填高两边孔上拱墙改作公路。浙江余姚季卫桥（图 4-194）等，保存最好的是上海放生桥。

（3）上海青浦朱家角放生桥。放生桥位于朱家角镇东首漕港河上，为五孔半圆驼峰石拱桥。

桥始建于明·隆庆五年（1571），由慈门寺僧性潮募造。建成后，规定桥下里许范围内，只能放生鱼鳖，不准撒网，故名放生桥。清·嘉庆十九年（1814）因岁久，渐就倾圮而重修。

图 4-193　江苏苏州五龙桥

图 4-194　浙江余姚季卫桥

桥中孔净跨 13 米，边孔递减为 8.5 米和 6.2 米。桥高 7.4 米，桥宽顶部为 4.3 米，下宽 5.8 米。全长 70.8 米。

全桥均为花岗石砌筑。桥墩帽石均为整块石料。拱券为联锁分节并列，中孔拱石九节，边孔分别为七和五节。桥墩极薄，仅 0.6 米。桥栏高 52 厘米，宽 19 厘米，长约 3 米（图 4-195）。

图 4-195　上海青浦朱家角放生桥

据当地居民称，河床为“硬底”。因河吐纳淀山湖水，流速量丰，船只出进常碰撞桥墩，往往有船沉于桥墩脚而桥无恙，起船通航如故。

近年在桥墩上绑橡胶防撞措施。摄此帧时亦已多被撞脱。

桥列为上海市重点文物保护单位。桥头岸边一侧，拓地建廊屋，以作观赏。桥上两侧，长有多株石榴，花开时节，景色特佳。李商隐《石榴》诗道：“榴枝婀娜榴实繁，榴膜轻明榴子鲜，可羡瑶池碧桃树，碧桃红颊一千年。”这样美丽的五孔驼峰石拱已不多见。桥侧又长着临水婀娜的石榴，簪花满头，令人欣羡。作者作《西江月》词道：隋宛凌空鳌背，曲江过窦凤舸，两般只见李家图，此地还能信步。一似簪花仕女，五间映月临波，九峰三泖淀山湖，长为乡梓福渡。

厚墩石拱较之薄墩为多，典型的桥梁如：

（4）河南汝宁济民、宏济桥。汝宁县城东关有济民桥，北关有宏济桥，前者落成于明·万历元年（1573），后者建于明·弘治十八年（1505）。两桥形式相同，均为五孔实腹半圆拱，中孔 7.8 米，全长 55 米，宽 7.3 和 7.7 米。用长条青石分节并列砌筑。墩上都有长条形空腹，为河南省重点文物（图 4-196）。

（5）天津蓟县长城水关。这是一座明长城通过天津蓟县黄崖关的水关，共五孔等跨平坡桥面，是近代修复的作品（图 4-197）。

图 4-196　河南汝宁济民桥

图 4-197　天津蓟县黄崖关长城水关

(6) 浙江兰溪通州桥。桥位于浙江兰溪梅江区石埠乡，跨兰江支流梅溪（图 4-198)。清·康熙年间为木桥，其再早的情况不详。乾隆二十三年（1758）改建石桥。嘉庆五年（1800）桥为洪水冲毁。光绪十二年（1886），建为五孔厚墩半圆石拱桥，净跨9米等跨，高8米，桥面宽4米，全长84.8米。桥上造廊屋二十一楹，端部是飞檐门楼，中间加歇山顶飞阁（图4-198）。

图4-198　浙江兰溪通州桥

图4-199　江苏南京七桥瓮桥（上方桥）

6. 六孔半圆石拱桥

六孔偶数石拱极为稀少，仅见如表 4-5。

7. 七孔半圆石拱桥

七孔又为奇数，为数又多，见表 4-6。

(1) 江苏南京七桥瓮桥。江苏南京光华门外七桥瓮桥，又名上方桥。桥跨外秦准河。桥长 99.36 米，净宽 11.2 米，共计七孔半圆拱，净跨约 7～12 米。拱券厚 60 厘米，上有伏券与拱券齐。拱券的砌筑方法亦是分节并列。桥墩带分水尖，墩前上端有异兽刻石，已风化。与尖相桥相似，在每拱券的四分之一处，亦有横系石，端刻兽头，形状亦相类似（图 4-199）。

表 4-6　元、明、清三代多孔半圆石拱桥（七孔）

省市	地名	桥名	石拱始建年代	孔数	净跨（米）	桥宽（米）	桥长（米）	构造墩坡
江苏	南京	七桥瓮桥	明	7				厚　微
浙江	余杭	长桥	明·弘治七年　1494	7	15.8 2×11.65 2×8.23 2×5.33	5.24	89.7	薄 驼峰
浙江	萧山	白燕桥	清·乾隆五年　1740	7	9.5 2×8.9 2×8.2 2×7.5	4.5	65.0	薄　微
浙江	武义	凤林桥	清·咸丰　1854	7	7×10		91.4	厚　平
安徽	宣城	凤凰桥	明·正统八年　1443	7			99.0	
河北	衡水	安济桥	明·嘉靖三十二年　1553	7	7×9.5	8.0	96.0	厚　微
安徽	黄山	镇海桥	明·嘉靖十五年　1536	7				厚　平
安徽	休宁	渔亭桥	清·乾隆十四年　1759	7	7×12.0	5.6	114.0	厚　平
安徽	黄山	中河桥	明·崇祯	7	7×12.9	6.5	117.0	厚　平
山东	益都	万年桥	明·万历二十二年　1594	7	7×5.3	7.0	65.6	厚　平
河南	潢川	镇潢桥	明·万历三十一年	7				厚　平
江西	铅山	太义桥		7				厚　平
四川	成都	万里桥	清·乾隆五十年　1785	7		10.0	70.0	厚　平
四川	成都	永安桥	清·同治八年　1869	7				
四川	成都	通济桥	清·道光五年　1825	7				
四川	双流	二仙桥	清·道光五年　1825	7		8.9	104.0	
四川	温江	长安桥		7				
湖南	衡阳	台元桥	清·光绪七年　1881	7	7×13.0	6.0	103.8	厚　平
云南	德泽	德泽江桥	清·乾隆六十年　1795	7	7×7.0	6.0	110.0	厚　平
贵州	惠水	心心桥	明·万历十八年　1590	7		6.0	>70.0	厚　平
广东	丰顺	普济桥	清·道光十四年　1834	7				厚　平
贵州	荔波	小七孔桥	清·道光十五年　1835	7				厚　平
贵州	都匀	百子桥	清·乾隆四十二年　1777	7				厚　平
福建	华安	温水溪桥		7				厚　平
山西	太原	七孔桥		7				厚　微

七桥瓮桥始建年代不详，志或称明建。中孔两侧，刻有“上方桥”三字，中孔券石刻有清·顺治六年(1649)重修”,“上元县知县陈祖道重修”,“南京马路工程处重修”等。

史载南京附近三国、晋便有名桥，但不见有上方桥。至清代，《读史方舆纪要》记有晋桥罗洛桥，时名石步桥，在京口（今镇江）趋建康的大路上。

又记秦淮水:“旧名龙藏浦，有二源，一发句容县北六十里之华山南流；一发溧水县东南二十里之东庐山，北流，合于方山，西经府城中，至石头城注大江。……秦淮二源，合流入方山埭，自方山之冈陇两崖，北流经正阳门外上方桥，又西入上水门……。”上方桥正处在南京到句容的驿路上。

仅有一二座美丽的七孔薄墩薄拱半圆拱桥如：

（2）浙江余杭塘栖广济桥。广济桥一名碧天桥，俗称长桥，位于余杭塘栖镇，跨大运河，是大运河上仅存少数的几座较大古石拱桥中最大的一座，也是仅存孔数最多的南方驼峰薄墩薄拱石桥（图 4-200，201）。

图 4-200　浙江余杭塘栖广济桥

咸淳《临安志》卷十六余杭县境图中有长桥之名。但卷二十一“桥道”中毫无记载。清《塘栖镇志》；明《杭州府志》记此桥由鄞县僧人陈守清，至京师募化修桥。桥成于明·宏治七年（1494）。嘉靖庚寅（1530）桥裂，修缮；丁酉（1537）重修。万历癸未（1583），天启丁卯（1627）及清·康熙乙巳（1665）、辛卯（1711）屡有兴废。

明·嘉靖十四年（1535）蒋瑶《重修通济长桥记》记:“旧为洞七，议塞其中旁之二，排木于底，贯石于中，累有积之。”

桥中孔净跨 15.8 米，其他孔累计为 11.65、8.23 和 5.33 米。桥中间高 13.65 米，中部宽 5.24 米，端宽 9 米。桥全长 89.71 米。

桥为浙江省重点文物保护单位，但因与通航有些未解决的影响，有拆建之议，决非上策。加强措施，原地保留应是可以解决的。

图 4-201　塘栖广济桥近景

(3)浙江萧山白燕桥。桥位于萧山河上区,跨越浦阳江支流。建于1917年(图4-202)

图 4-202　浙江萧山白燕桥

桥中孔净跨为9.5米，其他孔递次为8.9，8.2和7.5米。桥面宽4.5米，全长65米。

七孔厚墩厚拱半圆拱桥典型者如：

(4) 山西太原七洞桥。桥位于山西太原市公园里。似为移建的老石拱桥，桥七孔，构造精良。因园湖无湍流，桥墩呈圆端形（图4-203)。

(5) 四川成都南门桥。桥在成都原南门外锦江上。原为李冰七星桥之一，三国时名万里桥又名笃泉桥。原为石墩木梁。清乾隆五十年（1785）改建为石拱桥。桥高3丈

图 4-203　山西太原七洞桥

（约 10 米），长 10 余丈，宽 1 丈 5 尺（约 5 米）。光绪三十三年（1907）清廷拓宽通藏大路，此桥正在路上，同时予以改建，成桥洞七孔，加长引道，桥长为 20 余丈（约 70 米）桥面宽 3 丈余（约 10 余米），于宣统元年（1909）竣工，桥上形成集市，称南门大桥（图 4-204）。桥已加高改为公路桥。清·乾隆时建云南德泽牛澜江桥构造与此类同。

图 4-204　四川成都南门桥

(6) 河北衡水安济桥。桥位于河北衡水跨越滏阳河。原为木桥，屡建屡毁。明·景泰七年（1456）所建木桥共18孔，全长17丈5尺（约56米，孔仅3米）宽1丈7尺（约5.4米）。

明·嘉靖三十二年（1553），募作石桥，至隆庆二年（1568）始建成，桥成当年，即遭水毁，万历五年（1577）修复。桥全长309.4尺（约99米）宽25尺（约8米）。

清·顺治五年（1648），滹沱河南移入滏阳河，水势猛增，石桥又遭水毁。乾隆三十一年（1766）修复。此时桥长三十丈（约96米）宽2丈5尺（约8米），共七孔半圆石拱，净跨3丈1尺（约9.5米），中孔高1丈8尺（约5.8米）赐名安济。民国二十六年（1937）日寇因碍航道，炸去中孔。1949年补以木梁。近年旁侧建成新桥，即将破坏孔修复，但却砌成圆弧拱。岂其不知半圆拱的结构力学体制和桥梁的整体协调（图4-205）?

图4-205 河北衡水安济桥

(7) 山东益都万年桥。万年桥在益都城北门外，故又名北大桥。旧名南阳桥，曾疑为宋代贯木拱桥发源处，详木拱一节中。《益都县志》载："明·永乐十二年（1414）重修。弘治七年（1494）秋水泛滥，碑桥全毁。万历二十二年（1594），修建，名万年桥。……清·康熙二十五年（1686）夏，河水泛滥，桥圯过半。" 康熙三十至三十五年（1691～1696）修复。《青州府志》载："法庆僧成行矢志修复，不坐不卧，烧手指苦募，经始于辛未（1691），告成于丙子（1696），计费数万金，壮丽坚固，有加于旧矣。"

桥七孔，等跨净跨5.3米，桥高3.5米，墩宽4.5米，桥全长65.6米，净宽7米（图4-206）。栏板刻精细的二十四孝图。

(8) 安徽黄山老大桥。桥位于安徽黄山市新安江上，一名镇海桥。始建于明·嘉靖十五年（1536）。清·康熙间重修。

图 4-206　山东益都万年桥

老大桥系七孔厚墩等跨半圆形石拱桥，平坡桥面。桥墩前尖后平（图 4-207）。

图 4-207　安徽黄山老大桥

类似这样的七孔拱桥，尚有明·崇祯间所建安徽黄山中和桥；明·万历间建贵州惠水心心桥等。

闽粤石桥一般都用长条石砌筑，因水近海口，潮流迅猛，于是桥墩造型殊为别致。

(9) 福建华安温水溪桥。温水溪桥一名刘安桥。始建年代不详。

桥为七孔半圆石拱。拱券为纵联长条石砌筑，乱石拱墙。桥墩和福建其他石桥一样，采用方和长方形截面长条石，纵横分层垒砌而成，前尖后方，其分水尖造型特殊，一如今日带破浪的海船舟首（图 4-208）。

图 4-208　福建华安温水溪桥

(10) 广东丰顺普济桥。普济桥位于丰顺县丰良镇、七孔半圆拱、平桥。其分水尖亦前尖后方，尖端高耸，亦像海船舟首（图 4-209）。

8. 八孔半圆石拱桥未见实例

9. 九孔半圆石拱桥

九乃数之盈，为当年朝野所喜用。见表 4-7。

(1) 安徽休宁登封桥。登封桥在休宁县，跨横江以上齐云山风景区的大型石拱桥。始建于明·万历十五年（1587）。清·康熙五十七年（1718）和乾隆五十三年（1788）两次遭水毁后重建（图 4-210）。

图 4-209　广东丰顺普济桥

图 4-210　安徽休宁登封桥

表4-7　元、明、清三代多孔半圆石拱桥（九、十孔）

省市	地名	桥名	石拱始建年代	孔数	净跨（米）	桥宽（米）	全长（米）	构造墩坡
浙江	浦江	浦阳桥	清·光绪三十年　1904	9	9×10.2	4.3	128.5	厚　平
浙江	临安	太平桥		9	10.0～12.0	4.3	147.0	厚　平
浙江	缙云	东渡桥		9				厚　平
浙江	开化	九门桥		9				厚　平
安徽	休宁	登封桥	明·万历十五年　1587	9	9×14.0	7.2	147.0	厚　平
安徽	休宁	五城桥	明·万历四年　1576	9	9×14.0	6.4	140.0	厚　平
湖南	湘乡	万福桥	清·雍正四年　1726	9	9×13.4	6.9	166.8	厚　平
贵州	贵阳	浮玉桥	明·万历	9				厚　平
贵州	贵阳	霁虹桥	明·永乐二年　1404	9				厚　平
贵州	遵义	万寿桥	清·康熙二十五年　1687	9				厚　平
河南	光山	永济桥	明·天启	9	6～12		101.0	厚　微
山西	平遥	惠济桥	清·康熙三十六年　1697	9				厚　平
陕西	渭南	桥上桥	清·康熙六年、道光十二年　1667，1832	9				厚　平
陕西	榆林	归德堡桥	清·乾隆	9				厚　微
江西	高安	仁济桥	明	9				厚　平
四川	成都	洪济桥	明·万历二十五　1597	9			128.0	厚　平
河北	涿州	永济桥		9	中12.9	7.65	116.0	厚　微
四川	梓橦	天仙桥	清·道光十六年　1836	9	14.0 2×2×13.0 2×2×12.0	10.0	167.0	厚　平
湖北	通城	拱北桥	明·正德	9			-	厚　平
浙江	龙游	通驷桥	清·光绪二十二年　1896	10	8×9.6+2×11.0	6.5		厚平
江西	永丰	平政桥	清·咸丰三年　1853	10		4.0	158.0	厚平

桥九孔、净跨14米、平坡、等跨半圆石拱，厚墩，前尖后方。桥宽7.2米，高13米，全长147米。与建于万历四年的同地五城桥几乎相同。

(2) 四川梓橦天仙桥。桥位于梓橦南川陕公路道上，故又名南桥。建于清·道光十六年（1836），共八墩九孔厚墩半圆形石拱，墩两端带分水尖。

九孔中中孔净跨14米，接着为两侧各两孔13米和两孔12米。全长六十余丈（约167米），桥高11.4米，桥宽10米，是古桥中少数几座宽桥之一（图4-211）。

桥初成，中两孔倒坍，十七年（1837）续修，故桥上拱墙结构不同。前者有不少石块凸出于墙面，错落有致，一如罗马加尔德水道桥，后者拱墙平整，反无野趣。建设川陕公路之初，有意识循古道而行，并利用老石桥之可靠者通汽车。此桥坚实可用。桥上栏杆，雕刻精细，现为1980年漫桥洪水冲毁后所更换。

图 4-211　四川梓橦天仙桥

(3)湖南湘乡万福桥。桥在湘乡城外约 5 公里,又名朱津渡桥。墩上并有拱墙扶壁,别具一格(图 4-212)。

图 4-212　湖南湘乡万福桥

(4)江苏苏州行春桥。《苏州府志》记:“行春桥,九洪。跨石湖北渚。(南)宋·淳熙十六年(1189)知县赵彦贞修。明·成化间知县文贵再修。崇祯间,郡人大司马申用懋重修,改增石阑为重级,以便游人坐憩。”① 现已改造为公路桥(图 4-213)。

《宋·范成大记略》:“太湖上应咸池,为东南水会,石湖其派也。吴台越垒,对立两溪,

① 引《吴县志》卷二十五,15 页。

图 4-213　江苏苏州行春桥

危风高浪,襟带平楚,吾州胜地莫加焉。石梁卧波,空水映发,所谓行春桥者又据其会。胥门以西,横山以东,往来憧憧,如行图画间。凡游吴而不至石湖,不登行春,则与未始游者无异。”明·王宠诗道:“弥弥泛星渚,翩翩蹑虹桥,青天正落日,霞彩散层霄。天吴静不发,广川无纤飚,苍林起长烟,千丈暴冰绡……南亩稻花吐,北渚荷香飘……。”现桥头为养鹅场,千头白羽,点缀行春,煞是可喜。

(5)陕西华县桥上桥。桥位于华县赤水镇西,跨赤水河上,桥东西走向。

下桥建于清·康熙六年(1667),后因河床淤高,水涨堤高,在原桥之上又建一座石桥,时在清·道光十二年(1832)。

下桥七孔半圆拱,厚墩带分水尖。上桥九孔。中部七孔拱龙门石上部,南面有石刻龙头口含石珠;北面则对应有龙尾,今存三条。

全桥用花岗石条砌筑。桥宽 5 米,全长 70 米。

全国虽有其他桥上桥记录,但或下桥根本看不见,或上下桥型不一致,或仅单孔。独有此桥,虽分二次建成,时隔 165 年,宛如当初便是如此设计一样。可和法国、西班牙、罗马时代水道桥媲美(图 4-214)。桥为陕西省重点文物保护单位。

10. 十孔及十孔以上半圆拱桥

十孔及十孔以上半圆拱桥屈指可数。除了江苏苏州宝带桥始建于唐外,其他桥建设时间都比较晚。十孔桥梁见表 4-7,十孔以上见表 4-8。

(1)江西永丰恩江桥、平政桥(十二孔,十孔)。永丰县隔水而治,县城居水北,而水南居民占 2/3。因此河上交通至为重要。北宋置县,舟济或浮桥过河。河中有沙洲,宽 50 步(约百米)所以自元代建桥,开始便是两座独立的桥梁,跨主流者为恩江桥,又名济川桥,

图 4-214 陕西华县桥上桥

桥南折跨小江者为平政桥。清·乾隆四十六年(1781),沙洲被冲刷,改建平政桥使与济川相联。于是两桥合一,成为特殊的折桥。

表 4-8 元·明·清三代多孔半圆拱(十一孔及以上)

省市	地名	桥名	石拱始建年代	孔数	净 跨 (米)	桥宽(米)	全长(米)	构造墩坡
湖南	澧县	多安桥	清·乾隆四十九年 1784	11	5×11.0+2×10.4+2×10.0+2×9.5	8.4	175.0	厚 微
江西	分宜	万年桥	明·嘉靖十三年	11	14.4…		174.0	厚 平
四川	崇庆	三江桥	清·嘉庆十一年 1804	11		8.6	135.3	
四川	崇庆	川西第一桥	清·道光十五年 1835	11				
北京	琉璃河	琉璃河桥	明·嘉靖二十四年 1546	11				厚 微
安徽	定县	池河桥	明·洪武	11				厚 平
江西	崇仁	黄州桥	明·道光十八年 1836	11	11×11.5	6.0	130.0	厚 平
安徽	休宁	古城桥	明·万历十年 1582	11	11×12.0	6.4	180.0	厚 平

续表 4-8

省市	地名	桥名	石拱始建年代	孔数	净　跨　(米)	桥宽(米)	全长(米)	构造 墩 坡
河北	井径	大石桥	清·乾隆四十五年　1780	12		6.0	109.0	厚 平
江西	抚州	文昌桥	明·嘉靖	12		6.6	241.0	厚 平
江西	永丰	恩江(济川)桥	清	12				厚 平
江西	南城	留衣桥	清·康熙元年　1662	12				
浙江	金华	通济桥	清·嘉庆十四年　1809	13	10.85～12.06	9.8	217.01	厚 平
浙江	青田	大垟桥		13	13×7.0		103.4	厚 平
浙江	东阳	南马桥		13	13×9.4		159.0	厚 平
浙江	缙云	壶镇桥		13				
山东	滕县	跻云桥	明·万历十年　1582	13		8.0	160.0	
陕西	西安	霸陵桥	元·至元元年至15年 1263～1278	15		7.7	198.0	厚 平
浙江	东阳	荆浦桥	清·嘉庆十九年　1814	15		2.7	132.0	
山东	兖州	泗水桥	明·万历三十二年　1604	15	7.1～8.4		165.0	厚 平
山东	淄川	六龙桥	明·万历	15	5×7.3+2×4.7+8×2.8	9.0	98.0	厚 平
贵州	清镇	姬昌桥	清·道光十七年　1837	15	4.7～7.0		132.0	厚 平
安徽	歙县	太平桥	清·康熙五十六年　1717	16	12.4～16.0		294.0	厚 平
北京	颐和园	十七孔桥	清·乾隆	17	4.2～8.5	6.6		中 微
山东	东平	南关桥	明·洪武二十八年 1395	19	3.0～5.0	7.0	98.0	厚 平
江苏	徐州	荆山桥	清·康熙二十一年　1682	19	共159孔他为石梁		482.5	厚 平
江西	永丰	恩江桥	清·顺治十三年	22				厚 平
江西	南城	万年桥	明·崇祯七年　1634	23	14.0+	6.0	411.0	厚 平
四川	三台	七星桥	光绪二十六年　1900	26				
山西	右玉	万全桥		27			148.5	
江苏	苏州	宝带桥	唐·元和十一至十四年 816～819	53	4.6～7.45	4.1	317.0	薄平有三孔高桥
江苏	吴江	垂虹桥	元·泰定元年　1324	最初62最多时85　五十年代72现4			大于400	薄、平、三起三伏

* 表中宝带桥始建于唐代。

济川桥在宋为浮桥。元·延祐六年(1319)倡建木桥“五十余间”。至治三年(1323)“伐石作台中流”为石墩木梁桥,历十二年,于至元元年(1335)建成。元·揭傒斯《恩江桥江》记其规模为:“崇四寻(约9.9米),广如之,修(长)其寻七十有六(约188米)。下有台十有一(12孔),上为屋四十有二楹……。”明·洪武二十三年(1390)焚毁。正统八年

(1443)重修。陈衡《恩江桥记》称:“走荆湘永和求大木,得合抱者若干,悉去旧而更新之。台之石败者皆易垒,梁以三屋,计间六十。修凡六百尺(约192米),宽十有六尺(约5米),又作亭于中,以寓游观之适,藻绘炳然。”明·成化元年(1465)大修。如此又毁而修者再。清·顺治十六年,倡建石桥、官民合力,僧人参与募捐,清·康熙元年(1662)成石拱桥十二孔。

平政桥与济川桥“两镜爽明,双虹落彩”,当年亦同为木桥。清·咸丰三年(1853)乡民刘理堂倡捐改建石桥。中经太平天国。咸丰十年(1860)桥成:“长四十八丈(约158米),宽一丈二尺(约4米),为洞凡十,与济川桥联接”(图4-215,216)。

图4-215　江西永丰恩江桥,平政桥(一)

图4-216　江西永丰恩江桥,平政桥(二)

因此,单独地说,济川和平政各为双数孔十二和十孔的厚墩半圆石拱。合起来亦是双数孔。桥既长且折,双数或单数已不成什么问题。

(2)北京卢沟桥(十一孔)。金、南宋始建迄今仍在的最著名的厚墩厚拱半圆形联拱石拱桥是卢沟桥,桥位于北京宛平城外,跨永定河(图4-217)。

图4-217　北京卢沟桥(50年代摄)

永定河是清代所起的名字,明以前为卢沟,元代又名小黄河。其上游为桑乾河。

永定河的历史,作者曾作详细考证,今从略。

宋·许亢宗《宣和乙巳(1125)奉使行程录》上写:"过卢沟河,水极湍激。燕人每候水浅深,置小桥以渡,岁以为常。近年,都水监辄于此河两岸造浮梁。"

《金史·河渠志》记(金·世宗)"大定二十八年(南宋·淳熙十五年,公元1188年)五月诏:卢沟河,使、旅往来之津要,令建石桥,未行而世宗崩。章宗大定二十九年(初即位,年号未改)六月,复以涉者病河流湍急,诏命造舟,既而更命建石桥。明昌三年(1192)三月成。"《金史·章宗纪》记他初即位后:"六月……丁酉幸庆寿寺,作卢沟石桥。……明昌三年三月……癸未,泸沟石桥成。"《河渠志》说:"勑命名曰广利。有司谓车驾之所经,行使、客,商旅之要路,请官建东西廊(水行西北向东南)令人居之。上曰何必然,民间自应为尔。左丞守贞言,但恐为豪右所占。况罔利之人多止东岸(靠京城一侧),若官筑则东西两岸俱称,亦便于观望(瞻)也,遂从之。"可见桥的两头,当年便建有街廊。

桥造成后三个月"卢沟堤决"。这是第一次经受洪水,桥无恙而堤决。

明昌建成的卢沟桥,其规模形象、未见详载。今北京故宫博物院藏,据鉴定为元画的《卢沟运筏图》(图4-218)。桥为十一孔半圆形石拱。桥墩有分水尖。桥上栏杆望柱头都有石狮。栏杆两端,东端为石狮,并有双华表。西端为石象。东岸有市舍。那时还没有宛平城。

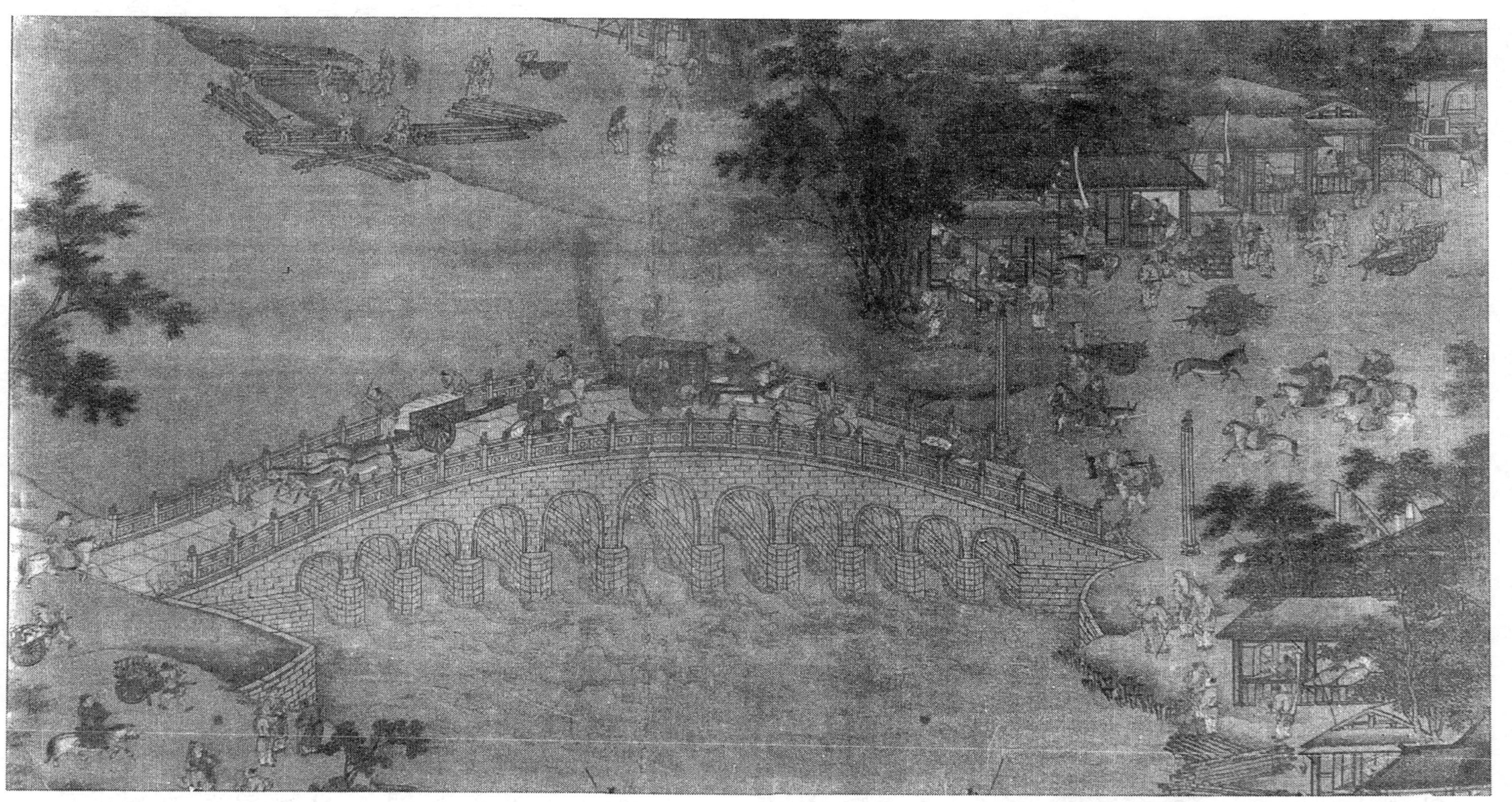

图 4-218　元·《卢沟运筏图》

桥两堍仅在桥头一段有石堤,稍远或即为滩地,或植木作堤岸。

桥下水流湍急,仅有行筏而不见船只。

桥上人物作元装,车骑商旅,甚为热闹。

意大利人马可波罗·于回国后追记的《游记》记曾于元·至元二十九年(1292)南下,经由此桥,说:“自从汗八里城(元大都皇城)发足以后,骑行十哩抵一极大河流,名称普里桑乾……在这条河上,有一座很好看的石桥,在世界上也许是无可比拟的,它有三百步长,八步宽,因而十个人不难并骑过桥。”因为是回忆,所以所记尺寸及孔数都不正确。

《读史方舆纪要》载:“元·至元四年(1338)令造过街塔于桥上。”

元、明两代,卢沟河堤岸常遭损害。但对卢沟河通漕的事亦总有人提起。《明史·河渠志》记:“嘉靖三十三年(1554),……三十九年(1560)……请开桑乾河以开运道。自古定桥至卢沟桥,务里村……水运七百余里……且造浅船,由卢沟达天津……皆不能行。”水利不兴,水害常起。“永乐十年(1412)……坏卢沟桥及堤岸。……宣德三年(1428)溃卢沟堤,皆发卒治之”如此等等不一而足。

《明·孝宗实录》“弘治三年(1490)五月,修筑卢沟桥成。”《畿辅通志》:“明志,卢沟桥,正统九年(1444),重修石栏,刻为狮形,每早波光晓月,上下荡漾,为京师八景之一,曰‘卢沟晓月’。”[1] (图 4-219)。

图 4-219 卢沟晓月碑

① 清·李鸿章等修,黄彭年等纂,《畿辅通志》卷八十八,3546 页,上海商务印书馆,1934 年影印本。

《清史稿·河渠志》:“康熙七年(1668)决卢沟桥、堤”。康熙御制碑记:“朕御极之七年,岁在戊申,秋霖泛滥,桥之东北,水啮而圮者十有二丈(约冲去二孔)。有司奏闻,乃命工部侍郎罗多等鸠工督造。挑浚以疏水势,复架木以通行人,然后砻石为梁,整顿如旧。”

《畿辅通志》接记:“雍正十年(1732),重修桥面。乾隆十七年(1752)重修桥面、狮柱、石栏、桥厢。五十年(1785)重修桥面东西陲,加长石道。[①]

桥东西长 66 丈(约 218 米)南北宽 2 丈 4 尺(约 8 米)两旁金边栏杆宽 2 尺 7 寸(约 0.9 米)。东桥坡长 18 丈(约 59 米),西桥坡长 32 丈(约 106 米)。东桥翅南长 6 丈(约 20 米),北长 6 丈 5 尺(约 21 米)。西桥翅南北均长 6 丈,出土 1 尺 4(约 0.5 米)。……为虹十有一孔。寻常水宽约四五孔,夏秋水涨,也不过七八孔。惟遇雨潦极盛之时,则十一孔俱过水。若冬春水小,才止两孔过溜而已。”

现存桥梁 1980 年实测的结果如图 4-196。桥孔由岸到桥中心,从大到小,中孔净跨 16.0 米。

桥拱券采用纵联式砌筑。外侧有单独的券脸石,为了防止券脸石向外倾倒,有八道不通贯的横条石与券脸石相交砌,也可属之于框式纵联。拱券石厚 95 厘米,有突出的眉石、厚 20 厘米。

桥墩长方形,迎水面有 5 米宽,4.5～5.2 米长的分水尖。尖端竖立尖角铁柱,以抵御漂流物及流冰的撞击。俗称“斩龙剑”。桥墩宽 5.0～7.0 米。分水尖边墙与拱券拱脚之间,石砌圆角过渡,圆角砌至拱矢跨比约为 1/3.5 处,用以和顺水流及避免漂流物及冰块撞击拱脚(图 4-220)。桥拱似乎是圆弧拱、实际仍为半圆,因今河床淤积,未能测得准确的净跨,从矢跨比 1/3.5 推算,半圆拱净跨自东及西为 12.40,13.06,13.71,13.92,14.34,14.6,14.47,14.31,13.75,13.44 米。

卢沟桥桥基,《考工典》载:“插柏为基。”是密植木桩基础。

桥面纵向自桥中向两岸以 8‰坡至八字栏杆处以 35‰坡及岸。桥上石栏共 269 间,南面 139 间,北面 130 间。栏板平均高 85 厘米,呈上小下大截面。望柱高 1.4 米。柱头刻仰复莲座。座上刻石狮子。

桥头有华表与碑及碑亭。

1975 年强调“古为今用”,在卢沟桥上通过 4290 千牛顿的平板车作静载试验,因变形甚微,认为可以仍荷重载。于是将旧桥面拆除,上铺钢筋混凝土桥面板,挑出拱墙约 1 米。再砌上翻新了但维持原桥特点的石狮望柱栏杆(图 4-221,222)。毕竟此桥系 800 年衰老之躯,重载之下,拱券石日趋剥落,引以为愁。在拨乱反正之后,经文物部门争取,另建新桥,将旧桥复原,拆去钢筋混凝土桥面板,收拢桥面,改为石砌,并将前拆下的古桥面轮轨沟辙的石料,铺砌在桥中。两侧石栏亦恢复原位,桥于 1984 年只对步行者开放。

在恢复的过程中,对石拱进行修缮,券脸石风化严重者换新。拆卸时发现石料的砌筑有铁柱加固。早在清·乾隆五十年“重修桥面,东西陲”时,碑记:“司事之人有欲拆其洞门而改筑者,以为非此不能坚固。”然方拆桥面,便发现“石工鳞砌,锢以铁钉,坚固莫比。”这次拆桥面亦有同样的发现(图 4-223)。

整修时曾开挖淤积的河床,以探索桥基构造,不意在约米许的河床下,在两桥墩之间,

---

① 《畿辅通志》卷八十八,3546 页。

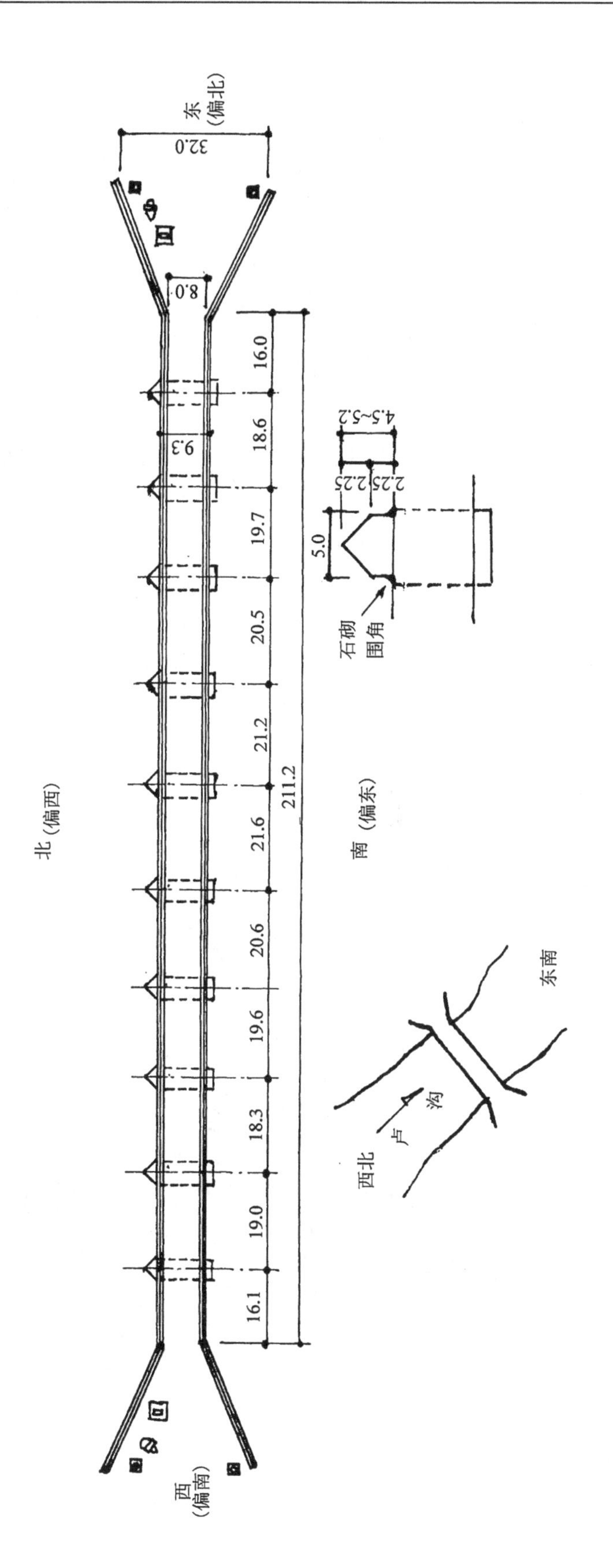

图 4-220 卢沟桥平面图

图 4-221　北京卢沟桥迎水面(70 年代摄)

图 4-222　北京卢沟桥背水面(70 年代摄)

有六层鳞砌并锢以铁钉的河床铺砌,俗称海墁。海墁的作用,保护河床及桥墩不被冲刷,并可使桥下流速加大,增加桥下的通过流量,减少造桥压缩河床宽度的影响。也还可以起

图 4-223 卢沟桥桥面铁柱

一些倒拱的作用(图 4-224)。于是,乾隆碑记中,因拆桥面而说的:"朕因是思之,浑流巨浪,势不可当,是桥经数百年而弗动,非古人用意精而建基固,则此桥必不能至今存,然非拆其表面观其里,亦不知古人措意之精,用工之细,如是其亟也。"得到了新的证实。复原了的卢沟桥,见图 4-225,226。

卢沟桥的美学价值将详古桥美学一章。

卢沟桥既为京师八景之一"卢沟晓月"。骚人墨客,题咏之多,琳琅满目。如:金幼孜诗"卢沟夭矫出桑乾,月照河流下石滩,茅屋鸡声斜汉曙,沙汀雁叫早霜寒。水光漠漠山烟白,野色摇摇塞草残。千古长桥枕南北,忆曾题柱倚栏杆。"或在桥看月,或桥月双观。就因为山色、林景、水光、沙汀,一片幽静的景致相衬托。现在卢沟桥上下游建起了多座风格不同的桥梁,和很多不协调的建筑,"卢沟晓月"大为逊色。

卢沟桥头古往今来战争屡起。崇祯丁丑(1637)建宛平城,挡不住甲申饥民之反。1937 年日寇在此发动了七七事变,开始了向中国的大举进攻,中国军队被迫还击,中国人民打响了抗日战争第一枪。

(3)江西抚州文昌桥(十二孔)。桥位于今抚州市东门外,跨汒河。

《重建文昌桥志》是与《万年桥志》同为迄今古桥中保存得最好的两部桥梁专志,其叙述桥的沿革、构造、施工和其他事宜可称详尽。

桥址处原为津渡,宋·乾道初建浮桥,淳熙二年(1175)筰断重建。嘉泰中(1201～

图 4-224　卢沟桥海墁石和铁地丁

图 4-225　卢沟桥现状

1204)为石墩木梁,上建桥屋。屡遭火灾,修毁不时。明·嘉靖间(1522～1565)“卷石为洞”,后六十年,水毁。重建为石墩木梁,又遭火毁。万历三十八年(1610)重建石拱桥。清·顺治十八年(1661)又遭水毁。康熙元年(1662)重修,计水门十二道(12 孔)长 72 丈(约 238 米),高 3 丈 1 尺(约 10 米),宽 1 丈 8 尺(约 6 米)。后因战事拆去一孔,致桥松

图 4-226　卢沟桥现桥面

动，于乾隆五十五年(1790)又被水毁，券石落河。嘉庆八年(1803)拟重建未成，十一年(1806)重建，至十八年(1813)先后历十年始建成。仍为十二孔，唯增长 1 丈，增高 7 尺，增宽 2 尺，上建桥屋 92 间(图 4-227)。

图 4-227　江西抚州文昌桥图

文昌桥对石拱桥基础施工和拱券砌筑有一整套经验略而不录。

(4)浙江金华通济桥(十三孔)。金华通济桥在通远门外西南一里,跨金华江。《金华县志》及《金华通济桥创建及修筑说略》记:“桥在通远门外基盘矶,去县治西南一里许。自宋代以来,即比舟为浮桥。元代创建石墩,架木为梁。……清·嘉庆十四年(1809)改建石拱桥,两岸各一垛,中十二墩,墩形,西正方,东则小椭而剡(shàn),以杀水怒。南岸当水冲处,石其堤以遏水势。上则转瓮(砌拱)铺石,旁则甃栏叠石,长九十八丈(约314米),广二丈六尺(约12.8米),高四丈八尺(约15.4米)。水门十三洞,各广三丈二尺(约10.24米),高四丈(约12.8米),椭形,逆水尖墩长二丈四尺(约1.68米),水深一丈四尺(约4.48米)。”现实测拱跨,自10.85至12.06米不等。桥全长217.01米(图4-228,229)。

图4-228　浙江金华通济桥

图4-229　通济桥拱券加宽

1942年,战争中炸毁三孔。1958年改踏步为引道以通汽车,1960年按照原来形式,砌拱券拓宽桥面。1977年大修,灌浆加固。改革开放之后,交通发展迅速,桥时堵塞,又有拓宽或改建的呼声。

(5) 山东兖州泗水桥(原十五孔,现二十三孔)。桥位于兖州城东南,跨泗水。

明·万历四十年(1612)黄克缵《泗水石桥碑铭》载泗水横截于通两京的周道,明太祖第九代孙鲁宪王朱寿鋐(见《明史·诸王传》)“命中官董其役……伐木于林,凿石于山,地得桩而基固,石卧橛而柱成。锐于末而丰其中,以杀暴湍,使水不能怒。两柱之中,虚而为洞者十有五。洞之上石梁去水三丈有奇(约 10 米),梁之左右为石栏,其堵七十有二。计桥之长七十余丈(约 225 米),其广二丈八尺(约 9 米)琢镂必精,砌筑无罅,望之隐然卧波长虹也。始万历甲辰(1604)之春,成于己酉(1609)之夏……。”(图 4-230)。

桥铭中有句云:“……谁能鞭石为此桥,高帝闻孙挥万镒。昔称畏途今如砥,车辙马迹去何逸……。”是因鲁宪王“损银十万创建”。《创修泗水桥记》记其事,并记清代:“康熙五十一年(1712)夏,水涨,冲决中三洞,前郡守修经年告成,更铸铁剑长三丈,树中洞外以镇之(今剑已挖得,存博物馆中)。……乾隆二十年(1755),水决南岸两洞,每岁用土培筑。至乾隆戊戌(五十七年,公元 1718 年)重修。光绪七年(1881)秋,决中一洞……捐修。”

图 4-230 山东兖州泗水桥(坍后)

现已在原桥接长修复,全桥计 23 孔。原桥石拱净跨为 7.1～8.4 米,墩厚 3 米。接长者为空腹双曲拱,其局部细节如图 4-231。栏杆已换为简陋的栅栏。杂式补缀,亦有损于古桥风貌。

(6)北京颐和园十七孔桥。颐和园,其前身为乾隆时的清漪园,所建十七孔桥,又名东长堤桥。拱净跨自 4.2 米至 8.5 米。桥因在静水湖中,故桥墩两端皆平。十七孔桥是园林桥梁,以建筑艺术的布置取胜(图 4-232,233)。

(7)西藏日喀则苏木佳桥(十九孔)。《清史稿·地理志》西藏:“年楚河,经日喀则城东南,过苏木佳石桥,长七十丈(约 230 米)有十九洞,为藏地桥梁之冠。”

(8)江苏徐州荆山桥(十九孔拱,又一百四十孔梁)。桥在徐州东北 20 里,距荆河。

图 4-231　兖州泗水桥修复(局部细节)

图 4-232　北京颐和园十七孔桥(一)

《徐州府志》[①] 载,桥建于清·康熙二十一年(1682)至三十年竣工,历时 10 年。桥长三百六十二丈五尺(约 2000 米),桥宽 1 丈 9 尺(约 6.3 米)共计 159 孔。南端 95 孔为石梁墩桥,中部 19 孔为石拱。北端 45 孔亦为石梁。花岗石桥身,青砖桥面。

乾隆十一年(1746)重修,加长 120 丈(约 400 米)全长 482 丈 5 尺(约 2400 米)。同治

① 清·石杰修,王峻纂,《徐州府志》,乾隆七年(1742)刻本。

图 4-233　北京颐和园十七孔桥(二)

及光绪年间先后曾经重修。

1958 年因疏浚开拓京杭大运河而被拆除。

(9)江西南城万年桥(二十三孔)。万年桥位于南城县东北五里的武岗山麓,盱江,黎滩河两水汇合之处下游。现为江西省重点文物保护单位。有清《万年桥志》专志,记之甚详。

桥志记载,宋·咸淳七年(1271)为浮桥,后废。明·成化二年(1466)设津渡。崇祯七年(1634),倡建石桥,由南丰、广昌、新城(黎川)、泸溪(资溪)及南城募集资金,历时十四年,于清·顺治四年(1647)建成。

"桥共 23 孔,计长 118 丈 3 尺(约 390 米,现加长至 411 米),宽 1 丈 8 尺 3 寸(约 6 米)。东岸阶级五层,长 6 尺 9 寸(约 2.3 米);西岸阶级 23 层,长 2 丈 5 尺 4 寸(约 8.4 米),诚为江右第一之大桥也。"(图 4-234)。现桥已无石阶,改铺水泥桥面,通行公路车辆(图 4-235,236)。

桥成之后,雍正二年(1724)水毁部分桥墩,即予修复。乾隆间,又毁二孔,募修。光绪十七年(1891)大水,万年桥遭受严重损害,冲毁西岸三孔,东岸二孔及部分分水尖。所有这些水毁,均由五县募资修复。此次修复,历时五年,于光绪二十一年(1895)完成,谢甘棠为之志。

万年桥的修复便采用了文昌桥所用的作堰、下柜、抽水的干修方法。

抗战期间,1942 年南城沦陷,东岸 18～21 孔被日寇炸毁。胜利后仅修复第 18 孔,其余三孔架木暂通。1949 年国民党南逃,重又被炸。1952～1955 年全部修复。实测得拱净跨略有参差,平均约 14 米。墩横宽 3.6 米,长 4.7 米,高 7 米,墩前端尖而高仰,后端方而低矮,甚为雄壮(图 4-237)。因东岸近山,石层较高,其第一至第三墩基础深度约 4 米,渐次为 4.46,5.60,6.36,7.05……愈远愈深,得用桩基。

图 4-234　江西南城万年桥(志中图)

图 4-235　江西南城万年桥(迎水面)

图 4-236 江西南城万年桥(背水面)

图 4-237 南城万年桥近视

谢甘棠的《万年桥志》中有日记,除了记修桥的日常技术问题外,还记有殊为困惑的人事问题,如包工的偷工减料,募捐修桥经费的受谤,材料被窃等,衡之今日,亦有相似之处。

薄墩薄拱半圆拱桥有两座长桥,宝带桥名小长桥,垂虹桥名长桥。

(10)江苏苏州宝带桥。宝带桥始建于唐,位于今苏州东南,葑门外古道之上,运河西侧澹台湖口(图 4-238)。

图 4-238　江苏苏州宝带桥(50 年代摄)

《苏州府志》载:“宝带桥,去郡东南十五里,唐刺史王仲舒捐带助费创建,故名。”①

据新、旧《唐书·王仲舒传》记载其生年为唐·代宗宝应元年(762)。元和十一年至十五年(816～820)在苏州。

志引《明·陈循记略》云:“苏州府城之南半舍,古运河之西,有桥曰宝带。运河自汉武帝时开以通闽越贡赋。首尾亘震泽(太湖)。东壖百余里,风涛冲激,不利舟楫。唐刺史王仲舒始作塘(堤),障之河之西岸,今东南之要道是已。然河之支流,断堤而入吴淞江(即松江)以入于海。堤不可遏,此桥所为建。仲舒鬻所束宝带以助工费,因名。”史、志所记,很详细地说明了路和桥都是唐·刺史王仲舒所倡建。

《吴郡志》记:“(北宋)元丰四年(1081),苏州大水,西风驾湖水……松江长桥亦推去其半。”②

历代都予修葺:“元末,修葺之功不继,桥遂坍没(部分),有司架木以济,至今百有余岁。正统七年(1442),巡抚侍郎周公忱,戒有司渐次节省在官浮费,以备工材之用。十一年秋,为桥长千二百二十五尺(约 392 米),洞其下可通舟楫者五十三,而高其中之三以通巨舰。冬十一月落成。”《苏州府志》记清代:“康熙九年(1670)大水冲圮,十二年,重修。”③《太湖备考续编》有道光十一年(1831)林则徐修的记载。《苏州府志》和《吴县志》都记:“咸丰十年(1860)(部分)毁”。桥毁的原因,《庚癸纪略》称,受雇于江苏巡抚李鸿章的英将戈

---

① 引《吴县志》卷二十五,28 页。

② 《吴郡志》卷四十六。

③ 引《吴县志》卷二十五,28 页。

登，于是年："八月十九，提民夫拆宝带桥两拱，坍去二十五拱，压死兵勇五人。又令打捞水草，开通河道，通火轮船。"这次破坏，于同治十一年(1872)工程局重建。

桥头立《张中丞树声碑记》，碑阴载，"重建诸桥，属元和者十三，又水窦二"。这可以理解为，修复后的宝带桥中，有十三孔(或30%)和二孔大孔是唐朝元和年间的原物。

现在的宝带桥，全长约317米，为53孔联拱半圆形石拱桥，其第14至16孔，孔径为6.50+7.45+6.50米，其他诸孔平均跨径为4.6米。桥南北两堍各提坡道堤43.08和23.2米。桥宽4.1米，桥堍端展宽为6.1米(图4-239)。桥头有石狮石亭。

图4-239　宝带桥主孔

拱券为联锁分节并列砌筑法，拱券厚16～20厘米。有眉石。桥基密植5排15～20厘米圆木桩共60根。石墩宽50厘米，是为薄墩构造。因是联拱，薄墩不能承受单独一孔传来的水平推力，一孔坍毁，会引起多米诺影响，即其他孔顺次崩坍。桥在第27和28孔之间设立厚墩，墩旁原有石塔。这一厚墩便起止推作用。桥亦无对联石。

十八世纪时这座桥仍被誉为不可思议的奇观。

英·马戛尔尼《乾隆英使觐见记》1739年11月7日日记："七日，礼拜四。晨间抵常州府，过一建筑极坚固之三孔桥，其中一孔甚高，吾船直过其下，无需下桅。……已而又过三小湖，乃互相毗连者，其旁有一长桥，环洞之多，几及一百，奇观也。"

英·摆劳《中国旅行记》记："此种世间不可多见之长桥，惜于夜间过之……后有一瑞士仆人，偶至舱面，见此不可思议之建筑物，即凝神数其环洞之数，后以数之再三，不能数清……"。

然而宝带桥在当年只称为小长桥。

桥为国家重点文物保护单位。

(11)江苏吴江垂虹桥。吴江垂虹桥昔名利往桥，因其桥长，故又称长桥，是南方薄墩薄拱桥之最长者。

《吴郡图经续记》记:"(宋)庆历八年(1048)县尉王廷坚所建也。东西千余尺,用木万计,萦以修栏,甃以净甓(桥上铺砖路)。前临具区(太湖),横截松陵(吴江),湖光海气,荡漾一色,乃三吴之绝景也。……桥有亭曰垂虹,苏子美尝有诗云'长桥跨空古未有,大亭压浪势亦豪,'非虚语也。"此时桥才完成三十五年。

桥成时,王廷坚挚友钱公辅为记,桥始自庆历七年冬:"桥役兴焉,东西千余尺,市木万计,不两月,工忽大就。即桥之心,侈而广之构宇其上,登以四望,万景在目,曰垂虹。……"并大书"庆历八年六月二十八日,苏州吴江县初作利往桥成。"

桥成后109年,宋·绍熙三年(1192)范成大《吴郡志》续记:"……垂虹亭兵火(金兵南侵)后复创。亭前乐轩,已不复立。中兴(南宁)驻骅武林,往来憧憧千万,承平时此桥方为大利。有议以石柱易木柱者,或谓非是,然亦卒不果易。绍兴三十二年(1162),虏亮犯淮,中外戒严,或献计枢庭,乞行下平江焚长桥。时郡守洪遵持不可,而县民已有知之者,相与聚哭于圯下矣。桥两圯,南有汇泽亭,北有底定亭。"

木桥极不耐久,元代改为石桥。

元·袁桷记垂虹桥:"水啮木腐,岁一治葺,益为氏病。泰定元年(1324)……广济僧崇敬言,木为梁弗克支远,易以石,其克有济。……及采其议。……有善士姚行满能任大工役,绘图相攸(惜图不传),经画毕具、咸服姚议。……二年闰正月建桥,明年二月,桥成(1325~1326)。长一千三百丈有奇(约400余米)。楗以巨石,下达层渊。积石既高,环若半月。为梁六十有二,以釃剽悍。广中三梁,为尺三百(约90米)以通巨舟。层栏狻猊(石狮子栏杆),危石赑屃(bì xì 石龟负碑),甃以文甓(花砌砖桥面)过者如席。旧有亭名垂虹,周遭嵯峨,因名以增荣观焉。"从元代改成石拱桥后,正式改名为垂虹桥。但仍维持砖砌桥面。

《苏州府志》记:"元·泰定二年,判官张显祖始易以石,下开六十二洞。每洞用铁锵条各长一丈三尺(约4米)。水底钉以杪枋,以防倾圯。两堍立汇泽,底定二亭。三年……以四石狮镇两堍。至元十二年(至正之误,公元1352年)再建,增开至八十五洞。明洪武元年(1368)……重修。永乐二年(1404),砌砖而翼以层栏。正统五年(1440)……成化七年(1471)修。成化十六年(1480)……重建。清·康熙五年(1666)……重修,增置石栏。四十七年(1708),濬河掘起桥底所钉杪枋,未几桥断。……重建。嘉庆四年(1799)重修。"图4-240,241为当年桥的情况。

故宫博物院藏,明·沈周《三吴集景册》之四《垂虹暮色图》起伏蜿蜒如龙(图4-242)。

尚有明·阙名《江右名胜图》垂虹桥见图8-2。

50年代此桥仍在,计72孔,桥长约500米。桥三起三伏,以通舟楫。中部有亭屋,前设埠头,后通及岸。此桥已于60年代损毁,现在只剩四孔残孔,以作凭吊(图4-243)。

(三)尖拱、蛋圆拱

尖拱起于东汉初合葬墓,变筒拱为方室攒尖墓时。初期为叠涩砌筑,如1953年发掘的山东沂南东汉石室墓。两晋、六朝续有沿用。六朝时由北而南遍及江南,并由叠涩进而为起拱。绛县裴家堡金代墓是组合叠梁和纵联砌拱的攒尖顶(图4-244)。

自隋至唐,方形攒尖渐变成接近于蛋形的攒尖,以唐·神龙二年(706)陕西西安永泰公

图 4-240 江苏吴江垂虹桥图

图 4-241 江苏吴江垂虹桥(本世纪初旧照)

主墓为规模最大。唐·开元二十九年(741)广东韶关张九龄墓为制作精良。①

洛阳涧西西晋墓墓室② 成正方形,攒尖纵联砌筑。隋梅渊墓墓室③ 呈正方形但四角带小圆。唐永泰公主等墓则为四边都是弧形边的正方形。张九龄墓边长 4.8 米,高 5.35 米。壁用平砖纵联砌筑。起拱线以上砖侧立并列,上加三或二层平砖,纵联,如此八次重复。相应于石拱中的联锁分节并列砌筑法。再上三分之一拱全部为平砖纵联,直至封顶。在穹顶顶部,压砌有二层平方砖,砖顶再用大块石板加压,再上则为填土。图 4-245 中除了隋梅渊墓已塌顶外,西晋攒尖亦有压顶。张九龄墓攒尖呈蛋圆形。

根据《中国石拱桥研究》中的理论分析,尖拱拱顶要求较多地分配全拱自重,即要求压拱,否则有冒尖的危险,这已在古代实践中取得经验。

桥梁之用尖或蛋圆形石拱者,粗略统计如表 4-9。

(1)河南鹤壁堰口桥。桥位于鹤壁集南,唐宋村东南。志载始建于隋大业年间(605~618)。

① 唐代张九龄墓发掘简报,文物,1961 年第 6 期。

② 洛阳涧西 162 区 82 号墓清理报告,文物参考资料,1956 年第 3 期。

③ 山西汾阳北关隋梅渊墓清理简报,文物,1992 年第一期。

图 4-242　明·沈周《垂虹暮色图》

图 4-243　垂虹桥残孔

图 4-244 攒尖拱顶

上.山东沂南东汉叠涩攒尖

下.绛县裴家堡金代攒尖

表 4-9 尖拱,蛋圆石拱桥

省市	地名	桥名	始建石拱年代	孔数	净 跨 (米)	桥宽(米)	全长(米)	构造拱坡
河南	鹤壁	堰口桥	隋·大业	单	3.4	5.0	20.0	蛋 平
河南	鹤壁	鲸背桥	明·万历	单	5.0	5.0	12.0	蛋 平
河南	济源	望春桥	金·大定二十二年	单	17.5	8.0	40.0	尖 驼
浙江	余杭	部伍桥	宋·咸淳五年	单	5.0			蛋 驼
贵州	遵义	普济桥	宋·嘉定	单				尖 平
北京	圆明园	万春园桥	清·乾隆三十七年(1772)	单				蛋

续表 4-9

省市	地名	桥名	始建石拱年代	孔数	净　跨　（米）	桥宽（米）	全长（米）	构造 拱 坡
北京	颐和园	玉带桥	清·乾隆	单	11.8			蛋 驼
北京	颐和园	西堤桥	清·乾隆	单	11.8			蛋 驼
云南	华宁	金锁桥	清·乾隆四年（1769）	单	17.43	9.55		尖 平
云南	建水	小石桥		单				尖 驼
山西	临汾	翠微桥	清·道光二十三年（1843）	单				尖 驼
四川	奉节	万世桥	清·同治五年（1886）	单				尖 平
贵州	福泉	水城门桥	明·万历廿十一年（1603）	3 二座				尖 平
贵州	福泉	葛镜桥	明·万历	3	19.62+12.3+6.26			尖 平
贵州	福泉	吴家桥	清·嘉庆	3	15.55+9.47+6.65			尖 平
陕西	三原	龙 桥	明·万历二十年（1592）	3	17.2+2×7.2			尖 平
云南	建水	见龙桥	明·弘治	3	6.35+2×5.8	4.45		尖 微
云南	建水	仙人桥	清初	3				尖 微
云南	建水	天缘桥	清·雍正六年（1728）	3				尖 微
云南	建水	乡会桥	清	3				尖 微
山东	蒙阴	迎仙桥	清·光绪三十三年（1907）	3				尖 平
四川	剑门	剑溪桥	明·弘治	3				尖 平
吉林	扶余	万善桥		3				尖 平
贵州	遵义	集文桥	明·洪武	5		7.0	15.0	蛋 平
贵州	贵定	惠政桥	明·弘治六年（1493）	5				尖 平
山西	临汾	高河桥	明·嘉靖八年（1529）	5	5×3.2	3.5		尖 平
河北	遵化	东陵桥	清	5				尖 微
河北	涿县	胡良河桥	清	5				尖 微
贵州	镇远	祝圣桥	明·永乐	6			123.5	蛋 平
云南	禄丰	星宿桥	明·万历四十三年（1615）	7		9.0	119.9	蛋 平
贵州	都匀	都匀桥	清·康熙五十年（1711）	7			102.7	尖 平
陕西	韩城	南关桥		7				尖 微
北京		朝宗桥	清	7				尖 微
河南	光山	永济桥	明·天启	9	6.0～12.0		101.0	尖微
河南	鹤壁	九孔桥		9			50.0	尖 平
山东	沂南	信量桥	明·正统末	11	11×4.1	3.5	60.0	尖 平
四川	广元	筹笔驿桥		13				
云南	建水	双龙桥	乾隆·道光十九年（1839）	17		2.5～4.5	147.8	尖 平

桥为单孔蛋形拱，净跨 3.4 米，桥宽 5 米，全长 20 米。拱券为锒边纵联法砌筑，在拱背设 5 块 15 厘米方形勾头石，以勾住锒边拱石。拱券龙门石刻有龙头。桥处断岸以下，

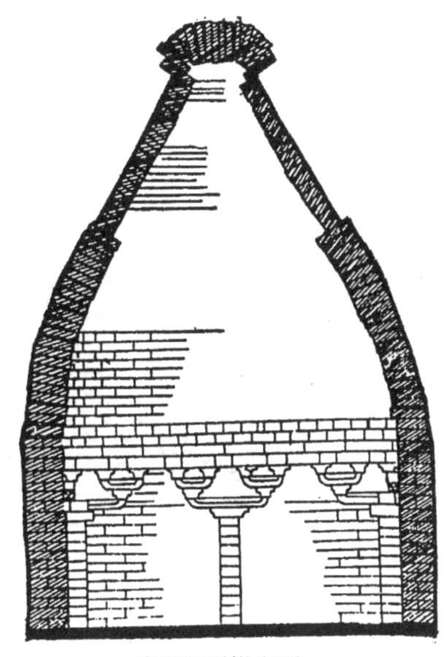

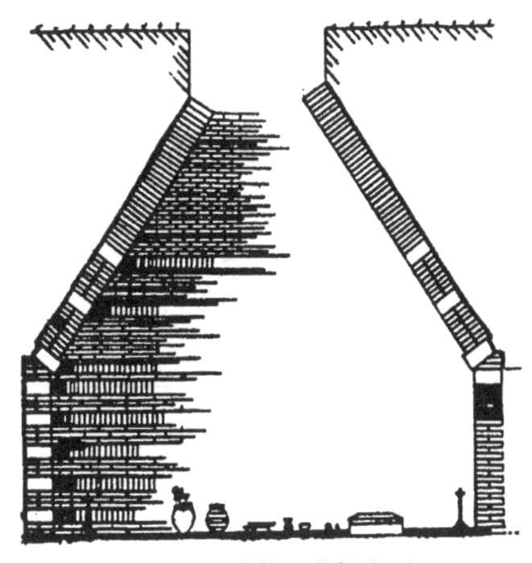

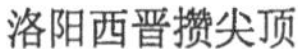

洛阳西晋攒尖顶

山西汾阳隋梅渊墓攒尖顶

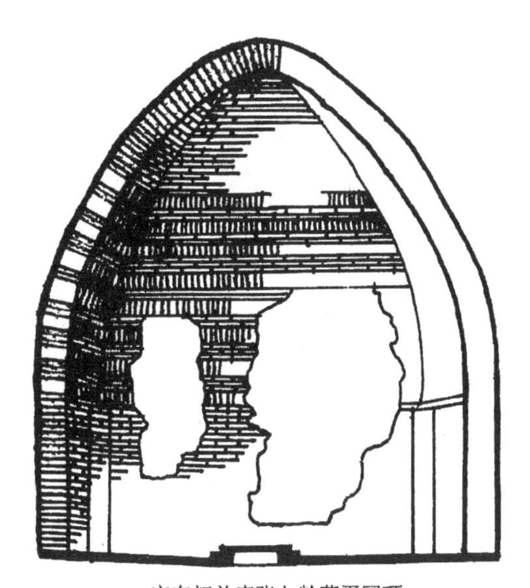

广东韶关唐张九龄墓蛋圆顶

图 4-245　西晋、隋、唐攒尖拱顶

其进水口加砌半月形石砌跌水池，以杀水势。并在桥洞进水处前设导流坝，故桥可免遭洪水直接的冲突，历千余年而不坏。

假如始建年代属实、桥型亦未变，虽然规模较小，仍是古蛋圆拱桥的先声。

(2)河南济源望春桥。望春桥在济源县东门外，跨越泷水。

清·《济源县志》引王藏器《创建石桥记》和段景文《重修望春桥记》记此桥原为木桥，名曰通济，屡修屡毁。“金·世宗大定十五年(1175)春，……筹建石桥，大定十七年(1177)十月动工。……攻石用图长久，渠渠岳岳，以雕以斲，穹穹隆隆(穹形尖拱)，以磨以砻。屹尔巨镇，矗如崇墉(高城)。嵌两窦以防怒泄，植危栏以固重险。华标岌嶪，神兽睢盱，实天下之雄胜也。”桥完工于大定二十二年(1182)，取名望春。

明·万历十二年(1584)重修。清·康熙五十三年(1714)“巨石折裂,过者危之。”五十八年,改建为铁梁,铺石其上。乾隆六十年(1795)重建,易铁梁为木梁。嘉庆九年(1804)仿旧制重建石桥,于十八年(1813)完工(图4-246)。

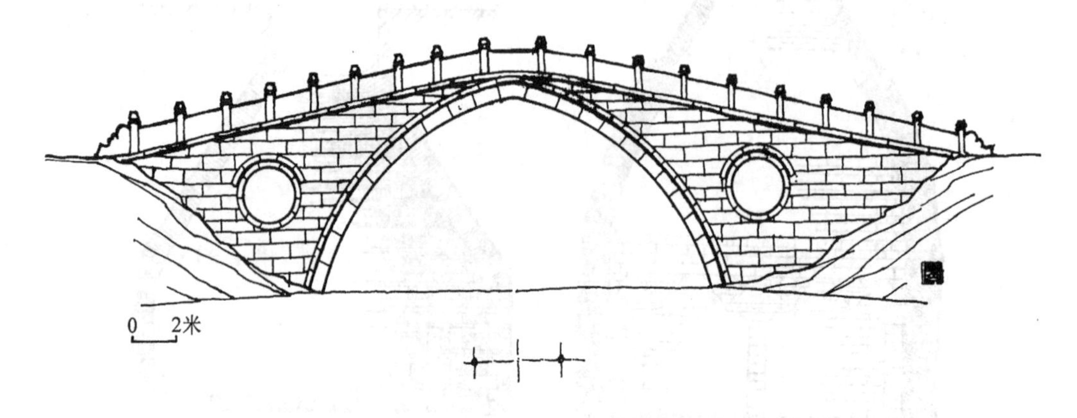

图4-246　河南济源望春桥

细审其记载,“巨石折裂”可能是拱券顶及附近几块拱石折裂,桥顶有缺口,故以梁补之。当年所谓“铁梁”不过是长不足二三米的铸铁板,亦不能耐久。“易以木”则更易朽。看来桥身基本上未动,所以得仿旧制,重新修复。

(3)浙江余杭部伍桥。宋·咸淳《临安志》载余杭县:“部伍桥,在溪南南渠河上,去县东二里三十步。”

明·成化《杭州府志》记:“县东三里,桥北有部伍亭,因名。”清·嘉庆《余杭县志》称该桥为:“吴·凌统募民兵、立部伍于此以御寇,故名。后圮。”“宋·咸淳五年(1269)重建。明·成化间(1465～1487)修。正德四年(1509)水势大,复建,清·嘉庆七年,又圮于水。十一年(1806)里人重建。”

现桥为单孔蛋圆拱,净跨5米,桥高约4米。根据其有对联石和砌筑构造,不可能是三国东吴所建。最多可能为宋桥,极大可能是明代建筑。

(4)贵州遵义普济桥。桥位于遵义城北三里,又名高桥,桥高约8米。志载为南宋·嘉定年间(1208～1224)播州(今遵义)杨粲主建。元·大德年间(1297～1307)杨汉英重修。明·嘉靖七年(1528)水毁,崇桢十四年(1641)修复。桥粗犷厚实,亦颇崇俊。

单孔尖或蛋圆拱的石桥最为富丽者,首推北京几座园林桥梁。

(5)北京圆明园中万春园残石桥。北京圆明园素称“万园之园”,是部分以明代万历年间武清侯李伟的清华园,米万钟的勺园,于清·康照二十九年(1690)改建为畅春园的基础上,逐步扩建并合而成。康熙四十八年(1709),皇四子胤祯(后即位为雍正)得康熙赐园,名圆明。雍正三年(1725)大予扩建,乾隆九年(1744)再度扩建。

乾隆十六年(1751)建成圆明园东侧的长春园;乾隆三十七年(1772),于圆明、长春两园之内建绮春园(同治间改名为万春园)。于是,这三组兼并各大小园林的总称为圆明园。

圆明园在乾隆一代为最盛。特别是当乾隆诸次南巡,更集南方名园胜景,图写回京,参照建置,成为中国园林艺术之集大成者,故称为万园之园。中国的园林艺术,完全不同于欧洲勒诺特式,即严格地整齐、对称的几何图形花园;和英国式完全抄袭自然风景,缺乏人工创造的花园。中国园林，变化万端，“虽由人作，宛似天开。”圆明园又是合宫宛和园林为一体的大园。

圆明园水木清华，楼、殿、亭、榭，台、阁、轩、馆、穿插其间，参差高下，聚散无常，处于“二十四番风信咸宜，三百六十日花开似景”的环境之中。全盛时期、园中河、湖、港、溪之上共有一百多座各种类型的木、石桥梁。

没落封建的残酷统治，使帝国主义如入无人之境，1860 年英法联军，1900 年八国联军焚烧和抢劫了此园，使精华殆尽。虽同治年间，曾略于恢复，但元气大伤，不能再成格局。民国之初，军阀奸民，大肆盗卖残物。“文化大革命”期间，又遭劫难，爬罗剔刔，仅一次就运走 582 车石料，砍伐千余棵大树，使名园仅存湖、河水道，堆山叠石的一些遗迹。其中便有万春园中一孔单孔石拱残桥，处于榛芜之中。

宋庆龄等中央领导人和人大、政协代表等 1583 人于 1980 年联合倡议，整修及利用圆明园遗址，得中央批准，1981 年开始准备和着手整理。图 4-247 便是这座残桥。桥为蛋圆拱。有意地仍保留着其遭破坏后的残缺裸拱状态，以供凭吊，这是历史文物的见证。中华民族只有发奋图强、振兴经济，有了自己的统一和强大才能真正自立于世界民族之林，才能免遭欺凌，建立永世的基业。

图 4-247　北京圆明园中万春园残石桥

(6)北京颐和园玉带桥，西堤桥。颐和园前身为乾隆所建的清漪园，后经慈禧整治。园中风景很多取自江南。东堤做自苏堤，堤有六桥，但堤的北端一桥，名为玉带、是单孔蛋圆拱、净跨 11.38 米，矢高 7.5 米。桥面呈反弯曲线，一似南方的驼峰拱。拱两侧有对联石，但无天平石。拱墙顺砌。汉白玉栏杆、雕镂精细，琳琅簇馐。中外驰名，游人驻足。(图 4-248)。

图 4-248　北京颐和园玉带桥

同园西堤的南端亦有一桥，其型式、尺寸、构造完全相同（图 4-249）。桥下为昆明湖的南口、有堰控水。只因在园的一角、所以鲜为人知。

图 4-249　北京颐和园西堤桥

这两座线形优美的蛋圆石拱桥,特别是玉带桥在世界上获得一致的称颂。

(7)云南华宁金锁桥。尖拱适合于跨架高深河谷两岸之间的石拱桥。这样的地形,各省都有,然而这样的桥梁却独多于云、贵(图4-250)。

图4-250　云南建水单孔尖拱

金锁桥在云南华宁县南,为单孔尖拱,当地称为柿花桥。桥北有温泉名象鼻,俗称洗澡塘,故该桥又名洗澡塘桥。拱净跨17.43米,桥宽9.55米,净宽8.45米(图4-251)。

桥中部,上游侧建石牌坊,刻有"神应三州"及乾隆己丑(三十四年,公元1769年)立字样。下游侧建有石亭。坊与亭的建筑,是桥梁美学上的装饰,亦如前述,为尖拱顶防止冒尖的压重。云、贵等诸尖拱桥往往都有桥中建筑。

三孔尖拱石桥有:

(8)贵州福泉水城门桥。贵州重安江上福泉古城始建于明·洪武年间。正统十四年(1449),苗民起义围城,城中多渴死。成化年间(1465～1487)指挥张能,在西城外建长城,引河水入城内。万历三十一年(1603)知府杨可陶又在水城增筑外城,围河于城内,形成外城,水城,内城二道城墙构成的一座瓮城。并用二座三孔尖拱石拱桥相连(图4-252)。从近处石拱桥城门顶部可见有三条空槽,可下铁栏闸门,以闭水门而仍通水路。瓮城内水上,还设矴步桥。

(9)贵州福泉葛镜桥。《考工记》记贵州·平越府:"葛镜桥、在府城东五里。明·万历间,郡人葛镜建。屡为水决,三建乃成,靡金巨万,悉罄家赀,厥功最伟。总督张鹤鸣砻碑题'葛镜桥'三字,记以诗文。"

桥跨麻哈江。《贵州通志》称其地:"两岸壁立,水黝黑如漆,寡见曦景。"地势险恶,里

图 4-251　云南华宁金锁桥

图 4-252　贵州福泉水城门桥

人葛镜发愿建桥，二次失败，最后慷慨誓言："吾当罄家荡产，以成此桥，如再坠败，将以身殉之。"① 乃于斗峡岞崿处，凿成石阶(图 4-253)，"施工大横空悬构，酾水者三，高百尺，有如神工。桥上行者，俯视深渊迅流，目眩神摇，匪为大德，亦伟观也。"

桥共三孔尖拱，净跨为 19.62，12.30 和 6.26 米。拱矢高分别为 9.61，7.90 和 5.02 米。葛镜桥用约 30 厘米方块石干砌而成，形如豆腐，故俗称豆腐桥。

(10)贵州福泉吴家桥。与葛镜桥相似在其上游 300 米处所建者为福泉吴家桥，同跨

① 清·靖道漠纂，鄂尔泰修，《贵州通志》卷之五，清·乾隆六年(1741)刊本，台湾华文书局，1968 年。

图 4-253 贵州福泉葛镜桥

麻哈江。志载,清·嘉庆间(1796~1820)里人吴东阳建石拱桥。夫死妻继,故桥亦名继善。

桥亦三孔尖拱,净跨为 15.55,9.47 和 6.65 米,相应矢高分别为 6.48,5.52 和 4.24 米。厚墩,两岸桥拱均直接落在巉岩上。1938 年修平越至遵义公路,增高桥面 1.5 米(图 4-254)。

图 4-254 贵州福泉吴家桥

葛镜和吴家两桥,经罗英先生带唐山工学院学生数人作详细地测量和用近代计算的经典理论作验算,认为在偏载活载(汽 10)均不安全,而实际却通行无阻,可见经典的石拱计算理论有从新探讨的必要,详见《中国石拱桥研究》。

(11)陕西三原龙桥。龙桥位于三原县城,跨清水河,又名崇仁桥,亦名许渠桥。

《考工典》记西安府崇仁桥:"三原县南北城对跨深谿,清水贯其中,往来直下数十丈。夏水暴涨,艰于嚣绠。明·少保温纯,采北山青石,规建作白虹属天之势,自是南北相通,平如砥矢。"① 清·李瀛著《龙桥》称:"宋·建隆四年(963),河涨,有龙斗于桥下,桥圮,再建,因名龙桥。后废置不一,或以木架,或以石甃。明·万历中,河深二丈余(约7米),宽七八丈(约24米),木不能架。少保温恭毅倡建大石桥三洞,高八九丈(约27米)袤十余丈(约40米)。两旁砌石栏,南北各建石坊,一题龙桥,一题崇仁桥,有李维祯作碑记。"清·贺端麟《龙桥》一文记时为明·万历二十年(1592)。

诸志中记,康熙间、乾隆二十年(1755)、嘉庆间、道光六年(1826)、咸丰元年(1851)都曾修缮。桥建成后24年,明·万历十四年六月二十二日,洪水越桥而过。1933年农历五月二十九,洪水亦越桥而过,全桥屹立。

三原县文化馆藏明·佚名《创建池阳龙桥图》与《龙桥落成工竣图》形象真实生动。《创建图》(图4-255)中,可见南北两城,枯水时节,偃水修墩、立架架拱、石料则用牛驴四轮车运送。《工竣图》(图4-256)坊上书有"温公崇仁桥"与"龙桥",且除桥端石坊之外,桥上还有店屋夹道栉比、俨然城市。

龙桥中孔为尖拱,净跨17.2米,矢高10.6米,桥高出水面26米。小孔为半圆拱,净跨7.2米,孔下河床为海漫铺砌。桥墩宽达5.15米,上下游设有长3.85米,高5.04米的分水尖。桥全长110米。现在桥上无复桥屋。桥坚壮厚实,仍为陕西石拱之冠(图4-257)。

(12)云南建水见龙桥等。云南建水特多尖拱石桥,其三孔者有四座。

见龙桥在建水县城西十里,跨越白龙渠,一名永安桥。始建于明·弘治年间(1488～1505)。后圮。清·乾隆六十年(1795)重建,1921年重修。桥为三孔尖拱,中孔净跨6.35米,两边孔各为5.8米。桥中孔上建与桥面同宽,4.45米,长6.6米的桥屋。桥引道上还有一孔尖拱(图4-258)。

乡会桥在建水西庄镇,建于清代。桥上满布重檐桥屋。虽高低向背尚称有致,惜正面为山墙,失之过实(图4-259)。

仙人桥在建水城东,建于清初,为三孔尖拱,桥中有单檐方亭。

天缘桥亦在建水城东,建于清·雍正六年(1728)三孔尖拱。桥中有下方上八角的双层桥亭,内立碑记(图4-260,261)。

诸桥都为带分水尖的厚实桥墩。

(13)四川剑门剑溪桥。剑溪桥位于四川剑门关大剑山和小剑山之间的古金牛道上,跨剑溪。图4-262缘桥右侧而上山坡,为三国魏·钟会结营故垒;图4-263从另一侧照桥,背后即为大剑山,过此桥经三国蜀汉·诸葛亮30里栈阁,直上剑门关。

栈道一章中,已说明明清各家所绘剑阁图近处即为剑溪桥,但是木桥,这是因袭宋人画本所作。志载剑溪桥于明·弘治年间(1488～1505)改建为石拱桥。有误书为明·正德李璧所建者。近代在桥头挖得李璧于正德丁丑(十二年,公元1517年)所书诗碑,说明桥非其所建。

① 《古今图书集成·考工典》卷三十一桥梁部。

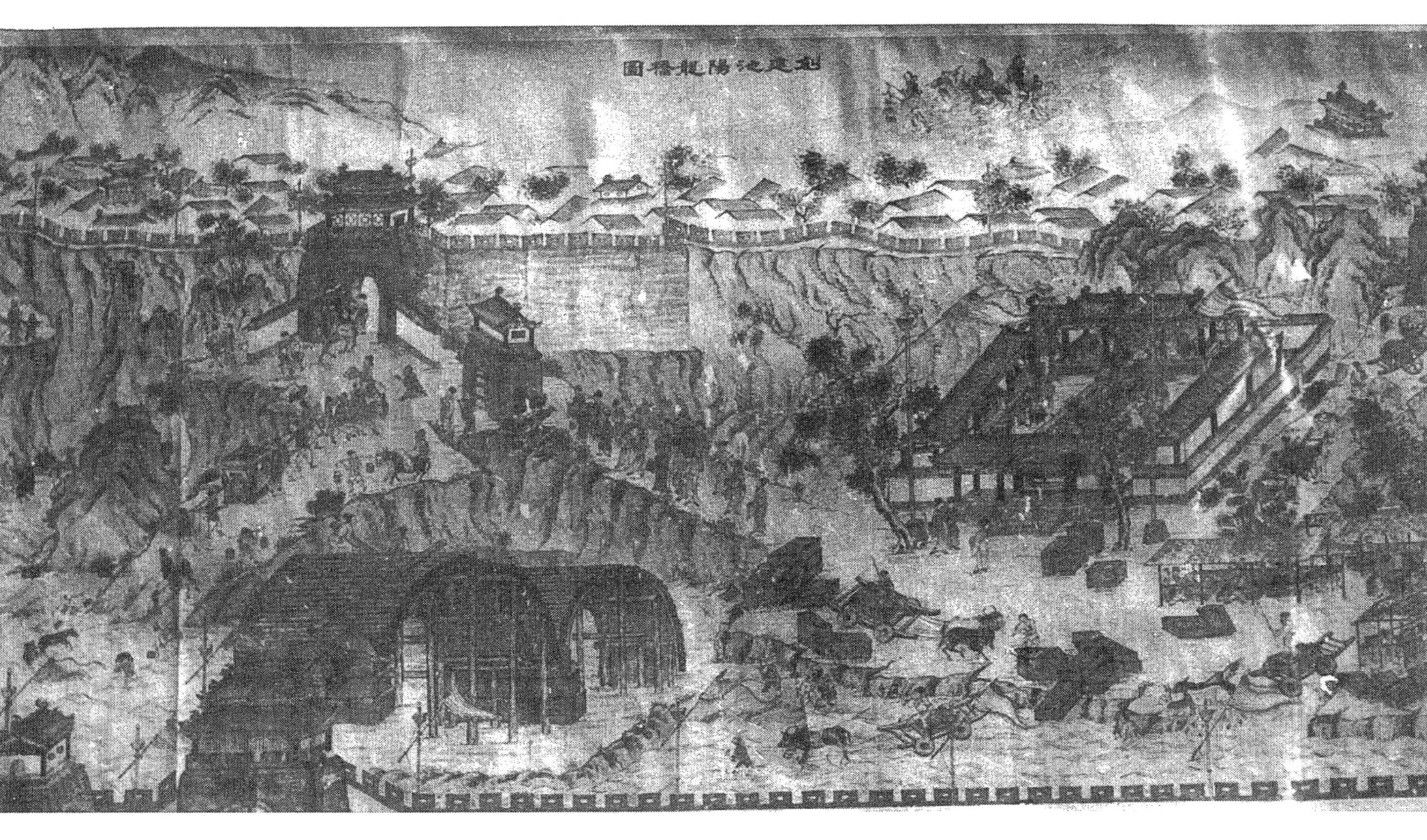

图 4-255　陕西三原《创建池阳龙桥图》

图 4-256　陕西三原《龙桥落成工竣图》

图 4-257　陕西三原龙桥

图 4-258　云南建水县龙桥

图 4-259　云南建水乡会桥

图 4-260　云南建水天缘桥

图 4-261　天缘桥碑

图 4-262　四川剑门剑溪桥(一)

图 4-263　四川剑门剑溪桥(二)

(14)吉林扶余万善桥。桥建于清代,属于官式石桥(图 4-264)。

清代北方石拱分官式和民间两类。官式石桥,有一定则例。《中国营造学社汇刊》第五卷、第四期刊王璧文先生《清官式石桥做法》一文,论述极详。其桥洞分配定例,列表如下。

清官式石桥拱券非半圆,为锅底券,即二点圆心圆,其圆心左右偏离中线 1/20Z(图 4-265)即圆半径 $R=0.55Z$,略大于半圆。并不是所有的官式石桥和北方清代石拱桥绝对严格地遵守这一规律。锅底券从结构和美学观点来看,是用以消除砌拱时因各种原因产生的拱券下沉,及即使是正确砌筑的半圆拱有拱顶“下垂”的视觉影像。所以,其尖的程度是不大的。

五孔的清官式石桥如河北遵化东陵五洞桥(图 4-266),河北涿县胡良河桥(图 4-267)等。

(15)山西京安通惠桥。《襄汾县志》载:“通惠桥在县南四十里,京安镇。明·弘治五年(1492)知县张珣创建……”。又称五眼桥。

图 4-264　吉林扶余万善桥

桥净跨约 7.3 米，矢高为 4.2，4.3，4.6 米，全长 65 米。墩高 3 米，上下游均有分水尖（图 4-268）。

表 4-10　清官式石桥桥洞分配定例表

	中孔	次孔	再次孔	三次孔	四次孔	五次孔	六次孔	七次孔	稍孔	墩厚
一孔桥	$Z=\frac{1}{3}x$									
三孔桥	$\frac{19}{103}x$	$\frac{17}{103}x$								$\frac{10}{103}x$
五孔桥	$\frac{19}{153}x$	$\frac{17}{153}x$							$\frac{15}{153}x$	$\frac{10}{153}x$
七孔桥	$\frac{19}{199}x$	$\frac{17}{199}x$	$\frac{15}{199}x$						$\frac{13}{199}x$	$\frac{10}{199}x$
九孔桥	$\frac{19}{251}x$	$\frac{17.5}{251}x$	$\frac{16}{251}x$	$\frac{14.5}{251}$					$\frac{13}{251}x$	$\frac{10}{251}x$
十一孔桥	$\frac{19}{294}x$	$\frac{17.5}{294}x$	$\frac{16}{294}x$	$\frac{14.5}{294}x$	$\frac{13}{294}x$				$\frac{11.5}{294}x$	$\frac{10}{294}x$
十三孔桥	$\frac{19}{355}x$	$\frac{18}{355}x$	$\frac{17}{355}x$	$\frac{16}{355}x$	$\frac{15}{355}x$	$\frac{14}{355}x$			$\frac{13}{355}x$	$\frac{10}{355}x$
十五孔桥	$\frac{19}{399}x$	$\frac{18}{399}x$	$\frac{17}{399}x$	$\frac{16}{399}x$	$\frac{15}{399}x$	$\frac{14}{399}x$	$\frac{13}{399}x$		$\frac{12}{399}x$	$\frac{10}{399}x$
十七孔桥	$\frac{19}{441}x$	$\frac{18}{441}x$	$\frac{17}{441}x$	$\frac{16}{441}x$	$\frac{15}{441}x$	$\frac{14}{441}x$	$\frac{13}{441}x$	$\frac{12}{441}x$	$\frac{11}{441}x$	$\frac{10}{441}x$

Z=桥洞净跨　x=河口面宽

（16）云南禄丰丰裕桥。桥位于云南楚雄彝族自治州，禄丰县金山镇。桥头碑记，桥建于清·光绪十八年(1892),计:“长三十五丈(约115.5米),跨河二十丈(约66米),迎送水石墩四座,尖长十二丈(约39.6米),高一丈四尺(约4.6米)。桥竖大小狮象各二对。原名飞虹……”(图4-269,270)。

这是一座五孔厚墩尖拱石桥,净跨为8.9,9.5,10.4,9.5,8.7米,净宽7.1米,红砂石砌筑。桥头有坊,树丰碑,其联之一为“蝃蝀倚晴空,舟楫盐梅功用溥;琼瑶翔文曜,水云星宿贯输长。”桥中孔拱顶有昂首龙头。桥上栏干用巨石榫卯勾连,两端各有狮象成对,惜都有“文化大革命”破坏的痕迹。

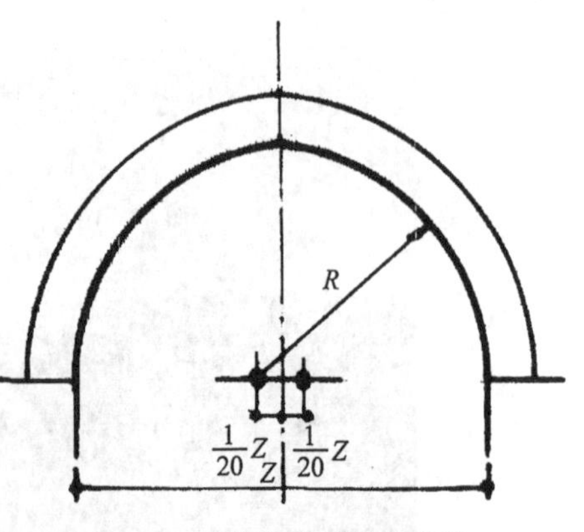

图4-265　清官式石桥锅底券

图4-266　河北遵化东陵五洞桥

(17)贵州镇远祝圣桥。《明史·贵州土司传》记镇远:“元初置镇远府,洪武五年(1372)改为州……永乐初,镇远长官何惠言,每岁修治清浪、焦溪、镇远三桥,工费浩大……乞军民参助,从之。”可见镇远有桥,至少自明起。

桥在镇远县城东,跨㵲水。《明史·地理志》记镇远:“南有镇阳江,一名镇南江,亦曰㵲水”现又名㵲阳河。河上有六孔蛋圆形石拱桥,名祝圣桥,又名状元桥。系清·雍正元年(1723)所建成。全长123.5米(图4-271)。

六孔的石拱极为少见。此桥中墩以上的桥面上,曾建有三层八角攒尖桥亭,后被拆去,现在已按原样修复。原来桥亭压拱尖的意义,已经没有了。

(18)云南禄丰星宿桥。星宿桥在楚雄彝族自治州,禄丰县西门外,跨绿衣江,即星宿河。

《云南通志》记此桥旧为渡。明、万历四十三年(1615)始建石桥,原为五孔,长40丈

图 4-267　河北涿县胡良河桥

图 4-268　山西京安通惠桥

(约 128 米),阔 4 丈(约 13 米)。清·康熙二十九年(1690),水毁二孔。四十六年又坏。雍正五年(1727)仅存一孔,暂以船渡。道光五年(1825)士民捐修,至十二年(1832)建成,历时六年。成六墩七孔尖拱石桥(图 4-272)。桥用红砂石砌筑。

桥全长 119.88 米,净跨为 9.8,10.1,10.3,10.5,10.3,10.1,9.8 米。桥宽 9 米。桥墩宽 4.3 米,长 18 米,两端带分水尖。桥两端有牌楼式桥门,一端砌有碑记。现为云南省重点文物保护单位。

(19)云南建水双龙桥。双龙桥在建水城西五里,泸江与塌村河会合之处。河宽约

图 4-269　云南禄丰丰裕桥

图 4-270　丰裕桥桥头牌楼

140 米。原有跨泸江者三孔尖拱，中跨大而边孔小，桥面成双向坡道。桥长 36.7 米，宽 4.3 米，建于清·乾隆年间，嘉庆二十年(1815)修缮。道光十九年(1839)续建 14 孔，将原三孔桥一侧坡道填高与新桥相接。新桥长 111.1 米，宽 3 米。总计为 17 孔尖拱，全长

图 4-271　贵州镇远祝圣桥

图 4-272　云南禄丰星宿桥

147.8 米。桥狭处 2.5 米,宽处 4.5 米。光绪二十二年曾经修缮(图 4-273,274)。

桥长中部,鼓出如台,上建三层方形高阁,顶层为周遭歇山顶,檐牙高啄,巍峨壮丽。阁中设佛龛,可登眺。桥两端原各有双层下方上六角桥亭,与台阁成朝揖之势,今存其一。

桥为云南省重点文物保护单位。

(20)四川广元古筹笔驿石拱桥。广元北朝天关有古筹笔驿,乃蜀汉诸葛亮早期北伐的指挥所在。李商隐有著名的筹笔驿诗,所谓:“猿鸟犹疑畏简书,风云常为护胥储,徒令上将挥神笔,终见降王走传车……”云云。

镇上有古石桥,桥共 13 孔尖拱。中心拱顶,有石刻龙头、龙尾、头临水而尾背水。“文化大革命”期间和剑溪桥一样,惨遭砸碎。后当地居民发愤补刻装上、护以铁栏。可惜刻工并非上乘,不过至少维护了古桥的完整性(图 4-275)。

图 4-273　云南建水双龙桥

图 4-274　双龙桥桥面

图 4-275　四川广元古筹笔驿石拱桥

(四)马蹄拱

1. 马蹄拱的区别

马蹄拱是指圆拱的圆心夹角大于180°的拱桥。此类拱桥,拱脚处的净跨反较桥洞为小。图 4-276 所示暂定的各种马蹄拱券分类。

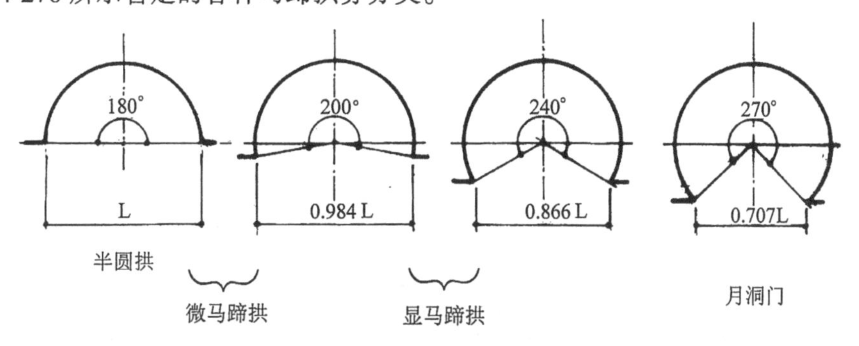

图 4-276　马蹄拱券分类图

当夹角是180°时,为半圆拱。圆心夹角为200°时,拱脚净跨为半圆拱跨L的0.984倍。马蹄形并不太明显,故180°～200°间夹角的拱券定名为微马蹄拱。如苏州的尹山桥等南北的一些拱桥都属此,桥记于半圆拱一节中。当夹角大到240°时,拱脚净跨为0.866L,已显著地看得出马蹄形,姑称之为显马蹄拱。本节所述是属于夹角200°以上的显马蹄拱。夹角继续增加,净跨急剧缩小。如夹角为270°,则净跨为0.707L,在桥梁已不实用。在建筑中作为园林的月洞门。

微马蹄拱各地都或有之。显马蹄拱独在浙江,又多在绍兴等地。

在绍兴的微马蹄拱桥如:锦鳞桥、古小江桥、春波桥、沈家桥、大木桥、都泗门桥、徐公桥、待驾桥、秦望桥、化龙桥等都是些单孔小桥,一般都看作半圆拱。

(1)浙江绍兴阮社桥。桥位于绍兴柯桥区,阮社乡,太平桥以东。

太平桥以西至湖上乡板桥为清·同治(1862～1874)间所建的纤道桥。诸记都称,阮社桥亦建于同时。虽然,阮社桥已位于纤道桥之外东端的塘堤上,跨小溪。

嘉泰《会稽志》于柯桥之后载阮社桥,“在县西北三十里”。离柯桥五里。如为一桥,则宋已有之,明、清后重建。

阮社桥是一座接近于夹角为240°的显马蹄拱(图4-277)。

图4-277　浙江绍兴阮社桥

(2)浙江绍兴永丰桥。柯桥区永丰桥即在柯桥近边,跨小河,建置年代不详(图4-278)。

图4-278　浙江绍兴永丰桥

(3)浙江绍兴东湖秦桥。东湖实为绍兴鉴湖的东边一部分。

湖上有石桥数座。此桥名秦望桥或秦桥,《史记》记秦始皇三十七年(前210)曾上会稽,祭大禹,望于南海,"是因地因事取名,显然决不是秦代建筑。系后代从别处移建而来。桥是单孔十分明显的马蹄形石拱,两侧各接三孔石平桥。点缀湖山、更富有地方色彩(图4-279)。

图4-279　浙江绍兴东湖秦桥

(4)浙江萧山马蹄拱桥。萧山马蹄拱桥,建置年代不详。

桥心夹角接近于270°,圆半径约3.2米,则拱脚净跨仅为4.5米。为月洞门式石拱,与河中倒影,成一个8字形(图4-280)。

浙江绍兴其他单孔的显著马蹄形拱桥,尚有:皋埠桥(已拆除),凤仪桥,安昌桥,柯桥镇荫毓桥,官墅乡石拱桥,单江村太平桥,壶觞村壶觞桥、坡塘乡福庆桥等。

还有少数几座难得的三孔马蹄拱桥。

(5)浙江绍兴接渡桥。桥在柯桥区中泽村,跨鸡笼江,一名柯桥塘路桥。桥为三孔马蹄形石拱,共长50余米。两边各两孔石梁。拱跨中孔略大于边孔。中孔圆心夹角约225°。

桥面于中间部分成大半径竖曲线,两倾台阶上下(图4-281)。

桥为绍兴市级文物保护单位。

(6)浙江绍兴泾口桥。桥位于皋埠区泾口村。跨浙东运河。全桥由三孔石梁和三孔马蹄形石拱组成。拱桥高6米,三孔等跨,长20米。梁桥高3米,长10米。桥重建于清·宣统三年(1911)。

泾口桥石刻精细,较接渡桥为甚。桥墩上有对联石云:"利济东南通铁道""常留来客出陶山。"上句指往桥东南通萧山杭州的铁锁索道,陶山乃指陶弘景所隐居的陶宴岭。

图 4-280　浙江萧山马蹄拱桥

图 4-281　浙江绍兴接渡桥

桥属县级文物保护单位(图 4-282,283)。

1993 年冬夜,附近居民闻桥有轧轧之声,平明,始知一艘运输船撞于拱梁相交处的桥台上,致使桥台位移,拱券变形,栏干开裂。桥虽未坍而岌岌可危(图 4-282 左拱券)。

(7)浙江绍兴东浦镇新桥。桥在东浦镇上(图 4-284),是三孔显马蹄拱驼峰式石桥。

图 4-282 浙江绍兴泾口桥

图 4-283 泾口桥桥墩

苏东坡有题广东惠州西湖上《西新桥》诗云:“似开铜驼峰(全桥),如凿铁马蹄(每孔),岌岌类鞭石,山川非(可改是)会稽。”移之于此,非常贴切。也许宋时西新桥即此式。

图 4-284　浙江绍兴东浦镇新桥

江浙地区,无论是石梁石拱桥,三孔桥小孔低矮,船民们往往在小孔之下泊舟避雨小憩。任遳摄得在东浦镇新桥小孔之下,“浦北中心为酒国”的桥联边,两只乌蓬船相并,船夫对饮,实富于地方生活气息(图 4-285)。

显马蹄拱桥为数不多,宜作国家文物保护。

(五)椭圆拱

1. 早期椭圆拱

和尖拱和马蹄拱向高处发展不一样,椭圆拱以较大的净跨得较矮的净高。

严格的椭圆拱定义是有二个共轭圆心,其拱周边处于自两圆心出发,其半径之和是常数的轨迹线上。现在所说的椭圆拱并不严格,基本是接近三点圆;中间一段平坦的较大的曲率半径曲线段,和顺地联以两端较小曲率半径的曲线段。

古墓葬结构中就出现了椭圆拱。

驰名于世的脚踏飞燕铜奔马,便是 1959 年出土于甘肃武威雷台东汉墓中,其墓室顶是椭圆拱。

香港九龙,原属广东番禺县,近年发掘出东汉李氏墓,其墓顶是半圆拱,但在两室之间的通道门顶是椭圆砖拱[①] (图 4-286)。

---

① 深圳市博物馆提供。

图 4-285 新桥下乌蓬小饮

山东安丘于 1959 年发掘出东汉晚期画像石墓。[①] 共三室一甬道。三石室为覆斗顶而其长 2.4 米，宽 2.22 米，高 2.30 米的甬道却是椭圆石拱顶(图 4-287)等等。

可见东汉已经是折边、半圆和椭圆拱同有存在。因为于墓室为不实用，所以没有马蹄拱。

2. 椭圆拱桥

(1)六朝·梁椭圆拱石桥。

台北故宫博物院藏五代，梁·张僧繇绘，《雪山红树图》右下方画有一座三孔椭圆石拱桥。薄墩，中平边坡。桥上拦干精美，有佳客骑驴过桥，行者揖让(或送)的画面。张僧繇，南朝·梁著名画家。吴人，亦有作吴兴人，善画山水、人物、肖像等。“画龙点睛”能破壁飞去，便是关于他的故事。《南史》称其“繇丹青之工，一时冠绝”。相信这座桥是当年实有桥梁的写照。因此，迄今为止，最早国画上的中国古代石拱桥，便是这座公元 500 年前后的“雪山红树”桥(图 4-288)而且还是多孔椭圆拱。作者展摹如图 4-289。迄今民间尚能找到椭圆形石拱桥的实例[②]。

(2)浙江天台丰干桥。

① 山东省博物馆，山东安丘汉画像石墓发掘报告。

② 黄湘柱，罗关洲，我国古代石拱桥优秀桥型的新发现。

图 4-286　香港九龙(原广东番禺)东汉李氏墓

图 4-287　山东安丘东汉画像石墓

天台山风景绝胜。南朝梁、陈之际已阔为佛教圣地。国清寺始建于隋·开皇十八年(598)由晋王杨广,承智顗遗愿所建。智顗禅师倡“上止三观的天台禅宗。影响远及日本。

国清寺前有石桥(图 4-290)。

清·康熙《天台县志》载为“丰干桥”原名双涧回澜桥:“宋·景德三年(1006)捐造。”桥跨双涧(徐霞客称为寒风阙溪)。后为了纪念国清寺唐代名僧丰干而改名。现在的桥是单孔椭圆形块石乾砌拱桥,净跨 10.7 米,矢高 4 米,桥宽 3.4 米。桥面用卵石铺砌。桥全长 14.4 米。两旁有矮石栏。桥栏中节栏板上刻“乾隆己酉(五十四年,公元 1789 年)捐造,

图 4-288　六朝·梁·张僧繇《雪山红树图》(局部)

图 4-289　六朝·张僧繇雪山红树桥(摹本·展长)

图 4-290　浙江天台山国清寺前丰干桥

道光癸卯(二十三年,公元 1843 年)孟冬重造",似乎此桥始建于宋,后代重修。然则隋代建寺之初又怎样过涧入寺?

国清寺现存《天台山圣迹巡拜图》古画一幅,所绘乃日本天台宗开山祖师最澄和尚访问天台山国清寺;寺众在寺门欢迎的故事。其寺门涧上有石桥(图 4-291),一孔跨越,极似于今日的椭圆石拱。画卷首题日文,经转请日本·长谷川幸也先生考证解释为:"大唐德宗皇帝之贞元二十年(804),东礼秋大师(即佛教大师,根本大师,指最澄和尚)拿着(中国)明州刺史的公文(牒)上了天台山,在国清寺受到了众多僧侣的盛大欢迎。"时在公元 804 年 9 月。归国后创日本天台宗。

现日本天台宗圣地比叡山延历寺仍藏有其国宝,即台州唐牒。其文为:"日本国求法僧最澄,译语僧义真,行者丹福成,担夫四人,经论并天台文书、变像及随身衣物等。牒。最澄等今欲却往明州及随身经论等,恐在道不练行由,伏乞公验处分。谨牒。贞元二十一年二月,日本国僧最澄牒。"上有台州刺史行草批示:"任为之程,三月一日台州刺史陆淳(印)"(图 4-292)。

《新唐书》有传:"陆质……世居吴……历信、台二州刺史。……宪宗为太子,诏侍读。质本名淳,避太子名故改。"贞元只二十一年,明年即为宪宗元和元年。所以这张牒乃陆淳最后一次用其原名,并于是年调离台州。

信史所载,凿凿有据,图、牒文物足以佐证。则这座桥至少可明确唐朝便是这样,后世重予修整而已。

考国清寺唐代贞观年间有高僧丰干,昼则舂米供僧,夜则扃房吟咏,并善医道,曾为闾丘太守救疾。丰干和寒山、拾得两禅僧为师为友、同出入国清寺。寒山曾作诗六百、题壁三百,都作禅觉之语。其中一首为:"回耸霄汉外,云里路岧岧,瀑布千丈流,如铺练一条。下有栖心窟(似指国清寺),横安定命桥。雄雄镇世界,天台名独超。"诗中的定命桥,或即

图 4-291　《天台山圣迹巡拜图》(局部)

图 4-292　唐·台州刺史陆淳手批牒

指此国清寺前的石桥。

桥因寺而同为市级文物保护单位。

(3)浙江天台山奉化桥。桥在天台山石梁飞瀑之下的下方广寺旁,始建年代不详,与丰干桥同样的形式和构造。可能和丰干桥有同样的经历。

桥净跨 12 米,高 6 米,桥宽 4 米(图 4-293)。

(4)浙江嵊县玉成桥。玉成桥位于嵊县谷来镇。

桥为清·代乡人马正炫所独资建造。绍兴罗关洲,得其后人马南平提供《马氏家谱》记:"正炫郡举乡宾……操计然业,往苏禾贸易……富拟陶朱……乐善好施,岭路崎岖,独出厚赀修砌。……病革……在碲头修桥,(其子)急成父志,即鸠工庀材,不期年而桥竟成"时在道光丙申(十六年,公元 1836 年)年间(图 4-294,295)。

这座桥为单孔椭圆拱,块石干砌,净跨 12.15 米,高 5.72 米,桥宽 4.7 米,全长 37.05 米。两岸坡道成不对称布置,一侧顺桥而下,另一侧与桥成直角,折向河堤。上游侧设有

图 4-293　浙江天台山方广寺奉化桥

图 4-294　浙江嵊县玉成桥

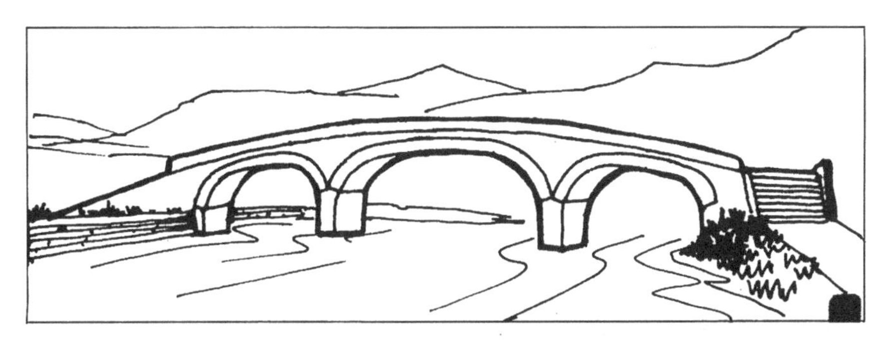

图 4-295 扩展玉成桥为三孔椭圆拱想象图

图 4-296 浙江温州乐清古桥

导流雁翅。

桥拱顶平坦。作者即以此桥为蓝本,摹写作三孔联拱(图 4-294)岂非即南朝·张僧繇的《雪山红树图》桥。可以说当年早已有三孔椭圆拱的存在。

现在此桥为县级文物保护单位。

(5)浙江温州乐清桥等。一经留意,发现民间干砌乱石椭圆形拱桥尚有不少。

浙江温州乐清古桥在乐清西坑,建置年代不详。净跨约 12.3 米,高约 5.5 米(图 4-296)。

浙江新昌迎仙桥在新昌桃源乡。志载明·万历年间也有此桥。净跨 15.6 米,高 6.12 米,桥宽 4.6 米(图 4-297)。

图 4-297　浙江新昌迎仙桥

浙江嵊县庵山桥在嵊县四明山区何村。志无记载,旧有碑,约建于明·天启年间。桥净跨约 10 米(图 4-298)。

浙江奉化石泉桥在奉化岩头乡。建置年代不详。桥净跨约 10.5 米,净高约 4.3 米(图 4-299)。

(6)福建福清波澜桥。浙江以外南方省间或有椭圆石拱桥。

波澜桥在福清县郊。志载建于明·万历年间(1573～1619)。桥净跨约 9 米。桥用粗料石砌筑。四分之一拱高以下,桥台和拱券不分(图 4-300)。

图 4-298 浙江嵊县庵山桥

图 4-299 浙江奉化石泉桥

(7)贵川兴义木卡桥。桥位于古代黔、滇南路的驿路上,又名纳福桥,跨兴义县、苏塘的木卡河。

桥建于清代。净跨约 22.5 米,高出常水位 34 米。拱券接近于悬链线。桥两涯各开直径 3 米的圆洞(图 4-301)。

石拱桥高高跨越于深谷之上,其施工是相当艰巨的。

尚有一些石拱桥,外观似乎是椭圆拱,实际却是半圆拱,由于拱墙剪切水平位移所造成的变形后的形象,如江苏苏州莲花桥等。今不录。

图 4-300　福建福清波澜桥

图 4-301　贵州兴义木卡桥(纳福桥)

四、中国石拱桥技术

遍及全国,各个时期有代表性的石拱桥,其渊源和演变,形式和规模,通过以上众多实例,进行了描述和研究,现在研究一下技术上的特殊性。

(一)上部结构

石拱桥上部结构指拱券和拱上建筑。

1. 拱轴

(1)三折边拱。三折边拱是拱的雏形。

三折边的基本结构是三根石梁，一平二斜，梁端平面接触搭接而成。依靠其平衡、对称的布置。在垂直衡载之下，保持一定的稳定性和安全度。当荷载以偏载的形式作用于结构时，折边拱产生侧移，其极限状态，成为四铰不稳定结构(图 4-302-1,2)。在其基本结构的结构模式中，因拱石接触面太小，故可假定为四铰。

为了获得稳定的三折边拱、实腹三折边在斜石上用填充部分挤紧。使拱石内产生预应力。因为有楔状填充部分的存在，结构由于偏载产生侧移时，使一侧楔块压缩，产生抗力。抗力的大小，一方面取决于填充材料，尺寸及构造，另一方面随拱推力的大小而变化。这和拱的现代经典计算方法，以拱上填充只作为一种衡载作用在拱券上不一样。实际上，实腹填充，在活载作用下参与拱券的作用。

三折边的实腹填充物不用土壤。因为土壤楔块其可压缩性大、对拱的帮助小。

最常采用的是块石或乱石。楔块夹在斜撑石和岸堤桥台之间，一如颚式碎石机内所夹的石块，会产生大于楔块自重，与填充材料强度有关的，对斜撑的等代集中力 R(图 4-302-3、4)。当然，正确的反力应是沿斜撑背作曲线分布。

假如三折边拱的斜撑背石是石砌桥台。桥台本身已起叠涩的作用，可以不依靠拱独立存在，则三折边拱不承受桥台在斜撑背上的自重。活载作用下，变为铰接的一根横梁(图 4-302-5、6)。

空腹三折边拱在基本结构 A,B,C,D 三折边上再加二根石梁 EB 和 CF。稍予挤压，转移一部分三折边拱中的推力到另三折边 $EBCF$ 中去。结构也从不稳定转化为一次超静定结构。

因为拱构件和其节点细节只能受压，不能受拉。活载作用下产生侧移，使系统中 CF 杆不参与系统的作用，结构成为新的静定的系统。如侧移太大，使 AB 杆亦因受拉而不起作用，结构又变为四铰不稳定系统(图 4-302-7,8,9)。

实腹和空腹的三折边拱，特别是空腹者，乃是科学而又巧妙的桥梁结构。

(2)五折和七折边拱。桥台亦作为二段折边的五折边拱，其计算模式同三折边。

真正的五或七折边拱的计算模式同曲线拱。

(3)曲线拱。从实物判断，石拱桥的拱轴线由折边而进入割圆，即圆弧拱，然后有椭圆、尖或蛋圆拱。到唐代时，除马蹄拱外，各种拱形都已具备。马蹄拱桥最早见于宋代。

拱券的砌筑方法，并列最先出现，然后是分节并列，联锁分节并列，横向并列，纵联等其他砌筑方式已见前述。

东西方都有曲线拱轴的石拱桥，并且多数都是半圆拱。然而，根据近代石拱桥的计算方法，认为半圆石拱是不合理的，较合理的是圆弧拱，或更合理的是悬链线拱。中国现仍使用的薄墩半圆拱，用近代方法验算是通不过的。可是竟照样能站立通行。换句话说，既然事实摆在面前，那么，只有现在所采用的计算假定不够科学，有缺点，以偏概全、有些假定不符合客观事实。

《中国石拱桥研究》详细分析了问题所在，现从概念上加以概括如下：

为简化计，现在国际习用的方法称为经典法。石拱研究中提出的方法，称散体法(拱上填筑物是散体)。

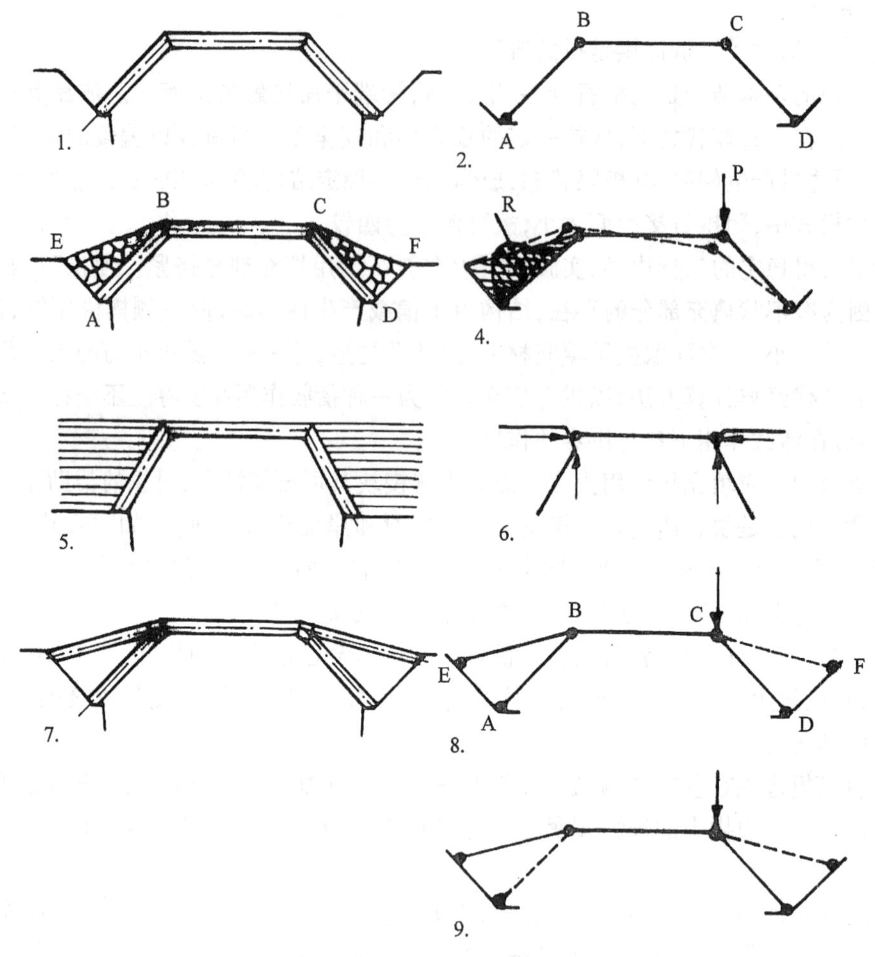

图 4-302　三折边拱结构机制

1. 基本三折边　2. 基本三折边简化计算模式　3. 实腹三折边

4. 实腹三折边活载下计算模式　5. 叠涩桥台三折边拱

6. 前式的计算模式　7. 空腹三折边　8,9. 空腹三折边活载下计算模式

1)经典法规定,拱上建筑包括任何种类的填充,一概视为垂直分布的衡载作用于拱背是不合理的。应根据所用材料和填筑方法的不同,予以区别对待。

如为填筑无胶结的土,灰土,土夹碎石等,则应视为散体,并考虑填筑物在拱背上,克服了摩阻力和粘着力的下滑力。这些下滑力,传到桥台,减少了拱的负担,拱上填筑,实际上本身也起了拱的作用。计算结果,散体法可比经典法减少 20%的拱推力。

如整个填筑物是胶结的碎块石,所谓"碎里整边"。那么,这一胶结体可更大地帮助拱券共同受力。

2)在活载作用下,经典法认为拱背填筑,除传力外,不起任何积极作用。

中国的石拱桥,在靠近拱脚一段的拱背填筑,往往是浆砌或灌浆的块条石(图 4-303),有时为背后砖。一方面可使当洪(或潮)水淹没拱脚时,拱背免被刷空;另一方面,则不论是半圆、椭圆、马蹄拱等,其拱的下面部分和实腹三折边拱一样,存在着随变形而增减的楔块抗力、自动地调整拱券内受力情况。产生了交通科学院所提出的"弹性抗力法"的

新的计算方法。这一方法假定弹性抗力只产生于拱脚至1/4拱券处。略去中部一段拱上

图4-303　石拱券后填石

填充不计。实际上产生抗力的范围,随拱后填筑刚度区的高度而定。弹性抗力法和设计概念与经典法计算均将这一部分称为护拱,视之为桥台的一部分,但理论上并不相同(图4-304)。

南方驼峰薄拱桥两拱相接处的桥墩(图4-304$_5$)。亦在对联石之下产生弹性抗力。或亦将之视为桥墩的一部分。拱券脚或嵌入水盘石的槽中,或与水盘石榫卯相联。

结构细节的布置服从于构造需要,也产生一定的设计计算模式;同样,设计计算模式的确定,需要有相应的结构细节相配合和保证。

图4-303-3中表示一段拱上填筑的力的计算模式。经典法以该段填筑自重CD作为作用力。散体法先将此力分解成径向力AD和切向力AC,BC为径向力AD乘以摩阻系数的摩阻力,加上填筑物与拱背的粘着力(一般可略而不计)之和。如AB大于AC,则衡载即用自重CD;如AB小于AC,则作用在拱背的合力为BD。各点BD力的倾角不同。

图4-304-4表示偏心活载作用于桥面,力应以45°角分布到拱轴,由于侧移,一侧的较刚性填筑产生了有利于拱内力分布的弹性抗力。这是活载计算的模式。

详细的计算理论,公式和实例,事属过专,略而不录。

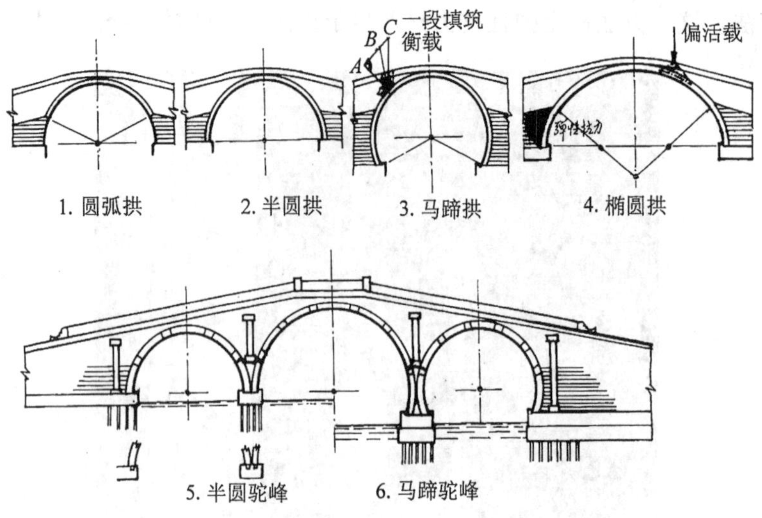

图 4-304　中国石拱桥构造和衡活载计算模式

2. 拱墙

拱墙起到保护桥面以下拱背填筑使其支承路面,其结构是拱背和坡道两侧的挡土墙。拱墙所挡的不同材料的填筑物,其内摩擦角不同,影响拱墙的厚薄。除非里外全部用石料砌筑,否则,拱墙始终是挡土墙。

一座净跨为 20 米的半圆拱桥,其拱墙高可以达到 10 米左右。这一数字是相当可观的。要保证其稳定,拱墙需相当的厚度。

拱两侧拱墙,由底至桥面,内倾靠拢,如苏州尹山桥图所绘,是解决高墙稳定的一个方法。南方石拱桥,采取又一方法,即改变拱墙边界约束条件和拱墙自身结构构造的方法,以增加稳定、节约材料,获得实用、经济、美观的效果。

图 4-305-7 所示是宋以前单孔石拱及其坡道的布置图。粗线部分表示拱墙的约束边界,只有拱背及坡道基础对此大面拱墙起约束作用。墙用图 4-306 的顺砌方法,砌大块的料石。

宋桥中有应用石柱,通长的石梁(天盘)所构成的石框架以分割拱墙。这一框架,不但能将左右两侧相对的拱墙互相拉住,拱墙被分割成两块,改变了约束边界的形状(三边约束)和距离,减少拱墙厚度,增加稳定。此外,还多一处温度和沉降的伸缩缝。实例如金泽的万安桥和紫石桥,及绍兴柯桥等,拱墙仍为顺砌(图 4-305-2)。

宋代或宋、元之际开始,在上述的基础上,于靠近拱脚之处,加一较高的石框架,把拱墙分割为三块。更增加了约束周边,缩短了约束距离。石框竖石条上,刻上对联,于实用之外,点景标题,使人引起富于典实或诗意的联想,这就是对联石的由来(图 4-305-3)。

非常明显,前所引六朝、唐、北宋诸名画的石拱桥中没有对联石。

始建于唐代诸桥中,苏州宝带桥、横塘普福桥;以及始建于北宋的洛阳天津桥、广西桂林花桥都没有对联石。

始建于南宋的金泽万安桥(1260～1264),紫石桥(1267),绍兴柯桥(1201 前)属于图 4-305-2 式,尚未发展为对联石。

可以暂作这样的推论,对联石出于南宋或宋元之际。所以,南方石拱桥中,始建于唐,

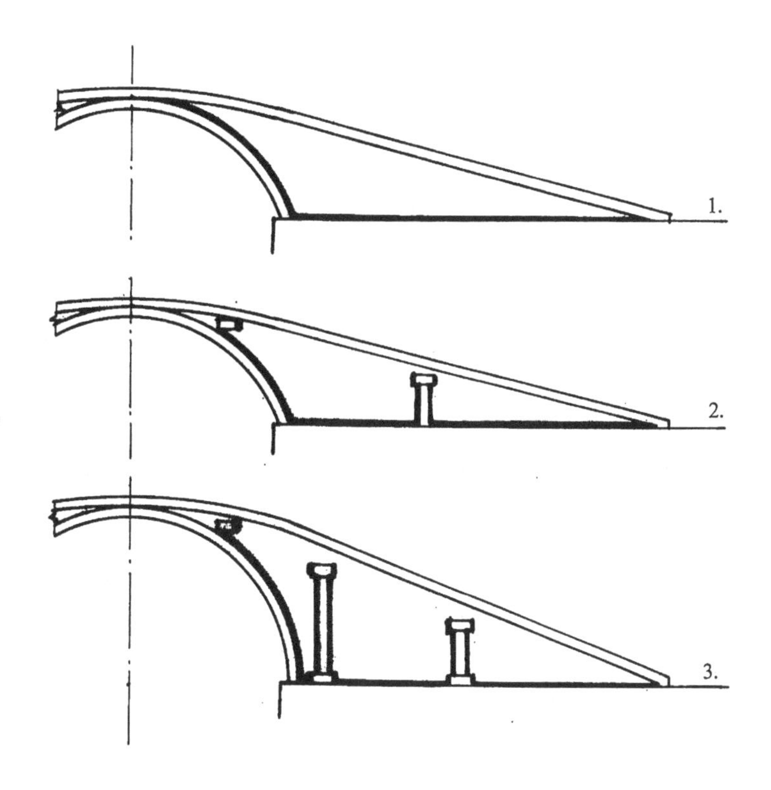

图 4-305　实腹石拱桥拱墙对联石发展图

1. 大面拱墙　2. 分割拱墙

3. 有对联石分割拱墙粗线为拱墙约束边

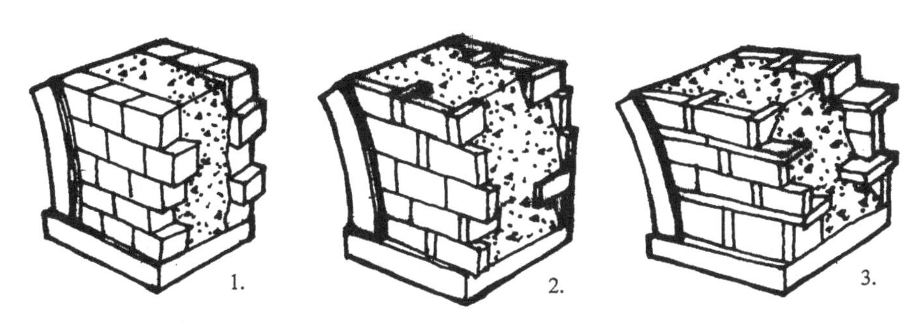

图 4-306　实腹石拱桥拱墙构造

1. 顺砌　2. 钉靴式　3. 斗式

如有名的枫桥、江村桥等都不是原构。始建于北宋,如苏堤六桥、彩云桥等也大都是后代的式样,因为现桥都有对联石。至于南宋始建的有对联石的石拱桥,现存者是否原作、只能存疑。

从宝带桥等的实例,可假定唐代开始,便有力求经济省力的石板砌筑钉靴式拱墙(图4-306-2)。靠丁砌石板增强拱墙和填筑物的锚着联系。至于增加了平放石板,使拱墙和填筑物交错渗合,以填筑物的一部分重量作为拱墙的重量,这种称为斗式的拱墙结构(图

4-306-3)只见到清代的实例。在国外,近年始有类似概念和构造,作为创新的挡土墙在工程中应用。

(二)下部结构

石拱桥的下部结构系指其桥台、桥墩和基础。

1. 桥台

单孔石拱,没有桥墩,只有桥台。

桥台一般都在岸边。前端支承板拱脚,两侧支承拱墙和坡道挡墙。因此,桥台的构造主要便是拱墙的构造。

赵州桥采用实体重力式短桥台,其构造尺寸和验算结果等详赵州桥一节中。从平坡桥面到驼峰式石阶坡道、桥台顺桥面布置,或等宽、或八字展宽,本身比较简单,复杂的组合产生与驳岸不同的处理上(图 4-307)。

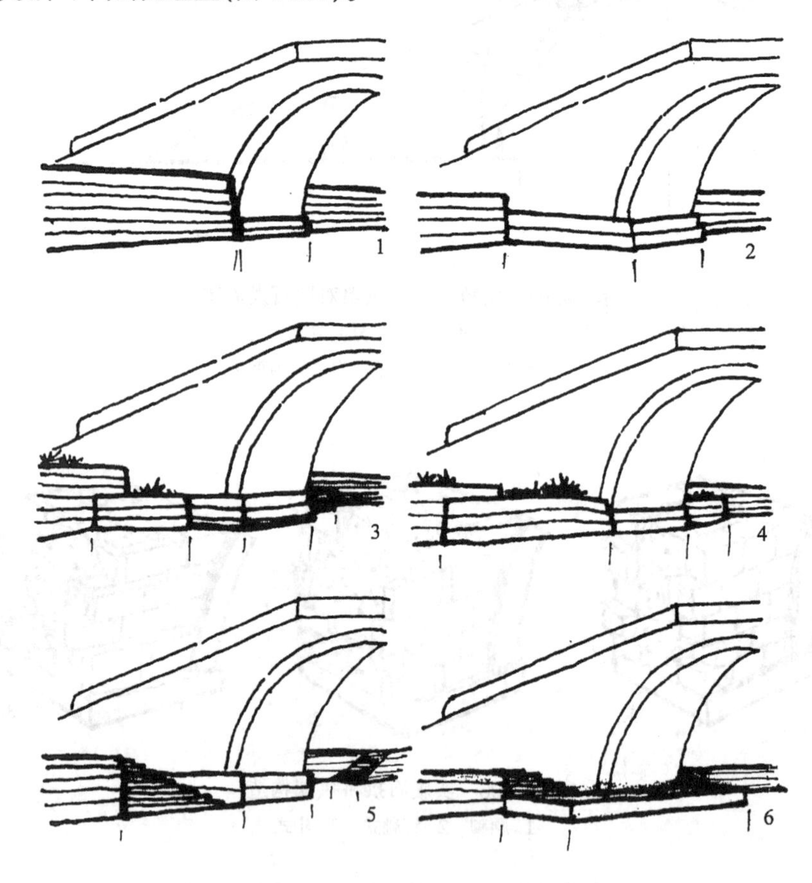

图 4-307　桥台与驳岸的组合

1. 平齐　2. 突出　3. 补角(杀)

4. 雁翅　5. 埠头　6. 纤道

(1)平齐型。桥台面与驳岸平齐,对于单孔石拱桥,河宽等于净跨。桥孔对流水没有阻碍。只是限于古桥跨越能力有限、河宽只能在 20 米左右。再宽的河道,需用多孔石拱。

(2)突出型。桥台突出于驳岸,相应于约束了河床,成为瓶颈。突出的桥台拱墙,等于是左右二道丁字坝,使通过桥孔时流速加大,若河床不予铺砌,会引起台下冲刷。然而比较平静和潮水涨落不大的南方三角洲河道上，这样的桥式十分普遍。约束了河道，也引起常有的船舶碰撞问题，不少桥的拱脚拱石被撞得移位或跌落，严重的不得不拆桥。

(3)补角型。解决水流的和顺问题，可于突出的桥台与驳岸之间加一段补角斜堤，称“杀”。如皋桥，小商桥等。

(4)雁翅型。更和顺的过渡，便用直线或曲线的导流雁翅。这样的构造多见于北方诸迳流河道的石拱桥构造之中。

(5)埠头型。南方的石拱桥头，差不多都有桥头埠头。河道有桥处便是水陆交通的交汇点，生活用水和上下船舶都靠多种形式的埠头踏步，也丰富了石拱桥的整体形象。

(6)纤道型。当年南方船只都靠荡桨、撑篙，摇橹等人力措施，今日还大部如此，所以风大，流急、船重时，还得拉纤，为了通过桥下，桥台边设有纤道，如绍兴柯桥的一侧便亦是既有纤道又接埠头。纤道甚至延伸到三孔石拱的中孔桥墩的边上(图 4-308)。

图 4-308　江苏苏州石拱桥边纤道

2. 桥墩

多孔石拱桥其中间墩分为厚墩和薄墩两类。凡拱脚以下教算作桥墩部分。这一规定于南方石拱桥有所变通。

南方薄墩石拱桥其左右孔衡载水平推力互相平衡、拱脚几近相贴，都落在水盘石上，使桥墩的重量减到极小。用本书介绍的恒载散体法和活载弹性抗力法，则水盘石以上都应算是上部建筑，除了水盘石之外，简直可以说没有桥墩。石拱还可假定从拱背刚性实体填筑以上作圆弧拱计算。以其“拱脚”力作用于其下包括一段拱板，其间的填筑，与水盘石的组合体作为桥墩来设计(图 4-309 中黑线范围之内)看来亦是可以的。习惯上称为薄墩便指此。

南方驼峰薄墩一般不设分水尖。

承受较大的水流、冰凌和漂流物的河道，其石拱桥用厚墩，且多数带分水尖。

厚墩内部不得填土，只能内外一致，或碎里整边，全部用石。

厚墩可以承受单侧一个拱的衡载横推力，所以建造时可以逐孔进行。一孔遭破坏时不致于影响全桥。

中国古石拱桥有很多类型的尖拱。前尖后方者如卢沟桥、万年桥等；两头尖者如迎恩桥等。尖墩分水尖的高度视所在河床水位而定。有齐于拱脚，为了压重，前分水尖上加砌

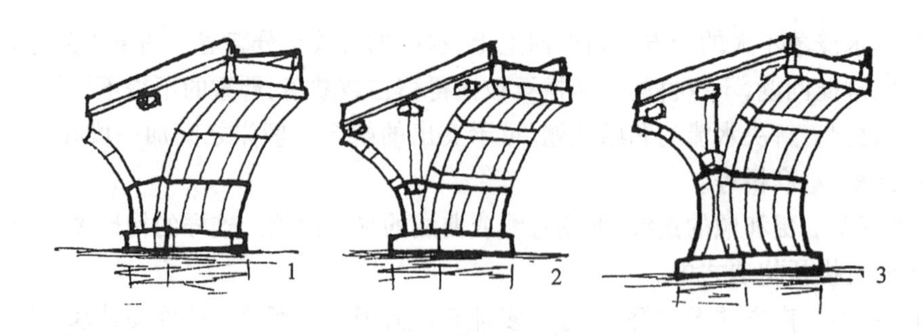

图 4-309　南方薄墩

1. 唐·曲江桥　2. 苏州山塘普济桥　3. 泾口桥

角锥,兼可帮助拱墙受力。湘乡万福桥分水尖上砌作直抵桥面的扶壁。水位较高、将可没拱的桥、分尖高及桥面。甚至模仿艄造型,尖角高翘。或甚至作近日带破浪头的海轮型艄,看来并不是毫无根据的(图 4-310)。

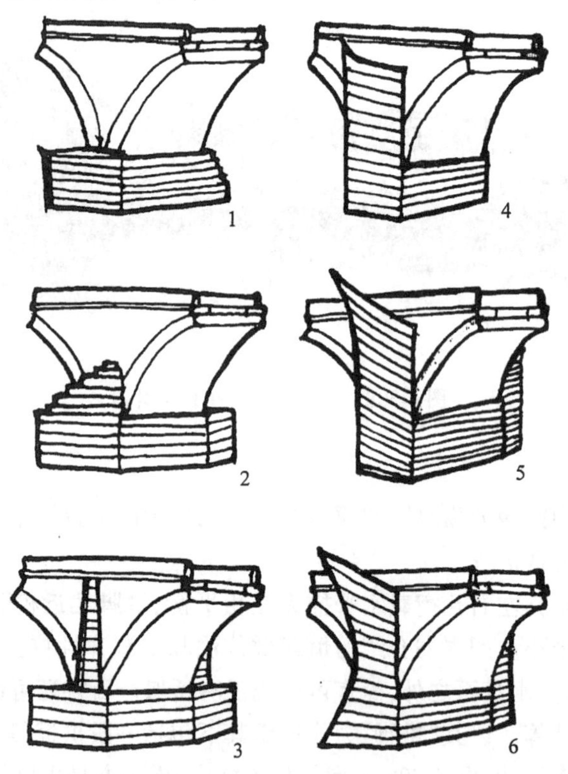

图 4-310　带分水尖厚墩

1. 卢沟桥　2. 迎恩桥　3. 万福桥　4. 回澜桥　5. 普济桥　6. 温水溪桥

(三)基础

中国石拱桥的基础分为扩大基础和桩基两大类型。

扩大基础最理想的是砌至石层,有些岩石露头或山崖石壁之上,可以基础都不要、直接从上发券,如山西迎旭桥,贵州葛镜桥等。这类得天独厚的条件,显不出石工的技术。直接设置在土壤的桥基,需要对土壤的性质有一定的认识,以及靠丰富的经验作出判断。

赵州桥以短桥台直接砌筑在砂粘土上，必然是集中该地区造桥的成败得出的结果。中国古代桥工已能聪明地利用被动土压力以增加基础的抗滑和稳定性。

比较松软的土壤采用桩基。

桩基或是传力至石层或硬层的柱桩，扩散传入深层的摩擦桩，以及仅为密实或加固土壤的密植桩。

《清官式石桥》记打桩："打桩即挤基下桩之谓，或谓之'地丁'。桩及地丁，率为柏木质，但亦有用红松或杉木做者。木之径大而长者曰桩，小而短者曰地丁。桩用铁锅筑下，丁用铁锤筑。桩用于金刚墙下，地丁则多用于装板及河身泊岸下。"这里所谓金刚墙，即桥墩和桥台受力的圬工；而装板乃指河床面铺砌；泊岸为河岸的挡土墙。桩和地丁在尺寸上的区别，按《崇陵工程做法》为："桥基下桩长一丈五尺(约 5 米)，大径七寸(约 23 厘米)小径五寸(约 17 厘米)。地丁长七尺(约 2.3 米)。桩头安铁桩帽，下部砍尖。每根留出桩头深五寸(约 17 厘米)，其空当处掏以河光碎石，并灌灰浆以坚实之"(图 4-311-1)。

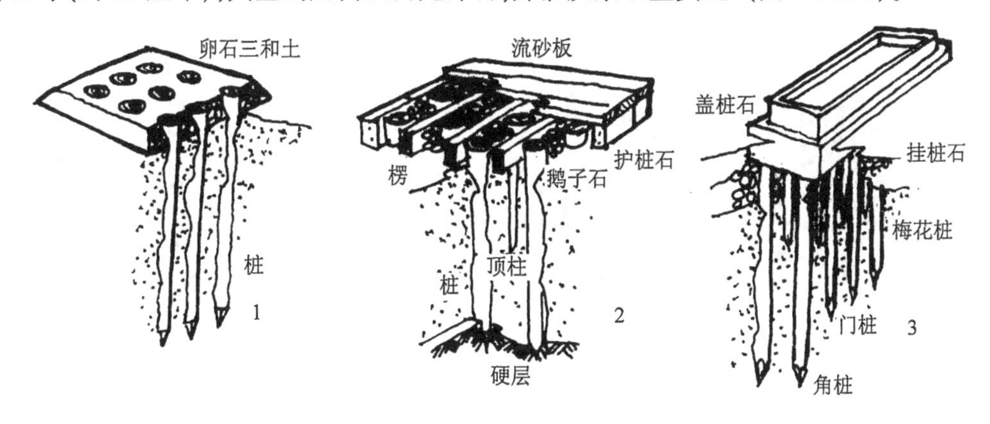

图 4-311 石拱桥木桩基础
1. 清官式石桥 2. 江西文昌桥 3. 苏南石桥

1813 年《文昌桥志》载："桥唯西岸三墩系石底，只用石上叠石。余者皆砂底，砂负石必日沉，石必日缩。愈缩则愈沉，则倾之者至矣，故继之以钉桩之工。水涸后，排净砂泥，起清旧桩旧石，挖至铁板砂。用锥锥入，以验土石，量砂深浅以定桩。桩则每桩计桩七百有奇，取松木径六叮(约 20 厘米)者为之桩。以行分，行隔五叮许(大于 18 厘米)，排如品字(梅花桩)以数十人举重椎击之，至不能入而止，曰地丁桩(地丁与桩混称)。横桩之间曰楞，楞下短柱曰顶桩。隙处密布鹅子石，外用麻石，周围培护曰护桩石。桩上平铺板，板长 1 丈 6 尺(约 5.3 米)厚 5 寸(17 厘米)，曰溜砂板。然后安放造墩脚石，此虽砂底而能与石底同固也"(图 4-311-2)。

陈森著《苏南石拱桥》介绍南方软土地基的密植桩："石拱桥都是做在桩基上的。桩的长度不大，入土深 3～4 米，直径也小，仅 15～20 厘米，但打得很密，桩距仅 30 厘米。每四桩间还加打小圆木桩一根，俗称梅花桩。这些密而短的桩实际上起加固地基的作用。

基桩的排列，一般在水盘下有两排长桩，称为门桩(门桩间也有梅花桩)。门桩的两端最外四根称为角桩，角桩长度与直径均较大。

桥台伸入水中部分选用较长的桩，岸上爬阶部分则用小桩或不用桩。

桩头上盖有一层大条石，称为盖桩石。靠近桩头 30 厘米左右泥土挖去，换为片石灌浆,称做挂桩石。有些桥也不做挂桩,就直接铺盖桩石(图 4-311-3)。苏南地区,在 4～5 米以下,有的为粘土或砂粘土(俗称硬底)可以有较大的支承力,故长桩不完全是加固土壤的作用,短桩则用以密实土壤。”

用花岗石或其他坚硬石质的石拱桥,本身结构牢固结实,损坏的原因,往往是由于基础,或产生了不均匀沉陷,或桩基被水淘空,木桩倾倚腐朽(图 4-312),失去了承载力。限于钻探和打桩等的施工手段、古人能达到如此水平,极为不容易了。

江苏苏州尹山桥

安徽池州桥

图 4-312　木桩暴露腐朽

五　石拱桥展望

有 2000 多年历史的中国石拱桥,已经发展到遍及全国,能适应各种不同的地理地质条件。在规模方面,单跨 37.02 米的敞肩圆弧石拱桥——赵州桥,其桥跨记录在世界上维持了 600 年,在中国则达 1347 年,直待 1953 年的石太线铁路桥,继之 1960 年公路桥才予打破。

50 年代后,国内石拱桥急剧发展,探索新的桥式,合理的计算方法,简化的施工措施,桥跨增长到 112 米。

60 年代开始,化整为零,便于施工的钢筋混凝土双曲拱,席卷全国中小跨桥梁,几乎取石拱桥而代之,并推广到国外。

70 年代大致上是停顿的年代。

80 年代起,改革开放,桥梁起了更大的变革。桥梁建设更多,跨越能力越来越大,各种型式的国外桥梁新结构,不断被引入而生根开花。特别是索结构,雄踞近代桥梁的魁首。

石拱桥是不是说可以淘汰了?

石拱桥的缺点：

(1)桥跨受限制。目前最大跨为1990年建成的湖南乌巢河公路石拱桥，单跨120米。虽然这不是极限，但还不会超越200米。

(2)目前石料的开采和加工，几乎都是手工操作，劳动强度大。虽然山区不缺乏熟练的石工，可是农村经济的发展，吸引着脱离对该项古老职业的兴趣。

(3)石拱桥施工脱离不了拱架。虽然可以以钢代木，削弱了就地取材的优势，增加了运输困难。

(4)石拱桥对基础的要求高，并非随处都有适合于大跨度石拱的地质条件。

(5)因手工操作，施工时间可能较长。

石拱桥的优点：

(1)石料随处都有，俯拾即是，只需开采、加工，无需冶炼、成本较低(现人为地收取“资源费”使成本增高)。

(2)石质强度极高，色泽众多、晶理闪烁、为近代混凝土所不能企及。

(3)石拱桥的造型是灵活多变和美丽的。采用一些时代的技术，亦能显示出新的力量。即使桥跨仍不会太大。如能达到200米左右，已是足够。桥在精巧，不一定仅以跨长作为唯一的标志。世界上多的是中小河流，这一领域仍是十分广阔。并且，在这一跨度范围内，石拱桥比较经济。

(4)一旦建成，不需很多保养工作。

(5)耐久性高。不论干砌或中国式的用石灰、糯米汁浆砌的石拱，只要设计得当，则少可三四百年，多能达千年而巍然独存。

风行20年的双曲拱，在江南一带大部已列为危桥。正不可一世的斜拉桥，如委内瑞拉马拉开波桥，拉索用了18年，德国汉堡考布伦特桥吊索只用了7年便需更换。现在对索的保护措施加强，亦仅能保40年。国际规定所有近代桥梁的设计寿命为120年。都无法和石拱桥相比。

(6)石拱桥行车舒适、几乎没有风振、车振等影响。

所以，石拱除了山区始终保持着一定的优势外，继续采取一些改革，如用近代的基础设计施工技术，合理可靠新型的整体布局造型，精巧灵活的功能组合，更多的机械化开采和加工、架设等，包括今天已只是欣赏古桥的南方地区，仍可建造新的石拱桥。石拱桥显然仍有其广阔的天地。中国石拱桥技术中很多宝贵的经验，在今后还是有用的。

第五章　竹木拱桥

第一节　概　　说

竹木拱桥是拱桥的一种特殊类型。中国竹木拱桥发展历史亦非常特殊。很难找到较早的文献和实物资料，只能根据现有的材料，推断其为一门古老相传，手口相授的技术，为《礼记》“匠人”之工所不载。

中国的木拱桥见之于记载和画图的很多。可是它们的结构构造却难得有交代得很清楚的，往往虽是木拱却描绘成梁形，或实际是梁桥而作拱桥来叙述。

清·顺治辛卯（1651），苏州人黄向坚万里寻亲，赴云南大姚，觅其于崇祯癸未（1643）赴滇为官的父母，历时半年，如愿以偿，作《寻亲纪程图》[①] 20余幅。其中一幅写意风景画，题：“金沙江口，波涛汹涌，嶙崖陡壁。土人架松槎以济，过此不减雁荡石梁，汗宰神栗”。图上之桥极似木拱。放大视之，细节不清。

《读史方舆纪要》记云南大理西洱河，引元代《郭松年行记》：“（自大理）赵州（县）舟行三十里，有河尾桥，架木为梁，长十五丈（约50米）余，穹形。饮水（时），睨而视之，如虹霓然，桥西则为龙尾关（即下关）”[②]。亦像是一座木拱。全国的各类木拱，和介于木梁木拱间的木构桥梁，在穷乡僻野之间还保留很多，但拆去的更不少。可惜还无法弄清历代遍布全国的鲁班子弟们的业绩。

最早的可靠翔实，能弄清其构造的木拱桥记载和图像见之于北宋。通过作者多年的发掘探索，虽然仍觉不够全面，但至少可以认为，中国有一个独立的木拱桥系统，这一系统，有待于继续充实和推陈出新。

第二节　竹　拱　桥

竹是东方特产。《诗·卫风》称：“绿竹猗猗”。民生食用，取于竹者很多，造桥便是其中之一。竹性圆而中空，劲而有节，材质比木，但重量却更轻，亦便于加工。只是直径瘦小、易于枯槁，不能耐久。虽然埋在墓葬中的竹简、和竹制日用品竟能保存上千年，那是在密封的条件之下才能如此，可是用以造桥，二三年便不能使用。所以，没有传世的竹拱古桥，只有传统的竹桥技术和近代实物。

用竹造桥，取其特长。竹索取其受拉特佳，浮桥取其中空而浮力大；竹拱桥取其劲而能弯、可拉耐压的特性。

竹拱桥一般都是竹梁柱和竹拱的结合，构造用竹篾绑扎，竹钉楔合，簻篠（粗竹

---

① 南京博物馆藏，苏24-0473号。

② 《读史方舆纪要》卷一百一十七。

席）铺面，竹栏护边，一身用竹。拱桥一般分为上承、中承和下承三种，竹拱仅见上承和中承。

一　上承竹拱桥

（一）浙江雁荡竹拱桥

竹拱桥都为临时结构，故无桥名。

这座竹拱以平缚两根竹竿作为一根拱肋、并列五肋，弯曲成拱。纵横加绑竹竿，成格式的拱上结构，使拱肋能纵向稳定受力。

并列的竹肋，横向不够稳定，再用一根竹肋斜撑于桥。桥面在横竹竿上铺上竹席、竹柱、竹寻杖（栏干扶手）。桥上还摆上几盆花木，确是很好的点缀（图 5-1）。

图 5-1　浙江雁荡竹拱桥

(二) 广东虎门竹拱桥

桥位于虎门大桥施工工地附近。亦是临时性的便桥（图 5-2）。

图 5-2　广东虎门竹拱桥

在竹栈架中，绑有四道跨越的竹拱肋。拱肋竹首尾通节相衔，弯曲成拱。在竖平面里、叠立两或三层，拱顶处多达五层。因为栈架在纵横方向都有剪刀撑，所以是一个非常稳定的结构。

竖立叠合、绑扎和竹楔固定的拱，层数可以随需要多至大竹七八层之多，形成平面叠合。竹板拱的跨度亦能达 20 米左右。竹工弄竹，技艺可谓“神”矣。

二　中承竹拱桥

江苏无锡竹拱桥，在河中两侧亦为竹栈架，中孔通航，绑有双肋的中承竹拱（图 5-3）。

竹拱肋不用首尾通节相衔接的做法，而用搭接捆绑法，所以两根竹子叠立的拱肋在搭接处成品字形。这一构造方法，较之前法更为临时性，受力亦不如前法为佳。通航部分中承桥面用铁丝吊于拱肋。因为是中承，该部分拱肋横向没有联结，品字形肋断面具有较大的惯性矩是其能站得住受力的原因。

近代的桥梁工程师，因为竹拱桥是临时性结构而没有认真地去对待和研究，把工作留给乡间的施工队伍去做，传统方法，未能提高。

图 5-3　江苏无锡竹拱桥

第三节　木　拱　桥

木料虽然也是容易腐朽的材料，木桥同样不耐久，但因适当地保持干燥，山西应县木塔（1056）已存在了 900 多年。传世的木拱桥亦有达二百年以上者。况且，中国的木拱桥构造特殊，造型美丽。作者自 1953 年首先指出北宋《清明上河图》上木拱桥的结构特殊性后，又在文献、图画和实物中陆续有所发现，细予整理推敲，脉络分明，饶有趣味，是国际桥梁史中所没有的一章。

木拱桥型式亦不少，构造循一定的思路凭经验作技术上的改进，渐趋于系统化。

一　弓弓桥

（一）北川交桥

《古今图书集成·职方典》天全州："交桥。诸村水险恶，水落亦不可舟筏。夏则索渡，冬则交彴（sháo，独梁）两岸。垒石对压二木，委其末而交缚于上，上平缚二木扣底，以簸或缆稳相连络。渡者上木引手，下木承趾。或谓扐桥，谓扐起也"。扐（lì）是缚住的意思。亦即捆绑式桥梁。

四川《北川县志》记："距城七十里蛇溪沟，路隔大河。该地土人，用树木连皮尖，架一拱桥，以通行人，俗曰弓弓桥。河口宽四丈余（约 14～15 米），两木之抄，相接于桥腰，用竹篾捆之，护以树枝，以为栏杆，见者无不称为绝技也"。志有图，惜是写意而已，结构并不清楚。

桥名交桥，又名扐桥，俗名弓弓桥。

（二）四川硗碛弓弓桥

循职方典载，经天全州荥经至硗碛的路侧溪上，实地看到了两座弓弓桥。

两座桥的构造基本相同，只是岸上结构布置略异，暂称其为甲型、乙型（图 5-4 至 5-9）。

图 5-4　四川硗碛弓弓桥（甲型）下游侧

图 5-5　四川硗碛弓弓桥（甲型）上游侧

桥的构造是，两岸各立杩槎，即三角形木撑架。甲型靠河侧为交叉两木 1，交叉木在交叉点左右两侧各有后撑木 2，后撑前端联以横木 3，中间上部联以横木 4，就成了一个稳定的三角形构架。在后横木 4 下，前横木 3 上，插入桥面独木梁 6。原始状态是斜直向上。斜的后撑木后端横木 4 之后密排小圆木 8，上面左右压以平衡石块。两岸同时将独木梁向下弯压，两梢在中间搭接，用篾捆绑，就联结成拱形的桥面。在独木梁下横木 3 以上再放横木 5，以横木 4 为上支承，横木 5 为下支承，左右插入扶手木 7，原始状态亦是斜直向上。和桥面独木梁一样，压弯绑合，形成扶手。再将桥面木用藤挂兜缚于扶手木，成为一个三角形断面的桥面。图 5-4 示二农村少女过桥的情况。

乙型两岸的杩槎不相同，省去了后撑木，用桥面及扶手木作后撑。扶手木的上支点以篾索绑于前撑立柱顶。桥面木并列三根，步履更为容易（图 5-6）。

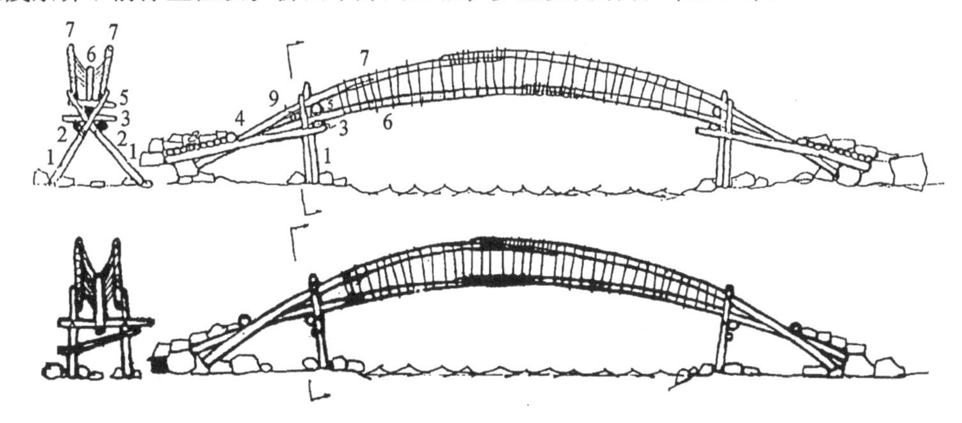

图 5-6　四川硗碛弓弓桥图 上：甲型；下：乙型

1. 交叉木 2. 后撑 3. 前下横木 4. 后上横木 5. 前上横木 6. 桥面木 7. 扶手木 8. 后撑上小横木 9. 垫横木

图 5-7　四川硗碛弓弓桥（乙型）

用杆件压弯成拱，绑扎成桥，竹拱桥和弓弓桥一脉相承。只是弓弓桥是一个非常简单的立体结构，所以“见者无不称为绝技”。

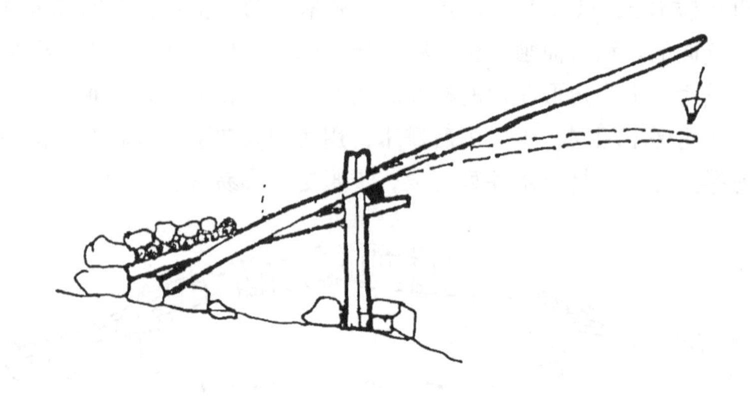

图 5-8　弓弓桥杆压弯图

图 5-9　弓弓桥（乙型）桥面

二　撑架拱桥

撑架拱是梁向拱演变的一个中间阶段。因为撑架产生横推力，故将撑架桥归之于拱桥。

木梁加上斜撑，是撑架拱最简单的构造，逐步演进，有比较复杂的结构。

（一）早期撑架拱桥

台北故宫博物院藏北宋·范宽绘《秋林飞瀑》图（图 3-15），上画秋山红树、陡壑流泉、峻岭严关、悬崖栈道。画下方正中、飞瀑之上架有一座斜撑木桥。桥柱斜撑于两崖，上搁骈木树杆作梁。由于斜撑细弱，柱中还加横木亦撑于岩壁。宋·郭若虚《图书见闻志》记范宽重于写生，主师造化，居终南太华山地区，所以桥梁如实地为当年存在的实物作写照。可惜桥面的细部没有交代太清楚（图 5-10，11）。

图 5-10　《秋林飞瀑》图木撑桥（摹本）

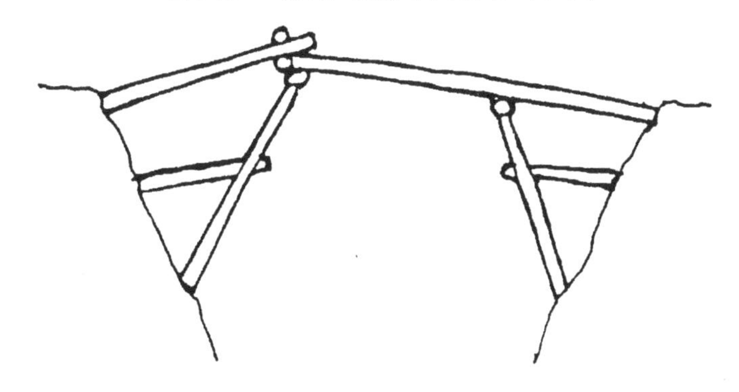

图 5-11　《秋林飞瀑》桥立面图

原图上中孔和右边孔梁可能是连续的长树干，亦可能断开的大小两孔。不论哪种布局，结构都是合理的，如为后者，则分明是木结构的空腹三折边拱。

桥两端都接木栈，一切都就地取材，粗略加工，朴实无华。

后世用八字撑架的很多，或在设计之初，便作为主体结构，或用以加固旧桥。

(二) 各种撑架拱桥

1. 浙江泰顺小木桥

浙江泰顺还存在着很多木拱桥，最简单的一座便是八字撑架拱（图 5-12）。

图 5-12　浙江泰顺小木桥
（桥下的细横条为水管）

和“秋林飞瀑”桥不同，此处的八字撑架是在木梁之下，另加三根一组，以横木于角点联结的八字撑，并列数组，等于木梁多了两个中间支点。桥上有桥屋，两侧有挡雨板。

桥建于清代。

2. 湖南安化镇东桥

桥位于安化县东坪镇。志载始建于清·同治十年（1871），成于光绪五年（1879）。桥为二台五墩六孔木伸臂梁，桥上有重檐廊屋。

作为木伸臂梁，伸臂似觉太短，再加上其他原因，端头一孔梁下，加八字撑架以加固（图 5-13）。因为斜撑过高，所以在三分之二高处纵横加横木以牵制稳定之。理由和“秋林飞瀑”桥同，方法却不一样。

3. 四川安县姊妹桥

四川安县晓坝乡五福村跨茶坪河有双桥名姊妹桥（图 5-14）。始建于明初，清·同治十一年（1885）改建。因高架河中石岛上，又名高桥。桥各高 3.5 米，长 18 米，宽 3.2 米，为木撑架结构。

4. 云南临沧小木桥

云南竹木桥梁甚为别致。

图 5-13　湖南安化镇东桥

图 5-14　四川安县姊妹桥

临沧这一座小木桥，桥跨较大，坡道较平而长，因此将坡道分为三跨。靠河的柱架，向岸倾斜，且八字斜撑，正夹于柱中高的两侧，同时支撑了坡道梁，又改善了八字撑的自由长度（图 5-15，16）。

桥梁结构系统基本上是木结构的撑架拱，相应于石结构的空腹三折边拱，根据木结构和桥道布置的变化，灵活运用。

5. 云南凤庆大花桥

云南木桥中很多有桥屋的桥梁，结构花巧，彩绘雕刻，杂然纷呈，俗称花桥。凤庆

图 5-15　云南临沧木桥

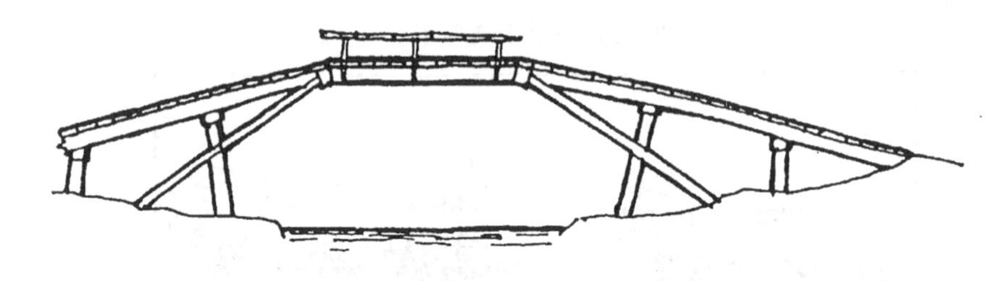

图 5-16　临沧木桥立面图

这一座大花桥（图 5-17）便是如此。

大花桥的结构如图 5-18。主要的一套支承系统为系统Ⅰ，是一组空腹三折边。上折边 *ABCD* 上承桥面板 3。*EBCF* 构成下三折边，而 *EB* 及 *CF* 是双层叠木伸臂梁。所以系统Ⅰ的设计计算模式 *EF* 可假定为固端，*EBCF* 已经是一个超静定结构，加上 *AB* 和 *CD* 杆便成多次超静定结构。全桥净跨约 13.2 米，横向总宽约 2.9 米，净宽约 2.15 米，是由四组系统Ⅰ两两并列组成。

桥上有桥屋，因为系统Ⅰ中横梁 *BC* 较长，一个系统上落有四根屋柱，再加上桥梁活载，*BC* 梁受载过多，于是在两组系统Ⅰ中，夹建系统Ⅱ。这一系统，通过和系统Ⅰ的联结，分担了一部分荷载。系统Ⅱ亦是八字撑架、上梁 *HI*，不但可传柱力，亦可作行旅的休憩的坐处。

结构粗看十分复杂。分解成各个单元，可见是伸臂梁和撑架拱的组合。这种组合，对施工亦方便，即先在岸边架设 *EB* 和 *CF* 伸臂梁，再在梁端架上 *BC* 梁，第一系统稳定地站立。在第一系统中架设系统Ⅱ，然后是立屋铺桥面，不需要在水中进行任何作业（图 5-18）。

图 5-17　云南凤庆大花桥

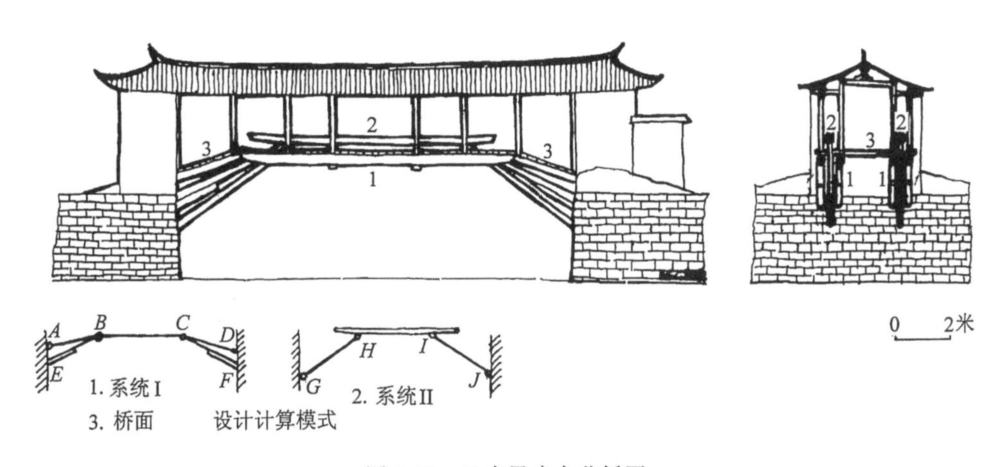

图 5-18　云南凤庆大花桥图

6. 浙江新昌梅树坂桥

桥位于新昌至宁海天台山区的古道上，地名梅树坂、上三坑村，故名梅树坂桥，又名普济桥。村多古建，古树。桥头石路，以卵石铺砌美丽的图案，桥亦是自古便有。

这一座木桥系建于清·宣统元年（1909）（图 5-19，20，21）。桥长 15 米，宽 4 米，

图 5-19　浙江新昌梅树坂桥（一）

图 5-20　浙江新昌梅树坂桥（二）

图 5-21　梅树坂桥木撑

高 6 米。其结构如图 5-22。

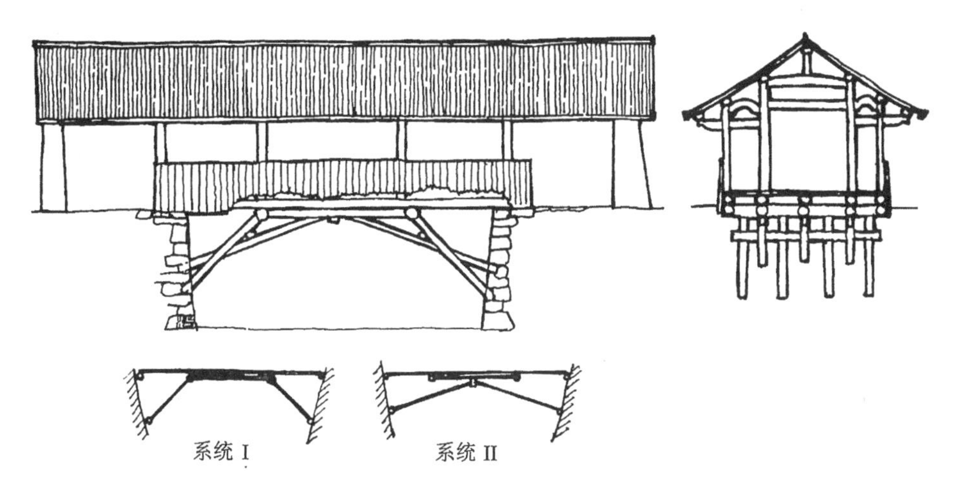

图 5-22　浙江新昌梅树坂桥图

桥为木梁下加八字撑架拱和人字撑架拱的组合。桥面以下，横截面中共五根木梁，以五组八字撑支承。然而这五组八字撑，梁为五根，通过角点横梁后，斜撑错开排列，变为两边各四根，这是结构系统Ⅰ。于是中间三根梁在桥的中间，下嵌短木，两侧再以较平坦的人字撑撑住，增加了一个中间支点。边梁荷载较轻，中梁荷载较重。这里采用了大花桥之外另一种巧妙的结构布局。

从人字撑拱再探索一下一幅元代壁画。

7. 山西洪洞元代壁画木桥

山西省洪洞县水神庙里壁画中一角，画有一座支架木桥。壁画作于元代，这座桥梁初看极似木桁架。世界上木桁架的出现极晚，约当16世纪始有设想，18世纪方建有桥。而我们在13世纪便在画中出现了。不排斥这是一座仅有两个节间的木桁架桥。

现在细审画面，提出另一种可能。桥中间相交顶于侏儒（短柱）顶斗方的后面，斜下时并不通过枋与柱相交的节间，而是穿过两根上下的扁梁之间（图5-23，24）。恢复原桥状作图，假想其全宽共四道起架，错开有三道人字撑，是一座起架和人字撑的结合桥。原画桥面和桥下的透视角不同，总有一定的实物根据。况且衣冠人物，形态生动，不失佳作。

图5-23　山西洪洞水神庙元代壁画木桥

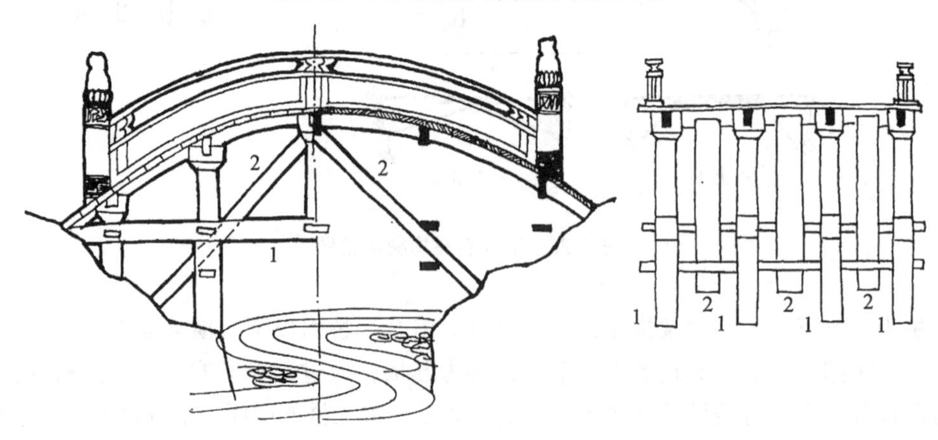

图5-24　山西洪洞元代壁画木桥结构图
1. 梁、柱、斗起架　2. 人字撑

8．四川酉阳木拱桥

四川酉阳、苗族自治县清泉乡龙水沟，有一座建于清·同治十年（1817）的木撑拱桥，高耸在峡谷之中，凌空虚架，桥的结构十分复杂（图 5-25，26，27）。迄今已存在了 170 余年。

图 5-25　四川酉阳清泉乡龙水沟木拱桥（一）

图 5-26　四川酉阳清泉乡龙水沟木拱桥（二）

图 5-27　龙水沟桥桥面

通过整体、局部的很多照片，得识其结构构造如图 5-28。

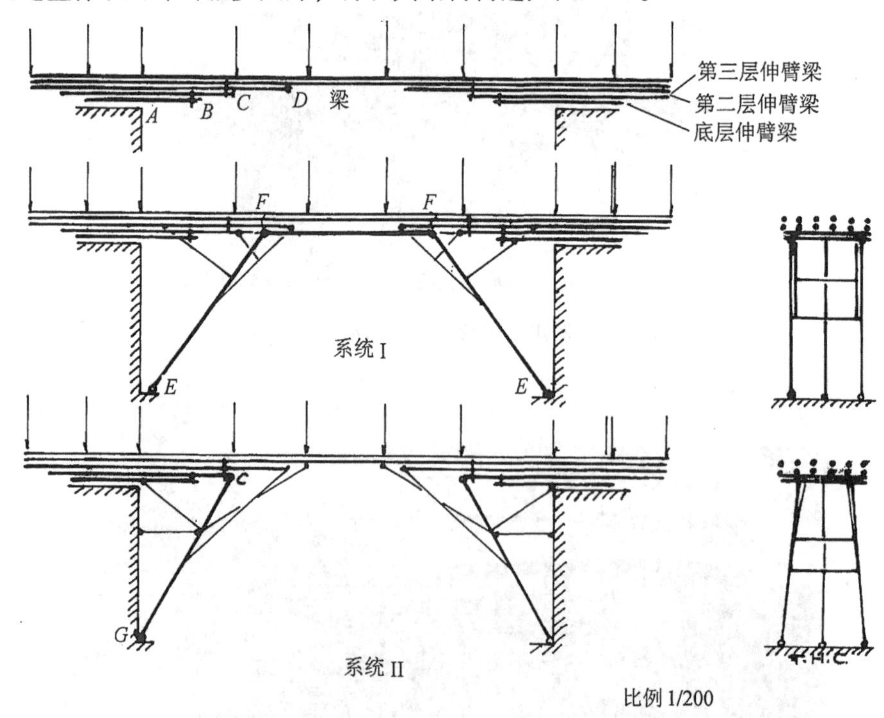

图 5-28　龙水沟桥结构系统图

桥全长 32 米，宽 4 米，高 28 米，净跨约 25 米。分为九个开间。桥台上各两间较窄。靠近桥台有较宽者二间，桥中间三间相等。柱落在梁上。最上部为相叠两根全长拼接的圆木梁。每梁之下，有三层依次的伸臂梁，共计并行六组，上承桥面和桥屋柱。

梁用木撑架撑住，撑架共有两个系统。

撑架系统Ⅰ。主骨架是 EFFE 的三折边八字木撑。上撑点 F 支承第三层伸臂梁伸臂端D 的后面一些。F 点和第二层伸臂梁端C 之间有短木CF 撑柱。斜撑 EF 是一个三柱加顶梁和中间横梁的木框架，但 FF 撑仅只相对于边上两柱。系统Ⅰ的主骨架上再伸展出一些细支斜撑，分别撑于第三层伸臂梁端 D，第二层伸臂梁端 C 以及第三层伸臂梁在AB 之间的横向联系木上。

撑架系统Ⅱ。主骨架是斜撑 GC，上端支撑于第二层伸臂梁端 C。横断面里亦是三柱，外两柱向内倾，以帽梁和中部横梁构成木框架。从主骨架上，再伸展出一些细支斜撑，上端分别支承中间桥屋柱、第三层伸臂梁端 D，底层伸臂梁在桥台处支点，以及横撑于桥台壁。

单独的系统Ⅰ或系统Ⅱ，包括它们像树枝丫一样的细斜撑已经是够复杂的了。两个系统组合在一起，必然使人眼花缭乱、不知所从。

为什么要这样做。看来是服从从峭壁两岸向跨中推进架设的需要。

首先架设系统Ⅱ撑架 GC，靠后面的一斜一平细撑推出拉住，固定于倾斜的位置。

再架底层和第二层伸臂梁。两层梁是用铁件组成在一起的。和系统Ⅱ撑架在 C 点相联，成为两岸各伸臂出来的两个三角形伸臂平台。

接着架系统Ⅰ主骨架 EFFE，CF 之间的短梁撑紧之后，全桥已是基本上合拢。

架上左右的第三层伸臂梁。

架设系统Ⅰ的各细支斜撑和系统Ⅱ撑位第三层伸臂梁端 D 的细支斜撑，使桥可以承重较大的力量。

架设最上面两根叠梁，封闭两岸伸臂的悬孔。架系统Ⅱ的最后一根帮助中间桥屋柱的细撑。

铺桥面板；主桥屋柱、起架、上檩、铺瓦。装栏干等。

以上是对当年工作步骤的推测。

桥下撑拱系统骈立穿插，枝干分明。若非胸有成竹，是难以着手的。这是木拱桥中的一座奇桥。少数民族在木结构方面，有不同于汉族的独特的成就。这座桥地处偏僻的乡间，跨越深谷之处。一次建成，难以更替。着意维修，得以保存到今天。酉阳文化局吴胜延提供了宝贵的照片资料。

9. 湖北利川群策凉桥

利川在湖北恩施地区的清江上游，靠近四川。这一带是四川、湖北陆路的古道。道上有结构特别的木撑架拱①。

桥建于清·光绪二十年（1894）。《公路史》载桥长 28 米②（图 5-29，30，31）。

两岸伸臂木梁共三层，并列六组。斗头有一个开间的空处。按照伸臂木桥的做法，此处搁上悬孔，便成木伸臂桥。可是此桥却以三开间长的两层，并列五根平木，穿插其间，成为两组系统Ⅰ的结构。斜撑和平木之间，每一系统有四根横夹木，自成一个稳定的系统。力学上称为系统转换，木桥自伸臂梁转化为撑架拱。或更精确地说，是伸臂梁和撑架拱的组合。并且已有下节贯木拱的内容。

---

① 《湖北公路史》载照片与利川公路段赵明银提供照片略有出入，现以后者为准。

② 湖北公路史编纂委员会，湖北公路史，人民交通出版社，1990 年。

图 5-29　湖北利川群策凉桥

图 5-30　群策凉桥桥面

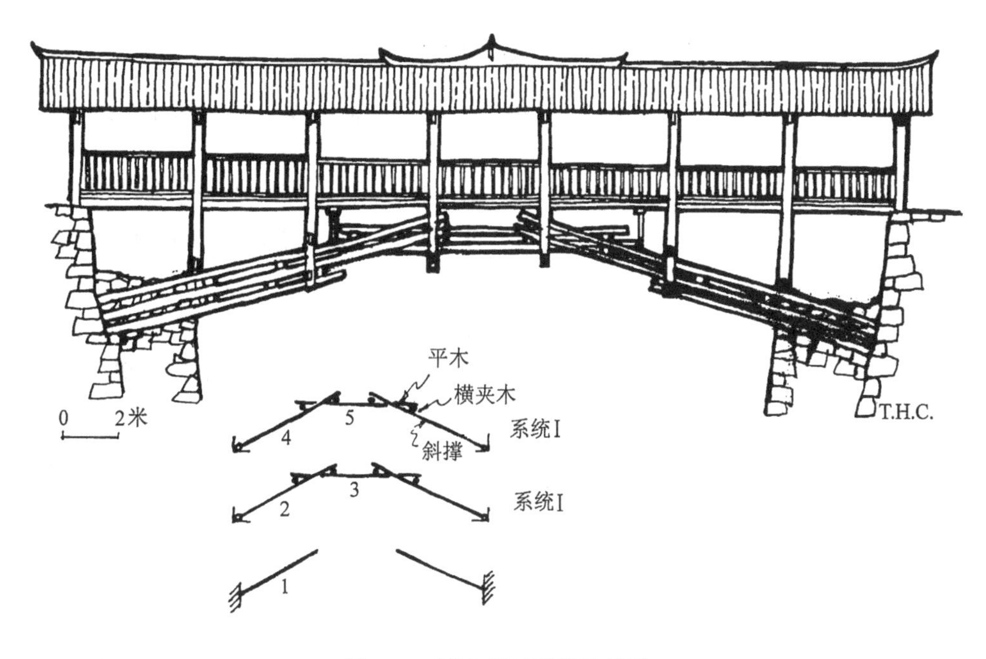

图 5-31　湖北利川群策凉桥图

三　贯木拱桥

中国桥梁，有一类十分别致，即在世界桥梁史中绝无仅有的木拱桥。过去作者曾暂称之为叠梁拱，总觉不够贴切，今按文籍记载的“大木相贯”定名为贯木拱。

（一）早期贯木拱——《清明上河图》汴水虹桥

《清明上河图》是北宋画家张择端的一幅名画，现藏故宫博物院。画为高 25.5 厘米，长 525 厘米的长卷，描绘了北宋·汴京（今河南开封）东南城内及城郊清明时节的景象。画面由宁静的郊外，引入繁华热闹的汴河岸边的市桥，再转入整齐平静的街道。汴京的桥梁为数极多，图上虹桥便是代表性的一座，画家为我们留下了这座桥珍贵的形象，表现出高度的创作概括能力和写实表现的手法。

张择端，北宋人，但《宋史》、《宣和画谱》等著作中均无记载。《清明上河图》画后金代张著的跋文称：“翰林张择端，字正道，东武（今山东诸城）人也。幼读书，游于京师。后习绘事，本工其界画，尤嗜舟车、市桥、郭径，别成家数也”。生卒年月无考。但张著、张公药、郦权等的题跋，认为所绘乃北宋晚期政和、宣和（1111～1125）时的宋都汴京的景象。从下文关于桥梁的考证中，证明他们的推断是正确的。

开封在春秋时是梁国的都城，所以又称大梁。战国时为魏都，五代的后周和北宋都于此。这里曾是极繁华的地方。

流经开封的汴水，禹贡称漓水，春秋为邲水，秦汉时为鸿沟、浪荡渠，之后一直名叫汴水。隋炀帝开通运河后，龙舟由洛水入黄河，转汴河、泗水，直到扬州。唐·皮日休《汴河诗》道：“龙舸万艘绿丝关，载到扬州尽不还，应是天教开汴水，一千余里地无山”。“尽道隋亡是此河，至今千里赖通波，若无水殿龙舟事，共禹论功不下多”。

宋代苏轼认为汴水旧时已能通航，隋炀帝时，不过是淤而复通而已。他说："世谓炀帝始通汴入泗，非也。晋王濬伐吴，杜预予之书曰：'自江入淮，逾于泗、汴，自河而上，振旅还都'。王濬舟师之盛，古今绝伦，而自汴泝河以班师，则汴水之大小当不减于今矣"。

隋、唐之后，江南漕运，都通过淮汴，运到北方。皮日休《汴河铭》写道："在隋之民不胜其害也，在唐之民不胜其利也。今日九河之外，复有淇汴，北通涿郡之渔商，南运江都之转输，其为利也，博哉!"

元代马端临《文献通考》记："太平兴国六年（981），汴河岁运江淮米三百万石，菽（豆）一百万石。至道初（995），汴河运米至五百八十万石。大中祥符初（1008）至七百万石"。

宋·周邦彦《汴都赋》中形容汴运之盛："自淮而南，邦国之所仰，百姓之所输，金谷财帛，岁时常调，舳舻相衔，千里不绝。越舲吴艚，官艘贾舶，闽讴楚语，风帆雨楫，联翩方载，钲鼓镗铪"。

汴水经过开封时穿城而过。唐·贞元十四年（798），宣武帅董晋作汴州东西水门韩愈为之记："黄流浑浑，飞阁渠渠。"《方舆类纂》指出："宋·太平兴国四年（979），命汴河水门曰上善，通津，大通。汴水入城西大通门，分流出城东上善门，通津门。"（分流出二门，不确，自有水门）宋·孟元老《东京梦华录》所记："东城一边，其门有四，东南曰东水门，乃汴河下流水门也。其门跨河，有铁裹窗门，遇夜如闸，垂下水面。两岸各有门，通人行路……。"唐·王建诗："水门向晚茶商闹，桥市通宵酒客行。"水门的热闹通宵达旦。

《东京梦华录》记汴水："自西京洛口分水入京城，东去至泗州入淮，运东南之粮，凡东南方物，由此入京城，公私仰给焉。"又说："自东水门外七里，至西水门外，河上有桥十三。自东水门外七里，曰虹桥。其桥无柱，皆以巨木虚架，饰以丹艧，宛如长虹（图 5-32），其上下土桥亦如之。次曰顺成仓桥。入水门里曰便桥，次曰下土桥，次曰

图 5-32　北宋·张择端《清明上河图》汴水虹桥

上土桥。投西角子门曰相国寺桥，次曰州桥（又名天汉桥）……”。

上述记录和《宋史·地理志》与《清明上河图》所绘十分合拍。张择端长卷所绘汴京景像具体位置如图5-33。虽只表现了汴京繁华的一小部分，却是万象具全的当年一幅生动的生活风俗画。画的中心部分取的是汴水虹桥。同样的桥式，还有上土桥和下土桥，但具在画外。

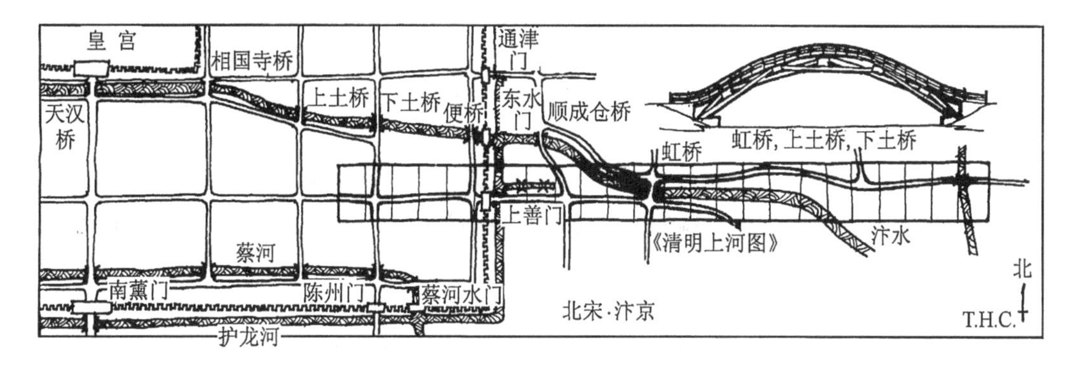

图5-33　《清明上河图》所绘汴京城郊部分位置图

关于汴水虹桥，有一段有趣的历史过程。

汴水原是引黄河的水，后来改引洛水，在洪水季节，水流很急。“宣和初大水，河水涨入，都城以西漫为巨津。东决汴堤，汴水将溢，诸门皆城守。”《宋会要》记：“大中祥符四年（1011）陈留有汴河桥，与水势相戾，往来舟船多致损溺。”《续资治通鉴长编》卷一百四十八记之甚详，并有“陈留南镇土桥”移建事几乎闹成大狱。

土桥原建于新桥之西（疑即后之上土桥），因“为陈留桥损害舟船，”真宗皇帝命王旦移建于新址（疑即后之下土桥），时为大中祥符七年（1014），是即“陈留南镇土桥。”到庆历二年（1042）“有船触桥柱，破”，于是，又有多人提出移回原址，取得朝廷同意。可是，庆历四年（1044）才移不久，“未及月余，已闻新桥不利，损却舟船，撞折桥柱，乃水势稍恶，重船过之不易”（范仲淹语）。因此，桥当初由西往东移是正确的。庆历二年，即新土桥建后28年，所谓损船，范仲淹说：“所损舟船五十五只，内五十只因风相磕撞致损，只有五只因桥至损”。为移桥事，最后皇帝薄责诸臣而重惩监察御史王砺，这是采纳了谏官欧阳修的意见。

这段历史，说明了汴河土桥原是多跨的梁柱桥。《清明上河图》上所见如此巨大的艚船撞桥，折柱沉舟，阻隔有关国计民生的水陆交通。难怪要惊动诸臣，由皇帝来判断工程的进行了。

船舶撞桥的记载，还有《宋会要》记大中祥符五年（1012）：“京城通津门外新置汴河浮桥，未及半年，累损公私船，经过之际，人皆忧惧。寻令阎承翰规度利害，且言废之为便，可依奏废拆。”

只有河中没有桥墩，方可免除船撞之患，因而早就有人建议建造“无脚桥”。这事在陈留土桥之前。

《宋会要》记载：“天禧元年（1017）正月，罢修汴河无脚桥。”《长编》亦载：“内殿承制魏化基言，汴水悍激，多因桥柱坏舟，遂献无脚桥式，编木为之，钉贯其中。诏化基与八作司营造。至是，三司度所费功逾三倍，乃诏罢之。”魏化基的无脚桥没有成功，原因只是说太费工，其桥式究竟如何？如何编木，如何贯钉？都不清楚。如其造成，也许亦是一种好的桥式。

《清明上河图》上的汴水虹桥桥式，肇自何处？创自何人？需详慎审定。

宋·王辟之《渑水燕谈录》卷八记："青州城西南皆山，中贯洋水，限为二城。先时，跨水植柱为桥，每至六七月间，山水暴涨，水与柱斗，率常坏桥，州以为患。明道中，夏英公（名竦）守青，思有以捍之。会得牢城废卒，有智思。叠石固其岸，取大木数十，相贯架为飞桥，无柱。至今五十余年不坏。庆历中，陈希亮守宿，以汴桥坏，率常损官州，害人命。乃命法青州作飞桥，至今汾汴皆飞桥，为往来之利，俗曰虹桥"。过去一直以此为准。

《资治通鉴长编》记："明道二年（1033），丙戌，徙知隶州夏竦知青州。"《宋史·夏竦传》："徙青州，兼安抚使。逾年，罢安抚，迁刑部尚书，徙应天府"。则虹桥的创建，最早可能为公元1033年。迟也在1034年。

《宋史·陈希亮传》记："乃以为宿州，州跨汴为桥，水与桥争，常坏舟，希亮始作飞桥无柱，以便往来。诏赐缣以褒之，仍下其法，自畿邑至于泗州，皆为飞桥。皇祐元年（1049）移滑州。"

《宋史·夏竦传》不记建桥事，关于这种桥型的创始者有两种说法。如为1033年青州首创，何以1044年京畿仍未采用而闹土桥之狱？如为1049年前不久宿州首创，则京畿接着造上土桥，下土桥和东门外七里的虹桥，事情就衔接上了。可是王辟之言之凿凿，未知何据？若依正史，应该是陈希亮在安徽宿州第一个创建。

新桥型的出现，"汾、汴皆飞桥"。汾桥在何处？《考工典》："平阳府飞虹桥，在襄陵县西南三十里义店材。众木攒成，不见斧痕谷称鲁班桥。"庶或是之。

《清明上河图》本身亦有一段曲折的故事①。它的完成应于公元1049年以后，或如考古学家推定为1111年。靖康之难，画落入金兵手中，北去。元代入宫廷，后又流落民间。清代又归皇宫。辛亥革命之后，溥仪以之赐其弟。故未被运往台湾，最后献给国家。1953年在北京故宫博物院绘画馆展出。这幅画，历代多有赝品，好多赝品中虹桥便画作石拱桥，可见没有桥梁专业知识的画家、艺术家、鉴赏家们难以理解和区别贯木拱和石拱。1954年冬，作者首次获见此图，深为此桥所激动，深入研究后作文考证和计算。梁思成先生得知，亦大为讶喜，推荐作文刊载于《新观察》② 杂志。罗英先生特嘱作文纳入其《中国桥梁史料》。

多亏张择端以忠实的手法，合乎透视原理，不忽略桥的细节，传神穷照地画出了桥的构造。

桥的尺度可以从画上和历史记载予以推定。

桥上栏杆是宋代勾栏特有的做法。扶手是一根通长的"寻杖"。寻杖以下为盆唇、蜀柱和地袱所构成的框架。框架束腰只是简单的二根横木。每根蜀柱上置上下复斗瘿项。为了增加木栏杆的牢靠性，在每根蜀柱的盆唇底上，用斜木撑住。全桥只有桥头两端各有二根望柱，也即作为八字折柱。桥每边八字折柱至八字折柱中间，共有蜀柱23

---

① 张安治，张择端清明上河图研究，朝花美术出版社，1962年。

② 唐寰澄，湮没了九百多年，新观察，1954，(24)。

根。从栏杆上靠着的人数看来，每二蜀柱间有紧靠二人，估计宽约 80 厘米。由此便估计全桥八字折柱至八字折柱间长约 20 米（图 5-34）。

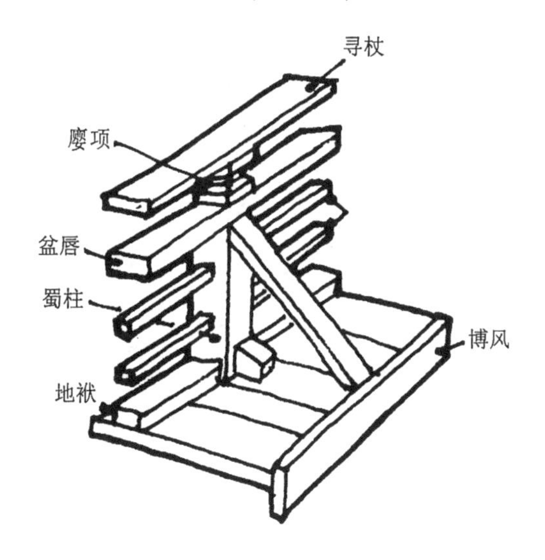

图 5-34 虹桥栏杆

《图书集成·职方典》记开封府·汴水："周世宗显德四年（957）疏汴水入五丈河，初导河自开封，历陈留，其广五丈。"《宋会要》记："大中祥符八年（1015）马元方清浚汴河，中流阔五丈，深五尺。"河阔约 16.5 米。桥跨较之河阔约长 3.5 米。《宋会要》又记："大约汴舟重载入水不过四尺（约 1.2 米），今深五尺（约 1.5 米），可济漕运。"

桥上除了凭栏看船与水斗的人外，栏杆两边设有摊贩，栏杆内净宽约八至九米。栏杆以内路面和两岸街道是一色的，桥面似乎铺了某种铺料。栏杆以外，很明显地看得出横铺着桥面板。每二蜀柱间，一般并列四块木板，宽约 20 厘米。《汴都赋》[①] 称："城中则有东西之阡，南北之陌，其衢四达，其途九轨，车不埋毂，互入不争"。因此，桥面也就相当宽。桥上自然形成桥市。虽然"天圣三年（1025）诏在京诸河桥上不得令百姓搭铺占栏，有妨车马过往"，但是仍然禁而不绝，画上依旧占摊如故。

再从桥的正面和底面来探究其结构。桥拱主要部分是用二组拱骨系统，一组是三根长拱骨，称为系统Ⅰ；另一组为二根长二根短拱骨，称为系统Ⅱ；如此错开排比搭架，每二根拱骨端，搁于另一系统拱骨中部横木之上。单独一片拱架是不稳定结构，如此排比而成的拱架，用索捆绑起来，用横木作联系，横木同时起横向分配力的作用。二个系统组合成的结构，是稳定且为高次超静定的。拱木互相穿插，"贯木拱"的大木相"贯"的含义十分清楚了。桥无柱脚，单跨越过汴河。作者当年曾用火柴梗搭架简单的模型如图 5-35，其结构构造系统计算模式如图 5-36。

从《清明上河图》看此桥，正如宋·汤鼎《汴京云骥桥诗》（是否即虹桥正名？不详）所云："桥头车马闹喧阗，桥下帆樯见画船。"过桥的船正紧张地控制方向，桥上还有人抛绳引船过桥。从图正面可以一丝不爽地观察桥的结构，有五长两短的七根拱骨。最中间一根的中心，便是栏干的中心蜀柱。桥面板头，钉有博风板，桥横木的端部，都

① 宋·周邦彦撰，《汴都赋》卷二，见《丛书集成续编》史部五十四册，上海书店，第 26 页。

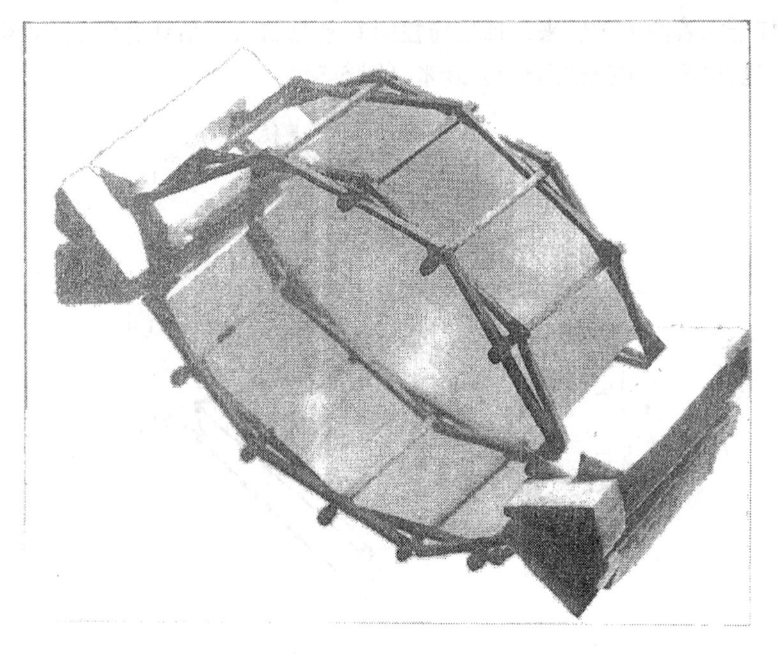

图 5-35　虹桥结构简单模型（1954，作者）

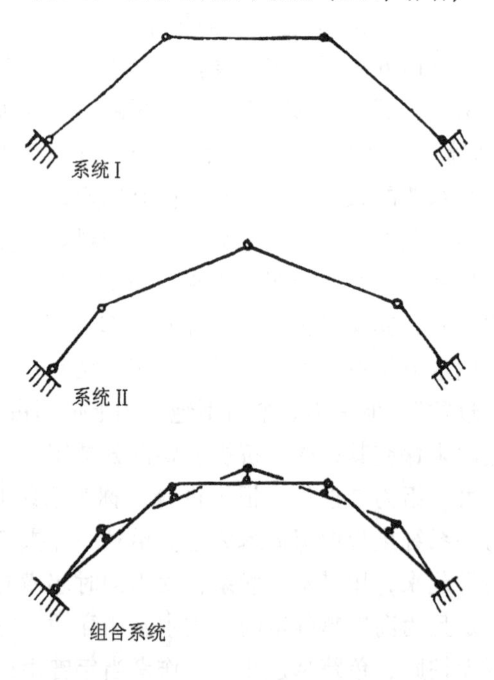

图 5-36　虹桥结构系统模式图

钉上了挡雨板，并饰以虎头。拱骨的布置最外是第二系统（二长二短），然后是第一系统（三长），如此排比过去，共计第一系统 10 片，第二系统 11 片，共 21 片。拱骨大圆木，径约 40 厘米，其上下两面，锯或锛成平面。贯木拱上钉以桥面板，架设栏干。拱脚置于坚固整齐的金刚墙上。金钢墙伸出拱脚一段距离，作为纤道平台，设有梯阶，上通及岸（图 5-37）。

桥上交通相当繁忙，并且车辆载重也不轻。《东京梦华录》卷三记："东京搬载车，

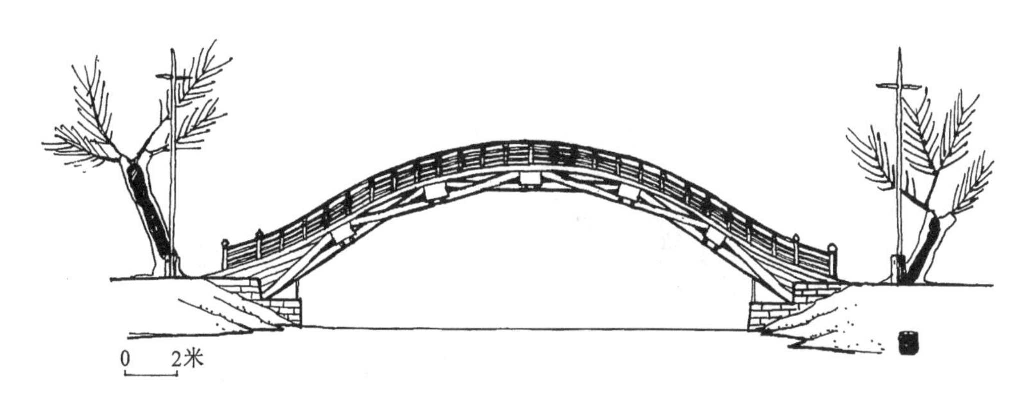

图 5-37　北宋汴水虹桥立面图

大者曰太平，上有箱无盖，箱如勾栏而平。板壁前出两木，长二三尺许。驾车人在中间，两手扶捉鞭绥驾之。前列骡或驴二十余，前后作两行，或牛五、七头拽之。车两轮与箱齐，后有两斜木脚拖。夜，中间悬一铃，行即有声，使远来者车相避。仍于车后系骡驴二头，遇下险峻桥路，以鞭諕之，使倒坐缍车，令缓行也。可载数十石”。[①] 载重犹如二至三吨卡车。画中桥上虽无太平车，而根据《宋会要》记述，除某些平桥外，都可放重车通过。

1955 年央武汉大桥细木工为此桥做成模型（图 5-38）。1958 年布置武汉长江大桥汉阳桥头公园时，在莲花湖口建造了一座仿制桥梁。(图 5-39，40)。原计划应用其结

图 5-38　汴水虹桥模型

构原理，用近代材料和技术建造一座公路桥，惜政治动荡，未克如愿。莲花湖木桥，亦于“文化大革命”中遭恣意破坏。成事之难，败事之易竟如此。

从汉阳桥头公园虹桥的建设中发现此桥式有横向刚度不足的缺点，需予克服。

1992 年开封市拟再现北宋汴京城门楼等部分雄姿，其中包括仿建虹桥，改用钢筋混凝土结构（图 5-41，42)。

虹桥现已为世界所知名。国内工艺品中，如东阳木刻，姑苏刺绣等均有作品，张择端的功劳可以传世不朽了。

北宋·靖康（1126)，金陷汴京，宋室南渡，建都于临安（今浙江杭州），汴水失去输漕的重要地位。元·至元二十七年（1290)，黄河涨泛，河道淤浅。《方舆类纂》记：“明初，议建北京于大梁。规画漕渠，以浚汴为先务。洪武六年，浚开封漕河，即汴河

① 宋·孟元老撰，邓之诚注，《东京梦华录注》卷三，中华书局，1982 年，第 113 页。

图 5-39　武汉长江大桥汉阳桥头公园虹桥（一）

图 5-40　武汉长江大桥汉阳桥头公园虹桥（二）

也。既而中格，自是河流横决，汴水之流不绝如线。自中牟以东，断续几不可问矣。”战争的破坏，木桥已是难保，后来连河道都没有了，自然桥梁更难觅踪迹。

图 5-41　河南开封仿建虹桥（一）

图 5-42　河南开封仿建虹桥（二）

自发现《清明上河图》上汴水虹桥之后，因为山西、河南、安徽已不见其他贯木拱桥，所以在很长一段时间里，认为贯木拱已经失传。1980 年在杭州举行的一次古桥技术史会议上，浙江省交通厅介绍浙江地区有“八字撑架”桥。审看照片，极为怀疑。即赴桥址考察，发现是贯木拱的衍变，于是十分留意各地的木拱结构。继有发现，贯木拱其实已在中国南方生根成长，结出了新的果实。

（二）浙、闽、陇贯木拱

1．浙江云和梅崇桥

梅崇桥位于云和县沙溪区英川乡。这类桥式，都有桥屋，且屋檐以下至桥结构侧面，都用薄木板鳞叠封钉以防雨，桥外形似三折边的撑架拱（图 5-43，44，45）。

经从桥底钻入鱼鳞板内，拆去一块桥面板仔细观察丈量，始识其结构如图 5-45。

桥长 51.2 米，净跨 33.4 米，宽 5 米，水面以上高 10 米。拱骨大头径 40 厘米，梢径 20 厘米。

图 5-43　浙江云和梅崇桥

梅崇桥的基本结构亦有二个系统。

第一系统和虹桥一致，为三根长拱骨，当地称为三节苗。第二系统则为长短不一的五根短拱骨，称为五节苗。第一系统共九组，第二系统共八组，但第二系统最上一根水平拱骨，通过横木，由八根变为九根和第一系统对齐。

独立于系统之外，起两系统联系和分配受力的横木，已改为拱骨对接的节点木。系统Ⅰ，Ⅱ的和竖排架上节点横木有燕尾榫卯者称大牛头（图 5-45），其构造特殊。斜拱骨以在大牛头一侧钻孔套入，平拱骨则在大牛头的另一侧以燕尾榫榫接。显然这和架设步骤有关。架设时，先架第一系统两侧的斜拱骨（九组加一根大牛头），然后将中间横拱骨一根一根落入燕尾榫中。待第一系统诸拱骨架妥，用木撑使之稳定，凭倚第一系统架设第二系统。第二系统的节点无燕尾榫卯的横木称小牛头，接合比较简单。然后架设剪刀撑。第二系统包括小排架，端竖排架，小排架支撑，桥面木纵梁，挡石横木，博风横木。挡石横木后填砌桥台石块，挤紧整个系统（图 5-46）。

桥面木纵梁的细节亦很特殊，一端套入第二系统顶部的小牛头侧面，另一端则用燕尾榫落入端竖排架顶横梁的燕尾槽中（图 5-47）。

图 5-44　梅崇桥底部

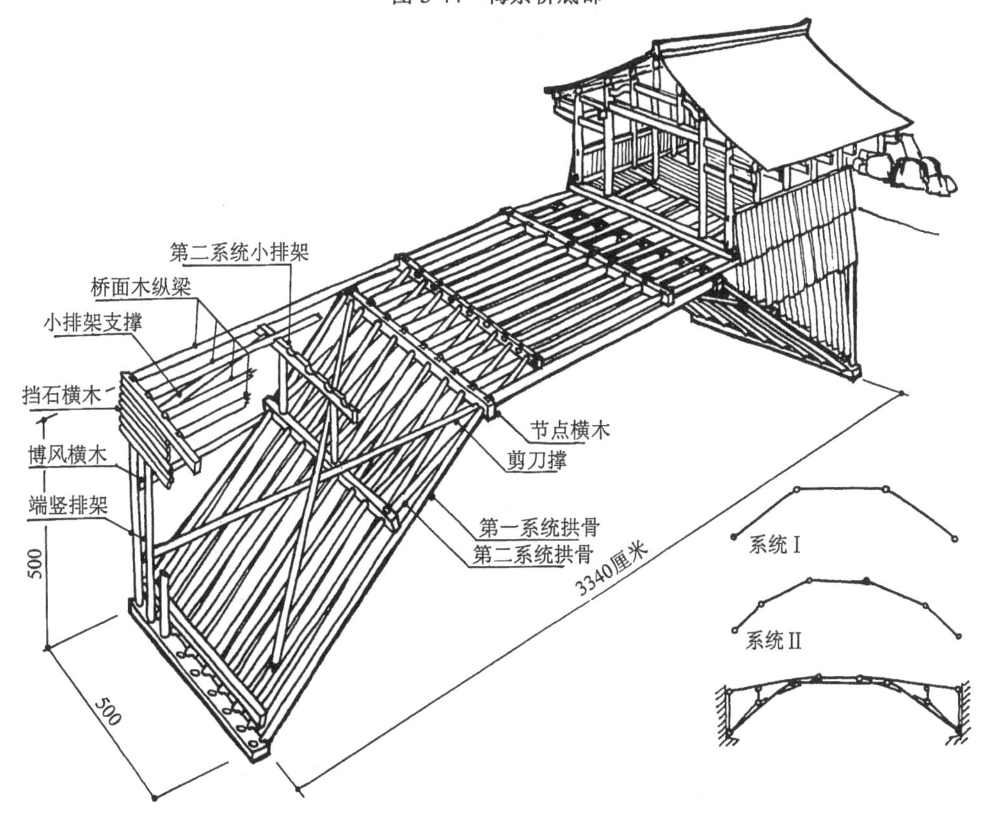

图 5-45　梅崇桥结构透视和计算模式图

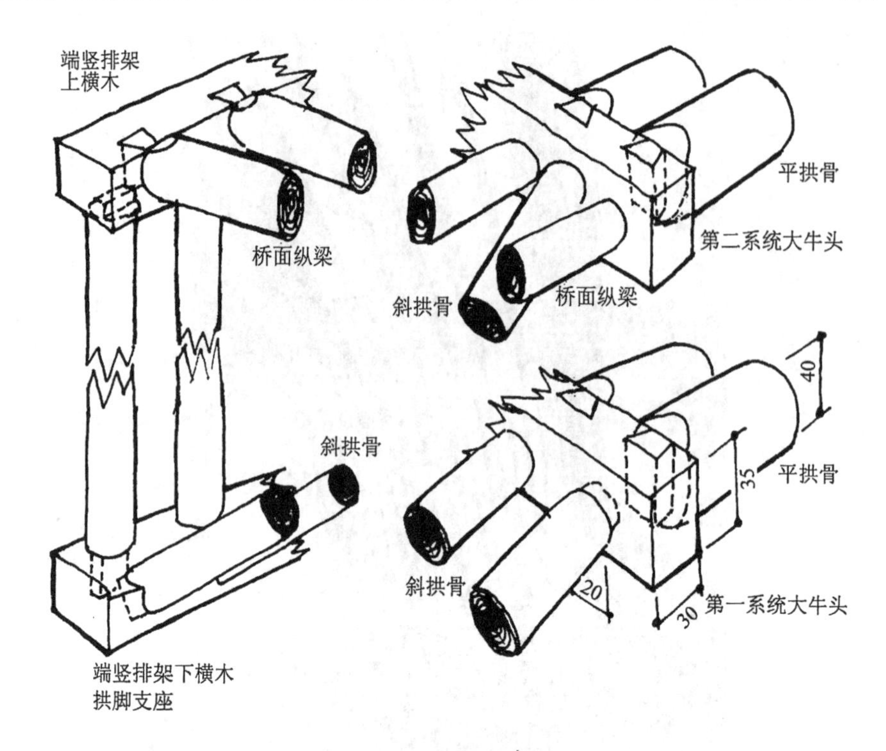

图 5-46　梅崇桥结构细节图

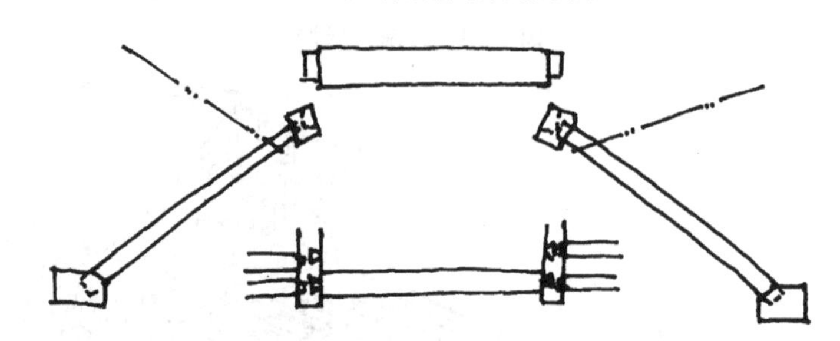

图 5-47　梅崇桥安装设想图（第一系统）

在贯木拱的基本结构上横铺桥面板，上架桥屋，侧钉鱼鳞板以防雨。

梅崇桥式的贯木拱较之汴水虹桥贯木拱有很多改进的地方。

一是改拱坡桥面为平坡桥面，避免上下桥的困难。

二是第二系统改为五根拱骨。

三是改横木为牛头，与拱骨相榫合，避免工地捆绑。

四是第一第二系统，贴紧靠合，变各自的不稳定结构为稳定和超静定结构。

五是增加了桥面木纵梁系统。事实上这一系统也参与整个组合系统的共同作用。

六是增加了剪刀撑，克服了汴水虹桥贯木拱在莲花湖仿建时产生的横向摇晃的现象。

七是桥台及端竖排架后填砌石块均采用干砌大卵石，排水通畅。木结构全部密封防雨。因此木料可以经常保持干燥。据志载，类似构造的叶树阳桥竟存在了 511 年之久。

梅崇桥桥屋正梁下面刨平墨写“龙飞嘉庆七年（1802）岁次壬戌黄金中月辛未穀旦鼎新建造谨题”（图 5-48）字样，说明嘉庆七年是重修而非始建，其始建年代当更早。

即使是重修年代迄今（1995）亦已有193年之久。

图5-48 梅崇桥廊屋中梁上题字

梁上亦题有工匠名字，是："福建省福宁府主墨工匠李正满、张成德、张新佑、张成官。副墨木匠祖观、祖极、祖发、张茂江、张成号、张成功、吴天良"，共11位。

2. 浙江青田怀仁桥

金破北宋汴京，徽钦二帝被胁北行。《宋史·钦宗记》记其时掳去，除皇室以外计："……八宝九鼎……秘阁三馆书……天下州府图，及官吏，内人，内侍，技艺工匠……府库积蓄为之一空。"然而大部分有志之士和不愿为奴的人民，随朝廷南逃。南宋逐步稳定后，经济上更着重于杭州、明州（今宁波）、福州、泉州、广州等港口，贸易日盛，由临安（杭州）通往这些港口的道路，多有所修建。北方造桥匠师，亦有南到浙闽。山区多木，于是在括苍山、洞宫山、鹫峰山脉一带的山区官、私古道上修建贯木拱。如：丽水、青田到温州，丽水、云和、龙泉、小梅、竹口、松溪、屏南到福州及丽水、云和、泰顺、福安到福州等道路上的桥梁，据说为数不少，当地俗称为蜈蚣桥。

青田怀仁桥（图5-49）。建置年代不详。全长33.5米，拱跨29.54米，桥宽5米。其构造和梅崇桥一样。其构架中部廊屋的斜撑结构，像是后代所加，并非贯木拱所必需。

贯木拱保存得最多和完整的首推浙江泰顺。

图 5-49　浙江青田怀仁桥

3. 浙江泰顺三条桥

泰顺县属温州，在浙江西南，靠近福建。在洞宫山和南雁荡相接之处，峰岭险峻，壑谷幽深，大小溪流百余，架有大小桥梁 980 余座，故被称为“百川千虹”之县。

因为地处山区，保护得力，原尚存贯木拱桥八座。待 1993 年作者得浙江省交通厅、泰顺县交通局支持作实地调查时，其中漈下桥一座已被洪水冲毁，现存七座，其中二座为省级重点文物保护单位，一座为县级重点文物保护单位。

三条桥位于泰顺垟溪、洲岭二乡交界的横溪上，临界福建寿宁县。

清·光绪泰顺《分疆录》记：“三条桥在七都。此桥最古，长数十丈，上架屋如虹，俯瞰溪水。旧渐就圮。道光二十三年（1843），里人苏某独力重建，折旧瓦有贞观年号。”

旧三条桥在现桥上游十余米。《泰顺交通志》称：“距现桥上游十余米的西岸巨石上，尚有旧桥址的柱孔遗迹，四个方孔向东岸倾斜，两个圆孔朝天”。实地考察仅西岸岩石上石孔清晰，（图 5-50）。所谓四个方孔，仅三孔并列为主柱孔，偏下一孔似乎不起主结构作用。两个圆孔亦略有倾斜。唐代尚没有贯木拱，根据遗迹想象复原，大概是一座撑架拱桥（图 5-51，未画挡雨板）。即使是唐·贞观末年（649）至道光二十三年，已有 1194 年，其间必经多次修缮而利用部分旧瓦。

所称贞观旧瓦已不可见，泰顺县博物馆藏三条桥旧瓦有“丁巳绍兴（两字不太清楚）七年九月十三□□工□瓦其□米谷□□□□□五十文”（□者为不可辨认之字）。查唐以后丁巳七年仅宋·绍兴和清·咸丰瓦上字类绍兴。可见明确重修过的年代至少在宋·绍兴七年（1137）。

图 5-50　三条桥柱孔遗迹

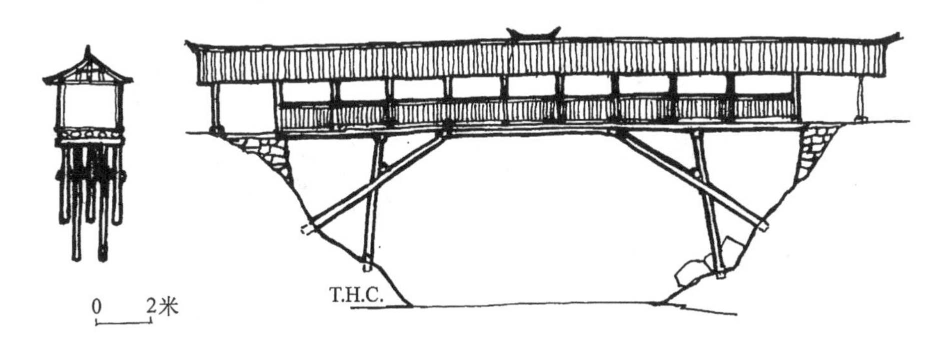

图 5-51　泰顺唐代三条桥复原想象图

三条桥远离公路六七公里，溪壑幽深，古道曲折，步行而去，风景优美。从山巅俯看古道木桥，令人神往（图 5-52）。近看此桥（图 5-54），朴实无华，完整无缺。从桥底观察（图 5-53），共七片第一系统和六片第二系统的平坡贯木拱，诸木因受力多少，分别采用或粗或细的圆木，科学而合理。桥单孔跨径 21.26 米，全长 32 米，宽 3.96 米，高 9.55 米。桥屋 11 间，屋顶为歇山顶廊屋，中平两坡，在交处设脊，简单自然（图 5-55，56）。

图 5-52　浙江泰顺三条桥（道光）

图 5-53　泰顺三条桥底部

图 5-54 浙江泰顺三条桥近景

图 5-55 三条桥起架

图 5-56　三条桥桥廊

桥因年代较晚，桥跨较小，离人较远，仅被定为县级文物保护单位。

4. 浙江泰顺仙居桥

桥位于泰顺城关外 20 里，仙稔乡仙居村。因山顶有石堆成锥形顶，圆屋身，俗称仙居。今泰景公路过经桥侧。

桥跨径 34.14 米，全长 41.83 米，桥宽 4.89 米，高 12.6 米，是贯木桥中跨径最长者。桥上有桥廊屋 18 间，80 柱，坡顶（图 5-57，58）。

仙居桥创建于明景泰四年（1453），成化十九年（1483）六月，被洪水冲毁。弘治四年（1491）重建，嘉靖三十九年（1560）崩圮，四十二年（1563）又重建。清·康熙十二年（1673）正月及嘉庆十一年（1806）九月两次重修。现桥两侧挡风板及行道板已多处腐朽，椽瓦比比断漏。曾有乡人盗锯拱木，被依法量刑。桥虽近在公路之旁，瞻游甚便。但因未列为文物保护单位，听之任之，后果堪忧。

5. 浙江泰顺薛宅桥

桥位于泰顺三魁镇营岗店街头，旧名锦溪桥，亦称营岗店桥，因当年为薛氏独力建造，故又名薛宅桥。

图 5-57　浙江泰顺仙居桥

图 5-58　仙居桥桥屋

桥建于明·正德七年（1512），万历七年（1579）毁于大水。清·乾隆四年（1739）重建，后毁于台风。咸丰六年（1856）再建，同年又遭水毁，次年再建。1986 年整治一新（图 5-59，60）。桥跨 29 米，全长 51 米，桥宽 5.2 米，高 10.5 米。

图 5-59　浙江泰顺薛宅桥

图 5-60　薛宅桥桥头

这座桥的特点，中部平而两侧坡道较陡，倾角约 30 度，即坡度为 1/1.73。行走比较不便。桥两端接以石阶。

图 5-61　薛宅桥桥底面

从图 5-61 桥底观察，除了第一系统大牛头与桥脚间有剪刀撑外，第二系统小牛头与桥脚间亦有剪刀撑。两系统拱骨交会之处，夹有短楔木。第一系统斜拱杆拱脚直接支承于桥台顶帽石上（图 5-62）。

图 5-62　薛宅桥拱脚

沿海山区的贯木拱桥，风推水荡，所以横向受力特大，各部分细节十分重要。

造桥主墨为福建寿宁小东巧匠徐元良。

6. 浙江泰顺东溪桥

桥位于泰顺东南泗溪镇下桥村西约 200 米的溪东，故又名溪东桥。泗溪尚有下桥，此桥亦称泗溪上桥（图 5-63，64）。

桥始建于明·隆庆四年（1570）。今桥系清·乾隆十年（1745）九月重建，道光七年（1827）重修。

桥跨径 25.7 米，全长 41.7 米，桥宽 4.86 米，高 10.35 米。桥台高 4.5 米处起拱。

拱脚下端用一截 60～70 厘米的石材嵌接，以防白蚁蛀蚀。桥有九片第一系统和八

图 5-63　浙江泰顺东溪桥

图 5-64　东溪桥拱脚

片第二系统，布置同其他浙闽贯木拱（图 5-65）。

图 5-65　东溪桥拱脚接石

桥屋共 15 间 64 柱，纵列四行，中间通道净宽 3.06 米。桥廊屋重檐歇山，檐牙高啄。桥为浙江省重点文物保护单位。

7. 浙江泰顺北涧桥

桥在泗溪镇下桥村，故又称泗溪下桥，与上桥相距不远。同列为省级文物保护单位。

桥创建于清·康熙十三年（1674），重建于嘉庆八年（1803），其后多次修缮。

桥跨 29 米，全长 51.87 米，桥宽 5.37 米，高 11.22 米。贯木拱结构同上桥（图 5-66，67）。

图 5-66　浙江泰顺北涧桥（一）

此桥桥屋布置比较特殊，各处桥廊中间为通道，两侧或作休憩坐处，或作桥市。桥头四角均为住家，依桥临溪，别饶风趣（图 5-68）。桥头大树一株，枝柯横出，浓荫密布，至少是百年以上树龄，与古桥相映成辉，相得益彰。

图 5-67　浙江泰顺北涧桥（二）

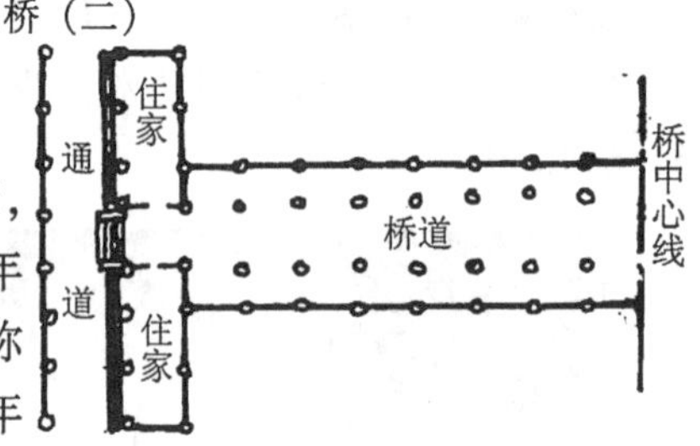

图 5-68　北涧桥平面

8. 浙江泰顺兴文桥

兴文桥在泰顺筱村乡，坑边村。

泰顺《分疆录》记："在迎薰门外，旧名爱薰，明·嘉靖三十九年（1560）重建……崇祯三年（1630）再建……改名兴文"。但《泰顺交通志》称其"创建于清·咸丰七年（1857），民国十九年（1930）重修。现部分楹柱略有倾斜，瓦檐破漏。"（图 5-69，70）。

图 5-69　浙江泰顺兴文桥（一）

图 5-70　浙江泰顺兴文桥（二）

桥跨 29.6 米，全长 46.2 米，桥宽 5 米，高 11.5 米，桥屋 16 间柱 76。重檐歇山桥廊。

至桥址观察，此桥呈畸形，中间平桥部分却是一头略弯、桥屋楹柱梁架、在畸变处有脱榫现象，说明乃造成后产生变形所致，并非造桥之初故弄玄虚。询 86 岁看桥老人吴族邻，认为桥果如此，不知其然，俗名扯桥，扯即歪的意思，像一座歪肩膀的桥梁。

从结构理论分析，浙闽这一系列的贯木拱改虹桥的绑扎结构为牛头横木的榫卯结构。第一系统和第二系统单独存在是不稳定结构，当两系统组合时，点 1 至 6（图 5-71A）可以受拉和受压，成为稳定和超静定结构，为八次超静定。

浙闽贯木拱这六点只能受压，不能受拉。受力时便有脱空的危险。不过，不计桥面系，两系统只要有两处接触，就是稳定和静定的。

在兴文桥的安装中，估计点 1 和 6 没有接触（图 5-71B)。桥梁长期在变动的偏载下，产生变形，侧向一侧，两个系统中 1 和 6 点接触后 5 点便落空，形成畸形的扯桥，结构趋于超静定和稳定的系统，从此就难得再变回来了。

从桥梁下部观察，后果果是如此。

兴文桥虽是一座畸形的扯桥，却提供桥史一座有趣的贯木拱构造内部制机变动的实例。

9. 福建古田公心桥

浙江贯木拱建造的主墨多是福建人，可以认为南宋时福建较之浙江较早地引进改革虹桥，至今福建山间穷乡僻野，散见有不少贯木拱桥，其数量据说比浙江还多，大都在福建东北部武夷山脉和鹫峰山脉间。

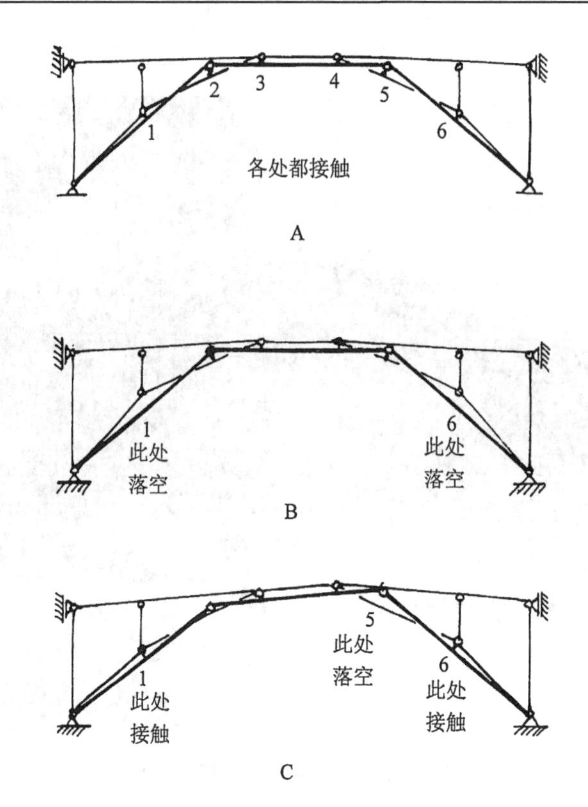

图 5-71　兴文桥拱骨变动图

公心桥在古田县鹤塘乡田地村，桥跨岱江。跨径 36 米，桥宽 4.5 米，高出水面 15 米。(图 5-72)。桥上建桥屋，桥面以砖铺。

桥建于清·嘉庆十一年（1806），1935 年曾予整修。这是一座较大跨的贯木拱桥。

10. 福建屏南溪坪桥

溪坪桥在屏南县至寿山道中的溪坪村，跨霍童溪。单孔桥跨约 29 米，桥宽约 4.5 米（图 5-73），其建置年代不详。

图 5-72　福建古田公心桥

图 5-73　福建屏南溪坪桥

11. 福建屏南龙井桥

龙井桥亦在屏南去寿山道中，离溪坪桥约15公里，亦跨霍童溪。桥单孔跨径约22米，桥宽约4.8米。《屏南县志》载：“龙井桥在坑里北，其桥两山相映，万木森立，俯视桥下，龙井喷浪如玉”。桥的始建年代不详，但清·嘉庆二十五年（1820）曾予重修（图5-74）。

图5-74　福建屏南龙井桥

图5-75　龙井桥廊屋

12. 福建屏南千乘桥

桥在屏南棠口镇，跨霍童溪汇流之处。

《屏南县志》载：“千乘桥在棠口，有亭（实为桥廊）长 21 丈（约 69 米），阔 1 丈 8 尺（约 5.9 米）。……自宋以来，重建已三次矣。迨嘉庆十四年（1809），两河伯一时争长，又荡然无存。……募金再造于嘉庆二十五年（1820）。临渊累石，下同鼎峙；千秋架工；凌空上拟。虹横百尺，自此依然有千乘桥济厥巨川也。”（图 5-76）。

图 5-76　福建屏南千乘桥

千乘桥便是一座有中间石墩的双孔贯木拱，每孔跨度约 30 米。“下同鼎峙”便指一墩二台；“千秋架工”是指贯木第一系统斜架在架设的过程中采用像秋千一样荡过去的方法。形容可谓简炼。

13. 福建屏南龟溏桥

桥位于屏南至寿山的龟溏村，跨霍童溪。一墩双孔贯木拱，跨径约 20 米，建置年代不详。

14. 福建武夷余庆桥

桥位于崇安县南门外，俗称花桥。清·光绪十三年（1837）里人朱敬熹建。桥为三孔两墩，每孔净跨 23.7 米，桥面宽 5 米。中间石墩高升至桥面，墩宽 3.4 米，长 10.7 米。桥上廊屋共 25 间，两端有砖砌空斗墙桥门。中部为歇山重檐装饰性顶（图 5-77，78）。

15. 福建屏南万安桥

贯木拱亦可建长桥。万安桥在屏南县长桥村，村以桥名（图 5-79）。

桥始建于明洪武间。清乾隆、道光重修。万安桥六孔五墩，全长 96 米，每孔跨径不足 15 米。长虽长矣，但气势不及公心、屏溪等桥。全桥一似实腹多孔三折边石拱。

图 5-77　福建武夷余庆桥（荣浩柏摄）

图 5-78　余庆桥桥门

图 5-79　福建屏南石安桥

16. 甘肃渭源灞陵桥

灞陵桥位于渭水源头的渭源县。

1919 年渭源县《古灞陵桥碑记》称："渭水源自鸟鼠山，来与清源河会，县城南一带前横，稽滞商旅。每当冰消水溢，士民往还，横木其上，过者慄慄，路政弗修，守者之耻……"自 1914 年起"伐官林造桥"中经周折，于 1919 年造成立碑。

1934 年《重建灞陵桥碑记》曰："灞陵桥始于明·洪武（1368～1398）时代，清·同治（1862～1874）时建修，仍以此名。昔之碑刻文字，经风霜剥蚀，大致脱落，独灞陵桥数字犹完整可辨。惟前次所建，皆系平桥，既济行人，复通车马，其利溥矣。然每遇水势陡涨，桥墩易于冲坏……"下即接记 1914 年建桥事。该桥至 1932 年又"渐形倾圮"，乃倡议予以修复。

1987 年《灞陵桥修复碑记》："灞陵桥始建于明·洪武年间，初为平桥。1919 年改建为木质拱形伸臂式卧桥，共十七间六十四柱，桥高 13.35 米，跨度 27.65 米，桥宽 6.63 米。1934 年又重建。1981 年，甘肃省人民政府通过对其结构特点及历史科学价值的考察鉴定后，公布为省级文物保护单位。因年久失修，桥根腐朽，榫卯松散，桥身倾斜，险欲倒坠……1984 年进行落架维修。……但因施工中缺乏文物知识，违反文物修缮原则，从外形到结构均有所改变，有损于文物原貌……省文化厅严肃指出后……返工修正。……1986 年六月开始，十一月竣工"。

这座桥（图 5-80，81，82），并不是兰州阿干河伸臂式卧桥（见前）的再现，却是叠梁伸臂和贯木拱的组合（图 5-83）。

其结构构造亦分为两个系统。

第一系统亦是三根拱骨，一平两斜。其斜拱骨特别长。第一系统共九片，夹在第二系统之中。

图 5-80　甘肃渭源灞陵桥

图 5-81　灞陵桥桥面

图 5-82　灞陵桥底面

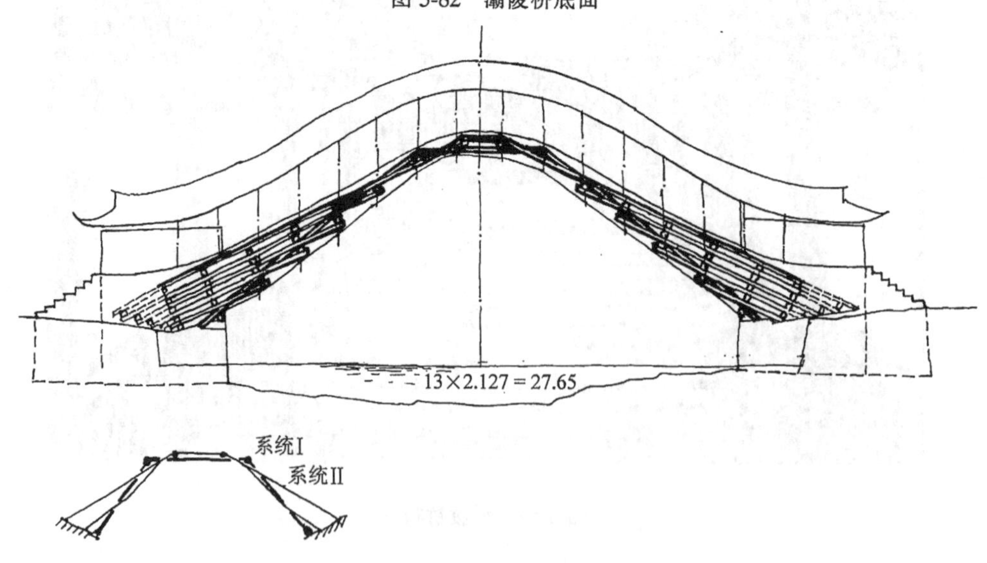

图 5-83　灞陵桥结构构造示意图

第二系统基本上亦是三根拱骨，一平两斜，其斜拱骨乃是两边伸臂梁的最上面一根。其他下面四层层层挑出的伸臂木梁是作为第二系统斜拱骨的加强。第二系统共十片。所以说这是伸臂梁和贯木拱的组合。

灞陵桥的结构和湖北利川群策桥有相似之处。这座桥外形美观，一如颐和园玉带桥。

碑载旧记磨灭，甚可怀疑洪武初建，同治重修时是否都是“平桥”？抑或已是现在的构造？若为1914年的造型，则离陈希亮宿州虹桥已有865年，这一技术还在流传和改革。

第四节　竹木拱桥展望

中国古代竹木拱桥的结构很为特殊，自成系统，一直在民间流传，没有经过整理和记载，湮没山林，未为世界桥梁界所知。自发现《清明上河图》汴水虹桥之后，始露圭角，引起注意。经过多年发掘，想不到其结构相当地科学和灵活，其分布亦广，一脉流传，代有增益，能够在古桥史中自成一章。

木拱是用没有经过多大改变的木料杆件系统所组合而成。

木拱的基本系统称为第一系统，是由一平两斜的三根杆件所组成。

这一基本系统，在石拱桥中是三折边拱。有空腹、实腹之分。然后有五折、七折，达到圆弧或半圆拱，这是发展的一个方向。

第一系统于木拱桥中与梁、人字撑、四杆、五杆折边及叠梁伸臂梁组合，成为撑架拱和贯木拱（图5-82），这是从另一个方向发展。

因此，虽然石拱和木拱是显然不同的两个体系，却有脉络相承的血缘关系，这是中国拱桥的有异于世界桥梁发展的情况。

中国木拱桥变化多端，其结构细节亦在不断地改进。

木拱桥的缺点是易于腐朽、虫蛀，耐久性较之石拱为差。所以所有木拱桥都有桥屋，并加侧面遮蔽，形成特有的建筑形象。

世界森林资源日益减少，现代建筑材料的多方面发展，除了山区民间外，用大木造木拱已不太现实，况且其荷载能力亦满足不了近代桥梁的要求。可是，中国木拱桥以基本的和变化的系统，组合成稳定和超静定的结构，适应于功能和环境条件的设计思想，以及自身支承不需支架的安装方法，仍大可借鉴，并举一反三，应用于近代桥梁。

第六章 索　桥

第一节 概　说

一　索桥的起源

索桥,又称绳桥,亦作絙桥。

《说文》解:"绳、索也。"[①]《急就篇注》认为绳和索是"纼两股以上总而合之者也。……索,总谓切捻之令紧者也"。[②] 但绳和索仍有区别。《小尔雅》称:"小者谓之绳,大者谓之索。"[③]

人类生活中很早便会应用绳索。《易·系辞下》记:"古者包牺氏之王天下也……作结绳而为罔罟。"又"上古结绳而治"。绳用以结网,用以记事。是不是已经用以造桥?这就很难说。

桥史作者中有乐称索桥起自猿猴相牵攀悬驾作桥,以使猿群度越川谷。不过谁也没有真正见过。《水经注·沔水》中有:"汉水又东迳猴滩,山多猴猿,好乘危缀饮,故滩受斯名焉。""乘危缀饮"是指在树巅相连接下挂,临涧饮水。这样的举动,中外都有见过的记录。牵架成桥就不那么容易了。

索桥的起源理应来自对自然的模仿。在知道用长条作股,绞成绳和索之前,一定还经历过直接利用自然界生长的藤萝蔓莽的阶段。

(一)藤索桥探源

1.广西桂平自然藤桥

密林多藤,缠绕攀援,可以引以为桥。

广西中部,黔江与郁江会合之处为桂平,合流后江名浔江,又称藤江。《明史·地理志》记:"浔州府……桂平西北有大藤峡。"大藤峡上有一座天生跨越的藤桥。《明史·广西土司传》记:"峡中有大藤如斗,延亘两崖,势如徒杠。(民)众蚁渡,号大藤峡,最险恶,地亦最高。登藤峡巅,数百里皆历历目前。军旅之聚散往来,可顾盼尽。诸(民)倚为奥区。"明·成化二年(1466)战争,官兵断藤,"已将大藤峡改为断藤峡"。这一座数百年的自然藤桥就此断绝。但现在地名仍改回为大藤峡。《清史稿·地理志》记:"浔州府桂平……大藤峡……明·韩雍破瑶地,咸丰金田之役(太平天国)实肇乱于此。"

原始藤桥自然不是明朝才有,人工建造的藤桥亦缺乏最早的记载。明确是藤桥的记

---

① 汉·许慎撰,宋·徐弦等校《说文解字》十三上,中华书局,1963年,第10页。

② 唐·颜师古撰,宋·王应麟补注,《急就篇注》卷三,玉海刻本。

③ 王煦汾撰,清·徐翰校刊,《小尔雅疏》卷六,清·光绪刻本。

载如下。

2. 西藏藤桥

《通鉴·唐纪三十一》玄宗天宝六年(747):“吐蕃以女妻小勃律王,及其旁二十余国,皆附吐蕃……。制以(高)仙芝为行营节度使,将石骑讨之。……三日,至坦驹岭,下峻阪四十余里,前有阿弩越城。仙芝恐士卒惮险,不肯下,先令人胡服诈为阿弩越守者迎降,云:‘阿弩越赤心归唐,娑夷水藤桥已斫断矣’。娑夷水即弱水也,其水不能胜草芥。藤桥者,通吐蕃之路也。……明日,仙芝入阿弩越城……藤桥去城犹六十里,仙芝急遣元庆往斫之,甫毕,吐蕃兵大至,已无及矣。藤桥阔尽一矢(约150米)力修之,期年乃成。”事亦见《旧唐书·高仙芝传》。又《新唐书·地理志》载,西藏“牦牛河(即金沙江上游)度藤桥”。至今西藏仍有少数藤桥。

3. 云南藤桥

《徐霞客游记·滇游日记九》记其于明·崇祯十二年(1639),游滇西腾冲以北,界头附近:“龙川江东江之源,滔滔南逝,系藤为桥于上以渡。桥阔(指长)十四五丈(约50米),以藤三四枝高络于两崖,从树杪中悬而反下。编竹于藤上,略可置足。两旁亦横竹为栏以夹之。盖凡桥巩而中高,此桥反挂而中垂,一举足辄摇荡不已,必手揣旁枝,然后可移,止可度人,不可度马也。”

龙云《新纂云南新志》记腾冲东北龙川江上古有藤桥三座:“一在龙川,一在甸尾,一在曲石。”其他如文山、凤庆、南华等地,昔亦有藤桥。

4. 台湾藤桥

台湾素亦多藤。清·姚莹《台北道里记》记:“三貂岭……草树蒙翳,仰不见日色,下临深涧,不见水流,惟闻声淙淙,终日如雷……藤极多,长数十丈。”清·蓝鼎元《平台湾论》称:“台地南北大溪数十……诸罗有内游八社,其第五社曰藤桥。高山对峙,中夹大溪数千仞,(民)剖大藤为经,系于两麓,以小藤纬,横织如梁,翼以扶栏,行则摇曳如欲坠然,过者股栗目眩,不敢俯睇。(民)以头顶物,往来如飞。”

藤有粗细,量材而用,一般不必绞索。粗者反需剖而用之。“大藤峡”桥,藤直径如斗,真是可观。

(二)竹索桥探源

竹索古称笮,亦有写作筰。

《集韵》释笮:“竹索也,西南夷寻之以度水,因号邛笮,今益州有之”。《说文》:“笮,筊也;筊,竹索也。”

四川西部少数民族中昔以笮为名。《史记·西南夷列传》记:“自越巂(今四川西昌)以东北,君长以什数,徙·笮都(今四川汉源县东南)最大。自笮以东北,君长以什数,冉駹最大。”司马相如《难蜀父老》书:“因朝冉从駹,定笮存邛。”冉駹地在今四川岷江上游;邛笮在今四川荥经县等地。

云南昆明古名定笮。唐《元和志》称:“本汉定笮镇。凡言笮者,夷人于大江水上置藤(或为竹索)桥,谓之笮。其定笮(今四川盐源)、大笮(今四川盐边东南),皆近水置笮桥处。”可见当年竹索桥盛于川、滇二省。

1. 笮始见于书

《华阳国志》中有:"雅州邛崃山本名邛笮山,故邛人笮人界"。[1] 笮人作为一个善于用竹、以竹索造桥的民族,造竹索桥必多,历史必久,典籍所记,已经比较晚了。四川《盐源县志》记:"周赧王三十年(即秦昭襄王二十二年,公元前285年),秦置蜀守,因取笮。笮始见于书。"按《史记·秦本纪》秦蜀之间,原有交往。秦惠文王更元九年(即周慎靓王五年,公元前316年):"司马错伐蜀,灭之"。秦武王元年(公元前310):"诛蜀相壮"。昭襄王六年(公元前301):"蜀侯辉反,司马错定蜀""取笮"当在这些年间。

《水经注》两引《风俗通》说:"秦昭王以冰为蜀守。"[2] "李冰沿水造桥,上应七星"。成都七桥中有"笮桥",晋·常璩撰,四川大学任乃强注《华阳国志校补图注》论之甚详。不论笮桥是在七星之内或外,当年李冰应用了"笮人"的方法造了竹索桥是肯定的。时间在公元前300年左右,亦即"笮始见于书"。

2. 桥孙水

秦时曾为郡县的四川西南部分,西汉时复通。时当汉武帝元鼎六年(公元前111)"以邛都为越嶲郡,笮都为沈犁郡,冉駹为汶山郡。"《史记·司马相如传》记其:"通灵关道(在今雅州),桥孙水以通邛都。"(《汉书》作"通邛笮")。

《水经注·若水》记孙水:"水出台高县,即台登县(今四川冕宁县西),南流迳邛都县(今四川西昌),司马相如定西夷,桥孙水,即是水也,又南至会无(今四川会理),入若水(今雅砻江)。"孙水即今安宁河。

唐《元和志》记:"台登县胡浪山下,有司马相如定西(南)夷桥,桥孙水以通邛笮,即此水也。"[3] 可见唐时尚还存在。虽然诸史都未书桥型,以理推之,可能是"笮"。

3. 绳水

《汉书·地理志》越嶲郡有:"绳水,出徼外,东至楚道(今四川宜宾)。江过郡二,行千四百里"。史、地学家都认为绳水即今金沙江。郦道元《水经注》别有绳水,亦在越嶲郡。《通典》称台登有绳水。《元和志》亦说:"念诺水本名绳水,在台登县西北七百里。"地以笮名,水以绳名,看来都和索桥有密切的关系,也说明这一带索桥数量甚为可观。这些地或水名,都是公元前的事。

4. 绳州

《太平寰宇记》称:"梁普通三年(520～527)于此(今四川茂汶羌族自治县,沿岷江)置绳州,取桃关之路以绳为桥也。绳桥之法,先立两木于水中为桥柱,架梁于上,以竹为緪。乃密布竹緪于梁,系于两岸。或以大竹落盛石,系绳于上。又以竹绠布于绳,夹岸以木为机,绳缓则转机收之。"[4] 竹索桥非梁代为始,州以绳名,可见此时竹索桥更为普遍。

中国有绳州,西域有悬度。

5. 西域悬度

中国西部地区,包括今日某些邻国在内,用绳索悬度的记载,起自西汉。

---

① 晋·常璩撰,《华阳国志》卷三,清·嘉庆十九年(1814)刻本。

② 北魏·郦道元撰,《水经注·江水》,商务印书馆,1936年,第1页。

③ 《元和郡县志》卷三十三,第824页。

④ 《太平寰宇记》卷七十八。

《汉书·西域传》载:“乌秅国(今阿富汗东北境巴达克山地区),去长安九千九百五十里……其西则有悬度……悬度者,石山也,谿谷不通,以绳索相引而度云。”又“罽宾国……去长安万二千二百里(今喀布尔河下游流域,克什米尔一带)……武帝始通罽宾。……又有三池盘石,阪道陿者尺六七寸(约0.4米),长者径(经)三十里,临峥嵘不测之深,行者步骑相持,绳索相引,二十余里,乃到悬度”。罽宾更在悬度之西。这里指的“绳索相引”似为陿道边上扶手的绳索,并非索桥。郦道元《水经注》引作“絙桥相引”为误。

《后汉书·章帝纪》元和二年(85)诏书曰:“……沙漠之北,葱岭之西,冒耏之类,跋涉悬度”。《后汉书·班超传》载和帝永元七年(95)诏书曰:“……(班)超遂逾葱岭,迄悬度。”

东汉后僧人们往来于中国和印度之间,亦记录了此西域的悬度。

东晋隆安三年(399)僧法显等从长安出发,经西域,到天竺,历时14年,于义熙九年(413)归国。除译经外,成《佛国记》一书。记:“度葱岭已,入北天竺境。于此,顺岭,西南行十五日,其道艰阻。崖岸险绝,其山惟石,壁立千仞,临之目眩,欲进则投足无所。下有水,名新头河(即印度河,发源于我国西藏冈底斯山之西)。昔人有凿石通路施倚梯者,凡度七百梯。度已,蹑悬絙过河。河两岸相去减八十步(约118米)。”其注谓所指“在罽宾之境,即悬度也”。

《高僧传·昙无竭传》云:“登葱岭,度雪山,障气千重,层冰万里,下有大江,流急若箭,于东西两山之肋,系索为桥,十人一过。到彼岸已,举烟为帜,后人见烟,知前已度,方得更进。若久不见烟,则知暴风吹索,人坠江中。”[①] 一次能过十人,显然不是单人的溜索。举烟为号,人声不闻,亦可见桥跨甚大,可能是法显所记的“八十步悬絙”。

唐·贞观二年(628)玄奘往天竺取经,贞观十九年(645)归来,作《大唐西域记》其中有:“逆上信度河,途路危险,山谷杳冥,或履縆索,或牵铁锁、栈道虚临,飞梁危构,椽杙蹑登,行千余里,至达丽罗川,即乌仗那国旧都也。”[②] 即有索桥,铁链桥,栈阁,木梁桥和蹑杙等五种桥阁形式,不仅是“倚梯”“悬度”而已。

《新唐书·地理志》称:“太宗元年(627)分天下为十道……六日陇右。”其中“西域,府十六,州七十二”“龙朔元年(661)……自于阗以西,波斯以东,凡十六国,以其王都为都督府,以其部属为州县。”其中有“修鲜都督府,以罽宾国遏纥城置。”下有“悬度州,以布路犍城置”。“天宝盗起,中国用兵而河西陇右不守,陷于吐蕃。至大中咸道始复陇右。乾符以后,天下大乱,至于唐亡”。

《史记·西南夷列传》记:“元狩元年(公元前122年)博望侯张骞使大夏来,言居大夏时见蜀布、邛竹杖,使问所从来,曰:‘从东南身毒国(印度),可数千里,得蜀贾人市’。”所以说,人民之间的经济交往,也会传布在这条道路上的索桥技术。

(三)铁索桥探原

铁索桥应作铁链、铁锁(或作鏁)桥,指用铁锁链以架桥。实际上古代并无用钢丝绞股成索的钢索,只有铁锁桥。

链或锁,《六书故》称:“今人以银铛之类,相联属为链。”《说文》“链,铜属”。链的起源

① 梁·慧皎著,《高僧传》卷三,清光绪十年刻本,第5页。
② 玄奘、辩机著、季羡林等校注,《大唐西域记校注》卷三,中华书局,1985年,第295页。

甚早,至少可上溯到公元前三千年左右开始的青铜器时代。

图 6-1 为 1978 年湖北随县擂鼓墩发掘出的,公元前 5 世纪战国时代曾侯乙墓中的青铜器之一,盉。盉两侧附有工艺非常精致、构造极为合理的提手铜链。

图 6-1　战国曾侯乙墓出土铜盉,提手铜链

铜价高昂,不能普遍使用,只有到了铁器时代,铁链才走上广泛应用的领域。

根据考古发掘,中国使用铁的时代较早。考古学家夏鼐在《考古》1977 年第二期《考古学和科技史》一文中指出:"至迟在春秋晚期(公元前六世纪末)我国劳动人民创造了在较低温度下还原铁矿石的办法,得到比较纯净但质地疏松的铁块,可以锻造铁器。"后在湖南长沙发掘出春秋(公元前 776～476)晚期的墓葬,出土钢剑。说明公元前六到五世纪,我国已有了钢的生产。

《管子·地数》记:"黄帝问于伯高……伯高对曰,上有丹砂者下有黄金……上有赭者下有铁,此山之见荣者也"。管仲治国,"设轻重九府"。"官山海"即就海煮盐,就山炼铁,以供应女工的鍼(针)刀,农夫的耒,耜,铫等一切日用的必需。"凡天下名山五千二百七十,出铜之山四百六十七,出铁之山三千六百有九……"。战国时开采铁矿,星罗棋布。《史记·货殖列传》盛称:"铜、铁则往往山出棋置。"而春秋时,"邯郸郭纵,以铁冶成业,与王者埒富。"《史记·太史公自序》说到其先人司马昌"昌为秦主铁官,当始皇之时。"

战国到秦,铁冶兴隆。《史记·货殖列传》记:"蜀卓氏之先,赵人也,用铁冶富。秦破赵,迁卓氏……乃求远迁,致之临邛(今邛崃),大喜,即铁山鼓铸,运筹策,倾滇蜀之民,富至僮千人。……程郑,山东迁虏也,亦冶铸,贾椎髻之民,富埒卓氏,俱居临邛。"说明四川冶铸铁业非常发达,供应四川、云南等省。

其它如河南、山东等省亦有冶铁巨富。同书记:"宛,孔氏之先,梁人也,用铁冶为业。秦代魏,迁孔氏南阳,大鼓铸。鲁人俗俭啬,曹、邴氏尤甚,以铁冶起,富至巨万"。

古者刑具有钳(以铁束颈)、钛(以铁束足),联以铁锁。《汉书·高帝纪》有:"自髡钳为王家奴"。《史记·平准书》记:"敢私铸铁器煮盐者钛左趾。"《汉书·王莽传》记地皇二年(21):"民犯铸钱,伍人相坐,没入为官奴婢。以铁锁琅珰其颈(即钳)传诣锺官,以十万数。”师古曰:“琅珰,长镍也”。单这铁链一项,竟用了十余万米。因此,战国、秦、汉有条件和可能造铁锁桥。

1．陕西汉中樊河桥(西汉)

中国古代铁锁桥记载中称最早者是陕西褒城北,留坝县马道镇上跨褒水的一条支流樊河上的樊河桥。

河今名西河,古称樊河,又名寒溪、马道河。

《汉中府志》记:“马道河,县北九十里,源发驿(马道原为驿站)西山峡中,东流入褒水,古名寒溪。昔韩信亡汉,至此,水涨不能渡,萧何追及之。谚曰:‘不是寒溪一夜涨,那得刘朝四百年。’樊哙于此建桥,今名曰樊河也。”[①]

汉中博物馆郭荣章说,寒溪原为韩溪,为追韩之故,日久讹称为寒。

秦亡后,刘邦为项羽封于汉中为王。《史记·淮阴侯列传》记:“汉王之入蜀,(韩)信亡楚归汉。……信数与萧何语,何奇之。至南郑(今汉中),诣将行道亡者数十人。信度何等已数言上,上不我用,即亡。何闻信亡,不及以闻,自追之……。”追韩信的故事是历代所乐传的。今河侧山麓,有近年重建,清代所立“寒溪夜涨”和“汉相国萧何追韩信至此”石碑(图6-2)。

《史记》记载,汉元年(公元前206)四月,汉王之汉中,后拜韩信为大将。八月,用韩信计从故道还。以曹参、樊哙等为前队。于是由于寒溪夜涨,韩信未能过河之处,由樊哙造桥。原桥始建于公元前206年5月至8月之间。

本世纪40年代,中国营造学社摄得当时樊河桥如图6-3所示,是一座多根铁链桥。现在连这座老桥都已经没有了,新修公路同在古道一侧,跨河有公路桥。

樊河老桥,清《敕修陕西通志》,李柏《槲菜集》等都认为是樊哙所建。清·顾祖禹《读史方舆纪要》卷五十六“褒城县”亦云:“马道山在县北九十里,马道水出焉,注于褒水,又有马道驿。旧有桥曰樊桥,相传樊哙所创云。”

据明·李良汉《马道驿樊河桥记》,原有碑刻立于桥头,现碑已无,文载《汉中府志·艺文志》言之凿凿。文曰:“马道驿之北,旧有樊河桥,乃汉将樊哙所建也。岁久倾圮,行人瘤之。居民恒架茅其上,随构随覆,如是者百余年。嘉靖庚寅(1530)岁分,巡关南宪副蒲坂刘公,每巡历兹地,见其山高水险,匪桥弗济,遂慨然有修建之意。……至辛卯(1531),时和年丰,柯集坊民之有行谊者,募工经营,采石于山,采木于林,诹日举事,董课章程,越明年壬辰(1532)春,事方就绪而刘公受擢大参。逮西充马公继巡此郡,嗣为振作而此桥造成,且砻密巩固,足垂永久,由是以通蜀秦,以利商贾,民甚便之。”

据郭荣章分析,所谓“民恒架茅其上,随构随覆”者是指在已经松弛不平、倾歌疏落的铁链上,置以茅草等物,权且应急,而非求长久,往往新架之茅,随即倾覆,“如是者百余年”。认为明·嘉靖年前是一座铁链桥。自公元前206年到公元1531年计1737年间的兴废,莫由能考。

明代所修,文称“采石”“采木”,未言锻铁为链。也许是仍利用旧链,加砌石桥台、调索,上铺木桥面板。也可能是建木梁石墩或木柱桥。

《褒城县志》载,明·嘉靖三十三年(1554)洪水暴涨,“平地水深三尺,山崩地裂,庐舍俱

---

① 郭荣章,樊河桥之谜,《中国文物报》1992年10月25日。

图 6-2 《寒溪夜涨》等碑

图 6-3 樊河桥(四十年代摄)

没,樊桥荡然”。刘、马二公所建的桥仅存22年。后来又经修葺与水毁,至清·道光十五年(1835),褒城县知县贺仲瑊重建樊河桥,桥头原存其《德政碑》文为:“吾邑马道,为秦蜀通衢,近街迤北,旧有桥,志传西汉樊舞阳侯(樊哙后日封号)所建,故以樊河名。至前明本道宪副马公重修焉。嗣后亦有续葺者,而山高水险,旋建旋颓,桥之废弛多历年。所设舟楫则急溜难持,架舆梁则砥柱难立……(贺令)下车伊始,即往履勘。览河流之险阻,并沙石之飞腾,抚然曰,宜乎石墩木桥之难以永固也……(乃)横排铁索,其式以铁炼成环,勾连成索。索盘石幢,幢到两岸而桥身中空焉。……既不与水争衡,复不为石所击,何惮而不能久远耶。”

道光至民初约百年,未见有改建记载。

樊河桥为西汉樊哙所始建,各家似乎都不怀疑。但始建时是否为铁链桥,有不敢断言者。

清·道光年间应用铁链桥决非首创。因为战国、秦、汉已大量应用铁链。《汉书·地理志》:“汉中郡、沔阳,有铁官。”秦时四川多铁,汉中亦有,樊哙造铁锁桥,实在很方便。而其后迄明数百年间,没有更张的记载。只是在后期百余年里,桥面不断覆茅,不断倾落这决不会是其他桥式,只有铁链桥才可能如此。明·嘉靖刘、马二公,多半改铁链桥为石墩或木柱木梁,易被水毁,难怪贺令有抚然之叹,重又建成铁索桥。郭荣章所见今日河中石上“有人工开凿的圆孔,目测之,孔径约25厘米,深10厘米,孔口向上,现存三孔,排列走向大体与古桥之铁索平行”可能便是明桥柱孔的一部分。

樊河桥索桥遗址“建国初仍存在,桥长30米,南北走向,距樊河口今之混凝土桥约50米。桥身以三道铁索构成,下距谷底5米。50年代末,铁索被毁,北侧桥址也遭破坏,唯南侧桥址仍保存完好。其上方的河岸,以人工打凿石条交错平砌而成……用作铁索基址……其第一第八,第十二石件体形最大,各长3米,宽0.6米,厚0.4米。其余石件皆宽0.3米,长、厚同。在最大的三个石件上各置入一铁桩,高10厘米,直径4厘米。顶端有锤击痕……三根铁索分别固定在铁桩之上。……索距为2米与1.7米,桥宽约4米”。(郭荣章记)。

遗址构造和清代所建者不符。贺令的铁索盘不是铁桩。《陕西通志》记贺令“樊河桥铁绾七十四丈(约244米)”为数较多,不止三索。然则这是明以前的樊河桥,也许是循西汉而来的旧制。

没有更可靠的历史和文物资料说明以前,暂定西汉元年(公元前206)是中国古代铁锁桥的最早记录。

2. 云南景东兰津桥(东汉)

云南澜沧江上记载中有二座铁索桥,均谓汉时,其一是景东兰津桥,其二是保山霁虹桥。

明《南诏野史》载:“兰津桥,景东厅城西澜沧江西岸,峭壁飞泉,俯映江水,地势绝险,以铁索系南北为桥,东汉明帝时造。”

《明史·地理志》于“永昌军民府”中记保山:“东有哀牢山,本名安乐,夷语哀牢……东北有罗岷山,澜沧江经其麓。”不记有桥。而永平“西南有博南山,上有关,又有花桥山,产铁”。“景东府,元至顺二年(1331)置……西南有澜沧江,源出金齿(即永昌)流经府西南二百余里。……东南有景兰关,西南有兰津桥,铁索为之”。

《清史稿·地理志》于“永昌府·保山·永平”,不记有桥。在“景东直隶厅”记:“西南澜沧江自蒙化入,缘厅西界入镇远。江上汉永平中建兰津桥,两岸峭壁,镕铁系南北,古称奇险"。后二句袭《滇记》文而过略。

《读史方舆纪要》卷一百十三,记云南大川之一澜沧江道:"出吐蕃嵯和哥甸鹿石山,一名鹿沧江,亦曰浪沧江,亦作兰仓水。流入丽江府兰州境。南历大理府云龙州西,又南经永昌府东北八十五里罗岷山下。两崖壁峙,截若垣墉,缆铁飞桥,悬跨千尺,亦曰博南津。后汉书永平十二年得哀牢地,始通博南山,度兰仓水,行者苦之……。指此也。……又流经顺宁府东北……会墨会江(即漾濞江)……二水合流,至云州南,又东南经景东及镇沅府西南……达元江府西南境……又东南过交趾界,为富良江而入于南海。"

据同书卷一百十六,景东府澜沧江有兰津桥。《滇纪》云:"旧在府西南,跨澜沧江上,后汉永平初建,明朝永乐间修,高广千仞,两岸峭壁林立,飞泉急峡,复磴危峰,森罗上下。镕铁为柱,以铁索系南北为桥,自古称为巨险"。

乾隆、雍正《云南通志》亦都有记载。

龙云《新纂云南通志》既有永昌府保山县的霁虹桥,又有景东兰津桥、并集诸志为文:"兰津桥,在城西南跨澜沧江(《一统志》);在城西南一百里,两岸峭壁插汉,江流飞急。以铁索扣南北岸为桥,相传汉明帝时建。明永乐间重修(《雍正志》)。久废,今日为兰津箐(《景东厅志》)。于是,景东兰津桥有正、野史和地方志的记载,几乎不容怀疑。

兰津桥为东汉·明帝时造,《后汉书·西南夷传》记:"永平十二年(69)哀牢王柳貌,遣子率种人内属……显宗以其置哀牢、博南二县,割益川郡西部都尉所领六县合为永昌郡,始通博南山,度兰仓水。行者苦之,歌曰:'度博南,越兰津。度兰仓,为他人'。"就因为这首歌词,引起对景东兰津桥的争论。

晋·常璩《华阳国志·南中志》载:"益州西部,金、银、宝货之地,居其官者,皆富及十世。孝明帝初,广汉郑纯独尚清廉,毫毛不犯。夷汉歌咏,表荐无数……明帝嘉之,因以为永昌郡,拜纯太守。"也许就是这位清廉的太守建造铁桥。或亦正因其清廉,故"行者苦之"。

北魏·郦道元《水经注》卷三十六:"永昌郡有兰仓水,出西南博南县,汉明帝永平十二年置。博南,山名也,县以氏之。其水东北流迳博南山,汉武帝时(误)通博南山道,渡兰仓津,土地绝远,行者苦之,歌曰:'汉德广,开不宾,渡博南,越仓(不作兰)津,渡兰仓,为作(或以为苲,不作他)人。'"

郦道元认为是汉武帝开,时间上有误。

《旧唐书·张柬之传》称:"前汉(武帝时)唐蒙开夜郎、滇、笮而哀牢不附。至光武季年,始请内属,汉置永昌郡而统理之。……昔汉以得利既多,历博南山,涉兰沧水,更置博南、哀牢二县。蜀人愁怨,行者作歌曰……。"时间上又系之东汉光武帝建武末年(公元57年前)。

东汉永昌郡的博南县,即今永平西南。而哀牢县在今腾冲附近。自博南至哀牢渡澜沧江宜在永平、保山(永昌郡址)的霁虹桥。于是就有人怀疑兰津桥是不是在景东?

光绪甲申(1884)本《永昌府志》称:"沧江兰津桥,又名霁虹桥。"

不过,凡是过兰仓江的津渡都可称为兰津,景东可称,博南亦可称(郦道元写作仓津)。若说景东有兰津桥,可是《水经注》不载,不知是否是郦道元详北疏南的缘故。若说无桥,雍正却称明·永乐重修,而明人著作中亦多称有。看来,景东兰津铁索桥是存在过的。只是是否为东汉所建,"相传"而已,不能予以肯定。

3．云南巨津州铁桥(隋)

巨津州铁桥在今云南丽江与维西之间，跨金沙江，旧称铁桥城，今为塔城镇。

明仉辂辑《南诏野史》记南诏古迹有："铁桥，在巨津州，隋开皇年铸。"

《读史方舆纪要》考巨津州："古西番地，唐时为罗婆九赕、濮卢、所居，后么些夺其地，南诏又并之，属丽水节度。元初内附，至元十四年(1277)，于九赕玄巨津州，属丽江路，明初因之，亦曰巨津州。"

隋初，割据云南的爨震、爨翫于南中弄兵，《隋书·高祖纪》记："开皇十七年(597)春二月癸未，太平公史万岁击西宁羌，平之。"《隋书·史万岁传》叙述其自四川出兵："入自蜻蛉川(今大姚)经弄冻(今姚安)，次小勃弄、大勃弄(今弥度)至于南中。行数百里，见诸葛亮纪功碑(在弥度)。再进度西二河(西洱河)，入渠滥川。"

《读史方舆纪要》明记渠滥川在昆阳州(今晋宁)："东南五里，东北流入滇池。隋开皇中，史万岁为行军司马，自蜻蛉川至渠滥川，破车落三十余部，即此。"[①] 近人方国瑜《史万岁南征之石门》认为渠滥川乃今凤仪。后史万岁又折北自昭通豆沙关渡金沙江回成都。

《读史方舆纪要》记："铁桥，在(巨津)州北百三十余里，跨金沙江上。或云隋史万岁及苏荣所建；或云南诏阁罗凤与吐蕃结好时建；或云吐蕃常置铁桥节度使，是其所建。唐史，天宝初南诏谋叛唐，于么些、九赕地置铁桥，跨金沙江以通吐蕃。……今有遗址，其桥所跨度皆穴石镕铁为之。冬月水清，犹见铁环在水底。"

查《新唐书·南诏》："语王为诏，其先渠帅有六，号六诏。……兵埒不能相君，蜀诸葛亮讨定之。蒙舍诏在诸部南，故称南诏，居永昌、姚州之间，铁桥之南。""开元末(738)，(皮逻阁)归义独强……乃厚以利唉(唐)剑南节度使王昱求合六诏为一，制可"。封为云南王。《南诏德化碑》记其有"刊木通道，造舟为梁"等一系列攻伐建设的措施。

《旧唐书·南诏》载，至唐天宝十一年(752)皮逻阁之弟，后继位为云南王的"南诏阁罗凤，北臣吐蕃"，事出于唐云南太守张僧陀的非礼和压迫。大历十四年(779)其孙"异牟寻立"。贞元四年(789)"剑南西川节度使韦皋……招怀之"，五年后复归唐。贞元十年(794)，异牟寻出计攻吐蕃。"昼夜兼行，乘其无备，大破吐蕃于神川(唐称这段金沙江为神川)，遂断铁桥……寻收铁桥以来城垒一十六……。"唐·韦皋的《破吐蕃露布》中说："……彼既失铁桥之险，我遂克莪和之郛。"

唐·樊绰《蛮书·城镇第六》载："铁桥城在剑川北三日程，川中平路有驿。贞元十年，南诏异牟寻用军破东西两城，斩断铁桥，大笼官以下投水死者以万计。"又《蛮书·名类第四》："云南、拓东、永昌、宁北、镇西及开南、艮生等七城，则有大将军领之，亦称节度。贞元十年，掠吐蕃铁桥城，今称铁桥节度，其余镇皆分隶矣。"

《南诏野史》及其笺证所记，不出这些范围。

所有这些记载中除了皮逻阁初被唐玄宗册封为云南王时，曾有"刊水通道，造舟为梁"(无称造铁桥)之举外，其他记录只有攻桥。独《南诏野史》称"隋开皇中铸"。故取隋·史万岁建说为主。可惜这座桥已毫无影踪。

4．西藏拉萨布达拉宫金桥(唐)

西藏是中国藏族的主要聚居地。藏族本为羌族的一支。《汉书·西羌传》："西羌本出自

---

① 《读史方舆纪要》卷一百一十四，第4606页。

三苗，姜姓之别也，其国近南岳。及舜流四凶，徙之三危，河关之西，西南羌地是也。”《新唐书·吐蕃传》记藏族时名吐蕃，原因是：“吐蕃本西羌族……有发羌唐旄等……稍并诸羌，据其地，蕃发声近，故其子孙曰吐蕃。……或曰南凉秃发利孤鹿之后。”《清史稿·西藏》称：“西藏禹贡雍州之域，汉为益州沈黎郡缴外，白狼乐木诸羌地。魏隋为附国、女国及左封。……唐为吐蕃，始崇佛法。既而灭吐谷浑，尽臣羊同、党项诸羌，西邻大食，幅员万余里。唐末衰弱，诸部分散。宋时朝贡不绝。元世祖时置乌思藏……明·洪武初，置乌期藏指挥使。”

藏族乃中原移往边缴的少数民族。羌族在西北，善于造桥，且不断地与中原地区交通。如文成公主入藏，一变藏俗。贞观二十二年(648)：“请蚕种、酒人与碾硙等诸工”。景龙三年(709)祖母可敦娶金城公主：“杂技、诸工悉从。”即使每次战争，也往往取诸工匠而西。

唐·贞观十五年(641)，西藏松赞干布娶文成公主后，《新唐书·吐蕃传》载：“归国，自以为先未有婚帝女者，乃为公主筑一城，以夸后世，遂立宫室以居公主。”在两宫之间，架以“金桥”。其宫为后世所焚，后世达赖重建。现布达拉宫中有原宫壁画(图 6-4)。两宫之间，绘有有铁链扶手的索桥，原来“金桥”是指金属的索桥。

图 6-4 西藏拉萨布达拉宫壁画金桥

清·焦应旗《藏程纪略》记作“银桥”。称：“唐时藏王曲结，松赞噶木布好善信佛，头顶纳塔瓦叶佛，在拉撒(萨)地方山上诵旺固尔经，取名布达拉，为西藏众僧俗所瞻仰。每日焚香坐禅入定，不思他往。唐(文成)公主同巴勒布(尼泊尔)王之女名拜木萨，因藏王静坐，恐有外侮，遂修布达拉宫寨城垣，上挂刀枪，以严防御。其上藏王寝室与(公主及)拜木萨寝室隔绝两处，顶皆平坦，搭银桥一道以通往来。后因藏王莽松作乱，官兵拆毁布达拉。”即记此事。

5. 云南漾、濞水桥(唐)

自汉至唐，铁索桥的建造已很普遍。

《新唐书·吐蕃传》载西藏普赞遣使来唐，并“献马、黄金，求婚。……未报，会监察御史李知古建讨姚州，削吐蕃向导。诏发剑南募士击之。酋以情输，虏杀知古以祭天，进攻蜀汉。诏灵武监军右台御史唐九徵为姚嶲道讨击使，率兵击之。虏以铁絙梁漾、濞二水，通西洱，筑城戍之。九徵毁絙夷城，建铁柱于滇池以勒功”。时在唐·景龙元年(707)。

6. 西域铁锁桥(后魏)

唐·道宣《释迦方志·游履篇》称：“后魏神龟元年(518)，燉煌人宋云及沙门道生等，从赤岭山傍铁桥至乾陀卫国雀离浮图所。及返，寻于本路。”又，“神龟元年十一月冬，太后遣崇立寺比丘惠生向西域取经……初发京师，西行四十日至赤岭，即国之西疆也”。这里所谓国之西疆是指北魏和当年吐蕃的接壤。“二年十一月中旬，入赊弥国。此国渐出葱岭，土田峣崅，民多贫困，峻路危道，人马仅通。一直一道。从钵卢勒国向乌场国，铁锁为桥，虚悬而度，下不见底，旁无挽捉，倏忽之间，投躯万仞，是以行者望风谢路耳”。“旁无挽捉”即没桥栏可扶手，和樊河桥一样。

前记公元628年玄奘往西天取经，“或履絙索，或牵铁锁”，絙索和铁锁并称。

因此，从中国的记载中，公元518年起见到西域铁锁桥。

范文澜《中国通史简编》第二编记汉代“从中国传到中亚以至欧洲去的货物，主要是丝、丝织品、钢铁。炼钢术的西传更是对人类文明的一个大贡献……。罗马博物学者普林尼(27～79)在其著作中，对中国铁器曾大加称赞。……印度迦湿弥罗人纳剌哈里于1235至1250年所著药学字典记有‘钢’字，其中的cinaja译意是‘中国生’。……既然炼钢术或铁器已在公元前1世纪传到大宛，公元1世纪中又见于罗马人的著作中，那么，西汉时在陆路上(一自西域，一自云南)和海路上与中国相通的印度，很早获得中国钢铁是极有可能的”。

二　索桥种种

循索探源，已知索桥的记载早于公元前300年(竹索桥)和公元前200年(铁链桥)。索桥的产生，是对自然界和人工的一些材料力学性能的理解，因地置宜，形成其分布区域和产生了各种不同的类型。

(一)索桥材料

藤条或索加工甚少。

竹索用竹需有一定的制作技巧。竹子强度很大，整竹抗拉强度每平方厘米约15千牛，而篾青的强度每平方厘米可达18千牛，几可和钢相比。直径15厘米的竹索，破断强度可达百吨左右。

竹索用于系船，名曰百丈，杜甫诗称“吴樯楚柁牵百丈”便是，亦用于浮桥系缆和索桥的主索。

百丈的制作是将竹劈成薄片，分为竹皮的篾青与内层的篾黄。用篾黄竹股或麻作为内芯，再将篾青编在外层。细的竹索仅辫篾青。编制百丈都坐于木架高楼，成索垂盘在地上，便于操作。竹索桥用竹一般较粗。《古今图书集成·考工典》记述：“其法，中用细竹为芯，外裹以篾弦，长四十八丈(约160米)。索用三股合为一股，一尺五寸为圆(约直径15厘米)。”索桥竹索不用麻芯而用细竹为芯，是在使其于受力之下不产生较大的伸长。

较大的竹索桥用缆甚粗，则用大竹剖开，或将竹竿压裂，不分内外层，用强力“绞”成绳股，再用三股绳股绞成一索。即《小方壶斋舆地丛抄》说的“索亦裂竹绞焉”或如四川《修文县志》所称“取大绵竹捻之为索”。这样粗的索每根用竹量十分可观。四川《北川县志》记北川登云桥：“每年以竹篾作绠索一二根，每根大如亭柱……其绠每根用竹二千余竿。”

铁索用铁链，链节用铁锻成。

在近代冶金技术传入中国以前，中国产铁分为生铁、熟铁和钢。明·宋应星《天工开物》一书论之甚详。“凡钢铁炼法，用熟铁打成薄片，如指头阔，长寸半许，以铁片束包尖紧，生铁安置其上，又用破草履盖其上（粘带泥土者，故不速化）泥涂其底，下洪炉鼓鞲，火力到时，生铁先化，渗淋熟铁之中，两情投合。取出加锤，再炼再锤，不一而足，俗名团钢，亦曰灌钢者是也”。①

熟铁和团钢用于锤锻件，锤锻工具极简单，一钳、一砧、一锤而已。“出炉熟铁名曰毛铁，受锻之时，十耗其三为铁华”。“废器未锈烂者名曰劳铁……锤锻十止耗去其一”。“凡铁性逐节粘合，涂上黄泥于接口之上，入火，挥槌，泥滓成枵而去，取其神气为媒合。胶结之后，非灼红斧斩，永不可断也”。可是又说：“锻铁接合，大焊则竭力挥锤而强合之，历岁之久终不可坚”。因此铁链虽强，破断往往总在接合的地方。

熟铁和钢还有淬火的办法。

百数十米长的铁链，便靠这一钳、一砧、一锤接合起来。

竹索虽强劲，但需每年整修，三年更换。

铁链可用百年以上，因此，凡是有条件的地方，以铁代竹。近年工业生产的钢丝绳，虽耐久性并不理想，但取材容易，已普遍使用。

（二）索桥分布

从历史探源，再综合索桥的地理分布位置，可知中国索桥源于西陲，主要在四川、云南、西藏三省，三省之中又偏在西部。由北至南联成一个大片，然后扩展至边界外诸邻国。

四川北方古为冉駹国，《后汉书》称冉駹有六夷、七羌、九氐诸少数民族。秦取笮桥，便是学习羌族的索桥技术。

陕西汉中的铁索桥是中原技术和少数民族技术的结合。

汉武帝取冉駹国置汶山郡，也即梁普通年间改称绳州的地方。隋、唐时称维州，又称会州、或称茂州。明、清因之。大致由今阿坝藏族自治州的松潘沿岷江而下，包括茂县、汶川（威州）、绵虒、灌县、彭县，沿岷江及其支流黑水河、杂谷水一带。咏泸定桥诗称“蜀疆初尚竹索桥，松、维、茂、保跨江饶”便是大部指的这些地方。

汉武帝以笮都国为沉黎郡，前已说明。笮就是竹索桥，笮都即今汉源，其地后置黎州，唐属雅州。雅州古属梁州，隋代称为雅州，明、清因之，其地襟带西川，咽喉彝落，有邛崃（山）大度（河）之险。这一带如宝兴、名山、芦山、天全、雅安、荥经诸县，有青衣江、大金川、小金川、大渡河等大小河流，甚多索桥。

汉武帝以邛都为越嶲郡，其治地在今西昌。古代越嶲是今北连雅州、南接云南、西联西藏的一大片地方。历史上唐蒙、诸葛亮、史万岁、韦皋等南下南中经过此处。古道所需，于是

① 《天工开物》卷下，华通书局，1930年，第16页。

在盐源、盐边、永宁、丽江等处在跨金沙江(绳水)、雅砻江(打冲河)及其支流也多索桥。

东汉在云南境内西部设永昌郡(今永平、保山),西至腾冲,东至景东,刊道造桥,澜沧江、怒江及其支流建有索桥。

由青海、四川、云南入藏,都经过若干索桥。西藏的索桥主要围绕在拉萨和日喀则周围地区,跨雅鲁藏布江及其支流之上。

其他如甘肃、贵州及其他各省山区的索桥,分布面广,零星有限,是索桥技术的扩散。

桥史研究,循这一历史、地理的线索,果然见到各种类型的索桥。

(三)索桥种类

索桥虚悬而度,有多种构造。

以索的多寡分,为独索、双索和多索桥。

以桥跨的多寡分可为单孔和多孔简支或连续桥。

以索的断面布置分,可为V形、U形、网状和平列索的宽桥。

以过桥方法分,可为溜度(或悬度),人行和人畜同行桥。

至于其适合于制造、安装、使用的构造细节,因材料和结构而异。中国古代索桥的技术和艺术自成一格。

第二节　各类索桥

一　溜索桥

溜索桥是用一根绳索,高绷两岸之间,人、畜、物顺之溜达对岸的索桥。

(一)独索溜筒桥

《古今图书集成·职方典·天全六番部》记:“独绳桥,俗称索桥,溜壳桥,古绳桥也。和川、灵关、六甲地险处,水泛时皆有之。两岸叠石植柱,一巨索絙之,以木为半筒。渡者以索系筒,并自缚其腰及臀于絙,以腋夹筒,令滑,两手力挽而渡。先别置一索系于前索上,度后引筒来岸。或偏高去疾,而来必力也。按此即《西域传》所谓度索寻橦,而《后汉书》所谓跨涉悬度也。橦者木筒,寻者复引来也。”

《四川通志》记灌县:“溜筒桥在县西四十里。两岸石柱,以竹绳横牵,斫木为筒,状似瓦,覆系绳上。渡者以麻绳缚系筒下,仰面缘绳而过。南通滋茂乡与汶川界,今易为绳桥。”[①]

《四川通志》:“牛栏江下游,江阔水急,彝人用木筒贯以藤索,人则缚以筒,游索往来,相牵以渡。”云南亦多溜索。佘庆远《维西见闻录》称:“维西以金沙、澜沧江为天堑,水湍急、舟不可渡,乃设溜绳。”关于溜筒桥的记载散见于方志和游记之中极多。

单索溜筒分为平溜和陡溜两种,一般为平溜。索两端在同一水平,或缚于木柱、或系于石柱或石孔,甚至即系在崖侧大树上。旧时溜索靠木筒、人缚悬筒上,或坐(图6-5,6)或仰(图6-7)。因为平索下垂,初过半桥,乘势下溜;过桥之半,索势向上,得靠腕力攀索

① 《四川通志》卷三十一,第29页。

而上。如索的两端不能缚在同一水平而略有高低，则自高向低，自然顺溜省力，可是自低向高，便需攀援。

图 6-5　四川竹索溜筒桥
（坐溜，竹环麻绳牵引）

溜筒桥不但运人，亦运畜、物。

《四川通志》记四川广元："昭化县索桥在孔道新渡之东，溪阔十一丈有奇（约 40 米）。夏水涨隔，文报难通，奉设以渡文书。每夏初，东西两岸各筑方架一座，高三丈余（约 10 米），上铺木板三格，旁立木梯一架，内设金锣一面，灯笼一个，如哨楼式。绞篾缆一根，长十六丈有奇（约 53 米）。缆之两端，由楼顶牵至楼后而滚木绞之。缆之上套铁圈，铁圈之下系方铁架，架之内设木匣。铁架两旁各插铁条一根，以便抽取关拦。而铁圈两端，各栓麻绳一根，长如篾缆。遇文报至，抽取铁条，贮文报于匣内，将铁条关压，鸣锣知会，则彼岸拽绳，铁圈自走，木匣可到"。描绘溜索工作情况，历历如绘。这是一座靠牵引索牵引的缆索吊车或缆道的雏形。图 6-5 的绳桥，挂有较多竹环以系悬牵引索。

（二）双索溜筒桥

用两道单索溜筒桥，单向顺溜，成双索溜筒桥，其通过能力和使用效率都高。

清·王昶《雅州道中小记》记："松潘杂谷有溜索，索亦裂竹绞焉。两岸植桩各二，高卑各一。西崖系索高桩上，则以其末曳于东崖桩之卑者。其自东而西亦然。剖竹为瓦状。有渡者缚两瓦合于索上，又缚人于瓦上，推之（北川志称'纵身前行'）。瓦循索自高以迄于卑。抵岸侧则解其缚以行。他若财货、器用及婴儿皆可用以渡，渡者如激矢。其下，石如

图 6-6　四川平武溜筒桥

（坐溜，自行牵挽）

图 6-7　西藏雅鲁藏布江溜索桥(仰面缘绳)

犬牙与波相戛摩，而土人殊不为意。”①

澜沧江俗称溜筒江，就因为江多溜筒桥。清·张泓《滇南新语》记：“澜沧渡更觉险奇，两岸险逼，无隙可施铁索，土人乃作溜度，俗名溜筒江。江宽阻约二三十丈(约 70～100

① 《古今游记丛抄》卷三十，上海中华书局，1924 年，第 67 页。

米),用大寸缆围径尺者二,牢系两岸石桩,渡彼岸者东高,渡此岸者西高。以坚藤绞作三圈,牢加罗织,以圈贯缆上。欲渡者以绳缚圈中,与缚放豚而肩之无异。岸人力送,即梭逝至半渡。缆弓弯,筒亦摇荡如千秋。少停,必自以两手递援,始登彼岸。左往右来,两无碍。至货物亦缚于圈内,另以细绳系圈上。溜至中,或恐停阻,用力抽曳,使动而易下,亦颇迅。"[①] 这又是一种缚送的方法。

溜筒桥亦有用铁链者。

李心衡《金川琐记》:"绥靖之噶尔丹寺,向有溜筒桥,已久废。……其桥制特异。两岸高处各植一巨柱,低处亦各植一巨柱,凡四柱。柱皆深埋山石中,出地高数尺许,旁俱建屋一区。各设夫役二三名,为往来人接应。此岸高处之柱与彼岸低处之柱,遥遥相对。柱端相连铁索,索外套一五六尺(约1.6~2.0米)之巨竹筒,用牛皮及生漆裹护极坚。筒上系一细索,较铁索略短,其端紧系高处植杪。人畜欲渡者,缚竹筒高处。夫役持索,缓缓放之,乘势而下,直抵彼岸。解缚,收回竹筒。彼岸欲来者,亦从高处溜下,法与前同"。[②] 可见陡溜虽快捷,亦不能一溜不可收拾,撞于对岸。必也或有一段手攀或索牵向上的短段距离,或如此处"持索缓放"不让其成为"自由落体"。竹筒、铁索,其摩擦力极小,所以其布置是科学而合理的。

在西南地区,民间小道,跨过沟壑,溜筒几乎是避免不了。有时大路在一侧,另一侧村落居民不多,水急又不能造梁桥,最经济的方法还是溜筒。当然更为富有之后,可建索桥。现在溜筒桥已不用竹索、铁链,而用钢丝绳。

今云南怒江的双索溜索桥,其悬吊工具不用竹筒,而用滚珠轴承的滑轮。作者于四川威州曾试过一双索溜索桥(图6-8,9),其索的布置,一岸系于崖侧,一岸则一根系于架顶,一根系于滩地木桩。悬吊工具和缚绳的布置如图6-9。

悬渡过河,看起来似甚危险。

《藏行纪程》记过澜沧江溜筒桥:"以百丈之宽,命悬一索,一失足则奔流澎湃,无所底止,此中惶惶然不得不以身试也。令扶过,初脱手闭目不敢视,耳中微闻风声。稍开见洪流湍湍,复急闭。达彼岸然后开视。坐观行李人马,俱以索渡,算一奇胜,然天下之险莫过于此也。"[③]

马若虚《西招杂咏》咏西藏溜筒桥:"谁从觉路引金绳,性命鸿毛一掷轻。我讶身轻一鸟过,人言亦似脱韝鹰。"[④]

唐·独孤及《笮桥赞》云:"笮桥絙空,相引一索。人缀其上,如縂之缚。转帖入渊,如鸢之落。寻橦而上,如鱼之跃。"[⑤]

周应徽《榻水桥诗》道:"我行文井江,乱流不可渡,飞絙起笮桥,浮空接行路。翻翻复翻翻,目眩神魂怖。笑学鱼上竿,居然蛇悬树。如缘都卢橦,百丈险可惧。又如邛崃阪,九折驭难度。上逐鸿雁翔,下瞰蛟龙怒。守道尚不若,此身立颠仆。彼岸幸先登,掉头不敢顾。寄语后来人,凌波慎跬步。"

---

① 《古今游记丛抄》卷三十九,上海中华书局,1924年,第12页。

② 《金川琐记》卷六,《丛书集成初编》本,商务印书馆,1936年,第69页。

③ 清·杜昌丁,《藏行纪程》,《古今游记丛抄》卷四十七,上海华夏书局,1924年,第89页。

④ 清·顾复初,《西藏图考》卷二,清·黄沛翘手辑本,光绪十七年(1891)重刊,第20页。

⑤ 《四川通志》卷三十一。

图 6-8　四川威州双索溜筒桥(作者于 1979 年)

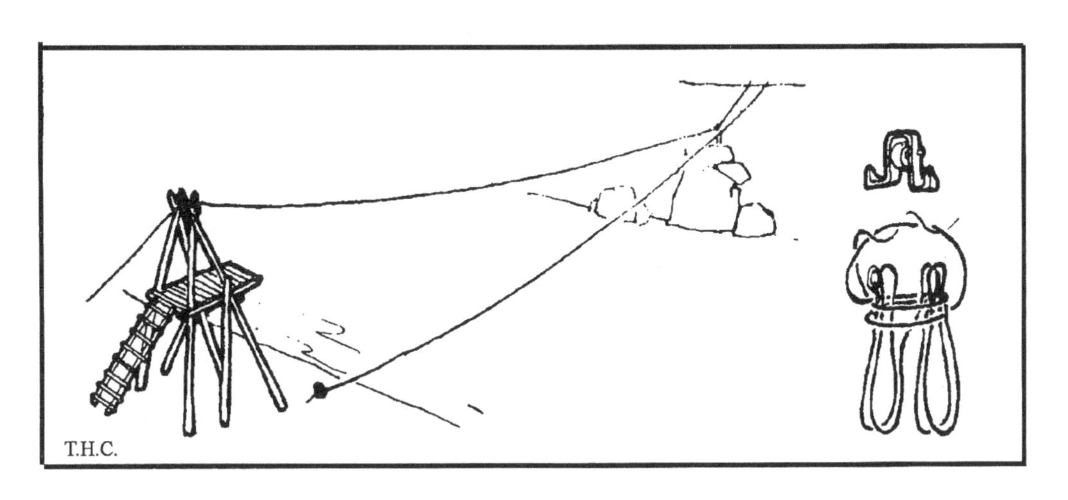

图 6-9　威州双索溜索及溜具布置

大概凡过溜筒作诗的文人,无一不视为畏途。而确实也是以一种平素没有的姿态,如鱼上竿,如蛇悬树,如鸟之飞,如鹰之脱。只要索和悬具有一定的安全度,放胆溜去,却也似凭虚御风。飘然而去的感觉,未始不为乐事。

独孤及、周应徽都比之为“寻橦”或“缘都卢橦”。

事见《汉书·西域传赞》:“(武帝)设酒池肉林以飨四夷之客,作巴俞都卢,海中砀极、漫衍鱼龙,角抵之戏以观视之。”《汉书·武帝纪》时在:“元封三年(公元前 108)春,作角抵戏,三百里内来观。”角抵戏是“杂技乐”。

图 6-10　南阳汉画像砖平索戏车

图 6-11　南阳汉画像砖斜索戏车

张衡《西京赋》记之较详,曰:"大驾幸乎平乐(观名),张甲乙(帐)而袭翠被……临迥望之广场,程角抵之妙戏。乌获扛鼎、都卢寻橦……跳丸剑之挥霍,走索上而相逢……。"①

都卢是国名,在合浦之南,都卢国人善缘高。"寻橦"意即沿着长杆上下。以都卢橦比溜筒桥不在寻橦,却在杆顶的悬索上。这一情景生动地见之于南阳汉墓画像砖上(图 6-

① 清·严可均辑,《全上古三代秦汉六朝之·全后汉文》卷五十二,中华书局,1958 年。

10,11)。“都卢寻橦”之戏,索和人都是动态的。

《西京赋》接着说:“尔乃建戏车,树修橦,侲(幼)童献技,上下翩翻,突倒投而跟絓,譬陨绝而复联,百马同辔,骋足并驰,橦末之伎,态不可弥。”李尤《平乐观赋》亦称:“戏车高橦,驰骋百马,连翩九仞,离合上下。”

图6-10示前后两车上各树一橦,向前驰骋,并将过桥。前车杆顶一妇女牵索至后车,一童子倒挂索上,作平索戏车。

图6-11示前车上立一杆,如《邺中记》载:“设马车,立木橦其车上,长二丈(约6米),橦头安横木,两伎各坐一头,或鸟飞,或倒挂。”今图上则小儿立舞于倒挂的大人横担的木梢。两车间斜悬一索,人行其上。这种活动的“橦末之技”较今日杂技中的走静止的钢丝、更要惊险。难怪将之以喻溜渡。实际上溜渡,比较起来要安全得多了。

二　双索三索人行桥

(一)上下双索人行桥

四川江油,窦圌(tuán)山云岩寺有一座仅有的上下双索人行铁链桥。

窦圌山一名豆圌山,因为山石是豆子大小黑石子结成的砾岩,山形如草屯(圌)而名。又因唐·彰明县主簿窦子明隐于此山,换修铁索桥,故更名窦圌。其较早的名字为猿门山。梁·李膺《益州记》:“猿门山在涪县之北二十五里,上多猿。其山二峰磔竖如门,故曰猿门。”

这座从山下看来极似大草屯的山,上耸有城堡似的山峰,其中一峰绵延,旁侧隔深谷有二小峰,同高相并,十分险峻。山上有寺名云岩寺。寺在山顶峰脚,峰顶有殿,三个峰头之间靠索来往(图6-12,13)。

肖定沛著《窦圌山志》征引甚详。

图6-12　四川江油窦圌山远观

图 6-13　窦圌山上峰脚下云岩寺

《高僧传》记:“绵州城西北四十里,窦圌山,梁·大同(525～545),僧林所居也。”①

蜀·杜光庭《窦圌山记》说:“窦圌山,真人窦子明修道所也。西接长冈,犹可通车马,东临峭壁,陡绝一隅,自西壁至东峰,石笋如圌,两崖中断,相去百余丈,跻攀绝险,人所不到。其顶有天尊古宫,不知始建年月。古仙(指道人)曾笮绳桥以通登览,而絙笮朽绝已积数年……。”百余年后,传说中唐·彰明县主簿窦子明,弃官出家为道士,在此山中,于龙朔元年(661)换修为铁索桥。后亦坠毁。杜光庭记:“咸通初(公元 860 年后数年),山下居人有毛意欢者……攀援峭险,以绝道为桥。山顶多白松树,以绳系之,横亘中顶,布板椽于绳上。士女善者,随而度焉……数年,绳朽桥坏,无复缉者。”唐·乾符年间(874～879),僖宗敕建云岩观。

《钟楼铁钟铸文》称:“窦圌山古号云岩观……至淳熙之七年(1180)春……上庭下院谅足擅美一时,迨至兵燹之后,复又倾圮……惟时有僧了然者……经十三载之精勤,创剙兼举,建成大观。”于是道观变为佛寺。时在清康熙四十年(1701)前后。朱樟《窦圌山东岳庙

① 清·光绪十年(1884)刻本。

碑记》记了然:“上人有徒,八岁能援索飞渡百丈绳桥,捷若猱戏。”

现在这两座铁索桥的材料还是清·雍正五年(1727)所换置。

志记:“1958～1959年大办钢铁,动员千人上窦圌山,几乎砍去所有树木,用作烧炭炼铁。……1966年‘文化大革命’之初,残留的几棵古树也被伐,全山一片荒芜。……1968年6月,(西峰顶)超然亭内固定铁索的铁钟、石条,被人推翻,铁索坠挂在东峰石壁上。”幸赖如此,得以保存。1979年重架铁索桥。1988年,云岩寺列为全国重点文物保护单位。

图6-14为东峰和西峰顶间的铁索桥,两峰相距30米。铁链上76环,下40环。西峰(图右侧)索端系锚于超然亭内铁钟、石条之下。东峰顶为窦真观,即纪念窦真人(子明)的殿堂。索系于窦真观柱上。铁链为熟锻制,据说含有合金元素,且曾用桐油浸泡,故今约270年而不锈。两链相距上下约1米,左右约20厘米。上链细紧,可盈手而握;下链粗扁,可供脚踩(图6-17)。桥离地50余米。下链构造和图6-16唐·舞马衔杯银提梁壶银链相同。桥或仍为唐·窦子明遗制。图6-15为东峰和北峰间桥,北峰顶有鲁班殿。桥距20米。铁索上链49环,下链26环。

图6-14　窦圌山东、西峰间铁索桥

窦真、鲁班两殿,因有不易行走的铁索相隔,增加了其神秘感,反而香火更甚。善男信女,央僧徒代携香烛上供神灵。曾有信女请和尚背负过桥,以示虔诚,不意中道慌乱而动,和尚不支,双双坠岩。今有江油武都镇窦圌村王勇(1954年生)14岁练走铁索,并习轻功。现在上链之上加附一钢丝绳,每日定时在上表演倒挂金钩、鹰抓铁索、韦陀献杵、腾空翻浪等各种动作,见图6-18,19。于是,西汉武帝时“巴俞都卢”,“橦末之技”,“陵高履索,踊跌旋舞”的索上之戏,复见于今日四川的铁索桥上。

(二)左右双索人行桥

上下双索桥如窦圌山者,人走行于下索,手扶上索,仅下索为受力。且两索横向均无

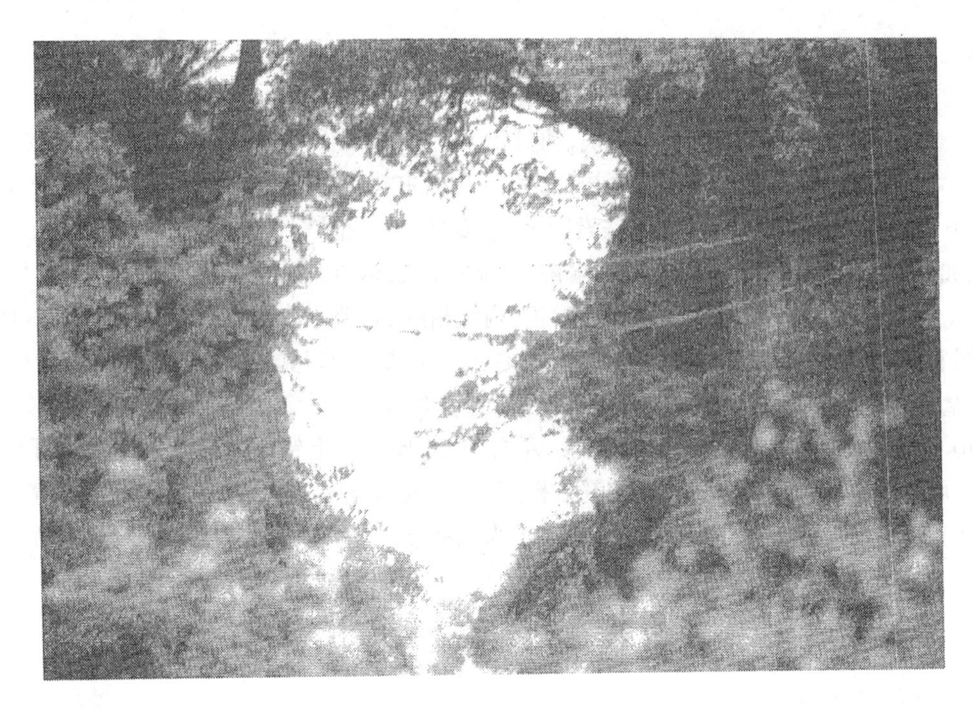

图 6-15　窦圌山东、北峰间铁索桥

图 6-16　唐代马鞍皮袋形“舞马衔杯”银提梁壶银链

图 6-17　窦圌山铁索桥(自西峰看东峰窦真殿)

图 6-18　窦圌山铁索桥上献技(一)

图 6-19　窦圌山铁索桥上献技(二)

牵制,上下两索还会起相对的晃动,步履艰难。

左右双索,水平相距约一米。或以藤条,或以皮绳,或以细链,如 V 字形斜挂而下,承托中间编织的细藤桥面,或纵向木梁、木板桥面。人行桥面上,左右手把握悬索而行,其稳妥胜似上下双索桥。这一桥式,已是近年悬挂桥面悬索桥的先声,只是梁未加劲而已。

V 形双索桥川、滇都有,西藏独多。

1. 四川天全双索桥

四川自天全到泸定的康藏公路侧,在二郎山脚下,跨天全河河谷,有桥如图 6-20,21。

图 6-20　四川天全二郎山双索桥

桥可两跨,大跨约 70 米。一端桥头立一 M 形木架,河岸另一侧,则有高、矮两叉架,

图 6-21　二郎山双索桥侧面

矮叉架成三脚杩杈。两绳分左右支于木架顶,两端各锚于岸上。V 形中间下部为木梁桥面,斜拉支托于系于主索的细绳。桥面两端以斜搁跳板木引及岸。

这座桥的主索已是细钢丝绳。斜拉吊绳用细铁丝。

2. 云南永平双索桥

云南永平 V 形双索桥亦是一座以钢丝绳代原来或为藤或为铁链主索的悬吊桥面桥。此桥主索垂度较大。桥面不随主索垂度,较为平坦,因此,左右扶手另用木杆和桥面同样坡度,缚在 V 形斜索上(图 6-22)。人在个中行,更增加了安全感。

图 6-22　云南永平双索桥

3. 西藏双索桥

西藏地区有较多的铁索桥。正史如《清史稿》地理志和藩部传中,所记不多。散见于清人笔记中者,如金山周蔼联《西藏纪游》,无名氏《西藏考》,黄沛翘《西藏图考》,松筠《西招纪行》,王我师《藏铲总记》,盛绳祖《入藏程站》,杜昌丁《藏行纪程》及《卫藏通志》等却不少(图 6-23)。

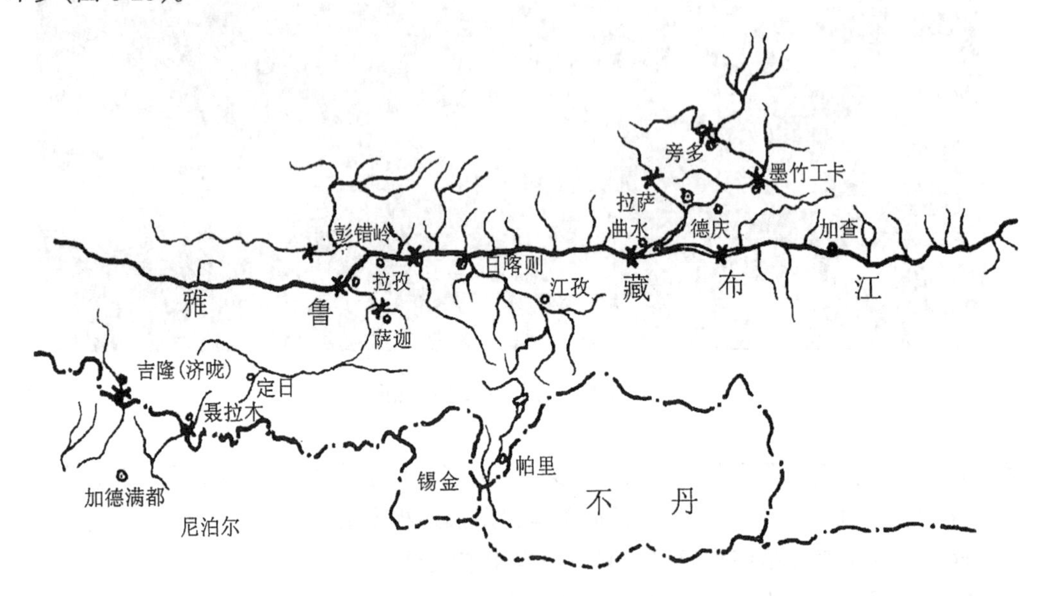

图 6-23　西藏铁索桥主要分布图

西藏主要的铁索桥,在拉萨和日喀则周围。

(1)旁多铁索桥

旁多(或作蓬多)铁索桥在旁多城西,达穆河傍(图 6-24,25),为 V 形双铁链桥,两岸以堆石桥台作锚碇。

图 6-24　西藏旁多铁索桥(一)

图 6-25　西藏旁多铁索桥(二)

(2)库库铁索桥

桥在拉萨西北,情况不明。

(3)鲁衣铁索桥

桥在达克卜吉尼(德庆)城南 30 里,雅鲁藏布江岸,或称在加查县。

桥为 V 形双铁链,以密布皮绳悬吊桥面。

(4)鄂纳铁索桥

在墨尔恭噶(墨竹工卡)城北 20 里,噶尔招穆伦江岸。

(5)楚乌里铁索桥

在楚舒尔(曲水)城西南 14 里,雅鲁藏布江岸。

《西藏图说》记:“曲水十五里至铁索桥(跨雅鲁藏布江)。江势浩翰,最险处渡以木船。”《西招纪行》称:“曲水者东西双溜,纡回湍激,故名。此地东来之水曰藏江(今拉萨河),其源出拉萨东北;西来之水曰罗赫达江(今雅鲁藏布江),其源出冈底斯雪山。二水汇此,曲折向东南,由工布入南海冈底斯,即所谓鹫岭是也。曲水形势险固,有兵数百,虽万人不能逾越。由曲水前行三十里,过渡有皮船。此外另无渡口。虽有锁桥,仅三绳,惟土人能行之,他有过往,须用船渡。”

这里指的三绳,可能是二绳之误,即为 V 形双索桥。也可能底部亦有一绳,故为三绳。

清·杨楑曲水铁索桥诗:“山川阻洪流,深广讵可越,两崖兀相望,怪石走嶒崒。飞空架索桥,锁纽危欲绝。曳踵窘不前,森然竖毛发。宛宛虹舒腰,落落蛇脱骨。迥疑匹练铺,窄抵长絙拽。谁遣高梯横,莫挽巨筏脱。翻风乍飞骞,缘云更軃硊。手怯朽索扪,足苦缩板裂。前行不得纵,后武宁许突。俯视逆流迸,疾较飞电掣。夭矫龙尾垂,凌乱雁齿缺。驱鼍既难凭,驾鹊苦乏术。柱杖心魂魂,褰裳趾兀兀。杠非冬月成,绳岂太古结。艰危信多端,绝险谁所设。行矣勿回顾,中道未云辍,侧听步虚声,长吟踏摇阕。柱敢马卿题,驭比王尊叱。一坠无百年,登陆股犹栗。”①

看来当年此桥败坏已较严重,锁锈、板缩而朽裂。脚下桥面过窄,摇曳不定(窄抵长组拽),必须十分小心(褰裳趾兀兀)。一面谨慎地踏步过桥,义无返顾,一面口中叫苦(“吟踏摇”即唐时的《踏摇娘曲》,其和声是“踏摇娘,苦和来”)。生了锈的铁索,好像太古结绳而治的绳子。没有心情像司马相如题长升桥那样夸口,只能学汉朝益州刺史王尊路过九折阪险道一样快跑,冲过危险。

(6)彭错岭铁索桥

桥在日喀则拉孜县城东六十里,跨雅鲁藏布江,为V形双链桥,牛皮绳悬挂木板桥面,堆石堡式桥台以系绳(图6-26)。

图6-26　西藏彭错岭铁索桥

(7)萨喇朱噶铁索桥

在林奔城西北20里,跨雅鲁藏布江。桥情况不明。

(8)桑噶尔札克萨穆铁索桥

在彭错岭西北100余里,鄂宜楚河岸。

(9)拉孜铁索桥

桥在日喀则拉孜县那旺则附近,跨雅鲁藏布江。V形双链桥,藤条悬挂木板桥面(图6-27)。此桥现已改为近代悬索桥。

(10)济咙(今吉隆)热索桥

《西藏图考》称:“由后藏行五十驿至济咙之铁索桥,为藏地之极边,逾桥而西则廓尔喀

① 清·黄沛翘撰,《西藏图考》卷之三。

图 6-27　西藏拉孜铁索桥

(尼泊尔)。"《西招记行》记:"由济咙南行为色新卡,为热索桥。"[①]

《清史稿·西藏》记乾隆年间,中国和廓尔喀一场战争,廓军深入西藏。五十七年(1792):"福康安自定日进兵,趋宗喀。五月克擦木,复济咙。是月十五,克热索桥。"……"成德等亦攻克札本铁索桥……。七月,福康安攻克噶勒拉堆补木,夺桥渡河,深入廓境。"后廓国请和,福康安撤兵回藏。可见西藏和尼泊尔之间有多座铁索桥。

西藏的铁索桥,绝大多数是 V 形双索桥,集中建造于 13 世纪以后。因其时有噶举派喇嘛唐东杰布(译音),系明·洪武十八年至天顺八年(1385～1464)人,以巡回赞礼传教,并是藏戏的创始人而受人尊敬,同时亦是个热心造桥者。唐东杰布的汉意为"广野之王",其真名是契勃奥萨(译音)。又因其善造桥梁,特别是铁索桥,故常加上别名为"渣·三巴"藏族称铁为"渣",桥为"三巴"。又锁为"郭甲",竹为"奴麻"。

唐东杰布一面以巡回佛事,演出藏戏而求布施,收集资金,用之造桥。传说其在雅鲁藏布江等大小江河上曾造有铁索桥约 58 座,木桥约 60 多座。前述彭搭林、拉孜、鲁衣等桥均为其所建。其名满西藏,远至不丹等国,因此,不丹亦礼聘造桥。据查证[②] 在不丹境内唐东杰布所建者共九座。其中著名者如跨波洛河(译音)的汤措刚桥(译音)。图 6-28 系摄于 1967 年,后不久被洪水冲毁。

唐东杰布的铁链桥其铁链链节作 ⊂═⊃ 形。铁桥两侧造有桥屋,其多余铁链挂于檐下,似可作备件之用。这一布局,形成其风格。其所造铁桥,不仅有双索,亦有多索者。他实为中国古桥建设中杰出的人才之一。

---

① 清·顾复初、黄沛翘撰《西藏图考》卷二,光绪十七年(1891)重刊,第 6 页。

② 资料由瑞士籍不丹林业官 Monika von Schulthess 于 1978 年与 1981 年收集,美国 Tom F. Peters 教授转赠。

图 6-28　不丹境内唐东杰布建汤措刚(译音)桥(1967 年摄,桥已毁)

三　四至六索走行桥

西藏的多索铁索桥的断面布置,链少而荆多,桥面较窄,且呈 V 或 U 形(图 6-29)。

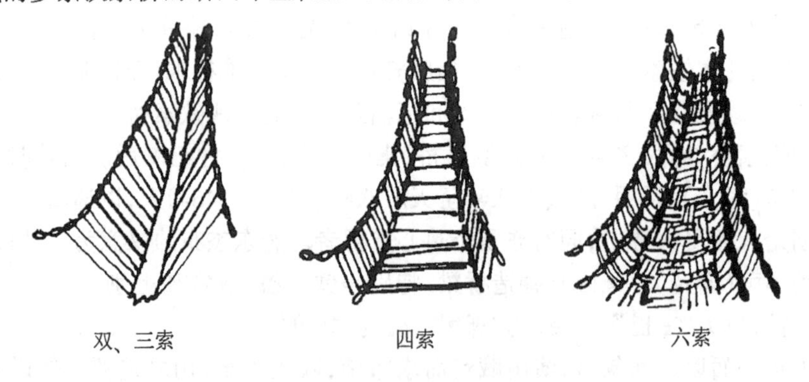

图 6-29　西藏铁索桥布置

(一)四索走行桥

双或三索 V 形索桥一般只能过人,牲畜则泅水或用皮船过河。

西藏日喀则、萨迦县、拉嘎附近,跨洛雄藏布江的穆克布札克萨木铁索桥,相传亦为唐东杰布所建。桥用铁链四根,两两上下悬设。上下两根铁链之间联挂木柱,在下铁链之上横铺木板,形成桥面,人畜均可通行(图 6-30)。这一座桥的另一特点是,铁链锚于石堡,并在堡靠河侧伸出双层木梁。上层为叠木伸臂梁,下层为单根较短的伸臂梁,两者之间以直柱联结如栈道,另又加斜撑以辅助。这一结构布置用以缩小悬索桥跨。

图 6-30　西藏萨迦拉嘎铁索桥

唐东杰布曾以同样方法建造了不丹的楚卡(译音)桥,但其桥面据说是多索并列。[1]

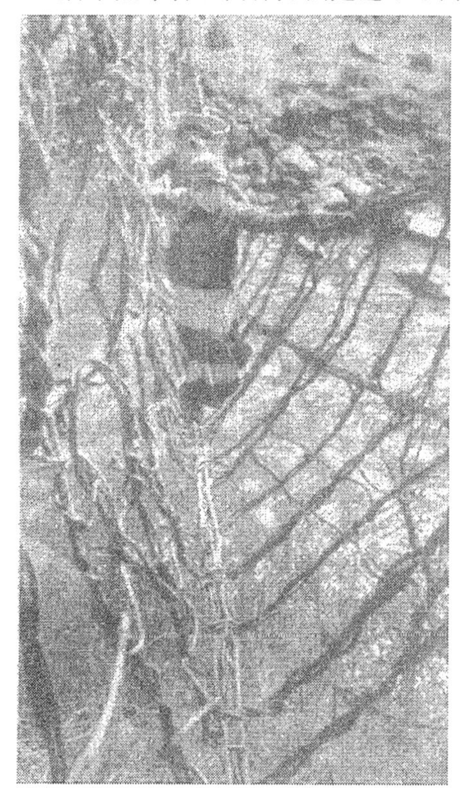

图 6-31　四川凉山彝族自治州藤桥

(二)五六索走行桥

西南和西藏地区民间索桥,桥断面作 V 形或 U 形者,基本上是由于索的绷挂,不在一个平面内,左右高低兜成半剖状态,不能构成一个宽阔的走行桥面,亦是饶有兴趣的索桥。

四川凉山彝族自治州藤桥(图 6-31)便以五根藤索构成,人行底藤索上,手扶左右藤索,极具有原始的风味。

唐东杰布曾以六根铁链代替藤索,亦兜成半剖的 U 形截面,诸链之间密编细藤或牛皮绳,成为极安全的网,中铺织席,桥面较宽,可行人马。这一桥式亦曾建于不丹。

四　藤网桥

环状藤网桥仅见于西藏,在洛瑜、墨脱等处,横跨雅鲁藏布江,为门巴族人所建。现保存良好者为墨脱县地东区藤网桥。因为藤索易朽,其他已大部换成钢丝绳索桥。

墨脱藤网桥(图 6-32,33)长 130 余米,高出水面约 40 米,用 47 根藤索和藤条锚于两

① Tom F. Peters, Transition in Engineering.

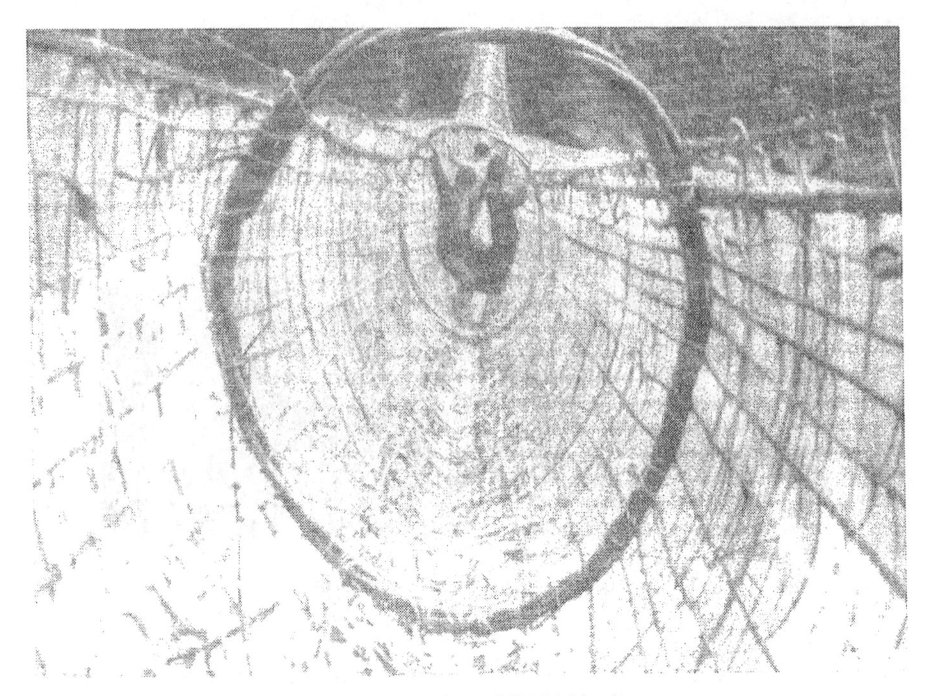

图 6-32　西藏墨脱藤网桥(一)

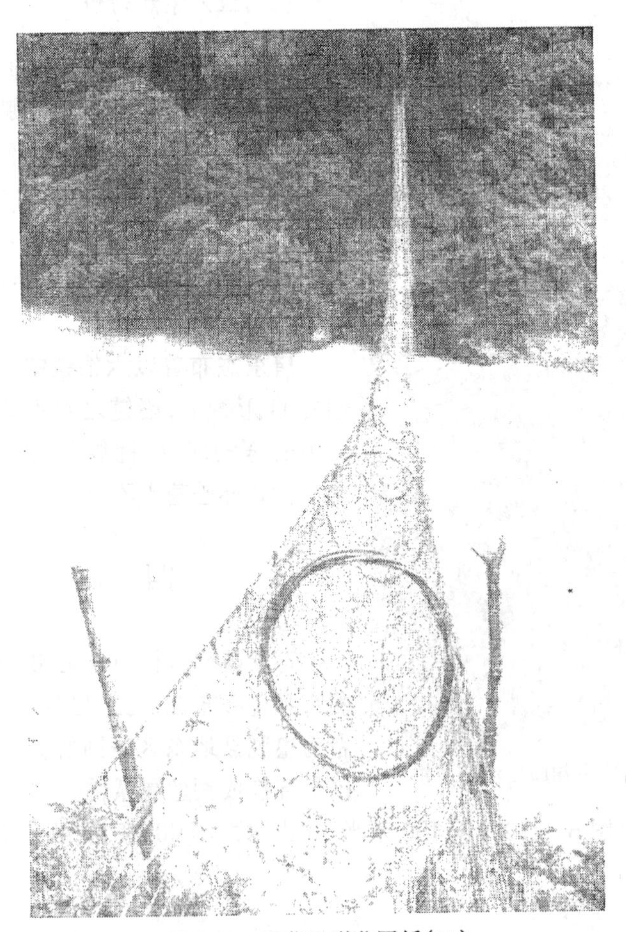

图 6-33　西藏墨脱藤网桥(二)

岸。再用约20个藤圈均匀分布扎系于藤索中,桥呈圆筒形。诸藤索和藤条间用细藤编织成网,人行其间十分安全。

桥两端的出入口和锚碇甚为简单和科学。出入口用粗木,树杈搭成方形门架,所有跨中藤索和藤条都拉于门框的竖柱和下横杆上,门架则前撑,后拉,固定于崖侧(图6-34,35)。

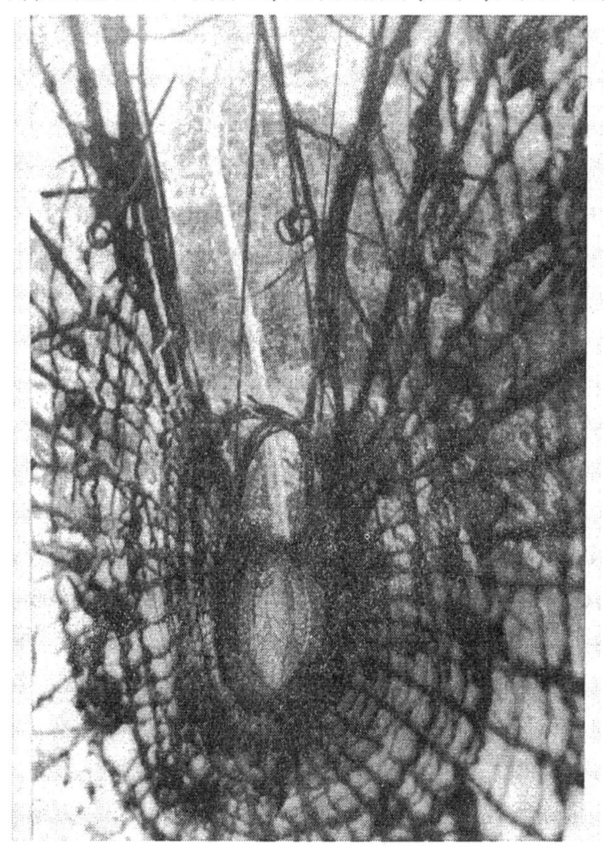

图6-34　西藏洛渝地区藤网桥

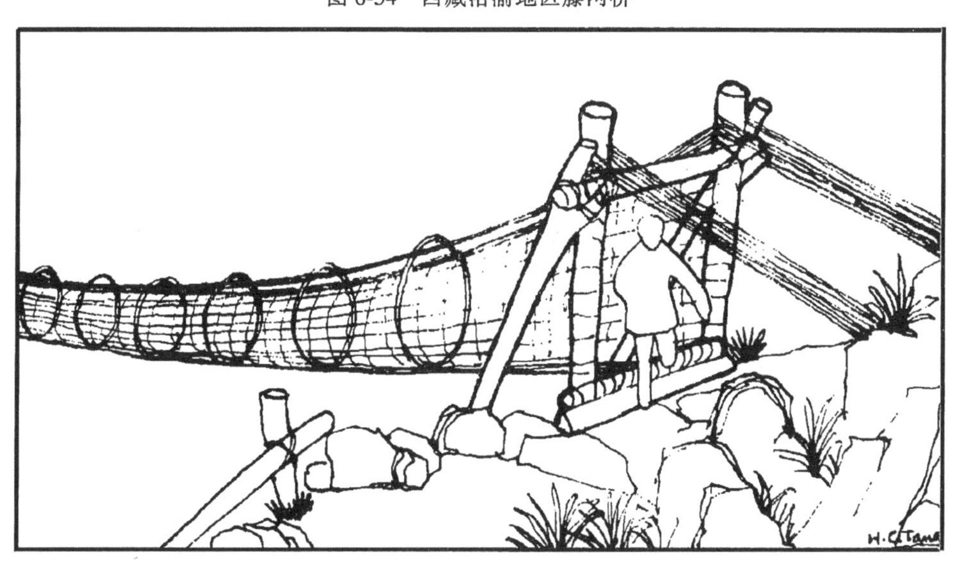

图6-35　藤网桥端部门架和锚碇

这一座有意识保存的藤网桥，上部两侧已用两根钢丝绳予以加固。

桥传说始建于9世纪（唐代），具体的沿革情况不详。

五　并列多索桥

并列多索，上铺木板成桥面，有的不设桥栏索，有的在左右各悬二至数根缆索，加夹柱，作栏杆，这是川、滇和其他内地省习见的中国古代索桥。

（一）并列多索竹索桥

1. 四川汶川铃绳桥

单孔的竹索桥，跨度较大的如四川汶川铃绳桥。汶川属茂州，即古之冉駹，汉代的汶山郡。

《四川通志》载："铃绳桥在纹川县西一里。桥长四十八丈（约158米），阔八尺（约2.6米）围绳一尺五寸（约50厘米）。左右两阑以翼之。桥两柱高六尺（约2米），东西建层楼，下有立柱转柱，立柱以系绳，转柱以绞绳。"①

四川《汶川县志》记铃绳桥："铃绳桥又名镇关索桥，旧称太平桥，在治北关内通瓦寺。桥以绳为之而悬铃其上。其绳以细竹为心，外裹篾索，长四十八丈。索用三股合一股，围一尺五寸。桥宽八尺，左右各四绳，傍用木栏翼之。栏杆之底有横木相扶。底用一十四绳，上铺密板，可度牛马。东西岸约五十步（约320尺，106米），平立两柱，柱长六丈（约20米），谓之将军柱。柱有架梁，绳绕梁过，使不下坠。东西各建层楼，楼之下各有立柱、转柱。立柱以系绳，转柱以绞绳，岁时修补。"

两处记载尺寸略有不同，一以48丈为桥长，一以为索长。取县志为准，桥跨约106米，以将军柱木架为索端支撑点，过之再绕于立柱。50年代此竹索桥仍在②，1979年至汶川（绵虒镇），桥已略移位，东西已无层楼，竹索亦改为钢丝绳。步量桥跨约120米（图6-36）。此桥当年中外驰名，美国故桥梁专家D.B.史丹门氏描绘此桥如图6-37。竹索锚碇的立柱和转柱布置如图6-38。

这座桥，《水经注》和《元和志》都有记载，但规模较小。

2. 四川桃关戴家坪索桥

《汶川县志》载："桃关戴家坪索桥，为通懋靖各地隘口，乾隆四十一年（1776）荡平两金（大金川、小金川），奏请修复，以通往来文报，视太平桥（即铃绳桥）更大，计宽八尺（约2.6米），长六十三丈（约208米，《四川通志》作六十六丈，约218米）。"在绵虒镇和威州之间，见不知名索桥，其构造如图6-39，40。两岸砌石设立和平的转柱和绞索柱，是为锚台。台内岸侧又各立一排架木墩以托索。成大小三孔连续索桥，一方面缩小主跨，另一方面减小竹索在锚墩转立柱间的距离以减少其角变和位变。

戴家坪索桥估计便是大小三孔，共长208～218米。

3. 四川威州竹索桥

---

① 《四川通志》卷三十二。

② 见作者《中国古代桥梁》1957年版，图100。

图6-36 四川汶川铃绳桥(1979年摄)

图6-37 四川汶川铃绳桥(美国史丹门绘)

威州亦古冉虢,汉武帝时属汶山郡,唐·武德七年(624)始置维州。宋改威州,明、清其名不变。《读史方舆纪要》称其旧城:"在州北三十里高碉山上,亦谓之姜维城。汉以前皆

图 6-38　竹索立柱转柱绞索装置

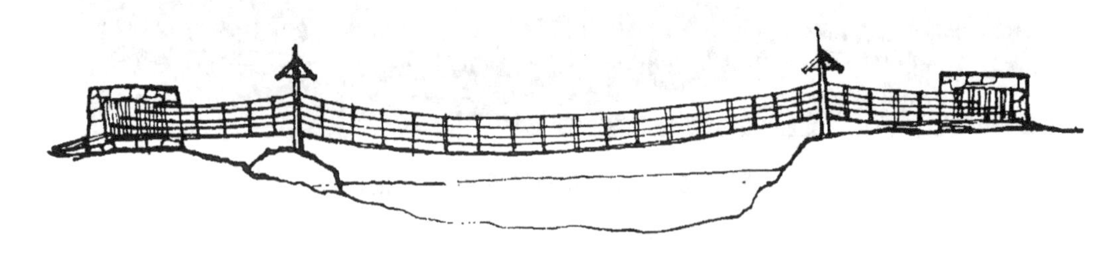

图 6-39　四川汶川三孔竹索桥

为徼外羌、冉、駹之地。蜀后主时，遣姜维、马忠讨汶山叛羌，因筑城屯兵于此，谓之姜维城……其城一面孤峰，三面临江。"[①] 又引《边略》云："由保县堡过汉索桥，至维州古城，三面临江，殊陡险。"《四川通志》称为保子关。

图 6-40　三孔竹索桥端部

50 年代初威州索桥仍在，在三面临江的江心山嘴上砌有石堡，有二座竹索桥成 90 度角，跨过杂谷水和岷江。1979 年至威州，当地人指姜维城位置，索桥遗址尚在，但已换作钢丝绳，桥面破败不堪。复原示意如图 6-41。这是两座靠近锚墩亦有将军柱木架的竹索桥，锚墩内木转柱立柱宛然犹存。

① 《读史方舆记要》卷六十七，第 2910 页。

图 6-41　四川威州双竹索桥

4. 四川北川登云桥

《北川县志》记:"登云桥在县东南百余步,其桥以篾绠联络而成,即索桥也。[①]《旧志》洪武四年(1371)创建。两岸各树一楼,下置大柱 12 根,上叠以重石,名为庄柜石。柱用机轴引绠 12 条,围约 2 尺(约 64 厘米),长 48 丈(约 154 米),系于两岸大柱。绠上密布荆笆,宽 8 尺(约 2.5 米),每岁仲春更易,以为常例。"索长 154 米,估计桥跨约在 130 米上下。

5. 四川盐源打冲河桥

盐源古为笮彝所居,西汉属越嶲郡,其境打冲河,即雅砻江上游。上有竹索桥。《盐源县志》记打冲河:"两山壁立,水势汹涌,狼牙相拒,舟楫不通。"桥用"篾缆十八条,系于将军柱上。缆上铺板三十六逗,两旁用小缆挂系如槽,横亘四十二丈(约 134 米),边陲之天险也。"

由此桥道往东,过安宁河,即汉司马相如的"孙水桥"到西昌(古邛都)。因此,孙水古桥宜便是笮桥。

6. 四川灌县安澜桥

灌县在成都西北,西汉置都安县,属汶山郡。唐称导江,属益州。元称灌州,明改灌县。县以秦李冰水利工程都江堰(汉名金堤,晋称湔堋,又名都安大堰)而著名。

灌县原共有索桥十五座,计岷江上有溜筒三(崖后、鸡公窿、窎钟崖),绳桥二(安澜、胜因寺);寿江上有四(天生、丰乐、定元、官培);白沙河上有六(利涉、积德、彩虹、复兴、崇兴、捫)。唐时尚有铁索桥二。见于清·光绪丙戌(1886)所刻《四川成都水利图》(图 6-42)中者,有二座竹索桥,即白沙利涉桥和安澜桥。

安澜桥位于都江堰口,横跨内外两江,气势雄伟,是世界上难得的古代索桥工程,与都江堰相得益彰(图 6-43)。

桥和堰并非同时修建。《华阳国志》和《水经注》都记堰而无桥。汉赋不名,唐诗不咏,其始建年代当在唐代以后。

宋·乐史《太平寰宇记》记:"索桥,李冰祠在县西。"已见此桥。

《灌县志》载:"安澜桥一名绳桥,古珠浦桥。宋·淳化元年(990),安定·梁楚,以大理评事知永康军时建。(清)嘉庆八年(1803)知县吴升,仿旧制建立。"所记过略,800 余年间兴废,了无记载。

① 《读史方舆纪要》卷六十七,第 2910 页。

图 6-42　宋兆熊、樊晋锡《四川成都水利全图》索桥

图 6-43 四川灌县安澜桥(50 年代竹索桥)

《灌县文征》引魏了翁《永康军评事桥免夫役说》记:“岷江至军城之南,其势湍悍,冬涸则连筏可济,逮夏而航多覆溺之患。淳化元年,安定梁公楚,以大理评事来守此邦。冬仍其旧,夏则为石笼、木栅、竹绳,而属绳于栅,植于笼,跨江而桥焉。民至今赖之,即其官以名桥,示不忘也。”所以志又称:“古名珠浦桥,宋名评事桥,俗称索桥,今名安澜长百丈许(约 330 米)。

评事桥只用于夏而冬日仍用浮桥。其原因魏了翁接着记:“桥比岁必一作,费以钜万数……立木、破竹、运石……其远者至大面山下,率戴星往返,不下百里。扑溪卧谷,为蛇虎所伤者又不知其几也。岁自春正月至于夏四月,绳桥成。又自秋八月至冬十月,浮梁成。以日记,民之穑本于是尽矣。役之隙,惟夏冬之仲季四阅月耳。复有系桥撤桥之后,使民终岁勤动,不得休息,吏又迁延其役,不苛取不厌……。”

竹索桥需年年维修,三年一大修(比年),修必在冬季,所以冬架浮桥。大修时时或移动一下桥位和墩位,因此各时期桥长不尽一致。

评事桥建成后百余年,宋·范成大在《吴船录》中记录其在南宋淳熙四年(1177)所见到的桥梁是:“将至青城,当再渡绳桥。桥长百二十丈(宋制约 360 米),分为五架。桥之广,十二绳排连之,上布竹笆。攒立大木数十于江沙中,辇石固其根。每数十本作一架,挂桥于半空,大风过之,掀举幡幡然,大略如渔人晒网,染家晾彩帛之状。又须舍舆疾步,从容则震掉不能立,同行者失色。”可见宋时此桥,全长较长,桥跨较大,木架桥柱较多。

范成大《戏题索桥》诗道:“织簟匀铺面,排绳疆架空。染人高晒帛,猎户远张罿。薄薄难承雨，翻翻不受风。何时将蜀客，东下看垂虹。"[①] 写出了桥的形象。最后归结为有机会将请四川人到范成大的老家吴江去看看垂虹桥。宋时垂虹桥是木桥，木梁木柱。梁桥一章中，宋王希孟《千里江山图》中长木桥便是。是不是范成大认为评事桥桥墩木架，"每数十本作一架""辇石固其根"过于笨拙，不若垂虹桥三柱一个木排架，轻巧而不挡水？后世安澜桥五根木柱一个排架，是不是吸收了范成大的建议？也许范成大还认为长桥构索，"震掉不能立"，"行者失色"，不若垂虹长桥，平坦如砥。可惜此处水势过猛、多孔小跨木桥是不行的。

当年为了在都江堰口修筑石堰，所费工力是极大的。如曾"于堰口上三丈许制竹兜，竹笆以拦江流。乃淘江及底，密植柏桩三百余株，实筑以土，与桩平。衡铺柏木于桩，乃漫石板。石皆长几丈，厚几二尺，复熔铁为锭以铃系之。乃铸铁板为底，作牛模其上……凡用铁六万七千斤而二牛成，屹然堰口中流以当二江汹涌之势。复立铁桩三株于牛之下流，以固角嘴之石。嘴下仍置竹笼竹卷护持之。"用这种方法施工的铁石堰口，十分坚固。但有一次，"江大溢，堰尽坏。"

因此，杨均《安澜桥》诗道："波涛汹涌相击搏，岸阔江深惟构索，果然人巧夺天工，百丈长桥善斟酌。"似对范成大而言。杨均接着写道："到此人如履薄冰，动魄惊心难立脚。临河返驾亦有人，或谓前朝太守作。岂知平坦非险艰，高视阔步尤足乐。人畏簸扬悉战兢，我因飞舞弥踊跃。中流举目望群山，群山壁立都如削。俯瞰波涛吼若雷，蛟龙往来相栖托。吁嗟乎！到此飘飘真欲仙，宛似云中能跨鹤。往来万古济行人，回首灌城看隐约。"

过软桥似的索桥，昔人摸索出的经验，如郭仲达《索桥歌》写灌县丰乐桥（上索桥）和定元桥（下索桥）："上索桥，下索桥，两桥相隔五里遥。风飘遥，雨飘飘，川为长带虹为腰。我从桥上斯须立，天风簸荡水怒号。神昏目眩心胆裂，桥不自摇心自摇（禅宗语）。旁人语我神妙诀，东顾西盼心转慑，昂头直视信步行，王道荡荡无蹉跌。我闻此语真快绝，屡试皆验慎毋泄。世间万事败迟疑，坐失事机空饶舌。请君寄语当道人，早把身家念断决，莫到中流反蹩躄。"[①]此中有禅语，有哲理，更当需要有科学像今天一样解决索桥的柔性和震动变形问题。

清·嘉庆间修建此桥时，情节尚有些曲折。据《何先德碑记》："灌城，故永康军治。宋创绳桥，元明因之。献（张献忠）贼祸蜀，荡毁无遗，成法失之矣。先德相地势，测江岸距离远近。绹索纬芦作桥式（做模型研究）。审之确，乃上书当道言状。达部议，允，下有司筹措。顾长绳系空，踏之簸荡，有落水者。……以罔上抵罪。先德无子，妻益悲。乃日夜苦思，谋所以成厥志而间执谗慝之口。复就前式，翼以栏。縈鼠踏桥，较稳固（再做有栏杆的模型，也许还加大张力，做"动载"试验）。则又诉之当道。试之信，遂诛谗而恤先德……"。何先德是位当地的塾师，四川人纪念他们夫妇，编为川剧，并俗称此桥为"夫妻桥"。

民初中国营造学社梁思成先生调查此桥，得桥长为330余米，最大跨度61米。两岸各有桥屋，江中木架八，石墩一，合计10孔。较宋桥短而孔多。

作者于1952年曾到此桥，所见略同（图6-44，45）。并描绘其桥头竹索锚碇的桥屋（图6-46）。

竹索难以持久，技术亦日将湮灭。1975年交通局以新材料，即钢丝绳以代竹索，钢筋

---

① 《四川通志》卷三十一，第23页。

图 6-44 四川灌县安澜桥(竹索,五十年代摄)

图 6-45 安澜竹索桥桥面(50 年代摄)

混凝土柱以代木柱,基本维持原样,但孔数共八(图 6-47)。1993 年再至桥头,沿江商亭栉比,游人如鲫,架空索道越江而过。古桥情趣,荡然无存。

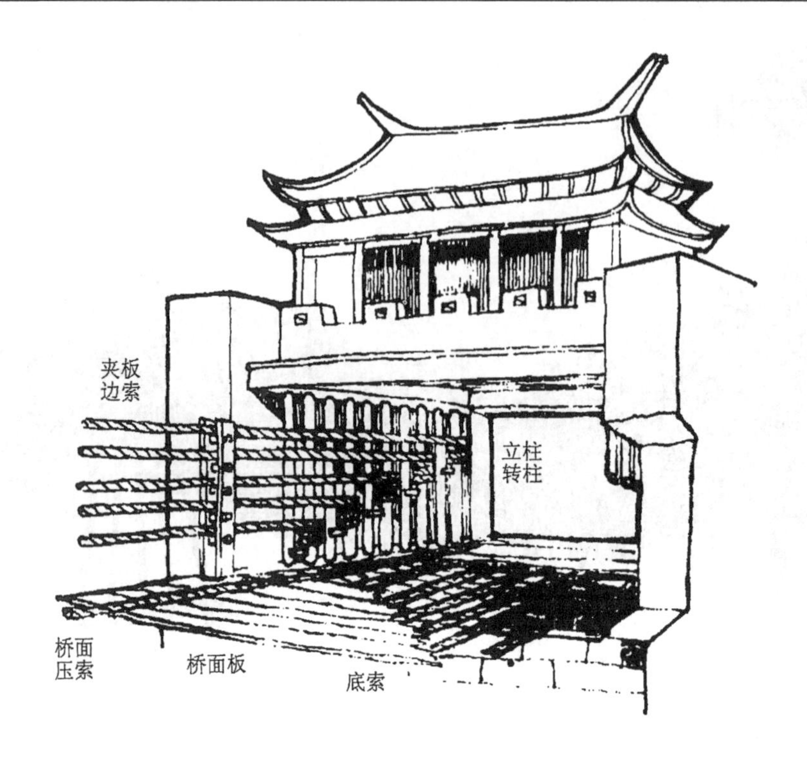

图 6-46　安澜竹索桥桥头转立柱

图 6-47　四川灌县安澜桥(1979 年摄新桥)

(二)并列多索铁链桥

铁链桥是藤、竹索桥的发展。

明·汪文渊《左峡桥记》记:“桥之成以竹以石,未有以铁者。铁索之桥自松州始。”① 松州即今阿坝藏族自治州,松潘等地。唐武德初(618年后近)置松州,明·洪武十一年(1378)置松州、潘州,后改松潘卫。是羌藏少数民族地区。铁索之桥并不始自松州,然而松州有铁索桥。“然访其制多简略,索少而布以荆,一举足则履险辄止,可骇可愕。又荆必岁数易乃克有济,当事者疲而非久长之计”。松州藏族的铁索桥大多是双索V形,上布荆为桥面,故行走不便,且不耐久。于是绥定的左峡桥予以改进。文又记:“左峡高可十许丈,广三十寻(约80米)……遂议于上,置铁索,大者六,小者四,六为底而四为栏。伐木为板,相以车辐。长九尺(约3米),广六尺(约2米,似过宽)者二十有四,各为牝牡之制(即用窄板榫卯接拼宽约2米),系以铁钮。又旁为连枋,长二三丈许,每三幅而联属之。石崖之上,为屋二楹,覆以重石如陶瓦,而以铁索系于有机之横木。轮转既定,镇以石柱。设桥屋于上而丹漆之,车马之过,如乘丰隆,跨长虹而入天衢也”。可见左峡桥是一座以铁链代竹索的索桥,其绞索和调索仍沿用竹索的方法,后来便发现有更简捷的措施。

王锡衮咏盘江铁桥诗道:“横空贯索插云蹊,补天绝地真奇绝。罗浮道士作浮桥,风雨薄蚀虞飘折,又闻飞阁(栈道)用石盐(防白蚁的石盐木),百年那得坚如铁。”② 铁索桥自然优于竹索桥。

1. 云南永昌霁虹桥

中国铁链桥的最早记录,或说是西汉汉中樊河桥,之后为东汉景东兰津桥。可惜两桥都已无踪迹,今日尚存年代最早的是云南永昌霁虹桥。

前记云南景东兰津桥中,已提及永昌霁虹桥。汉明帝时,历博南山,涉兰沧水,更置博南、哀牢二县,这条道路,确实要经过霁虹桥址,然而未记东汉建桥。史载此桥为诸葛亮所创。唐、樊绰《蛮书》卷二记澜沧江:“龙尾城西第七驿有桥,即永昌也。两崖高险,水迅激。横亘大竹索为梁,上布簀(席),簀上实板,仍通以竹屋盖桥,其穿索石孔,孔明所凿也。昔诸葛征永昌,于此筑城,今江西山上有废城遗迹及古碑犹存,亦有神祠庙存焉”。

《读史方舆纪要》记:“诸葛营……旧记,孔明既擒孟获,移师永昌”。晋、常璩《华阳国志·南中志》称孔明于此“……分建宁、越嶲为云南郡,以吕凯为大守”。地跨澜沧,包有永昌。

光绪甲申本(1884)《永昌府志》详记元代以后事,因为五代以后,云南为段氏割据,称为大理,到元朝始又统一。志记霁 虹桥:“元·也先不花西征(1286~1289),始更以巨木,题曰霁虹。宣慰都元帅达思撤而新之。桥圮,复以舟渡。明·洪武二十八年(1395),镇抚华岳,铸二铁柱于石(岸)以维舟。后架木桥,寻毁。成化中,僧了然者乃募建飞桥,以木为柱,而以铁索横牵两岸。下无所凭,上无所倚,飘然悬空。桥之上复为亭二十三楹,两岸各为一房。付使吴鹏题于石壁曰‘西南第一桥’。岸北设官厅以驻使节,岁以民兵三十人更番戍守……”。

---

① 清·常明,杨芳灿等纂修,《四川通志》卷三十二,清嘉庆二十一年刊本,北京巴蜀书社,1984年。

② 清·陈梦雷等撰,《古今图书集成·考工典》卷三十三桥梁部,清雍正四年(1726)刊本,中华书局,1934年影印。

明·万历本隆庆(1567～1572)《云南通志》记霁虹桥:“在(永昌)府城北八十里,跨澜沧江。旧以竹索为桥,修废不一。洪武间,镇抚华岳,铸二铁柱于两岸以维舟,然岸陡水悍,时遭覆溺(用扯扯渡)。后架木为桥,又为回禄所毁。弘治十四年(1501)兵备付使王槐重修,构屋于上,贯以铁绳,行者若覆平地云”。志引《提学付使王臣纪略》为:“金齿(永平于明·洪武三十二年改属金齿军民指挥使)来此三舍许,有江曰澜沧,其阔二百六十丈有奇。地既要冲而水势且湍悍。……先是,守臣命所司架木为桥,顷为回禄所毁……始事于弘治十三年(1500)七月……”。

《郡人侍郎张志淳记略》:“……有桥则始于浮屠了然者,而毕功于成化中,寻亦毁矣。至弘治间……再复之,至今又倾。去年冬……圮者、腐者、倚者、弱小不胜者悉撤之更新焉。始事以正德六年(1511)十一月八日,落成于次年四月二十一日。其修以尺计二百六十丈(疑丈为衍字)有奇。高损三十一,广杀十八。上覆以屋,下承以巨索而系之岩上。大率皆仍了然之旧”。

清·顾祖禹《读史方舆纪要》记永昌军民府保山县澜沧江及霁虹桥,所引《滇程记》和志书没有超过这些。

综合以上史料,自汉的兰津渡到明的霁虹桥,其情况是:

东汉明帝永平十二年(69)为渡,名兰津或仓津。

三国蜀汉建兴三年(225)诸葛亮命造竹索桥。

唐·咸通中(860～874)樊绰所见是竹索为梁,上铺席,席上有木板,“通以竹屋盖桥”。

五代、宋不详。

元·元贞元年,(1295)建为木桥(估计为木伸臂梁)初名霁虹。

明·洪武二十八年(1395)华岳用铁柱埋两岸(作牂牁,或称扯扯渡,抹抹船,详浮桥一章)。后建木梁(木伸臂梁),寻被毁。

明·成化中(1465～1487)僧了然造桥,其制长二百六十尺(约83米)高损三十一(约55米),广杀十八(约17米)。上覆以屋,下承以巨索。

明·弘治十四年(1501)王槐修,构屋于上,贯以铁绳。

明·正德七年(1512)重修。明代桥梁都是按照了然的旧制。

诸志中记该处澜沧江为二百六十丈者有误《读史方舆纪要》记永昌府澜沧江:“在城东北八十五里,罗岷山下,广二十六丈,其深莫测……江流介二山之趾,两崖壁峙,截若墉垣,因为桥基。缆铁梯木,悬跨千尺(夸饰)”。二十六丈是正确的。

明崇祯己卯(1639),离正德修桥后127年,徐弘祖所亲见的霁虹桥,在其所著《徐霞客游记·滇游日记》中有十分详细的描述,考证亦甚周全,现详录如下:“澜沧江……由岭南行一里,即曲折下(图6-48),其势甚陡;回望铁桥,嵌北崖下甚近,而或迎之,或背之,为‘之’字下者,三里而及江岸。即俟东崖下溯江北行,又一里而至铁锁桥之东。先临流设关,巩(拱)石为门。内倚东崖,建武侯祠及税局;桥之西,巩关亦如之,内倚西崖,建楼台并祀创桥者。巩关俱在桥南,其北皆崖石峋削,无路可援;盖东西两界山,在桥北者皆夹石,倒压江面,在桥南者皆削土,骈立江旁,故取道俱南就土崖,作‘之’字上下,而桥则架于其北土石相接处”。其平面布置如图6-49。值得注意的是此桥链系东西向而景东桥则链系南北向,不容相混。

谈到桥梁,徐弘祖接着写:“其桥阔于北盘江上铁锁桥,而长则杀之。桥下流皆浑浊,

图 6-48　徐霞客所经澜沧江东岸博南古道

但北盘有奔沸之形,澎湃之势,似浅。此则浑然逝,渊然寂,其深莫测,不可以其狭束而与北盘共拟也。北盘横经之链,俱在板下;此则下既有承,上复高绷两崖,中架两端之楹间,至桥中又斜坠而下绷之。交络如机之织,综之提焉”。

徐弘祖所见到的铁索桥,没有说上面有桥屋,而是说桥上有斜绷的铁链。链高绷在两崖之上,通过桥两端的屋架间,斜绷到桥中间。究竟桥成何形式? 他说:“如机之织,综之提”。中国古代织机如王祯《农书》所绘(图 6-50),有斜拉吊索。美国斯密斯所著《世界大桥》一书中亦绘有中国云南提综式竹桥(图 6-51),1979 年桥史云南考察组确曾实地拍摄到一个仅有的实例(图 6-52)。霁虹桥上面有斜拉铁链是现实的,但不可能斜拉索上端系在竹杆的顶部。徐霞客说是“中架两端之楹间”。

云南腾冲上营乡龙川江上有木伸臂梁与铁链结合桥[1] (图 6-53),始建于元,明、清两代曾予重修。大概即是霁虹桥的结构:元代为木伸臂梁,明代“下承以巨索”“贯以铁绳”,“上复高绷”,只是徐霞客未说桥台两侧向江心伸出有木架,故或是并列多链与斜拉铁链的结合(图 6-54)。

① 孙波主编,罗哲文文,中国古桥画册,华艺出版社,1993 年。

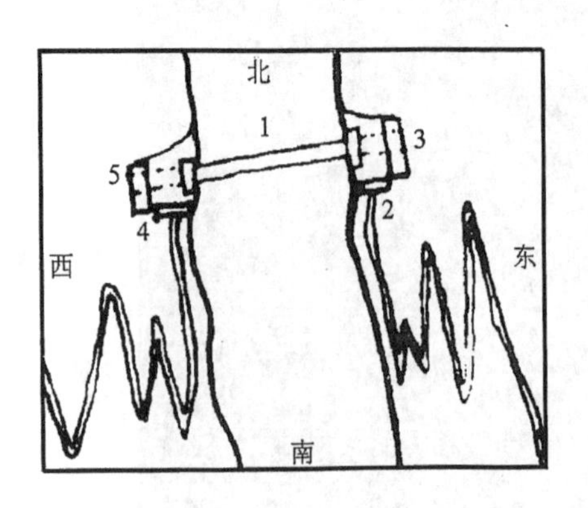

图 6-49　霁虹桥位置图
1. 霁虹桥　2. 东岸巩关　3. 武侯祠及税局
4. 西岸巩关　5. 楼台祠创桥者

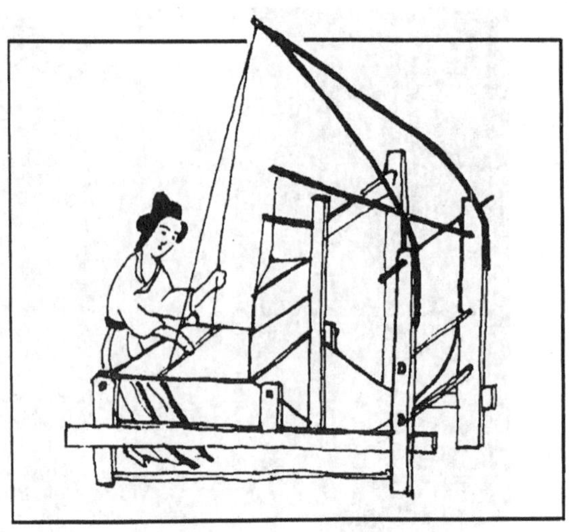

图 6-50　王桢《农书》织机图

图 6-51　云南提综竹桥图(自斯密斯《世界大桥》)

《新纂云南通志》记顺宁府(今凤庆)云川(今云县)"新会桥,铁索架梁,康熙间建……桥长三十丈(约 100 米)……底链十二条(其中)提重斜行链四,穿底兜链八。边栏二"。[①] 极似明霁虹。

图 6-52　云南提综竹桥

西方于 1655 年 Martin Martini 的《蒲拉地图集》中提到过景东桥。1667 年 Athanasius Kircher 的《中国图说》(China Monumenta Illustrata)中载有云

① 赵式铭撰,《新纂云南通志》卷三十七,1948 年刻本,第 43 页。

图 6-53　云南腾冲上营乡桥

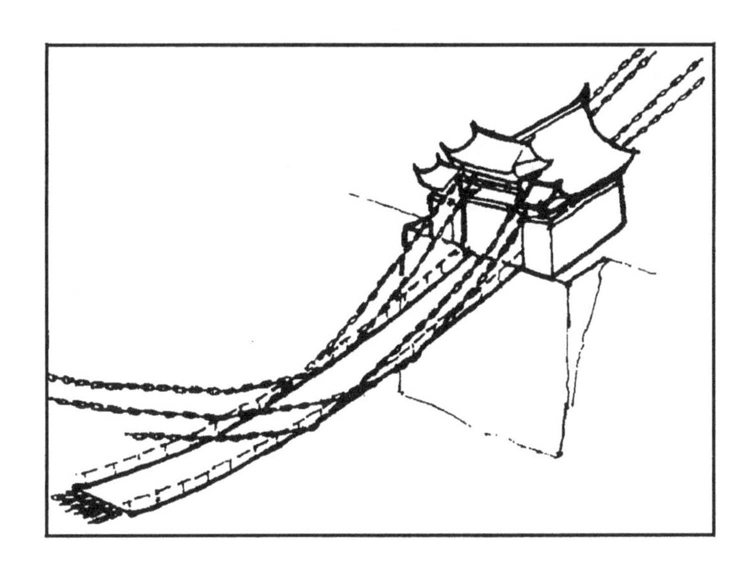

图 6-54　明·霁虹桥想像图

南兰津桥的图,仅画桥链,据说是读了徐霞客游记的想像之作。1721 年 Johann Bernhard Fischer Von Erlach 形容“兰津桥”下有 20 根铁链。1735 年 Carl Christian Schramm 将桥予以配景(图 6-55)。显然完全是凭想像,只是两根斜绷的铁链,部分表达了徐霞客的描述。这一张图,在西方的其他著作中多有应用。

徐霞客叙述霁虹桥的历史是:“此桥始于武侯南征,故首祀之(即桥西岸楼台中所祀),然其时犹架木以渡,而后有用竹索。用铁柱维舟者,柱犹尚在(或以为故敬德,或以为国初镇抚华岳,而胡未之至,华为是)。然兰津之歌,汉明帝时已著闻,而不始于武侯也。万历丙午(1606)顺宁土酋猛廷瑞叛,阻兵烧毁。崇祯戊辰(1628)云龙叛贼王磐又烧毁,三十年间,二次被毁。今己巳(1629 年)复建。委千户一员守卫。因知迤西咽喉,千百载不能改

图 6-55　德人许腊姆绘中国云南铁链桥

也。余时过桥急,不及入叩桥东武侯祠,犹登桥西台间之阁,以西崖尤峻,为罗岷之麓也。于是出(西岸)巩关,循罗岷之崖,南向随江而上”。

有明一代,对霁虹桥的题诗都歌颂其宏伟。杨慎诗云:“织铁悬梯飞步惊,独立缥渺青萍。腾蛇游雾瘴气恶,孔雀饮江烟濑清。”入清以后,霁虹桥的情况如《永昌府志》所记:“国(清)朝克滇,督抚司道各捐金,檄金腾道纪尧典督造。两端系铁缆十六,覆板于缆上。又为板屋三十二楹,长三百六十丈(显系尺之误)。南北为关楼四。宏敞坚致,视昔有加,后毁于兵。康熙十二年(1673)重建,又毁。二十年重建。二十七年,增修两亭于南北岸。桥房翼以栏杆,日久损蚀,桥复摇。三十八年又重修。至乾隆十五年(1750)水发桥断,重修。道光二十六年(1846)焚毁,铁索坠于江中,重修”。

《重建保山澜沧江铁桥碑记》记 1930 年桥遭超载断索,重修。1943～1944 年间,日本侵略军炸保山时,曾炸霁虹桥多次,因桥两岸山峰高耸,未能炸毁。1979 年桥史调查,其状况见图 6-56,57。桥架于峭壁之间,净跨 57.3 米。两岸桥台伸入江中,合计 56.1 米,总长 113.4 米合 34.3 丈。底缆 16,时存 14,铁链扣环径 2.5～2.8 厘米,长 30～40 厘米,宽 8～12 厘米。桥面宽约 4.1 米。左右栏杆索共 2 根,并无下绷铁索。桥面木板已荡然无存。但因过江绕道要走三天,仍有行人冒险从铁索上走过。逢场过节,日通行可三百余人次。

之后,桥列为云南省重点文物保护单位,修复后霁虹桥见图 6-58。

现霁虹桥桥头两岸悬崖上刻有众多题字,如“天南锁钥”、“西南第一桥”、“悬崖奇渡”、

图 6-56　云南永昌霁虹桥远视

图 6-57　云南永昌霁虹桥(1979 年摄)

图 6-58　云南永昌霁虹桥(修复后)

“金齿咽喉”等。亦有了然的桥联“谁将铁链锁飞虹,赤壁丹岩,不放寒云出玉峡;自有惠兰垂彼岸,清风明月,常看迭浪浴金波”。

2. 云南墨江忠爱桥

忠爱桥在墨江县西布固江上,旧名阿墨江渡,又名永安江渡。清·同治十二年(1873)改建为铁链桥。《新纂云南通志》记普洱府铁锁桥:“在布固江上……在城南九十里,两山壁立,道路险峻,系入思普要路。同治十二年建。两岸甃石,拽以铁索,索上布板,长三十八丈(约 125 米),宽丈余(约 4~5 米),两头建立牌坊”。

1952 年修公路时拆去老桥。此时桥跨大于 60 米,孔两侧各有 10 余米长的木伸臂梁、下有斜撑。中段约 30 米无木梁,以 10 余根铁链支承桥面。全桥,包括中间悬跨盖有木廊桥屋(图 6-59)。

霁虹桥的记载中,唐代竹索桥“通以竹屋盖桥”;明·了然的铁索桥“上覆以屋,下承以巨索”;王槐的“构屋于上,贯以铁绳”。读起来令人怀疑索桥上如何盖屋?有忠爱桥实例,相信也许明·正德以前的霁虹桥,亦是以元代伸臂木梁桥为基础,加上铁链,如忠爱桥(或可说忠爱桥如原霁虹桥。二者桥跨几乎相同)。到明徐霞客看桥时,已是万历丙午和崇祯元年二次被焚,刚重新修起来的桥。桥台侧面石上木孔依然,但木伸臂和竹或木桥屋都不用了。以之解释了然联中“铁链锁飞虹”中“飞虹”乃指木伸臂梁。

假如是这样,这一技术在古代桥梁建设者中也许早有传播,故了然书作“谁将”。显然并非第一次应用。禅宗和尚了然与密宗喇嘛唐东干布都在差不多同时采用了相同的技术。图 6-60 为唐东干布在不丹所建的楚加(译音)派洛河(译音)桥,1800 年由吞纳(Turn-

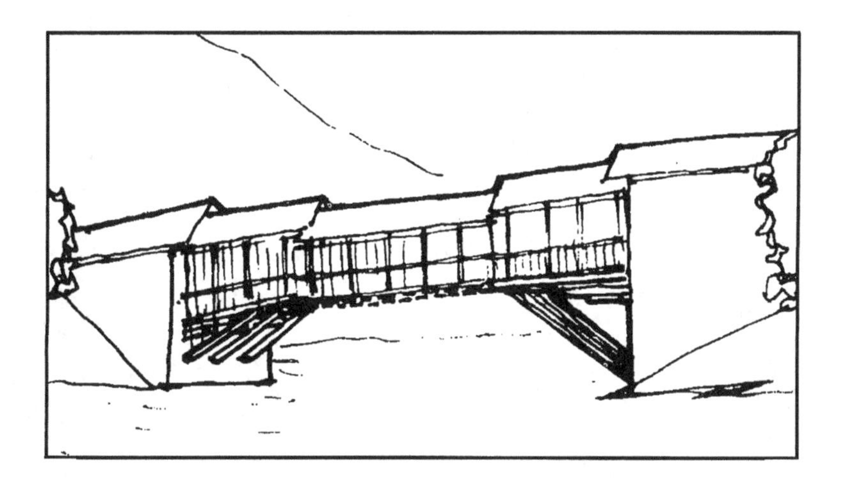

图 6-59　拆去前的云南墨江忠爱桥

er)所剖绘。① 楚加桥的悬链自由孔为 34 米,和忠爱桥的 30 米相近。

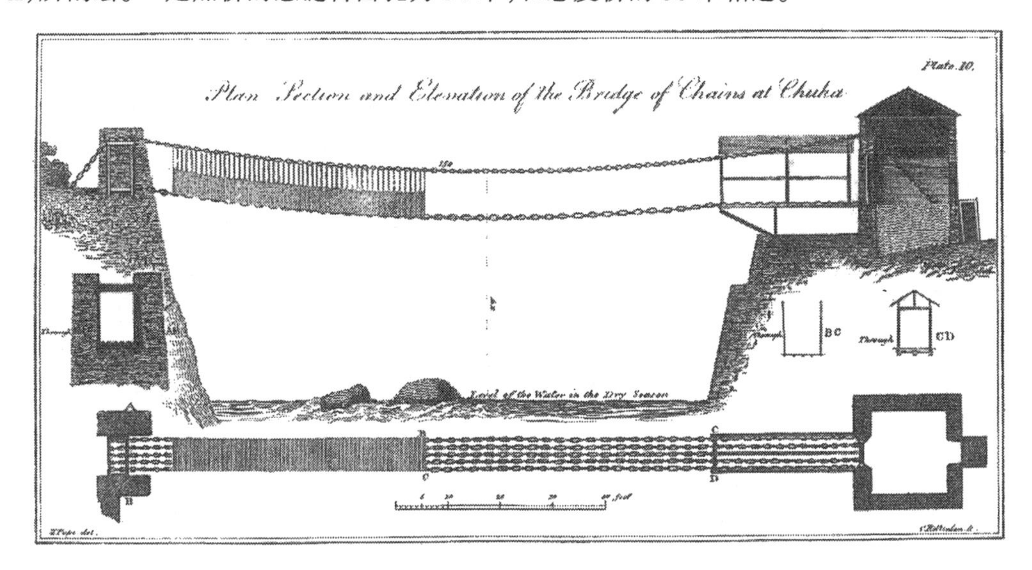

图 6-60　唐东干布建不丹楚加派洛河桥

3. 云南丽江金龙铁链桥等

云南省内典型的单孔铁链桥很多,今主要根据《新纂云南通志》及其他资料列如表 6-1,资料并不完整,只举其大者,且近年修公路,拆去不少。今举丽江金龙桥(图 6-61),下关西洱河桥(图 6-62),永平至杉杨铁链桥(图 6-63),宾川鸡足山铁链桥(图 6-64),以见一斑。

① 美国 Tom F. Peters 教授供图。

图 6-61　云南丽江金龙铁链桥

表 6-1　云南省铁索桥表(主要根据尤云《新纂云南通志》)

地　名	位置	桥名	河名	建修年代	桥跨	桥宽	说　明
大理 云龙	署前	云龙桥 一名砥柱	沘江	明万历末建(1620) 清宣统三年修(1911)	十五丈 50 米	一丈 3.3 米	今存
大理 云龙	城西 70 里	飞龙桥	澜沧江	清同治二年(1863)	二十八丈 93 米 (实 80 米)		链链 12,覆以木板,翼以扶栏,东西立桥门一,西建望江楼
大理 云龙	城北 45 里	果郎桥	沘江	明万历末			桥如砥柱
大理 云龙	城北 30 里	青云桥	沘江	清道光甲申(1824)	50 米	2.0 米	与飞龙同
大理 云龙	宝丰乡	惠民桥 汤邓桥 果苴郎桥 下江嘴桥	沘江	清咸丰			双孔铁链 如砥柱桥
大理 浪穹		上铁锁桥 下铁锁桥	漾濞江	唐景龙元年建(707) 即被火毁 后世重建			
宾川	鸡足山	铁链桥					
临安 宁州 (建水)(华宁)		铁锁桥	铁池河	清乾隆七年(1742)	二十丈 66 米	一丈五 5.0 米	仿盘江,澜沧旧式,石壁为根织铁緪于中,纵横交叉以板,首尾对峙以楼
顺宁 顺宁 (凤庆)	城东北 80 里	青龙桥	澜沧江	清乾隆二十六年(1761) 同治十三年修(1874)	三十六丈 119 米	一丈二 4.0 米	今存
顺宁 云川 (云县)		新惠桥	罗闸河	清康熙	三十丈 99 米		架空二十丈,盘墩斜行链各长五丈,底链十二条,提重斜行链四,穿底兜链八,边栏二,需径寸长尺环五千余扣,挂千百二十

续表 6-1

地　名	位置	桥名	河名	建修年代	桥跨	桥宽	说　　明
丽江 丽江	城东 130 里	梓里桥		清·光绪五年(1879)	二十八丈 92 米	丈余 ~4 米	
丽江 丽江	城东 80 里 古井里渡	金龙桥	金沙江		二十六丈 86 米	八尺五寸 2.8 米	铁链 16 条
丽江 丽江	城西北 300 里	铁桥	金沙江	隋·开皇十七年(597)			详巨津川铁桥一节
丽江 丽江	石鼓镇	铁虹桥		清			
普洱 他郎 (墨江)	城南 90 里	忠爱桥	布固江	清·同治十二年(1874)	三十八丈 125 米 实跨 60	丈余 ~4 米	两山壁立,道路险峻 两头建立牌坊,全桥瓦顶木廊两侧为伸臂木梁,下有八字撑架,每边伸臂十余米中部约 30 米无木梁,桥面承重铁链十多根
永昌 保山		枯柯桥	枯柯河				
永昌 保山	城南 125 里	惠人桥	潞江	清·道光十九年(1839) 光绪十一年修(1885)	五十二丈 172 米 (双孔)		江心有大石、作墩、双孔、一大一小 大孔铁链 18 栏杆 2 小孔铁链 14 栏杆 2 今铁链已毁,仅存墩台
永昌 保山	保山西 140 里	双虹桥	潞江	清·乾隆五十四年建(1789) 1950,1980 重修	全长 200 多米 双孔		江心有石岛、作墩、双孔 东孔链 15 根 西孔链 12 根 今存
永昌 保山		霁虹桥	澜沧江	三国蜀汉建兴三年(225)竹索明·成化中铁索明·清及以后重修	全长 113 米 跨长 57 米	4.1 米	详霁虹桥节
永平		铁链桥		清			
景东	城西南 100 里	兰津桥	澜沧江	相传汉明帝时建 明永乐重修			久广 详景东兰津桥一节
腾越 (腾冲)	上营乡	龙川江桥	龙川江	建于元 明、清修			见图
腾越		永安桥 长庚桥 通济桥 向阳桥 永济桥 天济桥 镇龙桥 夹象石桥	龙川江	明			
下关		西洱河桥					

4. 贵州晴隆盘江铁桥

盘江铁桥在晴隆之东,明代镇宁州(今镇宁)去云南经安南卫(今晴隆的驿道上,跨北

图 6-62　云南下关西洱河桥

图 6-63　云南永平(至杉杨)铁链桥

盘江)。

《贵州通志》记盘江桥："在安南县城东四十里。明·崇祯间,参政朱家民建铁锁桥。寇

图 6-64　云南宾川鸡足山铁链桥

毁。皇清顺治十六年(1659),经略洪承畴、总督赵廷臣、巡抚卞沅重修。康熙六年(1667)重建木桥。康熙十九年(1680)贼毁。二十三年(1684)总督蔡毓荣,巡抚杨雍建会题重建,极为壮丽。”①

明·沈翘楚《铁桥碑记》称:“盘江铁桥,总宪同人朱公所构也。……朱公率千兵通滇道,……公夜渡(北盘江),仓卒几溺,既济,指水而誓曰:孔明有澜江铁桥,此渡非铁铸不可。……经始于崇祯元年(1628),至三年(1630)终事”。

朱家民于桥成后题《铁桥造竣志喜》诗道:“牂柯形势白云盘,山插层霄万叠寒,地险难容江立柱,神工止许铁为栏。人从蜃市楼中现,我在金鳌背上看,三载胝胼今底定,伏波铜柱照巑岏”。② 其同时人潘润民《喜铁桥成》诗:“黑水由来波浪狂,何人石上架飞梁。千寻铁锁横银汉,百尺丹楼跨彩凰。可信临流无病涉,因知济世有慈航。澜江胜迹今重见,遗爱讴歌满夜郎”。

桥成后八年,崇祯十一年(1638)徐弘祖曾记此桥。见《徐霞客游记》黔游日记二:“盘江沸然,自北注南。其峡不阔而甚深,其流浑浊如黄河而甚急。万山之中,众流皆清而此独浊,不知何故。循江东岸南行半里,抵盘江桥。桥以铁索,东西属两崖上为经,以木板横铺之为纬。东西两崖,相距 15 丈(约 48 米)而高且 30 丈(约 96 米)。水奔腾于下,其深又不可测。初以舟渡,多漂溺之患,垒石为桥,亦多不能成。崇祯四年,今布政朱,名家民,云南人(误),时为廉宪,命安普游击李芳先,四川人,以大铁炼维两崖。炼数十条,铺板两重。其厚仅八寸(约 26 厘米),阔八尺余(约 2.7 米)。望之飘渺,然践之则屹然不动。日过牛马千百群,皆负重而趋者。桥两旁又高维铁链为栏,复以细链经纬如纹。而崖之端,各有石狮二座,高三四尺(约 1.2 米),栏链俱自狮口出。东西又各跨巨坊。其东者题曰‘天堑云航’,督部朱公(为朱爕元)所标也。其西者题曰‘□□□□’,傅宗龙时为监军御史所标

① 清·鄂示泰修,靖道漠等纂,《贵州通志》卷之六,台湾华文书局,1968 年,第 106 页。

② 《贵州通志》卷四十五。

也。傅又竖穹碑，题曰‘小葛桥’，谓诸葛武侯以铁为澜沧桥（误，见前霁虹桥节），数千百载，乃复有此，故云。余按渡澜沧为他人，乃汉武故事，而澜沧亦无铁桥，铁桥故比在丽江，亦非诸葛所成者。桥两端，碑刻祠宇甚盛。时暮两大至，不及细观。度桥西，已入新城门内矣。左转瞰桥为大愿寺。西北循崖上，则新城所环也。自建桥后增城置所，为锁钥之要云”。①

此记在滇游见霁虹桥之前，大概尚未详查史乘，所以谈澜沧江桥有误。

关于盘江桥有《铁桥志书》记其事，书题名为朱燮元。书中有八页长卷，盘江桥部分两页如图 6-65。图上除东、西桥楼标名和徐霞客所称方向不合，碑为“坠泪”，桥名“爱珠”。靠这幅画能见到当年的情况。

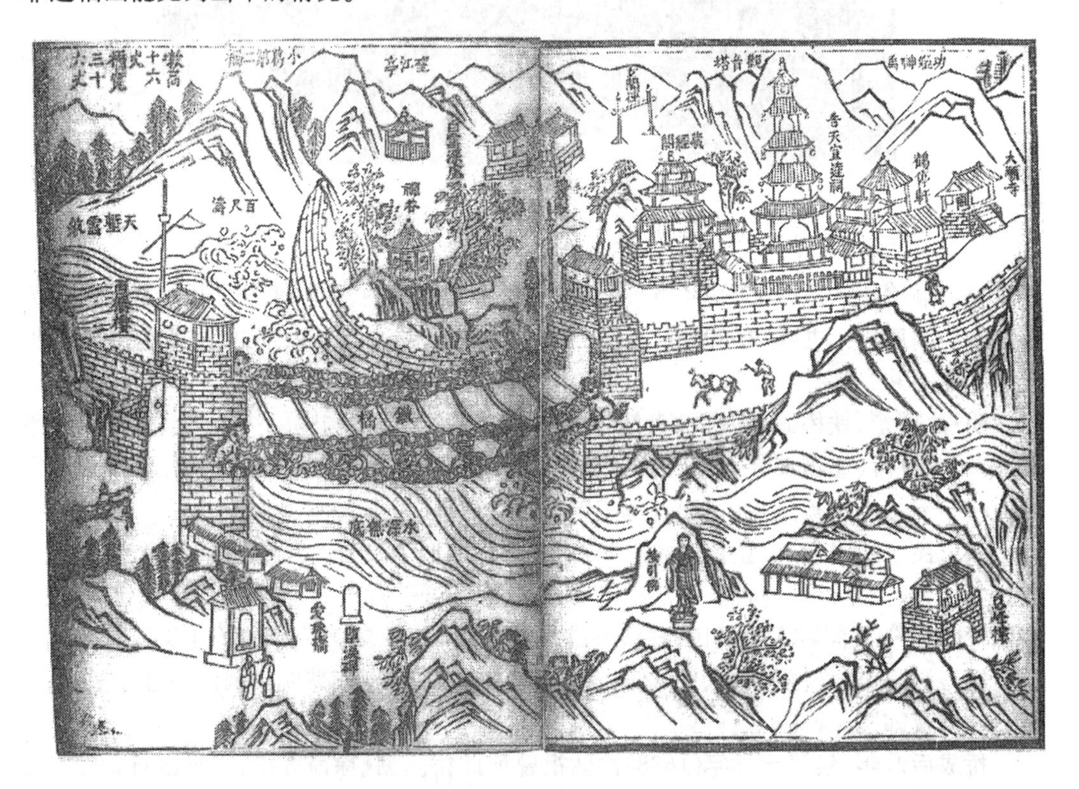

图 6-65　朱燮元《铁桥志书》中盘江铁锁桥图

长卷第八页图末有“崇祯戊辰（1628）广陵人朱家民造”字样。方文《读铁桥志》诗中有句：“澜沧旧迹惟诸葛，贵竹新猷自广陵”则朱家民为广陵（今扬州）非云南人。

《铁桥志书》中尚有崇祯十六年（1643）十一月，皇帝为朱家民晋阶的制诰，制曰：“……尔晋阶资政大夫，贵州等处承宣布政使司，左布政使朱家民，乃镇守福建漳泉兼辖广东潮州地方总兵官，后军都督府左都督朱潮运之父……五马贵阳，竹黔一带咸沾海润之功，塞北双旌，宣代沿边尽沐天泓之泽。于是檄西蜀之将，川士受成；即时解贵州之围，苗人革命。取牛岭、复马场，皆身先士卒；恢鸭池、辟鸦关，遂志感风云。……黔人思方伯旧绩，欲作铁桥之诵；……兹以覃恩，晋尔阶为荣禄大夫。于戏，毕宏虽往，世仍想其箕裘，崔珏尚

① 徐霞客，《徐霞客游记》，上海古籍出版社，1982 年。

存,人共归其弓剑,尔世世永思哉。”看来是其子朱潮远为父讨追封而得。《铁桥志书》亦是朱潮远所追记。(李约瑟误潮远为爕元)。

朱家民于《明史》无传。《明史、朱爕元传》记其为“浙江山阴人”,“崇祯十一年春(1638)卒官,年七十三”,则当生于嘉靖四十五年(1566)。“天启四年(1624),官至兵部尚书,兼督贵州、云南、广西诸军务。崇祯元年,赐尚方剑,进少保、世荫锦衣指挥使。三年,讨平定番、镇宁叛苗,乃通威、靖等上六卫,及平越、清平、偏桥、镇远道路,凡一千六百余里。缮亭障,置游缴……”。可见朱爕元总揽兵事,朱家民随军节制一方,李芳先实领铁桥工程。

长卷上有联曰:“凿山建刹(大愿寺),振清铃佛方出世;锁铁横空,成大筏人可补天”。署“少师朱爕元题”。

徐霞客说北盘江桥址“两岸相距不十五丈”而记霁虹桥(澜沧江阔二十六丈)时与北盘相比,则又称“长则杀之”。互相抵捂。《铁桥志书》图上则作:“小葛第二桥,墩高十六丈(约 51 米),桥宽(长)三十六丈(约 115 米)”应该是比较正确的。盘江桥江面要比霁虹桥宽。

这座桥跨不小的铁锁桥,所通过的载重亦不为轻。所谓:“日过牛马千百群,皆负重而趋”。徐霞客在未到盘江桥前四里,曾在白基观休息。“下午,有象过,二大二小,停寺前久之。象奴下饮。濒去,象辄跪后二足,又跪前二足,伏而俟升。既而,驼骑亦过,余方草记甚酣,不暇同往”。因此未能看到象队驼骑过桥的浩荡局面,今想象作图 6-66。

图 6-66　徐霞客所见象群过桥想象图

清·顺治十二年(1655),即桥成 26 年后,吴中蕃《乙未过盘江桥》诗,写出了其形象和因果思维："……划地千山截，逢空一线虚，纤腰谿窈窕，珊骨虹萦纡。若水同牵引，城妪异纺练(萱麻布)。术因蛛网得，想自鹊巢据。金石交何固(铁链多么坚固地锚在石穴之中)，钧陶理或如(像用转盘做陶器一样自然成理)。萦维惊水怪，绳戏跃仙妤。溅沫难为朽，奔涛自觉舒。飘飘直御气，荡荡欲持裾。迺悟柔之胜，还思动不居。昔人劳创始，万古险夷初。"

明代盘江桥的结构都见于清代的追叙之中。清·赵廷臣《重修铁桥碑记》记："朱公家民创铁索三十六根，上铺木板，系曳过江，采炼架构，历四年而成，费及数万金"。清·卞沅《重修盘江桥碑记》："朱公家民颇出奇思。乃锤铁以为絙，凿岩以为椓(用岩穴代替固定铁链的木柱)，亘两壁而贯之，纬以板"。清·许缵曾(字)鹤沙《滇行纪程》记朱家民时的铁锁桥是：江广三十余丈……先于两岸作石墩。高一十三丈有奇(约43米)，宽亦如之。熔铁为扣，联扣为索，索三百余扣，扣重十八九斤。索凡三十，緪贯两岸石窟中。索上横铺巨木，盖以大板。石猊水犀之属，为桥镇者悉备焉。又以索末所余十余丈，盘绕巩固，费金巨万。"①

清初，明·桂王朱由榔国号肇庆，继续抗清，云南、贵州二省尚为明守。清以降臣洪承畴、吴三桂，清将单布泰自贵州、四川、广西三路夹击。《清史稿·洪承畴传》记顺治"十五年(1658)九月，信郡王多尼师至，驻(贵州)平越杨老堡。承畴、三桂、卓布泰皆会议。多尼军出中路，经关岭、铁索桥至云南省城……明将李定国等拒战，皆败。明·桂王奔永昌(过霁虹桥)。十六年正月乙末，三路师会克云南省城，明·桂王奔缅甸……"。

在战争过程中盘江桥36根(底索三十根)铁索，赵廷臣记："仅存索七根，幸值冻涸而我用济(枯水过师)。……仍复铁索之旧，时在速成，仅制十根，架板。约费千五百余金，而动摇闪烁，心切忧之……再疏入告，加建木梁，两月始成。孔固孔硕，人马坦适矣"。

卞沅所记，似为铁索之所以断剩七根是索力不均，大部队行军，又值桥面板部分被焚，桥梁震荡所致："铁之性也刚而絙之性也弱。横亘几十淦(道)，其中自弗能强矣(受力不匀)。行其上者，足左右下(强迫震动)，絙辄因之升降而板则或起或伏。敧跃岬轧，若将颠焉。人之体亦与之摇撼不能自持。如乘巨浪之艇，如履将泮之冰，鲜不掉眩而寒栗者。凡经此，必舆而释(下轿)，骑而下(下马)，负荷而税(减载)。亦势之莫可如何者也。且眂前者陟岸，而后者始登(一人一过)。不则相蹑而愈震(动)，殆欲前、欲却不可得，危孰甚焉，况万骑万卒之遄迈乎(不能列队行军，否则引起共震更大而断桥)"。然则当年"践之则屹然不动，日过牛马千百群，皆负重而趋者"的形势哪里去了？只因明军退撤，大队行军，又加以焚毁桥面、索已断剩七根。卞沅记清军行进时："昔之七絙，今为寇毁者二，则力益弱而渡益危"。

顺治十六年(1659)重修盘江铁索桥是仅将原来底索为30根而断剩7根的铁链，添加10根，成17根底索的盘江桥。同时，以280根大木架成的木伸臂梁，"腾未云之龙，驾未雨之虹，则与古之铁索并存于险阻之间"(卞沅)。

《滇行纪程》记盘江木伸臂桥事："康熙二年(1663)六月，江水大涨，桥复坏，又请帑金重建，旋修旋圮。康熙七年(1668)十一月，安顺府……督工鼎建，如(顺治)十七年制而坚固高耸。仍用旧索萦绕，以防摇撼，桥上起板屋，以避风雨。"

---

① 《滇行纪程》，王云五主编《丛书集成初编》本，商务印书馆，1939年，第8页。

《安顺府志》记："康熙五十年(1711),木桥圮。巡抚刘荫枢更建铁锁桥。面覆木板,工亦浩繁。过江大铁索一十九根,每根长二十八丈(约92米),二百八十五扣。每扣长一尺(约33厘米)重十斤。坠桥楼过江大铁索六根,每根长二十五丈(约83米),二百二十五扣,每扣长一尺,重十斤。栏杆大铁索八根,长十二丈(约40米),二百四十扣,每扣长五寸,重半斤。栏杆铁枋九十七块,每块长四尺(约1.3米),重四两。栏杆细铁索一百九十四根,每根长四尺,每扣寸许,重一两六钱,一根共重四斤。兜底过江大铁索系铁枋穿链,每块长一尺五寸(约0.5米),宽三寸,厚八分,重二十斤,共五十五块。铁贯入两崖石岸间。桥面覆以板。东西建堞楼,以司启闭。……金碧辉煌,光景如画,轮蹄往来,坦若康庄"。

栏杆链长几等于跨长,所以江面虽宽30余丈,桥跨只有12丈(约40米),清盘江桥跨,反比明、清霁虹桥跨(57米)为小。

值得指出的是清代盘江铁桥有底索19根,外有坠桥楼过江大桥索6根。《永宁州志》中铁锁桥图(图6-67)画出了此六根索,一如斜拉桥。[①] 复原想像应如图6-68。和徐霞客所见明·崇祯霁虹桥相类似。

雍正六年(1728)黔滇驿路改经郎岱毛口过北盘江,此桥行旅减少。不知何年,此桥全废。

图6-67　《永宁州志》中盘江铁锁桥图

① 清·黄培杰纂修,《永宁州志》,清光绪二十年(1844)刻本。

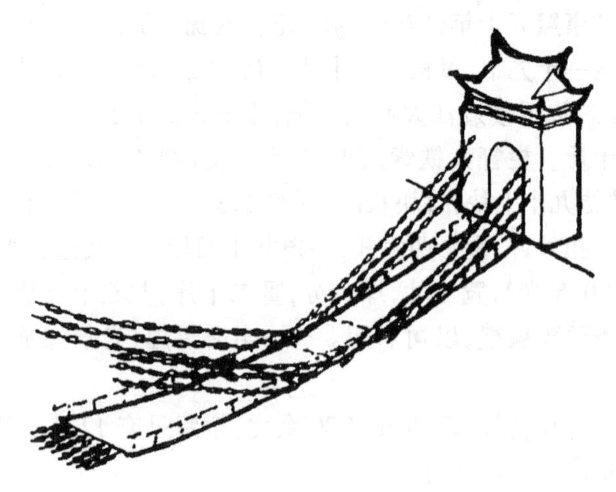

图 6-68　清·重建盘江桥想象图

5. 贵州关岭花江铁锁桥等

贵州自建盘江桥后，在湘黔、川黔及滇黔等主要古道上，修建过几座和盘江桥相同类型的铁锁桥，见表 6-2。

表 6-2　贵州省铁索桥表

地　名	位　置	桥　名	河　名	建修年代	桥　跨	桥　宽	说　　明
晴隆	东 40 里	盘江铁桥	北盘江	明·崇祯三年(1630) 清·顺治十六年(1659) 清·康熙五十年(1711)	桥长三十六丈 115 米 跨长十二丈 40 米	八尺 2.6 米	三十根主缆，六根栏杆索战争中仅存七索，后加十索修复重建，过江大铁索十九根，坠桥楼过江大铁索六根，栏杆大铁索八根
关岭	贞丰与关岭交界处	花江铁锁桥	花江	清·光绪二十六年(1900)		九尺 3.0 米	铁索十五根，各长二百十四尺，71 米图 6-69
鸭池河		鸭池河桥	鸭池河	清·咸丰八年(1858)毁			
重安堡		重安江桥	重安江	清·同治十二年(1873) 光绪十五年(1889)毁	长约四十丈 132	二十余尺 约 7 米	图 6-70
乌江渡		乌江桥	乌江	清·光绪九年(1883) 光绪十九年(1893)断	十八丈 59 米	十五尺 5 米	铁链十九根

花江桥始建于清·光绪二十六年(1900)，用铁链 15 根，每根长 21 丈 4 尺(约 71 米)则桥跨应在 50 米左右。桥面宽 9 尺(约 3 米)距水面 30 余丈(约 100 米)(图 6-69)。

桥的构造，除 15 根底链之外，还有 2 根“坠桥楼”过江中部兜底的铁链。现在这 2 根铁链已用粗钢索代替，且抬高位置，老桥铁链下再加槽钢横梁，用吊索吊于钢缆。铁链之上再铺木桥面，成为一座新老结合的悬链桥。

6. 四川泸定泸定桥

泸定桥位于雅安以西，越过二郎山，在西麓，跨大渡河，由此经康定入藏。这是自古川藏要道。

《古今图书集成·考工典·桥梁》记：“在泸水上，地属沈令姜村。康熙四十五年(1706)所制铁索桥也。西炉复木鸦，附置戍守、税茶市而桥因以建。桥工费甚钜，以水势汹涌。

图 6-69 贵州关岭花江桥

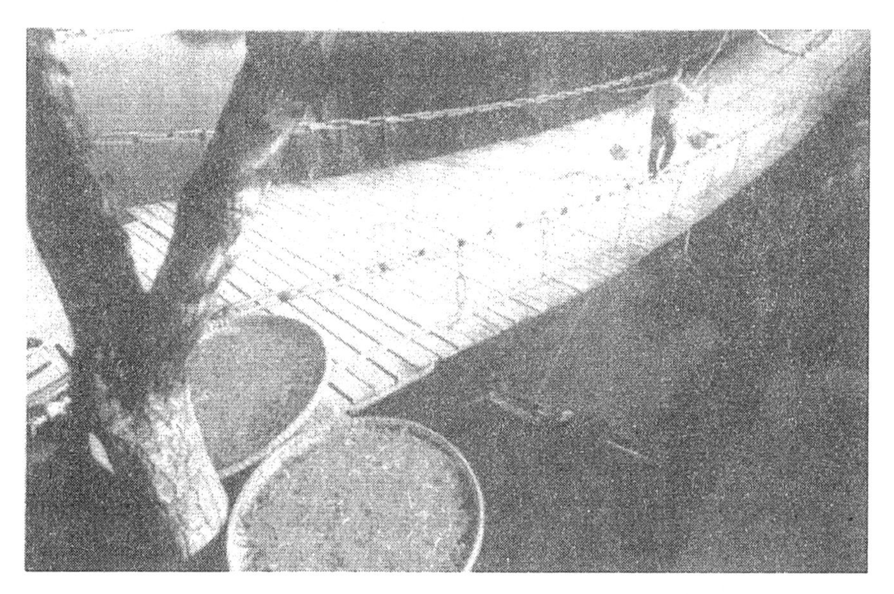

图 6-70 贵州重安江桥

其水达西炉,旧有皮船三渡;一通坝、一咱威、一子牛,今皆废而集于桥。荒陬彝落,一虹霓锁断蛮烟瘴水,岂非盛事。沈令本天全(原属天全州),工力修葺。今司与邻封,分步接应。檄至,遣百夫诸工供事”。

《四川通志》则称:“泸定桥在厂东南大渡河上。其地旧无桥梁,河水迅激,不可施舟楫。行人从三渡口援索悬度，至为危险。康熙四十年，既平打箭炉……遂造铁锁桥”。[①]

打箭炉战事的始末见《清史稿·西藏》所记，康熙二十一年(1682)西藏四世达赖圆寂，其臣第巴桑结专国政，隐而不报。三十四年，反借四世达赖名义“言已年迈，国事决于第巴，乞锡封爵。诏封第巴桑结为土伯特国王”。第巴反侵吞疆域。《清史稿·岳钟期传》记其父岳昇龙时，西藏派营官至打箭炉，名喋吧昌侧集列。康熙三十五年，“喋吧发兵据泸河东诸堡·昇龙以五百人防化林营……喋吧击杀明正土司。(三十九年四川)提督唐希顺讨之，上命昇龙从军”。事定，希顺以病解任，仍授昇龙提督。”四十年(1701)建议建桥，四十五年(1706)桥成，康熙自作碑记(图 6-71)。

图 6-71　四川泸定桥碑

清·圣祖玄烨《泸定桥碑记》：“蜀自成都行七百余里至建昌道属之化林营。化林所隶曰沈村、曰烹霸、曰子牛皆泸河旧渡口而入打箭炉所经之道也。考水经注泸水源出曲罗而未明指何地。按图志，大渡河水即泸水也。大渡河水源出吐蕃，汇番境诸水至鱼通河而合流入内地，则泸水所从来远矣。打箭炉未详所始。蜀人传，汉诸葛武乡侯亮，铸军器于此，故名。元设长河西宣慰等司，明因之。凡藏番入贡及市茶者皆取道焉。明末蜀被寇乱，番人窃踞西炉，迄本朝犹阻声教。顷者，黠番肆虐，残害我明正土官，侵逼河东地，罪不容逭。康熙三十九年冬，遣发师旅三路徂征。四十年春，师入克之……西炉之道遂通。顾入泸

① 清·常明，杨芳灿等纂修，《四川通志》卷三十一，清嘉庆二十一年(1816)刊本，北京巴蜀书社，1984 年，第 1348 页。

必经泸水，而渡泸向无桥梁。巡抚能泰奏言：'泸河三渡口，高崖夹峙，一水中流，雷犇矢激，不可施舟楫。行人援索悬渡，险莫甚焉。兹偕提(督)臣岳昇龙相度形势。距化林营八十余里，山址坦平，地名安乐，拟即其处仿铁索桥规制，建桥以便行旅'。朕嘉其意，诏从所请。于是鸠构造桥，东西长三十一丈一尺(约103米)，宽九尺(约3米)。施索九条。索之长视桥身余八丈而赢(约30米)。覆版木于上而又翼以扶栏，镇以梁柱，皆镕(铁)以成事。桥成，凡传命之往来，邮传之络绎，军民商贾之车徒负载咸得安驱疾驰，而不致病于版涉。绘图来上，深惬朕怀。爰赐桥名曰泸定……"。

清·查礼咏泸定桥诗道："蜀疆多尚竹索桥，松维茂保跨江饶，几年频涉竟忘险，微躯一任轻风飘。斯桥熔铁作坚链，一十三条牵二岸，巨木盘根系铁重，桥亭对峙高云汉。左治犀牛右蜈蚣，怪物镇水骇龙宫。洪涛奔浪走其下，迢迢波际飞长虹。……"。

初造成后的泸定桥，从《雅州府志》中《泸定桥舆图》知御制桥碑和铁犀牛(圆塑长约1米)在东岸，铁蜈蚣(浮雕)在西岸。二者原存东桥台头税务局里。"文化大革命"期间，连同断换下的卧龙桩，一夕被盗。

1935年，红军长征，强渡大渡河，抢占泸定桥。23名英雄战士，手扶着摇晃的铁索，脚踩着起火燃烧的桥面板，冒着弹雨进攻。已故王震将军，绘下了当年泸定桥的写意之作(图6-72)。解放初期的泸定桥如图6-73。

1961年，文化部将泸定桥定为全国重点文物保护单位。1976年国家文物事业管理局又拨巨款重修。加固桥梁及改建桥头建筑(图6-74)。

修复后现在泸定桥的全貌如图6-75,76,77。

桥水平净跨100米，铁链跨长101米，由十三条铁链组成，九底四栏。每链连锚固段长度平均为128米。每链扣数为841～903扣，总计有链扣11571。每扣宽约9厘米，长17～20厘米，铁链直径25厘米。全桥铁链重约210千牛，其他铁件190千牛，总计用锻铁400千牛。

图6-72 红军长征过大渡河时泸定桥(王震绘)

旧链为锻接，破断力在150～260千牛；新链为焊接，破断力在370～490千牛之间。

图 6-73　解放初泸定桥

九根底链,链间距 33 厘米,上铺 3 米长 4 厘米厚的横桥面板,板缝间距约 25 厘米。在横板之上,中间铺四块平行的纵向走道板,两边各两块走道板,桥面总宽 3 米。桥在静载作用下,水平中垂 2.3 米,但因东西桥台高差 68 厘米,东高西低,所以索桥最大中垂点偏离跨中 5 米,最大中垂量 1.62 米,合桥跨的 1.62%。

桥两端为石砌桥台。东岸石层较低,基础未到岩石,台下有厚木板,估计可能是木桩基础,台前原有"羊圈",即木笼填卵石的护岸。现已改为混凝土墙。西岸桥台直接做到露头的岩石。桥台上修建筑,一方面防止雨水流入锚住铁链的"落井",另一方面起到关卡的作用。《打箭炉厅志》载:"……设兵于桥东西两岸,盘查过往奸宄,朝夕启闭,封锁稽查,甚为严密"。过去的管理方法是:每年三月初一开桥,十月初一封桥,冬天枯水用渡船。开桥时间在白天,每日下午四时至次日上午九时关闭。桥上设税官一,税丁二,过桥收实物税或过桥费并兼管桥上秩序,如桥上不得跳跃,违者体罚等。泸定桥桥面如图 6-78,6-79。

泸定桥的九根底链,两端通过桥台台面、到"落井"边直角转弯,垂直锚着于水平埋设在桥台落井壁上的铁"地龙桩"下的横向铁"卧龙桩"上(图 6-82)。四根栏别铁链,则分别二二通过两侧石砌矮墩,中埋铁桩,桩横插翘首龙头的铁梁,上栏链绕过铁梁,下栏链嵌绕石墩槽中,折向落井,同样锚于卧龙、地龙桩。

每台八根地龙桩,直径 19～20 厘米,伸出台后 45～55 厘米。卧龙桩通长 3.35 米,直径 20 厘米,重 8.15 千牛。链与卧龙桩联用特制夹箍,称为"罗锅绊"。栏杆铁桩上铸"康熙四十四年岁次乙酉九月造,汉中府金龙湾马之常铸桩重一千八百斤"。

索桥的施工关键在架索。架索的方法是:

在河流较狭、弩力可及之处,采用"矰缴"(zēng zhuó)。《周礼·夏官·司弓矢》记:"矰矢·茀矢,用诸弋射。"矰缴是一种系有细绳射鸟的短箭;亦用于以小引大地先将细绳射过河去,再牵引主索。

或在两岸各立一人,各备一引缆细绳,一端系上金属锤或石块,用力相对交掷过河。两绳相遇,纠缠绞合,然后向一岸牵引,将主索牵向对岸。这等于是二个手掷的力量代替弓矢的力量。

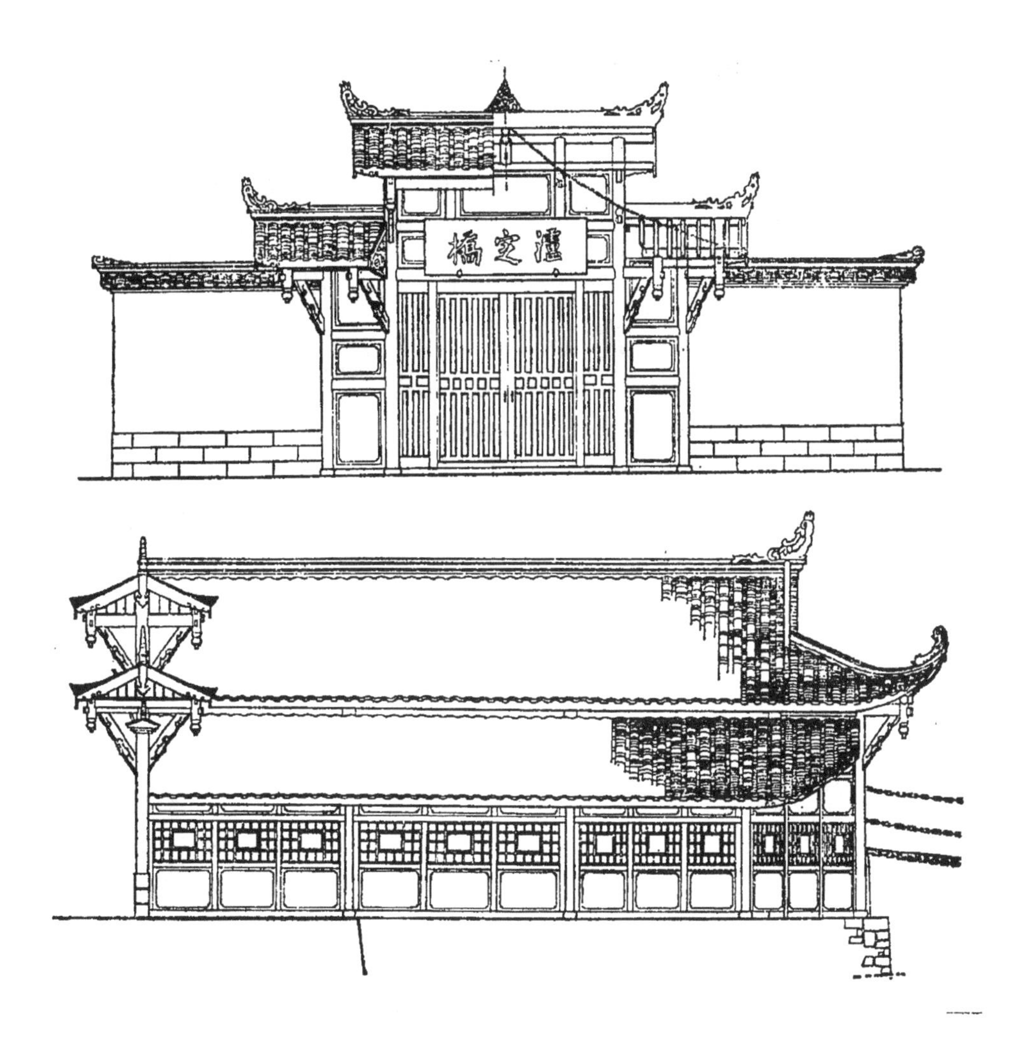

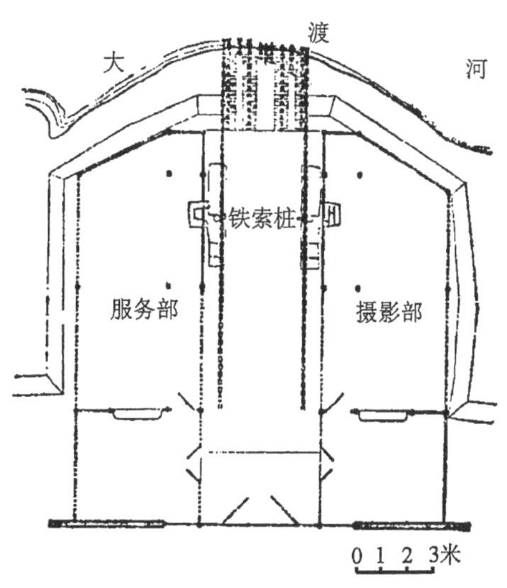

图 6-74　泸定桥桥头建筑设计图(重庆建筑工程学院)

图 6-75　四川泸定桥全貌(一)

图 6-76　四川泸定桥全貌(二)

江面较宽时,射手和投手力均有所不及,就用船只载索,驶向对岸,一面缓缓施放。这一方法,对于竹索,因索较轻,且有浮力,容易成功。由于铁链较重,船只不大,遇水流过急或有风浪来时,则有倾覆的危险。

清·姚莹《康輶纪行》记泸定桥铁链安装方法是[①]:"地属雅州,天全州任桥之役。道光二十三年(1843)十月,铁索九条忽断,溺毙多人。今年春(1844)申甫新修焉。土人云:'康熙中初建东岸,先系铁索已,以小舟载,铁索过重,夫及岸辄覆,久之不成。'一番僧教以巨

① 清·姚莹,《康輶纪行》卷之一,1986 年,第 13 页。

图 6-77 四川泸定桥全貌(三)

绳先系两岸,每绳上用十数短竹筒贯之,而以铁索入筒缚之。以绳数十丈,于对岸拽其筒,筒达,铁索亦至,桥工以成”。

显然泸定桥是用篾缆吊装铁链,因为30年代的一张泸定桥照(图6-83),东岸桥台前仍是“羊圈”护岸。桥面以上,桥中高悬有粗篾缆一根,上面仍挂有藤圈。篾缆两端,架于桥屋的楹间。蔑缆两端反下锚固于“地龙”,或在桥台背后,主链落井之后再开小落井。图6-84示“文化大革命”中所摄泸定桥头照片,在桥门口前,埋有三根斜向后仰粗木,作用便是锚着篾缆。

铁链悬挂于篾缆的方法,《康辅纪行》称用短竹筒贯于竹索“而以铁索入筒缚之”。若如此,当铁链已曳就位,仍在临空状态,如何使铁链脱离竹筒,置于最后的位置,便发生困难。天全州多铁链桥,其悬链方法如图6-85。铁链用挂绳以活扣木塞吊于套在安装篾缆的藤或篾圈上。以牵引麻龙用土绞车在篾缆上牵引过岸。到位后,从远处用拉绳拉出木塞,链便下落。方法简便巧妙。麻龙拉紧铁索,称为“催紧”。

铁链两端锚于台后,诸索垂度并不十分一致,需予调索。最早采用和竹索一样的调索方法如左峡桥。之后在链节之间锲入铁块,缩短链长自然改变了垂度。百米左右跨度的铁链桥,链长缩短4～5厘米,垂度可差一米。这是非常容易做到的。垂度一一调整使诸

图 6-78　泸定桥桥面(一)

索平齐,称为“僵平”。僵平后的诸索,可以上铺木板,桥即造成。

旧式铁链桥保养工作甚为重要。除了不可抗拒的自然损害之外,关键在于合理的使用。《贵州通志》记重安江桥,桥长四十丈(约 132 米),“人行固无妨碍,惟驮马成群,衔尾接踵,奔驰而过,日深月久,铁索销磨,重力集中,桥势低重,将逾五尺(约 1.7 米)。光绪十五年(1889)……封闭铁桥,不许驮马复行桥上,借以保护。”当时没有加强铁索、僵平垂度、限制过桥时一次行进的驮马数量,封桥是消极手段。

《重建保山澜沧江铁桥碑序》记:“庚午年(1930)十二月二日天将明时,有大帮驼牛争

图 6-79　泸定桥桥面(二)

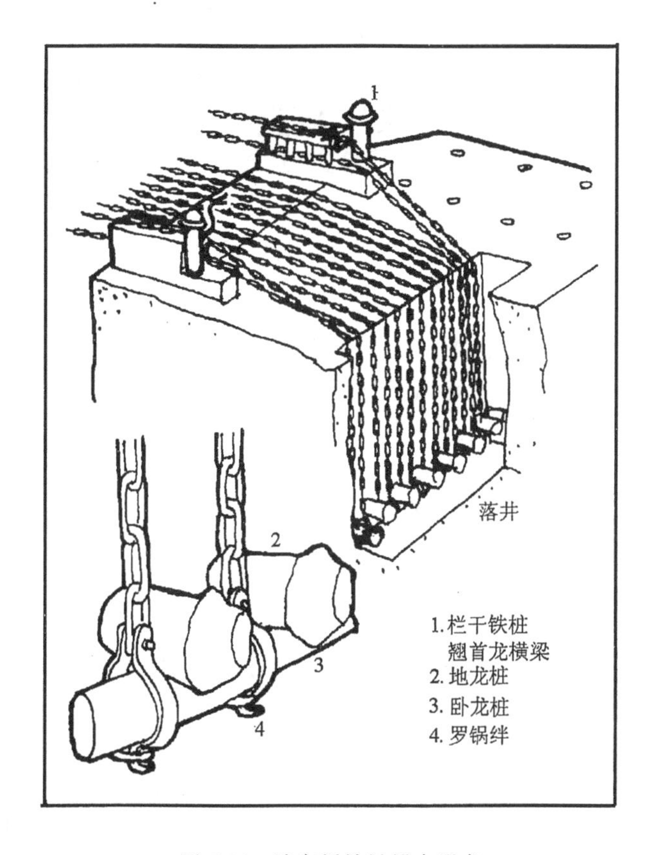

图 6-80　泸定桥铁链锚定设备

先过桥，不服制止，致群牛拥挤桥上，压力过重，将铁链踏断二根。三日正午，又有驮马数十头相继强迫过桥，过未及半，链链又断十根，仅余二根，桥板已坠水面，完全不能通过。”

1931 年农历三月十七，泸定开城隍庙会，会后过泸定桥的人过多，桥波动激烈，断链

图 6-81　泸定桥栏杆铁桩柱

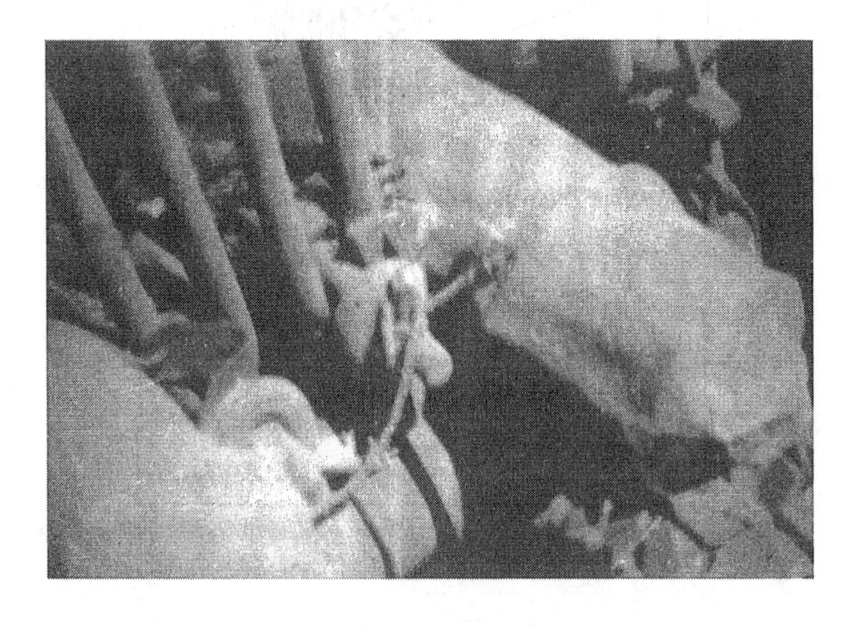

图 6-82　泸定桥落井内地龙、卧龙桩

图 6-83　泸定桥 30 年代照片(施工篾缆和籐圈尚在)

图 6-84　“文化大革命”中泸定桥桥头(架索用篾缆地桩尚在)

四根,很多人落水。1975 年 4 月 6 日上午,由西藏复员的 80 名战士参观泸定桥,上桥时情绪极高,欢欣雀跃,载欣载奔,致使自上游往下数第一、三、五根铁链断裂,桥面向上游倾斜四十多度,幸喜战士们年轻灵活,抓住铁链,未造成人身事故。

近年园林之中或旅游胜地，亦造铁链桥，又往往缺乏铁链桥的力学常识，加上管理不善，易生事故。1994年10月，广东省从化至湖中岛所造收费的百米跨度铁链桥，桥宽一米。桥上游人众多。有四五个年轻人出于戏耍，故意左右荡桥，引起共震，栏杆铁链断裂，桥面翻转又复正，游人落水、死亡30余人，伤若干。

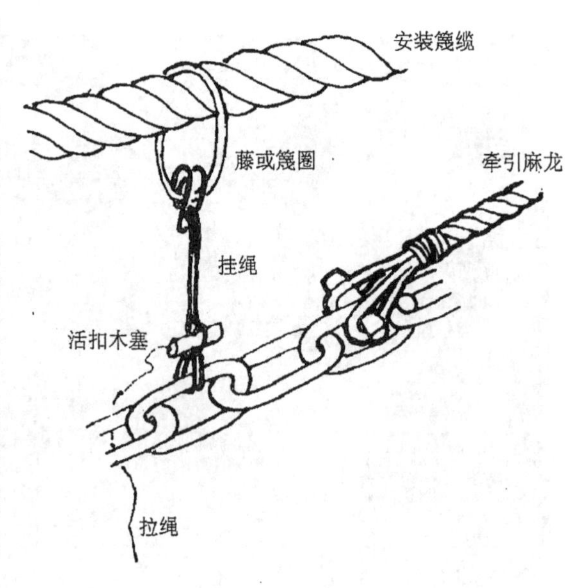

图6-85　铁链悬吊曳引图

不仅古式索桥载重不可过大，即使是近代悬索桥也不适宜于作激烈的振荡。如1974年土耳其博斯普鲁斯海峡桥通车，数十万居民从西岸欢呼跳跃跑步上桥，梁和吊塔为之振动，振幅达一米多，即通知警方予以制止。任何桥梁都是不宜于大量人群作跳跃或齐步行进的。

在正常使用情况下的铁索桥也需不断维修。小修就桥上检查。每三五年一次大修，大修时将全部铁链拆卸，收到一岸，逐节检查整修。所以装链蔑缆，仍有作拆链之用。泸定桥便在天全州设专用竹林40亩，以供应竹子。因泸定桥号称皇桥，竹林也便称皇林。自1951年至1977年26年之间，作过五次大修，一次小修。现在造成修铁链桥，自然不用篾缆而用钢丝绳了。

若铁链在安装催平过程中，发生催爆火口，即在铁链环扣锻合的地方断裂；或使用过程中超载，或荷载虽不大但发生共振时铁索断裂，就地小修修复，名曰飞火接。《四川通志》记："其有斲坏，匠人负炉就熔续之，名曰'飞火接'。"所谓飞火接，是用铁镦、风箱、铁锤等简单的铁匠工具，设在桥上断链处操作。先将断链锚定放松，断处带住，即在松弛状态下置于炉中烧红，放于铁镦上锻合。匠师在动荡状态下着力。居于泸定桥头，自清以来，便作"飞火接"修桥的老铁桥工姚先华(1979年已78岁)告知其经验，当桥面振动抛起时锻打，桥在落下时不打(十分科学，避免加强振幅)。检查锻口接合的方法是锤击听声。如声能从锻口传过，则锻合优良，否则锻口不好。

飞火接后，再催紧锚着，催平铺板。

泸定桥保存了中国古代铁链桥最完整的形象和技术资料。

泸定桥施工由"天全州任其役"。其铸铁柱等竟远从汉中运来。原属笮人的笮都，在西汉为沈黎郡，包括今日雅安、天全、芦山等地。原来极多竹索桥。然而这一地区，春秋时就出铁。临邛卓氏以冶铁"倾滇蜀之民"。《后汉书·郡国志》："邛都南山出铜……灵关道(在天全州)台登出铁"。根据清《四川通志》统计四川省明确为铁锁桥者约21座，其中雅安、芦山、天全州占九座。清代后期所建的铁链和铁眼杆桥尚不在内。(表6-3)

古桥考察便循此线索进行。

表 6-3　四川省铁索桥表(主要根据《四川通志》)

地名	位置	桥名	河名	建修年代	桥跨	桥宽	说　明
灌县	西四十里	金绳桥					
崇庆	北六十里	宝胜桥	昧江	清·嘉庆十七年(1812)	十四丈 46.2米		
崇庆		石柱子桥	文井江		十余丈		铁索十余根
崇庆		鹞子岩桥	文井江		十余丈		铁索十余根
汉州	县北 高景关山	连云桥		明·万历二年(1574)			
南川		龙岩江桥	龙岩江	清·嘉庆十五年(1810)			
兴文	建武东二里	铁锁桥		清·乾隆九年(1744)			
平武	县西北 二十五里	垂虹桥		明·永乐初(1403)	十五丈 48米		铁索六条
江油	县东十五里	上索桥 下索桥					
雅安	县西多功路	高桥 (大绳桥)	峡江				
雅安	县东五里	绳桥	峡江				
雅安	县东门外	铁索桥 (云路桥)	濆水江				
雅安		黄村铁索桥					
芦山	县北十里	昇恒桥 (龙门渡桥)		清·光绪六年(1880)	二十七丈三尺 90米	六尺 2米	底链九根,栏杆各两根 链径25毫米
芦山	县西	沫江铁索桥 (周村下桥)	沫江				
天全州	州北二十里	思延铁锁桥					
天全州	州东六十里	铜江铁锁桥					
天全州	州东北 一百四十里	鱼喜河桥 (寿相桥)			70余米		
打箭炉厅	厅东南	泸定桥	大渡河	清·康熙四十年 (1701)	三十一丈一尺 102.6米	九尺 2.97米	底索九,栏杆索四 链径25毫米
洪雅	县西南	铁锁桥			数十丈		
达县	县东左峡	左峡桥		明·嘉靖年间	二十四丈 76.8米	九尺 2.9米	底索六,栏杆索四
懋功	西南五里	三关桥	小金川		十五丈 50米	一丈 3.3米	底索九,栏杆索四
懋功	东五里	甲楚索桥	大金川		二十八丈 92.4米	七尺 2.3米	
懋功	东六十里	得胜索桥	小金川		二十一丈 69.3米	七尺 2.3米	

7. 四川芦山升恒桥

芦山县名始于隋仁寿元年,地处青衣江上游芦山河和宝兴河交会之处。芦山河即龙门河。《图书集成·职方典·雅州部》记:“龙门河在治东北五十里,其水一自邛州九子山界,西流。一自缴水,外经冷砧河,南流,合于金鸡峡口,过鱼喜河,入八步关、清源河,至雅州入平羌江。”离北门十里,到升恒桥。

《四川通志·雅州府》:“索桥在县北十里,名龙门渡。明以竹索为桥,一年即朽。康熙二十七年(1688),以人多沉溺,永改为渡。”《雅州府志》所记略同,但说明是因为:“康熙二十七年,生员王应增随桥溺死。”这和地方上告知的情况相符,但非“永改为渡”。桥屋梁下墨题:“光绪六年(1880)岁次庚辰,孟冬榖月立”(图 6-86,87,88)。

图 6-86　四川芦山升恒桥(一)

桥跨径约 27 丈 3 尺(90 米),桥面宽 6 尺(2 米)。九根底链,两侧各二根栏杆铁链。每节铁链长约 250～300 毫米,链粗约 25 毫米。纵向顺桥每隔二至三米,有一根设在桥面板下,联结诸桥面铁链的扁担铁。栏杆链各和桥面链最外一根之间,有细吊铁联系,桥面上铺木板。

桥两端都用石砌厚重桥台以锚铁链。其锚定处细节因埋于土中,故不清楚。但其在铁链链节中打入铁楔,缩短链长以调索的细节如图 6-89。

东桥台重檐飞桷,甚为活泼;西桥台为歇山顶,比较单调。桥成后二年,东台置二石狮,西台置二石象以守桥,都立在栏杆铁链的转向石柱之外。

《图书集成·职方典,天全六番部》记雅州等处诸桥:“桥虽长短殊,皆铁索也。水岸极险,无论舟筏,即絙绳架木,亦易崩殁。故皆制铁索,则桥更坦以固,不似绳,木敧危,但废工力耳。桥制,两岸石墩石柱,以大环琅珰,或四或六,平絙为底,上络轻板。两旁有引手。其锁修短、巨细、疏密,视岸广狭,功洪简也。然其创也,虞涨及,无不就岸极崇处。初经者移荡簸扬于空阔中,不禁目眴足蜷矣。”

8. 四川天全州寿相桥

离芦山约 40 公里,地名凤头村,桥头有碑记,名“寿相桥”,跨鱼戏河。碑立于清·光绪

图 6-87 四川芦山升恒桥(二)

图 6-88 四川芦山升恒桥(三)

图 6-89 升恒桥链节间铁锲

丙子(1876)桂月下浣。

《四川通志》和《雅州府志》记此地当年属天全州，称鱼“喜”河铁索桥，在州北 140 里。《天全六番部》称：“鱼喜渡，六甲水所出也。桥一”。(图 6-90,91,92)。

图 6-90　寿相桥西桥台

寿相桥跨约 70 余米。原来是座铁链桥，现已改为钢丝绳。桥面木板杂乱、腐朽。两傍绑铁丝、鱼网作栏杆。桥虽破烂不堪，但石砌桥台与其上的建筑木构架尚存，布置精巧，尚能想像出当年金碧辉煌的光荣日子。

9. 四川灵关铁索桥

灵关之险，自古有名。《史记》记司马相如“通灵关道”。《寰宇记》：“灵关在县北二十里，峰岭嵯峨，傍夹大路，下有山峡，口阔三丈，长二百步，俗呼为重关”。《雅州府志》上地名为小关子。《天全六番部》称：“关最古……其嶙崖峻壁，一夫守险，可以御万。今小关子即古之灵关也。”灵关之险，两山夹峙，相去不过三五十米，可高有数百米。沿山现开公路，常走在老虎嘴式的凹槽道上。对岸石壁伸手似可扪及，崖际奇树葱茏，仰视岂止落帽，几近绝项；下瞰惊心动魄。夹间水流，落差很大，涧石如磬如磋，激水喷雪，全成白色。郦道元形容三峡之险，灵关似又过之。

灵关道上，原有绳桥栈道。《天全六番部》记：“独绳桥，俗称溜殼桥，古绳桥也，利川灵关，六甲地险处水泛时皆有之”。《雅州府志》图中，自小关子到大非水(蜀中称瀑布为飞

图 6-91　寿相桥桥头踏步

图 6-92　四川天全州寿相桥全貌

水,俗写作非)兵难攻。小飞水等处,沿途都是栈道和偏桥。出灵关峡口,至现地名灵关处有铁锁桥。桥跨约60米。桥跨虽不大,但构造清楚完整(图6-93,94)。底链九根,栏杆链两侧各二根。栏杆链穿搁于桥台上竖立的穿孔石柱,与底链共同锚于石砌桥台背后根部的石齿之下(图6-95)。铁链调索不采用链节间打铁锲而于链端齿下,打入多少不等的调索插铁(图6-96)。

这一座灵关铁索桥与近处另一座80米左右桥跨的铁眼杆桥,均因新公路石拱桥成而被拆去。

图6-93　四川灵关铁锁桥(一)

(三)并列多索铁眼杆桥

近年诸多索铁链桥,由于取材关系、都改为钢丝索。钢索强度虽高,可惜需勤于保养,否则易于锈蚀。铁链的缺点是锻冶环节多而费工;接口较多质量不易保证,形成很多薄弱环节。在使用过程中因链节的几何变形,使整根铁链产生累积的塑性变形,增加桥的中垂度,需不时予以调整。于是便有简化的铁链桥——铁眼杆桥,或铁链与铁眼杆的组合。

铁眼杆用长约一至二米的圆铁(或钢)条两端环扣相联,或中间再插入一节链扣。为了在桥台部分转折容易,有时于桥跨中用眼杆,桥台及锚定处用铁链。

铁眼杆桥始于清末。在云南四川等地都有。

1. 云南把边江桥(附元江桥)

桥位于墨江到磨黑之间,桥跨约80余米,建于清·光绪八年(1882)(图6-97)。其与一般不同之处是栏杆眼杆以人字索和两根底索相联。云南元江桥亦似之(图6-98)。

2. 四川天然伏龙桥

桥位于天全州青衣江上游的支流荥经河上离飞仙关约10公里,地名丁村坝和下口坝之间,有桥名伏龙桥。1949年蒋军焚桥,桥断。1951年部队进藏,移桥索于飞仙关,1954

图 6-94 四川灵关铁锁桥(二)

图 6-95 铁锁桥台后锚链齿墩

年移回。不久,上游公路石拱桥成,用其材料移建安乐桥。故桥现存残迹。摩抄残碑,大意是:“上有龙旋口古址,下有青龙嘴遗迹,左有延龙庙宇,右有落龙沟溪”,所以桥以伏龙

图 6-96　齿下调索插铁

图 6-97　云南把边江桥

名。桥成于“（光绪）廿九年癸卯”（1903）。

伏龙桥跨约 115 米，比泸定桥跨长 15 米。

3. 四川天然安乐桥

安乐桥离伏龙桥约 20 公里，利用伏龙桥大部分铁眼杆，增添部分眼杆，新砌石台。桥九底四栏。眼杆直径 42 毫米，节长 2 米左右不等，跨长增至 125 米。

图 6-98 云南元江桥

图 6-99 四川天全安乐桥(一)

图 6-100　四川天然安乐桥(二)

4. 四川老君溪桥

老君溪桥建置年代不详,其铁眼杆便系在眼杆之间加一扣链接者(图 6-101)。

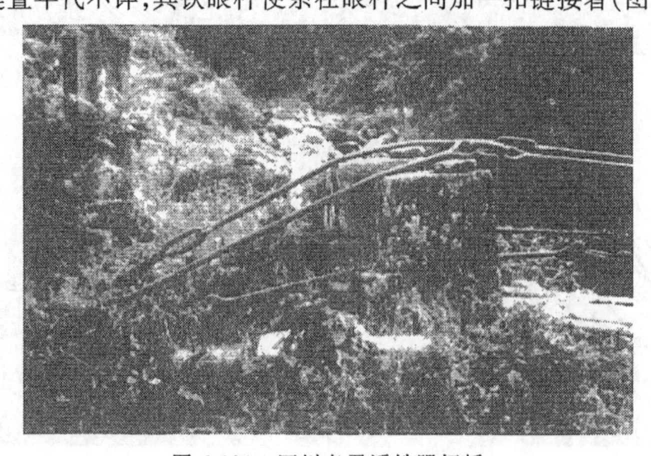

图 6-101　四川老君溪铁眼杆桥

5. 四川宝兴铁眼杆桥

桥位于宝兴城侧(图 6-102)。

图 6-102　四川宝兴铁眼杆桥

桥跨约 95 米,七底四栏,眼杆直径 40 毫米。系杆、链相结合的铁眼杆桥。上栏杆眼杆至跨中直兜住底索下面的木横梁,使桥跨增加一个虽不十分坚劲,但甚有帮助的支点,等于多了二根受力底索。

用铁眼杆代替铁链,较之近日用钢丝绳更为耐久,也许更能作技术上的改进。例如四川天全一县,原有铁链和铁眼杆桥 16 座,20 世纪增加铁眼杆桥 28 座,其中百米以上者四座。宝兴县地僻人稀,20 世纪却增加 24 座铁眼杆桥,总延长 1470 米。

铁眼杆桥取材容易,加工简单,架设方便,作为山区跨谷民间桥梁,仍不失其优越性。

(四)多孔铁索桥

多孔索桥是索桥的一个发展。

竹索桥中,灌县珠浦桥乃典型的多孔连续索桥。多孔铁索桥的实例不多。如:

1. 云南保山双虹桥

桥位于保山西北茫宽区烫习乡,跨怒江。《永昌府志》载:"在城(保山)西一百四十里,跨潞江上游,路通腾越。清·乾隆五十四年(1789)就江中石岸建立铁索桥"。这是一河两桥,一似浮桥中的"双流对出",故名双虹(图 6-103)。东西两桥,东略长,用链 15 根;西略短,用链 12 根。总跨长约 162 米,全长约 200 米。

桥虽为双孔,实际上是平面上略为错开的两座单孔铁链桥。

图 6-103 云南保山双虹桥

2. 云南永昌惠人桥

《腾越厅志·重修潞江桥记》:“潞(今怒)江当永昌西百余里之冲,乃跨江而桥焉,曰惠人。……始也,两岸绝远,中无砥柱,施工极艰,旋修旋圮。……道光中(1829),雨亭周公,始任腾越,继升永昌。目击情形,念斯桥为滇要道……见巨石屹于中流,其大如屋。于是甃石贯铁,凭为中墩,自岸东西,锁分两段,皆系于此。各连铁索,覆板植栏,中建瓦屋凡六间。铁索为桥,身长四十二丈(约 139 米)。(《永昌府志》为五十二丈,约 172 米),宽丈二有奇(约 4 米)”。“光绪十一年三月(1885),狂风又折之,其铁絙木片俱沉落于水。光绪十一年九月,经始增铁索,大渡为二十股,小渡为十六股。木板覆之。如砥如栉,砖栏坊屋,并还旧观”。

其桥和双桥相似,为双孔单跨铁链桥。

3. 云南云龙惠民桥

惠民桥是一座较小跨度的双孔连续铁链桥。桥位于云龙县宝丰乡,跨沘江。始建于清·咸丰七年(1857)。六底单栏,上铺木板。光绪十二年(1886)重修。桥全长仅 50 米(图 6-104)。

4. 四川芦山铁链桥

记载中已不存在的单跨铁链桥,如云南墨江忠爱桥,跨长 38 丈(约 125 米),两端以木伸臂相托。

贵州黄平重安江铁索桥,长 40 丈(约 132 米)。

四川泸定桥的铁链,按其破断力计算,最多也只能建造 45 丈(约 150 米)桥跨。如遇大河,只能变单跨为多跨,或在跨间设锚墩,或作连续桥。

四川芦山铁锁桥亦用竹索桥中四川汶川三孔竹索桥的方法,变一跨为二边跨和一大中跨,其中墩为方形四柱木架(图 6-105),铁链穿架而过。虽然此桥全长亦仅 130 余米,可

图 6-104 云南云龙惠民桥

是改善了铁锁受力和桥面在上下转折处的坡角。

有些长跨铁链桥或铁眼杆桥,在使用中因强度而变形关系,加中墩改为连续桥。

5. 四川天全万安桥

万安桥介于伏龙桥遗址和安乐桥之间,建于清·咸丰八年(1858)。桥七底四栏,桥跨103.8米,眼杆直径40毫米。杆少而细,1957年于跨间水中加修一桥墩,使用一大一小两跨桥梁。

6. 四川芦山铁眼杆桥

桥在升恒桥上游约10公里,50年代由芦山铁链桥改建而成,以铁眼杆代替铁链,眼杆直径30毫米,接铁链转入锚定。改三孔为双孔,小孔跨径约30米,大孔约百米,中部为石砌尖墩,自然较木方架为坚实不摧。

图 6-105 四川芦山铁锁桥

第三节 索桥展望

中国古式索桥,类型繁多,结构简单而巧妙,其最大缺点是刚度不足,变形和振动都很大。独索的溜筒桥自不用说,人缚于筒上,如荡秋千;双索、三索以至多索的索桥,也是“一举足辄摇荡不已,必手揣旁枝,然后可移”。一百数十米跨径的藤网桥,横向摇摆可至八九米。索随行人起伏,倾欹、摇摆、因此索桥称为“软桥”。

多索的竹索或铁链桥比较地稳当,但这也要看桥跨长短,索的多少,联结方法,以及索的紧张程度而定。120 米左右的北盘江桥,有底索 30 根,故“日过牛马千百群,践之屹然不动”。100 米跨径的泸定桥,底索只九根,故“泸定桥,人马须少行,徐徐而过,多则动摇,若遇风则不可行矣”。

多孔的索桥,如四川灌县安澜桥,虽然每一孔的跨度并不算大,但因邻孔的影响,相对地增大了其变形和震动。清·同治二年(1863),四川按察史窦垿坐着轿子过桥,仍然写下这样的诗句:“……履履即动摇,目映洪涛起。缓步愈倾侧,飞行不可止,忍死肩舆中,已过犹披靡。仙人好乘龙,此味殊不美”。杨均过安澜桥诗:“……岂知平坦非险艰,高视阔步尤足乐。人畏簸扬悉战兢,我因飞舞弥踊跃。……吁嗟乎! 到此飘飘真欲仙,宛如云中能跨鹤……”二人年事不同,后者年轻,精神乐观,这一些波荡完全可以等闲视之。郭仲达的《索桥歌》更从中悟出一番哲理。诗中参杂着儒、佛思想。

世间道路是曲折的,困难、危险不足为惧。勇往直前,可以取得成功。然而桥梁建设者却不能以此自慰,应该找出克服变形和震动的技术和方法,改进古索桥的型式。

邻近诸国,如巴基斯坦、尼泊尔、锡金、不丹、印度、缅甸,再远如印尼、新几内亚、日本、非洲的加蓬、南美的秘鲁等也都有一些简单的古式索桥。有历史记载的都比我国为晚。至于多索竹索或铁索桥,未有如我国数量众多,技术完整,形式壮观。中国古式索桥,除了在古代便向世界扩散外,15 世纪起通过意大利、葡萄牙、西班牙、俄、英、德、法等当年的商人、探险家、传教士、外交人士和技术人员等传到西方。欧洲最早索桥的设想是 1595 年(明·万历二十三年)。第一座造成的铁链桥在英国是 1741 年(清·乾隆六年),美国 1796 年(清·嘉庆元年),法国 1821 年(清·道光元年),德国和沙俄是 1824 年(清·道光四年)。虽然后来居上,近代悬索桥的历史,仍是古式索桥的延续。

中国古代索桥的几种桥面布置形式,尚没有在世界近代索桥中全部反映出来。

近代索桥桥面是悬吊在主索之上,是我国双索桥的发展。初期仅有纵横梁,之后出现了加劲桁和梭形箱形梁。

1958 年土耳其博斯普鲁斯海峡桥征求方案时,德国工程师提出了以预应力混凝土带状薄板作为悬索桥,是我国并列多索桥的发展,立即引起轰动。至今在不断地建造试验桥,以便求得更好的形式和更大的跨度。V 形吊索成为中小悬索桥的有用构思。另外,美国还曾研究过网状悬索桥。

图 6-106 示 90 年代建成的河南渑池白沙桥,单孔 450 米,车辆行驰在并列多索面上的悬索桥。钢扁担横梁,左右悬伸,两端亦分别承以钢索,以克服薄带在桥面与横向偏载时产生的倾欹。此桥可行走坦克。

图 6-107 为浙江泰顺里光乡台边村的民间小桥——里光桥,并非梁柱桥,却是一座多孔连续悬索桥。主墩六,堆石小墩(远处)三,共计十孔。全长虽不长,仅 45.5 米,宽 1.1 米,桥下最大净高 3.4 米。主墩用钢管焊成。全桥用八号镀锌铁丝七根绞成一股(近代索桥中称为钢绞线)。共四股,横向等距排列,全长锚定于两端桥台,催紧(预加应力)以薄竹笆横向密排穿插成桥面。虽然布索过稀,横向联结过弱,却是最为轻巧、经济,以近代一些构思(钢绞线、预应力)结合到中国传统的连续悬索桥中。

中国有四千公里长的海岸线,有众多的海湾和三大海峡,需要超大跨度的连续悬索桥以通公路和铁路。发掘、研究中国古代索桥,应用近代材料和科学技术推陈出新,以至完

图 6-106　河南渑池白沙桥

图 6-107　浙江泰顺里光桥

全创新地建设跨海工程,前景是广阔而光明的。

第七章 浮　　桥

第一节 津　　渡

过河称渡。《说文》:“渡，济也。”凡是摆渡过河的地方称为津。《说文》:“津，水渡也，从水，聿声。”《论语》记:“使子路问津焉。”便是问，可在何处摆渡?《水经注·河水五》:“自黄河泛舟而渡者皆为津也。”自然，不只黄河，所有河道上的渡口都称津，合称津渡。

南方称摆渡的地方为埠或埠头。《青箱杂录》记:“岭南谓水津为步（通埠），故船步即人渡船处。”[①] 可是，所有的津渡，不一定用船，江、河、湖泊，渡过的办法众多，渡水的工具不一。

一　渡 水 工 具

（一）匏、厉

《诗、匏有苦叶》写道:“匏有苦叶，济有深涉。深则厉，浅则揭。”意思是说，渡过深水的地方，本可用葫芦（匏）浮托，然而葫芦还长在有苦叶的藤上，于是水深的地方，用衣裳打湿了包成气泡，(厉、以衣涉水)，帮助浮起而游过去。水浅的地方，撩起下裳，涉水过去。葫芦和衣裳是最简单原始的渡河工具。

（二）筏、舟

《诗·谷风》道:“就其深矣，方之舟之；就其浅矣，泳之游之。”《毛诗传》:“方，泭也。”《释文》:“小筏曰泭”，亦作“桴”。《尔雅疏》:“大者曰栰（同筏），小者曰桴。”意即说，比较浅的地方，可以游过；相当深的地方，只能用小的竹或木筏，或用船渡过去。竹制的为箄、为筏；木制的为桴、为栰，现统称为排。

然而更阔而深的河，如《诗·汉广》说:“汉之广矣，不可泳思；江之永矣，不可方思。”汉水、江水太宽太长，游不过去，用小竹、木筏也难渡过，于是只能用船。

船的发明年代较早。《易·系辞下》有:“黄帝尧舜，垂衣裳而天下治。……刳木为舟，剡木为楫，舟楫之利，以通不济。”《物原》:“颛作桨，作篙（公元前2500余年)。帝喾作橹、作柁（公元前2400余年)。夏禹加篷、碇、帆、樯（公元前2200余年)。”中国木船，渐趋完备。

古代造船，或用柏，或用松。《诗·柏舟》称:“汎彼柏舟，在彼中河”。《诗·竹竿》记:“淇水滺滺，桧楫松舟。”亦有用松、杉、樟等组合造成。1973年泉州发现宋代古

---

① 宋、吴处原著《青箱杂记》卷三，选自《笔记小说大观》册二，江苏广陵古籍刻印社，1983年。

沉船[①]，“主龙骨和龙尾骨系用松木制成。连接龙骨的艏柱用樟木制成。……船板系用柳杉制成。”

《宋会要》载：“绍兴七年（1137）六月四日，立定渡船三百料，许载空手一百人；二百料六十人；一百料以下递减。”船小者称舠，称艖，大者称舰，称舸，是渡河的可靠工具。“料”是船舶载重的计量单位，一料即一石。沈括《梦溪笔谈》记：“今人乃以粳米一斛之重为一石，凡石者以九十二斤半为法（合今110市斤，或55公斤）。”[②]《武经总要》记：“凡船舰大小为等胜，人多少皆以米为准，一人不过重米二石。”所以，三百料的船，载重为165千牛，载100人，去了二百料（110千牛），尚有55千牛为自重及富余量。

（三）皮船

皮船是羌、藏族渡河的有力工具。

《后汉书·邓训传》记邓训攻羌人迷唐，在归义城附近黄河上（今青海、贵德附近）：“训乃发兵六千人，令长史任尚将之。缝革为船，置于箄上以渡河。”章怀太子李贤注：“箄，木筏也。”《通鉴·汉纪二十九》所记相同，系年于汉和帝永元元年（89）。

这一记录，历来都解释作为皮木筏子，即“在木桄上面放置皮囊”。从构造上分析，甚觉可疑。假如箄字无误，则革囊应在箄下（见图7-2），然而这样的革囊将不是缝制的，应为浑脱（详见下节）。如缝革为船无误，则箄字可能有错，箄疑作箄。《说文》：“箄，笥也。”《汉律令》：“箄，小筐也。”郑康成解：“圆曰箄，方曰笥。”所以邓训所作，乃以竹箄为骨架，外蒙皮革缝成的皮船。

唐《元和志》记越巂县（今西昌）：“泸水在县西百一十二里。诸葛亮征越巂，上疏曰‘五月渡泸，深入不毛’谓此水也。水峻急而多石，土人以牛皮作船而渡，一船胜七八人”。[③] 唐·白居易乐府《蛮子朝》有句：“泛皮船兮渡绳桥，来自巂州道路遥。”[④]

《晋书·慕容垂载记》记：“垂引师伐钊于滑台，次于黎阳津。……垂徙营龙西津，为牛皮船百余艘，载疑兵列仗，溯流而上。”牛皮船已用于黄河下游。

《清史稿·土司传》记康熙三十七年（1698）命四川总督桂林平叛，“阿桂以皮船宵济”小金川。《清史稿·藩部八西藏》记康熙五十六年（1717）岳钟期进藏：“计诏土司为前驰，集皮船渡河，直捣拉萨”。正史记载，可称不绝。

皮船构造和使用见诸笔记。

清·王昶《雅州道中小记》：“打箭炉西章谷河，夷人用牦牛皮绷于竹以为船。围二丈余，径约七尺（约2.24米），容两人渡。船行杈枒乱石间，水若喷云。篙师举篙点之，篙若委蛇屈曲，无不如意。否则触石稜，率以破败淹没云。”[⑤] 清·周蔼联《西藏记游》记：“皮船，以牛皮为之，中用柳条撑住，形如采菱之桶，仅容一二人，一人荡桨，

---

① 泉州湾宋代海船发掘简报，文物，1975，(10)。

② 宋·沈括撰，《梦溪笔谈》附补注，卷，第1页。

③ 唐·李元甫撰，《元和郡县志》卷二十二，中华书局，1983年，第823页。

④ 清·彭定求辑，《全唐诗》卷四百二十六，中华书局，1960年，第4697页。

⑤ 《雅州道中小记》卷三十，上海中华书局，1924年，第68页。

其疾如飞（乘水势）。惟皮经水渍如败絮然，中流危坐，为之股栗。渡毕，则负归而曝之”[①] 则小的皮船，都为圆形，船内骨架可竹可木。

清、杨椽《皮船诗》形容昌都附近澜沧江皮船[②]：“今天藏江侧，厉揭测诚叵（否），洪涛砉奔翻，巨石耸砐硪。番人夸荡舟，舟小殊渺麽。外圆裁皮蒙，中虚截竹荷。浅类筥可盛，欹讶筐欲簸……。”清·孙文清《皮船诗》：“沙棠（木名，可浮）今改制（不用木做船），逐水竟成嬉。飨士庖子解（牛），焊毛攻匠为。集宁烦五羖（五张皮革），纫必仗千丝（缝革）。……夜泛形同月（圆形），中流坐若尸。……驾唯三老并（原注，左右二人挥桨，中坐一人），珎抵一壶贻。……望里凌波靓，掀时累卵危。晒疑悬正鹄（土人悬屋角晒晾，一如圆形箭靶），奔欲吊沉鸥（详见下节）。……威虎差堪拟（《国语》以独木船为威虎），蜻蛉每被嗤（像蜻蛉那样飞不远）。趁须辞醉客（附舟以行，谓之趁船），系或傍渔师。漫道沿缘险，还胜蹋浪儿。”

李心衡《金川琐记》亦记：“金川涉水有皮船，用极坚树枝作骨，蒙以牛革。形圆如桮（bēi）棬（quān，木盂）。一人持桨，中可坐四五人。顺流而下，疾于奔马。船中人相戚不得动，动则倾覆。不能行逆流（因该处流急）[③] ……”

近人王毅《西藏文物见闻记》山南之行：“桑鸢寺。……离开杂错，用汽车载着牛皮船向雅鲁藏布江上游开去，车子在一个伸向江边的山脚停下，大家踏进平软的沙滩走到江边上船。船是用薄牛皮缝接起来的，里面用木棒支撑，形同仰盂。不论是船手或乘客全都站在船中，脚踩木骨而立。牛皮不能踩，稍有不慎，踏破牛皮，即有沉没的危险。船不甚大而容量不小，我们一行十二人竟能全部站了上去。船离江岸，顺流而下。今日天晴日暖，风平浪静，江面上漪漪滟滟，银波映日。牛皮船荡漾江心，令人心旷神怡，轻舟浅浪，随波横流，经二小时四十分抵岸。”

从以上记载可见，皮船以圆形竹或木架为骨，外蒙缝制的牛皮。蒙时架底朝上，置革于架（箪）上。用时翻转，正好说明邓训所作乃圆形竹箪的皮船。今日皮皮船已不仅有圆形，且亦有船形者，用两张牛皮缝制，一样轻巧。一个藏民，便可头顶手托而行（图 7-1）。

图 7-1　西藏皮船图

① 《西藏记游》卷一，清嘉庆九年（1804）刻本，第 11 页。

② 清·黄沛翘撰，《西藏图考》卷之三，黄沛翘手辑本，清光绪十七年（1891）重刊，第 7 页。

③ 《金川琐记》卷二，王云五主编《丛书集成初编》本，商务印书馆，1936 年初版，第 16 页。

（四）浑脱、鸱夷

另一种渡河工具为浑脱。有将皮船与浑脱混同以为一物，实际并不相同。

《神机制敌太白阴经·济水具》有："浮囊以浑脱羊皮，吹气令满，紧缚其空，缚于肋下，可以渡也"。宋·曾公亮《武经总要·水战》中说："浮囊者浑脱羊皮，吹气令满，系其空，束于腋，以浮以渡。"

《金川琐记》记："甘肃邻近黄河之西宁一带多浑脱，盖取羊留皮去骨肉制成，轻浮水面。李开先《塞上曲》有'不用轻帆并短棹，浑脱飞渡只须臾'之句。仅可渡一人，且下体不免沾濡。"

浑脱也名囫囵，其名与实相符。便是完整（浑沌、囫囵吞）地剥脱整只牛或羊的皮，和皮船的缝皮不同。其剥下的皮，用水泡数天，再灌入盐和清油，曝晒成皮胎。用时吹气使涨。牛皮浑脱，中可藏一人，外有一人扶托浮游过河。羊皮浑脱供一人使用。

宋·苏辙《栾城集·四十》请户部复三司诸案劄子记："访问河北道（今河北）顷岁为羊皮浑脱，动以千计。浑脱之用，必军用之水，过渡无船，然后须之。"

史载元·忽必烈以"革囊"渡金沙江。

清代岳钟琪拟在甘肃苏勒河上通粮运，不成。沈青崖曾建议道："余相度河流，用贺兰牛羊皮混沌数十，鼓气实粮其中，顺流而下，达安西镇域凡二百余里，可少节车马之力。"

可见历代对浑脱的使用，军民并举，相当普遍。

浑脱自古有之，名曰鸱夷。

《史记·伍子胥传》记吴王听信谗言，"使赐子胥属镂之剑。……（子胥）乃告其舍人曰……抉我眼悬吴东门之上，以观越寇之入吴也。自经死。吴王闻之大怒，乃取子胥尸，盛以鸱夷革，浮之江中。吴人怜之，为之祠于江上"。时在吴王夫差十年（公元前486）。应劭注："取马革为鸱夷，榼（kē）形"。"江上"是指苏州东南太湖边的长江支流。《吴地记》记："越军于苏州东南三十里三江口，又向下三里，临江北岸、立坛，杀白马，祭子胥。"

鸱夷革就是马革囊，像酒袋、刀鞘一样把子胥尸装在里面。

《黎士宏笔记》载："秦巩间人，割牛羊去其首，剜肉空中为皮袋。大者受一石，小者受二斗。俗曰混沌，即古之鸱夷。"《甘肃新通志》清·齐世武《天下第一桥记》有："迩来桥废，时时渡河者皆泛牛皮鸱夷。"

于是可见，鸱夷、浑脱可为马、牛、羊的皮囊。且古时在黄河、长江流域的上下游都有使用。

浑脱可独用，亦可组合使用。采用多只浑脱，少者十三四，多者达六百，捆绑于木架成栰，这才是牛羊皮栰，俗称排子①，甘肃称为栰子。13 只组成的羊皮浑脱栰，载重约 4 千牛（图 7-2）；27 排、330 个羊皮浑脱栰，载重 50 千牛；30 排 396 个者载重 100 千牛；41 排 460 个者载重 150 千牛。128 个牛皮浑脱栰，载重 200 千牛，吃水约 0.15 米。羊皮浑脱寿命约为 34 000 公里，牛皮浑脱则为 72 000 公里。抗战期间 1942 年，仍

---

① 甘肃公路学会等编，丝路之光·话说羊皮筏子，1992 年。

有利用皮筏自广元运汽油沿嘉陵江抵达重庆者，引起山城极大的轰动。

图 7-2　甘肃羊皮浑脱排子

（三排 4-5-4 只，共 13 只）

（五）木罂（yīng）缻（fǒu）

《水经注·河水四》记崌谷水入黄河之处："昔韩信之袭魏王豹也，以木罂自此渡。"有误解作用木桶渡河。这是因为只看了郦道元省略的文字之故。

《史记·淮阴侯传》记汉二年（205）"六月，魏王豹谒（汉王）归，视亲疾，至国，即绝（黄）河反汉（断黄河蒲津浮桥），与楚约和。汉王使郦生说豹，不下。其八月，以（韩）信为左丞相，击魏。魏盛兵蒲坂（山西永济），塞临晋。信乃益为疑兵，陈船欲渡临晋，而伏兵从夏阳（陕西韩城）以木罂缻渡军（缻同缶，即盎也，大腹而敛口）……。"服虔注："以木柙缚罂缻以度"就是一种在多格木槛笼内，填缚小口大腹的陶瓮，制成浮船以渡军。渡可以是舟渡，亦可以是桥渡。《史记》所记不明。

这一渡河的方法，后世仍有采用。《长编·卷三十四》记宋太宗淳化四年（993）七月，雨不止，金陵"朱雀、崇明门外，积水尤甚，往来罂筏以济。"

（六）萑苇筏

《魏书·世祖纪》记太平真君十一年（450）："车驾至淮，诏刈萑苇作筏数万而济。"萑苇是茂盛的芦苇。

二　牂牁

摆渡用船，但不用桨、橹，缘索而行，名曰牂牁（zāng-kē）。

常璩《南中志》记："周之季世，楚威王遣将军庄跻，泝沅水出且兰（今贵州遵义以南），植牂牁系船，因名且兰为牂牁。"

《汉书·地理志》牂牁郡注："牂牁，系船杙（短木椿）也。"

清·许缵曾《滇行纪程》说明由单椿系船进而为双杙摆渡："盘江水出乌蛮，经七星关……江广三十余丈（约百米），水深无底。左右石崖，廉利如剑戟。自昔济此者用渡船，行骇浪中，一不戒辄葬鱼腹。古法必树杙于两崖，贯之以索，凭索曳舟，乃得横渡，所谓戕戙是也。"①

《滇行纪程》和吴振棫《黔语》都引杨慎《谭苑醍醐》说："牂牁，一作戕戙，其定从弋。杙，系船木也。"《说文》，《汉书注》旧解如此。牂牁在今贵州，其江水迅疾难渡，立两杙于岸中，以绳絙之，舟人循绳而渡。盘江、崇安江皆然。"

在四川，称这种形式的渡船为抹抹船，或扯扯渡。《新修南充县志》载："四川南充县澴子河渡，地当西溪口，用绳贯船，钉系两岸。商旅牵绳而渡，俗名扯扯渡。"四川《北川县志》有溜索船图，称"俗名抹抹船"张竹篾，穿以木壳，用手抹渡船而过。清·黄向坚《寻亲纪程图》上题："清浪卫城，峙险一江。其江水奔腾，甚于天堑。舟辑不易施。两崖以篾絙贯桅，榜人凭此以渡，真危险也。"

单索穿筒，抹船而过，一似平放着的溜筒桥。多索并挂多船的浮桥，一似平放着的悬索桥。

第二节　桥　　航

一　各种浮体的浮桥

（一）造舟为梁

浮梁（浮桥）多数用舟，也即舟梁（舟桥），亦称桥航。《水经注·渐江水》："浦阳江水……经剡县（今嵊县）东……江广二百余步……有东渡、西渡焉。……并汎单船为浮航。西渡通东阳，并二十五船为桥航。"

舟桥自然以船为浮体，规模可大可小。少至三五小艇，多至"连舰千艘"。然而除了较小的浮桥，船只单独分列（图 7-3），一般浮桥有一个共同的特点是至少以两条船并列，用横木联成一个单元体，称为"方舟"，即"航"。航也通杭或桁。

《集韵》记："航，方舟也。"《淮南子·主术训》："巧工之制木也，大者为舟、航、柱、梁。"注："方两小船，并与共济为航也。"航，一如今日的双体船（图 7-4）。

《诗·卫风》"淮渭河广，一苇杭之。"以杭作航。金陵秦淮河上古浮桥便称朱雀航或朱雀桁。《水经注》记："洛城南出西头第二门曰宣阳门，汉之小宛门也，对阊阖，南直

---

① 《滇行纪程》，《丛书集成初编》本，商务印书馆，1939 年，第 8 页。

图 7-3 四川重庆打磨滩原浮桥

图 7-4 江西玉山东津浮桥方舟（航）

洛水浮桁。”所以浮桥也称浮航或浮桁。

浮桥的记载，最早见之于《诗·大明》：“……文王初载，天作之合……伣天之妹，文定厥祥。亲迎于渭、造舟为梁。"周文王娶有莘氏之女，在渭水上架浮桥。根据《竹书纪年》推算，时在公元前1229至1227年。

周朝的大学名辟雍，四周有水，辟雍居中，故造舟为梁。《文选》《辟雍诗》："乃流辟雍，辟雍汤汤，圣皇莅止，造舟为梁。"张衡《东京赋》称："造舟清池，惟水泱泱，左制辟雍，右立灵台。"①

《初学记》记："凡桥有木梁、石梁、舟梁谓浮桥，即《诗》所谓'造舟为梁'者也。周文王造舟于渭；秦公子鍼奔晋，造舟于河。"②

《尔雅》解释："天子造舟，诸侯维舟，大夫方舟，士特舟，庶人乘泭。"③ 这里所说自天子到一般老百姓，在出行、迎娶等方面，按阶别不同，所用渡河工具的规模也不同。其《疏》曰："……言造舟者，比船于水，加版于上，即今之浮桥。……维舟以下，则水上浮而行，但船有多少为差等耳。（一说"维舟，建四船；方舟，并两船；特舟，单船）庶人乘泭者……编竹木大曰栰，小曰桴是也，桴、泭音义同。"文王迎娶时还是诸侯的地位，造舟原是"僭越"。《诗》称"造舟"，乃灭殷之后所记。

舟桥的记载，除周文王姬昌的渭水浮桥之外，黄河、长江，以及其流域中干支河流，与其他独立的水系中，地不分南北，时不分古今，舟桥数量不下于梁、拱、索桥，其实例将见第三、四节中。

（二）浑脱浮桥

《竹书纪年》记周文王的五世孙，周穆王姬满，三十七年（公元前965）"伐楚，大起九师，东至于九江，架鼋鼍以为梁。"二千九百多年来，都以神话来附会解释。清·徐文靖笺注《竹书纪年》时，引用《魏略》、《隋书·高丽传》等后代传说，认为："架（真的）鼋鼍为梁，容或有之。"唐代王起曾有《鼋鼍为梁赋》写道："所以济浩汗，所以通杳冥。�蜿蜿，以代造舟之利。……谅人力之不剿，信神功而永宁。……"。他相信是"乞灵于水府，假道于公族"，是真的鼋鼍所架，那就错了。不过认为"代造舟之利"应该是正确的。

《竹书纪年》是晋太康二年（281）汲郡人发掘公元前296年的魏襄王墓所得几十车竹简中，最为完整清楚的一部晋魏史官所记严肃的史书，何以乞灵于神话？

近人考证古桥、在桥史和交通史中，认为是堆石过河的踏步桥，更是离题太远。《竹书纪年》记："康王十六年（公元前1063），王巡狩至九江庐山。"徐立靖引《史记》正义，认为"九江即彭蠡湖（鄱阳湖）口，北流入大江者。"如此深水，如何踏步为桥？

古九江毕竟何指？宋·胡大昌《禹贡论山川地理图》刊于宋·淳熙四年（1177）六月。书中论九江之名，自汉以来各说纷纭。上到洞庭，下至彭蠡，或以长江的九大支流为九江，或以今浔阳附近九小水入江为九江。胡大昌绘图评说，论之甚详。而徐立靖力主湖口。均甚可怀疑。《郘国志》称："江自浔阳，分为九道"。作者数十年间，多次往返江道，仔细观察，见大江自湖口至小孤山，北岸一片平阳，南岸岗峦起伏，大江靠南

① 清·严可均，《全上古三代秦汉六朝文，全后汉文》卷五十三，中华书局，1958年。

② 唐·徐坚撰《初学记》卷第七，中华书局，1962年，第156页。

③ 郭璞注，《尔雅·释水》，京广刻本，光绪七年（1881），第16页。

岸而行。然山势进退开合，江中多生芳甸汀洲，水港分叉，想必当年联绵不断，无以名之，顺数一至九以名江，正好像长江葛洲坝处以大江、二江、三江为名。九江乃是沿长江此段纵向数的并行开合的叉江，日后有生有淤，或为堤防所关截成湖叉，不成九数，渐次便生疑问。周穆王九师到达这里，近十万之众，造浮桥过江，其具体地点似在小孤山和彭郎矶之间，这里江面宽不足千米，枯水时更窄，两岸石山正可系缆。所架者乃浑脱浮桥。

既然殷商之际，周的先人已能造舟为梁，穆王命用鼋鼍似的浮体以架浮桥，而479年后，战国吴于公元前496年，将伍子胥在长江下游盛以鸱夷（浑脱）。浑脱（yùn tuō）一似鼋鼍（yuán tuó），并且谐音。可以说《竹书纪年》是浑脱浮桥的最早记录。先象物而称鼋鼍，后世据事而称鸱夷、浑脱。自此之后，军用浑脱浮桥成为必备之物，只数典忘祖而已。

《长编》卷一百二十三，记宋仁宗宝元二年（1039）："知永兴军夏竦议西鄙事，……须渡大河（黄河）。既无长舟巨舰，则须浮囊挽绠。"《续通鉴·宋纪七十六》记宋神宗元丰四年（1081），经略西北的"种谔乞计置济渡桥椴椽木，令转运司发步，乘运入西界。（神宗）诏。凡出兵深入敌境，其济渡之备，军中自有遇索、浑脱之类，未闻千里运木随军。……"

"浮囊挽绠"，"过索浑脱"简直是行军的必需装备，随时可以架设浮桥。周穆王的"架鼋鼍以为梁"为其首创，是鸱夷、浑脱浮桥应该是没有多大疑问了。

清·杜昌丁《藏行纪程》记康熙五十九年（1720）云贵总督蒋陈钖奉命赴藏效力。从云南入藏，由阿喜渡过金沙江，到奔子栏。往西将渡澜沧江（约在今澜沧江汛处）。其处有溜筒桥，蒋不敢用，命造浮桥。"六月二十日报桥成。桥去多木四十余里。……桥阔六尺余（约2米），长五十余丈（约160米）。以牛皮馄饨（即浑脱）数十只，竹索数十条贯之。浮水面，施板于上。行则水势荡激掀播不宁。盖江在大雪山之阴，两则水涨，晴则雪消，故江流奔注无息时。舟筏不能成，桥成即断。土人系竹索于两岸以木为溜。……时畏竹索之险，故俟桥成。是曰巳刻（11时左右），水高桥二尺余（约0.6米）波浪冲击，蒋公几至倾覆，扶掖得免。……余虽不至倾跌而水已过膝。过半刻，桥即冲断。……人马行李皆经竹索过，三日始毕。"①

由于浑脱密封而不敞口，所以淹水不沉。估计所用浑脱数过少，于是形成了半潜式浮桥。吃水太深，挡水面积太大，而索力已不足。如用浑脱排子或柸子，多加竹索，建造浮桥，当和舟桥一样稳当。

（三）皮船浮桥

皮船亦用作架浮桥。

清·盛绳祖《入藏程站》记："自卧龙石到中渡（过雅砻江），夏秋以舟渡，冬春则列船为浮桥。皮船逐浪上下，望之如水中凫。"一只只圆形皮船，自然远看像排了队浮在水上的野鸭子。前记桂林和岳钟期进藏，广收皮船，也可能架皮船浮桥。

皮船载重低，因是圆形，横向占位，排列稀则浮力小，且敞口易覆，内有骨架较浑脱为重，所以不像浑脱那样可以舒卷，便于成军。

---

① 《古今游记丛抄》卷四十七，上海中华书局，1924年，第79年。

（四）木罂缻浮桥

木罂缻是小口大腹陶瓮构成的浮体，已如上述。有时被误为木桶组成的浮船。军行之际，要打造如此多的木桶，旷日费时，是不大可能的。然而真的有过木桶浮桥。

清·光绪三十年（1904）龙川督边郑孝胥，建议在广西边界城市龙州滑石滩，跨左江架设浮桥。苏西提督苏元春倡捐，向越南购买了数百只法国木酒桶，组合成浮桄，架设浮桥。桥全长40丈（约130米），木栏高五尺一寸（约1.5米）。登桥看北岸，峭石嶙峋，西望双溪合流处，远山丛列，与水光相映照。这一座是真正全木罂浮桥。

近代如1940年11月，滇缅公路黄渭泉工程师，用空汽油筒144只制成渡船，载重55千牛。[①] 1941年3月，用10只渡船联成长88米的浮桥，以联络被日本侵略者炸断的澜沧江、怒江上的交通。

（五）车轮浮桥

浮桥常于军事中应用，古代用战车，有时利用车轮为浮桥。

《通鉴·梁纪四》载梁武帝天监十五年（516）："上（梁武帝）使（昌）义之与直阖王神念泝淮救硖石。崔亮遣将军博陵崔延伯守下蔡。延伯与别将伊瓮生夹淮为营。延伯取车轮去辋（轮圈），削锐其幅，两两对接。揉竹为絙，贯连相属，并十余道，横水为桥。两头施大鹿卢，出没随意，不可烧斫。"

《元和志》彭城县："陈将吴明徹以舟师破下邳，进屯吕梁，堰泗水以灌徐州。周将军乌丸轨、达吴长孺率兵救援，辄取车轮数百，连锁贯之，横断水路。然后，募壮士夜决堰。至明，陈人始觉，溃乱争归，至连锁之处，生擒明徹。"《陈书·吴明徹传》所记较略。《通鉴》系之于太建十年（578）。这两座浮桥的记载，都是以锁江为目的，不一定能过人。

清·李调元《出口程记》记："四十里过沙尔噶河。译汉音，言河之浑也。发源自围场内大山，折曲而下，由辽阳入海，奔湍甚急。以车轮横锁为桥，上加黍楷实土，如浮桥然。河边即步步屯。五十里至赤峰县。"[②] 则是一座可过人马的车轮浮桥。

（六）草冰浮桥

一般河流，水潦置渡，水涸为桥。北方河流则冬拆春建浮桥。冬冰既坚，状如积雪，可通车马，俗名冰桥。虽有桥名，实则全河皆冻到处可走，并没有桥的形象。

《通鉴·晋纪二十三》记晋·太和二年（367）："代王什翼犍击刘卫辰。（黄）河冰未合。什翼犍命以苇絙约流澌，俄而冰合。"注："自代击朔方西渡大河，其津曰君子津，然犹未坚，乃散苇其上，冰草相合，有如浮梁，代兵乘之以渡。"君子津浮桥位置见黄河浮桥图。

《通鉴·唐纪三十三》载玄宗天宝十四载（755）："丁亥·安禄山自（黄河）灵昌津渡河，以絙约败船及草木，横绝河流。一夕，冰合如浮梁，遂陷灵昌郡。"这又是一座草

---

① 云南公路交通史·第1册，国际文化出版公司，1989。

② 《古今游记丛抄》卷二，上海中华书局，1924年，第43页。

冰浮桥。

（七）筏、桄浮桥

用现成的竹木，不用加工，捆缚成排筏，架设浮桥，只要材料方便，自然简捷而成。四川、浙江、湖南等省多竹，所以历来多有竹筏浮桥。如四川夹江浮桥（图 7-5），用竹索系定顺河并列的密排竹竿，上铺走行木板，便成浮桥。浙江安吉梅溪用竹札成整齐的竹筏架设浮桥（图 7-6）。

图 7-5　四川夹江浮桥

图 7-6　浙江安吉梅溪竹筏浮桥

清·王昶《雅州道中小记》说:“距雅州府治四里,闻水声潺潺然,盖邛水也。编竹为筏浮水面,筏相接处以木互之。维绋缅(大绳)加篾席五重焉。行篾上,水汪汪然出马蹄下。竹间疏以通水,而履之若康壮,法至善也。”① 湖南《平江县志》录《南浮桥记》:“甃石岸,立石柱,市巨竹编以为筏者三千二百根。易大木架以为梁者二百五十根。又必极四尺(约1.3米)之厚,联三十五厢之多。每厢横长一丈四尺(约4.5米),阔七尺(约2.2米),上各垫以板,而旁缭以栏干、铁索,并维以石柱、铁锚以贯铁索。”这是一座比较正规的竹浮桥。

《四川通志》载温江县有竹桥。唐·杜甫诗:“伐竹为桥结构同,褰裳不涉往来通,天寒白鹤归华表,日落青龙见水中。顾我老非题柱客,知君才有济川功。合观却笑千年事,驱石何时到海东。”② 唐、皮日休《河桥赋》形容浮桥有:“其状也若龙横水心”。故杜诗可指似是竹浮桥。

规模最大,用竹最多,首推宋·陆游所建四川乐山浮桥。《乐山悬志》记陆游《十月一日浮桥成,以故事宴客凌云》诗③。称宋孝宗乾道九年(1173)初冬,摄理嘉州事陆游在今迎春门码头一带,跨岷江,用数万根竹子造浮桥抵彼岸的凌云山。

《陆游全集》载诗:“阴风吹雨白昼昏,谁扫云雾升朝暾,三江(岷江、青衣江、大渡河)水缩献洲渚,九顶(凌云山)秀色欲塞门。西山下竹十万个(夸饰),江面便可驰车辕。巷无居人(万人空巷)亦何怪,释耒来看空山村。竹枝(词名)宛转秋猿苦,桑落(酒名)潋滟春泉浑。众宾共醉忘烛跋,一径却下缘云根。走沙人语若潮巷,争桥炬火如繁星。肩舆睡兀到东郭,空有醉墨留衫痕。十年万事俱变灭,点检自觉惟身存。寒灯夜永照耿耿,卧赋长句招羁魂。”

不以竹而用木编栰,其规模最大者乃太平天国于清·咸丰二年(1852)在武汉,从汉阳晴川阁搭至武昌汉阳门的浮桥,事详“长江上浮桥”一节中。

二 各种浮桥构造

唐·张仲素的《河桥竹索赋》是一篇难得的形容浮桥构造的好文章。赋曰:“大川不测以设险,浮桥架回以通达,利乎济也。或溢解乎难也无私。以虚舟而易荡,属激箭以相推。吾见其梁木斯坏,安得称大道甚夷?肇彼谋者,莫知其谁。于是辫修笮,曳长縻,俾可久以为虑,将制动而咸资。且夫原始要终,授材度费,征十围之巨,收千古之贵。费非难得,用之不既。易危成安,斯之所谓。凭远岸,亘长河,将好劲以横截,或守柔而旁罗。每自直以应用,恒守节而居多。槛槛之势,舳舻之广,因大索以横流,俾群材之攸仰,皆恃此以绾系,故不忧于板荡。徒谓其劲坦为质,连延不一。或指远岸以孤引,或自中滩而对出。苟易志而殊途,亦有劳而共逸。纵奔澌激射,浮湍迅疾,骇声腾雷,惊波凑日。虽前后之鼓怒(前有拥水,后有旋涡),终上下而骈比。……况桥因索而袭固,索以桥而用长,力虽参与索铁,系或固于苞桑。恢益下(《易·益》:‘利涉大

① 《古今游记丛抄》卷三十,上海中华书局,1924年,第61页。
② 《四川通志》卷三十一。
③ 唐受潘修、谢世瑄等纂,《乐山县志》,民国二十三年(1934)铅印本。

川’彖曰：‘益，损上益下’）之极致，信为物之纪纲。彼鼋鼍虚构于溟海（非虚构），乌鹊徒架于天潢（是神话）。惟众人之攸利，盖有助于连航。……”

浮桥是以连航（连成方舟）的舳舻，绾系在长的竹索“修笮”或“索铁”之上，索又牢固地系于岸边桩上。“苞桑”乃用《易·否》：“其亡其亡，系于苞桑”的典故。

浮桥系索，在竹、铁之外，也用过艾苇，或野葛草茅。《通鉴编遗录》记唐昭宗乾宁“四年（897）正月巳卯，朱瑄兵少粮尽，不敢出战，然深沟高垒，难越也。从周师占，乃取清河内上船，采野葛草茅，索之以为巨缆，乃于其墙南（郓州）造浮桥。丙申，功就，我师渡桥，朱瑄奔遁。”

浮桥或劲、直横截，或柔以旁罗，或一座浮桥“指远岸而孤引”或两座浮桥“自中滩而对出”。船、索、锚碇、各起作用、构成了单或双，直或曲的浮桥。

（一）曲浮桥

曲浮桥是完全靠系于两岸，横截在河道上的索，以挂舟节的浮桥，受“奔澌”“浮湍”的冲击，自然向下游弯曲，成为曲浮桥（图 7-7）。

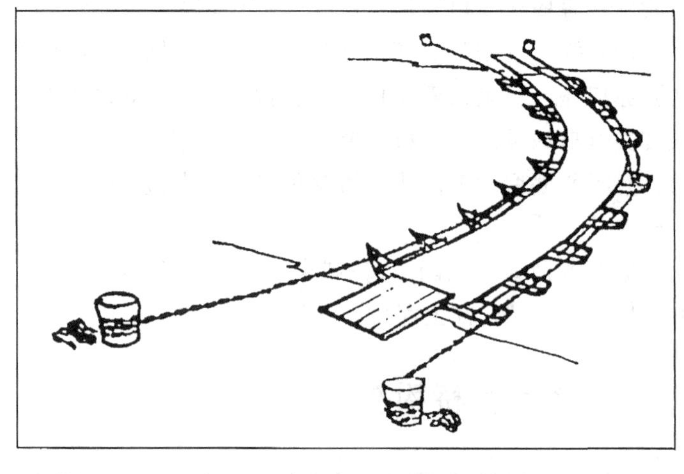

图 7-7　“远岸孤引”单孔曲浮桥

曲浮桥完全靠主索维系，每一船节，不用矴、碇或锚单独锚定于河底，这对于河水较深，河床底不稳定，时淤时冲的河道比较合适。

由于曲浮桥索的两端在安装时稳定地系在两岸桩柱之上，具有固定的索长。当水涨水落，流急流缓时，桥形高低，“上下骈比”。主流偏移，则平面线形和桥的曲率也有变化。所以施挂在索上方舟或航节之间的桥面板是活搁的关节板，便于自行随车马过桥，波浪起伏、流向偏移时相对活动。季节性涨落的河流，若高低变化较大，可用加减船只航节，加减两端跳板长度和跳板下高低马凳的方法来调整。

索长不变，曲率固定，索张力便随水流的缓急而减增，这就是所谓“桥因索而袭固，索以桥而用长。”正因水流的力量包括流冰及漂流物的冲击都传到索，一定数量、粗细和强度的索，只能架设一定跨长的浮桥。

索先使用竹篾索，后用铁链。黄河上绝大多数的浮桥是曲浮桥。其最大跨是“指远岸而孤引”的滑州浮桥，跨长到 600 米左右（浅水时系桥），而著名的“自中滩而对出”的蒲津铁链浮桥，跨长约 360 米，可通过急水流冰。

曲浮桥自中滩对出，一河两派，两座浮桥成曲（屈）而且抱的形势。黄河上有蒲津、河阳浮桥（图 7-8）等。宁可以两座相对短的曲浮桥，代替一座桥跨太长，对索、锚都要求过高的大跨浮桥。大伾山浮桥就是取代易坏的滑州浮桥。

图 7-8　“中滩对出”双孔曲浮桥

曲浮桥的索力全部传到两岸的锚定。锚定力的大小、锚柱尺寸、数量、重量、埋入深度都和桥跨、船只数量、吃水深度、水流及流冰流速、风速等有关。因此，从简单的石柱（图 7-9，10）、铁柱（图 7-11），以至蒲津浮桥数万斤重的铁牛铁柱（图 7-13）规模各不相同。

图 7-9　下津浮桥石锚柱

图 7-10　龙津浮桥石锚柱

1. 甘肃临洮永宁浮桥

甘肃临洮永宁浮桥位当洮水入黄河刘家峡的上游。《甘肃新通志》载明·胡缵宗《重修永宁浮桥记》对建造曲浮桥所宜注意各点甚详，记曰："是桥创于宋，赐名永通，修于国初，更名永宁。洮自西倾至郡，数百里矣，其水迅而深，其渡回而渊（可见船只抛锚不易）。非舟不可以为梁，而柱以维舟，缆以引舟，梁以达舟者咸视舟以为准。……是桥易激而难建也……审度之曰：（桥面板）非厚何载？（系缆与柱）非重曷乘？（船）非坚曷固？（柱埋入）非深曷力？……谓舟人曰，舟必固，弗固勿造；谓冶人曰，柱必重，非重弗铲；谓炉人曰，缆必致，非致弗贯；谓梓人曰，渠必力，非力弗布，而费罔计也（不惜工本，莫贪小失大）。……乃造舟十有二，柱四，缆二十四，梁三十有六。"总之，虽是浮桥，亦不可等闲视之。清·程鹏远《重修河堤桥缆记》说："浮桥也而浮视之，尚克永年者几希？"（图 7-14）

图 7-11　黄河镇远浮桥铁柱（明）

图 7-13　唐·黄河蒲津浮桥铁柱

图 7-12　重竖镇远桥将军柱记

图 7-14　甘肃临洮永宁浮桥

2. 浙江黄岩利涉浮桥

桥在黄岩县城旁，俗称大树下浮桥，横跨澄江。建于宋·嘉定四年（1211）。浮桥长 100 丈（约 310 米），桥宽 3 丈（约 10 米）。共用舟 40，铁缆 9000 余斤。南宋·叶适《利涉桥记》称：“奔波争舟，倾覆蹴踏之患免，而井屋之富，廛肆烟火，与桥相望不绝，甚可壮也。”[1] 曲浮桥的实例亦不胜枚举。

（二）直浮桥

船舶停靠，或系于桩柱，或抛锚碇。

《诗·采菽》有：“汎汎扬舟，绋缅维之。”绋、䌔也。郭璞注：“䌔，索也。戾竹为大索。”缅通缡，绥也。郭璞注：“绥，系也。”就是说用竹索来系船。每船都用索矴系住便成直浮桥。

《通鉴·汉纪五十七》载建安十三年（208）“（孙）权西击黄祖。祖横两蒙动（狭长的船）挟守沔口，以栟闾（棕榈）大绁（长绳）系石为矴（通碇）。”矴是镇舟石，有各种不同形式的矴石，或穿孔或不穿孔，用竹、棕、麻荨绳穿或缚住，抛入水中以定船。

浮桥系大航长期停留在河中，需要更有力的锚碇，乃有石鳖。

《晋书·陆机传》载，陆机奉成都王颖，将兵讨长沙王义：“列军自朝歌至于河桥。鼓声闻数百里，汉魏以来出师之盛未尝有也。长沙王义奉天子与机战于鹿宛，机军大败。”《晋书·成都王颖传》亦记：“以平原内史陆机为前锋都督前将军，假节。颖次朝歌……进军屯河南，阻清水为垒，皆造浮桥以通河北，以大木桶盛石沉之以系桥，名曰石鳖。”时在太安二年（303）。

明初宋国公冯胜所造的兰州镇远浮桥，直到清代，仍用石鳖锚定船只。

《甘肃通志》记兰州镇远桥：“每春冰泮时，搭桥需人数百，或在岸或在舟，或乘皮筏。巨绳系舟，从上流缓放。舟系大筐四五，盛以石。俟舟至洽好处，则掷筐于水。舟稍定，即绳缆交加，一一牵缀而桥成。压以铁缆、舟随水高下。夏秋盛涨时，经理失宜，仍虞冲散。”

南方河流流速不大，船只的锚定力也不大，因此不用石鳖，仅用矴、杙。

《浙江通志》等记浙江宁波灵桥（老江桥）：“唐·长庆三年（823）刺史应彪置。凡十六舟，互板其上，长五十五丈（约 170 米），阔一丈四尺（约 4.3 米）。……元、至元二十八年（1291）廉访付使陈祥造船十有四，始冶铁联贯为巨缆。元至正二十年（1360），江浙省平章方谷珍再造灵桥，仿台郡中津桥制，每舟以二为隅，肩连栉比，合为一扶，中实以材。凡为舟一十有八，共扶偶者九。铁绳贯串，纽组岸浒，篾缆相维，杙楗江底。”[2] 船只就系在打在江底的小桩上（图 7-15）。

江面不阔，船只以斜缆拉到岸边上下游石柜或石柱上，极似平放着的斜拉桥（图 7-16）。

《浙江通志》记悦济浮桥。洪武初重建时：“旁溪置石柜五，以木为阑，下石实其中以系绋，防其顺而下曲。二置下流缀之，备其逆而上曲。”只有锚在水边才能做到这一点，锚在水中便不可能如此。

严格地说，不可能真正地做到完全笔直。因为河宽之内，水有浅深，锚绳有长短。

---

① 清·嵇曾筠等纂修，《浙江通志》卷三十七，光绪二十五年（1899）重刊，商务图书馆，1934 年影印，第 845 页。

② 清·嵇曾筠等攥修，《浙江通志》卷三十五，清光绪二十五年（1899）重刊，商务印书馆，1934 年印影印，第 823 页。

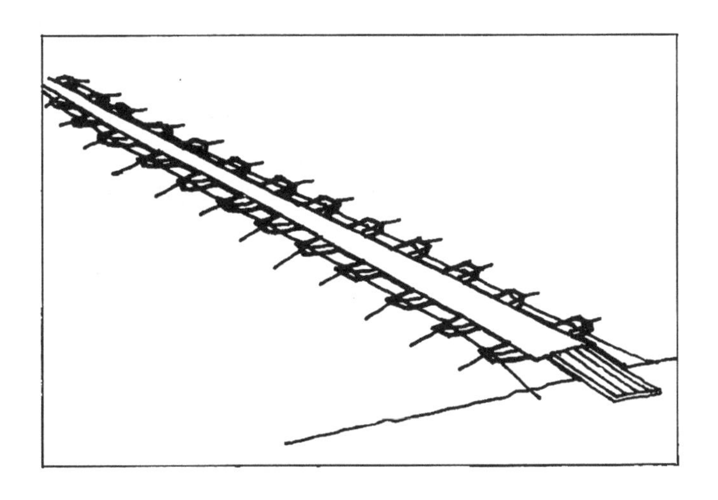

图 7-15　直浮桥（矴于水）

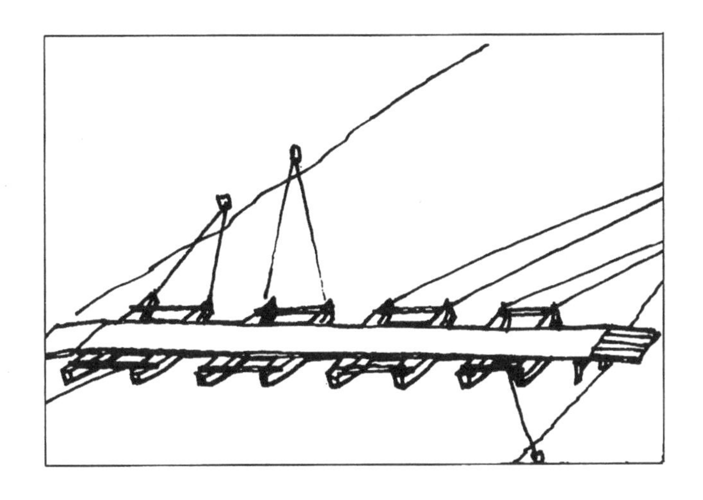

图 7-16　直浮桥（矴于岸）

当水位涨落时，除非不时调整锚绳。在一般锚绳固定长度不变的情况下，水涨时桥往上弯，水落时桥往下弯。这是指中水位时抛锚定为直浮桥。

直浮桥理论上可以任意长。

既然直浮桥每船都有系锚，为什么仍需在舟首和舟尾横联篾索或镇以铁链?

湖南道县济川浮桥，始建于宋，重建于明。清·康熙三十三年（1694）再度建造。以船四十艘，横排江面，上架木梁，覆以长板，两侧以竹缆及铁链连贯之，恃铁链以稳固桥身。《道州州志》记：“嘉庆间春水骤涨，将桥冲荡，沉失铁链一条。岸阔流急，孤力难持，桥每随波上下，步履颠危。幸州绅制复铁链一条，长桥卧波，镇定不摇。”

根据实际经验，船舶锚于流水中，若无边锚，会左右簸荡，产生涡激横向震动。铁链便是稳固桥身之用。若仅舟首或舟尾横向一处联住，根据济川浮桥的经验，仍不能止摆，必得双链才能镇定不摇。因此直浮桥仍不能缺少横拉的铁链和其锚柱。当然，尺寸数量要比曲浮桥小得多了。

直浮桥基本上没有曲率，于是船只可以更多地横联起来，超过方舟，可为三船或更多船一联。

图 7-17　江西上饶信江浮桥

江西醴陵渌江浮桥。据《醴陵县志》载，建于清·同治八年（1869）："由大码头直达状元洲。长十八丈（约 57 米），由洲达南城王家码头，宽二十一丈（约 67 米）。共用船三十有九，三船一联，联十有三，铺以杉板。钉以锚、上下以棹。左右设栏干，横宽一丈（约 3.2 米）。"①

浙江《淳安县志》记青溪浮桥："四舟为维，维有九联。"江西《上高县志》记浮虹桥，有"五舟一梁"。而上饶信江浮桥（图 7-17），浙江兰溪马公滩浮桥（图 7-18）等数十舟为一联，便于整体拆解。这也只有直浮桥才能做到。此时浮桥的矴、锚可以不必每舟都系，可隔舟或隔数舟系锚、亦不必一定系于船头，可系于船侧铁锚链上或横联木上。浙江衢县龙游虎头山浮桥，广西桂林永济浮桥为其实例。

（三）潮汐浮桥

季节性涨落的河流，一年之中水位有变

图 7-18　浙江兰溪马公滩浮桥

① 刘谦纂，《醴陵县志》交通卷，1948 年，第 16 页。

化，浮桥可靠调节船只，拆装码头栈桥跳板、马凳的方法解决。工作量虽大些，因时间较长，尚可应付。南方沿海潮汐河流，一日之中一或两次潮涨潮落，调整浮桥的次数频繁，不胜其苦。于是有适合潮汐浮桥的措施。

宋·苏轼《惠州东新桥》诗道："群鲸贯铁索，背负横空霓，首摇翻雪江，尾插崩云溪。机牙任信（伸）缩，涨落随高低。辘轳卷巨索，青蛟挂长堤。犇舟免狂触，脱筏防撞挤。一桥何足云，谁传广东西……。"[①] 这座浮桥，靠辘轳卷巨索，而有"机牙"可以伸缩，以便逐潮水的涨落而高低。至于机牙如何布置，不得其详。

《林下偶谈》卷三记南宋："金华唐仲友字與正，博学攻文，熟于度数……知台州，大修学。又修贡院，建中津桥，政颇有声……。"[②]

唐仲友自撰《修中津桥记》详记其事曰[③]："郡界括苍天台间，水源二山，东南流，

图 7-19　浙江衢县龙游虎头山浮桥

① 《古今图书集成、考工典》卷三十三桥梁部。

② 宋·吴氏著，《林下隅谈》，王云五主编《丛书集成初编》本，商务印书馆，1937 年。

③ 清·陈梦雷撰，《古今图书集成·考工典》卷三十二桥梁部，清雍正四年刊本，中华书局，1934 年影印，第 48 页。

合于城西十五里，东注于海。城城三津（东、西、中三津渡）其中最要，道出黄岩，引瓯闽。……仲友以淳熙庚子（1180）来守。……问父老，江可桥，未作何故？对以潮汐升降，经营为艰。……乃分官吏，庀工徒，度高下，量广深，立程度，以寸拟丈，创木样（1/100 比例模型）置大池中，节水以桶，效潮进退。观者开喻，然后赋役。始于四月丙辰，成于九月乙亥。”其具体的工程规模和布局是：“筑两堤于皇华亭之东，甃以巨石，贯以坚木，载护以甾。楗中为级，道两旁为郤月形。三其层以杀水势。南堤上流为夹木岸以受水动。堤间百十有五寻（寻八尺宋尺约 0.31 米，计约 285 米）为桥二十有五节。旁翼以栏，载以五十舟。舟置一碇（直浮桥）。桥不及岸十五寻（约 37 米）为六栰，维以柱二十，固以楗。筏随潮与岸低昂。续以版四。锻铁为四锁以固桥。纽竹为缆，凡四十有二。其四以维舟，其八以挟桥，其四以为水备，其二十有六以系栰。系锁以石囷四，系缆以石狮子十有一。石浮图二。缆当道者，植木为架。迁飞仙亭于南岸，迁州之废亭于北岸以为龙王神之祠。为僧舍及守桥巡逻之室二十有一间。南僧舍为僧伽之堂。凡桥、栏、舟、栰之役，五邑共之。黄岩预竹缆之需，余皆属临海。金、木、土石之工二万二千七百。……桥既成，因其地名之曰中津。……方议作桥则疑，中则谤，既成则疑释谤弭而悦继之，是皆常情尔。然虑始之难，未若保之之难。金石至坚，久则刓而泐，况他乎？”这座桥今确已难保，仅存遗址如图 7-20。

图 7-20　浙江临海宋·中津浮桥遗址

中津浮桥的关键之处在栰。桥和岸之间 37 米距离内用木栰、立柱作为栈桥。潮涨时栰浮于水，但又靠柱和篾缆控制住位置。潮落时栰成坡道，各支点搁在两柱之间不同高度的楗上，成为名副其实的栈桥。由于潮水涨落坡道与舟节之间距离的改变，以及浮桥平面上曲率的变化，靠续以板四的跳板来调节。一切自动进行，平日只需维护，不必拆装。根据其叙述，其栈桥部分复原如图 7-21。是否能真实地反映当年情况，甚为难说。特别是其系缆方法不明，系缆石狮成单数，难以分配。

唐仲友以儒者而“熟于度数”，且又风流倜傥。《林下偶谈》卷三，《齐东野语》卷十二，《说郛》卷五十七都记有其与严蕊的韵事。而《二刻拍案惊奇》卷十二，更以小说的形式出现，可资参阅。

浙江宁波东津浮桥（即灵桥）于元·至正二十二年（1362）仿中津浮桥改为潮汐浮桥。明·正统十四年（1449）陆瑜《重造东津浮桥记》记其两端各有一趸船固定于石柱

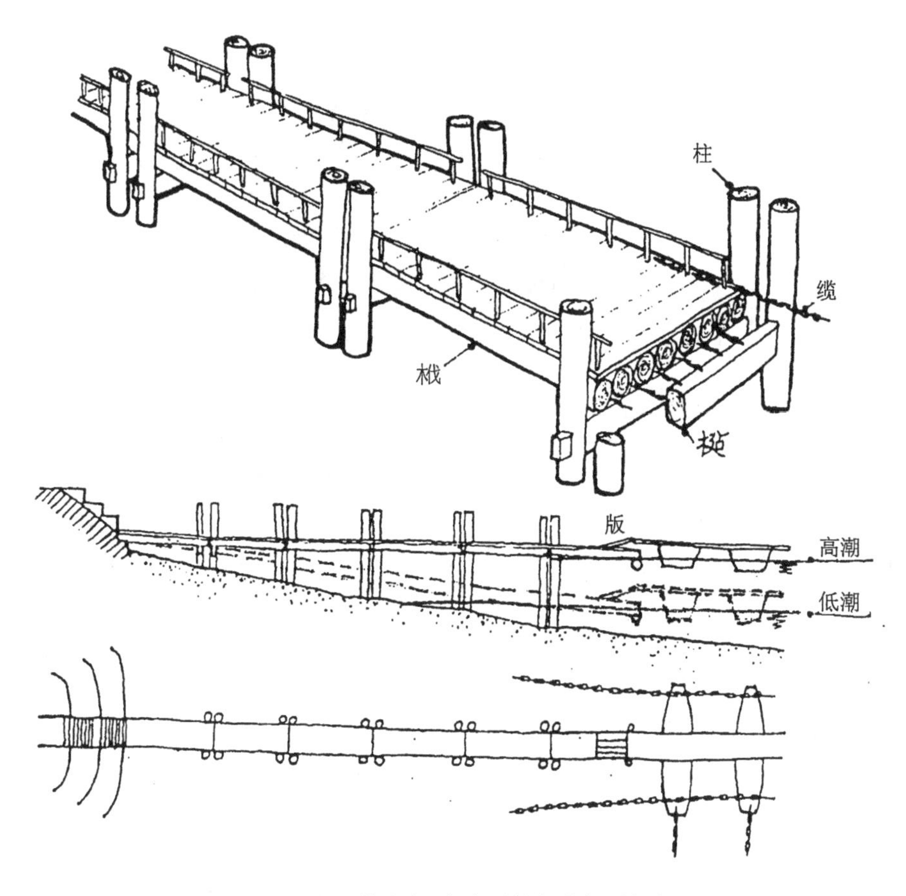

图 7-21　浙江临海宋·中津浮桥部分复原想象图

上。中部十八舟分为九航，每舟用锚固定，以铁链维系全桥。随潮上下，安步通行。石柱趸船及较短的“栈桥”可见浅滩较短、调节比较容易。

（四）通航浮桥

浮桥横截江河，虽然便利了两岸交通，但却阻碍了航道。于是浮桥需能启闭，以便放行船只。

最简单的开启方式是撤板式。《四川通志》记阆中县南津浮桥：“郡城通津南津为往来要渡。两岸旧有铁柱二，秋后水消，以大缆连舟系柱上，名曰浮桥。其舟约用三十六艘，上布木板，可通舆马。其中外皆用木条连环扣搭。遇容舟过，抽板开洞放行。夏初水涨即拆桥，以原船拨渡，修补船只。”① 这是一座曲浮桥，小船在撤了板的船间钻链下而过。这种方式只能放过小船。遇大船需抽撤舟桥船节。

直浮桥因各船节独自抛锚于水中，当河中放船通过时，只需移开一组船节。矮船穿索下而过。有桅高船，亦可在此处设索（链）活节，解索通行。

《通鉴·梁纪十七》记梁武帝太清二年（548）侯景反于金陵：“景至朱雀桁南……

① 《四川通志》卷三十一，第 48 页。

图 7-22　浙江萧山临浦浮桥（撤节通航）

（昭明）太子以东宫学士庾信守朱雀门，帅宫中文武三千，余人营（朱雀）桁北。太子命开大桁以挫其锋……。俄而景至，信帅众开桁，始除一舶，见景军皆铁面……遂弃军走……南塘游军复闭桁渡景。”

《浙江通志》记明，正统十四年（1449）的宁波老江桥是方舟船节，其铁链便是“钩圈中绾备开合”的活节。

直浮桥可以如此，曲浮桥只能撤节，不能解链，高船便不能过。当采用其他方法。

《宋会要》记大中祥符八年（1015）“六月，河西军节度使知河阳石普言。陕府（大阳浮桥）澶州浮桥每有网船往来，逐便拆桥放过，甚有阻滞。今造到小样脚船八只。若逐处有岸，即将高脚船从岸铺使，渐次将低脚船排使。如无岸处，即两边用低桥脚以次铺排，中间使高脚船八只作虹桥。其过往舟船，于水深洪内透放，并具样进呈。”其布置如图 7-23。仁宗天圣六年（1028）：“诏澶州浮桥计使脚船四十九只。并于秦陇同州出产松材，磁、相州出铁钉石灰，采取应付，就本州打造。”

河阳和澶州浮桥都是曲浮桥，采用高脚船的方式可予通航。这一遗制仍在浙江可以看到实例。

“逐处有岸”的通航浮桥如浙江丽水济川浮桥，即平政桥。桥在丽水括苍门外，跨瓯江大溪。宋·乾道四年（1168），范成大任内所建。原用船 72 只。明·洪武，清雍正重建。李卫《重建济川桥碑记》：“溪宽八十一丈（约 267 米），船四十八只，每只阔七尺（约 2.3 米）长四丈（约 13.2 米）”桥南端有 5 米高的脚船木架、净跨 11 米以作通航孔。

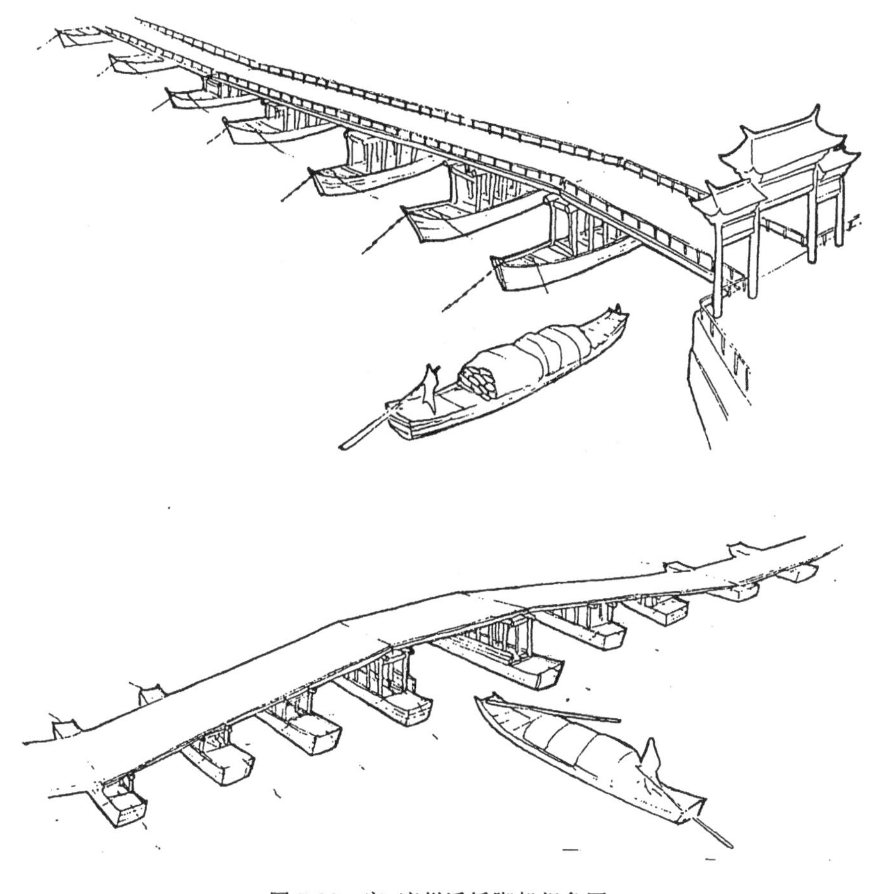

图 7-23 宋·澶州浮桥脚船想象图
上“逐处有岸” 下“水深洪内透放”

浙江黄岩利涉浮桥是曲浮桥，浮桥中部使用两只高脚船。桥面高差用梯道解决。系桥铁链亦架高通过（图 7-24)。如按澶州浮桥，高脚船八只，可得三孔通航，两边再用低脚船以次铺排、成为坡道，一似虹桥。

高脚船自然也可用于直浮桥，如图 7-25，26 浙江临海后期的中津浮桥。

通航高脚船的布局随航道位置安置，即所谓在“水深洪内透放”，且可随航道的改变而解组重系，水陆无碍，随意改装，设计可称良善。

（五）组合浮桥

广东潮州广济桥又名济川桥，俗称湘子桥，是一座石墩石梁和浮桥组合的桥梁。桥跨韩江。江以唐·韩愈于元和十四年（819）为谏迎佛牙而贬潮，及其侄——传说中八仙之一的韩湘子而著名。潮人怀念之深，所以“山川草木皆号曰韩”。

《永乐大典》卷 5343 记南宋：“乾道七年（1171)，太守曾公（名汪）乃造舟为梁八十有六只，以接江之东西岸，且峙石洲于中，以绳其势、根其址，凡三越月而就，名曰康济桥。”曾汪《康济桥记》记：“江面一千八百尺（约 560 米)。中蟠石洲（石岛）广五十尺（约 16 米）而长如之，复加锐焉。为舟八十有六。”可见单孔曲浮桥桥跨太大，

图 7-24　浙江黄岩利涉浮桥通航孔

图 7-25　浙江临海中津浮桥

采用了人工中间岛，使一河两桥。计桥各长约 270 米，每边用船 43 只，“自中流而对出。”这是广济桥最早的形象。

图 7-26　中津浮桥高脚船

韩江于洪水时流量流速都很大，第四年便遭“断缆漂舟，荡没者半。”一时虽予修复，后继者企图改为固定式的石墩木梁桥。可以图其久远，亦可于桥孔下通航。

根据《三阳志》、《潮州府志》、《海阳县志》等记载，从那时开始，26 年里，到宋·庆元四年（1198），西岸修有五个石墩，名叫丁侯桥。东岸又陆续修了八个石墩，名叫济川桥。这时中墩还在，在中墩左右用浮桥连接丁侯和济川桥。又八年之后，至宋·开禧开年（1206），东岸济川桥和中墩之间增加了五个桥墩，消除了东边一孔浮桥，成为东西两石桥和中间一段浮桥的组合浮桥（图 7-27）。

悠悠 176 个春秋，由宋入元，由元入明。至明·宣德十年（1435），桥梁经受了不断地破坏和修复，达到其统一和鼎盛的时期。所谓统一，全桥改为一个名称，叫广济桥，所谓鼎盛，乃是全桥包括有西 10 墩 9 洞，东 13 墩 12 洞，中部用铁链维系 24 只浮船成浮桥。每个墩上都有桥亭或桥楼，连桥头共计 24 处。共高楼 12，亭屋 126 间，式样互不相同，各各锡以嘉名，规模宏大，已属空前。

明·正德八年（1513）增加一座石墩，减去六舟，成为“垒洲廿四水西东，十八红船铁索中”的“十八梭船廿四洲”的局面。船形如织梭，故称梭船，墩身庞大如石岛，故称为洲。中间一段再也没有修桥墩，实因水深流急，古代技术有所不及。明·宣德十年（1435），姚友直《广济桥记》称：“中流湍激，不可为墩。”可见当年是不能也，非不为也。两边石梁桥面在高水位以上，故与浮桥相接的石洲，一侧各有踏步和浮桥桥面相连。

鼎盛时的湘子桥，除了韩江两岸金山、笔架山、葫芦山风景特佳外，还有那些石洲

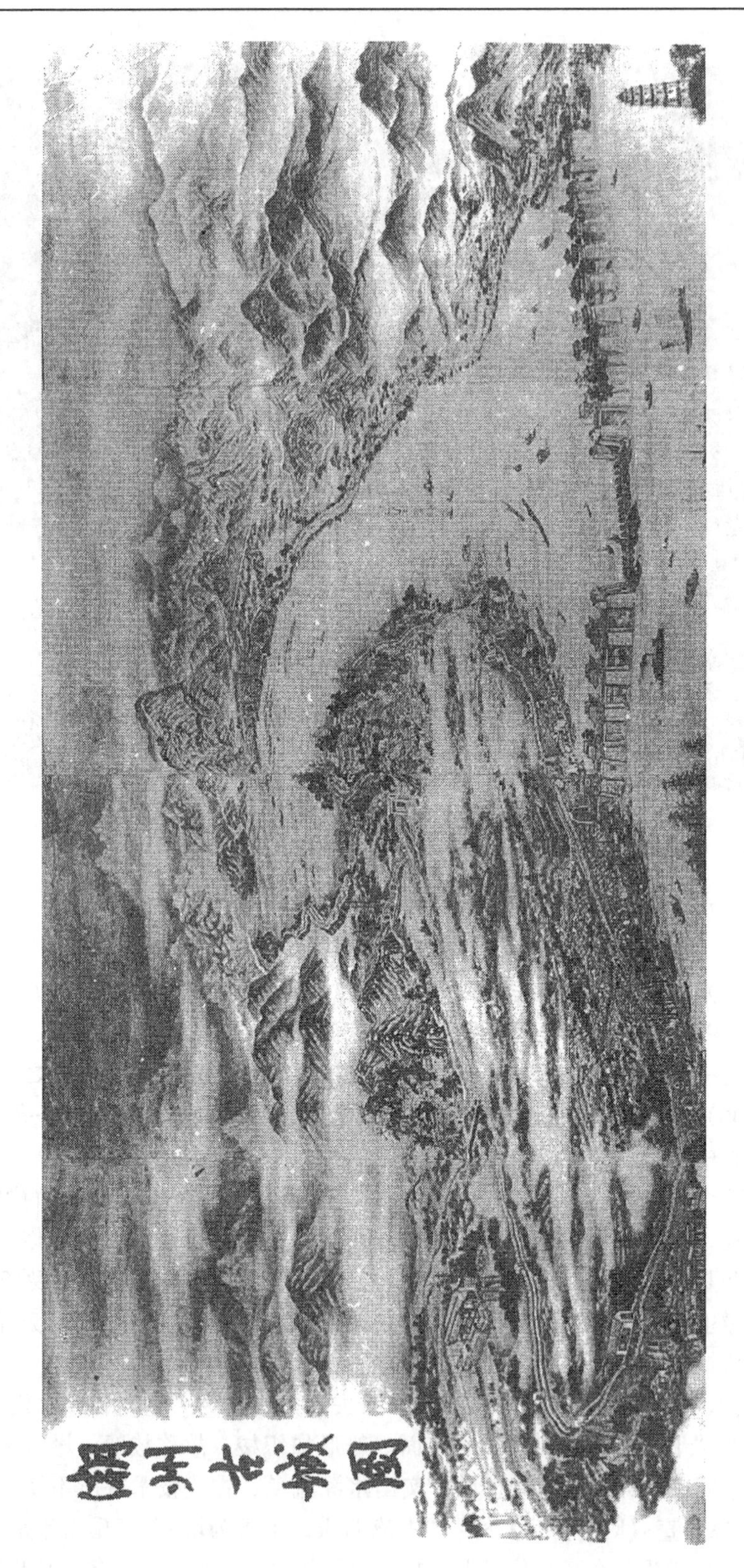

图 7-27　广东潮州古城图（清代湘子桥）

上各式不同的桥屋。明·李龄《广济桥赋》用《阿房宫赋》、《岳阳楼记》的笔触，极夸饰之能事，写道："五丈一楼，十丈一阁，华棁彤橑，雕榜金桷；曲栏斜槛，丹漆涂垩。鳞瓦参差，檐牙高啄。……子徒知夫江南雄观，在于吾潮，而不知夫吾潮胜状，在于广济一桥。"清·张心泰所著《粤游小志》亦说："桥上贸易极伙，俗云'到潮不到桥、空到潮州走一遭'。"[①] 潮州擅长木、砖、石雕刻集中地装饰于桥上。

檀萃《粤囊》称桥上："列肆盈焉，下横长木，晨夕两开，以通舟楫，盖榷场也。"榷本意为独木桥，"榷场"指桥头或桥下收专卖税的市场。清·邱逢甲《广济桥诗》自注："潮、嘉、汀、赣、宁食盐，皆由桥分运，故曰广济桥盐。"原来此处为征盐税的榷场。

船过桥下，大船木栰通过时，解开浮桥放行。浮桥一拦，小船可经九个石桥孔通航。每孔都有吊栅"下横长木，晨夕两开。"现存潮州的清代大幅壁画广济桥（图 7-28，见插页）上可看得十分清楚。

清·曾廷兰《晚过湘子桥诗》道："韩江江水水流东，莫讶扬州景不同。吹角城头新月白，卖鱼市上晚灯红。猜拳蛋艇犹呼酒，挂席盐船临驶风。二十四桥凝目处，往来人在画图中。"以潮州盐场和扬州盐场繁华景色相比，实为贴切。

这座桥屡经水、火、地震的灾害，且河床日淤。明·崇祯十一年（1638）"桥上大火，百年楼阁，一时俱尽。"虽经部分修复。清·顺治十年（1653）又遭火灾，今日桥墩上已无桥屋。1918 年一次大地震，个别桥墩开裂，并向东倾斜。

图 7-29 为广济桥现状。正拆舟节以进钻探船。钻孔探明后在浮桥段改为三孔钢桁梁，加固桥墩，加高桥梁，建钢筋混凝土梁桥（图 7-30）以通汽车。故桥已面目全非。

图 7-29 潮州广济桥现状

① 清·王锡祺辑，《小方壶齐兴地丛抄》第九帙，册四，清光绪十七年（1891），上海著易堂排印木，第 4 页。

图 7-30　广济桥石洲

潮州城市发展，在湘子桥上下游较远处建成近代公路桥。1989 年湘子桥列为国家重点文物保护单位，拟予以复原。但今河道淤高，洪水位更高，航运频繁。桥上虽可不通汽车，但仍有必要保留非机动车的通行。欲维持“原”样已不太可能，复“原”方案，颇费周章。图 7-31 是原桥模型。

图 7-31　原湘子桥模型
（存潮州城门楼）

（六）崖山浮桥城

宋末，还有一座非常特殊的浮（桥）城，在广东潮州崖山。

《续通鉴·元纪二》记至元十六年，即南宋祥兴二年（1279），元将张宏范追宋幼主到崖山，“（张世杰）结大舶千余，伦一字阵，碇海中，中舻外舳，贯以大索。四周起楼栅，如城堞，奉宋主居其间，为死计，人皆危之。……宏范乃舟载茅茨，沃以膏脂，乘风纵火焚之。世杰战舰皆涂泥，缚长木以拒火，舟不热，宏范无如之何！”后来宏范采取四面夹攻，乘潮冲击的战术。“潮退水南泻，从北面顺流冲击。……日中潮长，南面军复乘流进攻。”战至南军矢尽乃夺其舟舰，陆秀夫负九岁幼主赴海死。作者曾至潮崖山临海一观。兴亡旧事，民也何堪。

第三节　黄河上浮桥

浮桥大小咸宜。中国的长江黄河，宽广流长，古代不能修固定式桥，却多浮桥。

一　黄河概述

黄河发源地，经1978年反复考察，明确在青海巴颜喀拉山一脉，各姿各雅山的卡日曲，流入星宿海。黄河自青海流经高原峡谷，到内蒙括克托县河口镇以上为上游，水流较清。自河口至河南孟津为中游，穿行黄土高原，含泥沙量较大，水色浑黄。孟津以下为下游，流入华北平原，水面辽阔，水流较缓，泥沙淤积，两岸筑堤约水，河床高出地面。越淤越高，成为地上河，以致屡经摆动，入海口的位置常有变迁。下游者称害河。

黄河上游河曲一带是羌、藏、汉族杂居的地方，战争和和平之际，都是渡河往来。兰州金城关一段，是通往河西走廊的要道，丝绸之路主要过河之处。陕西和山西相接的黄河段上，北段有河套，南段是中华民族的发祥地，秦晋幽燕的通路，有著名的关渡。河南洛阳乃十二朝古都，四方道程相匀，素有桥渡。郑州以东黄河故道，历楚汉之争，南北朝、五代和金宋之间拉锯战争的地方，演出过不少可歌可泣的故事，也集中有不少浮桥。但是到20世纪初的1900年，黄河上仅见到有兰州一座铁桥！毕竟古代在黄河上曾经有过多少和什么样的桥梁？虽然探究十分困难，经过多方考证，从正·野史记载不完全的统计，多至33个桥址，建造过近百次桥。桥式或为河厉（木伸臂梁）但主要是浮桥（图7-32，见插页）。

二　黄河诸桥

顺流而下，黄河诸桥名称、桥式、年代见表7-1。

表7-1　黄河诸桥名称、桥式年代表

序号	桥　名	桥式	始建年代	序号	桥　名	桥式	始建年代	序号	桥　名	桥式	始建年代
1	大母桥	河厉	313后 436前		通济桥	浮	清	23	冶坂津桥	浮	423
2	洪济桥	不明	710	11	荷桥	浮	1222	24	孟津浮桥	浮	350
3	骆驼桥	不明	～710	12	乌兰桥	不明	～764	25	富平津浮桥	浮	274
4	逢留河大航	浮	93	13	“索桥”	浮	1567		河阳浮桥	浮	493
	溪哥浮桥	浮	1109	14	北河梁	浮	元前127	26	灵昌津浮桥	浮	755
5	达化桥	不明	850	15	君子津桥	浮	427		石济津浮桥	浮	539
6	河厉	河厉	310-360	16	保德浮桥	浮	1002	27	白马津浮桥	浮	539
	盐泉桥	河厉	738	17	克虎寨浮桥	浮	不详		滑州浮桥	浮	547 1081
	折桥	河厉	1216	18	永和桥	浮	1073	28	大伾山浮桥	浮	1115
7	飞桥	河厉	412	19	夏阳津浮桥	浮	元前541	29	杨村浮桥	浮	919

续表

序号	桥名	桥式	始建年代	序号	桥名	桥式	始建年代	序号	桥名	桥式	始建年代
8	安乡浮桥	浮	1073	20	蒲津浮桥	浮	元前257	30	德胜浮桥	浮	919
9	广武梁	浮	822前		唐·蒲津桥	浮	724	31	澶州浮桥	浮	1004
10	金城关浮桥	浮	～1083	21	洹津浮桥	浮	550	32	杨刘浮桥	浮	924
	镇远桥	浮	1372	22	太阳浮桥	浮	637	33	碻磝津浮桥	浮	445

（一）大母桥

大母桥位于上游河曲，见之于南北朝的记载，是鲜卑族所建。

《魏书·吐谷浑传》载，辽东鲜卑族人吐谷浑，率部族西徙。“上陇，止于枹罕。既甘松南界，昂城龙涸，从洮水西南，极白兰。数千里中，逐水草庐帐而居。”《旧唐书·吐谷浑传》记时在永嘉之末（313）“属晋乱”，始度陇，与当地羌族杂处。传到第九代孙慕璝。北魏太武帝“太延二年（436）慕璝死，弟慕利延立。……慕利延兄子纬代，惧慕利延害己……慕利延觉而杀之。……纬代弟叱力延等八人请兵。……世祖诏晋王伏罗率诸将讨之，军至大母桥。”

《魏书·晋王伏罗传》记伏罗：“遂间道行至大母桥。慕利延众警奔白兰（今青海都兰），北魏为吐谷浑城。”

大母桥的具体建桥时间应在公元313年之后，436年之前。具体地点，刘秉德[①]认为在唐代的大莫门城外。他说：“窃以为大莫门城就筑在大母桥头，是距今同德巴沟和兴海曲什安河相对入黄河，有地名大米（漠）滩不远处。”然而他所说与《中国历史地图集·第五册》标示不合。

欧华国[②]则认为大约在公元454年（时间上有误，见前）“吐谷浑人在今龙羊峡一带又修建了第二座河厉桥，谓之大母桥。”龙羊峡一带宜为龙羊峡上游。吐谷浑造大母桥，后吐蕃得其地，筑大漠门城。《历史地图集》绘城在龙羊峡上游曲沟附近。桥式并不十分明确，估计为河厉的可能性较大。这是黄河上游第一个桥址。

（二）洪济桥

洪济桥名始见于唐。

今海南藏族自治州和黄南藏族自治州一带古称黄河九曲，简称河曲。自东晋以来为羌和吐谷浑居住地。隋文帝时，和吐谷浑和亲。隋炀帝时，掩有其地。大业末，隋乱，又归吐谷浑。事见《隋书·吐谷浑传》。

唐时，藏族向北、东推进。《新唐书·吐谷浑传》：“吐谷浑自晋永嘉（307～313）时有国、至龙朔三年（663）吐蕃取其地。”此时，河曲仍属于唐。唐、蕃在此以黄河为界。继唐·贞观十五年（641）唐太宗以宗女文成公主嫁西藏赞普·弃宗弄赞。永隆元年（680）文成公主死。《新唐书·吐蕃传》载，中宗景龙三年（709），赞普“祖母可敦又请婚”，帝嫁以金城公主，命左饶卫大将军杨矩送公主至吐蕃。《通鉴·唐纪二十六》载睿宗景云元年（710）“吐蕃赂鄯州都督杨矩，请河西九曲之地以为公主汤沐邑，矩奏与

① 刘秉德，唐代黄河上五桥考。

② 欧华国，青海桥梁话古。

之。”胡三省注：“九曲者去积石军三百里（《新唐书》为二百里），水甘草长，宜畜牧，盖即汉大小榆谷之地。吐蕃置洪济、大漠门城以守之。”《新唐书》记唐玄宗开元二年（714），吐蕃要求正式划定边界：“请载盟文定境于河源”。然而却一面“寇临洮，入攻兰渭，掠监马。”玄宗命薛纳、王晙等攻败之。宰相姚崇建议：“吐蕃本以河为境。以公主故，乃桥河筑城，置独山九曲二军，距积石二百里。今既负约，请毁桥复守河如约。诏可。”可见洪济城在黄河边，河上有洪济桥，乃公元710年所筑。

洪济桥的具体位置有三种记载。

《元和志》记：“金天军在积石军西南一百四十里，洪济桥。”

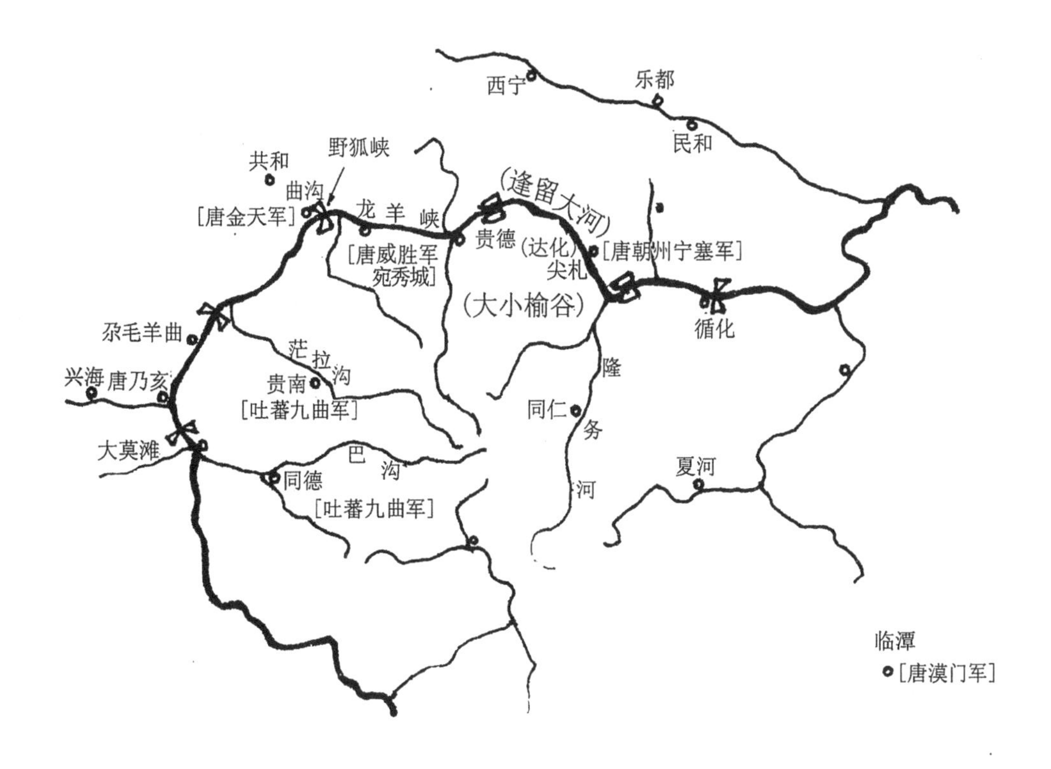

图7-33 黄河九曲附近桥渡图

《新唐书·地理志》廓州：“县三，西有宁边军，本宁塞军。西八十里宛秀城，有威胜军。西南百四十里洪济桥，有金天军。”

《通鉴·唐纪三十一》天宝二年（743）“丁亥，皇甫唯明引军出西平，击吐蕃，行千余里，攻洪济城破之。”杜佑曰：“廓州达化县有洪济镇。周武帝逐吐谷浑所筑，在县西二百七十里。”

今人刘秉德认为：“在今兴海县尕马羊曲近代黄河桥下游。”“自贵德河阴镇西南行三百里即是洪济桥的位置。具体一点是在野狐峡口拉干村。拉干即渡口之意。”根据《中国历史地图集》第五册，吐蕃，其独山军在今同德，九曲军在今贵南。疑独山军筑大母门城，九曲军筑洪济城，则刘秉德的意见可能比较正确。

洪济桥的桥式始终未找到记载，亦疑是河厉。

唐·长庆二年（822），刘元鼎出使吐蕃，曾经过洪济桥。《旧唐书·吐蕃传》记黄河上流，在洪济桥西南二千里，其水极为浅狭。春可揭涉，秋夏则以船渡。公元714年毁桥，后来哥舒翰又收复河曲，可见洪济桥后来又经重建。

（三）骆驼桥

骆驼桥亦写作骆驰桥、橐他桥。

《旧唐书·吐蕃传》载，唐·开元十六年（728）秋："陇右节度使鄯州都督张忠亮引兵至青海西南渴波谷（即今共和县塘格木）与吐蕃接战，大破之。俄而积石·莫门两军兵马总至，与忠亮合势，追讨破其大莫门城。……又焚其骆驰桥而还。"《新唐书》所记类同。

骆驼桥都和大莫门城合提。吐谷浑于公元436年前在大母滩造大母桥。吐蕃于公元710年得之，在其地造大漠门城，而其桥则为骆驰桥。日本佐藤长认为骆驼桥是洪济桥的前身，似为不妥。骆驼桥可能乃大母桥的后身。

在今共和县龙羊峡口有座古代桥梁遗址。1938年靳玄《西北论衡》记："遗址尚存，垒石为基，异常坚固。残存的铁桩也能看到。石壁上还有雕刻文字。……黄河经其下，两岸山坡之上各有一城，互相紧接，形势极险。"青海省考古研究所疑河北为大莫门城，河南为洪济城。

刘秉德意见："龙羊峡口正是莫贺川即沙沟入黄河处，这里的城应是宛秀城，即宛秀军或威胜军所在地。大莫门城和洪济城都不在此。"可是却认为这一"桥位是骆驼桥遗址最为合适"，未知所据。

《新唐书·地理志》："廓州郡下本浇河郡……西边有宁边军，本宁塞军。西八十里，宛秀城，有威胜军。西南百四十里，洪济桥，有金天军。"河南城是宛秀城是正确的。

河北之城，《中国历史地图集》第五册标为隋唐的树墩城。现龙羊峡水库建成后，曲沟等地均已没入库区。

骆驼桥的桥式不明。

（四）逢留河大航、溪哥浮桥

《水经注·河水》记："河水又东径允川而历大榆、小榆谷北。羌·迷唐·钟存所居也。"

汉代时，烧当羌族聚居在此段黄河南北一带。《后汉书·西羌传》和《通鉴》记章帝元和三年（86）："烧当羌迷唐与弟号吾及诸宗反……迷吾退居河北归义城"河北就是这段称为逢留大河的黄河的北岸。汉时在今贵德附近河北建有归义城。明年，陇西太守张纡在临羌（今湟源附近）诱杀迷吾。"迷吾子迷唐……据大小榆谷以叛。"即迁至河南。又明年"公卿举张掖太守邓训代张纡为护羌校尉，掩击迷唐，迷唐离开了大小榆谷。和帝永元元年（98）"春、迷唐欲复归故地"邓训使使任尚"缝革为船，置于箄上以渡河，掩击迷唐，大破之……迷唐收其余众，西徙千余里。"用皮船过河就在这一带地方。永元四年（92）邓训死后，"蜀郡太守聂尚代训为护羌校尉，……使招呼迷唐，还居大小榆谷。"永元五年"贯友代聂尚为护羌校尉，攻迷唐，收麦数万斛，遂夹逢留大河筑城坞。作大航、造浮桥。"其后汉与迷唐时有战和。永元十年（或说十二年），"诏听还大小榆谷。迷唐以汉造河桥，兵来无常，故地不可复居。”

这座浮桥自公元93年起便存在，一直维持到何时难以查证。可是到宋代又和羌族发生战和关系，有造桥的记录。

《宋史·刘仲武传》：“童贯招桥羌（羌而以桥名可见其善修桥，或居桥边）王子臧征仆哥，收积石军，邀仲武计事。仲武曰，王师入羌，必降而退伏巢穴，可乘其便。但河桥功大非仓卒可成，缓急要预办耳。若禀命待报，虑失事机（《宋史》记此时童贯在今兰州，刘仲武在今西宁）。贯许以便宜。仆哥果约降而索一子为质。仲武即遣子锡往。河桥亦成，仲武师渡河，挈与归。”《宋史·地理志》“积石军”（即今贵德）本溪哥城。元符间（1098～1100）为吐蕃溪巴温所据。大观三年（1109）臧征仆哥以城降。”《续通鉴·宋纪九十》把事系于大观二年五月。

（五）达化桥

自天宝安史之乱以后，到唐肃宗宝应二年（763）吐蕃乘乱，已占有嶲、廓、霸、岷、秦、成、渭、兰、河、鄯、洮等州“于是陇右地尽亡”。一度还打入长安，后经郭子仪等逐步收回一些地方。不过河、鄯等诸州，还在吐蕃手中。吐蕃赞普死，其内部亦乱。

《新唐书·吐蕃传》记论恐热为落门川讨击使，自号宰相，以兵击鄯州节度使尚婢婢。然而几次都战败。“大中三年（849）婢婢屯兵河源，闻恐热谋渡河，急击之，为恐热所败。婢婢统锐兵扼桥，亦不胜，焚桥而还。恐热出鸡项岭关，冯峡为梁，攻婢婢至白土岭。”这里谈到了两座桥梁，一座是已经有的，一座是新造的，各在何处？

《通鉴·唐纪六十四》大中三年“二月，吐蕃论恐热军于河州（今临夏一带），尚婢婢军于河源军（今西宁）。婢婢诸将欲击恐热，婢婢曰，‘不可。我军骤胜而轻敌，彼穷困而致死，战必不利’。诸将不从。婢婢知其必败，据河桥以待之，诸将果败。婢婢收余众。焚桥。归鄯州。”战争是在今尖札到循化一带的黄河南岸进行。当年这段黄河上，上游贵德有汉，逢留河大航“河桥”，只是迂迴太远。下游循化有唐·盐泉桥（见下节）。因此，尚婢婢所守所焚估计为盐泉桥。

《通鉴·唐纪六十五》大中四年（850）秋八月：“吐蕃论恐热遣僧莽罗蔺真将兵于鸡项（应为顶）关南造桥，以击尚婢婢，军于白土岭。”

刘秉德考证认为：“鸡顶关似即今拉鸡山乩思关，在今平安古城地区。”又“在化隆查甫南的李家峡中，过黄河即尖札康扬地区，为唐·达化治所。……今古桥遗址仍在，两岸桥头堡清晰可辨。……估计此桥在吐谷浑，至迟唐初即存在……至恐热欲渡军，复又重建桥”因称此桥为达化桥。早期有无此桥，尚无史证，故达化桥暂系于公元850年。

有认为这是一座河厉式桥。可是根据军事要求在很短时间里架成，也可能是浮桥。

（六）河厉、盐泉桥、折桥、通化桥

这是黄河上游比较重要的一个桥址。

1．河厉

《水经注·河水二》引南北朝新亭侯段国《沙州记》记：“吐谷浑于河上作桥，谓之河厉，长一百五十步。两岸累石作基陛，节节相次，大木纵横，更相镇压，两边俱平。

相去三丈，并大材，以板横次之。施钩栏，甚严饰。桥在清水川东也。”[①] 这是一座木伸臂桥，其构造已在木梁桥中详述。

根据诸史《吐谷浑传》，吐谷浑自永嘉年间（308～313）西移陇右。传子吐延，被羌酋姜聪刺死。孙叶延，以吐谷浑为族名。远去保白兰，时约在东晋隆和年间（362年左右）。其间沙州为乞佛（伏）所据。直到其第八代慕瞶，才打败乞佛茂曼回到沙州。桥为吐谷浑（人名）所建，当在公元310至360之间。

桥址在“清水川东”的大河上。刘秉德认为：“今清水河名仍在，在同仁、兰采地区，为同仁贵德界河。清水河入保安大河，即今隆务河。其入黄河处下游即循化古什群峡（地图上为积石峡）。”经青海省交通厅实地调查，这一峡口，形势狭隘，正可修建河厉，并且在很长一段时间里是黄河主要的济渡之处。

2. 盐泉桥

吐谷浑的河厉一直保存多少年，不可考。但《新唐书·吐蕃传》记唐·开元“廿六年(738)（吐蕃）大入河西……鄯州都督杜希望……发鄯州兵夺虏河桥，并筑盐泉城，号镇西军。”《旧唐书》所记略同。盐泉城即今循化地区，可见此桥或则河厉桥址处。时距吐谷浑河厉已近四百年，肯定河厉已为吐蕃重修或重建因唐筑盐泉城，姑名为盐泉桥。白土城在今民和之南。《十三州志》称：“城在大河之北，而为缘河济渡之处”[②] 故公元849年，吐蕃尚婢婢所焚即是此桥。

3. 折桥

《金史·外国传·西夏》记，金·贞祐四年（1216）“获谍人言，宋、夏相结来攻。……夏于末羌城界河起折桥，元帅右都监完颜赛不焚之。”《宋史·地理志》记：“末羌城，崇宁三年王厚收复。东至安乡关七十里，西至大通城界三十八里”，正在循化古什群峡河厉桥址处。其名为折桥是木伸臂梁无疑。

4. 通化桥

民国时在此处建桥名通化，解放战争中被焚毁。

自循化以上黄河桥梁，唐时哥舒翰手下大将王难得曾一次克服五桥。《新唐书·王难得传》：“从哥舒翰击吐蕃至积石。虏吐谷浑王子悉弄参及悉颊藏而还。复收五桥，拔树敦城，进白水军使、收九曲。”此五桥是哪几座？刘秉德考证为大母桥、洪济桥、骆驼桥、达化桥、通化桥。其中达化桥系推测，通化桥实系清代桥名。故后二桥应为逢留河大航和盐泉桥。

（七）飞桥

《水经注·河水二》：“河水又径左南城。……河水又东，径赤岸北，即河夹岸也。《秦州记》曰：‘枹罕有河夹岸，岸广四十丈。义熙中，乞佛（伏）于河上作飞桥。桥高五十丈，三年乃就。’”枹（tiě）罕为今甘肃临夏。东晋时，西秦乞伏炽盘于永康元年（412）迁都于此。

《晋书·载记第二十五》：“炽砻，乾归子……义熙九年（413）讨吐谷浑树洛干于浇

① 《沙州记》，王云五主编《丛书集成初编》本，商务印书馆，1936年。

② 后魏·阚骃撰，清·张澍辑《十三州志》，关中丛书本，陕西通志馆印，第9页。

河。"《水经注疏》董祐诚曰："当在今河州东北，大夏河洮河两口之间。"

岸广40丈（约合120米，桥跨当略小于此），高50丈（约合150米），飞桥如此之高，不可能是浮桥，只能是河厉。现在这段河道已为刘家峡水库所淹。这座飞桥的附近即是炳灵寺石窟。石窟在永靖县西南70里的大寺沟，始建于西秦，造桥估计与此有关。

伊国清等著《甘肃道路交通史话》认为："飞桥在今永靖县炳灵寺姊妹峰上溯黄河五里处。这里黄河入峡，河面极窄，溃卧巨石，是理想桥址。至今河南岸有'栈滩'的地名。水边巨石还刻有'天下第一桥'五个勒石大字。史书记载，此桥屡建屡毁。到北宋元符二年（1099）桥及栈道都毁于西夏李乾顺之手，此后再未重建。明·嘉靖诗人吴调元对此十分伤感，并写诗刻于桥边巨石上。诗曰：'山峰滔浪浪淘沙，两岸青山隔水涯，第一名桥留不住，古碑含恨卧芦花'。"①（图7-34）。

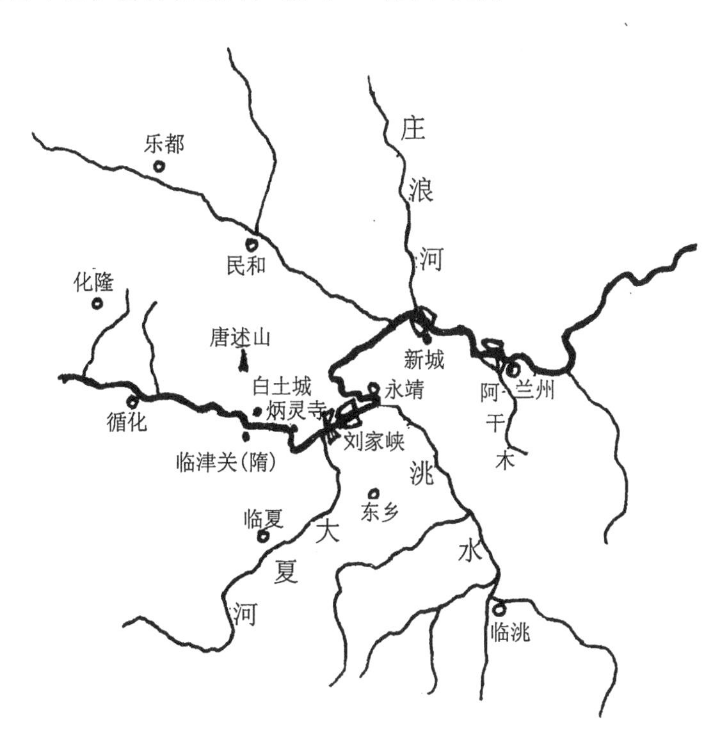

图7-34　黄河永靖、兰州附近桥渡图

(八) 安乡浮桥

自飞桥以上，过去河南羌和后来的吐蕃，河北的河湟一带，汉唐以来都属汉。从长安至西域的交通，都在大夏河（古称漓水）左近和以下的一带过河，联结河西走廊。这一带最上的一个津渡口为洮河入黄河口西岸的永靖渡口。

汉武帝建元三年（公元前138）张骞出使西域，于永靖过黄河。

晋安帝隆安三年（399）僧法显取经，自永靖炳灵寺附近过黄河。北魏神龟元年（518）僧宋云取经，亦自永靖过河。

① 甘肃省公路学会等编，丝路之光，甘肃人民出版社，1992年。

丝绸之路有北、中、南三路，南路便在永靖过河，但不见有造桥的记录。也许即以乞佛的飞桥而过。最早的记录是《宋会要》记北宋“神宗熙宁六年（1073）十月，诏河州安乡城黄河渡口置浮桥。”《宋史·姚雄传》：“绍圣年间（1094～1098）遂筑安乡关，夹河立堡，以护浮梁。”

据《甘肃公路交通史》考证，安乡城在炳灵寺东北15里黄河南岸，即永靖县俺哥集一带。故址已被刘家峡水库淹没。

这一关隘，《新唐书·地理志》河州、记渡为凤林渡。《水经注·河水二》所谓：“河水又东历凤林北。凤林，山名也……《秦州记》：‘枹罕原北有凤林川，川中则黄河东流也。’”

唐·张藉《凉州词》：“凤林关里水东流，白草黄榆六十秋。边将多承主恩泽，无人解道去凉州。”

（九）广武梁

《竹书纪年》，《山海经》等古代著作中都已提到，秦长城在此段以黄河为界。汉武帝通西域，历遣张骞、班超、卫青、霍去病等西征，多半是在兰州段黄河的上下游过河，然而没有提起过桥梁。

汉宣帝神爵元年（公元前61），派70余岁的金城人赵充国定边。《汉书·赵充国传》：“充国至金城，须兵满万骑，欲渡河，恐为虏所遮。即夜遣三校衔枚先渡，渡辄营陈。会明毕，遂以次尽渡。”这里亦未见提桥。后他上屯田书，其中有“缮乡亭，浚沟渠。治隍陿以西道桥七十所，令可至鲜水。……从枕席上过师。”金城可能有浮桥。

丝绸之路的中路经过兰州（即金城）。唐代此路有盛有衰。唐文城和后之金城两公主入蕃，都是从长安，越陇阪、经成纪、天水、陇西、崄口（今定西）、榆中、兰州，在兰州过黄河。再经鄯州、河源、柏海入藏。

《新唐书·吐蕃传》：“长庆元年（821），（唐）以大理乡刘元鼎为盟会使。……明年，元鼎逾成纪、武川、抵河广武梁（时兰州为吐蕃占领，所以他见到的是）故时城廓未隳。兰州地皆抗稻，桃李榆柳。岭蔚户皆唐人，见使者麾盖，夹道观。至龙支城……过石堡城……度悉结罗岭……至麋谷、就馆臧河（雅鲁藏布江）之北川，赞普之夏牙（帐）也。”可见广武梁早就有了。

广武梁若为唐太宗时代在汉赵充国道桥的基础上所建，宜在文成入藏之前（公元641年前）若为吐蕃所建，当在宝应二年（763）吐蕃占兰州之后。惜正史都未见记录。

《甘肃新通志》记：“广武梁、在县西北。唐长庆元年，大理寺卿刘元鼎为吐蕃会盟使，逾成纪、武州、抵广武梁，即此。”清代学者张国常考证，广武梁在今兰州河口，庄浪河入黄河处。

（十）金城关浮桥、镇远桥、通济桥

北宋时期，宋和西夏在兰州到会州（今靖远）一带，和战不时。虽兰州在黄河之南，属宋，但西夏不时侵犯。《宋史·西夏传》记元丰六年（1083）：“夏人大举围兰州。……七年正月，围兰州”都随之而解。

《宋史·钟傅传》：“章楶帅渭，命溥所置将苗统众会泾原之灵平。夏人悉力来拒。傅步骑两万，出不意造河梁以济师，遂作金城关”。《续资治通鉴长编》宋哲宗绍圣四年

(1097) 夏四月:“枢密院言，兰州近日修复金城关，系就浮桥。”这座桥的具体位置便不清楚了。

兰州镇远浮桥是明初建筑。

《甘肃新通志》记:“镇远桥在县西北二里黄河上。明洪武五年 (1372) 宋国公冯胜建于城西七里以济师。越四年 (1376) 移建于县西十里，名曰镇远。十八年 (1385) 守御指挥杨廉又移建于城西北三里金城关 (图 7-35)。用巨舟二十四艘，横互河上。架以

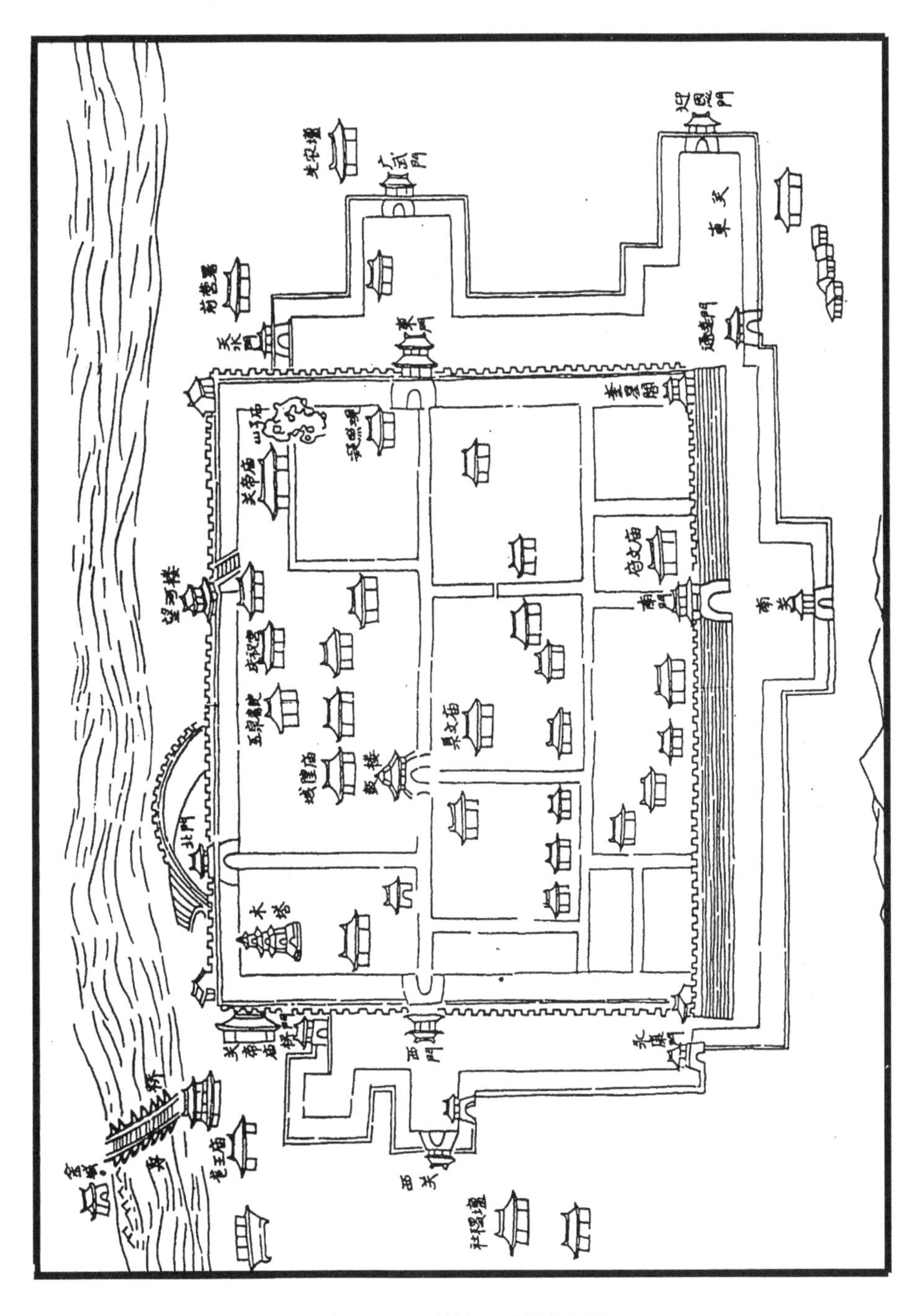

图 7-35　兰州镇远浮桥位置图

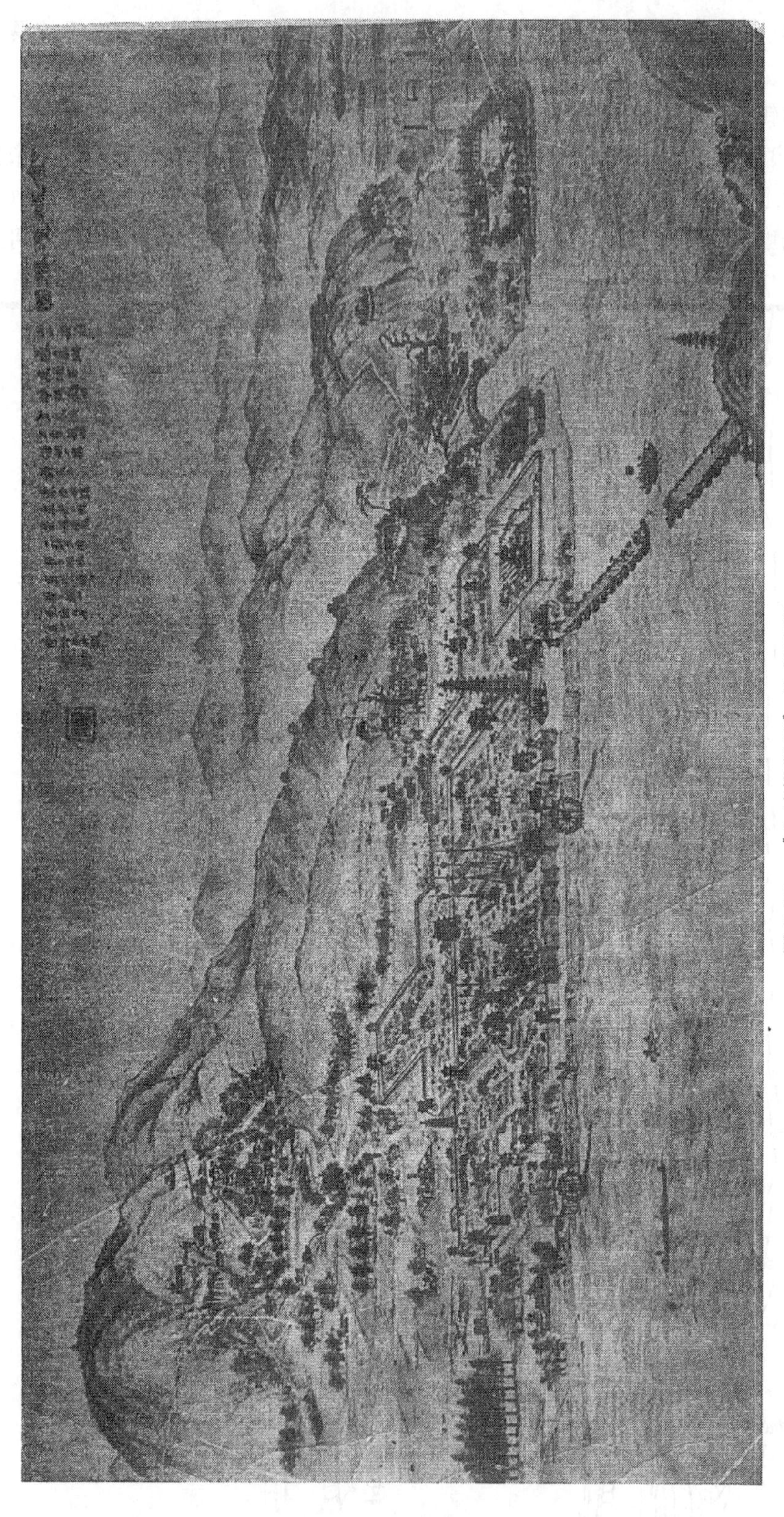

图 7-36　《金城揽胜图》兰州浮桥

木梁，棚以板，围以栏。南北两岸铁柱四，木柱四十五。铁缆二，各长一百二十丈（约378米）综、麻、草绳各相属。冬拆春建、为通河西要路……国（清）朝因之。”

明·徐兰《镇远桥记》载：“按汉史赵充国……时则桥未造也。……明洪武四年……去城西一里许造浮桥以济师。师还，遂撤弗用。又四年……仍去城西约十里造桥以通往来，给馈馕，因而弗革，名曰镇远。然河流悍急，堤壖弗固，咸谓非久远计。又十年……相城西北河水少缓，拟改置，桥近而易守……制曰可。爰于夏六月鸠工，明年春二月冰解，协心齐力，某日落成。”① 说明移桥的原委。

现存清代所摄兰州镇远桥旧照及清末光绪三十二年（1906）所绘《金城揽胜图》上兰州浮桥（图7-36），两者一为曲浮桥，一为直浮桥。证之以明代宋国公冯胜和卫国公邓愈所造巨大的铁柱，可见明代和清初因之的是曲浮桥。

清·刘于义《河桥记》记：“河桥之制创自明初，编联二十四舟。南北两岸各立二铁柱、絙以铁索二，又立木桩草索夹护。贯船平直如弦，随波高下。纵怒涛浊浪。奔雷卷雪，而人马通行如履康庄，制甚善也。”所见已是《金城揽胜图》上用石鳖锚定船只的直浮桥了。图上题诗为：“二十年前（1886）感旧游，花浓有梦到兰州，五衣顶上重题句，借问山霭许我不。”

此桥已于清、光绪三十二年（1906）“奏请改建铁桥。”

兰州段黄河上尚曾有桥名通济。《甘肃新通志》记通济桥：“县东二十里黄河上，今废。”其建置年代不详。

（十一）莎桥

西夏国力强盛时，拥今宁夏、河西走廊全境及河东部分地区。为了进一步占领北宋所辖的陕北一带，西夏便在靖远城东北70里水泉乡黄莎村修建了一座莎桥。吴元成《西夏书事》卷四十一载：“光定十二年（1222），西夏调浮桥通兵以窥鄜延。”《陇右金石录·重修文庙碑》亦记：“靖远在兰东。元昊据西夏，于地置会州，浮桥于河，以通甘、肃。国（明）初废之。”（图7-37）

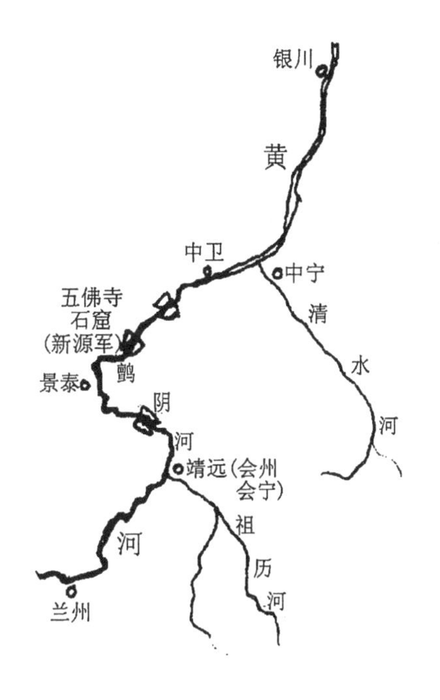

图7-37　黄河靖远附近桥渡图

（十二）乌兰桥

祖历河入黄河处为靖远县，隋唐时置为会州。《新唐书·地理志》：“会州会宁郡……武德九年（626）置，西南有乌兰关。”

《通鉴·梁纪十三》记，梁武帝大同元年（535）即西魏大统元年，“魏·渭州刺史可朱浑道元……帅所部三千户，西北渡乌兰津抵灵州（今宁夏灵武）。”可见当年乌兰北黄河上旧有津渡。《甘肃道路交通史话》记：“今靖远东北一百二十公里的双龙乡北城滩古

① 《甘肃通志》卷四十七，乾隆元年（1736）刻本，第24页。

城是唐会州所属乌兰县址，隔河相望是北魏以来所凿五佛寺石窟。”

《旧唐书·吐蕃传下》：“贞元……十六年（800）六月，盐州破吐蕃于乌兰桥下。”在此前宝应二年（763），吐蕃从长安退出“屯原、会、成、渭（诸州）间，自如也。”宝应三年“严武拔盐州”唐·蕃于盐、会两州之间对峙，于是吐蕃有造桥之举。所以，这座桥的建造时间是在公元764年之后的几年里。

《通鉴·唐纪五十五》载，唐·宪宗元和八年（813），“吐蕃欲作乌兰桥，先贮材于河侧。朔方常遣人投之于河，终不能成。虏知朔方灵、盐节度使王佖贪，先贿赂之，然后并力成桥，仍筑月城守之。自是朔方御寇不暇。”这是一段追记的话。

史书只记“贮木造桥”，不清楚是浮桥或河厉式木伸臂梁。

（十三）（铁）索（浮）桥

靖县东北石门乡境内经路北线要冲的哈思吉堡附近。据乾隆《靖县志》卷八记：“哈思吉堡西南六七里至黄河岸。又三四里至大口子、小口子，即昔年初建索桥地也。”明·隆庆初（1567）所建“索”桥距小口子约四里。明·万历二十九年（1601）始建一堡于此。上有石碣，额曰索桥堡。明万历四十二年（1614）在堡的西面又修一桥。清·乾隆时此桥犹存。

索桥是铁索悬索桥还是铁锁浮桥？一般认为，这段黄河上应是镇远桥式的铁锁浮桥。

黄河在中卫以上，称黄河九渡，可见桥渡之多。中卫以下，《明史·地理志》记：“灵夏卫西南有峡口山，黄河流其中，一名青铜峡。”《水经注》称之为“青山峡”自青铜峡以北，为河套之始，有秦、汉、唐所开灌溉渠道。渠道上多有桥。只是这一段黄河主道上未查得古桥记载。

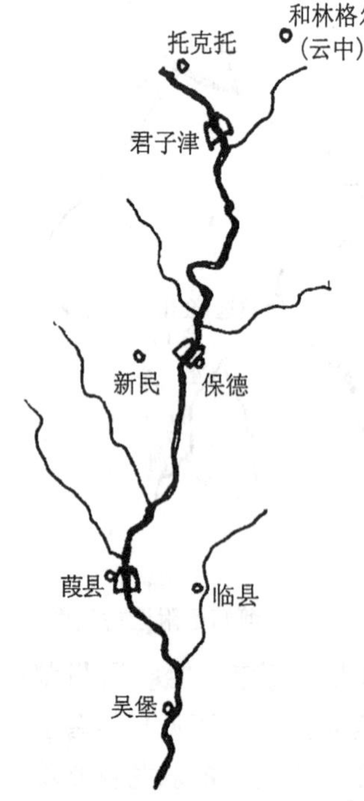

图7-38　黄河托克托至吴堡桥渡图

（十四）北河梁

《水经注》：“河水又屈而东流，为北河。汉武帝元朔二年（127）大将军卫青，绝梓岭，梁北河是也。”

秦代北防胡（蒙古族）。《史记·匈奴传》载：“秦使蒙恬将十万人，北击胡，度河取高阙。”《史记·蒙恬列传》：“始皇二十六年（公元前221），秦已并天下，乃使蒙恬将三十万众，北逐戎狄，收河南，筑长城。”也许可能此时黄河主道上已经有了浮桥，汉时再“梁北河”。

黄河自托克托又转向南流，自托克托以下又多浮桥（图7-38）

（十五）君子津浮桥

《史记·秦始皇本纪》记三十六年（公元前215）：“始皇之碣石（河北昌黎县北）。……巡北道，从上郡人。”从云中（今内蒙和林格尔附近）过河是一条古道。

《水经注·河水三》称："河水于二县（成乐县和桐过县）之间，济有君子之名。《寰宇记》称"云中郡南有君子津。"其所以得名，有一段有趣的故事。《水经注》接着说："皇魏桓帝十一年，西行榆中，东行代地。洛阳大贾赍金货随帝后行，夜迷失道。往投津长曰子封，送之渡河。贾人卒死，津长埋之。其子寻求父丧，发冢举尸，革囊一无所损。其子悉以金与之，津长不受。事闻于帝。帝曰，君子也！即名其津为君子济。济在云中城西南二百余里。"

北魏诸帝，经常有大批人马由君子津过河，或狩猎，或战争。《魏书·世祖纪》载，始光四年（427）："三月丙子，诏执金吾恒贷造舟于君子津。"《通鉴·宋纪》载，元嘉十六年（439）"六月甲辰、发平城（北魏都城，今山西大同）……魏主自云中（由君子津）济河。……九月（吐谷浑）河西王牧犍降魏……。冬十月，魏主东还……徙沮渠，牧犍宗族及吏民三万户（《十六国春秋钞》作十万户）于平城。"军民数十万及辎重，浩浩荡荡地过桥，可谓蔚为大观。

（十六）保德浮桥

宋代和西夏隔长城和黄河相邻。在今保德，宋为定羌军及河西新民一带为宋麟州，是长城边上和西夏相接的边城，靠河东接应军输。

《宋史·郑文宝传》记："咸平中……先是，麟府屯重兵，皆河东输馈，虽地甚迩而限河津之阻。土人利于河东民罕至，则刍粟增价。上尝访使边者，言、河裁阔数十步。乃诏文宝于府州定羌军经度置浮桥，人以为便。会继迁围麟州，令乘传晨夜赴之，围解。"《宋史·真宗纪》记在咸平五年（1002）。

（十七）克虎寨浮桥

《山西通志》载："克虎寨，太原府临县西北二十里，黄河东岸，古置浮桥。"时代不详。

（十八）永和桥（永宁关浮桥）

现清涧河（古吐延水）入河口上游、永和关，宋为永宁关。《宋会要》记宋·熙宁六年（1073）："诏延州永宁关黄河渡口置浮梁。"

《大元一统志·四·延安路》古迹、永宁关条引《九域志》："宋·熙宁六年冬十月辛未，诏延州永宁关黄河渡口置浮梁。永宁关和石（石州，今离石）、隰（隰州，今隰县）跨河相对，尝以刍粮资延州（延安府）东路城寨，而津渡阻隔，有十数日不克济者。故命赵万营置，以通粮道，兵民便之。"这座浮桥和保德浮桥目的相似。《宋会要》记熙宁九年（1076）"五月十九，鄜延路经略安抚使李承之言，延州新修永和桥乞依旧存留。若解拆后遇大水·蹙凌吹失，更不添修，依旧置渡。从之"可见此桥当年还不够重要。

大河自永和关以下进入知名度极高的地区和有历史上很重要的津度（图7-39）。

孟门津是大禹疏通黄河狭隘险要的地方。《尸子》曰："龙门未辟，吕梁未凿，河出孟门之上，大溢逆流，无有邱陵高阜灭之，名曰洪水，大禹疏道，谓之孟门。"《穆天子传》有："北登盟门，九河之阶（险坡河道）。"《水经注》称，孟门即龙门的上口，"实为河之巨阨。"既称津，这里当年便有渡口。

（十九）夏阳津浮桥（附汾水浮桥）

河水自龙门以下，汾水自东汇入，其相合处东岸为古汾阴。

《水经注·河水四》："河水又南，崌谷水注之。……其水东南注于河。昔韩信之袭魏王豹也，以木罂自此渡。"关于木罂，实乃木罂瓴，已见前述。渡处为夏阳津，是秦晋之间一条主要通道的渡口。

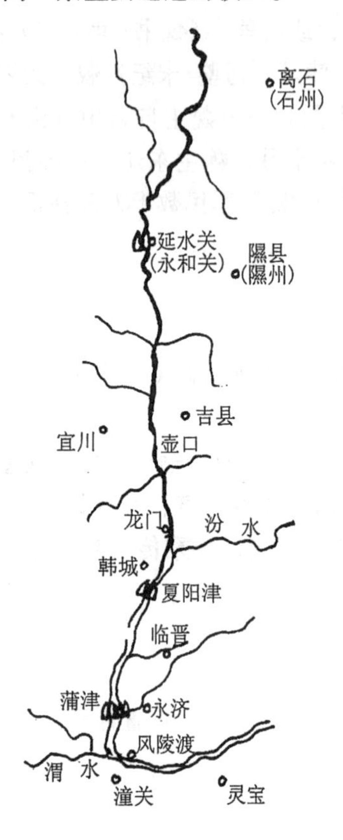

图 7-39 黄河延水关至潼关桥渡图

《史记》秦穆公十五年（公元前 645）："穆公发兵，使丕豹将，自往击之。九月壬戌，与晋惠公夷吾战于韩地。（正义：韩原在同州韩城县西南十八里）……于是，穆公虏晋君以归。"秦晋在此处过河。河西为少梁（即夏阳，今陕西韩城南）到河东韩地（今山西万荣县西南）。

104 年后，《春秋·（鲁）昭公》："元年（公元前 541）夏，秦伯之弟鍼（Jiàn）出奔晋。"《左传》记："秦后子（鍼）有宠于恒，如二君于景。其母曰，'弗去，惧选'。癸卯，鍼适晋，其车千乘。书曰'秦伯之弟出奔晋'，罪秦伯也。后子享晋侯，造舟于河。"

《史记·秦本纪》记："三十六年……景公母弟后子有宠。景公母弟富，或谮之，恐诛，乃奔晋，车重千乘。晋平公曰：'后子富如此，何以自亡?'对曰：'秦公无道，畏诛，欲待其后世乃归。……景公主四十年卒，子哀公立，后子复归秦。'"秦景公的弟鍼在国内权势太大，恐兄不容，所以奔晋。孔子认为秦伯教导无方。而后子"享"晋侯是为了投靠晋，造一座浮桥算是对霸主晋平公的奉献（享）。

《初学记》说："公子鍼造舟在蒲坂夏阳津，今蒲津浮桥是也。"[1] 实际蒲津还在夏阳津之南约 60 余公里。只是因为相近，且为日后蒲津浮桥的先声，因此所记亦属可以接受。

夏阳津浮桥自蒲津浮桥成后，估计没有保存，然而津渡的地位仍十分重要。因此有西汉韩信的偷渡；汉武帝于元鼎七年（公元前 113）"上遂自夏阳幸汾阴"；后汉邓禹于汉光武帝建武元年（25）"自汾阴渡河入夏阳"等事，见《汉书》、《后汉书》、《通鉴》等书。

汾水自汾阴入河。

《通鉴·晋记三十四》记安帝元兴元年（402）魏与秦之战。魏攻柴壁，秦"将据天渡运粮"（原注柴壁在汾东，天渡盖汾津，在汾水西岸）。魏"为浮梁渡过汾西。……（秦主）兴屯汾西，凭壑为垒，束柏材从汾上流纵之，欲以毁浮梁，魏人钩取以为薪

① 《初学记》卷第七，中华书局，1962 年，第 156 页。

蒸。”地点在今襄汾西南汾水上。

（二十）蒲津浮桥

1.历史

《水经注》记：“黄河又南，过蒲坂县西。”

中国古代有称为三代的盛世。尧建都于平阳（今山西临汾县境），舜都于蒲（今山西永济），禹都于安邑（今山西运城）。以山西为中心，四方巡狩。殷商和西周，虽然不在山西，然而春秋晋国是中原一霸。晋和战国魏。大部分时间都于安邑。东西方往来必经晋魏。当年古蒲津是东西方交通，也是秦晋之间交往过黄河的一个重要关隘渡口。

蒲本地名。禹贡为冀州，春秋名蒲。秦始皇东巡，见其是中条山下一块长大坡地，所以加称蒲坂，并属河东郡。北魏置雍州、秦州。周明帝始改秦州为蒲州。隋大业三年（607）改河东郡。唐武德元年（618）又称蒲州。唐开元六年（713）五月，因地处河曲，黄河在县内由南流而折为东流，蒲好像位在大河之中，故改为河中府。且地处洛阳（东都），长安（西都）之间的重要城市“仍置中都”。六月，复为蒲州。乾元三年（760）又改为河中府。宋、元、明间都为蒲州。清雍正六年（1728）下设永济县。现废州存县。然而现今、蒲州、河东、河中等仍然是习惯的称呼。

禹治洪水，“导自积石，至于龙门”。黄河自禹门口以下，一时相对稳定地南流，至永济县西南，泾渭合流入黄，黄河折而往东。而周、秦起于渭水平原八百里秦川的关中。自周至唐共十朝1062年建都长安。往来过蒲。蒲州有带齐梁、分秦晋、阨幽燕的形势。

史载战国时秦魏之间时和时战。秦立意并吞六国。周赧王二十五年，即秦昭襄王十七年（公元前290）“魏入河东地四百里……与秦”。秦既占魏河东，《史记》记秦昭襄王五十年（公元前257）“初作河桥。”正义：“此桥在同州临晋县（今陕西朝邑）东，渡河至蒲州，今蒲津桥也。”作了永久性的正式浮桥。这座重要的浮桥断断续续地存在了1800多年！

《史记·秦始王本纪》于二十九年（公元前218）：“皇帝春游，览省远方，逮于海隅……刻（石）之罘，遂之琅玡，道上党人。”便由蒲津过河。《通鉴·汉纪》载，汉高祖二年（公元前205）“三月，汉王自临晋渡河，魏王豹降、将兵从。”三年“魏王豹谒归视亲，至即绝河津（即断蒲津浮桥）反为楚。”这才引起了韩信从夏阳津过河的军事行动。

后汉曹操西征马超。据《通鉴·汉纪五十八》，汉献帝建安十六年（211）“八月……操至潼关与超过夹关而军。操急持之，而潜遣徐晃、朱灵以步骑四千人渡蒲坂津，据河西为营。”

《周书·文帝纪》记：“魏大统三年（537）春正月、东魏寇龙门，屯军蒲坂，造三道浮桥过河。”《通鉴·梁纪十三》所记是东魏丞相高欢一方面派窦泰攻潼关，一方面在蒲津造三浮桥、虚张声势，以分潼关守兵。西魏丞相宇文泰不予理睬，偷击窦泰，败之。高欢救之不及，撤浮桥而退。

隋·唐之际，《通鉴·隋纪八》记李渊于隋大业十三年（617）攻隋蒲州守将屈突通。通自绝河梁……朝邑法曹武功靳孝谟以蒲津（关，在朝邑）中潬二城降。”唐武德三年

(620) 隋将王行本以蒲州降。“春正月，(李渊) 幸蒲州。”那时便已修复浮桥。

《旧唐书·太宗纪》记贞观十二年 (638) 东巡而返“次陕州 (今三门峡市) 新桥 (当年修的太阳浮桥) 幸河北县……以隋鹰扬郎将尧君素忠于本朝，即蒲州刺史”过蒲津浮桥回长安。有《赋得浮桥诗》曰：“岸曲非千里，斜桥异七星。暂低逢辇度，还高值浪惊。水摇文鹢动，缆转锦花萦。远近随轮影，轻重应人行。”

唐·张九龄《唐六典》载：“天下造舟之梁四，河三洛一。河则蒲津、太阳、盟津。洛则孝义。”当然指的是天下最重要的浮桥而蒲津又居其首。

唐玄宗与蒲津浮桥有不解之缘。

《唐会要》记唐玄宗“开元九年 (721) 十二月、增修蒲津桥，絙以竹苇，引以铁牛，命兵部尚书张说刻石为颂。”事记有误，将详于下。

《旧唐书·玄宗纪》：“(开元) 十一年春正月己巳 (自洛阳往) 北都巡狩……幸并州 (山西太原)、潞州 (山西长治，应先潞后并) ……戊申，次晋州 (山西临汾) ……壬子，祠后土于汾阴 (山西万荣) 之脽。……癸亥，兵部尚书张说兼中书令。三月庚午，车驾至京师 (长安)。”其间，二月末三月初，玄宗在蒲州逗留了好多天。三月初，从蒲津浮桥过河。仪仗整肃，玄宗意兴极高，赋诗名“晓渡蒲津”。诗曰：“钟鼓严更曙，山河野望通，鸣銮下蒲坂，飞旗入秦中。地险关逾壮，天平 (军名) 镇尚雄。春来津树合，月落戍楼空。马色分朝景 (玄宗仪仗，马分五色队，灿若朝霞)，鸡声逐晓风。所希常道泰，非复候繻同。”一时先期自长安到蒲津迎驾名臣宰相宋璟。随驾名臣张九龄、张说、徐安贞等应制奉和，说的都是紫气黄云、雄关重镇、太平明主、省方察俗等歌颂之辞。不过也咏到“长桥压水平”(宋璟)“龙负王舟渡”(张九龄)，“桥路托天津”(张说) 对桥的赞颂。

张说后有《蒲津桥赞》，文彩辉煌，详细说明了桥的原委和唐玄宗对桥改制的规模。曰“《易》曰：‘利涉天下’，济乎难也。《诗》曰：‘造舟为梁’，通乎险也。域中有四渎 (《尔雅》江、淮、河、济为四渎)，黄河居其长。河上有三桥，蒲津是其一。隔秦称塞 (河东为要塞)，临晋名关 (河西是临晋关后即蒲关)。关西之要冲，河东之辐凑，必由是也。其旧制横絙百制 (唐一制为 18 尺，一尺约 0.28～0.323 米)，连舰千艘 (文学夸张)。辫修笮以维之，系围木以距之，亦云固矣。然每冬冰未合，春沍 (Fu，冰封闭塞) 初解 (产生冰凌)，流澌峥嵘，塞川而下。如础如臼，如堆如阜。或摐 (撞) 或掍 (同混，意即夹在两船之间，混同浮舟)。或磨 (磨擦) 或拼 (崩坏)。絙断航破，无岁不有。虽残渭南之竹 (竹索四渭南县所产)，仆陇坻之松，败辄更之，罄不供费。津吏咸罪，县徒劳苦，以为常矣。开元十有二载 (724)，皇帝闻之曰，嘻，我其虑哉！乃思索其极 (想个好办法)，敷祐于下 (告诉下面)。通其变，使人不倦；相其宜，授彼有司。俾铁代竹，取坚易脆。固其始而可久，纾其终而就逸。无疆惟休亦无疆惟恤 (永远得到休闲和体恤)。于是大匠蒇事 (要高手巧匠去完成此事)，百工献艺。赋晋国之一鼓 (山西晋国有标准炼铁炉。一鼓合四石，一石四钧，一钧三十斤。计约 240 公斤)，法周官之六剂 (《周礼·考工记》有六种铁·锡合金比例)。飞廉 (风神名) 煽炭，祝融 (火神名) 理炉。是炼 (大火熔铁) 是烹 (小火灼铁)，亦错 (错接) 亦锻 (锻合)。结而为连锁 (铁链)，镕而为伏牛。偶立于两岸 (两岸双双对称放置)，襟束于中潬 (下文解释)。锁以持航，牛以系缆。亦将厌 (镇压) 水物 (水怪)，奠 (定) 浮梁。又疏其舟间，画其鹢首。必使奔澌不突（不产生拥水），积凌不隘（冰凌不会积成冰坝）。新法既成，永代作则。原夫天意有四旨焉（即下文的仁、义、礼、智）。仁以平心，义以和气，礼以成政，智以节财。心平则应诣百神矣（人神和谐）；气和则感生万物矣；政成则又文之经矣；财节则丰武之德矣。故天将储其祯，地将阜其用，人将盈其力。圣皇之道，乾坤翼翼，亲艺而无穷，咏功而无极。”

张说桥赞，应该是十分可靠的。不过《唐会要》所记“开元九年”可能是初步计划。但未说用铁链。时张说为兵部尚书。十一年皇帝亲临，确定扩大规模，张说为中书令。十二年后毕功。开元十五年，张说罢相。

蒲津浮桥铁人铁牛成，起了划时代的变化，成为较永久的桥梁。两岸各铸铁牛四，各重数万斤。四铁人策之。铁山二，前后铁柱十八。《新唐书·张说传》说：“开元文物彬彬，说力居多。”

桥成后一时记述、歌咏的诗文甚多，走过此桥的人更难以数计。有帝王将相、贩夫走卒、才子佳人和普通百姓。至今脍炙人口的《西厢记》中的普救寺便在桥东 10 余里之处。围困普救寺的乃是蒲津浮桥五千个守桥兵的头领孙飞虎。搭救张生的又是蒲津关守将，征西大将军杜确，时在唐·德宗贞元十七年（801）离开开元铁牛铁链为桥仅 77 年。虽事有假托之处，然而此桥此寺乃是实实在在的。

志记大概在唐文宗大和年间（828～835）驻蒲州任中丞在“城西门外黄河岸上”造了一个河亭。唐·李商隐（813～858）《奉同诸公题河中任中丞新创河亭》诗道：“万里谁能访十洲，新亭云构压中流，河鲛纵翫难为室，海蜃遥惊耻化楼。左右名山穷远日，东西大道镤轻舟。独留巧思传千古，长与蒲津作胜游。”

唐·薛能《河中亭子》诗道：“河擘双流岛在中，岛中亭上正南空。”可见亭非造于“岸上”。当年河分两派，中有沙洲（即中墠），东边是主流，西边是支流，各造一座浮桥。中滩之上，两桥相接的路边，有这么一座河亭。东浮桥便是唐·开元铁锁铁牛浮桥。除了《通鉴·隋纪八》有“以蒲津、中墠二城降”（蒲津关城·中墠城）的记载，似乎中墠有城外，没有其他材料可作佐证。

开元蒲津浮桥成后 84 年，唐文宗开成五年（840），48 岁的日本僧人圆仁（后称慈觉）从山东青州登岸，上五台山参拜后，沿汾水南下。所著《入唐求法巡礼行记》记：“八月十三日，早发。南行四十里，到辛驿店头断中（中午）。斋后，南行三十五里，到河中节度府。黄河从城西边向南流。黄河从河中府以北，向南流到河中府南，便向东流。从北舜（门）入，西门出。侧有蒲津（关）（此时蒲津关已移东岸）。到关得勘入，便渡黄河。浮船造桥，阔二百步许。黄河西（边有支）流，造桥两处。南流不远，两派合。”所记是正确的，还替我们留下了宝贵的桥长资料。为什么相信他的步量呢？因为他记有唐朝时五里立一候子，十里立二候子。候子是四角形上狭下阔，高四尺到六尺的土堆子，名叫“里隔柱”。圆仁靠不断地步量观察里隔柱的间距来记他的行程，可见其记录是较可靠的。

唐·咸通十四年（873）著名文士皮日休曾到过河桥，写了洋洋一篇《河桥赋》，极力歌颂一番，说此桥为“剑依天外”、“龙横水心”、“大虹贯天”、“巨鳌压海”。那时蒲津浮桥已有 149 岁的寿命了。

一座木船浮桥，要有千百年的寿命，需要不断地保养和重整。除了战争以外，其最大的破坏力还是自然的力量。特别是洪流、冰凌和河道变迁。

较早的记录如《通鉴·唐纪七十八》唐·昭宗天复元年（901）："……会河梁坏·流澌塞河。"事在开元铁锁浮桥后177年。

这座桥历来为帝皇所重视。《长篇》载宋真宗大中祥符四年（1011），真宗西礼汾阴，二月"甲子，次河中府……渡河桥，观铁牛。"

宋英宗治平二年（1065）八月，黄河流域下大暴雨。河水大涨，水淹开封宫阙。蒲津浮桥也大受其害。洪水冲击船、索，啮中潬东侧，即铁锁浮桥西端。链牵西侧铁牛落入河中，浮桥中断。水退之后、召募能起出铁牛者，以便修复浮桥。《宋史·方技传》载，宋治平三年"河中河浮梁，用铁牛八维之，一牛且数万斤。后（指治平二年），水暴涨绝梁，牵牛没于河。募能出之者。（僧）怀丙以二大舟，实土、夹牛维之。用大木作权衡状（像秤一样的杠杆作用），钩牛。徐去其土，舟浮牛出。转运使张焘以闻。诏赐怀丙紫衣，寻卒。"浮桥又修复了。

唐、宋两代，对蒲津浮桥的维护工作十分重视。《唐六典·水部郎中》及《水部式》对蒲津桥制订了详细的管理组织和方法。自宋、治平二年大水后，《宋会要》记治平四年八月二十一日，陕西体量安抚使孙永言："河中府浮梁自来西岸有减水口子（即西支流）。自淤淀后，遇水迅涨，束狭得河流（东主流）湍浔，故坏中潬及桥。乞将陈、杜、唐州材三口（不详）略行疏理，分泄黄河迅涨时水势。从之。"元丰六年（1083）："八月十一日，赐河中府度僧牒二百八十，修浮桥堤岸。"等。河桥有人专管。根据水位高低，随时解系。修堤、植榆柳，准备抗洪物料，查察奸伪破坏等情事。一直到金末，浮桥被元兵烧绝之后，专管的事情就松懈下来。

南宋时，北方版图已属金。南宋·嘉定十五年，即金·元光元年（1222），金守将侯小叔为防元兵，拆断浮桥。元朝将军石天应，乘虚袭取了河中府，重作浮桥，以通陕西。侯小叔旋即又攻破之。石天应死，侯小叔烧绝河桥，金将史泳图再复河东。南宋·理宗绍定四年（1231），元兵又得河中。事见《金史》和《通鉴》等史书。如此八年的拉锯战中，蒲津浮桥焚而绝，断而续者有好多次反复。有人认为，蒲津浮桥的存在到此结束了。事实上直到元末，明将徐达于明太祖洪武二年（1369）攻到河中，又修复被元兵破坏的浮桥以取陕西。

只要两岸铁牛尚在，有锚定铁链的地方，浮桥随时可以架设起来。

清·光绪三十二年（1906）《永济县志》记："明·隆庆四年（1570）河大涨，溢入城（蒲州城）。是岁，徙道穿朝邑而南移大庆关于东岸。"就是说，黄河主流已西移朝邑，把西部一组铁人铁牛全部陷于河底，从此便见不到了。

二千多年来，这一段黄河主槽在东岸，现虽然摆到了西岸，其间还有一段来回摆动，然后趋向于稳定的时间。明·万历八年（1580）又摆回东岸。然后又西移十多里。清·康熙三十四年（1695），又东移离蒲城五里。乾隆、嘉庆间，主槽西移，越移越远，现离蒲州古城20余里。于是西牛便埋在永济县侧的黄河河滩之下。

黄河主槽虽西移，然而洪水来时，"两涘渚崖之间不辨牛马"。水退泥淤。今年没踝，隔年没膝，再则没腰，又则没项。岁岁年年如此150多载。大概在民国初年一次大水中，全部东牛一组、没于赭土。只留下半截埋在土中的古蒲州城墙，以及中条北走，黄水南流，隄边烟柳，滩头麦浪。而蒲津浮桥及铁人铁牛已是事如春梦了无痕了。

山西省永济县博物馆，在民初地方上数次挖掘不得要领的基础上，再次进行东岸铁人铁牛的开挖，终于在 1989 年 7 月 31 日，第一个铁人出土；8 月 7 日，全部挖出。1991 年 3 月考古开挖完成。开元文物，再次露出光辉（图 7-40）。

图 7-40　蒲津浮桥唐代铁牛铁人开挖原状

总计蒲津浮桥兴亡过程得出表 7-2。

表 7-2　蒲津（包括夏阳津）浮桥计年表

距 1991 年	相隔年代	
2532		公元前 541 年春秋鲁昭公元年
	284	
2248		公元前 257 年战国秦昭襄王五十年
	981	
1267		公元 724 年唐·开元十二年
	645	
622		公元 1369 年明·洪武二年
	201	
421		公元 1570 年明·隆庆四年
	341	
80		公元 1911 年民国初年
	78	
3		公元 1989 年中华人民共和国
	3	
		公元 1991 年

1910　2111　1626　1827 浮桥存年
西牛 846　东牛 1187
东牛 78　东牛 1267

从表可见，包括夏阳津在内最宽余的计算，蒲津浮桥前后存在了 2111 年；不计夏阳津；较严格的计算为 1626 年。唐·开元铁牛铸成至文物出土（1991）实足已有 1267 年；西牛呈现在世共 846 年，现在仍埋在土中。东牛前曾呈世 1187 年，埋在土中亦已有 78 年。这几个数字，在世界桥梁历史上已足惊人。

2. 规模

(1) 总的形象

考古挖掘所得的东岸一组铁人、铁牛、铁山和已有缺数的铁柱，以及在牛、人前面的一道明代所建的石驳岸，是全桥东岸的锚定部分和通道。根据历史考证、实物观察、桥梁知识三方面结合的科学推断，可以得到一个比较完整的桥梁形象。

唐·阎伯屿《河桥赋》说蒲津浮桥："……却顿铁牛，骇浮川之魍魉；旁飞画鹢，惊入浪之黿鼍。竹笮其维，不虞于奔涛擘赫；金锁斯缆，何惧于曾冰皑峨。……虚其内，则用当于无，疏其间，则屈而且抱。……华柱上征，殊马援之标界；石台中耸，若鳌力之负山。……"其记和张说、圆仁描述者可以对照。证以实物，更为清楚。

首先说明，铁链之外还辅有竹索。或主流跨用铁链、西流仍用竹索。"却顿"原是形容铁牛以后"却"、"顿"坐的方式以示拉链之力。"上征"是指直指向天的诸多铁柱。"石台高耸"可能是指中墠上中亭下的石台。至于"屈而且抱"正和"襟束于中墠"相合。便是指蒲津在中墠两边两座曲浮桥，左右伸出，桥中向下游弯屈，好像作双手抱的姿态。两桥也和古代的衣襟一样，左右相合于中墠（图7-41）。

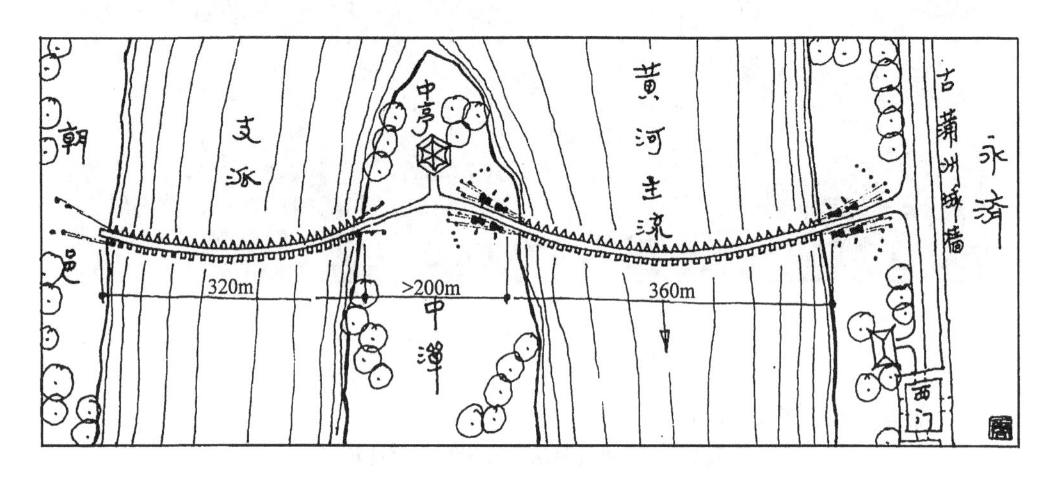

图7-41　山西永济唐代蒲津浮桥平面复原示意图

(2) 桥跨

在历史文献中，歌颂的文字不少，但具体谈到主桥长的只发现有三个记录。《蒲津桥赞》称"横絙百制，连舰千艘"；杜祐《通典》记"横絙百丈，连舰千艘"；《入唐求法巡礼行记》所记为"二百步许"。按唐制，1制为18尺，1步为6尺，而尺平均为0.3米。于是三种尺寸为：张说称絙长540米，杜祐说300米，圆仁记桥长360米。取主持建造的张说和实际步量的圆仁二人所记。主流为360米跨长的曲浮桥，每边锚定长度各90米，盘于牛身臀后的横轴和牛后的"七星柱"上。至于西流桥跨，可能较之主流为略小，因为流量流速较小，便不用铁。

(3) 船只

两座浮桥，即使是同样的桥跨，即在共计720米左右的河中需要排多少船只？

《蒲津桥赞》和《通典》都说千艘，此数必有夸张。如全部密排于河中，船也仅有0.72米宽。现既称"巨舰"又"疏其舟间"。假定船中至中距离4～6米，船宽约2.2～

3.0米，共需船180至120只。故连舰只能是百数。文中索已用百，为了“对偶”，允许“夸饰”，舰便称千。根据浮桥的一般构造，再船之间，先用“距木”联成“方舟”，再将一组组的方舟挂于铁锁。亦用距木浮搁方舟间，上钉桥面，自然成稳定且关节活络的浮桥。

（4）铁链

1991年考古发掘未得铁链。经按桥跨、黄河流速、风力、浮桥的不同曲度，通过计算，八根铁链，链环节每股直径需为25～32毫米。西流浮桥估计为竹索。主桥西头牛群是带链沉入河中，则西牛开挖之后，可以予以证实和灵清的了。

（5）锚锭

浮桥铁链锚着在铁牛铁柱之上是没有疑问的。《方舆类编·职方典》唐·开元铁牛：“其牛并铁柱（牛下前面有铁柱）入地丈余。前后铁柱三十六，铁山四，夹两岸以维舟梁”。从发掘出来的铁牛，可看到每牛前部下有和牛身座相联的数根铁柱，埋在地中。极似于近代大江河上桥梁施工用的整体混凝土锚前端的铁铲嘴，可以承受更大的水平力。

每头铁牛的臀部有“大轴横缙”。“缙”便是横轴的专门名称。横轴两端，伸出牛旁，可以系链。牛前有带交叉孔的短柱（现只三柱）。北边一组牛后有七根高大的铁柱，排列如北斗七星。所以现前后根共十根，和记载中十八根的数字不符。分析现有柱的位置和锚定的需要，似乎缺少了南边两牛后的七星柱和一根前柱。

铁链又是如何和牛、柱相联呢？

设想铁链将通过前柱的交叉孔，盘绕于牛后横轴的两端。如此粗的铁链所受拉力甚大，不能只绕于横轴上而尾链不作处理，否则将会松动和滑脱。链的后端还要向后延伸，分别盘于七星柱下每柱的横楗上，使最末梢的链不受力量，近代称之为“带梢”，锚定才全部完成。也许只有这样的布局，才能稳住铁链，并比较容易地在枯水季节调整索长或解、系浮桥。蒲津浮桥桥头复原图见图7-42，43。山西省曾在太原和北京展出铁牛铁人复制模型（原大），其按作者意见所作局部及全桥模型如图7-44，并为题词如图7-45。七星柱中斗柄 三根，估计为盘搁备用链之用。

蒲津铁牛在艺术上卓越的成就见美学一章。

现这一组铁牛铁人定为国家重点保护文物。如此独一无二的工程和历史文物不能没有歌颂。作者于1991年作长歌《蒲津曲》以记之，辞曰：“尧之野矣舜之都，龙门禹导鱼跃波，吕梁中条逼岸走，秦岭横截南无途，泾渭西来汇东折，一带齐梁入海过。此地由来称作蒲，河东蒲坂是因坡，开府河中起唐后，河曲地若河中凫。北扼幽燕分秦晋，斩关绝水兵争多。后子奔晋车千乘，夏阳造舟东逃逋。昭襄桥航始废渡，史传尊之书作初。渭南竹圃千竿瘦，陇坻松林百亩粗。绞索造船横距木，通济利涉驾鼋鼍。奔澌层凌相冲逼，梗断航破无岁无，县徒劳苦津令罪，搓手捶胸思虑枯。开元天子北巡返，刺史贤良为民呼，冢宰受命支国帑，周官六齐开洪炉。熔铁为牛锻为练，铁人策之汉与胡。两岸合八柱卅六，横施画鹢船排梳。双流对出屈且抱，后立中亭耸而孤。日出天台横瀑布，夜临人语满蓬壶。曾排仙仗迎銮驾，也送隶台樵牧蓑。西去张生愁梦梦，东来慈觉走佗佗。仓皇人事泰受否，河谷迁移滩变沱。潦水断桥噬朝邑，西牛链挂落如砣。高僧怀丙出应募，双舟排土钓沉珠，紫衣诏赐僧伽着，桥系通衢恩赏殊。一炬火龙焚垂绝，

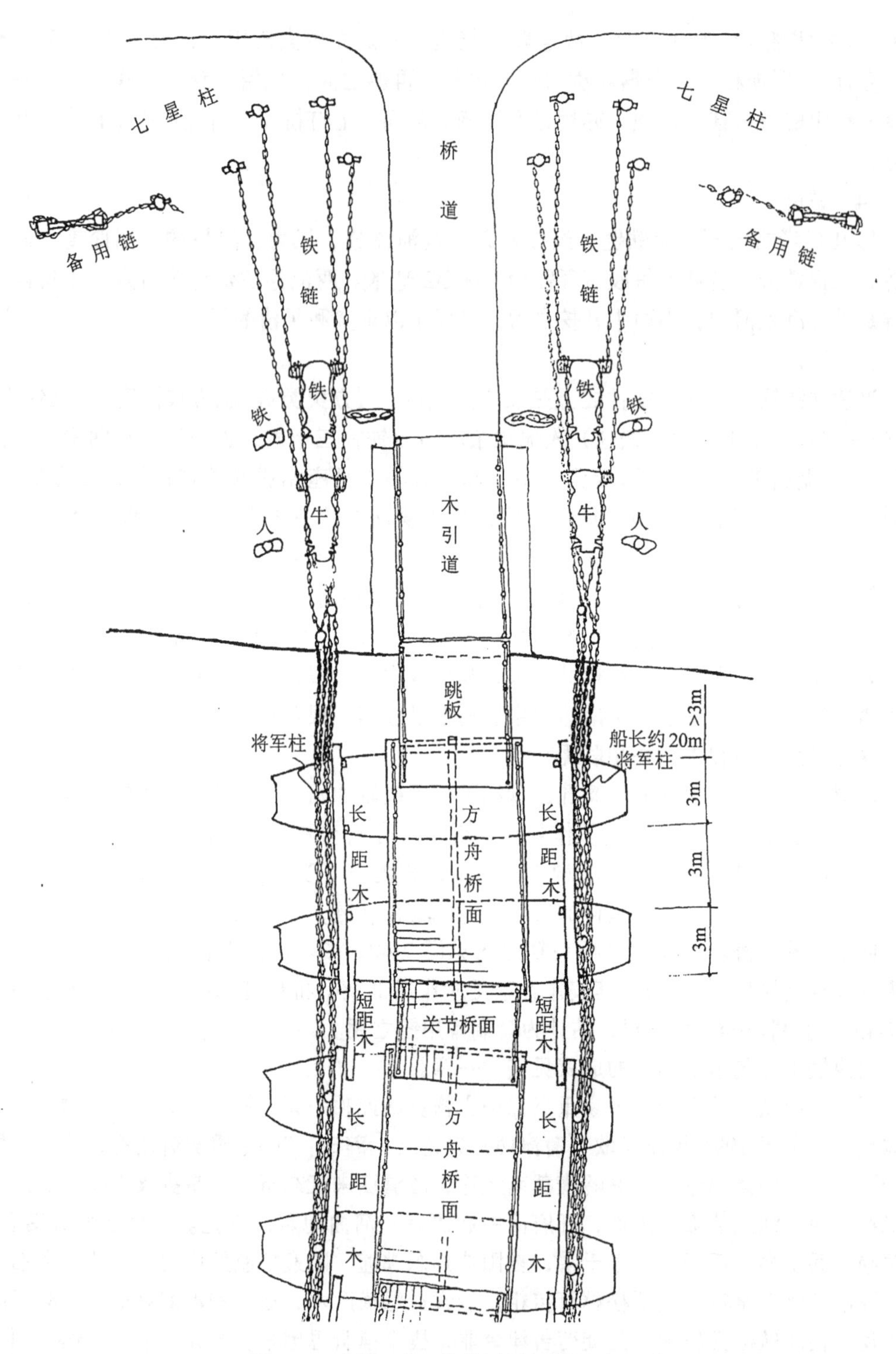

图 7-42　黄河、唐、蒲津浮桥复原图（平面）

三军落雁复临河。洪流隆庆难言庆，河道东偏西转徂，万石泮牛齐没水，舟桥百丈怎重敷？初阳焵烂荡银烛，独照东牛与牧夫。日精月粹饱霜露，金灿晶莹泽角肤。淤淤涨涨埋腰脚，暮暮朝朝没顶颅！野旷唯余滩接水，人家几处绿耕芜。父老渐稀忘消息，子孙

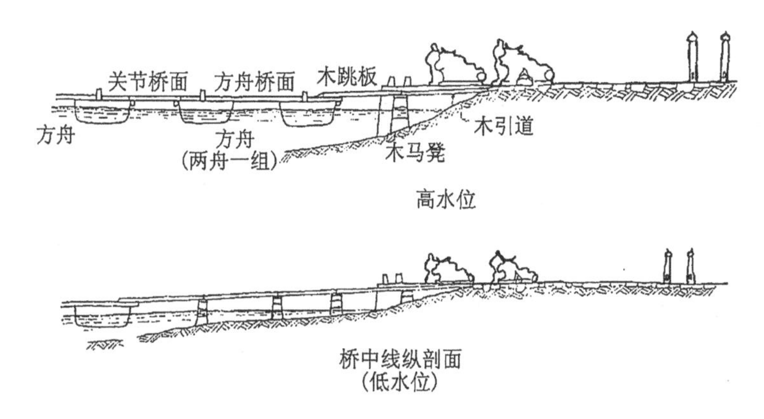

图 7-43　黄河、唐、蒲津浮桥复原图（纵剖面）

图 7-44　唐·蒲津浮桥模型

繁息忆模糊，却逃倭寇铸兵戎，幸免红兵扑旧模。盛世得容开赭土，功成相许出河图。上林新发群焦柱，蒲坂长驱看铁牯，尚有流沙埋半截，已教情激满心窝。归来顺赴西厢处，数去还评津将讹。永济瑞光惊北阙，阳春祥曰动深钮，乘暇再至讶全豹，顿释初疑解系桴。景柱文章精如此，中书赞颂信非诬。一文三武人牵策，前撑后蹲牛于菟。尾柱七星前柱倒，南差八数北相符。埠头想自桥身废，砌道因需路脚铺。高筑石堤成曲岸，横陈断碣有螭蚨 。摩挲文物临风立，思人开元盛世谟。秦俑长怀杜牧赋，扶风追忆退之疏。蒲津牛铁张说赞，驿路马嵬白傅歌，若使君王勤宵旰，岂由红粉引干戈！浮梁未有如斯古，技艺双臻唯夸吾。为报九洲齐爱护，子孙永宝福增和。”

图 7-45　蒲津浮桥铁牛展题词

（二十一）洹（或逗）津浮桥（附渭水浮桥）

在永济境内，渭水入河。

中国浮桥的最早记录是周文王“亲迎于渭，造舟为梁”的渭水桥，时间约为公元前1200，具体地点已不可考。

长安渭水三桥有一段时间遭破坏时亦搭架过浮桥。

在渭水入河上游，曾架浮桥。《三国志·魏武帝纪》记献帝建安十六年（211）“秋七月，公西征，与（马）超等夹（潼）关而军。公急持之，而潜遣徐晃、朱灵等夜渡蒲津关，据（黄）河西为营。公自潼关北渡（走风陵渡）。未济，超赴船急战。校尉丁斐因放牛马以饵贼。贼乱取牛马，公乃得渡。循河为甬道而南，贼退拒渭口。公乃多设疑兵，潜以舟载兵入渭为浮桥。……九月，进军渡渭。”

《长篇》载宋真宗大中祥符七年（1014），真宗去汾阴。有人建议，取道潼关后，再在渭水上造浮桥，转蒲津。事属远兜远转，不取，仍从陕津过河。这次的渭水浮桥不过是个计划方案而已。

黄河自蒲津以下，在潼关、风陵之间，激而东流，经芮城县东，灵宝县北（汉时称宏农或弘农）门水入河。《水经注·河水四》：“门水又北，经宏农县故城东。城即故函谷关校尉旧治处也。……其水侧城北流而注于河。河水于此有逗津之名。”所以名逗是因为“河北县逗水、逗津，其水南入于河。”

《竹书纪年·穆天子传》：“天子……乃次于洹水之阳……路直斯津。”现在地名大禹渡。

《通鉴·汉纪五十六》汉献帝建安十年（205）“征固等使兵数千人，绝陕津……杞畿至，数月不得渡……遂诡道从豌津渡。”这时还没有浮桥。

《通鉴·梁纪十九》梁简文帝大宝元年（550）：“魏丞相（宇文）泰自弘农为桥济河，至建州（今山西运城地区）丙寅，齐主自将出顿东城。泰闻其军容严盛，叹曰，高欢不死矣。会久雨，自秋及冬，魏军畜产多死，乃自蒲阪返。”《周书》所记略同。宇文泰自长安出潼关，再从弘农逗津造浮桥过河，由蒲津浮桥回。绕了一个圈子。逗津仅有临时性浮桥。

（二十二）茅津（陕津）太阳（大阳）浮桥

茅津亦是黄河上很重要的渡口，古代有很长一段时间有浮桥。因临陕城，又称陕津。

《水经注·河水四》河水：“又东过陕县北（今河南三门峡市）……河北对茅城……津亦取名焉。《春秋》文公三年（公元前624）‘秦伯伐晋，自茅津济。’……河南即陕城也。昔周（公）召（公）兮伯，以此城为东西之别。”这一周召分界碑现仍在三门峡市博物馆。”……城南倚山原，北临黄河，悬水百余仞，临之者咸悚惕焉。”《后汉书·董卓传》记汉献帝被刼至陕：“临河欲济，岸高十余丈，乃以绢縋而下。”

《元和志》记陕县浮桥：“太阳故关在县西北四里。北周大象元年（579）置，即茅津也。太阳桥长七十六丈（约230米），广二丈（约6米），架黄河为之，在县东北三里。唐·贞观十一年（637），太宗东巡，遣武侯将军丘行恭营造。”

《旧唐书·太宗纪》载，贞观十一年“幸洛阳宫。……秋七月，大淫雨。……九月丁亥，河溢……毁（洛阳）河阳中渖。……十二年春正月……次陕州，自新桥幸河北县。”最后从蒲津浮桥回长安。这座浮桥是洛阳河阳浮桥中渖坏后，一时不易修复，故新建的浮桥自建成后，便成为正式的通道。

作者曾至今日的逗津和茅津遗址凭吊。但见逗津处河面辽阔。茅津岸高河狭，正如史载。陕县古城，因修三门峡水库，原计划会淹没，故城中居民搬迁一空。今土城尚在，水库改变设计可以不淹，存礼仪门石碑坊及古桥遗址见图7-46，47。

宋时太阳浮桥仍为要津，但屡遭损害。

《文献通考·物异二》载：“（北宋）太平兴国二年（977）六月，陕州坏浮桥，失舟十五。”《宋史·五行志》记：“太平兴国八年（983）六月，陕州涨，坏浮梁。”《文献通考·物异二》：“（至道）二年（996）闰七月，陕州河涨，漂大村，坏浮梁，失连舰。”如此屡坏屡修。

宋·金之际，宋真宗景德二年（1005）《长编》卷六十一记：“上之驻跸澶渊也，枢密使陈尧叟，虑战骑侵轶，建议令缘河悉撤桥梁，毁船舫，稽缓者论以军法。河阳、河中，陕府皆被诏。监察御史王济时知河中，独持其诏不下，曰‘陕西有关防隔碍，舳舻相属，军储数万，奈何一旦沈之，且动摇民心。因密疏奏寝其事，上深嘉欢。’”而“陕州通判张绩时以公事在外，州中已拆浮桥，绩闻河中府不撤，乃修复之。”

洛阳附近这段黄河上桥渡甚多，各个朝代名称不一。有些是同一地点有不同的名称，有的是同一名称却已移了不同的地点，故津桥并述（图7-48）。

图 7-46　古太阳浮桥遗址

图 7-47　陕县古城内礼仪门

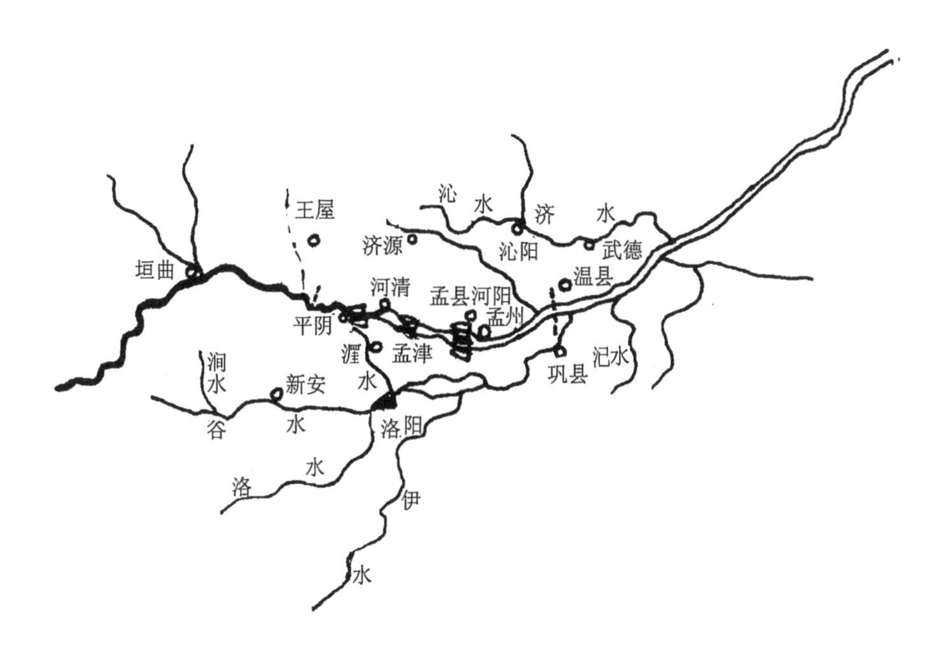

图 7-48　黄河洛阳附近桥渡图

（二十三）汉祖渡·冶阪津浮桥、平阴津

《水经注、河水五》："河水又东，迳河阳县故城南……在冶坂西北……。《魏土地记》'冶坂城旧名汉祖渡'。"又云："冶坂城其下为冶坂津。"《史记·高祖本纪》："二年……三月，汉王从临渡（过蒲津浮桥），魏王豹将兵从……南渡平阴津。""守敬按，冶坂在平阴东，相去不远。"

冶坂津上曾造浮桥。

《魏书·太宗纪》记："泰常八年（423）……八月乙丑，造浮桥于冶阪津。"《通鉴·宋纪一》营阳王景本元年（423）"甲子，魏主至盟津，于粟䃅造浮桥于冶阪津。"事见《魏书·于粟䃅传》："太宗南幸盟津，谓粟䃅曰，河可桥乎？粟䃅曰，杜预造桥，遗事可想。乃编次大船，构桥于冶坂。六军既济，太宗深赞美之。"

（二十四）孟津浮桥

孟津上下津渡极密，有时误以为一，实际上位置不同，有的有桥、有的无桥。

1．小平津

《水经注·河水五》："河水又东，迳平县故城北……王莽之所谓治平矣，俗谓之小平也。"《后汉书·灵帝纪》记："中平元年（184）三月……置八关都尉官。"根据《通鉴》，那八关是："函谷、太谷、广城、伊阙、轘辕、旋门、小平津、孟津。"由西而东，小平津居孟津上游。孟津有桥，小平津未见有造桥的记录，但仍是重要的关隘渡口。

《通鉴·汉纪五十一》载，灵帝中平六年（189）："何进……使武猛都尉丁原将数千人寇河南，烧孟津，火照城中。……八月庚午，张让、段珪等困迫，遂将帝与陈留王数十人步出榖门（雒阳城正北门）夜走小平津。"孟津附近已烧，故至小平津，两者的距离是很近的。

2. 孟（盟）津浮桥

《水经注·河水五》记："河南有钩陈垒，世传八百诸侯所会处……有盟津之目。"

《史记·周本纪》记："九年（公元前1126）武王……东观兵，至于盟津。……是时，诸侯不期而会盟津者八百。""十一年十二月戊午，师毕渡盟津。"根据《孟县志》："钩陈垒在县西南四十里。"《水经注》接着说："故孟津亦曰盟津，《尚书》所谓东至于孟津者也，又曰富平津。杜预造河桥于富平津，所谓造舟为梁也。"孟津即盟津，可不是富平津。

公元189年丁原烧孟津，火光蠋天，可能烧的是孟津渡侧城关民居，亦可能烧浮桥，以前者的机会较多，因为浮桥在后。《晋书·荷健载记》有："起浮桥于盟津以济，既济焚其桥。"《通鉴》记时在永和六年（350）

（二十五）富平津浮桥，河阳浮桥（附洛水浮桥）

1. 富平津浮桥

《晋书·杜预传》说："预（字元凯）又以孟津渡险，有覆没之患，请建河桥于富平津。（可见二津有别）议者以为殷周所都，历圣贤而不作者必不可立故也。预曰，造舟为梁，则河桥之谓也。及桥成、帝从百僚临会，举觞属预曰，非君，此桥不立也。对曰，非陛下之明，臣亦不能施其微巧。"《晋书·武帝纪》记："泰始十年（274）九月，立河桥于富平津。"

可见西晋时，黄河上游的古浮桥，诸如逢留河大航、北河桥、蒲津浮桥等都已不存在或暂时间断阶段，杜预便根据历史记载造了富平津浮桥。杜祐称富平津在河阳县南。《洛阳市交通志》记："富平津浮桥故址位于今河南洛阳市孟津老城，扣马村北三公里，与孟县南九公里的黄河上。"

富平津在孟津的下游。孟津河狭，所以湍急，富平津河宽，且有中潬，水比较平易、杜预所建正是师法蒲津浮桥式的双流对出的曲浮桥。

桥处于攻守之要，杜预建成后不过30年，此桥已无。太安二年（303）陆机带兵从河北到河南，造的是用石鳖的直浮桥。兵败。一介书生"陆机著辨亡之论，无救河桥之败。"

2. 河阳浮桥

南北朝后至唐代名为河阳浮桥。

《方舆类纂》载："河阳城在今怀庆府孟县西南三十里，即汉河阳县。古曰孟津、亦曰盟津，周武王济师于此，因谓之武济，亦曰富平津（亦把孟津混同于富平津）。都道所辏，古今津要也。晋泰始中，杜预以孟津渡险，建桥于富平津。北魏太和十七年（493）命作河桥。河北侧岸有二城相对，置北中郎府戍守之，因谓之北中城。"事亦见《水经注》。

《北史·魏本纪》考文帝太和十七年"六月……帝将南伐，诏造河桥。"

《通鉴》胡三省注"北中城即今河阳城"。又"河阳本属怀州。（唐高宗）显庆二年（657）分属河南府。城临大河，长桥架水，古称设险。此城后魏之北中城也。东西魏兵争，又筑中潬（城）及南城，谓之河阳三城。"

《三城记》载："河阳北城，南临大河，长桥架水，古称设险。南城三面临河，屹立水滨。中潬城表里二城，南北相望。黄河两派、贯于三城之间。每秋水泛溢、南北二城皆有濡足之患，而中潬屹然如故。自古及今，尝为天造之险。”这是一座和蒲津浮桥相似的南北双桥，“屈而且抱”的曲浮桥（图 7-49）。

河阳浮桥密迩京师，形势重要，三城扼桥。每遇战争一起，或控城守桥或攻城并从河上焚桥。

梁武帝大通二年（530），尔朱氏扼守三城，李苗“募人从马渚上流乘船夜下，去桥数里，纵火船焚河桥。”

大同九年（543）东西魏之战，东魏守三城，西魏攻城不下，“纵火船于上流以烧浮桥”；西魏“以小艇百余，载长锁，伺火船将至，以钉钉之，引锁向岸，桥遂获全。”

太建七年（575），周主“拔东西二城（北中城），纵火焚河桥，桥绝。”

唐·武德三年（620），断河阳南桥。天宝十四年（753）安禄山反，又断河阳浮桥。安禄山死，东都恢复。肃宗乾元二年（759）史思明反，郭子仪守河阳浮桥以保东京。“冬十月，史思明攻河阳……列战船数百艘，泛火船于前而随之，欲乘流烧浮桥。光弼先贮百尺长竿数百枚，以巨木承其根，毡裹铁叉置其首，以迎火船而叉之，船不得进。须臾自焚尽。又以叉拒战船，于桥上发砲石击之，中者皆沉没，贼不胜而去。”唐·乾符四年（884）黄巢兵起，“河桥不完。”后唐·清泰三年（936）断河阳浮桥。……事均见《通鉴》。

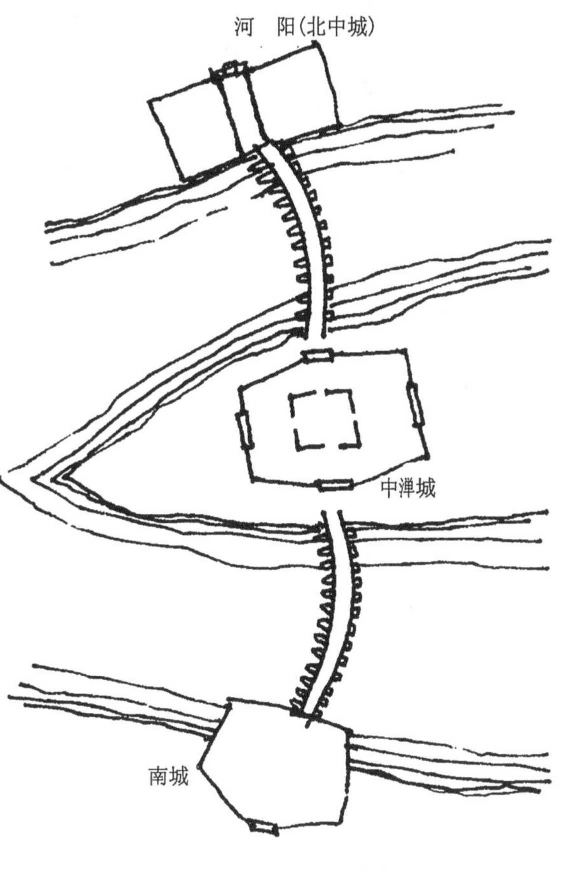

图 7-49　河阳浮桥三城示意图

宋时河阳浮桥仍在，并设河阳三城节度使。宋金战争，陈尧叟建议撤浮桥，河阳亦在其内。《宋史·河渠志》记政和七年（公元 1117 年）：“六月癸酉，都水使者孟扬言。旧河阳南北两河分流，立中潬，系浮梁。顷缘北河淤淀，水不通行，止于南河修系一桥，因此河项窄狭，水势冲激，每遇涨水，多致损坏。欲措置开修北河，如旧系南北两桥。从之。”

河阳浮桥不知于何时完全断绝。

3. 洛水浮桥

洛阳古便称都。

《史记·周本纪》：“成王在丰，使召公复营洛邑（时在公元前 1102 年），如武王之意。周公复卜申视，卒营筑，居九鼎焉。曰，此天下之中，四方入贡道里均。”这便是成周，即东都。

《唐六典》记洛阳：“洛阳都城，隋大业二年（元 606），诏杨素、宇文恺移故都创造。南直伊阙之口，北依邙山之塞，东出瀍水之东，西逾涧水之西。洛水贯都，有河汉之象焉……。”唐在隋城的基础上，以洛阳为东都。宋都汴梁，为东京，以洛阳为西京。

洛水穿城而过。在洛水之上，有几座重要的浮桥。

（1）洛水永桥

《初学记》记：“魏晋以前，跨洛有浮桥。”①

《洛阳伽兰记》：“宣阳门外四里至洛水上作浮桥，所谓永桥也。神龟中（518～519）……南北两岸有华表，举高二十丈（约 59 米）华表上作（金）凤凰，似欲冲天势。”元《河南志》所记相同。

《方舆纪要》载：“汉有洛水浮桥，在故洛阳城南五里。司马谋诛曹爽，兵屯洛水浮桥处。”②

永桥桥址，在今河南偃师县西大郊村东。

（2）洛水天津桥、皇津桥

《隋书·炀帝纪》记大业元年（605）：“三月丁未，诏尚书令杨素，纳言杨达，将作大匠宇文恺营建东都。”而《隋书·宇文恺传》称：“恺揣帝心在宏侈。于是东京制度，穷极壮丽。”洛水贯都有河汉之象，所以桥名天津。

《元和志》记：“天津桥在河南县北四里，隋大业元年初造。以铁锁维舟钩连。南北夹路对起高楼，其楼为日月来胜之象。”桥于皇城端门外正南 320 步（约 470 米），跨水长 130 步（约 190 米）。

《通鉴·隋纪七》恭帝义宁元年（617）：“（李）密遣裴仁基、孟让帅二万余人袭回洛东仓，破之，遂烧天津桥。”

《元和志》又记：“贞观十四年（640）更令石工累方石为脚。”即改为石墩木梁桥。所以这座浮桥才存在 35 年。

皇津桥在天津桥南，直接天津桥，位于皇津渠上，与天津桥同一时间架设。桥阔（长）40 步（约 60 米），可随时开合，以便隋炀帝龙舟和楼船入宛。开元二十年（732），改建天津桥时，拆毁皇津桥与天津桥合为一桥。

唐·李白《忆旧游寄谯郡元参军》诗道：“忆昔洛阳董糟邱，为余天津桥南造酒楼。黄金白璧买歌笑，一醉累月轻王侯。”天津桥畔，扁植垂柳。雍陶诗：“津桥春水浸红霞，烟柳风丝拂岸斜。”景色绝佳。

（3）隋永济桥

隋·大业三年（607）建于寿安县城西 17 里处的洛河上，即今河南宜阳东苗村和李营之间。唐·贞观八年（634）重修，造舟为梁。长 45 丈 5 尺（约 132 米）广 2 丈 6 尺（约 7.6 米）。后改为石柱木梁桥。《唐六典》记：“天下石柱之梁四·洛三灞一。洛则天津、永济、中济；灞则灞桥。”

---

① 《初学记》卷第七，第 156 页。

② 《读史方舆纪要》卷四十八，第 2048 页。

(4) 唐·孝义桥

《唐六典》又记:“天下造舟之梁四,河三洛一;河则蒲津,太阳津,盟津;洛则孝义。举京都之冲要也。”故址在今河南巩县黑石关渡东北五里。

(二十六) 延津浮桥

《水经注疏》称:“今延津县西,东北至滑县之地,其间有灵昌津、及棘津、石济津、南津之称者。盖延津其总名,余乃随时随地变名耳。”今天的黄河已在其南。这里说的是延津一段黄河故道上的津渡桥梁。

1. 灵昌津(飞桥)浮桥

灵昌津由冰桥而著名,其间曾想造浮桥不成。

《晋书·石勒载记》记石勒曾多次过延津。“咸和三年,改元曰太和(328)……石勒统步骑四万赴金墉,济自大堨。先是流澌风猛,军至,冰泮清和。济毕,流澌大至。勒以为神之助也,名曰灵昌津”。可是《元和志》记:“延津即灵昌津,在灵昌县东北二十二里。初,石勒伐刘曜,至河渚不得渡。时流澌下流,因风结冰。济讫泮(冰解)。”说法不一。灵昌津曾结冰桥。

后赵石虎字季龙,废石勒子弘自立。晋·咸康二年,即后赵建武二年(336)将洛阳铜钟等移到邺(安阳),因一钟落入黄河。于是《晋书·石季龙载记》载:“又纳解飞之说,于邺正南,投石于河,以起飞桥。功费数千亿万,桥竟不成。役夫饥甚,乃止。”《十六国春秋·后赵录》系于建武十年。

《通鉴·晋纪十九》康帝建安二年(344):“赵王(石虎)作河桥于灵昌济。采石为中济。石下,辄随流,用功五百余万而不成。虎怒,斩匠而罢。”

石虎素好功,抛石造中济,是因为黄河下游河面太阔,单孔浮桥桥跨太大,想效法蒲津、河阳一样设一个人工的中潬,不是造飞桥而是造浮桥,但终于不成。

400多年后,《通鉴·唐纪三十三》玄宗天宝十四载(755):“丁亥,安禄山自灵昌渡河,以絙约败船及草木横绝河流。一夕,冰合如浮梁。”又是一座冰桥。

2. 棘津、石济津、南津

《水经注》记河水“又东,过燕县北,淇水自北来注之。河水于是有棘津之名,亦谓之石济津,故南津也。”《元和志》载:“黄河西自新乡县流经汲县南,去县七里,谓之棘津,亦谓之石济津。”

《北齐书·杨斐传》记斐“除廷尉少卿,石济河溢坏桥,斐修治之,又移津于白马。中河起石潬,两岸造关城,累年乃就。”时在东魏兴和年间(539～542)。

(二十七) 滑州浮桥

滑州津渡,诸多异称。

1. 韦津、鹿鸣津、白马津、黎阳津、天桥津

《左传·襄公二十四年》(公元前549)载:“白马县东南有韦城。”郦道元称:“故津亦有韦津之名。”

《竹书纪年》记周显王十一年(公元前358)有“郑鹿城”。《水经注》称:“即是城也……又谓之鹿鸣城……济取名焉,故亦曰鹿鸣津,又曰白马济。”

《通鉴·汉纪一》记："高帝二年（公元前205）八月，将军刘贾、卢绾，将卒二万人，骑数百、渡白马津。……郦生又说汉王……守白马之津。"胡三省注："河水自黎阳遮害亭而东北流，迳黎阳县南。河之西岸为黎阳界，东岸为滑台界，其津口为白马津。"《元和志》称："黎阳津一名白马津。"

《晋书·慕容德载记》："隆安二年（398）乃率户四万，车二万七千乘，自邺将移于滑台。遇风船没，魏军垂至，众惧，议欲保黎阳。其夕，流澌冻合，是夜济师。旦，魏师至而冰泮，若有神焉，遂改黎阳津曰天桥津。"这亦是一座冰桥。

北齐时杨斐移石济浮桥于此，并起中潬成双桥。

宋·元丰中曾在白马津系就临时性的浮桥以迎契丹北使，事详见下。

2. 滑州浮桥

滑州建浮桥见于《元和郡县志·河北道一》。东魏武定五年（547）高澄曾于此建浮桥，乃南北朝间临时性的军事措施。

《长编》卷三百十五载，宋神宗元丰四年（1081）"八月己巳……诏白马县复为滑州，隶京西，系浮梁，葺城垒。宜得幹剧之人，以朝请大夫周革知州……加速办，无扰。"可是周革计划庞大，花钱过多。同年九月："已丑。新知滑州朝请大夫周革，乞出京师钱三二十万缗，修滑州浮桥及城。于开封府界、京西、河北三路差兵。诏。昨曹村河决，值北使至，已尝于白马权系桥，专委将作监，绝不费力。今滑州修系工力，宜与前后不殊。今周革陈乞事目，甚多滋张，必难委以办事。可差降授朝请郎俞希旦知滑州，革依旧知陈州。"不久成。《玉海》卷一二七，系之于是年十一月十六日。

桥成后三年，《宋会要》记："（元丰）七年（1084）七月二十二日，滑州言，齐贾下埽，河水涨坏浮桥。诏范子渊相度以闻。后范子渊言：相度滑州浮桥移次州西。两岸相距四百六十一步。南岸高崖，地杂胶淤，比旧桥增长三十六步半。诏子渊与京西、河北转运司、滑州，同措置修筑。"

从这一记录得旧桥长424.5步（步5尺，尺0.31米，约合658米）；新桥461步（约合715米）。东魏白马津浮桥有石中潬，此滑州浮桥，未曾说起。若无中潬，如此单跨可称为黄河浮桥中的最长者。

《通鉴·宋纪九十二》载哲宗绍圣元年（1094）"十二月丙戌，滑州浮桥火。"《宋会要》记绍圣二年"六月三日，详定重修。"《宋史·河渠志》徽宗崇宁五年（1106）"二月，诏滑州系浮桥，于北桥仍筑城垒，置兵守护之。"三年后，徽宗大观三年，《宋会要》称："十月七日，尚书度支员外郎王革言，滑州比年以来修整浮桥所费工力物料万数浩瀚。每岁虏使到河，或不及事，或仅能了当，致一一上烦朝庭措置。乞昭都水监与滑州通利军当职官，于沿流上下，从长相视同状指定可系桥去处，权暂系桥，水涨辄拆，以备后用。或令河北京西路转运司，相度增五宿顿，使虏使由孟津趋阙下。"可见这一桥址尚不够理想。桥跨过长，年年修整费力，还在相度桥址。而契丹使臣，本可由此就近到开封，如遇桥未能通行，得多走五天，绕道上游孟津浮桥过河，再回头下开封。

《宋史·河渠志》记："政和四年（1114）都水使者孟昌龄言，今岁夏秋涨水，河流上下并行中道（水流在河中间，桥受力均匀），滑州浮桥不劳解拆，大省岁费。诏许称贺，官史推恩有差。"《宋会要》详细记载了尚书省讯问到底省了多少工料。孟昌龄报告："政和元年（1111）兵士一万余，工钱七万余贯。政和二年兵士三万余，工钱八万余贯。政和三年，兵士四万，工钱七万余贯。今岁不曾解拆，将前项三年折计减省兵士八万一千，工钱二十二万八千余贯。"为什么要三年合算，其说不详。不过一座浮桥，拆卸一次，年用工达到四万人，可谓大矣。可见滑州浮桥还不是理想的桥址，于是有大伾山浮桥。

（二十八）大伾山浮桥（天成、圣功桥）

《宋史·河渠志》记在大水时不拆滑州浮桥后接着说："昌龄又献议，导河大伾，可置永远浮桥。谓：河流自大伾之东而来，直大伾山山西而止，数里，方回南，东转而过。复折北而东，则又直，至大伾山之东亦止，不过十里耳。视地形，水势东西相值，径易，曾不十余里间。且地势低下，可以成河。倚山可为马头，又有中潬，正如河阳。若引使穿大伾山及东北二小山，分为两股而过，合于下流。因是三山为趾以系浮梁，省费数十百倍，可宽河朔诸路之役。"

可见这一建议乃开引水道，引一派河水穿过大伾山和二小山之间，造成又一蒲津、河阳的两派双桥，可以分缓水流、缩小桥跨，减少工程数量。所以政和五年（1115）六月，下诏道："凿山开渠，循九河既导之迹（像禹疏九河一样）；为梁跨趾，成万世永赖之功。役不逾时，虑无愆素。人绝往来之阻，地无南北之殊。灵祗怀柔，黎庶呼午。眷言朔野，爰暨近畿。畚锸繁兴，薪刍转移，民亦劳止，朕甚悯之……。"又诏："居山至大伾山浮桥属濬州（现浚县）者赐名天成桥；大伾山至汶子山浮桥属滑州者，赐名荣光桥。俄改荣光曰圣功。七月庚辰，御制桥名，摩崖以刻之。……是月、孟昌龄迁工部侍郎。"七年后，到宣和四年（1122），"水坏天成圣功桥。"经化工十五万七千八百后修复，"令累经涨水无虞。"《通鉴·宋纪九十二》于钦宗靖康元年（1126）："正月戊辰，金、宗弼取汤阴，攻濬州……南岸守桥者烧断桥缆，陷没凡数千人。"光宗绍熙五年（1194）"南渡后，地入于金，河始离濬滑故道，时有决溢。至是，河决阳武……汲胙之间，河流遂绝。"此桥存在约八十年。

（二十九）杨村浮桥（不详）

（三十）德胜浮桥

澶州在汉是顿丘县，唐置澶州，五代后晋移治德胜寨。《宋史·地理志》河北东路开德府"本澶州……县七、濮阳……。"在今河南濮阳县南，其古渡口旧称胡良渡。在这一段河上建造过若干浮桥。

《通鉴·后梁纪五》载："贞明四年（919）春正月辛巳……晋李存審于德胜南北筑两城，而守之。……夏四月……（梁）贺环攻德胜南城百道俱进。以竹笮联艨艟十余艘，蒙以牛革，设睥睨战格如城状，横于河流以断晋之救兵使不得渡。晋王自引兵驰救……选效节敢死士得三百人……使操斧者入艨艟间，斧其竹笮，又以木罂载薪（《旧五代史》记为"取瓮数百用竹笮维之，积薪于上，灌以脂膏、火发亘空"），沃油燃火，于上流纵之。随以巨舰实甲士，鼓噪攻之。艨艟既断，随流而下，梁兵焚溺者殆半，晋兵乃得渡、环解围走。"这似乎还不是一座浮桥而是多船战舰。又载："八月，……贺环卒，以开封尹王瓒为北面行营招讨使……自黎阳渡河至顿丘，于（德胜）上游十八里杨村夹河筑垒，运洛阳竹木造浮桥，自滑州馈粮相继。晋蕃汉马步副总管，振武节度使李存进亦造浮梁于德胜。或曰，浮梁需竹笮，铁牛，石囷，我皆无之，何以能成？存进不听。以苇笮维巨舰，系于土山巨木，逾月而成，人服其智。”此处同时敌对双方，相隔18里有两座浮桥。德胜浮桥之所以能用苇笮，必是水浅流缓的时候。

后来德胜浮桥曾改为永久性的铁链浮桥。

《通鉴·后唐纪》庄宗同光元年（923）：“梁主召问王彦章以破敌之期。彦章对曰三日，左右皆失笑。彦章出，两日驰至滑州（大梁开封至滑州210里）。辛酉，置酒大会。阴遣人具舟于杨村。夜命甲士六百，皆巨斧。载冶者具鞴炭，乘流而下。会饮尚未散，彦章阳起更衣，引精兵数千，循河南岸趋德胜。天微雨，朱守殷不为备。舟中兵举锁烧断之，因以巨斧斩浮桥，而彦章引兵急击南城。浮桥断，南城遂破。”

《通鉴·后晋纪三》载，高祖天福六年（941）“二月壬辰，作浮梁于德胜口。”

（三十一）澶州浮桥

澶州浮桥是德胜浮桥的后身。

胡三省注德胜：“唐澶州治顿丘县。自筑德胜南北城，及（后）晋天福三年（938），遂移澶州及顿丘县于德胜，以防河津，惧契丹南攻也。宋·景德澶渊之役犹在德胜。熙宁以来澶州治濮阳，又非石晋所移之地。

《长编》卷五十八记宋真宋景德 元年（1004），金侵北宋，“契丹抵澶州北。……丙子，车驾……次南城……将止焉。寇准固请幸北城。……高琼亦固请……即麾卫士进辇，上遂幸北城。至浮桥，犹驻车未进。琼乃执挝筑辇夫辈。……上乃命进辇。既登北城门楼……诸宋守军皆呼万岁。”后与辽人相盟，便是著名的澶渊之役。

此时澶州实即德胜。

因为澶州浮桥乃南北重要通道，宋朝在该浮桥作过若干改进。如前记大中祥符八年（1015），天圣六年（1028）改澶州浮桥为通航浮桥。嘉祐二年（1057）澶州浮桥坏，旋即修复。此时，河北已为契丹所据，仅澶州浮桥北岸仍在宋军手中。

《长编》记徽宗熙宁八年（1075）沈括上奏说：“河北阻于大河，惟澶州浮梁属于河南。契丹或下西山之材为桴，以火河梁，则河北界然援绝。括请设火备，无使奸火得发。”于是《宋会要》记是年“八月八日，诏澶州制造吴舜臣所造护浮桥铁叉竿。”

1194年黄河南移。此桥自然消亡。

（三十二）杨刘浮桥

《旧五代史·唐纪·庄宗》记庄宗李存勗于即位之前晋梁之间的战争：同光二年（924）“五月辛酉……（梁军）断德胜之浮桥，攻南城陷之。帝（庄宗）命中书焦彦宾驰至杨刘，固守其城。令朱守殷撤德胜北城屋木攻具，浮河而下，以助阳刘。……巳巳（梁）大军攻阳刘。”后庄宗胜梁，但正史未见在杨刘造桥事。宋·江少虞《皇朝类苑》引杨文公《谈苑》说：“有司岁调竹索以修河桥，其数至广。（宋）太宗曰：‘渭川竹千亩，与千户侯等。河渠之后，岁调寖广，民间竹园，率皆芜废，为之奈何？’吕端曰：‘芟苇亦可为索，后唐庄宗自杨刘渡河为浮梁，用苇索。’上然之。分遣使臣，诣河上刈苇为索，皆脆不可用。遂寝。庄宗渡河，盖暂时济师也。”这一记载，可能是德胜浮桥之误，但宋离后唐较近，也许杨刘亦曾用过芰苇索浮桥。

（三十三）碻磝津浮桥

碻磝津亦作硚硗津。

黄河自滑县东北60余里后的长寿津以下，秦汉之际已经摆动乱流。南北朝时还记载有一座浮桥，在今山东·茌平附近黄河古道上。

《通鉴·晋记八》载，永嘉四年（310）“汉安北将军赵固，平北将军王桑……及自硚硗津渡。”《通鉴·宋纪六》载，文帝元嘉二十二年（445）“十一月，魏发冀州民造浮桥于碻磝津。”

黄河自此以下入海，且河道变迁，桥梁难建。

第四节　长江上浮桥

一　长江概述

长江源远流长，在中国为第一，世界居第三。古时以岷江为长江主源。《山海经·海南东经》称：“大江出汶山。”《元和志》称：“汶山即岷山。”而《禹贡》说：“岷山在西徼外，江水所出。”现以金沙江为长江主源。江出青藏高原唐古拉山主峰，格拉丹冬雪山，流经四川盆地为金沙江。合雅龙江、安宁河、大渡河、岷江、沱江、嘉陵江、黔江等到奉节入三峡。于宜昌进入江汉平原。合清、沮、漳、沣、沅、湘、汉诸水。到鄱阳江口东流，汇入九派，从长江三角洲流入大海。自源头至湖北宜昌，称为上游，长约4500公里；自宜昌到鄱阳湖入江处湖口为中游；自湖口至出海口为下游。中下游共长1800公里。总长6300余公里。上游高峻流急，中下游平旷婉曲，江面辽阔。

长江最上游在青海、西藏境内。

《一统志》记：“金沙江古名丽水，一名神川，一名犁牛河。今番名木鲁乌苏，一名布赖楚河，又名巴楚河。”

为了弄清这一段河流上的古桥，不得不先了解一下古代入藏道路。

清·顾复初《西藏图考》称：“川、陕、滇入藏之路有三，惟云南中甸之路，峻巇重阻、故军行皆由四川青海二路，而青海路亦出河源之西。未入藏前，先经蒙古草地1500里，又不如打箭炉内皆腹地，外皆土司，故驻藏大臣往返，皆以四川为正驿。”

所称“河源之西”的青海路，乃经青海格尔木，穿过柴达木盆地的道路。此路涉江在最上游，水浅无桥。青海入藏，唐代从兰州转入河西走廊，由西宁（唐为鄯州）穿过河源的道路，为文成和金城公主所经由。在玛多跨过河源，再从玉树过长江最上游的牦牛河。

顺流而下，长江上诸桥见图7-50（见插页）和表7-3

表 7-3　长江诸桥名称、桥式年代表

序号	桥　名	桥式	始建年代	序号	桥　名	桥式	始建年代	序号	桥　名	桥式	始建年代
1	玉树藤桥	索	641		横江铁锁	索	904 1264 1371	13	白鹿矶浮桥	浮	1260
2	竹巴龙济渡	不详		8	西陵镇峡	索	272 553	14	樊口浮桥	浮	897
3	桥头塘浮桥	浮	1720		安罗城桥	索	570	15	田家镇浮桥	浮	1854
4	泸水浮桥	浮	225	9	五道锁江	索	588	16	九江湖口浮桥	浮	元前 965 1275
5	成都浮桥	浮	37	9	虎牙浮桥	浮	33	17	池州浮桥	浮	1275
	乐山浮桥	浮	1173	10	江陵浮桥	浮	224	18	东西梁山浮桥	浮	624
6	蔺市浮桥	浮	元前 377	11	武汉浮桥	浮	1852	19	采石浮桥	浮	974
7	夔门浮桥	浮	904	12	青山矶浮桥	浮	1259				

二　长江诸桥

（一）玉树藤桥

《新唐书·地理志》叙唐时入藏路线，自鄯城（今西宁）以南为："石堡城……西二十里至赤岭……九十里至莫离驿。又经公主佛堂、大非川。二百八十里至那录驿。吐（蕃）吐（谷浑）界也。又经暖泉，烈漠海。四百四十里渡黄河。又四百七十里至众龙驿。又渡西月河。二百一十里至多弥国西界。又经犛牛河，度藤桥。"即在今玉树附近，仍有座藤索桥。

（二）金沙江竹巴龙济渡（附雅龙江浮桥）

中路由四川入藏。清·盛绳祖《入藏程站》记："自成都出发，经双流、新津、雅安、荥经、泸定、卧龙石、中渡（过雅龙江），夏秋以舟渡，冬春则列船为浮桥。皮船逐浪上下，望之如水中凫。西俄洛、理塘、巴塘、竹巴笼（渡金沙江）……。"其渡雅龙江为皮船浮桥，渡金沙江则未见叙述。

康熙辛丑（1721）陕西泾阳知县焦应旂自西藏归来，《藏程纪略》记："至剪子湾而下，及磨盖中，渐下抵雅龙江盖约百余里云。江水碧清而溜，两岸岩石甚险，难以舟渡。有大船数只横其中，掩大板作浮桥。车马往来，殆若坦途……过泸定。"皮船浮桥已换成舟桥。

（三）桥头塘浮桥

从云南入藏，自大理往北，经剑川，到阿喜里摆渡过金沙江，经中甸，在桥头塘处过金沙江浮桥。

《清史稿·圣祖纪》记："五十九年（1720）二月癸丑，命噶尔弼为定西将军，率四川、云南兵进藏。……云贵总督蒋陈锡，巡抚甘国璧以馈饟后期，褫职，仍令运米入藏。”其进藏的路程见其随员杜昌丁《藏行记程》所记：“五月初四日五鼓束装，天明早镫，行五十里至阿喜渡口。……初五，渡金沙江浮桥。”归程“六月初二崩子栏启行……二十日守桥者报桥成。二十三日五更结束，沿江行五十里至桥头。”去程中在澜沧江过浑脱浮桥。

（四）“五月渡泸”（附大渡河浮桥）

金沙江在雪山和云岭（罗钧山）之间夹而南流。到石鼓又急转向北流，沿玉龙山到永宁西，无量河汇入，急转向南。这段金沙江古称淹水。至鸡足山转而东流。到渡口三堆子，雅龙江（古称泸水）和安宁河（古称孙水）汇入，又折而向南到金沙江（地名），转东和东北流，这段金沙江古称泸水。于是有雅龙江的泸水和金沙江的泸水之分。

《三国志·蜀后主》载，建兴三年（225）春三月“丞相亮南征”。诸葛亮《前出师表》称：“故五月渡泸，深入不毛。”在何处和以何种方式渡泸都无记载。

《四川通志》说：“孔明渡泸乃今之金沙江，在滇蜀之交。一在武定府元江驿，一在姚安之左郤（都是云南地名）。据沈黎志，孔明所渡当在今之左郤。”

诸葛亮征南，自成都出发所走的道路，基本上乃汉·司马相如通西南夷的路。即由成都，经雅安、荥经、汉源（过大渡河）、西昌（古越嶲），沿西宁河（古孙水）、会理，南过金沙江。

唐·李吉甫《元和志·越嶲县》记：“泸水在县西百一十二里。诸葛亮征越嶲，上疏曰：‘五月渡泸，深入不毛。’谓此水也。”显然以为是在雅龙江。李吉甫接下说当年土人用可坐七八人的皮船过江，是不是意味着孔明渡泸也用此工具？

今两说并存，唯以前说为更大的可能。

“南夷道”的北段越过今四川石棉至汉源边的大渡河上，曾是兵争要地，多次建有浮桥。

《新唐书·南诏传》记：“坦绰复寇蜀，絙舟大渡河以济，为刺史黄景复击却之。”《通鉴·唐纪八十六》记之甚详：“乾符元年（874）十一月，南诏寇西川，作浮梁济大渡河。防河都兵马使，黎州刺史黄景复，俟其半济击之。蛮败走，断其浮梁。蛮以中军多张旗帜当其前，而分兵潜出上下游各二十里，夜作浮梁。诘朝，俱济，破诸城栅。……景复阳败走……乃发伏击之。……追至大渡南而还。复修完城栅而守之。蛮归，至之罗谷，遇国中发兵继至，新旧相合，……复寇大渡河。与唐夹水而军，诈云求和，又自上下流潜济。……景复不能支，军遂溃。……南诏乘胜陷黎州，入邛崃关，攻雅州。”《南诏野史》记乃南诏世隆所部署。

南诏北上攻大渡河，必得先过金沙江。且在大渡河上五次搭浮桥，如此快速而容易，因此，极有可能是皮船或浑脱浮桥，并也许是先用之于金沙江，后用之于大渡河。是不是汉、唐之际，大渡河、安宁河、金沙江都通用这样的渡河工具？实属可能。

《通鉴·后梁纪四》载，乾化四年（914）“十一月乙已，南诏寇黎州，蜀主以夔王宗范……又败之于大渡河……蛮争走度水，桥绝，溺死者数万人。宗范等将作浮梁济大渡河攻之，蜀主召之令还。”

宋初，南诏曾在宋版图之外。建隆二年（961），王全斌平蜀，欲取云南，绘图呈进。宋太祖以玉斧画大渡河曰，此非吾有也。由是段氏据南诏，与中国道绝。然《长篇》卷二十三记："太平兴国七年（981）三月丁末，诏黎州造大船于大渡河，以济西南之朝贡者。"这次所造乃舟桥。

元·忽必烈征云南，亦走这一条路线。《元史·世祖本纪》记元宪宗癸丑（1253）世祖于"冬十月丙午过大渡河，又经山谷二千余里，至金沙江，乘革囊及筏以渡。……其地在大里北四百余里。"

（五）岷江成都浮桥，乐山浮桥

金沙江又东到宜宾，岷江水来合。

《水经注》以岷江为江水主流，称："岷山导江，泉流深远，盛为四渎之首……江水又东，迳成都县。……（东汉时吴）汉自广汉乘胜进逼成都，与其副刘尚南北相望，夹（岷）江为营，浮桥相对。"《后汉书·公孙述传》《吴汉传》都记其事。时在建武十二年（37）春。

岷江下流到乐山，汉为南安，宋为嘉州。大渡河、青衣江来合。陆游于宋·乾道九年（1173）初冬，造竹筏浮桥于此。事见筏(栰)浮桥一节。

（六）涪州蔺市浮桥（附嘉陵江三浮桥）

自宜宾以下，江称长江，而流经四川境内的长江，统称川江。

长江到泸州，沱江之水来合。长江到重庆，其主要支流嘉陵江，在合川汇合涪江、渠江后，流入长江。

嘉陵江上有三座重要的古浮桥。

1. 昭化桔柏津浮桥

桥在四川广元（古利州）以南，古川陕通道金牛道上。《读史方舆纪要》记："桔柏渡，在（昭化）县东三里，即嘉陵江·白水江（白龙江）合流处。地多桔柏，因名。"估计在秦蜀道栈道后便有渡口，有时为浮桥。天宝十四载（755）玄宗避蜀，众官在利州候驾，再过此桥。数年后杜甫过此，有《桔柏渡》诗写道："青冥寒江渡，架竹为长桥，竿湿烟漠漠，江水风萧萧。连笮动袅娜，征衣飒飘飘。急流鸨鹢散，绝岸鼋鼍骄。……"竹桥而有笮，不称造舟，但提到鸨鹢、鼋鼍，作为架竹，竿湿浮体的形象思维，可见是竹筏浮桥。

《通鉴·后唐纪三》载，庄宗同光三年（925）"十一月戊戌，李绍琛到利州，修桔柏浮梁。"

桔柏津处于兵争要道，时常浮桥被焚。到清代时，《四川通志》载："桔柏渡古名桔柏津旧设站。船二只，身长六丈（19米）阔六尺（1.9米），定例三年小修，五年大修，十年拆造。"[①] 已是渡船过河。

2. 剑门来苏浮桥

宋初王全斌取蜀。《续通鉴·宋纪四》记乾德二年（964）："追（蜀兵）到利州北，（蜀将）王昭远等遁去，渡桔柏津，焚浮梁，退保剑门。……王全斌等自利州趋剑门，次益光。以剑门天险，会议进取之策。……得降卒言，益光江东越大山数重，有狭径，

① 《四川通志》卷三十一。

名来苏，蜀人于江侧置栅，对岸可渡，自此出剑门南二十里。”这便是从侧面迂回敌后，两面夹攻的战术。于是“全斌等……趋来苏，跨江为浮桥以济，……遂取剑州。”此即来苏浮桥。

3. 南充浮桥

四川南充嘉陵江有浮桥。《四川通志》载：“浮桥在县东北塔寺渡。明·嘉靖中知府沈侨造。”明·任瀚《浮桥记》：“嘉陵江出剑南军，负果州东郭而下望之，涛瀵张天，名漱玉滩者，又荆、吴、梁、益通津。中流齿齿多怪石。夏秋水盛时，石隐不见，漫然且成安流。至霜降水落，则乃冲薄震荡，槎牙怒号。……嘉靖癸丑（1553）太守……植华表相对峙，贯以竹绚（索），系横江舫百数十艘，版其上，施籧篨（jù chú，竹席）为阁道以通舆马往来。”①

嘉陵江合长江后，长江又下到涪陵，黔江从南来合。

《续通鉴·宋纪一七五》记开庆元年即蒙古宪宗九年（1259）：“蒙古主……命札刺造浮梁于涪州之蔺市。”蔺市在涪陵西上游约20公里处。

其实这一江面是长江上巴楚相争时的扼江关口之一。《华阳国志》记：“巴、楚数相攻伐，故置扞关·阳关·沔关。”《水经注·江水一》：“江水东迳阳关巴子梁。江之两岸，犹有梁处，巴之三关，斯为一也。”《括地志》和《明史·地理志》都注在涪州西。

《史记·楚世家》记：“肃王四年（公元前377）蜀伐楚，取兹方。于是楚为扞关以拒之。”假如三关建于同时，则年代可据此确定。《水经注》还叙述更早的巴国廪君名务相的传说中的神话故事，舍而不取。

“江之两岸，犹有梁处”可以解释为系浮梁的处所。因此，蒙古主在蔺市造浮桥不是随便选择，而是阳关古浮梁的再现。

（七）夔州锁江与浮桥

杜甫诗道：“众水会涪万，瞿唐争一门。”长江经涪陵、万县，流到奉节，将入三峡中的第一峡瞿唐峡。因地属古夔国，所以州为夔州，峡为夔门。

奉节白帝城外瞿唐峡口，正对滟滪堆（50年代已炸去）。瞿唐门口有千余米高的赤甲山和白盐山。晋·郭璞《江赋》喻之为：“绝岸万丈，壁立赧（nǎn，红霞）驳（bō，青白色马）。”夔门素称天下之雄，便是巴楚三关之一的扞关（捍关），亦称江关所在。任乃强（华阳国志校补图注）称：“鱼腹县……巴楚相攻，故置江关，旧在赤甲城，后移江南岸，对白帝城故基。”当年仅有关名，如何守关，未见其详。后有锁江。锁江以铁链，或为悬索，或为浮桥。

《通鉴·唐纪八十一》载唐昭宗天祐元年（904）“忠义节度使赵匡凝，遣水军上峡攻王建夔州（赵匡凝以襄阳之甲窥夔门，泝流而攻，故曰上峡）。知渝州王宗阮等击败之。万州刺史张武，作铁絙绝江中流、立栅于两端，谓之‘锁峡’。”

这一“锁峡”，既有浮桥又有独立的铁链。因《通鉴·后梁纪四》记均王乾化四年（914）“春正月……高季昌以蜀夔、万、忠、涪四州隶荆南，兴兵取之……季昌纵火船焚蜀浮桥。招讨使张武举铁絙拒之，船不得进……。”张武这一锁江铁链是过了10年之

① 《四川通志》卷三十一。

后才用上的。

《通鉴·后唐纪二》载，11年后，即庄宗同光三年（元925），“高季兴常欲取三峡，畏蜀峡路招讨使张武威名，不敢进。至是，乘唐兵势……自将水军上峡取施州。张武以铁锁断江路。季兴遣勇士乘舟斫之。会风大起，舟挂于锁，不能进退。矢石交下，坏其战舰。季兴轻舟遁去。”

《续通鉴·宋纪四》载乾德二年（964）：“刘光义等入峡路。……初，蜀于夔州锁江为浮梁，上设敌栅二重，夹江列炮具。光义等行，帝出地图指其处谓光义曰，泝江至此，切勿以舟师争战。当先遣步骑潜击之，俟其稍却，乃以战棹夹攻，可必取也。光义等至夔，距锁江三十里许，舍舟先夺浮梁，复引舟而上，遂破州城，顿兵白帝城西。”

宋太祖深知敌吾，以逆流上攻浮桥为不易。且敌方谨于江防，疏于陆道，没有在沿江两桥头筑却月城等古制，因此于陆上失浮梁。

《方舆类纂》记：“瞿唐即古夔川。……关城下旧有锁江二柱。唐·天祐初（904）王建于夔东作铁絙绝江中流，立栅于两端，谓之锁城。又南宋景定五年（1264）于白帝城之下设拦江锁七条，长二百七十九丈五尺（约87米），五千一十五股（每股0.12米）。又为二铁柱，各六尺四寸。”记载了宋代又一段锁江记录。

元明之际，《明通鉴·卷四》记洪武四年（1371）：“杨璟帅舟师进攻瞿唐。初，蜀人闻吾师将至，遣伪将莫仁寿以铁索横断瞿唐关口，又遣吴友仁、邹兴等益兵为助。北倚羊角山，南倚南城砦，凿两岸石壁，引铁索为飞桥（悬索桥），用木板置砲，以拒大军。璟攻瞿唐，分遣指挥韦权率兵出赤甲山以逼夔州。指挥李某出白盐山下逼夔之南岸，以攻南城砦。璟自督舟师……出大溪口。皆为仁寿、友仁等所遏，不得进。于是赤甲、白盐之师亦退还归州。”

六月，因明军从北路攻成都，守瞿唐精兵西撤，以老弱留守。明兵攻到“瞿唐关，飞桥铁索横亘关口，山峻水急，舟不得进。”明军乃遣数百人陆路潜入上游墨叶渡。于是“将士舁舟出江者，一时具发上游，扬旗鼓噪而下，遂会下游之师，前后夹击，大败蜀军。……乃乘胜焚其桥，断其横江铁锁。”

（八）西陵锁峡

三峡锁峡，除上游锁瞿唐峡口之外，下游锁于西陵。上游防下游之攻，则锁夔门，下游防上游之攻，则锁西陵。西陵峡亦是江三关之一。据《华阳国志》疑即沔关。

西陵狭处，仅八九十米，和瞿唐相仿佛。因此，锁江直接横铁链，不必浮体承托。

最早的西陵锁峡在晋初将灭吴时。《通鉴·晋纪一》武帝泰始八年（272）：“诏（王）濬罢屯田军，大作舟舰。……于是作大舰长百二十步（约长186米），受二千人。以木为城，起楼橹，开四出门，其上皆得驰马往来。……时作船木柹（fei，削下的木片）蔽江而下。吴建平（秭归）太守吴郡吾彦，取流柹以白吴主曰：‘晋必有攻吴之计，宜增建平兵，以塞其冲要。吴主不从彦乃以铁锁横断江路。’”两家各做了八年准备。

《通鉴·晋纪三》记武帝太康元年（280）：“春，二月戊午。王濬、唐彬击破丹阳监盛纪（此丹阳在秭归县东八里）。吴人于江碛要害之处，并以铁锁横截之。又作铁锥长丈余，暗置江中，以逆拒舟舰。濬作大筏数十，方百余步（约155米），缚草为人，被甲持仗，令善水者以筏先行。遇铁锥，锥辄着筏而去。又作大炬，长十余丈，大数十围，灌以麻油，在船前。遇锁，燃炬烧之，须臾融液断绝。于是船无所碍。庚申，浚克西陵。……壬戌，克荆门。”

这次锁江，在西陵峡中有数处之多。守之有力，攻之有法。结果是：“王浚楼船下益州，金陵王气憎然收，千寻铁锁横江底，一片降幡出石头。”导致晋的统一中国。

273年后，南朝梁·武陵王纪反蜀《南史·梁武帝诸子传》记元帝承圣二年（553）：“武陵王纪僭号于蜀……五月已巳，纪次西陵，军容甚盛。元帝命护军将军陆法和立二城于峡口，名七胜城，锁江以断峡。”纪攻绝铁锁。但仅一月后，因巴东民反而萧纪被王琳所斩。

又17年，太建二年（570）。《通鉴·陈纪四》记：“秋七月……癸酉……司空章昭达攻梁。梁主与周总管陆腾拒之。周人于峡口南筑安蜀城（原注：峡口，西陵峡口也。杜祐曰：安蜀城在夷陵郡界），横引大索于江上。编苇为桥，以度军粮。昭达命军士为长戟，施于楼船上，仰割其索、索断粮绝。因纵兵攻安蜀城，下之。”这是一座跨江竹索桥。

隋攻南朝陈。《通鉴·隋纪一》记文帝开皇九年（589）：“陈·荆州刺史陈慧纪，遣南康内史吕忠肃屯岐亭。（岐亭在西陵峡），于北岸凿岩，缀铁锁三条（南史作五条），横截上流，以遏隋船。……杨素、刘仁恩奋兵击之，四十余战。忠肃守险力争，隋兵死者五千余人……既而隋时屡捷……忠肃弃栅而遁，素除去其链。《隋书·杨素传》所记是“……素与仁恩登陆具发，先攻其栅。仲肃夜溃，除去其锁。”

根据《通鉴》、《五代史》等记载隋师伐陈，八路齐发（永安、江陵、蕲春、襄阳、庐江、六合、广陵、东海），用兵五十一万八千人，时在开皇八年（588）。杨素先在上游造船，隋主“使投柹于江”，故意让木柹下流，以使陈人丧胆。对陈锁江，不用王濬燃炬之法，采取攻陆上寨栅，得手后解锁通江。

江水出西陵之后，豁然开朗。平川决水，一望无垠。蒲获初苞，春芜雨洗，又是一番绿杨风景。但仍有些险隘之处，足资攻守。

（九）荆门虎牙浮桥

《水经注》记：“江水东历荆门、虎牙之间。荆门在南，上合下开，暗彻山南，有门像。虎牙在北，石壁色红，间有白文类牙形，并以物象受名此二山，楚之西塞也。水势急峻。”郭璞《江赋》称：“虎牙桀竖以屹崒，荆门阙竦而磐礴。”

《后汉书·岑彭传》称，汉·建武“九年（33），公孙述遣其将任满、田戎、程汎将数万人，乘枋箄下江关（白帝城南岸）……据荆门、虎牙，横江水起浮桥、斗楼。立攒柱，绝水道，结营山上以拒汉兵。……彭数攻之不利，于是装直进楼船，冒突露挠数千舟……。十一年春，……彭乃令军中募攻浮桥，先登者上赏。……时天风狂急，（岑）彭，（鲁）寄船逆流而上，直冲浮桥，而攒柱钩不得去……因飞炬焚之、风怒火盛，桥楼崩烧。彭复悉军顺风并进，所向无前。蜀兵大乱，溺死者数千人。”虎牙色红，亦如赤壁。这一幅乘东风火攻浮桥的火场面，较之赤乌十三年（250），曹操浮江蒙冲，连舰千艘，周郎以数百火船，乘东风火烧赤壁要早217年。

（十）江陵浮桥

江陵北去河渭，南接潇湘，处长江之中，水陆要道是形胜之地，即古之荆州。

《水经注》记江水："又南过江陵县南，县江有洲，号曰枚回洲。江水自此分而为南北江也。"南江便是江由澧入洞庭之处。洲很长，上下各名，总名为江津洲。"此洲自枚回下迄于此，长七十余里。洲上有奉城，……亦曰江津戍。戍南对马头岸。……北对大岸、谓之江津口，故洲亦取名焉（江津洲，亦名中洲）。江大自此始也。"大江自此之下便很阔大。郭璞《江赋》称："济江津以起涨"便是此意。

江陵大江的北江有过一座浮桥。

《三国志·吴志·诸葛谨传》注引《吴录》云："曹真、夏侯尚等围朱然于江陵，又分据中洲，瑾以大兵为之救援。……兵久不解。……及春水生，潘璋等作水城于上流，瑾进攻浮桥，真等退走。"《通鉴·魏纪一》记文帝黄初四年（224）："春正月，曹真使张命击破吴兵，遂夺据江陵中洲。……时江水浅狭，夏侯尚欲乘船将步骑入渚（即中洲）中安屯，作浮桥。议者都以为城必可拔。董昭上疏曰：'今屯渚中，至深也，浮桥以济，至危也，一道而行，至狭也。三者兵家所忌，而今行之，贼频攻桥，误有漏失。……帝即诏尚等促出。吴人两头并前，魏兵一道引去，不时得泄，仅而获济。吴将潘璋已作荻筏，欲以烧浮桥，会尚退而止。"

江陵浮桥，于大江而言，仅为半座。两军夹江对峙又非一军夹江为营。所以董昭认为孤军深入，退路孤单，狭隘、脆弱，是兵法所忌。

江陵以下，古称云梦。司马相如《子虚赋》形容道："臣闻楚有七津，尝见其一，未睹其余也。臣之所见，盖恃其小小者耳，是名云梦。云梦者，方九百里。"如今因日积月淤，江水已成为曲如九回肠的水道，串联起大大小小不少湖泊，迂回曲折，流到汉水入江之处的武汉三镇。

（十一）武汉三镇浮桥

清·道光·咸丰年间，太平军在战争中经常使用浮桥。在武汉三镇，曾建有浮桥四座，三座在长江上，一座跨汉水。

道光三十年（1851）十二月初十，洪杨在广西桂平金田村起义。次年十月攻克湖南岳州，调集船只，随即于十一月进入长江向武汉进发。十一月十二日水军到达武昌对岸鹦鹉洲，攻占汉阳。李汝昭《镜山野史》载："十二日，（太平军）不崇朝而扫清汉阳，取之犹反手也。休兵几日，用艨艟大舰，排挤江心，取鹦鹉洲木条，汉阳城内板片，搭浮桥数座，直贯武昌城下，以便走马行兵。"《武昌兵燹录》中记有咸丰二年（1852）十一月十三日："（太平军）以船连浮桥二于江中，通武昌汉阳道。既已，乃以兵三千众围武昌九门。"陈微言《武昌纪事》十一月十四日记载之较详："贼舟由鹦鹉洲沿汉阳江岸放至南岸嘴。或一二艘，或三四艘，皆衔尾徐行。……夜，对岸沿江贼灯如火龙。贼联舟为二浮桥，比明已成。上由鹦鹉洲至白沙洲，下由南岸嘴至大堤口。"

十一月十九日攻克汉口，太平军又在硚口跨汉水架设起汉口至汉阳间的浮桥。

十二月四日，攻克武昌。《武昌纪事》载："十二月初八日，大雪……贼造浮桥自对岸晴川阁到汉阳门江岸。以巨缆缚大木，上覆板障，人马往来，如履坦途。"至是，长江上同时有了三座浮桥。图 7-51 为明·仇英绘武汉三镇图，左为武昌黄鹤楼，右为汉阳晴川阁。图 7-52 示太平军长江三浮桥的所在位置。

长江下游只能在枯水季节搭架浮桥，然而北风凛烈，仍有圮越。《武昌纪事》载：

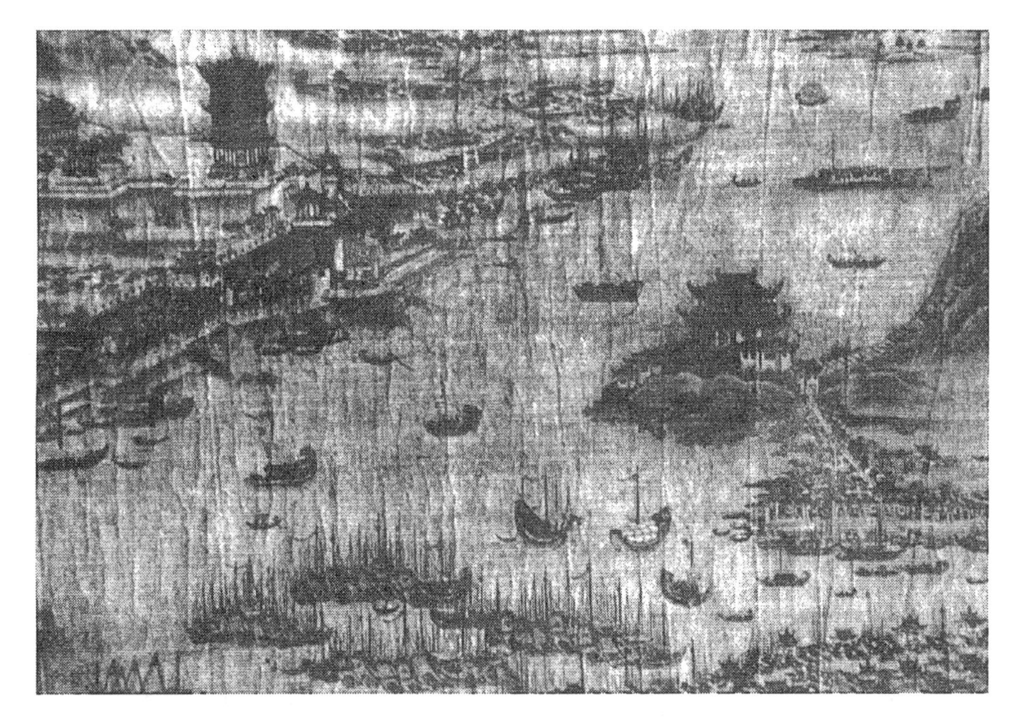

图 7-51　武汉三镇图（明仇英）

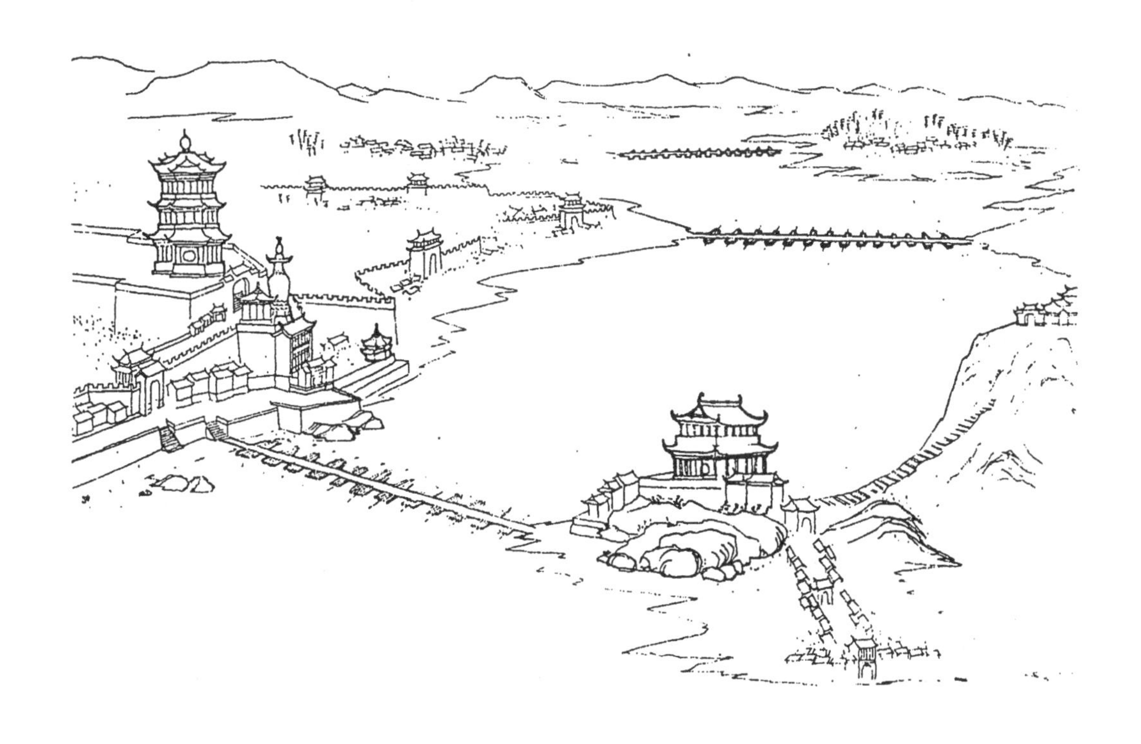

图 7-52　太平军武汉长江三浮桥位置图

“十一月二十二日……上游浮桥忽然中开，以筏联之。……十一月二十八日夜三鼓，大风奋发，江水喧逐。上下浮桥皆吹散，舟沉数十艘。……十一月二十九日，朔风烈烈，微雪竟曰……复连舟为浮桥。”“十二月十七日大风，断江中浮桥。……十二月十九日，复缚木为浮桥，更多系大铁锚重三四十斤者抛江中，视前益稳固，虽大风浪不能动。”次年正月，太平军弃武汉顺江直下进攻南京，自动拆毁浮桥。浮桥存在前后仅月余。

（十二）鄂州（今武昌）青山矶浮桥（附汉水浮桥）

汉又称沔，源自汉中，是长江一大支流。汉水上多次建造浮桥。

《吕氏春秋·音初》记：“周昭王亲将征荆，辛余靡长且多力，为王右。还。返涉汉，梁败。”这件事本多传说。《左传》正义云：“旧说均以汉滨之人，以胶胶舟，故得水而坏，昭王溺焉。不知本出何书？此言梁败，又互异也。”假如事属可靠，当在3000多年以前。

汉水浮桥，多数在襄樊一带及其下游。因为荆襄古道东北去河南，西北走陕西关中，为水陆要冲，兵家必争之地。

《通鉴·唐纪八十一》昭宣帝天祐二年（905）：“朱全忠军于汉北。九月辛酉，命师厚作浮梁于阴谷口（在襄州西六十里）。癸亥，引兵渡汉。”

宋·元之际，元世祖引兵南下，战争严酷和持久。南宋宝祐五年，即蒙古宪宗七年（1257），《续通鉴·宋纪一百七十五》载：“蒙古董文蔚既城光化、枣阳、储糇粮，会攻襄阳樊城。南据汉江，北阻湖水，卒不得渡。文蔚夜领兵于湖水狭隘处，伐木拔根立于水，实以薪草为桥，顷之即成。至晓，兵悉渡，围已合。”后又因故退兵，双方成对峙局面。如此十二年。

咸淳五年（1269）“蒙古诸路兵以益襄阳”围困襄阳达五年。“初，襄樊两城，汉水出其间，（守将吕）文焕植大木水中，锁以铁縆，上造浮桥，以通援兵。樊（城）亦恃此为固。”至元六年（1269）元“以机锯断木，以斧断縆，燔其桥。襄兵不能援。”于是攻破樊城，再及襄阳。

咸淳十年（1274）九月，元军自襄樊挥师南下，“（宋）张世杰将兵屯郢（今湖北钟祥）。郢在汉北，以石为城。新郢城在汉南。横铁縆，锁战舰，密植桩木水中，夹以炮弩。凡要津皆施杙设守具。”元军攻之不下。于是由支港绕过钟祥，直撲大江，攻阳逻堡。

唐·宋以前，尚无汉口。只汉阳古镇早就存在。今武昌原为鄂州，或称江夏。今鄂州则为武昌。江北有阳逻堡，在今鄂州、武昌之间。元世祖曾攻过，并打到江南岸。《元史·世祖本纪》记在已未（1259）辛丑，元世祖夺宋大船，鼓躁渡江，后因蒙古国丧而退兵。14年后，蒙古兵又南下。

《续通鉴·宋纪一百八十》于南宋咸淳十年，即元至元十一年（1274）十二月，元兵自襄樊破竹而下到阳逻堡（今汉口阳逻），攻之不克，于是定分兵之计。“分军船之半，循岸西上，泊青山矶下。……阿珠即以昏时率四翼军溯流四十里，至青山矶。是夜，雪大作。黎明，阿珠遥见两岸多露沙洲，即登洲指示诸将令径渡，载马后随。万户史格一军先渡，为（宋）荆鄂都统程鹏飞所败。……大战中流，……鹏飞亦却。阿珠……出马于岸力战，追至鄂（今武昌）东门。鹏飞被七创走。阿珠获其船千余艘，遂起浮桥，成列而渡。”遂破阳逻堡，围鄂州。“已未，焚（宋）战舰三千艘，烟焰张天，城中大恐。”

鄂州以城降。

这是鄂州（今武昌）青山矶浮桥（图7-53）。现应仍属在武汉三镇范围之内。

（十三）鄂州白鹿矶浮桥

元世祖忽必烈于1259年攻至长江南岸。

《续通鉴·宋纪一百七十六》载，宋·景定元年（1260）蒙古因丧退兵，“蒙古皇弟呼必赍（忽必烈）之北还也，蒙古张杰、阎旺作浮桥于新生洲（今黄岗上游长江上），乌兰哈达兵至，杰等济师北还。贾似道用刘整计，命夏贵以舟师攻断浮桥，进至白鹿矶，杀殿兵七百十人。”

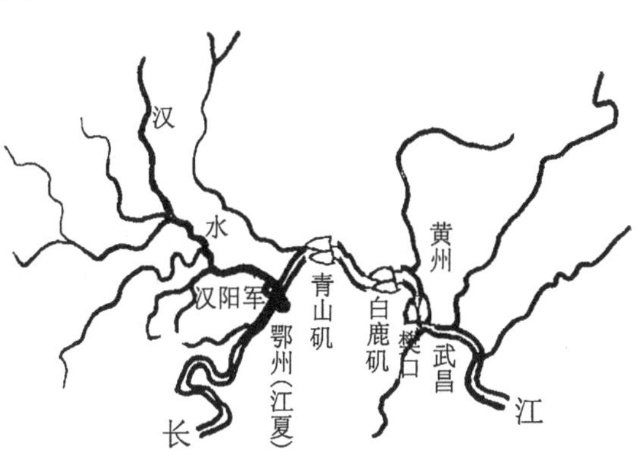

图7-53　南宋长江鄂州武昌段桥渡图

《元史·地理志》说：“武昌路，唐初为鄂州，又改江夏郡，又升武昌军。宋为荆湖北路。元·宪宗末年，世祖南伐，自黄州阳罗洑横桥梁，贯铁锁，至鄂州之白鹿矶。大兵毕渡。进薄城下，围之数月。既而解去，归即大位。”

这座桥梁，属现在的鄂州市内。

（十四）武昌（今鄂州）樊口浮桥

唐时，今鄂州有过浮桥。

《通鉴·唐纪七十七》记唐·昭宗乾宁四年（897）：“五月……辛巳，朱友恭为浮梁于樊港。（原注：武昌西三里有樊山，山下有樊溪，注于江，谓之樊口。朱又恭盖跨江为浮梁、抵樊口以攻武昌也。）进攻武昌寨，壬午，拔之。”

（十五）田家镇浮桥

清·杜方澜《曾爵相平粤逆节略》载：“咸丰四年（1854）十月。……田家镇一关，该逆安置铁锁四道，节节用小船承之。中用木簰三架承之。皆以铁锚钩于江底，铁锁横于船簰之上，以铁马铃之。簰上安炮，船上置枪，以防舟师之进逼。簰上铺沙，船上贮水，以防火弹之延烧。”这是一座带武装的锁江直浮桥。

（十六）九江湖口浮桥

前已述《竹书纪年》记周穆王姬满三十七年（公元前965）在九江湖口一带“架鼋鼍以为梁”，作浑脱浮桥，该是长江上最早的浮桥。2240年后，《通鉴·宋纪一百八十一》载，宋·德祐元年，即元至元十二年（1275），“春正月……（宋）知安庆军范文虎遣人以酒馔诣江州，迎元军……。（元）巴延至湖口，系浮桥以渡。风迅水驶，桥不能成，乃祷于大孤山神，有顷，风息桥成，大军毕渡。”

（十七）池州浮桥

元·巴延继续进攻宋军。同纪是年二月，“（宋）贾似道以精锐七万余人，尽属孙虎臣。军于池池之下流丁家洲。夏贵以战舰二千五百艘横亘江中。……巴延令中军伦大筏数十，采薪刍置其上，阳言欲焚舟……。”战舰横江，木筏冲撞，是一场浮桥的攻守战。后，宋军败绩。

（十八）芜湖东西梁山浮桥

《通鉴·唐纪一》记唐高祖武德七年（624）辅公祏反，命河间王孝恭自江陵率兵讨之。“先是，辅公祏遣其将冯慧亮、陈当世将舟师三万屯博望山。（胡三省注：天门山在宣川当涂县西南三十里，又名峨眉山，夹（长）江对峙。东曰博望山，西曰梁山。）”现名东西梁山，博望山为东梁山。”陈正通、徐绍宗将步骑三万，屯青林山。仍于梁山连铁锁以断江路。筑却月城，延袤十余里。又结垒江西以阻官军。”孝恭智破之。

芜湖东西梁山夹江相对，所以称为天门。王安石诗：“崔嵬天门山，江水绕其下。”梅圣俞诗：“东梁如仰蚕，西梁如浮鱼。”是天造地设的一个好桥址。

（十九）当涂采石浮桥（附：金陵二十四航）

长江古浮桥中最下游的一座乃当涂采石浮桥。

《宋史·李煜传》：“初、将有事于江来，江南进士樊若水诣阙献策，请造浮梁以济师。大祖遣高品石、全振往荆湖造黄黑龙船数千艘，又以大舰载巨竹絙，自荆渚而下。乃命曹彬等出师（时为宋、开宝七年，公元974年），乃遣八作使郝守浚等率丁匠营之。议者以为古末有作浮梁渡大江者，恐不能就。乃先试于石牌口，移置采石，三日而成，渡江若履平地。煜初闻朝廷作浮梁，语其臣张洎。洎对曰：‘载籍以来，长江无为梁之事。’煜曰：‘吾亦以为儿戏耳。’王师渡江……（煜）召朱全斌于上江，令连巨筏载甲士数万人，顺流而下。将断浮桥，未至为刘遇所破。”《通鉴》记为：“冬十月，朱全斌自湖口以众援金陵，号十五万。缚木为筏，长百余丈。战舰大者容千人，将断采石浮梁。会江水涸，战舰不能骤进。……已未，全斌独取大航，高十余重，上建大将旗播。至皖口……刘遇挥兵急攻之。全斌以火油纵烧，遇军不能支。俄而北风，反焰自焚，其众不战自溃。全斌惶骇赴火死。”

宋·陆游《入蜀记》道：“采石一名牛诸，与和州对岸，江面比瓜洲为狭，故隋韩擒虎平陈及本朝曹彬下南唐，皆自此渡（后来明朱元璋派常遇春亦从采石矶进攻江南得手）。……矶即南唐樊若冰（水）献策，作浮梁渡王师。初·若冰不得志于李氏，诈祝发为僧，庐于采石山。凿石为窍及建石浮图。又月夜系绳于浮图，掉小舟急渡，引绳至江北以度江面。既习知不谬，即立走京师上书。其后王师南渡，浮梁果不差尺寸。予按隋炀帝征辽，盖尝用此策渡辽水，造三浮桥于西岸。既成，引趋东岸，桥短丈余不合。隋兵赴水接战。高丽乘岸上击之，麦铁杖战死，始敛兵。引桥复就西岸，而更命何稠接桥，二日而成，遂乘以济。”[①] 又说：“方若冰之北走也，江南皆知其献南征之策。……

① 《入蜀记》卷二，《丛书集成初编》本，商务印书馆，1936年，第4页。

其后若冰自陈母妻在江南，朝廷命煜护送，煜虽愤切，终不敢违，厚遗而遣之。然若冰所凿石窍及石浮图皆不毁，王师卒用以系浮梁。”

王师东下南攻，其目的地是金陵，该处有秦淮河入河，河上曾有二十四航，其尤著者是朱雀航。

宋·景定《建康志》称：“二十四航，旧在都城内外，即浮桥也。《舆地志》云，六朝自石头（城）并运渎（运河）总二十四渡，皆浮航。往来以税行。直淮对编门大航，用杜预河桥之法，本吴时南淮大桥也。一名朱雀桥，当朱雀门下，度淮水。王敦作逆，温峤烧绝之，今皆废。”

金陵二十四航和杨州二十四桥齐名。

宋人有诗道：“青山绿水远迢迢，九月江南草不凋。二十四桥明月夜，玉人何处不吹箫。”马野亭诗：“秦淮二十四浮航，何似高高虹作梁（浮桥不及拱桥）。恐有兵戎来暮夜，可除板索当城隍。（原来可撤可架以作兵备）淮深尚欲横鞭渡，河广犹将一苇航。（撤桥何用，仍可涉渡）好是维持令有道，却将夷狄守封疆。（在德不在险。心服，即异族可守边疆）。”

二十四航中四座浮桥最著名。

《建康志》：“四航，皆秦淮上，曰丹阳，曰竹格，曰朱雀，曰骠骑。”《实录》载，晋·宁康（373）“诏除丹阳、竹格等四航税”诸桥都“税行”，独四桥免税。

四航之中朱雀为首。

《世说叙录》、《舆地志》、《丹阳记》都说是三国、吴时（222～280）的南津桥。《实录》称：“本吴南津大航桥也。”说明三国东吴时亦是浮桥。然而有另外一种说法。

《建康志》叙：“朱雀航，皆云吴时南津桥也。太宁二年（324）王含军（名敦）至，丹阳尹温峤烧绝之，以遏南众。定后，京师乏良材，无以复之，故为浮航（可见南津桥是木梁桥）。至（东晋）咸康三年（337）侍中孔坦议复桥，于是税航之行者，具材。乃值苑宫初创，材转以治城，故浮桥相仍。至太元中（376～396），骠骑府立东航，改朱雀为大航。”

朱雀之名，有二种不同的说法。晋《起居注》上说：“白舟曰航，都水使者王逊立之。谢安于桥上起重楼，楼上置两铜雀，又以朱雀观名之。”所以相虞部诗云：“桥上层楼楼上梯，秦淮两岸绿杨堤，春光影动波光散，翚翼孤飞雀并栖。”马野亭诗道：“要识当时朱雀航，秦淮岸口架浮梁，既为铜雀施重屋，又作璇题揭上方。波底净涵楼阁影，桥间望断水云乡。不知此处今何在，须有遗基在两旁。”所谓楼上有楼，实或是桥头有楼，并为隋·洛阳天津桥所式。

《实录》则云：“咸康三年，立朱雀航，对朱雀门。……温峤烧绝之，权以浮航往来。至是始议用杜预河桥法。长九十步（约 168 米），广六丈（约 19 米）。冬夏随水高下，浮航相仍。至陈，每有不虞之事则剔之。”

唐·刘禹锡诗道：“朱雀桥边野草花，乌衣巷口夕阳斜，旧时王谢堂前燕，飞入寻常百姓家。”王、谢两姓是晋大族、桥之兴废亦与之有关。

宋·乾道五年（1169）改朱雀航为石墩木梁，砖砌桥面，并更名为镇淮桥。

第五节　浮桥的前途

一　浮桥的短长

中国古代浮桥的建设甚为普遍。除了黄河、长江及其流域中多数支流上曾有过不少浮桥外，其他直接入海的水系亦曾有过浮桥。综览所述浮桥，具有其特有的优点和缺点。

浮桥的长处之一是其构造的简单性。所有曲浮桥由四个部分组成，即浮体、梁、索及其锚碇。直浮桥则多了水中的锚碇。具有适当的浮体，足够强度的索，便可架设浮桥。

长处之二是其施工的便捷性。只要准备工作做好，多则数天，少则数小时内便可架设完成。一旦架成，便可立即通行。

长处之三是其经济性。架设浮桥比永久性桥梁造价要低得多。就因为浮桥不用水中基础，施工时间短，困难较小。虽然日后保养费用不小，但总的说来初步投资要比永久性桥梁低得多。

长处之四是桥长的相对无限性。对于直浮桥，不管水深和水底河床的复杂程度，只要能够抛锚稳住船只，桥长理论上可以是无限的。

长处之五是其灵活性。一处浮桥可以拆下，迁移到另一个地方架设起来，立即又可开始使用。通航浮桥可以根据航道的变迁，调整其通航孔。

基于以上这些优点，所以浮桥主要作为临时性和军用性的桥梁。

临时性的浮桥。当交通需要而资金又不足以修永久性桥梁时，便以浮桥来解决。有时在桥址不能解决永久性桥梁技术上的问题，勤加保养的浮桥便是半永久性桥梁（如黄河上的蒲津、河阳浮桥等）。若技术或资金上能解决了，则还是造其他型式永久性桥梁为坚实稳妥。

有时永久性桥梁遭到严重破坏，便又先系浮桥作临时性通道。

由于古代桥梁结构脆弱，在北方河道冬天结冰，对浮桥不适合，因此春架冬拆。溪谷或江河上，夏日洪流过大过急，因此冬架春拆，以适合季节的临时性。

浮桥之所以是临时性结构的缘故，除了材料技术上的缺点外，还有功能等不利的短处。

短处之一是桥的波动性。既然是靠浮体以承托，当载荷变化或波浪起伏时，造成桥面的波动。即唐太宗诗所谓：“暂低逢辇渡，还高值浪惊。”季节性水位变化或每日潮汐涨落，直浮桥有全桥曲率变化的波动性。水位涨落引起河面宽狭的变化，即桥长短的波动性。

短处之二是其水陆交通相碍性。浮桥一般均扑水而过，有碍航运。

短处之三是保养上的困难。一方面是由于构造上的缺点，拆装频繁。另一方面是材料上的缺点，古浮桥用索或链，强度和耐久性都不足。

发挥其优点，克服其缺点，可以利用和发展成为近代桥梁主要型式之一。

二　军用浮桥

可以充分利用浮桥的优点于军事性作用。

从浮桥史中可见，越是在战争年代浮桥的记录越多。“过索浑脱”是军备物资，否则拘集船只簰筏，或解拆战车，有什么可用材料便用什么。

军用浮桥或以过水，或以锁江。夹江为营，则架浮桥以通往来。

军用浮桥有一整套攻守方法。攻则以火，以船筏撞击。守则桥头作“却月城”——两头抱河形如半月的城堡，以及水上防火防撞的叉杆游船等措施。不过攻易守难。兵法避实击虚，“守则不足，攻则有余”，“攻而必取者攻其所不守也”，“敌所备者多，则吾所与战者寡矣。”不过，紧要通道的浮桥，水陆具设防则仍不失为要塞。

古代的浮桥结构和攻守技术已不能完全适应近代战争，然而近代战争仍少不了浮桥。

首先是在材料上有所改进。橡皮船、尼龙绳便是古代“过索、浑脱”的改进。随带轻便，架设容易。兵法求“拙速”。浮桥虽拙而速，何况还可以巧速而不拙（图 7-59，60）。

行军遇水，可速搭浮桥。即使是大江大河，近代亦能在几个小时之内，搭架好从空中或陆上运来的常备式浮桥。最新颖的军用浮桥，不需绳系，不用抛锚、完全采用近代的科技。每船自带动力，激光定位，自动操作、自动调整，立即能排成直浮桥，能过坦克大炮等重武器。待部队迅速行进，浮桥可立即拆卸以资隐蔽。

三　其他发展

除了军用之外，如遇洪水、地震或其他自然破坏因素使永久性桥梁遭到损毁时，立即可架设浮桥通行。中国唐山大地震时，沈大线天津塘沽蓟运河铁路桥，便是用此法先使火车畅通，然后再抢通桥梁。

桥梁工作者亦正以新的建筑材料，新的结构布置，利用浮体原则，克服浮桥缺点，设计成相对永久性的桥梁。

利用半潜式的浮体，用耐蚀高强材料锚于海底，用作浮墩以支承梁桥。

用整长隧道型的封闭式浮体，或以直线、或以平面上弯曲的曲线，通长半潜多点锚在海底，隧道则半潜在水中成为水中桥，或称潜浮隧道。这是近年发展起来的全新跨越深大海峡的桥梁形式。浮力是极可充分利用的力量，浮桥将以新的面貌出现在桥梁界。

第八章 桥梁艺术

第一节 概　　述

当人们创作出一件生产或生活用品时，因为付出了劳动，有了收获，喜悦之情，不能自已，歌之咏之，手舞足蹈。然后不断地改进，不但在功能上日趋完善，造型上亦更求悦目，两者并重。技和艺密切相关，于是“神乎其技”的事物都可称为艺术。

艺术品有文有质。文便是文采，质是其实质。质表达建筑物的内涵，文呈现建筑物的形式。桥梁艺术，要求美的形式，结合善的内容，文采和实质相协调，取得和谐的效果。

桥梁并不是孤立于世的实用与艺术的建筑物，总是处于特定的历史时期和环境之中。提高到中国哲学思想中“天人相合”的高度及角度，得之于自然，归之于自然，与自然环境相协调亦是桥梁艺术的重要环节。

有了主体的艺术，亦便有装饰的艺术。装饰有时觉得可有可无，有时觉得缺之不可。当装饰对形象起到积极的作用时，桥梁的形象便更丰富起来。中国古桥的装饰中有时起到弥补人的力量不足的压胜作用，或寓玄意，或作禅思，或富有十分有趣的民间气息，民族风味。于是文字、图画、雕塑、建筑，都和桥梁结合起来。桥梁文化是民族文化中一区艳丽的花圃。

中国的古桥建设者很多把造美丽的桥作为目标。中国古桥在艺术上的成就实例，值得探讨和学习。

第二节 桥梁艺术理论基础

桥梁艺术现称桥梁美学。美学的基础是哲学，作者已有专著，不予大量重复。可中国的哲学和美学思想，已普遍深入到社会的各阶层，因此，中国桥梁建议和决策者，自然而然地在这些思想有意识无意识地支配下，得出琳琅满目、美不胜收的桥梁。中国桥梁美学的基本思想如下。

一　和　　谐

世界上事物是复杂的。人类生活在这复杂的环境里，能够安居乐业，生活愉快，更进一步产生美感，主要是因为和谐。所以，有这样的定义，美就是和谐。

和谐有几个方面：首先是和自然环境相和谐。人类的一切科学、技术和艺术，无不脱胎于自然，从仿生而进入创造。《老子》说：“道大、天大、地大，人亦大。”“人法地，地法天，天法道，道法自然。”撇开一切后来附会的封建迷信思想，从建筑结构、艺术的角度来看，桥梁的构造要顺应自然界的重力、水、火、风等“阴阳消长”的力量，同时又要从环境冲击的角度与自然取得和谐。可从这一意义来理解中国历来主张的“天人合一”。

《尚书·尧典》记帝曰：“夔！命女典乐……八音克谐，无相夺伦，神人以和。”也许这是和谐两字最早的起源。这里和谐便有二种含义：一种是“神人以和”的“天人合一”思想；二是音乐本身，以金、石、丝、竹、匏、土、革、木八种材料所做成的乐器，奏出和谐的声音，产生音乐之美。

于是引进到另一个问题。

二　和　同

和谐是指不同事物，或整体中不同部分，彼此各起各的作用，又互为辅助，协调一致，这样才产生美。假如仅有一件事物，看不出和他事物的关系；或众多事物，千篇一律，那就是“同”。仅有“同”不产生美。

《国语·郑语》说：“夫和实生物，同则不继。以他平他谓之和，故能丰长而物归之，若以同裨同，尽乃弃矣。……是以和五味以调口，刚四肢以卫体，和六律以聪耳。……声一无听，物一无文，味一无果，物一不讲。”所以《易·系辞》称：“物相杂，故曰文。”整体中不同部分，错杂有规律的组合起来，产生文采。

并不是说，同在美中毫无作用。在异中有同，于同中有异。

当一个艺术品诸多不同的组成中，有若干部位相同，是必需的，也有助于构成美。一似于音乐中旋律的重复。或基本相同的组成中，以某种方式予以变异，便可使同亦变为美。一似于音乐中的变调。和和同的关系是辨证的。近代美学中称这一关系为“统一和变化”。美要求在统一中求变化，变化中求统一。

三　太　和

万千事物，方方面面，和些什么？

在纷无头绪的世界中，中国哲学，早在春秋时期已理清楚了。所有的统一物都可以分为两个相对面，或称两体，或称两端。各种相对面的总代表名称是“阴阳”，简称为“理”。

《韩非子·解老》说：“凡理者，方圆、短长、粗细、坚脆之分也。”张横渠《正蒙·太和》篇认为：“两体者，虚实也，动静也，聚散也，清浊也，其究一而已。……是知万物虽多，其实无一物无阴阳者。”

艺术作品，所要处理的便是众多艺术领域里的相对面。桥梁艺术里主要的如：阴阳、刚柔、动静、虚实、开合、张敛、起伏、曲折、轻重、明暗、向背、疏密、多少、质艳、雅俗、繁简等等。

近代美学都要求有好的比例。广义的比例的定义，应是美学领域中诸相对面之间程度上的关系。

四　韵　律

一切艺术的精髓在韵律。

韵律源于人类生理构造，生活和劳动癸作进止的节奏，情绪的变化，通过学习天籁，予以组合起来的，人能随之手舞足蹈，有缀兆、抗坠的音乐的旋律。

推而广之，一切声觉和视觉艺术，都会引起人全身，包括思想在内富有韵味的美感。艺术，最讲求韵律。

中国对于韵的区别十分细致，如气韵、神韵、风韵等。建筑中的韵还是和音乐中的韵最相一致。

音乐中的韵，在形式上主要表现为旋律的抑扬、顿挫、清浊、疾徐等一系列相对面所组成的音乐轮廓。建筑中的韵亦即表现为前节所列那些相对面之间的巧妙的安排。一切音乐中表达旋律韵味的手法，诸如连续、流畅、级进、跳跃等的行进方式，和准确、变化、模进、交叉等韵律重复，在桥梁艺术中都能应用。

艺术中还十分讲究要有余韵，就是艺术的享受要留有回旋的余地。荆浩称之为："如朱弦之有余音，太羹之有余味者，（余）韵也。"桥梁艺术，特别是其装饰艺术中竟能做到这一点。

桥梁艺术中还有若干基本法则，这些法则不过是基本理论的具体化。理论基础和法则是简单的，可是应用变化无穷。因为创作还得包罗各种条件和手段。

艺术创作出实例，从实例中享受到艺术。中国古代桥梁艺术的内容是十分丰富的。

第三节　桥梁主体和环境

一　主体造型

桥梁主体形象并不是随心所欲的，是在受制约的基础上，再加以有意识地调节。中国古桥中梁、拱、索、浮四种基本桥型，服从于功能、材料和结构要求，其形象自不相同。

梁桥和直浮桥是属于刚性的桥梁，但圆形墩柱、骆驰形桥面，使刚中有柔。拱、索和曲浮桥属于柔性的桥梁，这些曲线是受力劲性的曲线，所以柔中有刚。结构形象，已先天性地决定了其基本的艺术形象。

除了浮桥扑水而过，其虚实的关系并不明显外，其他桥梁本身所占有的实体，与桥面以上及桥跨所构成的空间，凭虚构实，用当于无，虚实的变化产生了艺术享受。

一样涵虚，拱桥横度如虹，陡增形象和情感上的联想，所以拱桥的艺术形象是最美丽的。赵州桥两涯开四穴，济美桥大孔小孔，半圆割圆拱交叉地排比，增加虚实、张敛，富于韵律的变化。

张彧《石桥铭》形容大石桥"截险横包、乘流迴透。……力将岸争，势与空斗"①

---

① 《隆庆赵州志》卷二，9页。

是感受了赵州桥动的气势，用文字表达再传递给读者。中国索桥，薄如飘帛，是名副其实的飞梁。诗云："横空贯索插云蹊"，"谁遣长虹架飞脊"。

一块板实的拱或墙面，不予处理，平板无奇，缺乏艺术上的吸引力。然而中国的石拱桥，栏杆以下，金边突出，成为全桥通长的一根条带。拱券以上，眉石突出，形似随券起伏的波形，既为排雨，又有收挑、向背之功，增加了阳光和阴影的韵律。

如何处置一座座独立的桥梁中艺术领域里的相对面，使"秾纤得衷""修短合度"说难亦易，说易亦难。若为多孔的桥梁，归纳实例，有同一、主从、起伏、曲折和十分灵活的布置。

（一）同一布置

梁桥中的秦梁汉柱，不论见之于出土遗迹，或砖石刻，墓壁画等，绝大多数是等跨同一的平桥布置。坦途箭直，桥是道路的延续。最多在桥的两端设短折坡上桥。在画或刻石中，往往略去中间大多数的同一部分，似乎成为较短的折桥。实际上引伸出去，便是图 8-1 的等跨梁桥。同多于异，只是在透视之下，逐孔收敛，起到渐变的作用，引入深远。

图 8-1　桥梁同一布置

"同则不继"，秦梁汉柱本身艺术性不高，桥头便设门阙华柱，于宫、城建筑的群体中，仍不失是很为协调的组成部分。

多孔等跨平坡拱桥，同一可起到备料、砌筑的简单一致性却牺牲了一些艺术性。同样是同一布置，拱优于梁。因为每孔拱的形象柔性柔中有刚渐变的曲线，与平直桥面组合，使整桥有刚有柔。桥孔虚的图案亦较梁孔为佳。

艺术中相对面的一方，如有过或不及，便以另一方纠正之。如"板则活之"，"枯则腴之"，"俗之雅之"……。克服过分的"同"，就为之增添一些"异"。如苏州宝带桥为隔数孔加一厚墩，全桥插入三孔通航孔，全桥为之改观。

（二）主从布置

中国的山水画中，每画必有主峰、群山作奔趋朝宗之势，成为画的主题。音乐有主旋律，桥梁的形象，亦宜有集中突出的处所。折坡和驼峰的桥梁，三孔者一大二小，一主二从。较之平桥显得格外有精神。多孔长桥，桥孔随坡变化，自岸向桥中由小而大，达到其“顶峰”然后又由大而小，再次及岸。西汉画像石，北宋金明池夺标图中的梁桥和清官式石拱桥做法，都符合于艺术法则，形成仅有一个起伏的渐变旋律。

（三）起伏布置

桥孔起伏，桥面随之起伏，增加桥梁旋律的变化。一起一伏的桥梁，随处皆有。

（1）吴江垂虹桥三起三伏，为的是需要有三处通航孔，桥势成“路直凿开元气白”，“跨海鲸鲵金背高”的形象。南京博物院藏明·陸士仁绘《江左名胜图》中有垂虹桥。其桥跨两派，连江中岛，至吴江城门，画出了当年形胜。惜略去了三起三伏，未免失去了其艺术真面目，今摹而改正如图 8-2。

图 8-2　明《江左名胜图·垂虹桥》（摹改本）

浙江尚有多座起伏变化较多的桥梁。

（2）浙江黄岩孝友桥，俗称五洞桥（图 8-3），始建于宋·元祐年间。庆元二年（1196）重建为五洞石拱桥。现桥为清·雍正十三年（1735）所修建。桥共五孔等跨割圆石拱，全长 65 米，宽 3.7 米。桥面作波浪起伏，造型别致。作为古代人行和轿马所过，

图 8-3　浙江黄岩五洞桥

上下起伏还能允许，如过近日的车辆，甚觉不便，所以已在凹处填石，改为平道。

(3) 浙江温岭寺前桥（图 8-4）始建于清·乾隆四十年（1775）。嘉庆初年（1796）改建。桥为五孔不等跨割圆石拱，全长 70 余米，中孔净跨 15.4 米，桥宽 4.15 米。桥面以多阶折波起伏。桥两端有出入口桥门屋。

图 8-4 浙江温岭寺前桥

(4) 浙江绍兴阮社太平桥。绍兴有好几座拱梁组合的石桥，其中当水陆要道，保存完好，造型甚佳者为太平桥（图 8-5）。桥始建年代不详，重建于明·天启二年（1623）。清·乾隆元年（1736），咸丰八年（1858）重修。桥造型不对称，北端一孔石拱，净跨约 10 米，南接石梁九孔，净跨 3—4 米，其中近拱三孔，逐孔降阶、以至石平桥。拱北端

图 8-5 浙江绍兴阮社太平桥

则以石台折角与运河并行，降阶而下，桥型起伏。

（5）福建漳浦汴派桥系北宋南迁，明·隆庆五年（1571）建。一反于漳、泉石条叠砌宽大厚重的石墩梁桥，此桥墩薄梁直，加工细致，且有一孔石拱为裸拱结构，不设踏步，行人随拱背起伏而行。拱设扶栏，便于扶掖。当年设计，便是有意识地应用了起伏韵律的艺术法则。

图 8-6　福建漳浦汴派桥

图 8-7　浙江杭州西湖曲桥

（四）曲折布置

曲桥是中国桥梁的特殊类型，完全是出于园林艺术特殊要求的桥梁（图 8-7，8，

图 8-8　江苏苏州狮子林曲桥（裘堂绘）

图 8-9　北京园林曲桥

9)。一般建桥过河，取其便捷。上下起伏的桥梁，虽亦有建筑艺术的因素在内，主要还是服从河道通航要求，在出于功能的情况下所作艺术处理。

《娄东园林志》记："吴氏园……山阴有堂，堂右层楼，左浸平池，曲桥度。"随处园林有曲桥，人行桥上，随桥曲折，左右、左右，从各个角度欣赏着风景。短短一段直线距离，由于桥曲的关系，增加了空间。何耕云《浮翠桥》诗道：“隔溪苍翠各西东，架竹为梁路始通。缺月罅林凝净绿，断霞明水抹残红。芒鞋步步幽深处，藜杖声声屈曲中。回首忽惊桥已远，冷然身御圃田风。”[①] 桥也曲，路也曲，因此罅林净绿、霞水残红，尽收眼底。

南朝·陈阴铿诗道：“画桥长且曲，傍险复凭流，写虹晴尚饮，图星昼不收。跨波连断岸，接路上危楼。栏高荷不及，池清影自浮，何必横南渡，方复似牵牛”。桥梁曲折有度，不论静观桥梁，或在桥上行进动观都有节奏韵律的感觉。为了使在动观中更富有变化，在曲折之中，插入起伏的桥孔。桥中适当的地方，挑出观台，上建亭阁，以资休憩。使曲折、起伏、滞流、向背等一系列律相对面，在韵律中变化。

曲桥大多为一、三、五至九曲，其数成单，取《易》乾阳刚之数。也许还有过桥后没有改变行进的方向在内。虽然即使在古园林之中，亦不拘泥于此，曲直相间，单双不论，只求其婀娜多姿，婉延成趣。

（五）灵活布置

桥岂止于简单地起伏曲折，更随不同要求，机动灵活，这亦是艺术。

1．浙江绍兴八字桥

八字桥在绍兴市区东南。《绍兴府志》载“以两桥相对斜状如八字而得名。”始建年代不详。主桥为石梁柱墩，其西面第五根石柱上刻有：“时宝祐丙辰（1256）仲冬吉日建。”志记此为“重建之书月”，至少可以断定为宋桥。

桥跨三河接四街，河有通航有非主道、街道逼仄，布置十分困难。宋代的建桥者，在大河上架净跨4.5米石梁、净高5米，两侧小河，则一架平桥，一在行道中开洞。桥的坡道沿街曲折，不拆河房，极为紧凑（图8-10，11）。

2．浙江温岭李婆桥，凫栖三接桥

三叉河口造桥，一桥而通三岸，在浙江有温岭李婆桥和凫栖三接桥（图8-12，13，14）。桥呈丫形。李婆桥两叉都是双孔石梁，横搁石板，长为15.3和15.9米，每孔净跨4.1～5米。另一叉为单孔木梁。净跨8.5米，桥为可撤式以通火轮。中墩六边形、三边搁梁，三边设栏，可免行人直前坠水。

3．山西太原晋祠鱼沼飞梁

朱彝尊《遊晋祠记》[②]：“晋祠者，唐叔虞之祠也。在太原县西南八里。……祠南向，其西崇山蔽亏，山下有圣母庙，东向。水经堂下出，经祠前。又西南有泉曰难老，合流注于沟浍之下，溉田千顷。《山海经》云，‘悬瓮之山，晋水出焉’，是也。……环祠古木数本，皆千年物。郦道元谓，‘水侧有凉堂，结飞梁于上，左右杂树交荫，希见曦景’，是也。”

鱼沼是圣母殿前的一个方形池沼。沼东西宽约14.8米，南北长17.9米。沼四周用30×35×100厘米的条石垒砌成壁。西壁开六个进水洞，以接圣母神座之下的泉源。南

① 清·陈梦雷等撰，《古今图书集成·考典》卷三十三桥梁部，清雍正四年（1）（6）刊本，中华书局1932年影印，第51页。

② 《古今遊记丛抄》卷十，上海中华书局，1924年，第4页。

图 8-10　浙江绍兴八字桥

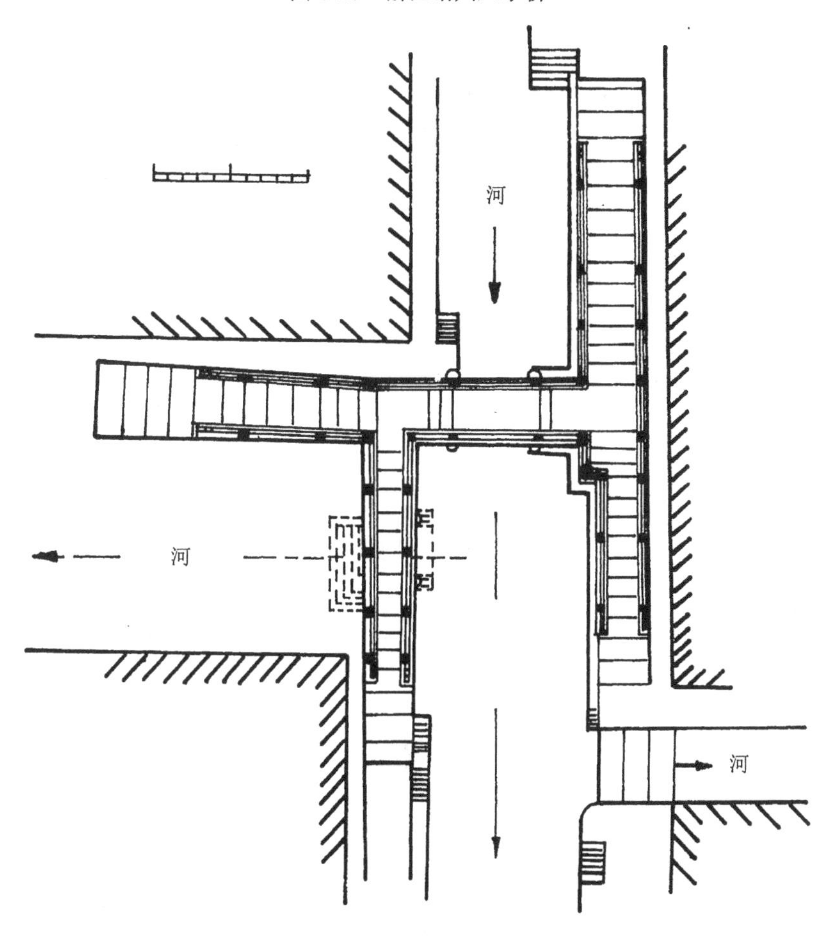

图 8-11　八字桥平面布置

图 8-12　浙江温岭李婆桥

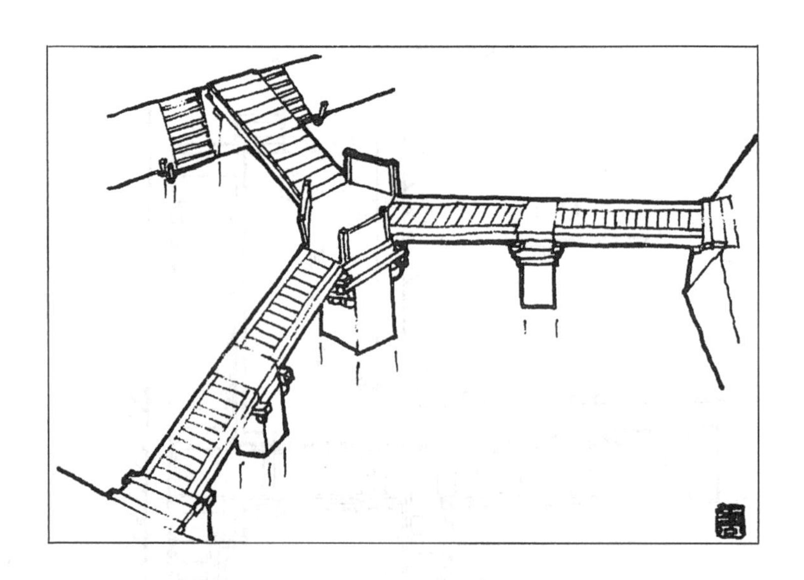

图 8-13　李婆桥图

北壁各开三个进水洞；北接朝阳洞前善利泉源，南通水母阁前难老泉。汇众泉于沼内，由东壁所 开二个出水洞流出，以灌溉农田。唐·李白诗：“晋祠流水如碧玉，百尺清潭写翠娥”清可鉴影。池内养鱼，故称鱼沼。

鱼沼之上是十字飞梁（图 8-15，16），南北向，正通圣母殿；平直的桥面，宽约 6 米。桥中间东西 向各有宽 4.2 米的斜坡桥，联通东西两壁。十字交叉之处为 6.5 米见方的平台。桥的结构是石柱、木斗、木梁。梁上铺厚松木板，筑灰土，上铺方砖桥面。飞梁及鱼沼四周为白石斗子、蜀柱，勾片栏杆。

庙坛、寺观、宫廷、明堂、会馆等中国建筑中，凿方池蓄水，中建屋宇、建桥相通的布置各处都有。考其功能《图书集成·考工典》称：“殿屋之为员渊方井，兼植荷华者

图 8-14 浙江凫栖三接桥

图 8-15 山西太原晋祠鱼沼飞梁

以厌火祥也。”其实用处在防火取水。但有水有桥、景物便有生气。明堂的布置又有其含义。

4. 明堂（古代的高等学府）

《礼记》：“大学在郊，天子曰辟雍，诸侯曰泮宫。”又“明堂九室三十六户七十二牖。以茅盖屋，上圆下方，外环水以为辟雍，即古之太学也。”唐·高宗《敕建明堂诏》

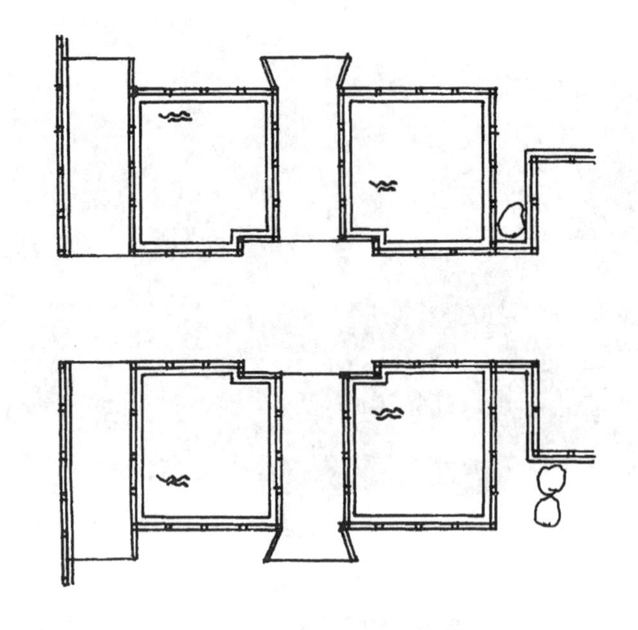

图 8-16　鱼沼飞梁平面布置

记:“旁罗八柱，周建四墉，架序仪天，疏甚象地。窗闼齐布，应路并兴。导辟水以环阶，应旋衡而结极。重阿复道，用循测管之模，上圆下方，仍准分蓍之数。”辟水之上，四出有桥。

《汉官仪》:“辟雍，四门外有水，以节观者门外。皆有桥，观者在水外，故云圜桥门也，圜，绕也。”汉·明帝永平二年（59)”冬，十月壬子，上幸辟雍……引桓荣及弟子升堂，上自为下说。诸儒执经问难于前，冠带缙绅之人，圜桥门而观听者盖亿万计。”

明堂后又称国子监。唐·韩愈讲学明堂，其《进学解》云:“国子先生、晨人太学、招诸生而语之曰……。”便是在这样的环境之中。

图 8-17　清·国子监

清·北京国子监如图 8-17，18。

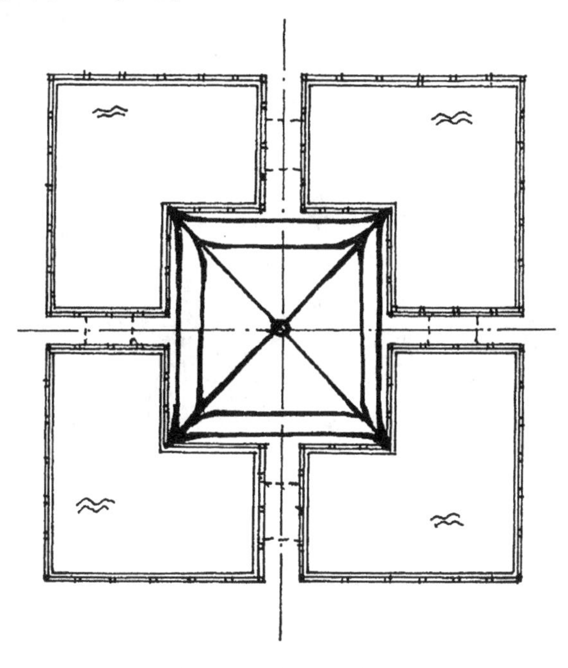

图 8-18 国子监圆桥

其他庙、观的水堂桥梁，有单出，有双出。拉萨罗布林卡寺方池经堂，石桥单出，如图 8-19。

5. 江苏扬州莲花桥

江苏扬州瘦西湖莲花桥，在北门外莲性寺后，寺址周围皆水，形似莲花，故得名。桥跨保障湖。清·乾隆二十二年（1757），两淮盐政高恒请能匠建造，上置五亭，旁伸四翼，八面相通，有桥洞 15 个。光绪间和 1933 年均曾重修。（图 8-20，21）。清、沈复《浮生六记》记：“……过此有胜概楼，年年观竞渡于此。湖面较宽。南北跨一莲花桥。桥门通八面，桥面设五亭。扬人呼为四盘一暖锅，此思穷力竭之为，不甚可取。”沈三白历来判断事物的标准是“人珍我弃，人弃我取”，喜欢独树一帜。唐代便有方桥。韩愈诗：“非阁复非船，可居兼可过。君欲问方桥，方桥如此作。”莲花桥便是“如此作”而已。

二 群体造型

若干座桥梁，或桥梁和城镇建筑组合在一起时，其个体造型和其他个体或建筑物之间需要协调。

中国桥梁建筑中很少发现不协调的问题。一方面中国古代桥梁风格统一，另一方面则建设者对此甚为重视。

数座桥梁组合在一起的群体，有时“同”亦起到美的作用。如明堂阛桥，与明堂建筑为异，在桥为同，总是四座完全一致，不会用不统一的布局，此乃异中有同。

江苏吴兴双林镇一河上并列三桥，虽然建造年代不同，却都用三孔驼峰石拱，细部

图 8-19　西藏拉萨罗布林卡寺方池桥

图 8-20　江苏扬州莲花桥

略有变化，造型尺寸、风格等仍极一致，是为同中有异、或大同小异。

宫殿、帝陵、神殿前金水河上，并列有三座或五座石桥，因为有使用级别的区分，故有些尺寸或规模上的差别，甚或有中桥用拱，边桥用梁，如北京明陵和遵化清、东陵

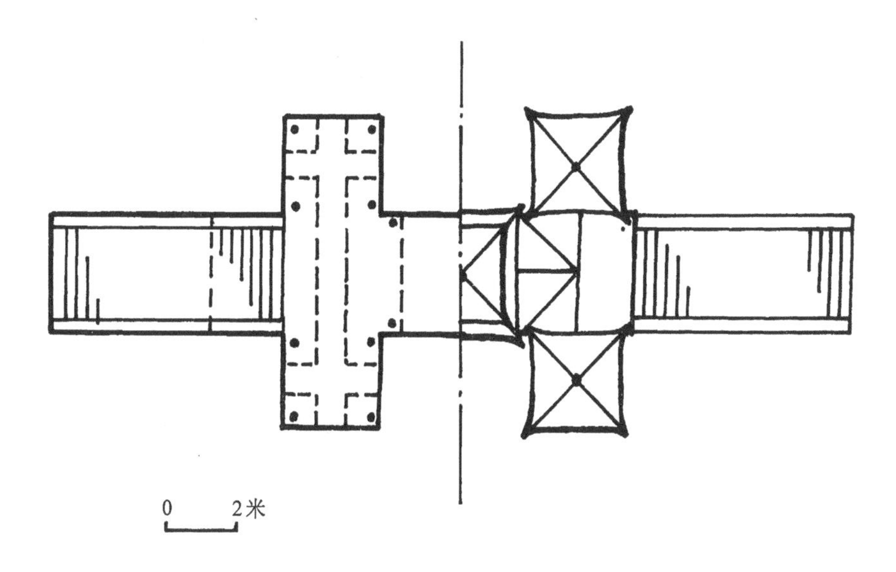

图 8-21 莲花桥平面布置

的做法，同中有异，大异小同。

古代通都大邑，城壕缭绕、河道纵横、桥梁众多、如互不影响，以变化为上，如联系密切、便需注意统一。中国城市桥梁的总的布局，甚至还讲求天象，或“妙应七星”或“复似牵牛”，“星文写汉”，“虹势临虚”，极尽妙致。

至于桥上造屋，自然是中国建筑的风格，还具有各民族本身的特色（图 8-22）。除

图 8-22 侗族风雨桥和鼓楼

了有些简陋之作外,总是想美伦美奂，超群拔俗。不同于普通民居，既能协调，又甚突出，作为整体布局中的一个重要景点。原本中国桥梁建筑是和房屋建筑同步发展起来的砖、石、竹木结构，没有冲突，可以作天衣无缝的融合。

三　环境协调

桥梁的各种类型是适合于特定环境所产生的。峻岭深谷，修栈道，造索桥。林木茂盛，木石易办，修木桥。迳流河道造厚墩石桥，水网地区修薄墩拱桥，此其大较。

江山壮美，桥梁自求雄伟；风景幽邃，桥梁自求静穆。

天子脚下，通衢康壮，桥梁不妨求其华饰；行踪希至，郊远幽僻，桥梁自然求其野趣。话虽如此，然而中国的梓人石匠，身怀绝技，不求厚报，只欲一试身手者随处皆有，所以很多美丽的桥，却存在于穷乡僻野，深山幽谷之中。

人工建筑与自然环境之间还有个隐显的关系。隐，即消失在环境之中；显，即突出于环境之上。实际上大多数桥梁，一存在就不求显而自显；日处其间，熟视无睹，不求隐而自隐。

毕竟桥梁与环境如何协调，在中国园林中可见一斑。因为中国园林，正如明·计成所称：“多方胜景，咫尺山林。”

宋·郭熙《林泉高致》认为：“观今山林，地占数百里，可遊可居之处，十无三四，而必取可居可遊之品。君子之所以渴慕林泉者，正谓之佳处故也，故画者当以此造意。”园林亦正以此造意。宋徽宗的《艮岳》，清圣祖的《避暑山庄》，无不汲取天下名山大川胜迹于一园。于是典型环境布置典型桥梁。

园林中建造得最多的是石板小桥。因为咫尺山林，水面不广，小石板桥足以解决跨水问题，并借以联络园中诸景。

浙江绍兴兰亭自古有名。晋·王羲之《兰亭集序》称：“此地有崇山峻岭，茂林修竹。又有清流激湍，映带左右，引以为流畅曲水。”亲临其地，茂林修竹则有之，但山不崇，岭不峻，曲水之上架小石平桥。《洛阳名园记》记吕文穆园：“在伊水上流，木茂而竹盛（似乎又一兰亭）。有亭三，一在池中，二在池外，桥跨池上，相属也。”王世贞《遊金陵诸园记》中记武氏桥：“园有轩四敞，其阳为池，平桥度之，可布十度。桥尽数丈许为台，有古树丛峰，绿竹外护……”。风景为主，桥只要求简单平易。

《园冶》讲中国园林”虽由人作，宛似天开”。亭、台、廊、阁自然只由人作，而山、水、木、石，却宛似天开。于是如扬州何园、苏州拙政园的太湖石桥（图 8-23, 24)，好像天然如此，消失于环境之中。广东顺德容里村明万历间建石桥毁。岸侧有榕树，村民引桥到对岸，以树根上铺石板作桥，别根为栏。梁·简文帝诗：“卧石藤为槛，山桥树作梁。”一似为此而作（图 8-25）苏州留园石平曲桥，引一岸紫藤过桥上木架(图 8-26)。这两座桥梁都是人工和天作相结合。

艺术中有壮，幽之分。《洛阳名园记》记湖园：“洛人云，园圃之胜，不能相兼者六：务宏大者少幽邃，人力胜者少苍古，多水泉者艰眺望。兼此六者，惟湖园而已。”所谓兼此六者，并非一景之中既宏大而又幽邃，仍是由宏大进入幽邃，或由幽深而豁然开朗。宏大与幽邃，华丽与质朴，局促与开畅，相辅相成。北京颐和园昆明湖十七孔

图 8-23　江苏扬州何园太湖石桥

图 8-24　江苏苏州拙政园太湖石桥

桥，便是在阔大的湖面上，借着西山之景，妆点湖山的一座长大雄壮的桥梁。桥梁突出于环境之上（图 8-27）

《园冶》讲布桥之法："绝涧安其梁，飞岩假其栈。"汉·建章宫后有御园，中开太液池，池中起蓬莱、方壶，瀛洲诸山。以斗水象沧海，用拳石比三山。《关中胜迹图·建章宫图》画有通往三山的栈阁，把关中秦栈之险，移入汉帝园苑之中。

图 8-25　引树根为桥

图 8-26　引藤蔓盖桥

宋徽宗艮岳亦有木栈。《艮岳记》记园有研池："池后结栋山，下日挥云厅。复由磴道，盘行萦曲，扪石而上。既而山绝路隔，继之以木栈。木倚石排空，周环曲折，有蜀道之难……。"曹组《艮岳百咏》有"云栈横空入翠烟，跨攀端可蹑飞仙"之句。

综观中国古代园林中，梁、拱、浮、栈诸式桥都有，极少索桥。而近代的中国园林里，索桥渐渐多了起来。

在极端富贵荣华的园林中，也布置一些"田野"景致，这有二种涵义。

从政治角度说，有示人以"不忘民间"之意。如作于明宣德三年（1428）的《东宛

图 8-27　北京颐和园十七孔桥与铜牛

游记》中所写："夹路皆嘉树，前至一殿，金碧焜耀。其后瑶台玉砌，寄石森耸，环植花卉。引泉为方池。池上玉龙盈丈，喷水下注……。"接着又说："此旁有草舍一区，乃致斋之所……小殿梁栋椽桷，皆以山木为之，不加斲削，覆之以草。四面栏楯亦然。……有河，石甃之，河南有小桥，覆以草亭，左右复有草亭，东西相望，枕桥而渡。……有轩，悉以草覆之。四周编竹篱，篱下皆蔬茹匏瓜之类。"在致斋的时候，到竹篱茅舍之区，表示一下处在"俭朴"的环境之中。

从艺术角度说，以质朴和荣华彼此对比烘托，可以加强艺术气氛。《红楼梦》里大观园中稻香村便为一例。

建筑和时代有密切的关系。古代桥梁适合古代环境，近代亦然。因此，古桥作为文物保护，不能孤零零地以近代的环境去包围或压倒它。从艺术和历史角度，应扩大范围，至少保存一区当年的环境，使之协调和谐。

第四节　桥 梁 装 饰

唐·柳宗元区别内容和装饰的关系为二种类型，即"无乎内而饰于外"的虚饰，以及"有乎内而不饰于外"的藏真。也即可以有第三种有乎内而饰于外的比较完满的事物。

装饰对主体可以是附加的（无乎内），也可以是内部必然的（有乎内），就是说装饰的功能已经变为主体必需功能之一。

对于需要不需要装饰，于是便亦有二种态度；一种认为既无乎内，本质不是如此，何必装饰；或既有乎内，本质已很美，亦何需装饰，装饰反会损害本质。一种认为，无论本质有无，装饰都可以增加其美。

仔细地区分“饰”有修饰和装饰两类。只是习惯上以装饰代替了“饰”，局部代替了整体。

修饰是在原有的基础上，予以适当地美学上的调整。苏辙批评王安石“囚首丧面以谈诗书”有乎内而不饰乎外，不加修饰是“不近人情”。装饰则需增添一些非本质的东西，即使是不主张装饰的人也得承认，有时装饰确乎可以增加一些美。

事实上没有一座不加修饰的桥梁。至于装饰则有简有繁，因地、因要求而不同，并且随时间的推移，人们的喜爱，也会在简繁之间，周行不殆。

各种类型的中国古桥有相同亦有不同的装饰的形式和内容。按部位大致可分为桥梁出入口，桥上栏杆，桥上建筑和桥上雕塑等部分。

一 桥梁出入口

(一) 华表

桥梁出入口有华表，华表之制最古，是由尧时木表柱演变而来。《古今注》：“尧设诽谤之木，今之华表木也，大路通衢悉施焉，或谓之表木。”《通鉴·汉纪五》载，文帝前五年（公元前178）“五月，诏曰：古之治天下，朝有进善之旌，诽谤之木。”服虔曰：“尧作之，桥梁交于桥头也。”应劭曰：“桥梁边版，所以书政治之衍失也，至秦去之，今乃复施也。”韦昭曰：“虑政有阙失，使书于木，此尧时然也。后代因以为饰，今宫外桥头四柱木是。”郑玄注：“礼曰，一纵一横曰午，谓以木贯表柱四出，即今之华表。”

《清明上河图》汴水虹桥桥头四根四柱木庶几是其遗制。柱上端正有“木贯表柱四出”“交午”。柱顶还有一鹤（图 8－28）。《宋史·外国传夏国上》倒叙唐时事：“天禧四年（1020）“高祖思忠尝从兄思恭讨黄巢，拒贼于（长安）渭桥，表有铁鹤，射之没羽，贼骇之。”可见渭桥头亦有木华表。唐·杜甫诗“天寒白鹤归华表。”李绅诗“何须化鹤归华表。”陆肱《万里桥赋》：“揭华表以相效，刻仙禽而对立。”则木华表上设铁鹤，在唐已极普遍了。华表之设，上追魏晋。《洛阳伽蓝记》记洛阳洛水浮桥“神龟中（北魏孝明帝年号，公元518，519年）常景为勒铭……南北两岸有华表，举高二十丈（约49米），华表上作凤凰，似欲冲天势。”

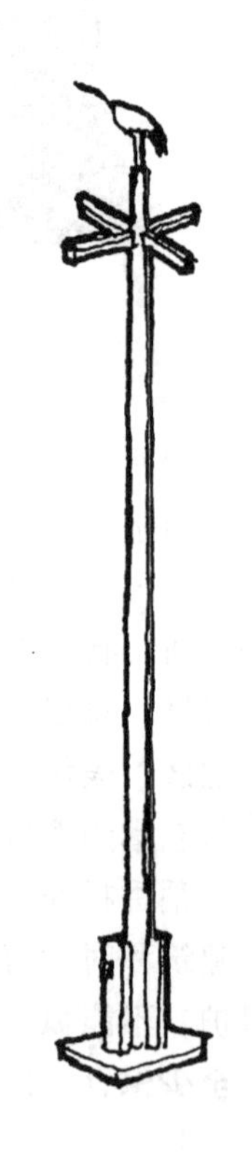

图 8-28 宋·汴水虹桥头木华表

华表亦有用石。《水经注·谷水》记洛阳建春门外石桥：“桥首建两石柱。桥之右柱，铭曰‘阳嘉四年（135）……监作石桥梁柱’。”这是汉代的石华表。现北京故宫天安门外金水桥头，和宛平卢沟桥头石华表（图 8-29）是明代遗物。这些华表，已非“虑政有阙失”“使书于木”，只是“因以为饰”的装饰品了。

图 8-29　北京卢沟桥头石华表

（二）阙

阙者缺也。阙是建造在宫殿、墓道、桥梁出入口处两侧的建筑，因道路广阔，阙以代门。现今四川绵阳等地尚有汉墓阙实物。西安唐·章怀太子墓壁画——宫城大阙，气势雄伟。

桥梁有阙，亦自汉代。

《寰宇记》引《晋书》记洛阳十二门，皆有双阙石桥。桥跨阳渠水，即洛阳城的护城河。南阳汉墓画像石刻，刻有汉代桥头石阙（图 8-30），夹桥对立，阙身比较简单，阙顶都有凤凰，“似欲冲天之势”，故曰凤阙。

崔翘（唐）《县令不修桥判》讲到长安万年县洪水“推”桥。当时大雨“浸厚地而

图 8-30　南阳汉墓砖桥头凤阙

沮洳，洒长天而萧索。凝云不动，履双阙而朝阱（黑云压阙），行潦坐流，匝四溟而夜下（夜发洪水），遂使鹊桥牢落，虹影欹倾……。”阙头的石桥坏了。

后世渐少用阙，改用牌坊。

（三）牌坊

唐代街区称坊，坊口树牌以标坊名，此即牌坊所由来。又称牌楼，如北京原东、西单牌楼等。牌坊也成了桥梁出入口的标志。阙是侧立在桥梁出入口两旁的门柱，牌坊乃正立于出入口的门楼。牌坊上刻桥名，背题铭赞有时还挂楹联，文字内容广泛，点景标题，引起丰富的联想。

牌坊和华表一样，初期用木，或独架，或三架，中高翼低，一主二从。在单薄的梁柱构架之上，用密排斗拱，承托歇山琉璃或青瓦顶。为了纵向稳定，牌坊柱两侧或加木斜撑，如陕西西安浐桥（图 8-31），或用砖或土墙夹柱，如陕西西安沣桥和云南丰禄星宿桥（图 8-32）。星宿桥牌楼的中柱，用石抱鼓的扶壁。

图 8-31　陕西西安浐桥木牌坊（1910 年左右摄）

梁桥一章中所见浐桥牌坊，已拆去两翼，只剩中架，就不如原来的雄壮了。

牌坊亦用石，取其传久。有的构造比较简单，如安徽齐云山登封桥单门石牌坊（图 8-33）和浙江嘉兴长虹桥三门石牌坊（图 8-34）。

安徽歙县喜造石牌坊，其许村高阳桥石牌坊（图 8-35）为仿木结构，五顶三层，备极工致。

即使是极为单调，同一布置的梁桥，两端修了华表、阙或牌坊，便立即显著地精神起来。

二　桥屋及塔

桥上建屋，有些原来是出于构造上的需要，或为了保护木桥，或为了增加压重。毕

图 8-32　云南禄丰星宿桥木牌坊

图 8-33　安徽齐云山登封桥石牌坊

竟桥是为人服务的。除了车马骈阗，交通繁忙的桥梁上，不宜建桥屋、也不准“开铺贩鬻”“搭盖茅草席屋”“占道外，桥上建屋，可休息、避风雨，供神佛，设集市，还可进

图 8-34　浙江嘉兴长虹桥石牌坊

图 8-35　安徽歙县许村高阳桥石牌坊

行对歌，踩芦笙、斗鸡、祭祀、下棋等等活动。

有了提供公共活动场所的桥屋，就会应用十分讲究的建筑装饰。

中国古桥桥屋之多，不可胜数。梁、拱、索、浮诸式桥等，或在桥头，或在桥上，都有些美丽的桥屋，归纳起来不外亭、榭、廊、阁几种类型。

(一) 亭、榭

古时道路，沿途有亭。五里一短亭，十里一长亭，因有时村落稀疏，无处休息。亭者，停也，可以歇足。驿路有亭，且有亭长，秦末刘邦便是其一。三国张鲁在亭中置米、肉，供过者取食。一般亭侧有水泉，水井，水池。或有乐善好施者于亭中希施茶水，所以亭的功用是很大的。

桥是路的延续，于是桥和亭也有密切联系。

亭或在桥头。唐·开元蒲津浮桥中潬之上有中亭。实位于左右两派双桥相会的桥头。唐·苏州宝带桥桥头有方石亭（图 8-36)。虎浴桥桥中墩上有正方石亭（图 8-37)。

图 8-36　江苏苏州宝带桥石亭

宋·泉州洛阳桥前后曾建七亭。未建桥时，江边有驿亭名洛阳亭。桥成，和蒲津一样，在中岛建中亭名济亭亭。宋·赵不骀书额，后毁。其余均为后世所建。

作为行程的起点，桥头亭子成为饯别的地方，所以和离情别意密切相关。崔莺莺于蒲津长亭送别张生，未至，已是“遥望见十里长亭，减了玉肌”。唐·欧阳詹赴京，于洛阳亭接受饯别，留诗道：“天长地阔多崎路，身即飞蓬共水萍。匹马将驱岂容易，弟兄亲故满离亭。”这样感人的诗词名句，在诗词集中很多。

园林桥梁上多建桥亭，又成为游赏之处。南宋·周密《武林旧事》记杭州万岁桥：“淳熙八年（1181）正月元日……晚宴香远堂。堂东有万岁桥，长六丈余。并用吴璘进到玉石甃成。四畔雕镂阑槛，莹彻可爱。桥中心作四面亭，用新罗白罗木盖造，极为雅洁。大池十余亩，皆是千叶白莲。”

图 8-37　虎浴桥石亭

桥亭四面，不设窗牖，但或有坐槛和美人靠，可以纵览湖光山色，吐纳云烟雾气。用近代建筑术语，称之为内部和外部的渗透。以中国艺术哲学论之，则既有内有外，亦无内无外之别。

亭有方有圆，或上圆而下方以法天地。有独亭有双亭，两亭相并者称鸳鸯亭（图 8-38）。有六角有八角，有单檐有重檐，变化多端。

空畅相同而多楹者称榭。

《承德府志》记避暑山庄："石梁跨水，南北坊（应为亭，图 3-39）各一，中有榭三楹（水心榭）飞桷高骞，虚檐洞朗，上下天光，影落空际。"《畿辅通志》记涿州永济桥，一名拒马河桥。"乾隆二十五年（1760）……别建九孔新桥于南，改旧桥为堤，南北各建牌楼（夹牌楼左右造楼院），南之东为揽翠楼，西为延清楼；北之东为维摩院，西为关帝庙；中为茶亭九间（可称茶榭）熙来攘往，俱出亭中，规模宏敞，聿壮观瞻"（图 8-40）。

图 8-38　陕西凤翔东湖鸳鸯亭

杭州苏堤之上，苏东坡所建六桥，昔各有亭，今已俱无。只里西湖曲院荷风有桥，上建一榭（图 8-41）。北京颐和园西堤仿苏堤六桥，豳风桥有榭（图 8-42）。柳桥取杜甫"柳桥晴有絮"句，桥上亦有榭。练桥与镜桥上各有亭，分别取李白'春江澄如练"和"两水夹明镜，双桥落彩虹"句以命名（图 8-43，44），园林中亭榭桥梁，诗意盎然。

（二）廊、阁

覆盖桥全长为廊。

图 8-39　河北承德避暑山庄水心榭

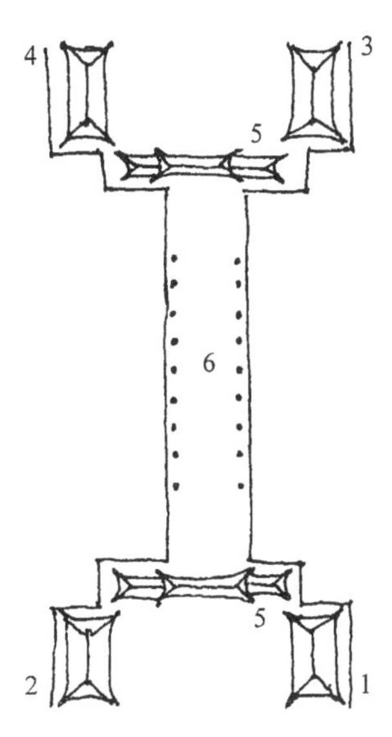

图 8-40　河北涿县永济桥平面布置
1. 揽翠楼　2. 延清楼
3. 维摩院　4. 关帝庙
5. 牌楼　6. 茶亭（榭）

几乎所有木伸臂梁桥和贯木拱桥都有长廊。《重修阴平桥碑记》称："画栋綵槲，复道蔽空，依稀咸阳联厦，仿佛西丰飞阁。"桥廊起自复道。木桥之所以有廊，自然不是为了"山间木石易办。"正因山木难办，覆廊以延长木桥的寿命，总的算来，可以节约木料。

从艺术观点区分，长廊有几种做法：一是全封闭式的廊桥。贯木拱桥，在桥外侧也钉上鱼鳞封板，循第一系统的外形，故貌似八字撑架桥。于桥外观之，全桥实而无虚，板而不活，刚（直线条）而不柔。行经桥内，不见桥外美景，内外隔绝，"令人气忾"。虽耐久性上对桥和对人有利，可观赏使用性上对人不利。

最多的艺术处理方法是在檐口之下，栏杆以上不加封闭。出檐较远，可以不淋斜风急雨。复道长廊，还设窗户。桥廊便有了一道虚带。若出檐更远，建栏杆也不密封，增加了又一道花饰的虚实条带。木伸臂梁部分，不用兰州握桥式的挡板防雨，而采用湘、桂、黔风雨桥的方法，在栏杆之下再加一道挑檐，造型便更富于虚实变化的韵律。

至于贯木拱桥，拱骨外挡板不能取消。且闽浙贯木拱设剪刀撑，如无挡板摭蔽，结构显得零乱无序。若不用挡板，

图 8-41　浙江杭州里西湖桥榭

图 8-42　北京颐和园西堤豳风桥榭

桥栏下设第二道檐口，也挡不住飘向拱脚的风雨。而这部分正是最需要避免一干一湿变化的地方，所以贯木拱桥此处的“实”是不可避免的了。

于是所有廊桥，在廊的建筑上大小都做些文章，形成廊和牌楼、廊亭、廊阁的结合。最低限度，也在廊的中部，局部抬高廊顶，以增加起伏、层次、主从的变化和设有情趣中心。可以从第二、四两章诸木梁、木伸臂梁和贯木拱桥众多的桥屋形式中，去体会中国民间木结构的鲁班子弟大师们对建筑艺术的深厚功底。

石拱桥没有防腐的功能要求，却也有造有廊屋，如安徽歙县北岸廊桥（图 8-45），江西石城永昌桥（图 8-46）和浙江泰顺毓文桥（图 8-47）等。

图 8-43　北京颐和园西堤练桥

图 8-44　北京颐和园西堤镜桥

图 8-45　安徽歙县北岸廊桥

歙县廊桥，砖墙互顶为廊，高设花格为窗，实多虚少。窗只为采光，无法赏景。虽题为“西源颉秀”，在桥中却无从“颉”起。

永昌桥桥廊中部有局部突起的重檐，可惜在栏杆以上设挡雨板，与习惯做法相反。行人只能俯看桥边，何以远眺天际。

毓文桥桥廊两端是桥门，中部是三重檐，攒尖顶的双层楼阁（不计桥面一层），有梯可上。阁内下层供文昌，上层奉观音，仙佛并举。

图 8-46　江西石城永昌桥

图 8-47　浙江泰顺毓文桥

桥在山区泰顺的偏僻山乡，地名洲岭乡、洲边村。桥头未通公路，民风淳朴。作者走访至此，上下攀登，直觉这一廊阁，造型极称优美，环境亦佳。桥枕流漱石，喷珠溅玉，桥中外眺，远山青紫，近山苍翠。桥廊内路人休息，悠闲自得，邻农晾晒菽、黍之流，一派田园古道的清远韵味，令人流连忘返。

桥建于清·道光十九年（1839），已有一百五十六年历史了。

所有廊桥，横向几乎都是四柱三间的起架，中宽边窄。中部是通道，两侧可作旁用。

桥上自可清饮。陈与义词曰："忆昔午桥桥上饮，座中皆是豪英，长沟流月去无声，杏花疏影里，吹笛到天明。"袁去华在垂虹桥宴饮，填《柳梢青》词曰："……西风劝我持觞，况高栋层轩自凉。饮罢不知此身归处，独咏苍茫。"这是少数文人高雅冷静的局面。

桥上既有桥屋，吸引"轩者、趋者、谈者、讴者、坐卧者，比肩接踵。"游人骈集，一派热闹的场面。自然便形成为集市贸易。

《渌江桥记》记："两旁覆屋百间，以利贸易。"《粤游小志》记广东湘子桥，每墩上都有亭、阁，"桥上贸易极伙。"《马可波罗游记》记成都一些桥梁："这些桥都有好看的木头屋顶，红漆，带美丽彩画，顶上盖瓦。每桥上由这头到那头两边皆有小屋，屋里有许多商工业都是在那里勤做出来的，但是这些小屋，皆是木头做的，早晨拿来到晚上撤去。"图 8-48 是新近改建复原的成都灌县南桥。廊屋内西侧每间之中当年都有临时小

图 8-48　四川成都灌县南桥

屋，廊中套屋成为集市。市肆之中，百货云集，工商并举。还有陶汝鼎所说"君平之檐"，成都有名的问卜算命者和"波斯之肆"即外国来的西货珠宝店。东江桥上，随之还有卖"豆腐、凉粉、点心、烧饼、馄饨、面粿"诸般熟食小吃。廊屋变为繁忙的市场和食品街。

桥廊和极美丽的牌楼结合起来，作为其入口。恐怕唯有中国的桥屋，才有如此高超的建筑水平。其实例除成都南桥外，尚有甘肃兰州兴隆山云龙桥（图 8-49），云南宾川南薰桥（图 8－50，51）等一系列桥梁。

图 8-49　甘肃兰州兴隆山云龙桥

图 8-50　云南宾川南薰桥

桥上廊阁结合，除泰顺毓文桥的文昌、观音阁外，于风雨桥特多。

阁必有楼，可合称楼阁。桥头单独有楼阁者如隋·洛水皇津桥，四角为日月表胜四楼阁；拒马河桥的延清、揽翠楼阁；河北赵州桥头明代建有关帝阁（图 8-52，53）；云南建水双龙桥中部建三层飞檐高阁，向背如神，四望不一。中国建筑和中国桥梁，能够珠联璧合，有机地结合起来。(图 8-54，55)。

图 8-51　南薰桥桥门

图 8-52　河北赵县安济桥入口（1930 年摄）

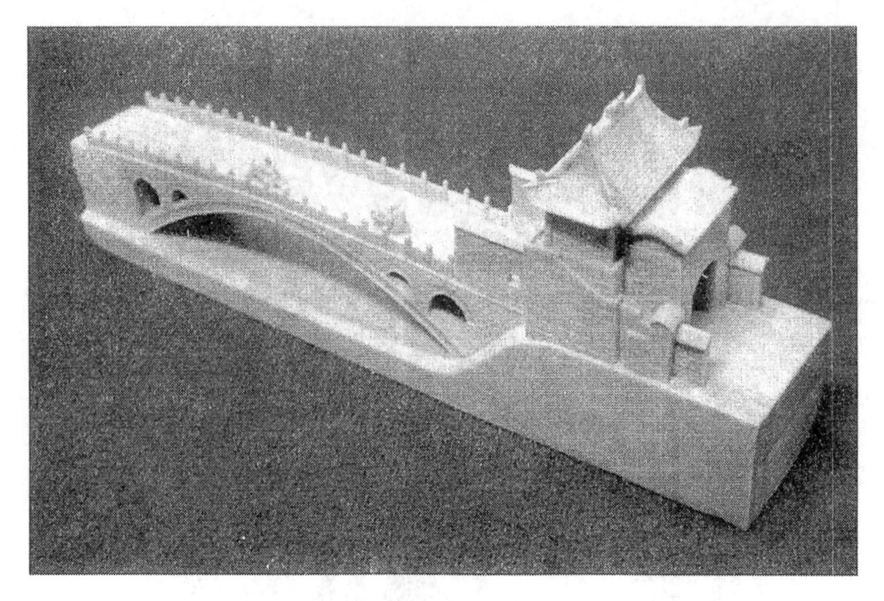

图 8-53　青田寿山石雕赵州桥

图 8-54　云南建水双龙桥飞阁

图 8-55　建水双龙桥亭（下方上八角）

（三）幢、塔

佛教传入中国，僧徒修桥，在桥头造幢建塔。印度的窣坡堵，传到中国，受中国楼阁的影响，有些变成中国楼阁式的宝塔。即使如此，宝塔和桥，难如亭、榭、廊、阁和桥的关系一样，结合得天衣无缝，只成为桥梁以外附属的佛教的宣传和装饰品。大乘佛教入世出世的关系，在僧徒造桥的事实上得以体现，塔所表达的能力是极为有限的。塔不过是宗教的象征而已。

福建石桥由僧人所建的最多。桥头往往有塔。泉州洛阳桥先后有九塔之多。现存桥上五石塔，都是宋塔。其中月光菩萨方塔上刻有“已亥年造”字样，即建于 936 年前的宋·嘉祐四年（1059）。

图 8-56，57，58 为泉州万安桥南端两侧石塔。保存均甚完整。以纵横垒砌石条的方形墩座为基。西塔六角三层，塔座以上第一层，南三面镌刻浮雕佛坐像；第二层南三面刻佛号。第三层刻有“一切十方佛”诸字。宝轮葫芦刹尖（图 8-57）。东塔六角底座，圆形覆莲下座中有边刻浮雕佛像石鼓，上为仰莲上座，托圆柱带卷杀塔身，北向开石龛，龛内石雕佛像一尊，龛口左右石刻武士，飘带飞扬。塔顶石刻六角飞檐。刹顶类同西塔（图 5-58）。

各地桥头尚多幢塔，恐怕没有如洛阳桥塔的年代久远，古朴质直。

三　栏　　杆

栏杆是桥梁构造的一个重要的部分，虽然并不是一开始就是必要的部分。一般的徒杠舆梁，没有栏杆。小桥设高不及膝的矮栏，长桥或高桥有高及腰际或乳下间的扶栏。

图 8-56　福建泉州万安桥石塔

图 8-57　万安桥石塔之一

图 8-58　万安桥石塔之二

桥面两旁设栏的目的是防蹉跌落水。中国古代索桥一开始亦是“旁无挽捉”，没有栏杆。采用和主索一样的栏杆索是一个进步。四川成都灌县何先德夫妻桥在栏杆上演出了可歌可泣的故事。

栏杆或称栏槛。苏东坡《何公桥铭》称：“直栏横槛，百贾所栖。”即木栏杆中，横木为槛，直木为栏。槛或作楯。李维桢《所泽桥铭》有“栏楯翼之”。习惯上称栏以代表栏槛。

栏杆除了翼护的功能之外，因其近，或依或靠，凭之以观赏风景，所以便首当其冲地讲求艺术性。直到今天，桥梁的栏杆仍是艺术处理的重点。

除了索桥栏杆用索，其材料和主索类同，为藤、竹、铁外，中国古桥栏杆主要为木、石两类。

（一）木栏

栏杆各部分名称见图 8-59。

栏杆有柱，柱分三类：高出扶手，即寻杖为望柱，柱有柱头；低于扶手者为蜀柱，蜀柱头称瘿项；在桥头栏杆转角处望柱称八字折柱。柱与柱之间，扶手以下，统称栏板。在木栏杆或称裙子板，除贯木拱有用板者外，一般不用。

秦汉时代和非城市桥梁的木栏杆大都十分简单，多数是横槛直栏而已（图 8-60）。

最简单的木栏杆，如南阳汉墓画像石、成都青杠坡墓画像砖上桥栏，全桥仅在桥头有望柱。其他全是蜀柱，除扶手是通长的寻杖外，矮栏仅有一根至二根横槛，或楯。

东汉和林格尔墓壁画中的渭桥栏杆，和北宋《清明上河图》中汴京虹桥的木栏杆（图 $8\text{-}60_3$），有寻杖、盆唇、束腰内两槛、地袱，共五根横槛，其宽狭厚薄有变化，是简单中较复杂的栏杆结构。这一类栏杆以槛柱或楯柱为主。

横槛直栏的木栏杆亦十分普遍，在栈道和风雨桥中都有所见。甘肃渭南灞陵桥的木栏杆如图 $8\text{-}60_5$。装饰的简、繁循环发展规律；使所有这些简单的栏槛式样都仍在应用。

可休憩的亭榭中有曲槛。曲槛亦可理解为曲折（或弯曲）的栏杆，实乃相对于直槛，用曲木为栏。木板为座，栏杆伸出柱外，远临水面，可坐而倚，所以俗称美人靠。四川成都青城山去常道观途中有凝翠桥，是一座弯曲的廊桥，栏槛亦弯，可称曲槛。实际栏只斜而不曲，是简化了的美人靠。江南诸私家园林亭榭，喜用曲槛，广东番禺清代园林亦有廊桥，廊顶随桥起伏，两侧廊边都用曲槛美人靠（图 8-61，62，63）曲槛是中国具有特色的栏杆。

花格栏杆称为彩槛。李远《题桥赋》称：“参差鸟迹之文，旁临彩槛”，彩槛者，排成文彩的栏木。木栏彩槛以勾栏最著，即图 8-59 敦煌中所见束腰部分为勾片的栏杆。勾栏以极简单的勾形木片，上下、正反相勾联，作富有韵律的变化，因此乐为一时所用。然而因为盛行于挟邪的楼台，勾栏已有贬义。有时栏杆仍称勾栏，却不做勾片栏杆。桥梁上仍用勾栏的为山西晋祠鱼沼飞梁，不过是白石栏杆仿木结构。

花格彩槛其花式变化莫测，南北城市和园林桥梁都乐于采用。图 8-64 为江苏苏州拙政园廊桥彩槛；图 8-65 系甘肃兰州兴隆山小握桥彩槛，与已拆除的兰州握桥同。

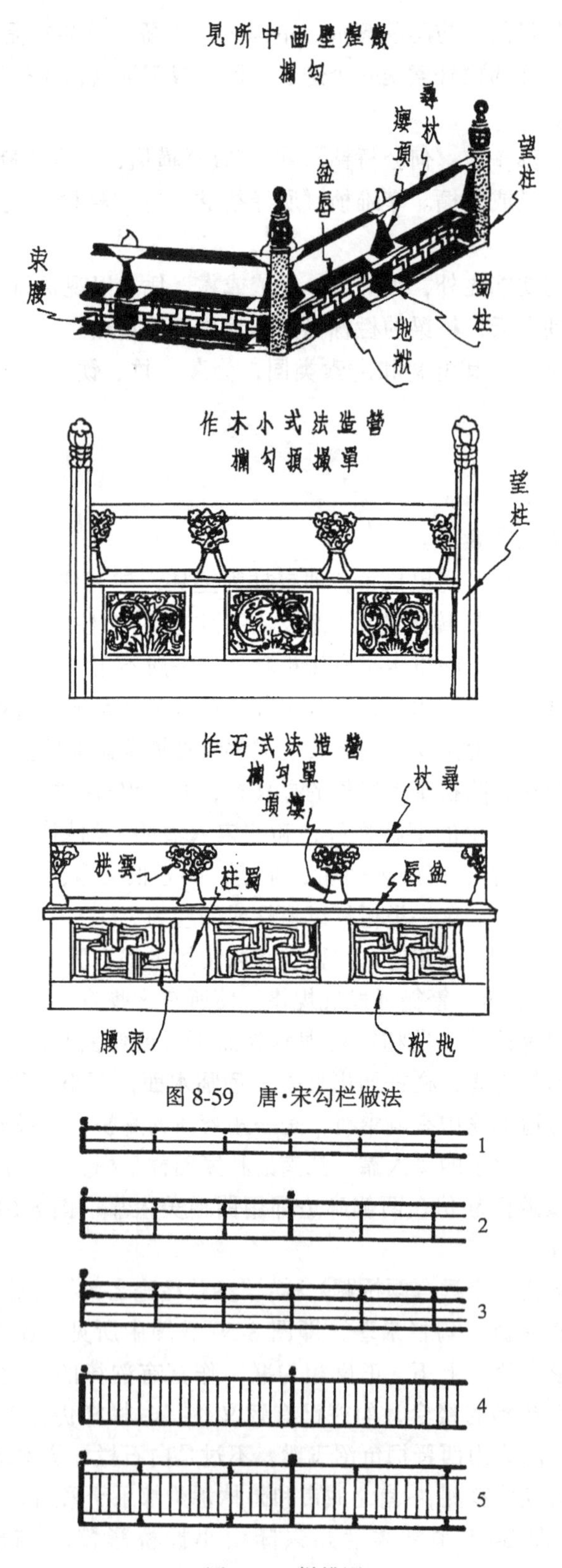

图 8-59　唐·宋勾栏做法

图 8-60　栏槛图

1. 青杠坡汉墓砖　2. 栈道　3. 墓壁画渭桥汴水虹桥　4. 栈道风雨桥　5. 甘肃渭南灞陵桥

图 8-61　四川青城山凝翠桥（斜栏）

图 8-62　广东番禺清代园林廊桥（曲栏）

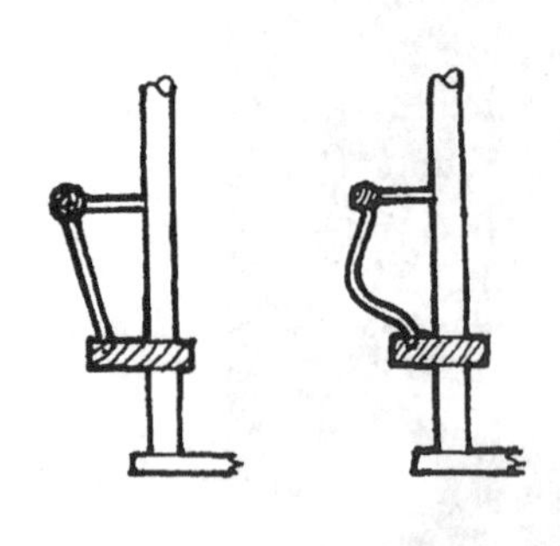
图8-63　斜、曲栏图

南京博物院藏清、佚名《万年桥图》所画乃苏州城濠胥门万年桥，始建于清、乾隆五年（1740），三孔石墩木梁。桥高三丈四尺（约11米），宽二丈四尺（约7.7米）。桥两端各有牌坊，桥栏墩台用石栏，木梁用彩槛（图8-66）桥栏沿桥有虚实的变化。

木栏色彩编喜红色。晋时临海有赤栏桥。桥上有亭，东南有楼，成公绥曾登楼作赋。顾况诗道“水边杨柳赤栏桥”，取万绿丛中一道红桥。隋·展子虔绘《游春图》（图8-67），青绿山水，红色横栏直槛木桥，掩映其中。

图8-64　江苏苏州拙政园廊桥彩栏

唐《中渭桥记》记其“丹柱朱栏”，即桥柱、栏槛都漆红色。潘炎《金桥赋》记唐·景龙三年（709）山西上党金桥“丹获蜿蜒，依晴空之蝃蝀”。白居易称苏州有“红栏三百九十桥”。醒目红栏，已成风气。

（二）石栏

石桥栏杆自用石，石栏亦有华实之分。

最简单的石栏只用不加雕琢的石板，侧立在桥侧，或用尺寸较小的石条，搁在小石墩（柱）上。桥栏很矮，福建的一些厚墩石梁桥多半如此（图8-68）。泉州大桥，桥台上是侧立矮石栏板，梁上则为一柱一横槛的简单石栏。福清龙江桥以小方块石作墩，上嵌搁石条作横槛。泉州五里桥每墩之上，嵌在两侧主石梁之间，立一石柱，主梁之上另

图 8-65 甘肃兰州小握桥彩栏

图 8-66 江苏苏州万年桥（清·佚名画）

图 8-67　隋·展子虔《游春图》

有两小方墩，每孔承托三条石槛。

花园中石板曲桥，石栏亦很简单。桥墩横梁伸出桥面，立柱以搁横槛（图 8-69）。拉萨罗希林卡寺方池亭石桥（图 8-70）石栏较高，便有两条横槛，槛中间以瘿项和小墩承托。

矮石栏都可作为坐凳，既可休息又可观赏水上风光。较高石栏和坡道上斜石栏

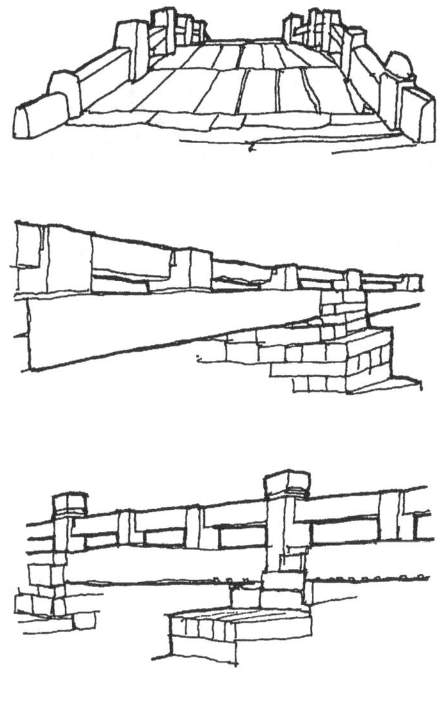

图 8-68 福建石桥石栏
上 福建泉州大桥 中 福建福清龙江桥
下 福建泉州五里桥

图 8-69 上海青浦曲水园石桥

（图 8-71）便无此条件。但浙江绍兴小江桥和恩波桥，高石栏板凿制成靠凳的形状（图 8-72）是解决此问题的一个方法。江苏昆山周庄石桥坡道上石槛，一端着桥，一端搁高

图 8-70　西藏拉萨罗布林卡寺石桥

图 8-71　浙江金华通济桥石栏

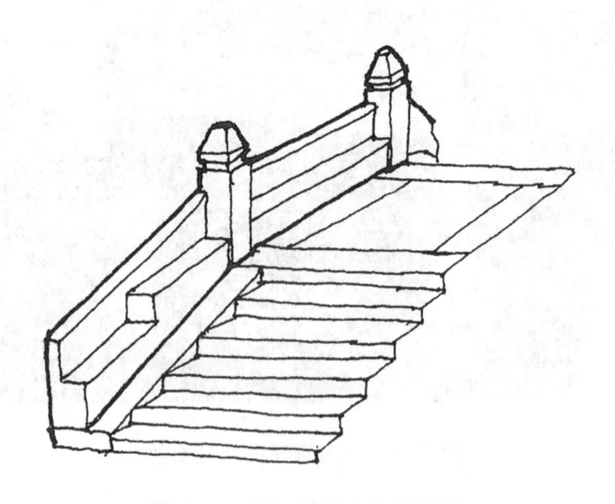

图 8-72　浙江绍兴小江桥石栏

图 8-73　江苏昆山周庄石桥石栏

（图 8-73），为解决之另一法，同时还增加了桥的节奏韵律。

石栏板桥以实为主“实则虚之”，需要采取一些建筑艺术的手法使之虚实相间，增加变化。河北赵州济美桥将实体栏板提高，在石柱两侧搁小石墩，不但增加了虚的空间，且石栏凹凸有致，富有光影变化。练塘朝真桥石栏凿有方孔，孔侧刻有匣子线条。苏堤石桥，栏板上挖圆孔，柱头高出栏板，石刻花纹十分精细（图 8-74）。石栏杆的各种虚实变化可以创作，不拘一格。

中国石桥栏用得最多的还是定型化了的寻杖、瘿项、盆唇、束腰、地袱夹以望柱的型式，见图 8-59，75，76，77 等。分析其原因，结构上轻下重，比较稳定；功能上成年人可在栏杆以上观赏外景而童稚可以从寻杖以下束腰以上的空间向桥外张望；艺术上上虚下实，符合中国哲学理论轻清者在上，重浊者在下的道理。

石栏之上，可雕刻各种花纹，赋以一定的含义。“雕栏玉砌”雕琢的石栏便称雕栏。区天相《玉蛛桥》诗：“雕栏宛转度芳溪，映日春旗拂彩霓……”。中国的雕栏富有艺术性。石栏杆的端部还有雕刻精致的各种抱鼓石刻。（图 8-78），如卷花抱鼓，海曰抱鼓，太极抱鼓等。

木栏易于朽折，石刻可传世耐久。年代久远，石质差的会风化，故选优良石质，虽是危坏之桥，“横此莓苔石”、“匝栏生暗藓”，依然古朴成趣，足资观赏。

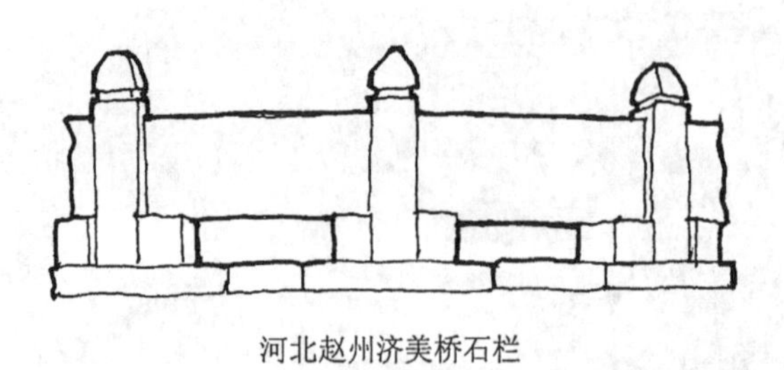

河北赵州济美桥石栏

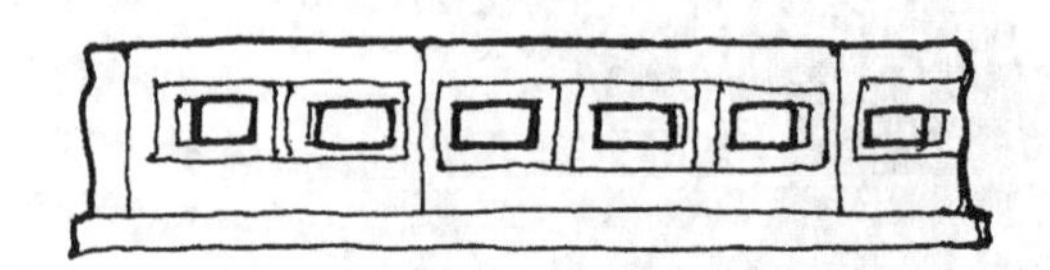

上海青浦练塘朝真桥石栏

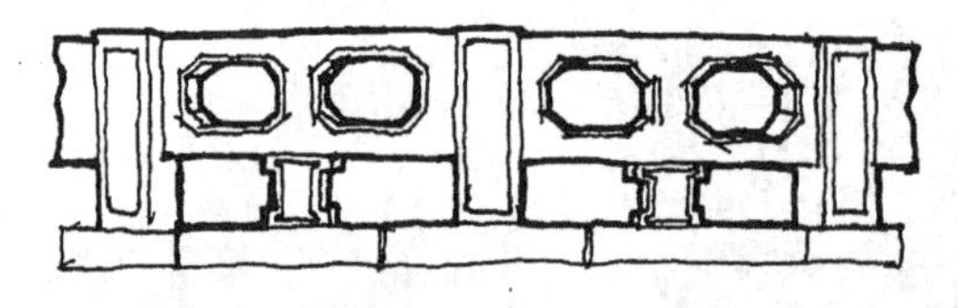

江苏苏州直宝圣寺石栏

浙江杭州苏堤石桥石栏

图 8-74　各种石栏虚实处理

四　雕　　塑

桥头或桥上雕镂刻凿，似乎是 可有可无，完全为了装饰。若赋予雕镂一定的积极的思想内容，装饰便具有生命力。社会建筑物的功能理应具有物质和精神二个方面。桥梁的基本物质功能是跨越障碍，不排斥附加以别的功能，如压胜、观赏、教育、纪念、宗教宣传等。有时这些附加功能亦便成为主要功能之一。

从艺术观点看，一座朴实无华的桥梁，在适当的部位，如近人、近水、较大的板实平面、建筑部件的首尾等加以雕琢，增加了刚柔、虚实、简繁、华实、阴阳（光影）等的变化，使桥梁更具有魅力。

图 8-75　浙江绍兴八字桥桥栏（宋）

图 8-76　河北赵县永通桥石栏（明）

中国桥梁的木雕艺术，如侗族风雨桥的雕塑彩绘，潮州湘子桥的雕梁画栋，精美绝伦，自然集中在桥屋是房屋建筑艺术的一部分。前述桥屋一节中已能看到若干例子。惜古木桥上这些艺术品不可能传之久远，所见以近代居多。本节主要收集附属于桥梁的石雕和金属铸造艺术。这些艺术作品，以仁兽仙禽、祥花瑞草为主，人像最少。

（一）人（神）像

桥头有神像以咸阳渭桥为最早。

《水经注》记造渭桥时，将传说中的水神忖留，雕（或铸）像置于桥头侧水上："旧有忖留神像……置其像于水，惟背以上立水上……董卓焚桥，魏武更修之。忖留之像，

图 8-77　北京故宫武英殿桥石栏（清）

曹公乘马见之惊，又命下之。”传说中的水神忖留，貌极丑。半身之水中，狰狞可怕，故惊乘马。时在公元前 220 至公元 210 年之间。若事不虚，则自秦始皇立到魏武帝下竟站在渭桥边四百二三十年之久，立像时距今有 2215 年。

河有神，不过是一时的信念。既有神，则借神助以镇压水怪，保护桥梁。河北赵县永通桥和济美桥在石拱墙“象眼”上都有河神石刻像，面目和平（图 8-79，80）。永通桥头像更似普通人而非神，也许是造桥匠师的自造像。

山西永济蒲津浮桥桥头有唐代铁人铁牛像。有铁人四，三武一文。初出土时十分完整。其文者可能是津吏（图 8-81，93，94）。这是桥头人像最早的实物，距今已有 1270 年。

福建泉州万安桥桥头有石介士四尊，原分立桥之南北两端，各有两尊，一老一少，执剑相向，各高 163 厘米。现都覆以石室，奉以香火（图 8-83，84）。像自北宋皇祐迄今，亦有 942 年。

明·蔡锡整修洛阳桥，其功不下蔡襄。据传旧桥石上有“石摧颓，蔡再来”六字石刻·促使蔡锡修桥。《明史》甚褒其功，郡人亦感其德，盖祠立像（图 8-82）。自明·宣德至今计 560 年。

至于洛阳桥及各地其他桥梁与宗教信徒牵连上一定关系，在中国主要是佛教。或劝募，或造桥，往往在桥柱石或桥头石幢、塔上刻有金刚、菩萨等佛像，属于偶像崇拜的迷信行为并且缺乏有价值的艺术作品，故皆不录。

（二）犀、牛

桥头雕刻用牛，由来已久，初用是犀牛，后来用耕牛（即兕）。

传说中大禹治水，曾使刻牛置水旁。

秦李冰治蜀，刻石犀。《华阳国志》记：“李冰昔作石犀五头，以厌水精，穿石犀渠于江南，命之曰犀牛里。后转二头在府中，一头在府市桥门，二头沉之于渊。”高诏《铁牛记》：“灌有都江堰，自秦蜀守李公冰，命其子二郎，凿离堆创筑之，以障二江之水。爰作三石人，五石犀以镇江水，以厌水怪。”

这里记载的五头石犀，在岸上的三头早已不知去向。沉于渊的二头，在成都（府）

图 8-78　石栏端抱鼓石

上　浙江绍兴泾口桥卷花抱鼓

中　浙江杭州苏堤桥海口抱鼓

下　上海金山枫泾石桥太极抱鼓

图 8-79　河北赵县永通桥人头像

图 8-80　河北赵县济美桥河神像

望江楼畔江中。其中有一头较完整，五十年代初起出置于岸边。十年动乱期间，筑路时已被埋在路基之中。另一头仍在江中浅滩上，枯水期间可以看到。牛为红砂石琢成，自背以上都已风化，剩下无首的躯干，屈四蹄而卧（图 8-85）。

今成都灌县，重刻石犀雄姿，披甲昂首，置在通途道旁（图 8-86）。四川现在没有犀牛，可是当年却是四川的特产，故李冰刻犀。

《本草图经》："犀出永昌（云南）山谷及益州，今出南海者为上"。陆佃《埤雅》"犀形似水牛，大腹庳脚，脚有三蹄，黑色。三角，一在顶上，一在额上，一在鼻上。鼻上即食角也，小而不椭。亦有一角者。旧说犀之通天者恶影，常饮浊水，重雾厚露之

图 8-81　山西永济蒲津浮桥津吏像

图 8-82　福建泉州洛阳桥蔡锡像

图 8-83　洛阳桥武士像（一）

图 8-84　洛阳桥武士像（二）

图 8-85　秦李冰镇水石犀残骸（四川成都望江楼旁江边）

图 8-86 四川灌县都江堰石犀

夜，不濡其裹。……可以破水”。《交州记》记：“犀有二角，鼻上角长，额上角短。或曰，三角者水犀也，二角者山犀也。在顶者谓之顶犀，在鼻在谓之鼻犀。”《异物志》：“犀角可以破水。”

湖南茶陵县城南洣江岸有铁犀，南宋绍定间（1228～1233）县令刘子迈“括千铁”所铸，长 2.1 米，宽 0. 8 米，卧高 1.1 米，重约 7000 公斤（图 8-87）。用铁犀“以杀水势”。

图 8-87 湖南茶陵洣江铁犀

河南开封东北五里铁牛村，有明正统十一年（1446）于谦所铸“镇河铁犀”作蹲坐之姿，体宽约 1 米，坐高约 2 米（图 8-88），两犀都足有三蹄头有二角。

图 8-88　河南开封铁犀

明、宏治间（1488～1505）都江堰分水尖亦铸铁犀。《铁牛记》称："牛凡二，各长丈余（约3.5米），首合尾分，如人字状，以其锐迎水之冲，高与堰嘴等……计铁七万斤"。

当年认为犀能镇水，首先因为"角能破水"，一角不足，合二牛之角以破之。再则借犀之威，以镇水怪。

于谦《镇河铁犀铭》称；"百炼玄金，熔为真液，变幻灵犀，雄伟赫奕。镇御堤防，波涛永息。安若泰山，固若磐石，水怪潜形，冯夷敛跡"。陈鎏的都江堰《铁牛铭》曰："乃砥洪流，言铸之铁，神人胥悦。二丑峥嵘，天一迸裂，冯夷骇惊，蛟龙怒咽，犇突既定，江沱既浉……"。又多了一层意义，即"二丑"，"天一"之说。

中国古代有五行学说。《河图》以数一二三四五代表五行—水、火、木、金、土之数，故称天一生水。地支中第二行为丑，生肖中牛为丑，所以二丑为牛。《易、说卦传》记："坤为地……为牛……"。即牛也代表土。按五行生克理论，土可克水。所以《铁牛铭》称："二丑（牛）峥嵘，天一（水）迸裂。"虽然转弯抹角，只有了解古代对天地哲理认识的理论，才能理解采用雕塑的象征意义。既然以土克水，只要是牛便行，不一定用犀。

云南滇池用铜牛，荆江大堤用铁牛。清·洪品良《江船纪程》载："沙市阜康门外万寿寺，寺外堤岸蹲铁犀牛一，字画驳蚀不可辨，盖昔人所铸以镇水也。土人语余云，荆江上下，铁牛有九。"

所见桥头有牛者如山西霍县石桥铁牛（图 8-89），北京颐和园十七孔桥铜牛（图 8-90），广东潮州广济桥铁牛（图 8-91）都是水牛。陕西西安丰桥石牛（图 8-92）为黄牛。

图 8-89　西霍县石桥铁牛

图 8-90　北京颐和园铜牛

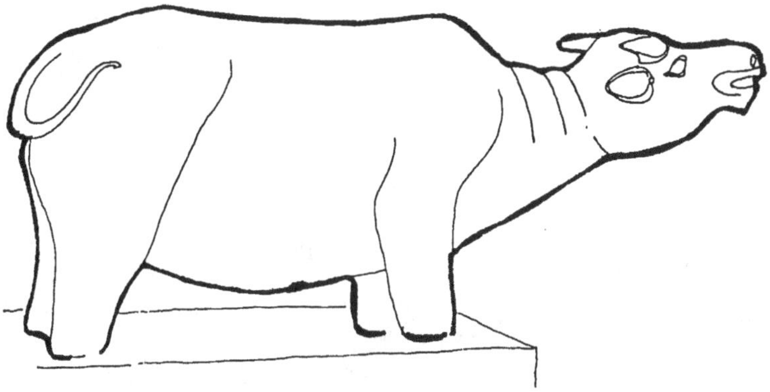

图 8-91　广东潮州广济桥铁牛

图 8-92　陕西西安丰桥石牛

十七孔桥铜牛，清·乾隆于牛背铸铭曰："夏禹治河，铁牛传颂，义重安澜，后人景从。制寓刚戊，象取厚坤，蛟龙远避，讵数鼍鼋。潆此昆明，潴流万顷，金写神牛，用镇悠永。巴丘淮水，共贯同条，人称汉武，我慕唐尧。瑞应之符，逮于西海，敬兹降祥，乾隆乙亥（1755）。"禹治水时尚未有铁器，"铁牛传颂"不确。"象取厚坤"，就是"坤为地……为牛。"

桥头用牛亦见之于浮桥。前写桥史时，未见实物，故亦只在文字上作粗略的考证。1989 年 7 月 31 日开挖出蒲津浮桥第一个铁人。8 月 7 日全部挖见。1991 年 3 至 5 月，考古挖掘全部完成，于是，山西永济古城西墙外脚下，一组唐·蒲津浮桥铁人铁牛呈现于世。关于蒲津浮桥的详细考证，及人牛全貌，见浮桥一章及图 8-93，94。

这样的人牛一共有两组西一组仍埋于永济黄河河滩之下，东一组则已呈于眼前。图 8-95 是东一组北侧前牛刚出土时的形象。图 8-96 是在山西太原展出时的按原大制作的复制品。"开元文物彬彬"，见之者无不为之倾倒。

关于这一组铁牛，清·蒲州守使周景柱于乾隆十九年（1754）所作《开元铁牛铭》言之甚详。铭有序，曰："蒲西郭外黄河之岸侧，有铁牛四。自唐开元中，所铸凡八，其四在秦之朝邑，东西分向，用以维河桥。及金元世，桥废渡绝，而牛之存者如故，阅

图 8-93　山西永济蒲津浮桥唐、铁人铁牛（北侧）

图 8-94　山西永济蒲津浮桥唐、铁人铁牛（南侧）

干有余岁矣。牛之壮硕，厥状雄特，所谓‘一元大武’，此实称之。观其矫角、昂首、体蹲而力咒（孔武有力），足以任重，足以励猛。坚足以觝（以角相触），强足以距。其

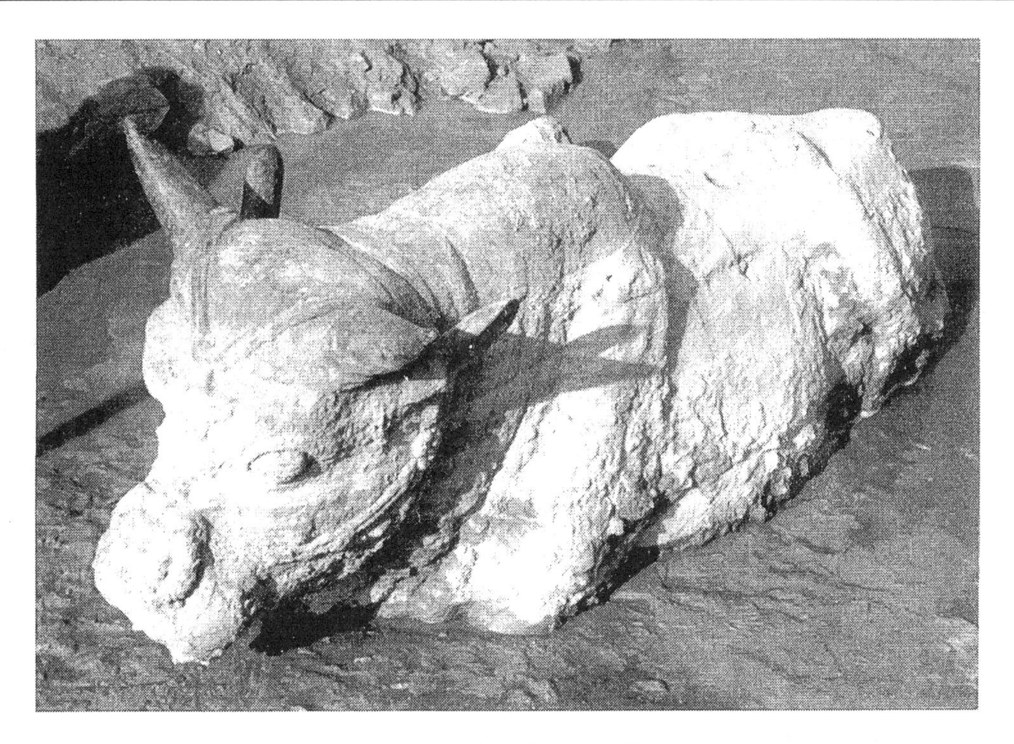

图 8-95　山西永济唐·蒲津浮桥铁牛之一

图 8-96　唐、薄津浮桥铁牛复制品

目似怒，其耳如聒，其处有度，其伏甚固。宁戚相之而不名，老聃跨之而不去。为牡（雄）为犉（黑唇黄）为犍（三岁）为犆（阉过的）（合指以三岁阉过的黑唇黄色雄牛秦牛为模本）。在河之湄，相呴相煦。（天天在一起）岂特三朝三暮，而见黄牛之如故（用李白过三峡看黄牛岭)。且其肤泽晶莹，若灿金英；彩烂初阳之照耀，荡乎银烛之光明。疑来从于雪山，同天牺之有灵。盖世远代积，饱乎霜露之浸润，而多受夫月华与日精。是以态之古而且异，有如是也。自牛之外，有柱有山，并铁为之。牛各有牧，或作先牵，或作迴叱，其面目意色，各宛然肖发。想其初时，巧倕共工，妙范在中。罄南山而取铁，烁万冶而未穷。于是扇太乙，鞴祝融，下昆吾，走雷公。天蓺绛氛，地吹炎风，既陶既模，剖型而始呈厥功。可以骄翁仲之范金，可以陋蜚廉之铸铜。而况桥如长虹，笮如游龙，缆之维之，如砥如墉。将使元鱼失其怒，阳侯歛其雄，属非斯牛之力，而又谁主其庸哉？嗟乎！自唐以后，历五代、宋、元，所谓开元文物之盛，久已荡为飘风，散为寒烟，不可复问！而是牛岿然杰然，未尝或改。吊古者将抚之以增永叹，睹之以成感慨。自是以往更数百岁，吾不知其尚屼焉奠置乎?！抑终失而沦于波臣乎？或如辟邪天鹿毁于人乎？或高岸为谷而复于土乎？（不幸而言中）是皆莫能测也。唯今俨然在陈，嶷嶷岳岳，实为斯地之伟观，而壮景物之势。且其年载垂之甚古，而唯欲其永存也。夫牛之为物，于易象坤，坤为土，土以胜水。余观秦李冰为蜀守，导江刻石为三牛于岸侧 。盖牛之足以胜水怪，而镇其患者久矣。唐之为此，虽曰以成河桥，亦犹阴阳相厌之意焉。既观而伟古人之功，因为之铭曰：牛之壮兮若山峙，角矫矫兮觸苍兕。河流安兮天昊逝，牛戢戢兮载间，怒浪息兮无凌湍，东静魏埌兮西晏秦关。不奔不斗从尔友，万岁千秋尔斯守。"

文章状写铁牛铁人，对照出土文物，可谓正确生动。且推想其制造模本，冶铸过程。并为其前途忧心憧憧，不幸而言中。二百四十年后被埋入土中，七十八年始再见天日。然而仍有可忧者！现在文物保护的条件不够理想，牛后城里是一片湖塘，透过城墙下渗水不绝，使铁人铁牛总处于不利的润湿环境之中，出土后不断锈蚀，虽加若干防锈保护，仍不能保持周文所写及初发掘出时所见到的"肤泽晶莹，若灿金英"的状态。建馆资金，迟迟不能落实。"唯欲求其永存""万岁千秋尔斯守"恐亦难矣！增咏叹，成感慨又将见于今天 。

周景柱举李冰石犀为例，认为"虽曰以成河桥，亦犹阴阳相厌之意"。

唐·岑参曾歌颂石犀："江水初荡潏，蜀人几为鱼。向无尔石犀，安得有邑居。始知李太守，伯禹亦不如。"而杜甫在其《石犀行》中写道："君不见，秦时蜀太守，刻石立作三犀牛。自古虽有厌胜法，天生江水向东流。蜀人矜夸一千载，泛溢不近张仪楼。今年灌口损户口，此事或恐为神羞。修筑堤防出众力，高拥木石当清秋。先王作法皆正道，鬼怪何得参人谋。嗟尔三犀不经济，缺讹只与长川逝。但见元气常调和，自免洪涛恣凋瘵。安得壮士提天纲，再平水土犀奔忙。"不用犀牛而用耕牛。汤显祖《邯郸记·铁牛颂》说："牛，其春物之始乎？……其为制也，寓精奇特，壮趾坚贞，首有如山之正，角有不崩之容"。修堤防、平水土、牛奔忙出力有功，立像堤边，永作纪念，和借牛之力以系浮桥。犀牛是桥梁艺术中第一"神"兽。

（三）龙、凤、麟

1. 龙

龙是中国传统文化中的神物。《易》云："飞龙在天，大人造也。"又"云从龙，风从虎，圣人出而万物睹。"龙是了不起的。《说文》解："龙，鳞虫之长。能幽能明，能细能巨，能短能长。春分而登天，秋分而入渊。”其登天时，能兴云雨，可以周游八极。《广雅》对龙作细致的区别：“有鳞曰蛟龙，有翼曰应龙，有角曰虬龙，无角曰螭龙，未升天曰蟠龙。”

虽然两亿三千万年到七千万年的中生代是恐龙的时代，可是当今谁也没有见过龙。龙的形象是通过综合、想象和逐步演变而成的。

最早的龙是距今约七千多年前，今河南濮阳西水坡村新石器时代遗迹，仰韶文化期的墓葬中发。1987 年 5 月，发掘得成人、儿童殉葬墓。其墓主两侧用贝壳砌成龙、虎之状（图 8-97）。

图 8-97　河南濮阳西水坡七千年前仰韶文化时期贝壳“龙虎”

1976 年在河南安阳殷墟，发掘得商王武丁妃妇好墓，得殉葬物 1928 件，其中有玉刻小龙二件（图 8-98 左），长约 8.1 厘米。作人面，双角，有足，卷尾，距今约有 3000 至 3500 年左右。

春秋战国诸器之上，常铸有龙，形态并不完全一致。典型的如西周铁卣圈足龙，约在公元前 11 世纪；战国青铜器上龙，为公元前 475～221 年时的形象（图 8-98 右上下）

汉永平五年（62）宫中失火，火余得玉，制成带饰，上刻玉龙，头上有角有耳，四足三爪，长身有尾，遍体有鳞，姿态矫健（图 8-99）。南京中央门外迈皋桥万寿村，掘出晋永和四年（348）墓葬，其砖有龙纹（图 8-100）。图 8-101 是河北赵县赵州桥下河床中发掘出的隋代刻龙栏板之一，有角有鳞，刻作穿板而过的姿态，生动活泼。这汉、晋、隋三个时期的龙形已经十分接近，趋向一致。

图 8-98　商、周时期“龙”

左　河南安阳殷商“人面龙”，公元前 16～前 11 世纪

右上　西周铁卣圈足“龙”，公元前 11 世纪～前 771 年

右下　战国青铜器上“龙”，公元前 475～221 年

图 8-99　汉玉刻龙（公元 62 年）

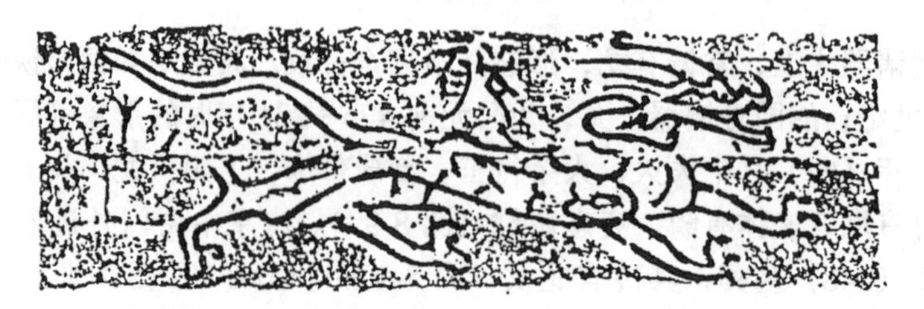

图 8-100　晋·永和四年墓砖龙纹（公元 348 年）

图 8-101　河北赵州桥隋代栏板龙（公元 595 年）

图 8-102　赵州桥“蟠”龙栏板

《尔雅翼》综合龙的形象是：“角似鹿，头似驼，眼似蝦，项似蛇，腹似蜃，鳞似鲤，爪似鹰，掌似虎，耳似牛。”所谓“龙有九似”。龙集诸形象于一体，给后世画刻龙形起标准化的作用。然而还是在不断变化。民间爱龙好龙，崇拜为神物。历代帝王，假龙以神化自己。或为龙化或化为龙以示神，或御龙或属龙的示能。为了区别帝王之龙和民间的龙，将原只有三爪的龙，变为四爪五爪，五爪是御用之龙。

赵州桥是一座龙桥。张嘉贞《安济桥铭》称：“其栏槛华柱，锤刘龙兽之状，蟠绕拏踞，盱睒翕欻（怒目而视，呼吸吞吐），若飞若动，又足畏乎。”

大概自明代以后的人们，都没有看到隋代栏板。只是在 50 年代修复赵州桥时，始在桥下河床内挖掘出隋代栏板原物，有幸而睹当年若飞若动，又足畏乎的龙兽之状。其“蟠、绕、拏、踞，盱睒翕欻”字字落实。

图 8-103　赵州桥“绕”龙栏板

图 8-102 是两龙相向相“蟠”，甚为亲密。蟠之不足，两龙相“绕”（图 8-103）。蟠绕的栏板都作对称图形。尚有几块栏板，作双龙戏宝珠，，萱莲躬身如“弩”，姿态各不相同，作不对称而平衡的图形布置（图 8-104，105）。华柱之上，则有一龙自身盘绕“踞”立（图 8-106）。如此生动活泼，变化多端的龙的雕刻，实令人叹为观止。修复后的赵州桥，换去明、清粗陋且不统一的栏板，装仿隋刻的新栏板。只可惜述而不作，没有踵事增华。只有中间五块栏板为隋代型式，其他都是拼凑而成，未免美中不足（图 8-107，108）。

桥上刻龙，因为龙是鳞虫之长，水族都归其统属。清·吴梅村诗：“愁思忽不乐，乃

图 8-104　赵州桥“弩”龙栏板（一）

图 8-105　赵州桥“弩”龙栏板（二）

图 8-106　赵州桥“踞”龙华柱

图 8-107　赵州桥隋代中心龙头栏板

图 8-108　50 年代修复后赵州桥仿隋栏板

上咸阳桥，盘螭蹲鸱势相啮，磎豁口鼻吞奔涛。”所以用以监视水族，毋使兴风作浪以坏桥。按理应该刻在一定的部位，一定的朝向。一方面由于愈传愈玄，认为龙有不同的种类，起不同的作用，另一方面毕竟雕刻是一种装饰，哪里需要作艺术处理就刻在哪里。

明·杨慎《升庵外集》记：“俗传龙生九子，不成龙，各有所好。弘治中，御书小帖以问内阁。李文正据罗记馏绩之言，具疏以对。今影响记之：一曰赑屃，好负重，今碑下趺是也；二曰螭吻，好望，今屋上兽头是也；三曰蒲牢，好吼，今钟上纽是也；四曰狴犴，形似虎，有威力，故立于岳门；五日饕餮，好食，故立于鼎盖；六曰虮蝮，好水，故立于桥柱；七曰睚眦，好杀，故立于刀环；八曰狻猊，好烟火，故立于香炉；九曰椒图，好闭，故立于门铺。”

这不过是游戏文章，不经之谈，亦说明民间刻龙，随不同功用和器物部位，作不同的适应性的变化，似龙非龙，取以各种不同的名称而已。实际上龙都是想象的组合物，那里来如许多的龙子龙孙？可是作为装饰艺术，为建筑和桥梁增添不少趣味。

石桥上作为厌胜的龙，都放置在近水的地方，且以一定的姿态表达其动作，如：

(1) 拱券面龙门石吸水兽

其上刻龙头，名为吸水兽。怒目下视，作吞奔涛、骇水怪的姿势。雕刻得比较精细的如河北赵州桥隋代吸水兽（图 8-109）。北京卢沟桥金代吸水兽，探半身在桥中，怒目而视，形象更为逼真（图 8-110）。北京八里桥吸水兽虽已部分遭到破坏，残留的雕刻十分细腻流畅，富有神韵（图 8-111）。这一类雕刻在浮雕和圆雕之间。

图 8-109　赵州桥隋代吸水兽

龙门石上龙头亦作圆雕。四川平武煽铁桥亦探出半身，但平视向前，监望更远。龙角已在“文化大革命”中被敲去。圆雕龙头都在迎水面，背水面则作龙尾。四川广元石拱桥中孔亦作圆雕龙首尾，竟被全部破坏，80 年代发愤重新再刻修复，惜艺术水平达不到古桥原物的标准了。煽铁桥龙头见图 8-112。

山西景德桥龙头（图 8-113， 114） 不设在券脸龙门石上而置于拱墙之上， 口含骊

图 8-110　卢沟桥金代吸水兽

图 8-111　八里桥清代吸水兽

图 8-112　四川平武煽铁桥龙头

珠和煽铁桥龙相似。

(2) 桥墩顶尖龙头

离水更近者在桥墩顶尖设龙。如山东益都南阳桥，河北衡水安济桥（图 8-115）及江苏南京上方桥（图 8-116）等。上方桥墩尖吸水兽风化严重，似龙非龙，接近于六朝的雕刻，结合其拱墙天平石端兽头雕刻（见圬工拱桥章），这座志称明建的桥梁，怀疑始建年代为更早的东晋时代。

图 8-113　山东卞桥龙头

图 8-114　山西晋城景德桥龙头

图 8-115　河北衡水安济桥墩尖兽

陕西西安最近发掘出的元·灞陵桥墩顶尖亦有龙头，形状和卞桥相似。西安浐桥为梁桥，其石轴柱墩端亦有圆雕石龙。墩端雕刻龙头体型最大，形象变化最多者当推四川泸州龙脑桥。该桥位于泸州福集镇九曲河上，明·洪武年间建。长 16 丈（52 米），宽 6 尺（约 1.8 米），共用 30 块长约 5 尺（1.5 米）厚青石板建成十三孔平桥，桥上石圆雕自左至右分别为：麒麟、象、龙、龙、龙、龙、狮和麒麟。因龙多故名龙脑。距今已有

图 8-116　江苏南京上方桥墩尖兽

600 年历史（图 8-117）。桥不高，江流浅窄，却用如许多捍卫之士。足证当时石刻艺术家身怀绝技，僻处乡偶，运石挥斤，使出全身解数，聊以自慰，亦给后人留下了不朽的作品。

图 8-117　四川泸州龙脑桥

(3) 金刚墙上伏龙

在桥头两边，河岸金刚墙上，亦有刻置龙的圆雕（图 8-118）。沙河桥兽欲跃故缩，八里河桥兽探爪窥视，这些动态，来自生活。

(4) 栏杆头狴犴

栏杆收头的地方，用兽守望，好像是对付过往的奸宄之辈。狴犴是龙的变种，杨升庵记其“有威力”，但不一定只守在狱门而已（图 8-119）。

（5）拱券龙门石底面团龙

浙江绍兴有几座桥梁如阮社太平桥、柯桥、谢公桥等，不在拱券龙门石券脸刻吸水兽，却在整条龙门石的底面刻圆形图案，龙门石在桥全宽内分成整数方或长方石块，每块一种浮雕图案，鱼龙混杂，但若干图案是团龙（图 8-120，121）。图形接近水面。主要也是为了过往船只，在船上仰视以欣赏雕刻艺术。

（6）拱桥面千斤石双龙

图 8-118　桥头金刚墙上伏龙
上　沙河桥　下　八里河桥

图 8-119　桥头狴犴
上　北京颐和园十七孔桥　下　北京八里桥

南方石拱桥拱券顶龙门石上部有千斤石，千斤石的作用是拱合龙之后，加重压以防冒尖，所以石块厚重方正，又位于桥上道路的正中。人们往往走到桥中，伫立以观赏水上风光。上海青浦曲水园石拱千斤石（图 8-122），江苏昆山周庄石拱千斤石（图 8-

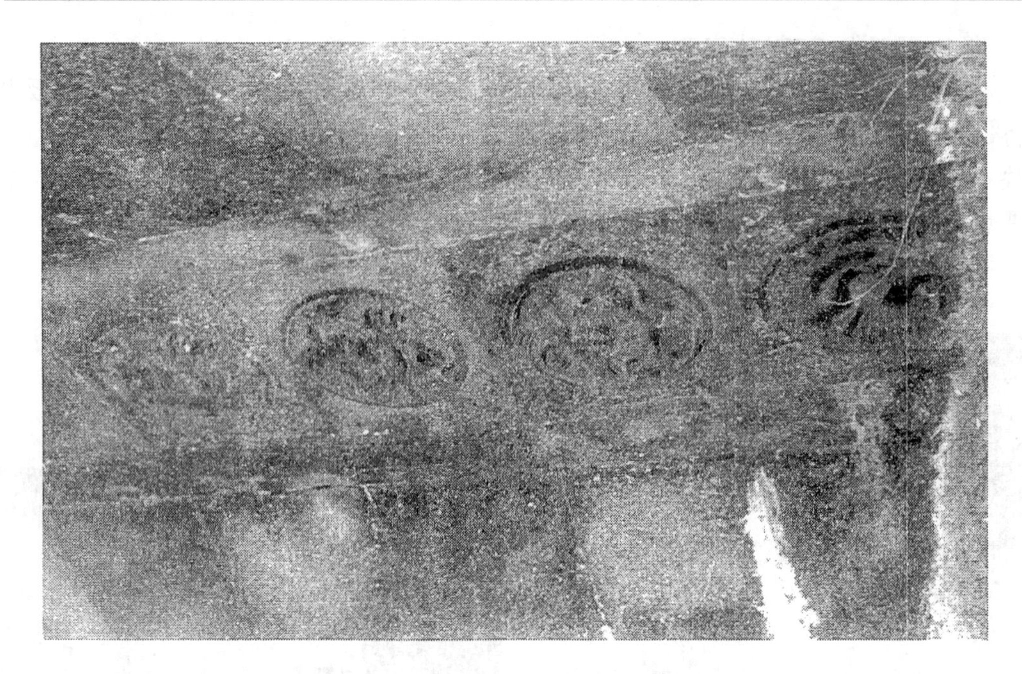

图 8-120　浙江绍兴谢公桥券底石刻

图 8-121　浙江阮社太平桥券底团龙

123）都刻有双龙戏珠图案，使桥中又多一景。千斤石，石质坚硬，浮雕无尖锐棱角。这两块雕龙石都是明代的遗物。

2. 凤

凤是中国传统文化中的另一神物。

图 8-122　上海青浦曲水园石拱千斤石

图 8-123　江苏昆山周庄石拱千斤石

《大戴礼》称："羽虫三百六十，凤凰为之长。"雌者曰凰，雄者曰凤。《山海经》云："丹穴山鸟，状如鹤，五彩而文，名曰凤"。天下五彩而文的鸟极多，凤亦是各种形态的综合。

《广雅》记："凤凰，鸡头，燕颔，蛇颈，鸿身，鱼尾，骿翼五色。首文曰德，翼文曰顺。背文义，腹文信，膺文仁。雄鸣曰即即，雌鸣曰足足。昏鸣曰固常，晨鸣曰发明，昼鸣曰日保，皋鸣曰上翔，集鸣曰归昌。”凤凰的德性如《孔演图》说：“非梧桐不栖，非竹实不食，非醴泉不饮。身备五色，鸣中五音，有道则见。飞则群鸟从之。”正和龙一样，身备众美，可是谁也没有看见过。

民间喜龙凤合用。帝王之家，帝称龙而后称凤（应是凰），无非想各领一属之长。以凤求凰，以凰配凤，《诗》称：“凤凰于飞，翙翙其羽”是合适的。但以凤（应为凰）配龙，实在不偏不类。

桥梁栏板雕刻有龙有凤。

河北永通桥旧桥栏板中有“丹凤朝阳”之作（图 8-124）。其他如广西灵渠石桥，四川平武煽铁桥等栏板都刻作“凤凰于飞”的画面（图 8-125，126，127）。且一桥之上有龙有凤的栏板，但未见有龙凤合刻在一起的，看来到是注意到了。

图 8-124 丹凤栏板（永通桥）

图 8-125 凤凰栏板（登瀛桥）

3．麟

麒麟亦是传说中的神兽，仁瑞之兽。

《大戴礼》："毛虫三百六十，麟为之长。"《诗·周南》叹麟："麟之趾，振振公子，于嗟麟兮。"司马相如上林赋记汉代有麟："兽则麒麟角腨。"张揖认为"雄曰麒，雌曰麟。"

图 8-126　鱼龙及凤凰栏板（广西灵渠石桥）

麟"麇身，牛属、狼蹄、一角。"郭璞说："麒，似麟而无角。"

麒麟之所以为仁兽，据《传》："麟信而应礼，以足至者也"，并且虽然有角，"麟角末有肉，示有武不用。"

麒麟栏板所见不多（图 8-128，129，130）。若以角数严格区分，则永通桥刻为麒，安济桥刻为麟。济美桥刻最为精致生动；却有双角，介于龙与麟之间。然都可统称为麒麟。

《礼·礼运》："麟、凤、龟、龙，谓之四灵。"除了碑趺之外，桥梁雕刻用龟，竟是凤毛麟角。

（四）狮象

桥上雕刻最为群众喜爱的是狮子。

狮子古称狻猊。《穆天子传》："狻猊，野马，走五百里。"《尔雅》注："狻猊，即狮子也，出西域。"狮子产于西域，现非洲、南美等地仍有，汉时传入中国。《东观记》载，汉顺帝时（126～144），"疏勒王遣使文时诣阙，献狮子，似虎。正黄有髯耏，尾端茸毛大如斗。"外国的狮子传到中国之后，狮子的外 形也民族化了。其卷毛胸佩，取之女饰，狮子的图像雕刻和实际的狮子外形相去甚远。

用狮子守桥，与《升庵外集》称"八曰狻猊，好烟火，立于鼎炉"有所不同。让狮

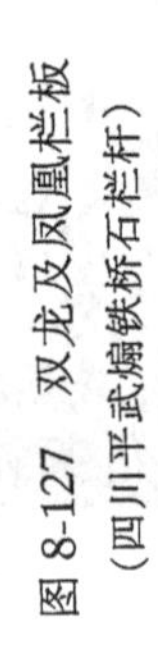

图 8-127　双龙及凤凰栏板
（四川平武煸铁桥石栏杆）

图 8-128　河北赵县安济桥麒麟

图 8-129　河北赵县济美桥麒麟

图 8-130　河北赵县永通桥麒麟

子守桥，并不是因为狮子像虮蝮那样好水，也不过是借助于狮子的威力而已。

宋代临海中津浮桥："系缆以石狮子十有一，石浮图二。"有似于唐、蒲津浮桥的铁牛和铁柱。

明代贵州盘江铁锁桥，铁链自狮口出。吊桥的铁链锚着，借狮子形象以加强锚石力量的影响。

一般的石桥，只在桥的出入口布置左右各一石狮。如福建泉州石笋桥，江苏苏州定带桥，北京北海堆云积翠桥等比比皆是。中国的守桥双狮，必为配偶，雄者弄绣球，雌者抚小狮，怡然是一个和睦的家庭。

桥栏望柱头都雕刻石狮的为数不少，如山东兖州泗水桥，济南大清桥等。最有名的还推北京卢沟桥。

卢沟桥望柱头石狮，面向路而背向水，大小相似，然而子母相负，不可胜数。所以有"卢沟桥的狮子——数不清"的歇后语。这一传说已历四五百年。明·蒋一葵《长安客话》记载："卢沟桥左右石栏，刻为狮形，凡一百状，数之辄隐其一。"明·刘侗《帝京景物略》也说："数之辄不尽"。50年代文物工作者曾对石狮进行编号清点，其数计485个。然而清了也不一定记得住，清之何用。石狮雕刻十分生动，富有生活气息。然而当年初建时一柱一狮，比较简单。现金·元时期时石狮只剩几个，身躯瘦长，面部较窄，腿脚挺拔有劲。明代石狮，躯干较短，足踏绣球或小狮，风化较甚，其余为清·康熙、乾隆和以后的增补，逐渐形成千姿百态的局面。

卢沟桥石狮，和中有同，同中有和。姿态万千，雕刻有神韵。见之不忘，数之不尽，此为余韵，其艺术性便在此中（图 8-131）。

全国石桥刻有石狮的不可胜数，略举数例如图 8-132。其中完整者乃早期所摄。此次调查几乎全部都成伤残之躯，断腿缺腭，或横躺在地不得翻身，所谓"文化大革命"的洗礼如此！

般石桥栏杆收头用抱鼓，或名戗鼓。卢沟桥却一端用狮，一端用象，元代《卢沟运筏图》（图 8-134）上便是如此。现在的狮象如图 8-133，135。为什么兼用狮象，成为不统一的局面，意义不明。

象是大家所熟悉的可亲的动物，力大于狮，性情温驯，可以驾驭。佛教以狮为文殊座骑，象为普贤座骑，以示佛法无穷，众生拱服。

自卢沟桥开了狮象并用之例，四川芦山异恒桥，云南建水双龙桥，禄丰丰裕桥等亦都用狮象。模仿亦是艺术创作的一般手法，不过并不是最高明的手法，重在创造（图 8-136，137）。

（五）余绪

桥上雕刻有扩展到整个梁或拱面。

江苏无锡蠡园三孔石梁面，满雕缠枝花草。山西崞阳普济桥为敞肩圆弧拱，除龙门石吸水兽外，小拱券脸，满刻游龙飞云。大拱拱脸，隔若干块刻有浮雕，或作盘龙，或作渔猎（图 8-138）。河南临颍小商桥亦为敞肩圆弧拱，大拱券脸刻的是飞马图案（图 8-139），小拱券脸，满刻荷莲图案（图 8-140）。桥为隋造，或有认为小拱券脸石刻作于明代，一方面雕刻较新，而又极似明·永乐八年（1410）朱悦𤐤墓石刻（图 8-141）。然

图 8-131　北京卢沟桥栏杆石狮子

而亦未尝不可反证朱墓石刻摹自前代。存之质疑。桥上满是雕刻，一似纹身的艺术品，非有余资余力，重视该桥，不会出此。

图 8-132　桥头石狮
1. 浙江通济桥　2. 山西通惠桥　3. 云南丰裕桥　4. 江苏宝带桥

桥上雕刻，在灵长祥瑞的大动物外，十二生肖差不多都上桥梁，特别是猴、兔、马、羊更为常见。民间艺人，喜欢民间戏剧，于是各种民间故事，得以桥上浮雕的形式出现。宣扬孝道，刻二十四孝。讲求忠义，多刻三国掌故。至于望柱头上，宝瓶、葫芦、佛手、仙桃、金钟、石鼓、八角、方胜，随心所欲，兼收并畜，什么东西都可以上桥。于是有些桥梁雕刻便杂乱无章，焕烂无旨，热闹而已，不知所云。

亦有以各种佳禽、瑞鸟、灵芝、仙果、瑶草、琪花作为题材的浮雕或图案，形式十分美丽，装饰韵味无穷。有些内容（图 8-142）为的是延年益寿，祈求造桥者和桥梁青春永葆。艺术的生命是永久的。

图 8-133 卢沟桥顶栏杆石狮

图 8-134 《卢沟运筏图》石象

图 8-135　卢沟桥石象

图 8-136　建水双龙桥石象

图 8-137　泮桥石象

图 8-138 山西崞阳普济桥券脸浮雕

图 8-139 河南临颍小商桥大拱券脸石雕

图 8-140　小商桥小拱券脸石雕

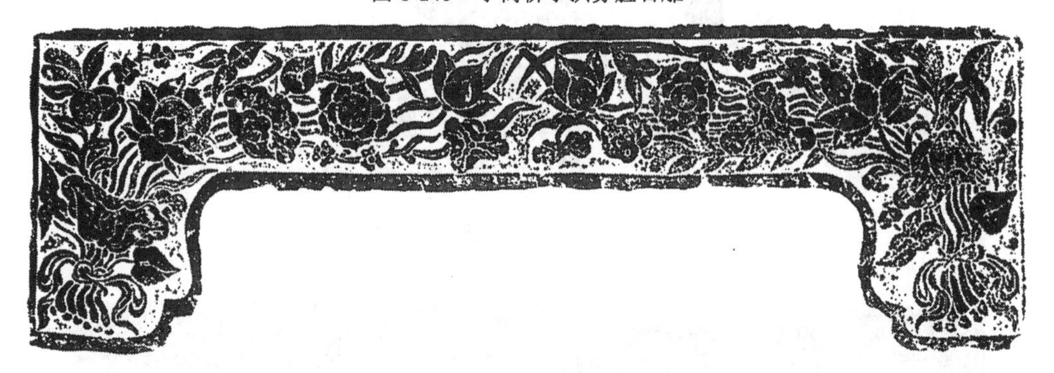

图 8-141　明·永乐八年朱悦㷱墓石刻

图 8-142　云南昆明圆通寺栏板灵芝仙草

参 考 文 献

巴哈布（清）、翁元圻（清）修，黄本骥（清）等纂．1934．嘉庆湖南通志　二百十九卷．上海：商务印书馆影印

班固（东汉）撰．1986．汉书．二十五史缩印本　第一册．上海：上海古籍出版社

蔡懋德（明）纂修．1964．隆庆赵州志　十卷．（明）宁波天一阁本．上海：上海古籍出版社

曹秉仁（清）等修，万经（清）等纂．雍正宁波府志　三十六卷．刻本

曹允源，李根源纂．1933．吴县志　八十卷．苏州：苏州文新公司铅印本

常恩（清）修，吴寅邦（清）等纂．1891．咸丰安顺府志　五十四卷．光绪十七年（1891）补刻本．

常璩（晋）撰．华阳国志　十二卷．刻本

常善（清）修，赵文濂（清）纂．续修井陉县志　三十六卷．刻本

陈国儒（清）修，李宁仲（清）纂．康熙汉阳府志　十六卷．刻本

陈鲲修，刘谦纂．1948．醴陵县志　交通卷．醴陵：醴陵县文献委员会铅印本

陈能（明）修，郑庆云（明）、辛绍佐（明）、纂．延平府志　二十三卷

陈彭年（宋撰）．1924．广韵．北京：来薰阁影印本

陈士桢（清）修，涂鸿仪（清）纂．1833．道光兰州府志　十二卷．清道光十三年刻本

陈思（宋）著．1937．宝刻从编　卷六．上海：商务印书馆

程大昌（宋）著，吴倌（明）校．1980．雍录．宋元地方志丛书．台北：台湾文化书局

杜昌丁（清）撰．1924．臧行纪程．古今游记丛抄本．上海：中华书局

张成（清）撰．1936．沙洲记．丛书集成初编本．上海：商务印书馆

鄂尔泰（清）、尹继善（清）修，靖道漠（清）纂．1968．乾隆云南通志　三十卷．台湾：华文书局重印本

法显（晋）撰．1983．佛国记．历代小说笔记选　汉魏六朝唐．上海：上海书店范垌林．1991．吴越备史．北京：中华书局

房玄龄（唐）等撰．1986．晋书．二十五史缩印本．上海：上海古籍出版社

辜培源（清）等修，曹永贤（清）等纂．1894．光绪盐源县志　十二卷．清光绪二十年刻本

顾祖禹（唐）著．1955．读史方舆纪要．北京：中华书局

管竭忠（清）修，张沐（清）纂．1695．康熙开封府志　四十卷．清康熙三十四年刻本

海忠（清）纂修．1831．道光承德府志　六十卷．清道光十一年刻本

黄锷（清）纂修．双流县志　七卷

黄沛翘（清）纂．1983．西藏图考．拉萨：西藏人民出版社排印本

黄任、郭庚武（清）纂，怀荫布（清）修．1984．泉州府志　七十六卷．泉州：泉州编委会影印本

洪若皋（清）纂．1683．康熙临海县志　十五卷．刻本

贾鸿文（清）修，董国祥（清）等纂．康熙铁岭县志　二卷．抄本

觉罗古麟（清）修，储大文（清）纂．1734．雍正山西通志　二百三十卷．清雍正十二年刻本

劳逢源（清）修，沈伯棠（清）等纂．1828．道光歙县志．清道光八年刻本

李调元（清）撰．1924．出口程记．古今游记丛抄．上海：上海中华书局

李辅（明）等修，陈绛（明）等纂．嘉靖全辽志　六卷．油印本

李鸿章（清）等修，黄彭年（清）等纂．1910．同治畿辅通志　三百卷．清光绪十年（1884）刊本．上海：商务印书馆重印本．

李厚基等修，沈瑜庆等纂．1938．福建通志．卷十．刻本

李铭皖（清）、谭钧培（清）修，冯桂芬（清）纂．1882．同治苏州府志　一百五十卷．清光绪八年江苏书局刻本

李梦皋（清）纂．1959．道光拉萨厅志．中国书店油印本

李荣和（清）、刘钟麟（清）修，张元懋（清）纂．永济县志　二十四卷．刻本
李卫（清）等修，傅王露（清）等纂．1899．浙江通志　二百八十卷．刻本．杭州：浙江书局
李维钰（清）原本，沈定均（清）续修，吴联薰（清）增纂．1806．乾隆漳州府志　五十卷．清嘉庆十一年补刻本
李心衡．1936．金川琐记．上海：商务印书馆
李玉修（清）等修．同治重修成都县志　十六卷．刻本
廖飞鹏修，柯寅纂．1930．呼兰县志　八卷．铅印本
林鹗（清）纂，林用霖（清）续纂．泰顺分疆录　十二卷
刘会（明）修，戴文明等（明）纂．1962．万历萧山县志　六卷．（明）宁波天一阁方志选刊本．上海：上海古籍书店
刘霖（清）修，何藩（清）纂．随州志　四卷．抄本
刘显世、吴鼎昌修，任可澄、杨恩元纂．1948．贵州通志　十九编．铅印本
龙嵩林（清）修，汪坚纂．1745．乾隆重修洛阳县志．清乾隆十年刻本
龙云，卢汉等纂修．1949．新纂云南通志　二百六十卷．铅印本
吕调元、刘承恩修，杨承禧等纂．1934．湖北通志　一百七十二卷．上海：上海商务印书馆铅印本
罗英，唐寰澄．1993．中国石拱桥研究．北京：人民交通出版社
马步蟾（清）纂修．1827．道光徽州府志　十六卷．清道光七年刻本
孟元老（宋）著．1982．东京梦华录．北京：中华书局
钱振伦（清）等纂修．1874．扬州府志　二十四卷．清同治十三年刻本
瞿鸿锡（清）、曹维祺（清）修，贺绪藩（清）纂．平越直隶州志　四十卷
全禄（清）修，张式金（清）纂．开原县志　八卷．刻本
阮元（清）、伊里布（清）等修，王崧（清）李诚（清）纂．1835．道光云南通志　二百十六卷．清道光十五年刻本
沈恩培（清）修，胡麟（清）等纂．光绪增修崇庆州志　十二卷
沈括（宋）撰．1975．梦溪笔谈．元刊本影印本．北京：文物出版社
升允（清）、长庚（清）修，安维峻（清）纂．1908．光绪甘肃新通志　一百卷，清光绪三十四年刻本
宋濂（明）撰．1986．元史．二十五史缩印本　第九册．上海：上海古籍出版社
宋敏求（宋）纂，李好文（元）绘，毕沅（清）校．1980．长安志．宋元地方志丛书．台北：台湾文化书局
宋应星（明）撰．1992．天工开物．上海：上海古籍出版社
松筠（清）纂修．西藏图说　一卷．抄本
孙天宁（清）等纂修．1786．乾隆灌县志　十二卷．清乾隆五十一年刻本
舒其绅（清）修，严长明（清）纂．西安府志　卷十．
脱脱（元）等撰．1986．宋史．二十五史缩印本　第七册．上海：上海古籍出版社
卫哲治（清）等修，叶长扬（清）、顾栋高（清）等纂．淮安府志　十三卷
魏征（唐）撰．1923．隋书　卷四．北京：中华书局
王昶（清）著．1924．雅州道中小记．古今游记丛抄本．上海：上海中华书局
王溥（宋）撰．1955．唐会要．北京：中华书局排印本
王世禹、张培恕编．1920．泸定县乡土志．抄本
王毓芳（清）、赵梅（清）修，江尔雄（清）等纂．1825．道光怀宁县志　二十八卷．清道光五年刻本
吴坤修（清）等修，何绍基（清）等纂．1878．光绪重修安徽通志　三百五十卷　清光绪四年刻本
吴世熊（清），方骏谟（清）等纂．1874．同治徐州府志　二十五卷．清同治十三年刻本
谢开来等修，王克礼、罗映湘纂．1926．重修广元县志　二十八卷．
谢汝霖等修，罗元黼等纂．1926．崇庆县志　十二卷．铅印本
邢址（明）修，陈让纂．1962．嘉靖邵武府志　十五卷．（明）宁波天一阁方志选刊本．上海：上海古籍书店
徐宏祖（明）著，丁文江（清）编．1923．徐霞客游记　卷一．上海：商务印书馆
徐继镛（清）修，李惺（清）等纂．咸丰阆中县志　八卷．刻本

徐坚（唐）撰．1962．初学记．北京：中华书局铅印重排本
徐景熹（清）修，鲁曾煜（清）等纂．1751．乾隆福州府志．清乾隆十六年刻本
徐松（清）辑．1957．宋会要辑稿．北京：中华书局影印本
许光世（清）、蔡晋成（清）纂．1911．西藏新志　三卷．上海自治编辑社铅印本
许慎（汉）撰，徐铉等校．1963．说文解字．北京：中华书局
玄臧（唐）著．1979．大唐西域记．章异校注本．上海：上海人民出版社
杨迦忆（清）等修，刘辅廷（清）纂．1831．道光茂州志　四卷．清道光十一年刻本
杨晋元修，王庆云纂．1935．营口县志．油印本
杨钧衡等修，黄尚毅等纂．1932．北川县志　八卷．石印本
杨枢（明）等纂修．霍州志　八卷．刻本
姚琅（清）等修，陈焯（清）等纂．1683．康熙安庆府志　十八卷．清康熙二十二年刻本
叶大锵等修，罗骏声纂．1933．灌县志　七卷．铅印本
尹曾一（清）修，程梦星（清）等纂．1733．雍正扬州府志　四十卷　清雍正十一年刻本
永保（清）修，达林（清）、龙铎（清）纂．乾隆乌鲁木齐事宜　四卷．抄本
岳永武修，郑钟灵等纂．1926．阆中县志　三十卷．石印本
袁大化（清）修，王学会（清）等纂．新疆图志　一百一十六卷
曾炳璜（清）编．1907．新疆吐鲁番厅乡土志．清光绪三十三年抄本
翟文选等修，王树（木丹）纂．1934．奉天通志　二百六十卷．铅印本
张超（清）等修，曾履中（清）、张敏行（清）纂．同治续汉州志　二十四卷·刻本
张泓（清）撰．1924．滇南新语．古今游记丛抄．上海：中华书局
张廷玉（清）等修．1986．明史．二十五史缩印本　第十册．上海：上海古籍出版社
张振义（清）修，王正固（清）等纂．1744．乾隆行唐县志　十二卷．清乾隆九年刻本
郑大进（清）纂修．1761．乾隆正定府志　五十卷．清乾隆二十七年刻本
郑玄（汉）注，孔颖达（唐）疏．1980．礼记正义．北京：中华书局祝世德等纂修．1944．汶川县志　七卷．铅印本
周蔼联（清）撰．西藏纪游．手辑本
周炳麟（清）修，邵友濂（清）、孙德祖（清）纂．余姚县志　二十七卷
周亮工（清）．1891．闽小记．小方壶斋兴地丛抄本

桥名索引

书名索引

人名索引

总　　跋

凡是听到编著《中国科学技术史》计划的人士，都称道这是一个宏大的学术工程和文化工程。确实，要完成一部 30 卷本、2000 余万字的学术专著，不论是在科学史界，还是在科学界都是一件大事。经过同仁们 10 年的艰辛努力，现在这一宏大的工程终于完成，本书得以与大家见面了。此时此刻，我们在兴奋、激动之余，脑海中思绪万千，感到有很多话要说，又不知从何说起。

可以说，这一宏大的工程凝聚着几代人的关切和期望，经历过曲折的历程。早在 1956 年，中国自然科学史研究委员会曾专门召开会议，讨论有关的编写问题，但由于三年困难、"四清"、"文革"，这个计划尚未实施就夭折了。1975 年，邓小平同志主持国务院工作时，中国自然科学史研究室演变为自然科学史研究所，并恢复工作，这个打算又被提到议事日程，专门为此开会讨论。而年底的"反右倾翻案风"，又使设想落空。打倒"四人帮"后，自然科学史研究所再次提出编著《中国科学技术史丛书》的计划，被列入中国科学院哲学社会科学部的重点项目，作了一些安排和分工，也编写和出版了几部著作，如《中国科学技术史稿》、《中国天文学史》、《中国古代地理学史》、《中国古代生物学史》、《中国古代建筑技术史》、《中国古桥技术史》、《中国纺织科学技术史(古代部分)》等，但因没有统一的组织协调，《丛书》计划半途而废。1978 年，中国社会科学院成立，自然科学史研究所划归中国科学院，仍一如既往为实现这一工程而努力。80 年代初期，在《中国科学技术史稿》完成之后，自然科学史研究所科学技术通史研究室就曾制订编著断代体多卷本《中国科学技术史》的计划，并被列入中国科学院重点课题，但由于种种原因而未能实施。1987 年，科学技术通史研究室又一次提出了编著系列性《中国科学技术史丛书》(现定名《中国科学技术史》)的设想和计划。经广泛征询，反复论证，多方协商，周详筹备，1991 年终于在中国科学院、院基础局、院计划局、院出版委领导的支持下，列为中国科学院重点项目，落实了经费，使这一工程得以全面实施。我们的老院长、副委员长卢嘉锡慨然出任本书总主编，自始至终关心这一工程的实施。

我们不会忘记，这一工程在筹备和实施过程中，一直得到科学界和科学史界前辈们的鼓励和支持。他们在百忙之中，或致书，或出席论证会，或出任顾问，提出了许多宝贵的意见和建议。特别是他们关心科学事业，热爱科学事业的精神，更是一种无形的力量，激励着我们克服重重困难，为完成肩负的重任而奋斗。

我们不会忘记，作为这一工程的发起和组织单位的自然科学史研究所，历届领导都予以高度重视和大力支持。他们把这一工程作为研究所的第一大事，在人力、物力、时间等方面都给予必要的保证，对实施过程进行督促，帮助解决所遇到的问题。所图书馆、办公室、科研处、行政处以及全所的同仁，也都给予热情的支持和帮助。

这样一个宏大的工程，单靠一个单位的力量是不可能完成的。在实施过程中，我们得到了北京大学、中国人民解放军军事科学院、中国科学院上海硅酸盐研究所、中国水利水电科学研究院、铁道部大桥管理局、北京科技大学、复旦大学、东南大学、大连海事大学、武汉交通科技大学、中国社会科学院考古研究所、温州大学等单位的大力支持，他们为本单位参加编撰人员提供了种种方便,保证了编著任务的完成。

为了保证这一宏大工程得以顺利进行,中国科学院基础局还指派了李满园、刘佩华二位同志,与自然科学史研究所领导(陈美东、王渝生先后参加)及科研处负责人(周嘉华参加)组成协调小组,负责协调、监督工作。他们花了大量心血,提出了很多建议和意见,协助解决了不少困难,为本工程的完成做出了重要贡献。

在本工程进行的关键时刻,我们遇到经费方面的严重困难。对此,国家自然科学基金委员会给予了大力资助,促成了本工程的顺利完成。

要完成这样一个宏大的工程,离不开出版社的通力合作。科学出版社在克服经费困难的同时,组织精干的专门编辑班子,以最好的纸张,最好的质量出版本书。编辑们不辞辛劳,对书稿进行认真地编辑加工,并提出了很多很好的修改意见。因此,本书能够以高水平的编辑,高质量的印刷,精美的装帧,奉献给读者。

我们还要提到的是,这一宏大工程,从设想的提出,意见的征询,可行性的论证,规划的制订,组织分工,到规划的实施,中国科学院自然科学史研究所科技通史研究室的全体同仁,特别是杜石然先生,做了大量的工作,作出了巨大的贡献。参加本书编撰和组织工作的全体人员,在长达10年的时间内,同心协力,兢兢业业,无私奉献,付出了大量的心血和精力。他们的敬业精神和道德学风,是值得赞扬和敬佩的。

在此,我们谨对关心、支持、参与本书编撰的人士表示衷心的感谢,对已离我们而去的顾问和编写人员表达我们深切的哀思。

要将本书编写成一部高水平的学术著作,是参与编撰人员的共识,为此还形成了共同的质量要求:

1. 学术性。要求有史有论,史论结合,同时把本学科的内史和外史结合起来。通过史论结合,内外史结合,尽可能地总结中国科学技术发展的经验和教训,尽可能把中国有关的科技成就和科技事件,放在世界范围内进行考察,通过中外对比,阐明中国历史上科学技术在世界上的地位和作用。整部著作都要求言之有据,言之成理,经得起时间的考验。

2. 可读性。要求尽量地做到深入浅出,力争文字生动流畅。

3. 总结性。要求容纳古今中外的研究成果,特别是吸收国内外最新的研究成果,以及最新的考古文物发现,使本书充分地反映国内外现有的研究水平,对近百年来有关中国科学技术史的研究作一次总结。

4. 准确性。要求所征引的史料和史实准确有据,所得的结论真实可信。

5. 系统性。要求每卷既有自己的系统,整部著作又形成一个统一的系统。

在编写过程中,大家都是朝着这一方向努力的。当然,要圆满地完成这些要求,难度很大,在目前的条件下也难以完全做到。至于做得如何,那只有请广大读者来评定了。编写这样一部大型著作,缺陷和错讹在所难免,我们殷切地期待着各界人士能够给予批评指正,并提出宝贵意见。

《中国科学技术史》编委会

1997年7月

图 7-28　清代壁画广济桥

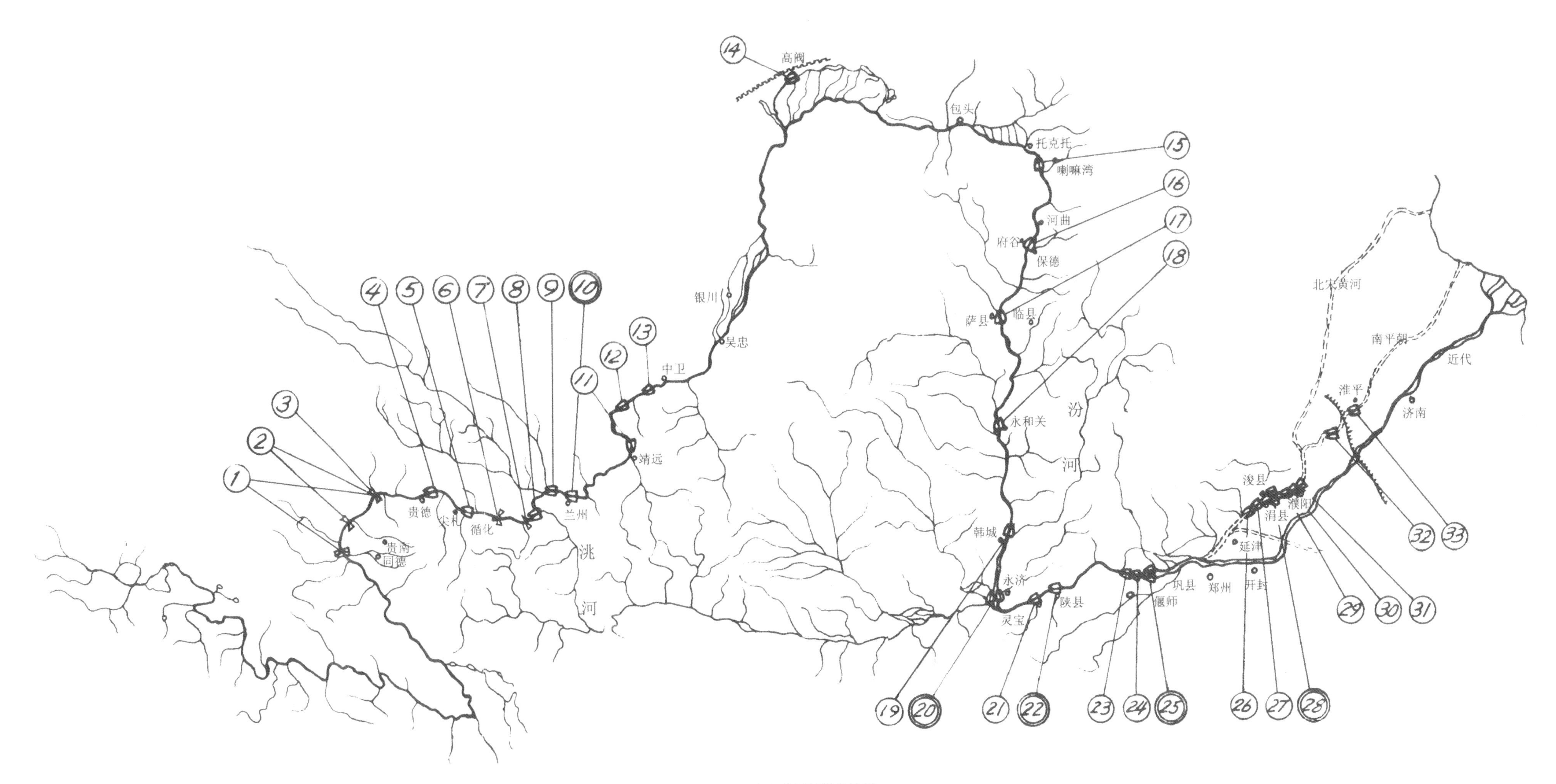

图 7-32　历史上黄河桥梁位置图

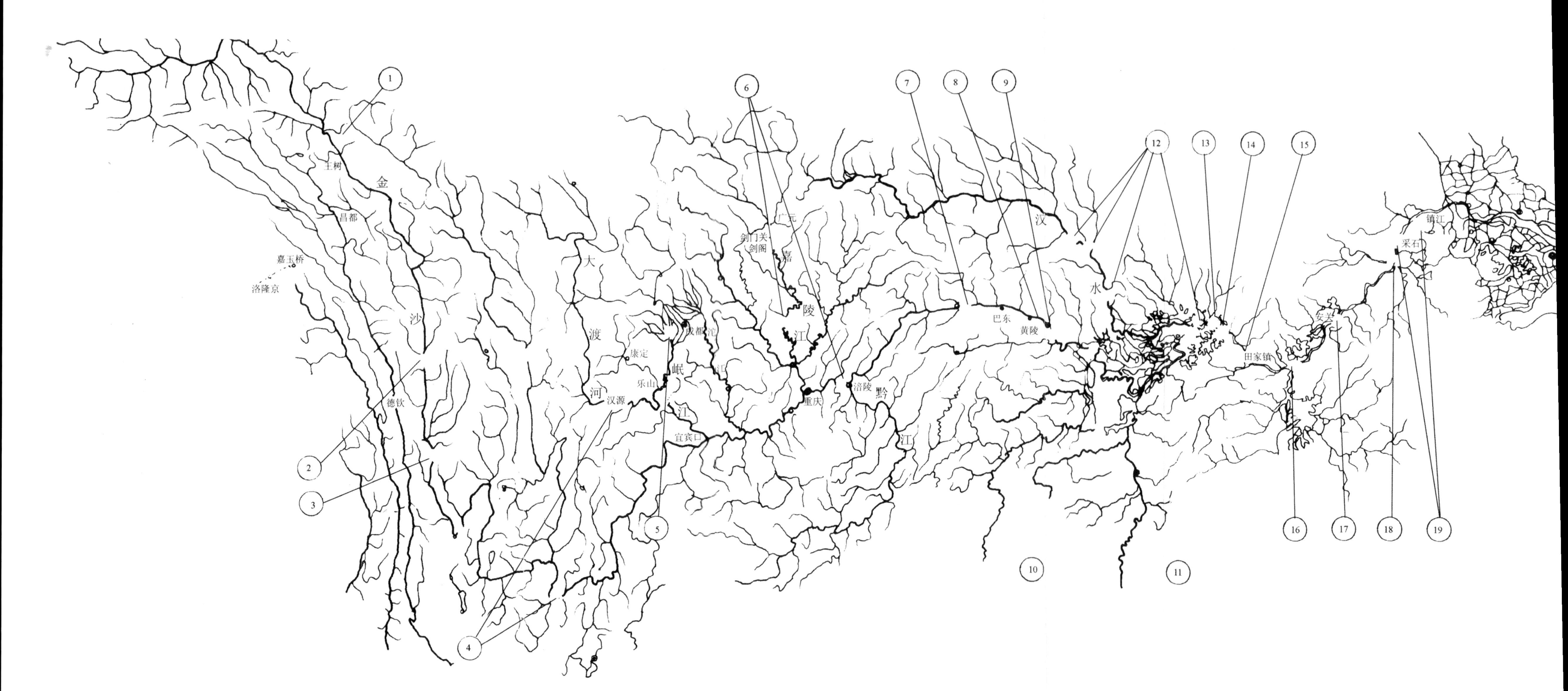

图 7-50　历史上长江桥梁位置图